U0262011

国家社科基金项目成果（编号：15BSS026）

A STUDY OF GERMANY'S ENVIRONMENTAL HISTORY

德国环境史研究

江山 著

中国社会科学出版社

图书在版编目(CIP)数据

德国环境史研究/江山著. —北京：中国社会科学出版社，2021.6
ISBN 978-7-5203-8482-7

Ⅰ.①德… Ⅱ.①江… Ⅲ.①环境—历史—研究—德国
Ⅳ.①X-095.16

中国版本图书馆CIP数据核字(2021)第092685号

出 版 人 赵剑英
责任编辑 张 湉
责任校对 姜志菊
责任印制 李寡寡

出 版 中国社会科学出版社
社 址 北京鼓楼西大街甲158号
邮 编 100720
网 址 http://www.csspw.cn
发 行 部 010-84083685
门 市 部 010-84029450
经 销 新华书店及其他书店

印 刷 北京明恒达印务有限公司
装 订 廊坊市广阳区广增装订厂
版 次 2021年6月第1版
印 次 2021年6月第1次印刷

开 本 710×1000 1/16
印 张 28.75
插 页 2
字 数 456千字
定 价 158.00元

目　　录

序章　德国环境史研究现状、研究方法和研究意义

环境史研究最早起源于20世纪六七十年代的美国。经过六十余年的研究探索，美国环境史研究渐趋成熟，并成为其他国别史乃至全球环境史研究的一个重要风向标。在其引领下，英国、德国、日本、法国、北欧、东欧、东南亚和非洲等国家和地区的环境史研究也蓬勃兴起，呈现出一种方兴未艾、欣欣向荣的局面。其中，德国环境史研究也是20世纪环境运动的产物，[①] 具体地说，它的形成是20世纪60年代美国海洋生物学家卡逊（Rachel Carson）《寂静的春天》的发表、美国侵越战争化学武器的使用、西德学生运动的爆发、70年代“地球日”的诞生、美国经济学家丹尼斯·梅多斯（Dennis L. Meadows）与环境学家多内拉·梅多斯（Donella Meadows）《增长的极限》的发表、世界石油危机的爆发、妇女运动的兴起、苏美两个超级大国以核武器相威胁的超级冷战的爆发以及西德“用过就扔社会”（Wegwerfgesellschaft）[②] 畸形消费观的兴盛等各种社会运动联动耦合的产物。受美国环境史研究的影响，德国环境史研究于20世纪70年代末开始兴起。[③]

---

① 包茂红：《约克希姆·拉德卡谈德国环境史》，载于其专著《环境史学的起源和发展》，北京大学出版社2012年版，第323页。

② Jost Hermand, *Grüne Utopien in Deutschland. Zur Geschichte des ökologischen Bewußtseins*, Frankfurt a. M.: Fischer Taschenbuch Verlag, 1991, S. 118 – 133.; Günter Haaf, *Rettet die Natur*, Gütersloh: Praesentverlag Heinz Peter, 1981, S. 253.

③ Ibid. 德国学者包括比勒费尔德（Bielefeld）大学教授拉德考在内普遍认同这一时间起点。另，这里需对该学者的汉译名作更正说明：目前国内学者援引此学者姓名或用“约克希姆·拉德卡”，或用“约阿希姆·拉德卡”。因这两种翻译多从英语转译，不合乎德语发音，故改为“拉德考”为宜，整个姓名翻译应改为“约阿希姆·拉德考”。下文采用此译。——作者。

对于环境史这一概念[①]的理解，中外学者曾给出过不同的定义，如美国学者纳什给出了“人类与其家园之间的全部联系，涵盖从城市设计到荒野保护等所有方面”这样一个环境史定义。[②] 应该说，这一最初定义尚过于宽泛笼统。而德国环境史研究先驱西弗尔勒（Rolf Peter Sieferle）在其1988年发表的《历史环境研究展望》一文中将环境史定义为“人们应具有一种工业技术进步导致自然环境受危害的意识。它旨在先研究早期人类给自然造成的各种伤害，然后再研究其各历史时期的环境问题，总之，无论是不是人们想要的行为后果，都应纳入自然系统这个框架内进行历史重构”。他进一步指出，“这种历史重构既包含当下的生态危机意识，又应有别于以往的环境史研究”[③]。在这里，西弗尔勒给“以往几乎没将生态危机意识纳入研究”的做法赋予了新的内涵，并提出了相关要求。进入20世纪90年代后，环境史定义阐述渐趋成熟，已为学术界所接受，如美国学者斯坦伯格（Ted Steinberg）将环境史定义为“它探求人类与自然之间的相互关系，即自然世界如何限制和塑造过去，人类怎样影响环境，而这些环境变化反过来又如何限制人们的可行性选择”[④]。美国学者麦克尼尔（John R. McNeill）“人类与自然中除人以外的其他部分之间的相互关系”[⑤] 这样的定义也同样强调人与自然的关系。持此观点的还有德国学者赫尔曼（Bernd Herrmann），在人和自然互动关系研究基础上，他进一步要求以更高的标准和要求做好环境史研究：“环境史研究的是对以往诸环境条件的重构以及当时之人对所处时代各种环境条件做出感知和阐释的再重构，它需按照科学标准来评判当时的环境状况以及受当时环境影响所形成的人的各种规范准则、行为和行为后果。也就是说，它要研究的是历史因果关系

---

① “环境史”一词最早见诸美国环境史学者纳什（Roderick Nash）1972年发表的《美国环境史：环境史现状》一文。

② Roderick Nash, *The State of Environmental History*, in: Herbert Rass, ed., *The State of American History*, Chicago: Quadrangle Press, 1970, p. 250.

③ Rolf Peter Sieferle, *Perspektiven einer historischen Umweltforschung*, in: *Fortschritte der Naturzerstörung*, Hrsg. von Rolf Peter Sieferle, Frankfurt a. M.: Suhrkamp Verlag, 1988, S. 307 – 368.

④ Ted Steinberg, *Down to Earth: Nature, Agency and Power in History*, in: *The American Historical Review*, Vol. 107, No. 3, June 2002, p. 803.

⑤ John R. McNeill, *Obeservition on the Nature and Culture of Environmental History*, in: *History and Theory: Studies in the Philosophy of History*, Vol. 42, No. 4, Dec. 2003, p. 6.

中的社会自然集群这个群体，并按社会文化标准和自然标准系统阐释该群体历史进程。”① 在这里，他希望环境史学者能突破传统的藩篱，从单一的人与人的历史互动关系中走出来，不断扩大视野，按照“科学标准”“自然标准”和“社会文化标准”的要求，创立一种带有“时空特色、文化特色和社会特色”② 的人与自然互动的新史学。应该说，赫尔曼的这种治史观点和 20 世纪 90 年代后期美国的休斯（J. Donald Hughes）、沃斯特（Donald Worster）、克罗农（William Cronon）、麦茜特（Carolyn Merchant）、克罗斯比（Alfred W. Crosby）、泰勒（Alan Tayler）、英国的西蒙斯（Jan G. Simmons）、格罗夫（Richard H. Grove）、奥地利的维妮瓦特（Werena Winiwarter）、法国的马萨—吉波（Geneviève Massard-Guilbaud）等众多学者的观点颇为契合，而且本身也符合今天环境史与社会史合流的整体发展趋势。

同样，在中国学者梅雪芹看来，在这样的合流趋势中，环境史研究将拥有一个全新的视角，其涵盖的新知识、新观念、新视角在促进历史学本身的理论建设和创新的同时，还可更切实地体现历史学对现实的关照和镜鉴，因为它“是一门以特定时空下以人类生态系统为基本范畴，研究系统内人类社会与自然环境相互作用关系的变化和发展、强调系统的整体性及其内在的有机联系、具有统摄性和跨学界特征的新学科”③。高国荣在研究美国环境史的基础上，也提出了自己对环境史定义的见解，他认为：“环境史是在战后生态危机和环保运动推动下出现的一门新史学，它以历史上人与自然之间的互动为研究对象，探讨自然在人类历史上的地位和作用。”④ 王利

---

① Bernd Herrmann, *Umweltgeschichte. Eine Einführung in Grundbegriffe*, Berlin/Heidelberg: Springer Verlag, 2013, S. 6. 原文为：Umweltgeschchite befasst sich mit der Rekonstruktion von Umweltbedingungen in der Vergangenheit sowie mit der Rekonstruktion der Wahrnehmung und Interpretation der jeweiligen Umweltbedingungen durch die damals lebenden Menschen. Sie bewertet den zeitgenössischen Zustand der Umwelt und die zeitgenössischen umweltwirksamen Normen, Handlungen und Handlungsfolgen nach wissenschaftlichen Kriterien. Umweltgeschichte befasst sich also mit sozionaturalen Kollektiven in historischen Kontexten und systematisiert die Abläufe in diesen Kollektiven nach soziokulturellen und naturalen Kriterien.

② Ibid., p. 6.

③ 梅雪芹：《环境史：看待历史的全新视角》，《光明日报》2016 年 8 月 27 日第 11 版。

④ 高国荣：《环境史视野下的灾害史研究——以有关美国大平原农业开发的相关著述为例》，《史学月刊》2014 年第 4 期。

华也很肯定美国史学会所下的定义，即“环境史是关于历史上人类与自然世界相互作用的跨学科研究，它试图理解自然如何给人类活动提供可能和设置限制，人们怎样改变其所栖居的生态系统，以及关于非人类世界的不同文化观念如何深刻地塑造各种信仰、价值观、经济、政治和文化”。[①] 他呼吁环境史学者应具有时代担当精神，“积极回应社会关切”，“发掘新的历史史实，提出新的价值判断，推动历史观念更新”，这样，方可“为理性认识环境危机，积极应对环境挑战，谋求人与自然和谐相处的可持续发展提供历史视角和经验借鉴”。[②] 总之，当今各国环境史学研究的目的就在于能经世致用，在历史的文化语境中探求人与自然的和谐共生和协同进化，从而在人、自然、技术、文化和社会之间寻求到最佳平衡发展点，并在文明反思、现实批判和实践创新的“知”与“行”中帮助人类走出生态困境，以迎接生态文明时代的到来，最终实现让“自然进入历史，人类回归自然”的终极目标。[③]

第一节　德国环境史研究现状

鉴于环境史是一门跨学科研究的新史学，其离不开对人与自然互动关系和产生后果的系统考察，如探寻欧洲环境史学术源头将会发现，其来源主要有历史地理学、法国年鉴学派和英国历史学家汤因比（Arnold J. Toynbee）三个源头。德国环境史研究也不例外，很多学者遵循其中的一家或多家之说，为自己的研究寻找理论依据，来丰富自己的研究领域。

在历史地理学理论运用方面，很多学者本身就是历史地理学专家，这其中，最著名的要数叶格尔（Helmut Jäger）。这位1991年荣休的维尔茨堡（Würzburg）大学教授在环境史研究方面的贡献主要是将历史地理学理论成功运用到环境史研究，重点考察了中世纪和近代德国的自然变迁和环境演变以及日耳曼人在其中所扮演的历史角色。在其最重要的环境史学著作

① 王利华：《作为一种新史学的环境史》，《清华大学学报》2008年第1期。

② 王利华：《环境史研究的时代担当》，《人民日报》2016年4月11日第16版。

③ 此语为已故中科院经济研究所研究员、北京师范大学历史学院教授李根蟠先生（1940—2019年）对环境史研究所做的精炼概括。

《环境史入门》中，他提出了“自然进程是环境史的始作俑者和载体，而人则是环境史的原动力和推手”的重要观点，要研究“人”为什么会成为环境史的原动力和推手，那就要重点考察人口的分布、迁徙、稠密度和结构要素。而且，在早期的环境感知和环境评价中，则要重点研究那些具有创造力和感召力的个人和个体，因为他们（它们）对自然环境的变化往往具有很大的影响力。[①] 此外，波恩大学的两位环境史学者迪克斯（Andreas Dix）和费恩（Klaus Fehn）本身也是历史地理学教授，在各自的环境史研究方面也颇有建树，前者以研究德国自然灾害著称，后者以研究文化景观著称。

鉴于法国年鉴学派旨在“使环境成为历史研究的重要部分”,[②] 且其“探讨将人作为一个整体，如何与有机和无机的世界相互作用”,[③] 这样的理论思想也被德国学者广为接受。他们在研究人与自然如何相互作用影响的基础上，更注重生态视角下如何赋予环境史研究以强烈的现实批判色彩，在这方面，其重要学者无论是西弗尔勒、赫尔曼，还是赫尔曼德（Jost Hermand）等都奉行了这一主旨，并在各自的研究领域发挥了很好的开拓和引领作用。1988 年，西弗尔勒发表的《历史环境研究展望》一文即为德国环境史研究奠定了基调并指明了方向。作为人类学家的赫尔曼教授更是在其环境史著作《环境史基本概念入门》中运用年鉴学派理论，将环境史定义为一门“历史的人文生态学”，并在符合科学逻辑的条件下开展这门“自然文化学”研究，由此他将环境史学上升到一种文化高度。[④] 同样，赫尔曼德的环境思想史研究也充分体现了年鉴学派的史学主张，其《德国绿色的生态乌托邦——一部生态思想史》即是这样一部经典力作。[⑤]

---

① Helmut Jäger, *Einführung in die Umweltgeschichte*, Darmstadt: Wissenschaftliche Buchgesellschaft, 1994, S. 11 – 21.

② Donald Wortser, *Doing Environmental History*, in: Donald Worster, ed., *The Ends of the Earth: Perspectives on Modern Environmental History*, Cambridge: Cambridge University Press, 1989, p. 291.

③ Alfred Crosby, *The Past and Present of Environmental History*, in: *The American Historical Review*, Vol. 100, No. 4, Oct. 1995, p. 1184.

④ Bernd Herrmann, *Umweltgeschichte*, *Eine Einführung in Grundbegriffe*, Berlin/Heidelberg: Springer Verlag, 2013, S. VII – VIII.

⑤ Jost Hermand, *Grüne Utopien in Deutschland*, *Zur Geschichte des ökologischen Bewußtseins*, Frankfurt a. M.: Fischer Taschenbuch Verlag, 1991.

被誉为全能史学家的汤因比在1974年提出的"人类应善待地球母亲"的思想也给德国环境史学者带来不少启发，尤其是其将人纳入地球生物圈进行考量以及人在自然环境和文化社会中的诸多不良表现而导致的生态危机的生态文化观点更是给人以启发。在汤因比看来，"当今彼此不相互依存的地区国家既没有能力维护和平，也不能保护人类已破坏的生物圈，更不能保护他们那些不可替代的资源。这种政治上的无政府主义行为是不能让其永远存在于这个在技术和经济上早就形成一个整体的地球上的。"① 秉承这种史学观点，拉德考在其全球环境史著作《自然与权力》中着重强调："史学家中的文化乐观主义者如汤因比和布罗代尔（Fernand Braudel）曾提及疟疾传播成为文化衰落、灌溉系统堵塞和土地沼泽化的重要推手。"他既提及汤因比，同时又照顾到法国年鉴学派重要代表人物布罗代尔的观点："当人们放弃努力时，疟疾便发起了进攻。"② 以此证明自己对瘟疫产生毁灭性后果的认同。在论及古印度文明衰落原因时，他也赞成汤因比的观点："对于汤因比来说，印度人工运河中严重的淤泥堆积是其文化没落的一个征兆"。③ 对于战后西德民众的过度消费和许多技术发展所呈现的不可遏止的势头，他悲天悯人，甚至设想已进入古稀之龄的汤因比如果见此情景，也会感受到"现代发展中这些最令人不安的因素"，因为正是这些原因"削弱了社会能及时对监督部门进行教育培训的能力"。④ 此外，受汤因比生物圈环境思想影响的还有德国环境史学者、美国人布莱克本（David Blackbourn），他在著作《自然之占领——一部德国景观史》中仍不忘自己受汤因比史学渊源的滋养："虽然这部景观史强调的是人，或多突出人这个主题，但我也没敢忘记植物所发出的某种呼吁声（有如前辈汤因比所做的那样）。"⑤

---

① Arnold J. Toynbee, *Menschheit und Mutter Erde*, *Die Geschichte der großen Zivisationen*, Düsseldorf: Claassen Verlag, 1979, S. 501.

② Joachim Radkau, *Natur und Macht*, *Eine Weltgeschichte der Umwelt*, München: Verlag C. H. Beck, 2000, S. 155. ［德］约阿希姆·拉德考：《自然与权力》，王国豫、付天海译，河北大学出版社2004年版，第151页。

③ 同上书，德文版第204页，中文版第200页。

④ 同上书，德文版第284页，中文版第286—287页。

⑤ David Blackbourn, *Die Eroberung der Natur*, *Eine Geschichte der deutschen Landschaft*, München: Deutsche Verlags-Anstalt, 2006, S. 23.（该书现已有中文版问世，书名为《征服自然：水、景观与现代德国的形成》，王皖强、赵万里译，北京大学出版社2019年版。）

和英国、芬兰等国一样，德国环境史研究的兴起始于20世纪80年代。在当时，因环境史研究人员多为一些自然科学领域的专家、环境保护者，他们结合历史进行专项研究，从而也没有严格意义上的环境史学者出现。德国环境史奠基人当属赫尔曼和西弗尔勒两位学者。赫尔曼为哥廷根（Göttingen）大学人类学教授，他将研究对象和历史环境问题紧密结合，并会同各自然科学领域的21位专家一起编成德国环境史上第一部德国环境史论文集，其涉及的主题全部为中世纪环境问题研究，包括考古学、城市妇女儿童、阻止妊娠的药草服用、食品营养问题、瘟疫、修道院居住环境、饮用水和垃圾处理、道路交通、园艺种植、农业生产结构、森林及能源危机等诸多研究对象（其中两篇分别由丹麦和荷兰学者撰写①）。为使环境史研究步入正轨，1988年，时任曼海姆（Mannheim）大学历史学教授西弗尔勒在对浪漫主义时期之后德国工业技术革命所引发的诸多环境问题进行批判反思的基础上编成了另一本环境史论文集——《自然摧毁的进步》，②

① 荷兰乌特勒支（Utrecht）大学史学教授范·温特（Johanna Maria van Winter）所撰文章内容为中世纪欧洲饮食文化研究；丹麦罗斯基尔德（Roskilde）大学史学教授缪勒—克里斯滕森（Vilhelm Møller-Christensen）所撰文章内容为丹麦西兰德省（Seeland）艾贝尔霍尔特（Aebelholt）修道院环境考古研究。

② 论文集收录了包括作者自己在内九位世界著名史学家的论文，分别为：

- Charles R. Bowlus, *Ecological Crisis in Fourteenth Century Europe*, in: Lester J. Bilsky, *Historical Ecology*, New York: Kennikat Press, 1980, pp. 86 – 99.

- William H. Te Brake, *Air Pollution and Fuel Crisis in Preindustrial London*, in: *Technology and Culture* 16, Chicago: The University of Chicago Press, 1975, pp. 337 – 359.

- Anthony E. Dingle, *The Monster Nuisance of All: Landowners, Alkali, Manufacturers and Air Pollution*, 1828 – 1864, in: *Economic History Review* 25, 1982, pp. 529 – 548.

- Thomas F. Glick, *Science, Technology and the Urban Environment, The Great Stink of* 1958, in: Lester J. Bilsky, *Historical Ecology*, New York: Kennikat Press, 1980, pp. 122 – 139.

- Donald Worster, *The Black Blizzards Roll*, in: *Sodbusting*, Capital I and V, in: *Dust Bowl. The Southern Plains in* 1930's, New York: Oxford University Press, 1979.

- Clarence J. Glacken, *Changing Ideas of the Habitable World*, in: William L. Thomas, *Man's Role in Changing the Face of the Earth*, New York/Chicago: New York and the University of Chicago Press, 1956.

- William Coleman, *Providence, Capitalism and Environmental Degradation*, in: *Journal of the History of Ideas* 37, 1976, pp. 27 – 44.

- Donald Fleming, *Roots of the New Conservation Movement*, in: *Perspectives in American History*, Bd. 6, 1972, pp. 7 – 91.

- Rolf Peter Sieferle, *Perspektiven einer historischen Umweltforschung*, 1988, S. 307 – 368.

旨在将当时英美著名史学家优秀的环境史学术成果引介到西德，其目的在于“使看待问题的视野显得更开阔明朗，不要将早已熟知的历史研究方法和内容又转回到从前的历史探索中。环境史研究的挑战就在于需要新的视角转换，任何寻找历史英雄和替罪羊的做法在此是大可不必的。”①

很快于次年的1989年，另两本论文集的发表标志着德国环境史研究领域的不断拓展，首先是赫尔曼汇编了德国各高校自然科学领域的知名学者的研究成果，其中有关力畜使用、土地开发利用、苔藓地迁居、技术使用所引发的环境问题以及与环境有关的法律问题等研究在第一本论文集基础上进一步拓宽了中世纪环境史的研究范围。汇编这本名为《历史上的环境》论文集的目的，正如赫尔曼所说的：“它不仅加深了人们对历史的认知理解，而且还可让人们了解到人类长期以来干预自然环境所造成的种种后果，这对当今环境问题的认识和人们的各种不良行为也可提供诸多认知视野和警策”②。

受这几本论文集的启发，时任哈根远程函授大学（Fernuniversität Hagen）教授的布吕格迈尔（Franz-Josef Brüggemeier）③ 和杜伊斯堡（Duisburg）大学社会学博士罗梅尔施帕赫尔（Thomas Rommelspacher）也合编了一本名为《被征服的自然》的论文集，④ 所涉及的内容均为19—20世纪初德国环境史研究论文。八位知名学者来自于德国各高校⑤，研究对象分别为能源危机、烟尘酸雨、水污染保护法、土地环境史、汽车社会的环境问题、职业健康风险、家乡保护运动以及无产阶级自然观等问题。汇编这本论文集的目的，编者认为，就是要让人们认识到，早在19—20世纪初，很多有关环境问题所引发的激烈辩论、严厉警告和生活革新建议都可对现

① Rolf Peter Sieferle, *Perspektiven einer historischen Umweltforschung*, in: *Fortschritte der Naturzerstörung*, Hrsg. von Rolf Peter Sieferle, Frankfurt a. M.: Suhrkamp Verlag, 1988, S. 11 - 12.

② Bernd Herrmann (Hrsg.), *Umwelt in der Geschichte*, Göttingen: Vandenhoeck & Ruprecht, 1989, 封底页。

③ 现为弗莱堡（Freiburg）大学历史学教授。

④ Franz-Josef Brüggemeier und Thomas Rommelspacher, *Geschichte der Umwelt im 19. und 20. Jahrhundert*, München: Verlag C. H. Beck, 1989.

⑤ 其中包括环境史学家西弗尔勒，他撰写的题为《能源》（*Energie*）一文载于论文集第20—41页。

实问题的解决提供有益的借鉴和参考。[①] 因为研究成果出色且研究领域众多，该书被很多德国高校采用为授课教材。[②]

在此之后，环境史论文集如雨后春笋般不断涌现，呈现出内容新、范围广的新态势，尤其是城市环境史研究取得了很多丰硕成果，如1990年以柏林和汉堡两个城市为研究对象的环境史论文集出版面世。安德森（Arne Andersen）教授主编的《环境史——以汉堡为例》一书系汉堡大学八系（历史系）和五系（社会经济史系）部分同学经过大量社会调研后在两学期课堂上所做专题报告论文汇编，以此响应“环境有历史”（Umwelt hat Geschichte）这个主题的号召。[③] 研究内容涉及汉堡炼油厂、造船厂、玻璃厂、化工厂环境污染以及劳动健康等问题。应该说，这项由学生进行的环境史研究在德国尚属首次，也为后来德国高校学生的环境史研究开启了先声。也是在同年，柏林自由大学生物物理学教授兰普雷希特（Ingolf Lamprecht）将该校物理学、化学、地理学、生态学、社会学等学科的教授学者在该校学术报告厅所作的柏林环境问题报告汇编成集。虽然这是本环境科学调研论文报告集，但在今天看来它仍可算是一本城市环境史论文集，因为其中的科学调研随着时间的推移无疑反映了柏林这座城市的环境变化，可为未来研究提供有力的支撑，尤其是其中的《19世纪柏林环境问题》、《柏林湖水整治》和《二氧化硫对柏林动植物的影响》等报告更具史学价值，值得关注。[④]

此外，于1994年出版的另两本论文集也颇受学界关注。哥廷根大学历史地理学教授舒伯特（Ernst Schubert）和赫尔曼联手汇编了中世纪和近代环境史研究成果《由恐惧转为剥削——中世纪和近代早期的环境感知》，

---

① Franz-Josef Brüggemeier und Thomas Rommelspacher, *Geschichte der Umwelt im 19. und 20. Jahrhundert*, München: Verlag C. H. Beck, 1989. 封底页。

② 包茂红：《约克希姆·拉德卡谈德国环境史》，载于其专著《环境史学的起源和发展》，北京大学出版社2012年版，第324—325页。

③ 1987年，德国史学会为鼓励德国大中小学生书写历史故事专门设立了“联邦总统奖”。“环境也有历史”这一口号（Die Umwelt hat doch Geschichte.）为“德国历史”（Deutsche Geschichte）知识竞赛主题下汉堡大学从事环境史研究的师生所提出。（Arne Andersen（Hrsg.），*Umweltgeschichte*, *Das Beispiel Hamburg*, Hamburg: Ergebnisse Verlag, 1990, S. 21.）

④ Ingolf Lamprecht（Hrsg.），*Umweltprobleme einer Großstadt*, *Das Beispiel Berlin*, Berlin: Colloquium Verlag, 1990.

其中的作者皆为各高校专家学者。这本论文集是对赫尔曼前两本论文集的延伸拓展，不仅其时间研究延伸至德国近代，而且在空间上也涉及对17世纪荷兰风景画的研究，这些画作可有助于揭示当时的欧洲环境状况。[①] 也是在同年，哥廷根大学经济史教授阿贝尔斯豪瑟（Werner Abelshauser）也推出了一本论文集，该论文集从经济史角度出发，阐述各历史时期与环境密切相关的各行业的经济发展状况以及所引发的环境后果，八位作者皆为在环境史方面颇有建树的专家学者，其中包括拉德考、安德森、布吕格迈尔等。

应该说，20世纪90年代是德国环境史论文集出版最多的十年。之所以出现这样的现象，是因为德国环境史研究还没有形成成型的学术机构、成熟的理论指导和稳定的研究队伍，很多问题尚处在一个不断探索、不断总结的过程，所以各高校、专业团体乃至个人都各自结合自己的研究专长，将历史环境问题纳入各自的考察范围进行研究。直至进入90年代中期，随着1995年《环境与历史》（*Environment and History*）杂志的创刊、1999年欧洲史学会的创建以及2001年欧洲环境史学会第一次国际学术研讨会的召开，[②] 欧洲环境史研究欣欣向荣局面下的德国环境史研究才正式步入稳步发展的轨道。随后出版的论文集已有了一个质的飞跃，其研究内容已向更深、更广、更宽的领域展开。尤其是2003年出版的两本论文集在选编作者、题材和内容上有了更高的理论水准和更深的思想内容。慕尼黑大学环境史教授希曼（Wolfram Seemann）和其助手弗雷塔克（Nils Freytag）合编的论文集《环境史：专题与展望》收集了几乎是德国最优秀学者的论文，布吕格迈尔、西弗尔勒、拉德考和新锐、汉诺威（Hannover）大学景观史教授库斯特（Hansjörg Küster）的代表作皆被收入。另外，瑞士伯尔尼（Bern）大学环境史学家普菲斯特（Christian Pfister）有关20世纪50年代症候群社会大讨论背景下的能源价格和环境压力问题的著述也被收入其中。[③] 也是在同年，

---

① Ernst Schubert und Bernd Herrmann (Hrsg.), *Von der Angst zur Ausbeutung*, *Umwelterfahrung zwischen Mittelalter und Neuzeit*, Frankfurt a. M.: Fischer Taschenbuch Verlag, 1994.

② 高国荣：《美国环境史学研究》，中国社会科学出版社2014年版，第366页。

③ Wolfram Seemann (Hrsg.), *Umweltgeschichte*, *Themen und Perspektiven*, München: Verlag C. H. Beck, 2003. 2002年底，拉德考在接受北京大学包茂红教授采访时，他提到希曼即将出版的另一部教材即是此论文集。详见包茂红《环境史学的起源和发展》，北京大学出版社2012年版，第325页。

拉德考和其所带的博士生于科特（Frank Uekötter）受德国自然保护史基金会委托，汇编了一部有关纳粹德国的自然保护论文集——《自然与纳粹主义》。应该说，这是迄今为止德国唯一一部研究纳粹德国时期的环境史论文集，拉德考、库斯特、布莱克本、费恩和迪克斯等著名学者在各自研究领域深刻探讨了“血统和土地”（Blut und Boden）种族思想背景下野蛮与现代化、非理性与技术进步矛盾所引发的诸多环境问题。因这部论文集具有很高的学术性和权威性，时任德国环境部长的特里廷（Jürgen Trittin）特地为该书作序，并撰写了一篇题为《自然保护和纳粹主义——民主法治国家中自然保护的遗产负担?》的文章，深刻阐明纳粹统治背景下的自然保护只符合极权主义者的利益，这种保护是根本谈不上有什么“成功前景”的。①

鉴于环境史研究的蓬勃开展以及研究成果的日益丰富，许多高校也先后开设了环境史课程，有的甚至还设立了环境史教授讲席，如波鸿和达姆施塔特两所大学。最早开设课程的为哥廷根大学，它也是第一个成立环境史研究中心的德国高校。其人类生态学系的赫尔曼教授在汇编文集的同时还专门为课程开设编写了一套授课教材，包括注重概念解释的《环境史入门》（2013 年）、探讨研究方法的《环境史与因果性》（2018 年）、解剖个案的《环境史史例》（2016 年）和全面论述环境史研究的《环境史概述》（2016 年）。除在本校授课外，他还在佛罗伦萨大学、伦敦大学，维也纳大学和希腊泰萨洛尼基（Thessaloniki）大学担任客座教授，讲授课程。由于该校在德国最早培养专业学生，所以积累了一整套丰富的教学经验，其学生也取得了很多研究成果——每两年一次由赫尔曼汇编的《哥廷根大学环境史学术交流文集》就是师生教学实践的重要科研成果结晶。由此，该校也成为德国环境史的学术摇篮和重镇。另一个学术重镇为后来兴起的蕾切尔·卡逊环境与社会研究中心。2009 年，在德国教育部的支持下，慕尼黑大学和德意志博物馆联合创立了该中心。它专门致力于环境史研究以及人文社会学科领域中的自然环境问题，中心主席由该校历史学教授毛赫

① Joachim Radkau und Frank Uekötter (Hrsg.), *Naturschutz und Nationalsozialismus*, Frankfurt/New York: Campus Verlag, 2003, S. 37.

（Christof Mauch）和德意志博物馆技术史专家特里施勒（Helmuth Trischler）担任。该中心会聚了一批包括美国环境史学家沃斯特、任教于英国伯明翰大学的环境史学者于科特、萨尔茨堡大学雷特（Reinhold Reith）教授和清华大学梅雪芹教授在内的许多国际著名学者，[①] 并在全球范围内招收研究人员，培养专业学生，开展国际学术交流，先后出版发表了一大批科研成果，目前已发展成为享誉全球的环境史研究机构。两位中心负责人还多次来华参加国际学术会议，举办学术讲座。除上述两个学术重镇外，汉堡、波鸿、弗莱堡、达姆施塔特、比勒费尔德、汉诺威等大学在设立讲席教授、开设环境史课程和学术研究方面也处于领先地位，汉堡大学安德森教授带领学生对汉堡这座城市所展开的城市环境史研究成果突出。波鸿大学的技术环境史研究颇具特色，该校历史系设立了两个教授讲席，茨维尔莱因（Cornel Zwierlein）教授主讲近现代环境史，而迈尔（Helmut Maier）教授则主讲技术环境史，两个研究团队还专门在学校网站中开辟了学术网站和课程设置网站。以鲁尔工业区技术运用和工业污染为研究对象是该校环境史研究的一大特色，同时也是德国工业污染史的重要学术研究对象之一。此外，弗莱堡大学布吕格迈尔领导的研究团队是德国工业污染史研究的主力军，他对鲁尔工业区的污染有精深研究，《还鲁尔区一片蓝天：1840—1990 年鲁尔区环境史》（1992 年）、《无尽的空气污染之海：19 世纪的空气污染、工业化和风险讨论》（1996 年）等都是他的重要著作。为方便同行对 19 世纪德国环境史进行研究，他还与学者托伊卡—赛德（Michael Toyka-Seid）一起编纂了一本文集，专门收录了反映 19 世纪德意志社会所面临的工业废水、动物保护、河流整治、城市污水、粉尘烟雾、森林经济、自然保护和垃圾处理等环境问题的历史文献，这为 19 世纪德国环境史研究提供了重要参考，其助手梅茨格尔（Birgit Metzger）博士对 20 世纪德国环境史的研究也颇具特色。[②] 除此之外，森林史的研究也是该校环境史研究中的一大亮点，施密特（Uwe Eduard Schmidt）教授的德国森林环境史研究涵盖了各历史时期的木材危机问题，将森林史纳入到文化史范畴

① 吴羚靖：《与环境史有约：我的历史研习之旅——梅雪芹教授访谈录（上）》，《历史教学》2020 年第 4 期。

② 德国弗莱堡大学网站（https：//www. wsu. geschichte. uni-freiburg. de/forschung）。

进行全面深入的考察。[①] 由于德国城市在欧洲大陆诞生起源较早，所以，德国城市环境史的研究在全球一直是处于领先地位的。除柏林、汉堡等德国高校开设城市环境史这门课程外，达姆施塔特技术大学的城市环境史教研设置也颇有特色，擅长近现代史的绍特、中古代史的申克（Gerrit Jasper Schenk）和现代史的贝恩哈特（Christoph Bernhardt），三个讲席教授均是德国环境史研究领域颇有影响的领军人物。绍特不仅研究本国城市环境历史演变，而且还将视角延伸至整个欧洲，他的《欧洲城市化（1000—2000）》（2014 年）横跨了一千年历史研究，视野开阔，内容全面，因而这本读物也成为德国有关高校普遍使用的教材。此外，他和托伊卡—赛德合著的《欧洲城市及其环境》（2008 年）一书也有很高的学术价值。[②] 和绍特不同，申克则发挥了灾害史研究特长，其《灾害：从庞贝古城到气候变迁》（2009 年）和《人、自然和灾害》（2014 年）等都体现出他对人类灾害的全面考察和深刻思考，他的课程设置在德国高校也很受欢迎。[③] 同样在城市环境史研究方面颇有造诣的还有贝恩哈特，他在德国城市规划史和城市住房史研究方面成果颇丰。他不但于 1998 年发起并组织了欧洲第一次城市环境史研讨会，而且还和法国同行马萨—吉波一起合编了《现代化的恶魔：欧洲城市与工业社会污染问题》。此外，他对东德城镇规划史和水污染史也做过相关研究。[④] 在全球环境史研究方面，比勒费尔德大学历史与哲学学院的拉德考教授以其《自然与权力》一书确立了他在国际学术界的地位。受美国环境史学家休斯和麦克尼尔父子全球环境史的影响，他力图“超越狭隘民族国家界限的研究视角”，[⑤] 将四大文明古国中决定历史进程的重大环境问题纳入自己的视野进行考察，最后得出的观点是：许多环境问题的出现往往成为人类历史的拐点——流行病、糖、殖民化、沙尘

---

① 德国弗莱堡大学网站（http：//www. wald-und-forstgeschichte. uni-freiburg. de/de/copy_ of_ uwe-eduard-schmidt）。

② 德国达姆施塔特技术大学网站（https：//www. geschichte. tu-darmstadt. de/index. php？ id = 3125）。

③ 德国达姆施塔特技术大学网站（https：//www. geschichte. tu-darmstadt. de/index. php？ id = 3169&L = 0Sven）。

④ 肖晓丹：《欧洲城市环境史学研究》，四川大学出版社 2018 年版，第 84—85 页。

⑤ ［德］约阿希姆·拉德考：《自然与权力》，剑桥大学出版社 2008 年版，英译本序言第 15 页；转引自高国荣《全球环境史在美国的兴起及其意义》，《世界历史》2013 年第 4 期。

暴、土地资源开发、水利工程等都是人类历史发展过程中的一个个转折点，决定着人类的历史进程和发展方向。[①] 他的这种全球环境史治学观点也得到德国同行康斯坦茨大学奥斯特哈默尔（Jürgen Osterhammel）教授的赞成与支持。[②] 在拉德考培养的弟子中，于科特也是一位着眼于全球史研究的后起之秀。[③] 在景观史研究方面，汉诺威大学的植物和景观史教授库斯特为德国景观史学家中的重要代表人物，其研究对象包括中欧景观史、波罗的海和北海景观史，甚至德国森林史、谷物史也都有涉猎，成就突出。他开设的植物和景观史课程和研究项目也很有特色，颇受学生欢迎。

另外，同属德语国家的瑞士、奥地利学者在环境史研究领域也各具特色，特别是对气候史和全球史的研究在欧洲乃至全球一直处于领先地位。瑞士伯尔尼大学气候研究中心的普菲斯特教授长期致力于气候史研究，其著作《天气后报——500 年气候变化和自然灾害（1496—1995)》(1999年)、《人口史和历史人口学（1500—1800)》(2007 年）以及其他环境史研究为其奠定了国际学术史地位，其学术理论也同样得到国际同行的高度肯定。这位荣休教授在任教期间也培养了很多杰出弟子，他们一直活跃在气候史研究领域。2001 年，普菲斯特当选为欧洲环境史学会副主席。此外，设立环境史课程和讲授讲席的瑞士高校还有巴塞尔大学（古希腊罗马环境史教授托门（Lukas Thommen）为代表性学者)、圣加仑大学（首席教授如西弗尔勒)、日内瓦大学和苏黎世大学等。同样，奥地利的环境史研究也硕果累累，成就斐然。其中克拉根福（Klagenfurt）大学维妮瓦特教授堪为优秀代表。她现为奥地利大学和克拉根福大学维也纳校区联合成立的环境史研究中心主任。在 2001 年至 2005 年担任欧洲环境史学会主席期间，她积极推动欧洲各国的环境史研究，在她的领导下，该学会正式步入稳步有序的发展轨道，并成为继美国环境史学会之后的世界第二大学术团体机

① ［德］约阿希姆·拉德考：《环境史的转折点》，崔建新译，《中国历史地理论丛》2005 年第 20 卷第 4 期。

② 包茂红：《环境史学的起源和发展》，北京大学出版社 2012 年版，第 328 页。

③ 拉德考和于科特曾于 2005 年 9 月访问陕西师范大学西北历史环境和经济发展研究中心并进行了学术交流。

构。她也因此被公认为欧洲环境史学会的重要奠基人和开拓者。另外，在学术开拓方面，她也是欧洲环境史研究的学术引领者，她是英国圣安德鲁斯大学和斯特林大学联合主办的《环境与历史》（*Environment und History*）、意大利那不勒斯大学《全球环境》（*Global Environment*）、英国杜伦大学《环境史》（*Environmental History*）等国际学术刊物编审委员会重要成员。在学术研究方面，她学术成果众多，在理论研究方面也颇有建树，其著作《环境史》（2007 年）是许多德语国家高校使用的教材，《我们的环境史：穿越时间隧道的六十次旅行》（2015 年）、《环境史：反思与远眺之辨》（2014 年）等也是环境史学的重要论著。此外，萨尔茨堡大学也开设了环境史课程，雷特教授以研究德国近代环境史见长，学术颇丰。该校与维妮瓦特一起编写《环境史》教材的克诺尔（Martin Knoll）教授也是著名的环境史学家。

在学术交流方面，世界环境史大会尤其是欧洲环境史学会的主办为德国学者提供了很好的学习交流机会。2009 年 8 月，在丹麦哥本哈根举办的第一届世界环境史大会上，德国学者作了城市生活用水的历史研究报告，并和巴西、波多黎各、墨西哥、法国等国学者一起探讨了城市化不断加剧背景下城市水资源的合理分配和污水有效处理等问题。2014 年 7 月，德国学者也参加了在葡萄牙米尼奥（Minho）大学举办的第二届世界环境史大会，与会者先后作了德国森林史、工业环境史等方面的学术报告，并一起进行了广泛交流和探讨。[①] 然而，与参加世界环境史大会不同的是，欧洲学者比如德国学者还是更热衷于参加欧洲环境史大会，这是因为欧洲学者拥有共同的欧洲地缘情结和历史情结，他们拥有悠久灿烂的欧洲文明，且许多国家都是早期的殖民国家，长期以来在政治、经济、文化等领域一直主导着世界话语权，再加上很多学者来自于自然科学领域，所以他们更具有开阔的视野和更独到的专业研究，尤其是农业环境史、城市环境史、技术环境史、工业污染史、能源史等更是他们最擅长的研究领域。自 2001 年

① 世界环境史大会每五年举办一次。我国学者梅雪芹等曾参加过这两次大会。2019 年 7 月 22 日—26 日，第三次世界环境史大会在巴西弗洛里亚诺波利斯（Florianópolis）市的圣卡琳娜联邦大学（Universidade Federal de Santa Catarina）举行。大会主题为“合流：大加速时代的南方世界和北方世界”（The Global South and the Global North in the Era of Great Acceleration）。

至今，每两年举办一次的欧洲环境史大会已成功举办十届，[①] 与会德国学者从前两届的较少人数[②]逐渐增加至后来每届的数十人之多，在历届与会国家学者中皆名列前茅，由此可见德国学者对会议的高度重视，如 2005 年第三届德国与会者和北欧、英国学者等组成了“最大的代表团”，[③] 2007 年第四届德国参会人数多达 27 位（最多的为英国 32 位，较少的有法国 10 位，西班牙 4 位，俄罗斯两位等）。[④] 特别值得一提的是，在 2013 年慕尼黑大学蕾切尔·卡逊环境与社会研究中心主办的欧洲环境史大会上，来自世界五十多个国家的六百多名学者莅会，其中就有五十多位德国学者，可见会议之盛况以及德国学者对此会的重视程度。[⑤] “与会学者就动植物、气

① 这十届分别为：

第一届：2001 年 9 月 4 日—8 日，主办方为苏格兰圣安德鲁斯大学，大会主题为“环境史：问题与潜力”。

第二届：2003 年 9 月 3 日—7 日，主办方为捷克查理大学，大会主题为“应对多样性”。

第三届：2005 年 2 月 16 日—19 日，主办方为意大利佛罗伦萨大学，大会主题为“历史学与可持续性”。

第四届：2007 年 6 月 4 日—9 日，主办方为荷兰阿姆斯特丹自由大学，大会主题为“环境关联：欧洲和欧洲以外的世界”。

第五届：2009 年 8 月 4 日—8 日，主办方为丹麦罗斯基尔德大学和瑞典马尔默大学，地点在丹麦哥本哈根，大会主题为“地方生计与全球挑战：理解人类与环境的相互作用”。因该学会与美国环境学会等多个国家地区的环境史学会联合主办本次会议，所以此会也称为第一次世界环境史大会。

第六届：2011 年 6 月 28 日—7 月 2 日，主办方为芬兰图尔库大学，大会主题为“海陆之间的接触”。

第七届：2013 年 8 月 20 日—24 日，主办方为慕尼黑大学蕾切尔·卡逊环境与社会研究中心，大会主题为“自然的循环——水、食物和能源”。

第八届：2015 年 6 月 30 日—7 月 3 日，主办方为巴黎凡尔赛大学，大会主题为“跨学科环境研究：过去、现在与未来”。

第九届：2017 年 6 月 28 日—7 月 2 日，主办方为克罗地亚萨格勒布大学，大会主题为“国家、经济体系、文化和宗教视域中的环境”。

第十届：2019 年 8 月 21 日—25 日，主办方为爱沙尼亚塔林大学，大会主题为“环境史界域”。

② 前两届与会人数较少，第一届“只有一个意大利人，一个西班牙人，两个法国人与会”，“而与会的盎格鲁—撒克逊人、德国人和斯堪的纳维亚人等等却有数十人之多”，［（法）热纳维耶芙·马萨—吉波：《从“境地研究”到环境史》，高毅、高暖译，《中国历史地理论丛》，2004 年第 2 期，第 129 页。］第二届也反应平淡。（包茂红：《环境史学的起源和发展》，北京大学出版社 2012 年版，第 314 页。）

③ 欧洲环境史学会网站（http：//eseh. org/conferece/archive/third/report2005）。

④ 欧洲环境史学会网站（http：//eseh. org/conferece/archive/Amsterdam2007/LIST%20OF%20PARTICIPANTS. pdf）。

⑤ 我国学者梅雪芹、侯深和费晟曾参加此会。

候、极地、灾害、移民、采矿、水利、污染、城乡联系、人造环境等诸多问题展开了热烈讨论”，[①] 并取得了丰硕成果。应该说，欧洲环境史学会这个欧洲最重要的学术共同体在学术引领和平台搭建方面发挥了不可替代的作用，今天已发展成为十分活跃的国际性和地区性环境史组织。在现理事会成员中，德国学者也在担任重要职务，并发挥着重要作用，其中的学会副主席由德国马克斯·普兰克史学研究所的哈登贝格（Wilko Graf von Hardenberg）博士担任。

从今天的国内研究情况来看，德国环境史研究应该说尚处在起步阶段。最早与德国学者接触的是北京大学包茂红教授。2002 年底，他对比勒费尔德大学历史与哲学学院现代史拉德考教授进行了采访，并将采访内容收入其《环境史学的起源和发展》这部著作，其中的内容多涉及德国环境史研究的兴起、发展和未来发展预测，包括自然保护、景观史、技术进步、职业病等与环境史研究之间的关系等。此外，拉德考对德国绿党史研究和东德环境问题也做了介绍。在如何将环境问题整合进全球环境史这一问题上，他肯定了各地区国家的环境史研究应放置到全球史视野范围内这一做法，他的代表作《自然与权力》就是这一思想的体现。在谈到德国环境史研究未来发展方向时，他认为：“对农业史、排水和灌溉史的研究仍有许多工作要做。另外，环境史似乎太局限于 19 和 20 世纪，19 世纪以前的环境史还需要进一步拓深挖掘。”而在其他国家地区的环境史研究方面，他补充道：“直到最近，东欧、俄国、阿拉伯世界的环境史几乎没得到研究。我认为，这是环境史研究的一些最重要的缺陷，也是有待探索的新领域。”[②] 这以后的近十年时间，国内仍没有开展德国环境史研究。直至 2011 年，中国社科院世界历史研究所研究员高国荣在《史学理论研究》上发表一篇题为《环境史在欧洲的缘起、发展及其特点》的文章，其中涉及德国环境史研究内容，这是国内第一次对德国（包括同为德语国家的奥地利和瑞士）高校的课程设置、研究机构、学术刊物、学术会议等

---

① 高国荣：《美国环境史学研究》，中国社会科学出版社 2014 年版，第 368 页。

② 包茂红：《约克希姆·拉德卡谈德国环境史》，《环境史学的起源和发展》，北京大学出版社 2012 年版，第 323—332 页。

所做的一个较为详细的介绍。① 此后，本人从2012年开始陆续发表相关研究成果，② 其中不少研究成果被中国社会科学网、西南环境史研究网等国内重要网站转载。

第二节　德国环境史研究方法

经过四十年人与自然关系的历史探索，德国环境史这门20世纪70年代史学中的“编外史”逐渐步入正史，并成为今天史学中的显学，可见这门新史学自身所蕴藏的无限生命力和广阔的发展前景。回顾20世纪70年代末的德国环境史研究，它还仅是由一些自然科学工作者、资源保护和政府职能部门所涉猎的零星研究，时至今日，一批专业研究队伍业已形成。联邦政府的大力支持、社会舆论的大力宣传、诸多社会团体的大力资助、高校教授讲席的不断设立、环境史课程的大量设置、环境史研究中心的不

---

① 高国荣：《美国环境史学研究》，中国社会科学出版社2014年版，第359—374页。

② 这些研究成果分别为：

1.《西方环境危机根源考》，《鄱阳湖学刊》2012年第6期。

2.《环境史视野下的中世纪德国农业生产研究》，《农业考古》2013年第6期。

3.《德国环境史研究综述和前景展望》，《鄱阳湖学刊》2014年第1期。

4.《环境史视野下中世纪日耳曼人的食物构成研究》，《铜陵学院学报》2014年第2期。

5.《德国斯图加特地区环境史研究》，《鄱阳湖学刊》2015年第1期。

6.《“二战”后德国环保运动之肇端与演进》，《南京林业大学学报》（人文社会科学版）2015年第1期。

7.《环境史视野下纳粹德国时期哥廷根城市垃圾处理问题研究》，《教育学》2016年第11期。

8.《西方文化史中的人与动物关系研究》，《南京林业大学学报》（人文社会科学版）2016年第2期。

9.《中世纪德国城市饮用水供应和垃圾处理问题研究》，《鄱阳湖学刊》2017年第1期。

10.《中世纪德国环境灾害问题研究》，《南京林业大学学报》（人文社会科学版）2018年第1期。

11.《工业博物馆的环境史研究价值——以德国威斯特法伦工业博物馆为例》，《鄱阳湖学刊》2018年第4期。

12.《威廉·里尔的德意志森林政治工具化思想研究》，《南昌航空大学学报》2018年第4期。

13.《环境史视野下君特·施瓦布的森林保护思想研究》，《铜陵学院学报》2018年第6期。

14.《20世纪二三十年代德国汉堡港油污问题研究》，《昆明学院学报》2019年第1期。

15.《“二战”后德国吕内堡荒原自然保护区英属军事训练场环境问题与生态修复》，《鄱阳湖学刊》2019年第1期。

16.《德国核文学发展概述》，《鄱阳湖学刊》2020年第1期。

17.《19世纪和20世纪德国鲁尔工业区环境问题与综合治理》，《南京林业大学学报》（人文社会科学版）2020年第5期。

断创立、国际学术的广泛开展和交流以及各种环境史研究成果的不断问世，都昭示着德国环境史研究自身所蕴藏的潜力和光明前途。如何书写这部崭新的专门史，和全球各国其他学者一样，德国学者也在不断进行着知识、观念的更新和理论创新，如何以自然为镜来检视人类活动的利弊得失？如何在全球史视野下更好地做到“全球性思考，局部性行动（Global denken，lokal handeln）”？如何将“可持续发展”“人类命运共同体”和“人类生态系统”等理念贯穿到自己的环境史研究实践中？如何更有效地探讨人、自然、环境、技术和社会之间的相互作用关系并提出解决环境危机的设想和建议主张？如何实现人类社会文化建构或价值取向的大同？这些都是环境史学者需要回答的问题，所有这些问题最终都必然要落实到环境史学者的“知”与“行”上，正如德国学者施马尔（Stephan Schmal）所说的：“是否拥有应对未来环境的能力，每个人的批评意识应作为最重要的评判标准。行动所及之处，他自己必须做到理性掌控，不断审视自己的诉求是否合理，是否给环境增添任何负担。一句话，他要对自己的行为负责，只有这样，环境史学者才能给人以鼓励，并为未来竖起一个方向正确的引路牌。”①所以，“知行合一”、真知实行应成为环境史学者的不懈追求和终身使命。

鉴于这样的使命要求，中国同行在研究其他国别环境史时也需站在这样一个新高度来总领全局，放眼全球，在牢固树立辩证唯物主义和历史唯物主义的科学世界观的前提下，以生态学研究为出发点，以历史学为落脚点，摒弃原有的人与人互动关系的社会历史观，代之以新型的人与自然的社会自然观，在人类生态系统理念的指导下，运用自然学科和人文学科知识，科学实证，努力探求历史的客观性、真实性、确定性和因果规律，揭示人与自然关系演变的内在逻辑，认清当今环境危机的积聚过程和历史本质，最终达成人与自然的和谐和促进人类社会的可持续发展。

作为当今世界发达国家，德国在生态文明建设方面所积累的许多经验都值得我们借鉴和学习。这其中，日耳曼民族自诞生以来在和自然交往过程中所形成的许多优秀的生态文明思想和实践需要我们关注学习。通过对

① Stephan Schmal，*Umweltgeschichte*，*Von der Antike bis zur Gegenwart*，Bamberg：C. C. Buchners Verlag，2001，S. 4.

德国环境史的研究，我们不仅可以从新的史学角度挖掘德国各历史时期许多重大问题，同时还可以找到日耳曼人在与自然互动方面的许多成败得失，这些不仅是日耳曼民族宝贵的精神财富，同样也是我们人类文明进步重要的思想结晶和优秀成果。历史学家钱乘旦说过："聆听历史是一种伟大的才智"，① 只有通过多方面的聆听、观察和思考，我们才能拥有敏锐的嗅觉和聪明才智，才能做到古为今用、洋为中用，更好地为我国的生态文明建设服务。

结合德国环境史研究现状和德国环境史研究自身的特点，本研究拟采用如下四个方法对德国环境史作全面深入的研究。

第一，将"人类生态系统理论"和"可持续发展理念"这两根红线贯穿到本研究中。所谓的"人类生态系统理论"，就是指人类与环境相互作用关系的理论。具体地说，就是人生来就有一种与环境互动、互惠、互适的能力。既然个人的行为是有目的的，那么他就要遵循适者生存的法则。需要特别注意的是，这其中，个人的意义由环境赋予。既然个人的问题是生产生活中的问题，那么个人问题的理解和判定也必须在其生存的环境中来进行。② 基于这样的核心理念，环境史要考察的既不是自然的历史，也不是人的历史，更不是两者简单叠加的历史，而应该是以人类活动为主导，由人类及其生存环境中的众多事物共同塑造的历史。基于这样的理解，本研究将日耳曼人与其自然环境视为一个相互依存的动态整体，在运用现代生态学理论并借鉴多学科技术方法的基础上，着重考察一定时空条件下日耳曼人与其所处环境之间相互作用、彼此反馈和协同演变的历史关系和动力机制，其中所涉及研究对象既包括自然、社会、经济、文化、宗教等宏观层面的问题，也包括战争、瘟疫、灾害、气候、污染、饮食、土地、城市、人口等中观层面的问题，当然也包括对森林植被、海洋湖泊等微观层面的研究。总之，凡是日耳曼人与环境彼此发生过的历史关联，都要纳入考察视野，所要达到的目的就是以日耳曼人为研究对象来充分认识"人类生态系统"的形成和演变。此外，在开展本研究时，"可持续发展"

---

① 钱乘旦：《聆听历史是一种伟大的才智》，《解放日报》2003 年 12 月 18 日第 11 版。

② ［美］查尔斯·扎斯特罗：《社会问题：事件与解决方法》，刘梦编，范燕宁等译，中国人民大学出版社 2010 年版，第 15—16 页。

理念也应该作为一根红线贯穿始终。众所周知，“可持续发展”理念的要义是：人类在向自然界索取、创造富裕生活的同时不能以牺牲人类自身生存环境作为代价，一旦索取过度，便会遭到自然的惩罚。所以，人类应协调人口、资源、环境和发展之间的相互关系，在不损害他人和后代利益的前提下追求发展。有鉴于此，这一生态社会学理论将回放到历史的坐标系，比如在林业资源使用方面，“可持续发展”理念鼻祖、近代德国林学家卡洛维茨（Hans Carl von Carlowitz）的“森林永续利用”理论，即砍伐多少森林就栽种多少树木将作为重点研究对象进行阐释。在考察农业生产方面，要考虑到某种农业生产方式是否或在多大程度上具有可持续性这一特点，也就是说，这种生产方式是否或在多大程度上对自然条件造成损害，还比如，某个农业社会是否或在多大程度上具备这一能力，在不损害自然条件的前提下，有条不紊地进行农业生产，开展经济活动。[①]

第二，避免主观偏好，以客观理性的态度开展德国环境史研究。环境史研究中往往不乏带有主观感性情绪的现象，要么痛陈“人类中心主义思想”的种种弊端，要么走到另一个极端，竭力主张奉行“生态中心主义”，结果往往会失之偏颇，甚至产生偏执，主要表现为有人自觉或不自觉地怀有某种历史幻想，沉醉于古希腊罗马田园牧歌式的“和谐”天堂，或过度溢美古代生态智慧和环保制度，或武断定论“经济开发即是环境破坏”。有鉴于此，在开展本课题研究中，需以理性中立的立场，客观评价史实，避免“人类中心主义思想”和“生态中心主义”的意气之争，抓住环境问题的历史本质，将“以人为本”的生命关怀、“与万物为亲”的生命共同体理念作为环境史学的精神内核，实现从“衰败论叙事”向“地方性知识”[②] 的理性过渡，比如在研究中世纪、近代早期人们砍伐森林、开垦土地、移居苔藓地时，就不能将那一历史时期人们对资源的开发轻易给出“严重破坏了环境，从而导致了环境的严重恶化”这样的结论，因为在当

① Wolfram Seemann (Hrsg.), *Umweltgeschichte*, *Themen und Perspektiven*, München: C. H. Beck Verlag, 2003, S. 41.

② “地方性知识”原为人类学概念，在此借指特定区域的原居民面对环境变迁主动调整技术手段和适应社会关系，在人类与自然的互相适应与选择中形成合理的生计模式，并用特定的符号体系将其概念化和抽象化，以此来表达其独特的价值体系和生活理念。（刘向阳：《取向转型：从“衰败论叙事”到“地方性知识”的环境史》，《光明日报》2015 年 10 月 24 日第 11 版。）

时的欧洲，人们以为科学技术水平低下和生产条件欠发达，还不足以给自然环境带来毁灭性后果。还比如，在研究探讨纳粹德国自然保护的成败得失方面，应尤其注意叙事立场和表述方式。尽管纳粹德国在景观规划、公路建设、森林种植、自然遗产保护等方面在当时都处于世界领先地位，但他们所做的这一切都服务于第三帝国侵略和妄图独霸全球的需要。所以，其血腥野蛮历史背景下的环境史研究应给予人这个大自然中普通生态因子更多的生命关怀和人文关怀。只有这样的历史研究方可称得上是带有温情且富有正义感的历史研究，才符合辩证唯物主义和历史唯物主义的基本立场，才能对历史事实做出公允的评判。此外，避免在价值评判上所采取的“庸俗化”和“妖魔化”取向，既不要将人视为大自然的恶魔和环境问题产生的罪魁祸首，也不要赋予自然以极高的道德隐喻而将其神圣化和绝对化，因为在人类生态系统中既没有什么所谓的赢家，也没有什么输家，[①]他们原本就与其他物种一起构成这个地球上和谐的生命共同体，协同进化，共生共荣。

第三，注重传统史学研究，开拓新史学领域。鉴于欧洲大陆历史悠久，文化源远流长，人文底蕴深厚，本研究首先关注的是对一些环境史重要源头领域的研究，这其中应包括农业史、城市环境史、工业污染史、森林史和殖民史等研究。在农业史研究方面，借助于法国年鉴学派对总体史观念、长时段理论以及对地理环境等结构要素高度重视的治史方法，可以对中世纪至德国革命前的农业史进行一个系统深入的研究，而工业革命后的农业环境问题则主要侧重工业技术史来阐述环境的急骤恶化，如化肥的发明使用以及大型农业机械的投入使用。此外，和农业紧密相关的气候问题也将纳入到这个领域内进行考察，因为“气候直接影响农业收成，进而影响农民生计和乡村稳定”。[②] 城市环境史则可从城市饮用水、污水处理和垃圾问题等入手，借以突出城市居民和周边生存环境彼此之间的相互影

① Verena Winiwarter und Martin Knoll, *Umweltgeschichte*, Köln: Böhlau Verlag, 2007, S. 145.

② ［法］埃马纽埃尔·勒华拉杜里、周立红：《乡村史、气候史及年鉴学派——埃马纽埃尔·勒华拉杜里教授访谈录》，《史学月刊》2010 年第 4 期。勒华拉杜里（Emmanuel Le Roy Ladurie）为法兰西学院院士，法国年鉴学派第三代代表人物，气候史创始人，代表作有《蒙塔尤》和三卷本《人类气候比较史》等。

响。在工业污染史研究方面，因欧洲学者自始就非常重视工业及污染问题，所以这方面大量的研究成果可以作为本研究的重要参考依据，特别是其中的历史地理学、技术史、经济史、医疗史、生态学和环境科学等方面的研究将作为重点对象进行考察。[①] 在森林史方面，德国所走过的漫长的艰辛曲折的森林保护之路可更好地揭示日耳曼民族为何视森林为身体庇护所和精神家园的秘密。此外，作为后起殖民国家，德国在西非、西南非、东非、太平洋岛屿、我国青岛胶州湾进行殖民侵略所造成的环境破坏以及所造成的社会影响也将纳入环境史视野进行研究。在传统史学研究基础上，需要注意的是，新史学内容应为本研究增添更多的亮点，在这方面，疫病史、海洋史、战争史方面的环境问题研究需有新的视野和突破。在疫病史研究方面，黑死病、霍乱、疟疾等疾病将作为重点研究对象，尤其注重事件发生过程中人类与致病微生物的动态交互性，引入自然科学相关理论，探讨熵增和负熵驱动作用对疾病发生、传染、流行所发挥的功用，从而丰富今天所倡导的21世纪的“新疾病史学”，为人们建立更加健康的生活方式提供借鉴。[②] 在海洋环境史研究方面，德国波罗的海和北海上的近远程运输、渔业捕捞、海产养殖包括海岸边地形地貌的历史变迁也将成为关注的新焦点。在战争环境史方面，也将对素有“蛮族”之称的这个好战民族所发动的许多地区战争（如三十年战争）和世界毁灭性战争（如两次世界大战）所带来的生态灾难进行新的探索，尤其是揭示纳粹生态法西斯思想中虚假生态和谐背景下所暴露的血腥和扭曲。总之，在这些研究中，德国环境史应成为一部“上上下下的历史”，力争做到在“以自然为镜”的前提下，尝试“跨学界实践”，从而让本研究更形象地展现“自然的力量”，[③] 并在传统研究的基础上推陈出新，对史学理论有新的丰富和发展。

第四，充分把握治史基本原则，注重技术方法的合理运用。首先，史学研究过程中注重的是对史料来源的考证、揭示、整理和分析，要严格遵守“孤证不立”原则，尤其是对二手史料的甄别筛选和谨慎援引。有鉴于

① 高国荣：《美国环境史学研究》，中国社会科学出版社2014年版，第371—372页。
② 王旭东：《重视疾病研究，构建新疾病史学》，《光明日报》2015年3月28日第11版。
③ 梅雪芹：《环境史：看待历史的全新视角》，《光明日报》2016年8月27日第11版。

此，在该研究过程中，应多从正史记载的历史信息中大胆假设，小心求证；在比较各史家的史料和观点方面力争持客观公正的立场，分析史料的合理可靠性，尤其是带有主观感性的史料则更需辨别取舍，力争做到去伪存真，做出正确的史料价值判断，为本研究服务。其次，鉴于有不少西方学者带有本民族、本地域“主导文化”情结，或进一步说，带有“西方文化中心论”这种“文化帝国主义”思想，在进行本研究时也要注意对此思想的甄别、抵制和批评，比如有些德国学者对本民族雅利安人所谓血统高贵的称颂、对威廉帝国殖民侵略的开脱和粉饰、对反犹的冷处理甚至对纳粹生态法西斯保护自然环境的某些称道等，这些都应予以严厉的抵制和批判，因为这种知识话语霸权甚至立场的错误不仅不能达成学术上的共识，还会阻碍环境史的进一步发展。在学术研究全球化日趋明显的今天，如何去民族化、抵制文化霸权应成为共同书写全球环境史的一种新文明观。再次，在具体技术层面，本研究将根据不同的研究对象使用不同的技术分析方法。这些技术分析方法包括考古发现、历史文献使用、树木年轮分析、冰帽和冰芯分析等。由于中世纪包括之前的历史据今天很遥远，研究此时期人与自然环境的关系就离不开对考古实物的发掘和史料分析，此外，树木年轮分析、冰帽积雪层分析等技术方法也可作为重要的辅助手段对史实进行甄别。历史文献多诞生于近代以后，这其中的经书祷文、农书日历、税目账单、销售册簿等都是重要的历史参考资料。鉴于德国拥有世界上最多的工业博物馆，所以进行现场考察或查找这方面的资料也是考证德国工业污染史的重要方法之一。总之，多种方法的综合运用即可丰富这门新史学研究，也可为其他国别史研究提供一些重要的参考。

第三节　德国环境史研究意义

自 20 世纪 90 年代以来，我国的环境史学研究在国际环境史研究的启发引领下也进入一个空前的繁荣阶段，无论是中国环境史研究，还是西方环境史研究都齐头并进，已取得了很多丰硕的研究成果。在中国环境史研究方面，南开大学中国生态环境研究中心、云南大学西南环境史研究所、中国人民大学清史研究所、陕西师范大学西北历史环境与经济社会发展研究中心、辽宁大学生态环境史研究中心、上海交通大学科学史与科学文化研究院等研究部门的成立标志着各具专业特色和地域特色的环境史研究业已形成，特别是王利华多卷本《中国生态环境史》、夏明方《清代灾荒纪年暨信息集成数据库建设》、王建革《9—20 世纪长江中下游地区水文环境对运河及圩田体系的影响》、周琼《中国西南少数民族灾害文化数据库建设》、余新忠《宋元以来中医知识的演进与现代“中医”的形成研究》等国家社科基金重大项目和一大批国家社科基金项目研究的开展则标志着国内环境史研究正处于一个鼎盛发展期。2018 年 11 月，中国环境科学学会环境史专业委员会的成立则标志着国内环境史研究规范指导和各研究团体合力的形成。可以预见，在该专业委员会的指导下，中国环境史研究必将变得更系统化、规范化和专业化，也将继美欧之后成为全球环境史研究的一支重要主力军。而在西方环境史研究方面，国内的研究也处在一个方兴未艾、蓬勃发展的阶段，中国社科院世界历史研究所、北京大学和清华大学的全球史研究在国内一直处于领先地位，其中，梅雪芹的国家社科基金重大项目《环境史及其对史学的创新研究》在国内西方环境史研究方面取得了重大突破，并取得了最前沿成果。高国荣的美国环境史学研究也颇具权威，包茂红的全球史研究所具有的宏阔视野则奠定了他在国内西方环境研究中的重要地位。此外，许多西方国别环境史和区域环境史研究已逐步展开，其中包括浙江大学王海燕的古代日本灾害社会史研究、四川大学肖晓丹的法国城市环境史研究、浙江师范大学李鹏涛东非殖民环境史研究以及本人的德国环境史等。在此可以预见，在不久的将来，其他研究如印度、俄罗斯、东欧、北欧、非洲、大洋洲和东南亚等国别环境史、地区环境史的研究也会随之赶上，进一步拓展和丰富国内全球环境史研究。有鉴于此，该研究主要意义在于以下几点。

首先，可确立德国环境史研究的重要地位，进一步丰富国内的国别环境史研究。德意志民族素以严谨务实、坚忍执着、尊重科学、崇尚自然的优秀品质著称，其政治、经济、文化、科技等方面的超强实力决定了他们在当今世界的重要地位，他们在环境立法、保护自然环境和环境教育等方面更是走在世界的前列，引领人类生态文明时代的走向。作为一个西方工业革命开展得不算早的国家，德国为什么会在 19 世纪下半叶超越英法，一跃成为欧洲大陆的头号强国？探究这其中的奥秘，不难发现，德国科技创新和环境保护在经济发展过程中一直占据着主要地位：从19世纪的工业污染的治理和家乡保护口号下回归自然理念的诞生，到二次世界大战后“经济奇迹”背景下环境的日益恶化、70年代的反核运动、80年代森林大面积死亡后西德社会的全面反省和彻底整治，尽管发展与治理这条道路走得异常艰辛，但在历史的艰难曲折中他们却始终走在世界前列，因为他们深刻认识到，技术的发展只有在环境可承受的范围内方可运用，它绝不能以牺牲环境和人的健康幸福为代价，只有这样才能确保实现真正意义上的可持续发展，并建立一个强大的、有应对未来挑战能力的德国（zukunftsfähiges Deutschland）。所以，在这样的形势下，德国环境史研究也就有了许多活源之水和动力支撑，近三十年所取得的丰硕成果也反映了德国学者在这一领域所做的实践努力和重要贡献。应该说美、中、德、英等国的环境史研究已走在了世界前列，如何相互学习借鉴，取长补短，对美、英、德等国的环境史进行深入研究恰逢其时。只有这样，我们才能做到古为今用，洋为中用，逐步丰富和完善国内的国别史研究，和中国环境史研究一起，在全球环境史这根主线的引领下，共同促进这门新史学的发展和繁荣。

其次，环境史研究需要具有时代担当精神。如何写好新时代历史，2019年1月3日，习近平总书记在致中国社科院中国历史研究院成立的贺信中已为广大史学者指明了方向：“立时代之潮头，通古今之变化，发思想之先声，知古鉴今，资政育人。”① 这应成为广大史学工作者的责任和使命，也是史学工作者真正的时代担当。既然环境史研究的是人与自然关系的历史演变，面向现实，积极回应重大社会关切，那么这样的研究就需要广大环境史工作者不断整合各方面的研究力量，着力提高研究水平和创新能力，推动本土及其他国别史研究，从而更好地为推进生态文明建设服务。此外，他还指出：“历史是一面镜子，鉴古知今，学史明智。”② 其中的这个“智”也应包含环境史研究应具有时代担当这种智慧，尤其是在当前“一带一路”的形势下，如何“构建人类命运同体，实现共赢共享”，

① 《习近平致中国社会科学院中国历史研究院成立的贺信》，新华社北京2019年1月3日电，见人民网网站（http：//politics. people. com. cn/n1/2019/0103/c1024 - 30502233. html）。

② 同上。

这就需要广大环境史学者在加强国际合作交流的同时，不断拓宽新视野，开辟新领域，研究新课题，吸收整合古今中外的研究成果，从而织就一个广泛密切、绿色繁荣、文明共享的“全球生态之网”，这是环境史学者所面临的新任务和新挑战，也是文明交流史发展方向和希望之所在。

第一章　前200万年至中世纪前中欧地区气候变化、人类活动和自然环境演变

从今天人们所掌握的科学知识来看，中欧地区形成的自然地理条件是几百万年以来各种自然要素相互耦合生成的结果，地质构造、气候变化、动植物出现以及人的出现和进化等都对中欧地区的自然条件变化产生了重要影响。在200万年前的第三纪地质期，中欧地区还处在一个比今天还要暖和的温暖期，四处爬行着巨大动物，到处长满了植物——包括今天已看不到的玉兰、巨杉、胡颓子和核桃等植物。[①] 然而，进入到第四纪地质期，一场生态灾难悄悄来袭，气候开始变得寒冷，很多动植物生长速度减缓，许多地区的冰川逐渐形成，北欧斯堪的纳维亚半岛的冰川开始向南一直推移到阿尔卑斯山地区，本来是陆地的北海和波罗的海一带区域被冰碛裹挟的泥沙巨石从中隔开，形成今天这两个海域。此时期的冰川南进还促成很多山区丘陵的形成，今天德国境内的下劳西茨（Niederlausitz）、弗莱明（Fläming）、阿尔特马克（Altmark）和吕内堡荒原（Lüneburger Heide）等丘陵都是当时这些冰川活动的产物。[②] 尤其是进入到120万年前明德冰期（Mindel-Eiszeit）的冰河时代早期，由于温度持续下降，整个欧洲几乎被一个巨大的冰罩覆盖着，许多动植物慢慢绝迹。冰川不断堆积使得很多内陆湖形成，今天北德地区的托伦瑟湖（Tollensesee）、沙尔穆策尔湖（Scharmützelsee）、什未林湖（Schweriner See）以及南部阿尔卑斯山附近地区的博登湖（Bodensee）、苏

---

① Hansjörg Küster, *Geschichte der Landschaft in Mitteleuropa*, München: Verlag C. H. Beck, 2013, S. 37.

② Ebd., S. 41.

黎世湖（Zürichsee）、阿莫尔湖（Ammersee）和特劳恩湖（Traunsee）等都是当时冰川南移的结果。[①] 此外，在冰冷干燥气候下，冰碛爆裂形成许多碎石，它们在凛冽寒风的吹送下多散布在树木稀少的原野，再经过夏天冰释雪水的冲刷后，往往形成很多高燥地和平原带，比如今天的石勒苏益格—荷尔施泰因高燥地（Schleswig-Holsteiner Geest）和慕尼黑绍特尔平原（Schotterebene）。[②] 这些雪水或注入湖泊，或流入河谷，尤其是到了冰河时代晚期，随着气候变暖，越来越多的雪水慢慢汇聚到一起，逐渐形成较大的河流，如易北河（Elbe）就是此时期雪水汇聚所形成的一条大河。

此时期，冰川边缘的泥沙在风力、雨水、阳光等作用下多形成富含矿物质的黄土，科隆（Köln）附近平原、德国艾费尔（Eifel）、萨尔兰（Sauerland）和哈茨山（Harz）中部这一长条地带以及南德部分地区都为这种黄土所覆盖，西南部的凯萨施图尔（Kaiserstuhl）和图尼贝格（Tuniberg）的黄土厚度甚至深达十多米，即使在今天，这些地方也属中欧地区土地肥力很好的地区，它们为植物的生长以及人类生存提供了有利条件。随着这一时期冰河时代寒冷期的结束，地中海北岸、阿尔卑斯山南麓的很多植物也开始迁移过渡到阿尔卑斯山北麓地区，有些甚至还深入到纬度更高的多瑙河沿岸地区。[③] 不过，尽管从地理条件来看该高纬度地区存在物种多样性的可能，但由于其比地球上其他高纬度地区有着更严苛的气候条件，所以，中欧植被生存几率还是相对较小，这些应归因于冰河时代气候剧烈不断地变化和东西走向高山带（如德国中部山区和阿尔卑斯山脉）的阻隔，它们严重阻滞了南北方动植物的迁徙转移，从而也使本地区的动植物生长带有和其他地区明显不同的特征。

自1.8万年后，地球气候总体开始变暖，这一时期由于气候冷暖的不断反复，也出现了很多冰期和间冰期。[④] 这种冰期和间冰期之间的气候变

---

① Hansjörg Küster, *Geschichte der Landschaft in Mitteleuropa*, München: Verlag C. H. Beck, 2013, S. 45.

② Ebd., S. 48.

③ Ebd., S. 49 – 50.

④ 所谓的间冰期是指介于两次冰期之间的温暖期，表现为冰川大规模消退，河湖逐渐形成，生物开始繁育。

化往往也会带来很多地形地貌变化，甚至生态灾难，如1.2万年前的间冰期这一时期，阿尔卑斯山冰川融化造成了许多河流泛滥，今天茵河（Inn）和伊萨河（Isar）河谷的形成就是当时洪水冲蚀的结果，此外，阿尔卑斯山山麓边以及东北部波罗的海沿岸低地平原中的许多湖泊也由此形成。在此后的两千年间，虽然天气仍较为寒冷，但由于气温比原来上升了7度，所以，在欧洲和北美地区，森林开始出现，许多原先活动在冻原地区的大型动物如巨鹿等也开始出现在森林中。约到了8000年前，森林已从阿尔卑斯山延伸到北海边，东边一直生长到俄罗斯境内，西边则延伸至法国西部地区，[①] 此时期内，桦树、松树、榛树、橡树生长茂盛，尤其是山毛榉在中欧地区更是到处可见，它多分布在今天德国西南部和东南部许多地区。[②]总之，这些树木的生长可从今天北德地区的许多考古发现中得到印证，另外，考古中发现的原冻原和荒原地区大量残留掩埋的动物尸骨和植物花粉也标志着当时的动物已从荒芜的空阔地带慢慢迁入生存条件更为有利的森林地带。

在海洋形成方面，大约一万年前的后冰期时代，由于斯堪的纳维亚半岛冰川和中欧地区山上冰川的融化，大量雪水开始注入地势原本低凹的北海地区。在此之前，威悉河泥沙冲入北海所形成的多格滩（Doggerbank）还要高出本来很低的水面，而到了一万年前，多格滩就被这些冰川雪水淹没到海平面以下。在此之前还是封闭性的带有淡水湖性质的波罗的海[③]在两千年后和丹麦湾西边北海注入的海水连成一片，而在此之前两海之间的隔海区可不是人们想象中的今天丹麦的日德兰半岛，而是还要往北延伸的瑞典中部山区，只是若干个世纪后由于此地区山脉的不断抬升，以及海域面积的不断缩小，才致使日德兰半岛成为两海之间的半隔离陆地，这也正是今天波罗的海被称为半咸海甚至淡水海的缘故。[④]

---

① Hansjörg Küster, *Geschichte der Landschaft in Mitteleuropa*, München: Verlag C. H. Beck, 2013, S. 73.

② Hansjörg Küster, *Geschichte des Waldes*, *Von der Urzeit bis zur Gegenwart*, München: Verlag C. H. Beck, 1998, S. 39－48.

③ 8000年前此海被称为利托瑞那海（das Litorina-Meer）。

④ Hansjörg Küster, *Die Ostsee*, *Eine Natur- und Kulturgeschichte*, München: Verlag C. H. Beck, 2002, S. 81－91.

和动植物相比，人类进入自然历史却晚了很多。直立猿人最早诞生于180万年前的东非地区，智人尼安德特人20万年前才进入欧洲大陆和西亚地区，[①] 不过，这些早期智人曾一度消失，取而代之的是3.8万年前出现的克罗马农人，他们属于晚期智人，也是欧洲人真正的祖先。从考古分析来看，当时的这些晚期智人已拥有相当程度的文明，他们不仅是出色的猎手，经常捕获驯鹿、野马甚至其他猛兽，而且还能雕刻精美器物，甚至在石岩上绘制壁画。[②]

从生存条件情况来看，在食物采集方面，和尼安德特人一样，克罗马农人采集果实的品种相当丰富，既有水果、坚果、浆果等果实，也有野草、植物根茎、蘑菇等植物，甚至蠕虫、鸟蛋、蚌壳、蜂蜜、海藻等也成为他们的食物来源。尽管大自然提供的食物品种较多，但对于体型高大、身强力壮的晚期智人来说，这些食物还是相对匮乏。进入全新世的中石器时代之后的两千年，欧洲榛果则成为他们主要的采集食物。对于那些吃不完的采集食物，他们运用已学会的储存技术，或用兽皮包裹，甚至还会用草编篮筐搬运食物，以方便迁徙辗转。[③]

在渔猎方面，此时期中欧地区的大量动物也为晚期智人提供了很多食物。由于寒冷水域比温暖水域含有更多的氧气，所以鱼鸟往往多出现在较冷水域的湖海河流中，而在草木生长地带，野牛、熊、大象和驼鹿等则经常出现，尤其是驯鹿在当时属于最常见的动物，由于其具有冬天怕冷、夏天怕蚊子的特性，所以它们每年有规律的迁徙往往会吸引晚期智人跟随围捕。因石器时代早期还没有较理想的捕猎工具，他们多采用围猎方式，将猎物赶上悬崖峭壁，让其摔死，以此获取猎物，今天法国勃艮第（Burgund）索罗特雷（Solutré）博物馆中陈列的许多野马遗骸即是当时人们原始捕猎的一个证明，此地山岩下挖掘出的野马尸骨有十万具之多。[④] 然而，这样的原始捕猎方式仍不足以解决晚期智人的温饱问题，于是，粗制石

① 刘湘溶：《生态文明论》，湖南教育出版社1999年版，第23页。

② Günter Haaf, *Rettet die Natur*, Gütersloh: Praesentverlag Heinz Peter, 1981, S. 252.

③ Hansjörg Küster, *Geschichte der Landschaft in Mitteleuropa*, München: Verlag C. H. Beck, 2013, S. 52 – 55.

④ Hansjörg Küster, *Die Entdeckung der Landschaft*, *Einführung in eine neue Wissenschaft*, München: Verlag C. H. Beck, 2012, S. 174 – 176.

块、简陋鱼叉、梭镖等工具开始出现，尤其是燧石的发明不仅使他们能用火烧熟生肉，抵御严寒，而且还能用火烧制出更高效的狩猎工具，石刀、石制箭镞等的制作为捕猎带来了更大的便利。① 可以说，火的发明使用极大地改善了晚期智人的生长发育和进化状况。从生态意义方面来看，火的发明也非同小可，它不但对气候条件产生影响，而且还能改变土壤和动植物群落结构，这些都为人类进入农业文明时代创造了有利条件。②

火的发明让晚期智人不必跟随动物定期迁徙，从而使他们能定居在某个地点成为可能。南部特罗肯河谷（Trockental）、南部多瑙河、罗纳河（Lone）、阿尔特缪尔河（Altmühl）和布伦茨河（Brenz）河边山崖上的许多洞穴就是当时晚期智人的落脚地。这些岩穴不但能遮蔽风雨，抵挡严寒，而且其附近还多有泉流，供晚期智人方便饮用。不时来泉水边饮水的动物往往也因此成为晚期智人的猎物。③

随着8000年前中欧地区茂密森林的生长，现代智人洞穴居住的方式也发生了根本改变，他们由此慢慢进入森林，以树干为支撑搭建起可容纳多人居住的长排矮屋，早期聚落由此慢慢形成。④ 在库斯特看来，"一个由人、动植物组成的较为复杂的协同进化过程随即开始"，⑤ 因为在这个过程中，许多野生植物被人工栽培，许多野生动物被人工驯养，这在很大程度上改变了动植物基因。为了能获得更多的生活资料来源，他们就必须学会先定居下来，许多原始农屋茅舍于是逐渐被搭建起来，这样，居住地附近的农作物就可以得到种植收获。当然，这仍不足以养活他们，他们仍保持着智人原有的习性不时外出狩猎，采摘野果，以果腹充饥。此时期中欧地

① Hansjörg Küster, *Geschichte der Landschaft in Mitteleuropa*, München: Verlag C. H. Beck, 2013, S. 55 - 56.

② ［美］斯蒂芬·J. 派因：《火之简史》，梅雪芹、牛瑞华、贾珺等译，陈蓉霞译校，生活·读书·新知三联书店2006年版，第1—4页。

③ 同上书，第58—59页。

④ 世界上最早的聚落雅尔莫（Jarmo）聚落位于今天伊拉克北部库尔德人居住地扎格罗斯山（Zagros）的一个斜坡上，它诞生于公元前8000年。它为美国芝加哥大学考古学家布雷德伍德教授于20世纪40年代在此考古发现。（Robert J. Braidwood, *The Agricultural Revolution*, in: *Scientific American*, Vol. 211, 1964, S. 131 - 148.）

⑤ Hansjörg Küster, *Geschichte der Landschaft in Mitteleuropa*, München: Verlag C. H. Beck, 2013, S. 75.

区智人的这些举措看似寻常，然而在许多考古学家看来，这却是文化史上的一场“新石器时代革命”，因为它象征着中欧地区农业革命的开始，这是古人类进化的一个重要标志。[①] 到了7500年前的新石器时代晚期，一批来自小亚细亚地区的手工制陶者横穿欧亚大陆，迁徙定居于斯图加特（Stuttgart）周边茂密的森林区。他们逐水而居，然后砍伐小片林木，开荒种地，播撒从家乡带来的二粒小麦、单粒小麦、豌豆、扁豆和亚麻等谷物种子，同时，他们也饲养牛、猪、羊、鸡等牲畜。在生产工具方面，他们所使用的也只是最原始的锄犁等。应该说，早期的土地开垦和森林砍伐规模都不是很大，虽有水土流失导致山谷淤泥堆积，形成新的地形地貌，且家畜饲养和放牧迁徙也有可能对周边的动植物物种构成侵害和威胁，但这种垦殖放牧对自然环境所造成的影响还是微乎其微的。值得注意的是，和两河流域苏美尔人的早期农业文明相比，[②] 欧洲大陆的这种农耕方式还是符合今天人们所说的可持续发展性这一含义，因而也更是一种经济意义上的成功，因为早期苏美尔人农业文明所付出的代价是：人工灌溉导致土壤的盐碱化，森林过度砍伐导致喀斯特地貌的出现，较少发生但后果严重的亚热带气候所形成的暴雨灾害往往随河流洪水直泻而下，许多村庄和人的生命财产被巨大的泥石流所掩埋，[③] 正如《圣经·旧约全书》中所记载的那样，洪水、饥荒、动植物灭绝、人口大逃亡等生态灾难也曾在早期的人类文明中不断出现。[④] 反观早期中欧地区的农业文明却是一种可持续发展景象：森林茂密带来丰富的腐殖质层黄土为谷物种植提供了最佳场所，气温适宜、雨量丰沛确保了谷物的顺利生长，冬季霜冻能松软土壤，为开春种子的破土而出创造有利条件，局部小范围的森林采伐既可为谷物生长遮

---

① Hansjörg Küster, *Geschichte der Landschaft in Mitteleuropa*, München: Verlag C. H. Beck, 2013, S. 76.

② 早期近东农业文明是指公元前九至七千年这段时间内两河流域开始的农业文明，它是世界上最早的农业文明。其他农业文明还有西亚、西南亚、我国黄河流域、巴布亚—新几内亚高原、中美洲部分地区、南美西部地区等农业文明。（Peter Bellwood, *Frühe Landwirtschaft und die Ausbreitung des Austranesischen*, in: *Spektrum der Wissenschaft* 9, Heidelberg: Sprektrum-der-Wissenschaft-Verlagsgesellschaft, 1991, S. 106 – 112.）

③ Stephan Schmal, *Umweltgeschichte*, *Von der Antike bis zur Gegenwart*, Bamberg: C. C. Buchners Verlag, 2001, S. 11.

④ 香港圣经公会：《圣经·旧约全书》，香港圣经公会出版社1995年版，第2—11页。

风挡沙，同时还能提供充足的光照和通风条件，此外，庄稼地边的森林树木在雨后还可储蓄充足的水分以确保生长，一旦没有这些水分，植物的光合作用即不复存在，庄稼种植和收成也无从谈起。[①] 不过，早期中欧地区农耕所呈现的很显著的一个特点是：短的几十年、长达数世纪的聚落往往会发生突然迁居的现象。究其原因，很可能是因为土地肥力的下降。[②] 但也存在着其他观点，即很多高大灌木留在地下的根茎一时很难清除，故而造成庄稼歉收；[③] 或是因为长年栽种同一种庄稼作物，这样的作物很容易遭受病虫害侵袭，最后造成绝收。[④] 虽然这些观点不尽相同，但它们都和一个问题有关，就是环境问题制约着人的生存。不管怎样，总体来说，早期中欧的农业种植给自然环境带来了一些变化，但这种变化绝不是动植物物种灭绝意义上的变化，相反，它不仅不会破坏自然环境，反倒更有利于促进新的生命空间或小生境的形成，如田野、花园、聚落道路、放牧林场、休闲荒地、冶炼作坊等。此外，许多种植在河岸边的草树又变成了野生类草木，休闲荒地上所长出的覆盆子和草莓等既为土地增添了肥力，同时也为人们提供了营养丰富的果实。这些都是早期近东农业文明发展所不具备的条件，同时也为人类农业文明发展提供了经典的成功案例。

随着森林砍伐、土地开垦、家畜饲养的进行，中欧地区的自然环境也在悄悄发生着变化。由于天气温暖湿润，雪水将很多地表的细土和腐殖质带进山谷，很多湖泊和低沼地开始形成，很多年后富含矿物质的地方生长出的草木在洪水的不断冲刷下堆积在河道中，再加上泥沙流的不断积聚，于是很多河流开始改变流向，新的河流河谷由此产生。德语“河谷”（Aue）一词即明显带有早期地形地貌发生变化的印记。该词本意为被水和潮湿地区所包围的小岛，而后来则转义为“河谷”，今天德国如帕骚（Passau）、莱希瑙（Reichenau）、布赫瑙（Buchenau）等很多这样的地名

① Hansjörg Küster, *Geschichte der Landschaft in Mitteleuropa*, München: Verlag C. H. Beck, 2013, S. 82.

② Ebd., S. 81.

③ Georg Kossack, *Ländliches Siedlungswesen in vor- und frühgeschichtlicher Zeit*, in: *Offa* 39, Neumünster: Wachholtz Verlag, 1982, S. 272.

④ Robert Gradmann, *Vorgeschichtliche Landschaft und Besiedlung*, in: *Geographische Zeitschrift* 42, Stuttgart: Franz Steiner Verlag, 1936, S. 382－383.

均具有这一历史地理含义，同时也反映了早期人类活动情况。[①] 应该说，由于人类活动频繁，一种“流动的”、“不稳定的”、但“尚可逆转”的自然状态也在悄悄发生变化：河谷泥土不断堆积，河谷草木不断生长，新的河流小溪不断形成和交叉改道，这些都影响着早期中欧地区人们的定居迁徙和生存。

进入4200年前的青铜器时代，很多古人类开始向阿尔卑斯山地区积聚，为的是能开采本地区的铜矿资源。由于地理气候欠佳，这一地区的高山牧场很难种植庄稼，尤其是冬季作物几乎无法种植，有的也仅是种植一些夏季作物如大麦和二粒小麦等。[②] 尽管生存条件严苛，但采铜业的兴盛还是吸引很多古人类迁居至此，如萨尔茨堡周边地区就是当时很重要的铜矿开采地。正因为如此，阿尔卑斯山在当时就已是欧洲最重要的包括铜金属在内的矿山开采地。矿山开采由此也带来交通贸易的兴起，但凡有需要金属的地方，它们都被运送出山口，比如铸铜所需要的锌金属在开采后也被大量运送到阿尔卑斯山北麓的内陆境地。此外，德国其他地区的图林根（Thüringen）及周边地区和埃尔茨山（Erzgebirge）也是当时重要的铜矿开采地。[③]

这一时期，原本居住在山坡森林中的古人类开始迁徙到山下水草丰茂的河谷边居住，巴伐利亚南部地区派斯特纳克尔（Pestenacker）和博登湖沿岸的很多聚落考古都反映了这一历史变迁。此外，北海边也开始出现部分渔村和小码头。[④] 青铜器的出现使较为坚固耐用的劳动生产工具有了用武之地，森林砍伐和土地开垦的速度随之加快。从考古发现来看，当时西北部长满橡树、东部长满松树的很多地方皆被大面积砍伐，新开垦的地方或种植庄稼，或当做牧场。由于长年种植放牧，这些地方的土壤逐渐变成

---

① SEW-EURODRIVE, *Driving the world*, *Autoatlas Deutschland und Europa*, München: GeoGraphic Publishers GmbH & Co. KG, 2002/2003.

② 二粒小麦（Emmer）生长期短，仅三个月即可收镰。此外，其青稞麦苗还可作草料，喂养牲口。由于夏季阿尔卑斯山地区经常落雪，所以该庄稼植物是恶劣天气条件下一种很好的牲口饲料。

③ R. Wyss, *Die frühe Besiedlung der Alpen aus archäologischer Sicht*, in: *Siedlungsforschung* 8, Bonn: Verlag Siedlungsforschung, 1990, S. 69－86.

④ Hansjörg Küster, *Geschichte der Landschaft in Mitteleuropa*, München: Verlag C. H. Beck, 2013, S. 100－103.

荒原沙地。[①] 在南部地区，由于青铜器工具的使用，许多地理条件不好的石灰岩地区也被开垦种植，如施瓦本山（Schwäbische Alb）和弗兰肯山（Fränkische Alb）许多低洼湿地也都种上了庄稼。伴随着劳动生产工具的改良，此时期中欧地区的人工栽培植物已扩大到斯佩尔特小麦、大麦、黍米、大豆等。受气候和地理条件的限制，青铜器时代麦子作物的种植还相对单一，一般每年只有两个麦种种植的可能性，如北部地区多种植大麦和斯佩尔特小麦，中部地区多种植大麦和二粒小麦，而南部地区多为斯佩尔特小麦和大麦。在动物饲养方面，此时期的晚期智人不但可以从动物身上获取鲜奶和肉食，而且还可以制作毛皮，抵御严寒。特别是此时期人们已开始学会用羊毛编织衣物，而这种编织技术对于高山区古人类的冬季御寒又是至关重要的。

进入公元前 1300 年后的青铜器时代晚期，虽然古人类和之前一样处于一种定居状态，但这种聚落定居是一种相对概念，因为从长时间范围看，他们仍处在一种游移不定的状态，因为各种不利的地理环境要素、生产技术要素等迫使他们不得不做出这样的举措，因而他们须迁居到生存条件更理想的场所，如东北部地区的很多河滩边，甚至河流中间的小岛也开始有人定居。例如公元前 1000 年左右的柏林施普雷河（Spree）中的柯林岛（Cölln）就有人迁入定居，流经南部雷根斯堡市（Regensburg）的多瑙河中的小岛以及流经南部班贝格市（Bamberg）的雷格尼茨河（Regnitz）中的小岛也有早期居民定居的历史遗迹，这些都是早期城市的雏形。[②]

除以往饲养的牛、羊、猪等动物外，马是青铜器晚期中欧地区最重要的力畜。此时期由于草场的大量开发和种植技术的提高，充足的草料为马的饲养创造了有利条件，黍稷和蚕豆等富含蛋白的作物都是最好的喂马饲料。马不仅可用于耕作，而且还具有军事用途，如长途奔袭，攻克敌方小岛或位于高处的聚落等。[③] 所以，和青铜器使用一样，马的使用也是青铜

---

① Karl E. Behre, *Landschaftsgeschichte Norddeutschlands*, *Umwelt und Siedlung von der Steinzeit bis zur Gegenwart*, Neumünster: Wachholtz Verlag, 2008, S. 123 – 125.

② Hansjörg Küster, *Geschichte der Landschaft in Mitteleuropa*, München: Verlag C. H. Beck, 2013, S. 126.

③ 很多聚落到中世纪时为很多城堡所围绕，由此成为后来的城市雏形。Hansjörg Küster, *Geschichte der Landschaft in Mitteleuropa*, München: Verlag C. H. Beck, 2013, S. 122 – 124。

器晚期时代中欧社会进步的一大表现，它反映了当时人类农业文明进程的一个巨大进步。

随着公元前800年冶铁技术的使用，欧洲铁器时代正式到来。中欧地区的铁矿资源首先在阿尔卑斯中部地区被发现，另外，施瓦本山、黑森林山、哈茨山区以及埃尔茨山区也先后发现了铁矿。由于冶铁和矿山坑道搭建需要大量的木材，所以此时期森林砍伐速度已明显加快。铁矿石中含有铅、镉等重金属元素，因而导致矿山周围的不少植物死亡，但它们对环境的污染总体来看还是很有限的。由于铁器工具比青铜器工具更坚固耐用，所以其使用给中欧农业提供了可持续发展的可能，并促成了中世纪兴盛繁荣期的到来。在农业生产方面，铁制重犁和长柄镰在此时期开始出现，重犁深犁后的泥土不仅能多吸收粪肥，而且还能有效防止水土流失。[①] 在庄稼收割方面，使用铁制长柄镰不需弯腰的收割方式则为人们节省了大量体力。由于生产工具的不断改良，粮食作物种类也有了较大提高，原来在青铜器时代每年只能栽种两种粮食作物的地区，此时期至少可以栽种两种以上的粮食作物，这为收成增加和人口增长创造了有利条件。此外，剪子和刀具的使用也极大提高了劳动效率，刀具可用来裁剪加工兽皮，剪子可用来收剪羊毛。此外，铁制辔具和马掌的使用也为养马驯马提供了便利。[②] 此时期的凯尔特人还用镰具收割菘蓝等染料植物来给羊毛和其他植物纤维染色。[③] 除此之外，盐的开采使用也标志着食品防腐储存技术的进一步提升，如哈尔施塔特（Hallstatt）人为防止肉食品腐烂，采用了肉类腌制技术。[④]

由于这一时期古日耳曼人和地中海沿岸的古罗马人开始了商业交往，所以，动物饲养也大规模兴起，古日耳曼人将羊毛和兽皮出售给古罗马人，顺便购回葡萄酒和其他生产生活用品。今天南德马尔瑙（Marnau）和

---

① ［日］河原温、堀越宏一：《中世纪生活史图说》，计丽屏译，天津人民出版社2018年版，第61—62页。

② Eberhard Schulze, *Deutsche Agrargeschichte*, 7500 *Jahre Landwirtschaft in Deutschland*, Aachen: Shaker Verlag, 2014, S. 17 – 31.

③ Karl E. Behre, *The History of rye cultivation in Europe*, in: *Vegatation History and Archaeobotany*, 1 (3), 1992, p. 151.

④ Goerg Kossack, *Südbayern während der Hallstattzeit*, in: *Römisch-Germanische Forschungen*, 24, Berlin: De Gruyter Akademie Forschung, 1959, S. 25 – 36.

施塔恩贝格（Starnberg）两地间的许多古墓发掘已证明那里就是当年通往地中海沿岸的一条重要的商业古道。①

从今天的研究来看，古罗马人的入侵在给北方“蛮族”带来文明的同时，也给今天莱茵河两岸、多瑙河以南的大片占领区带来了不少环境问题。为防止“蛮族”骚扰，古罗马人修起军事防御设施利姆斯墙（Limes）。② 随着罗马军队和大量移民的迁入，一批基础设施如河港码头、驰道桥梁、贵族别墅等开始兴建。应该说，这些别墅、驰道和桥梁修建所需的大量石料给环境造成了很大破坏，今天该地区的许多采石场就是当时的历史遗迹。此外，原本古罗马历史学家塔西佗（Tacitus）笔下记载的“密树参天”的莱茵河沿岸的大片森林被古罗马人砍伐。③ 与此同时，一些城市也开始形成，如雷根斯堡（Regensburg）、克桑滕（Xanten）和特里尔（Trier）等城市，尤其是科隆，当时就是帝国大城市。为确保市民使用清洁的饮用水，城市专门从很远处雨量充足的艾费尔地区引入河水，沿途许多山谷被人工炸开，为的是能制造较大的水位落差，将水源引入市内，由此可见科隆对于罗马帝国的重要性。④ 在住房方面，古罗马人运用先进的建筑技术建盖房屋，今天内卡河（Neckar）和多瑙河两岸仍有着许多别墅遗迹。为确保军队长期驻扎和城市居民生存，古罗马人在种植大麦的基础上，还向北方蛮族学习亚平宁半岛没有的斯佩尔特小麦种植技术。在果树栽培方面，他们带来先进的种植技术，在占领区栽种橄榄、葡萄、苹果、梨子、樱桃、桃子、核桃和栗子等。在土地耕作方面，他们还对蛮族的许多耕作技术进行了改良，如铁犁技术、泥灰肥和家畜粪肥的使用等。⑤

---

① Hansjörg Küster, *Geschichte der Landschaft in Mitteleuropa*, München: Verlag C. H. Beck, 2013, S. 135.

② Günther E. Thüry, *Die Wurzeln unserer Umweltkrise und die griechisch-römische Antike*, Salzburg: Otto Müller Verlag, 1995, S. 34.

③ ［古罗马］塔西佗：《阿古利可拉传，日耳曼尼亚志》，马雍、傅正元译，商务印书馆2018年版，第48页。另可见 Tacitus, *Germania*, *Zweisprachige Ausgabe Lateinisch-Deutsch*, Übertragung und erläutert von Arno Mauersberger, Köln: Anaconda Verlag, 2009, S. 38–39。

④ Hansjörg Küster, *Geschichte der Landschaft in Mitteleuropa*, München: Verlag C. H. Beck, 2013, S. 165.

⑤ Udelgart Körber-Grohne, *Nutzpflanzen und Umwelt im Römischen Germanen*, Aalen: Limesmuseum Verlag, 1979.

随着3世纪罗马帝国的日渐衰微，罗马人在蛮族占领区的统治影响力开始逐渐下降，取而代之的是4至6世纪匈奴人、哥特人和汪达尔人的入侵，古日耳曼人长达三百年的民族大迁徙由是开始。尽管他们一直处于一种不断迁徙的状态，但许多聚落的地名却从此保留下来，从这些地名中，人们今天仍可寻找到不少历史文化信息，这也反映了日耳曼先民对故土、对自然的某种割舍不断的情怀，如莫林根（Möhringen）、法英根（Vaihingen）和麦廷根（Mettingen）等地名均带有“-ingen”这样的词尾（“草地”之意），祖芬豪森（Zuffenhausen）和缪尔豪森（Mühlhausen）等地名带有“-hausen”这样的词尾（“家”之意），图恩茨霍芬（Tunzhofen）和依门霍芬（Immenhofen）等带有“-hofen”的词尾（“庄园”之意）等即表达了当时人们这样的内心诉求。[①] 随着基督教向中欧腹地不断传播深入，越来越多的僧侣修士开始前往人口密集的聚落，最后甚至连森林边、河流旁、山顶上、河心小岛都建起了修道院。随着社会形态的不断变化，民族大迁徙（370—570年）之前所形成的以家庭血缘关系为基础的氏族社会此时期已逐渐解体，取而代之的是以地域划分为基础的马尔克公社。公社内各部落发生战争冲突的结果往往是以某一部落军事首领的最后胜利而告终，于是，德意志第一个封建王朝墨洛温王朝（Merowinger，448—751年）正式登上中世纪历史舞台。[②]

---

① SEW-EURODRIVE, *Driving the world*, *Autoatlas Deutschland und Europa*, München: Geo-Graphic Publishers GmbH & Co. KG, 2002/2003.

② ［加］马丁·基钦：《剑桥插图德国史》，赵辉、徐芳译，世界知识出版社2005年版，第12—17页。

第二章 中世纪中欧人与自然环境的互动（约500—约1500年）

马尔萨斯（Thomas Robert Malthus）认为，当人口增长速度超过食物供应增长速度时，人类生存危机就不可避免会产生。还在7世纪时，欧洲仅有约1200万人，此时期的自然资源足够其支配使用。然而，进入14世纪后，欧洲大陆已激增5000万人口，它的急剧增长已渐渐给自然环境带来压力，资源危机已开始显现。[①] 在德意志境内，为缓解土地不足的压力，大批森林被砍伐，尤其是12世纪东进开垦运动更加速了森林的大片消失，新开垦出的田地草场造成很多水土流失和地形地貌的改变。这里，森林危机的出现不仅有农业开垦的原因，同时，城市工商业生产、矿山冶炼等也加速了森林的砍伐，所以，中世纪最大的生态危机便是森林资源的危机。在城市方面，随着13世纪城市的不断兴起，人口增长也带来了很多空气质量问题和污水处理问题，随后14世纪鼠疫的大爆发在很大程度上也应归咎于城市环境的污染。在某种意义上，鼠疫既是中世纪欧洲人的灾难，也是一场严重的生态危机，它不仅夺去了很多无辜性命，还严重地动摇了社会政治基础和经济基础。本章将从气候、农业、城市、森林和瘟疫这五方面对中世纪日耳曼人在自然环境中的表现进行分析研究，同时也将探讨自然环境如何改变日耳曼人的生产生活，以此揭示这一历史时期的人地演进关系。

---

① ［英］E. 库拉：《环境经济学思想史》，谢扬举译，上海人民出版社2007年版，第20—29页。

第一节　气候骤变：从温暖期到寒冷期

今天历史学家所达成的共识是，气候变化不仅直接影响到人类活动，而且还决定了人类历史进程，这些从很多历史事件的发生中不难得出结论：公元前100—500年这段时间被称为“古罗马最佳温适期”（Optimum des Römerzeit），此时期也是罗马帝国的全面繁荣期；从中世纪8世纪开始，欧洲又迎来一个“中世纪温暖期”（Mittelalterliche Warmzeit），经济的不断发展导致人口激增，由此促进了11—14世纪中世纪繁荣期的形成；[①] 而紧随其后温度下降的“小冰河时期”（kleine Eiszeit），却催生了黑死病、“17世纪危机”等一系列历史事件的爆发，它们所引发的社会动乱为中世纪晚期和近代欧洲打上了阴沉的烙印。有鉴于此，要了解中世纪中欧地区政治、经济、文化背景下人与自然环境的互动关系，首先还是要从气候变化情况入手，这样可以更好地了解气候变化在人类历史进程中所扮演的重要角色，以此切入，尽可能地还原历史真相，对历史作出新的认识和了解。

应该说，民族大迁徙的结束标志着中欧地区日耳曼人正式告别自史前以来迁移不定、居无定所的状态，从此有了落脚生根之地。这段时期至7世纪的气温虽比“罗马最佳温适期”要低，但总体来说仍处于一种较温暖的状态，所以，整个墨洛温王朝时期仍处在一种稳定发展的上升时期。此时期的基督教传播已逐渐兴盛，早期的传教士先是占据河流湖泊中的小岛，然后在许多河口和山上修建修道院，开始传经布道。[②] “6世纪后，动荡的社会逐步平稳，人口快速增长刺激了拓荒垦殖的开展，土地面积大幅增加，庄园制基本形成。”[③] 随着社会的发展，进入七八世纪，德国北海沿岸很多人工海岛逐渐建成，岛上的维京人和弗里斯兰人开始和沿岸居民互

---

① Donald D. Gerste, *Wie das Wetter Geschichte macht: Katastrophen und Klimawandel von der Antik bis heute*, Stuttgart: Klett-Cotta Verlag, 2015.

② Hansjörg Küster, *Geschichte der Landschaft in Mitteleuropa*, München: Verlag C. H. Beck, 2013, S. 172.

③ 邢来顺、吴友法主编，王亚平：《德国通史》第一卷，江苏人民出版社2019年版，第39—40页。

通贸易，甚至还和格陵兰岛、英格兰岛进行远程贸易。[①] 由此可见，墨洛温王朝在政治、经济和宗教等方面所取得的成就在很大程度上应得益于当时上佳的气候条件。

从8世纪开始的“中世纪最佳温适期”对欧洲人来说无疑是上帝赐予农奴和庄园主的福音。而在此之前，仅依赖农业的日耳曼人如若连续碰上几个春季多雨、夏季低温，或两年干旱、洪涝频发的异常天气，就要开始为生计发愁，而此时期每年夏季六、七、八月份持续暖和的气温却给他们带来了丰收，尽管此时期也出现过不少战争、十字军东征、教会分裂和其他社会冲突，但依然可以说，8—13世纪整整五个世纪[②]的气候温暖期还是给欧洲大陆带来了难得的丰收富足，即使在偏僻乡村生活的人们也能过上平静自足的生活。无论年时好坏，人们都按照季节更迭周而复始地耕作，春播夏长，秋收冬藏，以此维持他们和庄园主的关系。根据气象模拟分析，11世纪前后英格兰夏季平均气温比今天要高0.7度至1度，而中欧地区夏季平均气温比同期还要高1度至1.4度，甚至在12—14世纪这两个世纪内从未出现过喜暖作物遭受五月份霜冻的现象。由于夏季月份能保持适宜的温度和干燥度，此时期欧洲的葡萄园种植规模逐渐扩大，英格兰南部的葡萄种植不断北移，最后连北纬53度地区也能种植。与此同时，比利时和北德等地区的葡萄种植也在大面积展开。在阿尔卑斯山东部山区，葡萄可以在海拔700米的高山上种植。[③] 不仅葡萄种植如此，该地区树木生长的海拔也在急剧升高，许多农户还在山顶更高处种植其他农作物。[④]

农业的丰产为人口增长创造了有利条件。民族大迁徙时期末的6世纪，欧洲最多也不过1200万人，到1000年前后，欧洲人口已上升至3800万，增长了三倍，而到1300年的中世纪繁荣期阶段，欧洲人口则又翻了一倍，达7000万之多。从地理分布上来看，这段时期纬度较低的地中海地区的人

---

① Hansjörg Küster, *Geschichte der Landschaft in Mitteleuropa*, München: Verlag C. H. Beck, 2013, S. 172 - 176.

② 共经历四个朝代，分别为加洛林王朝（Karolinger，751—911）、奥托王朝（Ottonen，919—1024）、萨利尔王朝时代（Salier，1024—1125）和施陶芬王朝（Staufer，1138—1254）。

③ Dirk Meier, *Stadt und Land im Mittelalter*, Ostfildern: Jan Thorbecke Verlag, 2003, S. 213.

④ ［美］布莱恩·费根：《小冰河时期：气候如何改变历史》，苏静涛译，浙江大学出版社2017年版，第20—21页。

口数约为1000年时期的一半，而纬度较高的英国、法国和德国人口却增长了近三倍，可见人口快速增长的势头。[①] 究其原因，德国学者格鲁普（Gisela Grupe）认为，是资源可使用空间不断扩大的缘故，也就是说，当时的生态系统可为消费者提供充足的资源保证，如食物、饲料、供暖和建筑材料资源等。[②] 由于能提供大批的劳动力，土地开垦和庄园种植确保了农奴制的顺利实行，庄园主将自己的领地以小块形式分给农奴，作为回报，农奴在自己所得的田地里无偿劳作，向庄园主缴纳实物地租，以此维护以土地换劳动、以保护换忠诚这种稳定的契约关系。无论是庄园主，还是农奴都希望有一个好年成，这种平安幸福也是他们所希望的一种上帝的眷顾和恩赐。

然而，自14世纪后长达五个世纪的“小冰河时期”却给欧洲带来了巨大灾难。这种“小冰河时期”的特点是：短期内相对稳定的天气状况经常被潮湿寒冷的天气打断，而这种潮湿寒冷的天气则带来暴雨、霜冻，因此导致庄稼歉收。对于这种极端气候的成因，一种较普遍的看法是北大西洋涛动气候现象所致。在美国学者费根（Brian Fagan）看来，该涛动对欧洲气候影响深远，它是导致自1300年后欧洲气候极端寒冷、变幻莫测的一个重要原因。[③] 1312年，北大西洋涛动指数处于高值，[④] 从而导致1315年整个北欧和中欧地区的多雨天气，欧洲北部几乎5月、7月和8月三整月没停过。异常寒冷的8月份过后，是仍旧同样寒冷的9月。在中欧地区，洪水往往冲走整个村庄，一次洪水溺死百人的情况不在少数。由于浅层的黏质土壤无法吸纳大量的雨水，从而造成山体侧面的田间形成大量深水沟。随后出现的因黏质底土渍涝严重所导致的持续多年的土地肥力下降已在所难免。此外，这场暴雨导致成千上万亩的谷物无法熟稔，秋季种植的

---

① Dirk Meier, *Stadt und Land im Mittelalter*, Ostfildern: Jan Thorbecke Verlag, 2003, S. 213.

② Bernd Herrmann (Hrsg.), *Mensch und Umwelt im Mittelalter*, Stuttgart: Deutsche Verlags-Anstalt, 1986, S. 28.

③ ［美］布莱恩·费根：《小冰河时期：气候如何改变历史》，苏静涛译，浙江大学出版社2017年版，第32页。

④ 北大西洋涛动指数是指以一年或十年时间长度为标准的实时涛动变化记录，涛动指数高表示亚速尔地区气压高，而冰岛地区气压低；涛动指数低则表示亚速尔地区气压低，而冰岛地区气压高。

小麦、黑麦等也彻底歉收，短短几个月后，北欧、中欧等地饥荒爆发。“小麦价格暴涨，而且是每天一个价。”①

祸不单行，1315 年粮食短缺的第二年春季，大雨又耽误了人们及时播种燕麦、大麦和斯佩尔特小麦，于是 1316 年又是个歉收年，德国编年史学家约尔丹（William Chester Jordan）对此曾有过这样的表述：“今年雨水如此泛滥，简直可以称之为‘洪水’。”② 在德国北部地区，许多农民为两个世纪以来森林的过度砍伐、林地开垦付出了惨重的代价。粮食歉收后，许多食不果腹的人甚至食用病死的牲畜和田间野草，由此导致痢疾、脱水等疾病的发作蔓延。此时期，新生儿和老人的死亡率也居高不下，无法遏止。③ 此外，在北部海边，由于暴风雨及持续降雨的侵袭，低洼地区的海水倒灌也引发了洪涝灾害，洪水过后农田变为滩涂，庄园主无法说服佃农回乡耕种，大面积农田便从此撂荒。在葡萄种植方面，由于霜霉病的侵害，此时期的葡萄产量也大幅减产，诺伊施塔特（Neustadt）葡萄园所受的打击最为惨重，正如 19 世纪德国古文物专家道赫纳尔（Friedrich Dochnal）所描述的：“1316 年，葡萄酒产量少得可怜；1317 年，其产量几乎为零；1319 年，葡萄酒口味变酸；1323 年，葡萄根茎由于极寒天气而冻死；直到 1328 年，也即大饥馑过后的第六年，葡萄酒才恢复以往甘甜的口味。”④

恶劣天气不仅影响到作物收成，而且还给许多家畜带来灾难。1317—1318 年的这个冬天，许多牲畜因为没有饲料喂养，再加上较早霜冻和持续降雪都冻死在圈厩牧场，这种情况一直持续了好几年时间。而在 1318 年夏天，由于天气较阴冷，牛瘟疫开始流行蔓延，病牛多出现痢疾和肠道疾病等症状，许多病死的牛不得不被焚烧或掩埋。此外，一种名为肝吸虫病的

① Henry S. Lucas, *The Great European Famine of* 1315, 1316 *and* 1317, in: *Speculum* 5 (4), 1930, p. 357.

② William Chester Jordan, *The Great Famine*, Princeton: Princeton University Press, 1996, p. 20.

③ Bernd Herrmann (Hrsg.), *Mensch und Umwelt im Mittelalter*, Stuttgart: Deutsche Verlags-Anstalt, 1986, S. 29 – 33.

④ William Chester Jordan, *The Great Famine*, Princeton: Princeton University Press, 1996, p. 34 – 35.

寄生虫传染病也使许多地方的山羊和绵羊损失了 70%。在这段牲畜大灭绝时期，由于牲畜锐减，粪肥严重不足，从而导致农田肥力的不断下降。而这期间，唯一不受影响的是猪的饲养，之所以如此，是因为猪的繁殖力很强，所以，在面包、牛羊肉供应不足的情况下，猪肉便成为此时期重要的食物来源。[①] 在城镇，大饥荒所引发的后果更为严重，食物匮乏导致人体浮肿，甚至倒毙街头。在此凶灾年份，每天都有许多瘦骨嶙峋的尸体被运进公墓掩埋。[②] 此外，治安问题也日益凸显，偷窃、抢劫甚至盗墓活动也时有发生，马尔堡（Marburg）镇公墓就发生过棺内金银饰品和钱币被盗这类事件。

根据树木年轮和冰芯记录分析，14—16 世纪晚期整个欧洲都呈现夏季气温持续低迷、冬季异常寒冷这种极端天气。1340 年，温暖的夏天完全不见，甚至 1345—1347 年连续三年都出现了湿冷夏季，甜菜花期推迟，尤其是 1347 年夏季植物的生长普遍推迟，这在以往 700 年的气候变化中是从未有过的。1433—1438 年，欧洲爆发了史无前例的大饥荒，紧随其后的是席卷整个欧洲的黑死病的流行蔓延，三分之一人口死于这场瘟疫，其中以城市为最。这种夏季湿冷的情况一直持续到 1380 年左右。之所以出现 1340—1380 年四十年夏季持续湿冷这种现象，主要原因正是北大西洋涛动所导致的阿尔卑斯山地区阿莱奇冰川活动的加剧。[③] 此后，冰川还在不断扩大，至 1440 年，德国高纬度地区的葡萄种植几乎无法进行。随后的极端天气有所缓和，尽管黑死病瘟疫还在肆虐，但随着北大西洋洋面状况有所好转，哈布斯堡王朝的经济还是有了一些恢复，原来撂荒的土地又开始复耕，粮食产量随之显著增长。由于当时的粮食价格过低，许多农民不得不转向家畜饲养或种植其他更赚钱的作物。这种情况一直持续到 16 世纪早期。然而，好景不长，到 15 世纪末的 1490 年，中欧地区又进入一个夏季气温普遍较低的状态，尤其是 1510—1520 年这十年内，类似情况连

---

① Dirk Meier, *Stadt und Land im Mittelalter*, Ostfildern: Jan Thorbecke Verlag, 2003, S. 232 - 233.

② Bernd Herrmann (Hrsg.), *Mensch und Umwelt im Mittelalter*, Stuttgart: Deutsche Verlags-Anstalt, 1986, S. 117 - 118.

③ Christian Pfister (Hrsg.), *Endlose Kälte. Witterungsverlauf und Getreidepreise in den burgundischen Niederlanden im 15. Jahrhundert*, Bern: Schwabe Verlagsgruppe, 2015, S. 208 - 215.

年出现。① 1560 年后，随着欧洲气温大幅下降和夏季多雨天气的出现，阿尔卑斯山冰川推进仍在不断进行，1590—1850 年这 260 年间已达到小冰河时期的顶峰期，当时罗纳河冰川的壮观景象曾令人惊叹，即使在远处的平原也能看到这一望无际的冰舌。总之，长达五个世纪的小冰河时期留给人的印象是：短期内相对稳定的天气状况经常被寒冷、潮湿的天气打断，而后者则带来暴雨、毁灭性霜冻，最终导致农业歉收。由于当时人们对天气情况认知有限，所以他们往往被偶尔的丰收冲昏头脑，突变气候的出现经常使他们手足无措，从而陷入被动的生存境地。所以，16—18 世纪，鉴于极端气候的不断加剧，如何获取充足食物已成为当务之急，这就迫使人们必须适应周边的自然环境，由此拉开了欧洲农业革命的序幕。

第二节　农业的“可持续发展”

自 7500 年前新石器时代晚期中欧地区农业诞生开始，农业生产所引起的环境变化也从此产生。鉴于农业生产直接表现为一种在土地上的经营耕作，所以，它对人和环境的影响也表现得最直接、最深刻。要揭示这样的关系，就需要弄清：第一，此时期德国农业的发展情况如何？第二，有哪些新技术的使用提高了生产效率？它们对环境又产生了哪些影响？第三，农业生产结构所呈现的多样性对环境有哪些影响？这些都是了解研究中世纪德国农业生产和环境变化的关键问题。

6 世纪，墨洛温王朝的马尔克公社取代了罗马帝国统治时期所推行的隶农制，这一举措标志着土地公有制向公社成员私有制的过渡。在此基础上，8 世纪加洛林王朝的封建采邑制又前进了一步，它不但确立了国王和贵族骑士之间领主与附庸的新型关系，而且还可以允许贵族骑士层层分封，包括土地上的农民也被当作分封对象。10 世纪开始的庄园经济制度是一种最重要的社会经济制度，除了明确封建领主可少部分自留外，他们还可将剩余土地分给农奴耕种使用，农奴所得收成即是田地产出和交纳贡

① Christian Pfister, *Historische Umweltforschung und Klimageschichte*, *Mit besonderer Berücksichtigung des Hoch- und Spätmittelalters*, *Siedlungsforschung*, in: *Archäologie-Geschichte-Geographie* 6, Bonn: Verlag Siedlungsforschung, 1988, S. 113 – 127.

税，这项持续了三个世纪的经济制度后来又被施陶芬王朝施行的佃农经济替代，之所以如此，是因为此时期城市贸易已逐渐兴起，商品经济日趋活跃，庄园主的消费需求随之不断提高，这给原有的庄园经济带来巨大冲击。为增加货币收入，庄园主不得不放弃原有的自留地，以出租形式换取地租，此外，他们也愿意让农奴以赎金形式换取身份自由。[①] 然而进入 15 世纪施陶芬王朝后期，由于黑死病爆发、人口下降和农业的大萧条，这种佃农经济便很难推行，取而代之的是封建领主从佃户手里夺回土地和对粮食贸易的垄断，失去土地和一切生产资料的佃户生存境况每况愈下，由此爆发了很多起义，近代曙光初步显现，由此也宣告欧洲新世纪的到来。

这其中，由于 12 世纪人口激增，自 8 世纪以来从未间歇的拓荒开垦运动[②]在德意志境内一度达到高峰，它不仅扩大了耕地面积，而且也促进了农业种植技术的进步和农机具的革新，而农产品的丰富则为商业的活跃和城市市场提供了丰富的商品和手工业原料，在西欧市场占很大份额的奥格斯堡（Augsburg）和乌尔姆（Ulm）的纺织业、纽伦堡（Nürnberg）的呢纺织业的兴起皆得益于这种农业大开垦，而工商手工业的兴起反过来又极大地刺激了开垦运动的进一步开展，如北德诸侯对易北河和萨勒河（Saale）东北边大片荒地的开垦等，其中的阿道夫二世伯爵（Adolf II. von Schauenburg und Holstein）甚至组织自己绍恩堡领地的农民前往易北河北部地区进行开垦。他公开宣布，任何没有土地的人都可带家眷去那里领取最好的土地，因为那里是谷物遍地、布满鱼塘的粮仓。此外，同时垦殖的还

---

① Eberhard Schulze, *Deutsche Agrargeschichte. 7500 Jahre Landwirtschaft in Deutschland*, Aachen: Shaker Verlag, 2014, S. 37 - 50.

② 这项开垦运动最早由 8 世纪加洛林王朝时代的部分修道院带头兴起，先是在罗马帝国统治的艾费尔和黑森林等山区进行，然后发展到统治区以外的其他地区。（Gottfried Zirnstein, *Ökologie und Umwelt in der Geschichte*, Marburg: Metropolis Verlag, 1994, S. 33.）大规模的拓荒开垦运动由此扩大了耕地面积。到 10 世纪，罗马帝国统治区三分之二没被森林、荒地、低谷地和沼泽地覆盖的德意志地区逐渐被开垦。11 世纪，一些拓荒者迁移到北海沿岸，他们在荷尔施泰因和不来梅附近筑起堤坝，用以抵御海水灌入沼泽地，然后再排干积水，将其改造为肥沃的良田。当时这些垦殖人员仍多为修道院僧侣。不管是 11 世纪克吕尼派修道院还是 12 世纪以后的西多派修道院都要求僧侣严格遵守院规，从事农业生产活动，自食其力。正因为如此，11 世纪以后兴建的修道院多位于偏远的荒林沼泽地带，富尔达（Fulda）、埃尔福特（Erfurt）、马尔堡和哈默尔恩（Hameln）等修道院都属于这样开荒后建起的修道院。（Dirk Meier, *Stadt und Land im Mittelalter*, Ostfildern: Jan Thorbecke Verlag, 2003, S. 110 - 128.）

有下萨克森（Niedersachsen）人和图林根人，前者分两支进驻梅克伦堡（Mecklemburg）和波西米亚（Böhmen）地区，后者则挺进到图林根更深入的地区，而荷兰人和佛兰德人则在布满沼泽的波罗的海和勃兰登堡（Brandenburg）之间开辟出一片方圆几百平方公里的垦殖区。[①] 除农民群体外，僧侣集团的拓荒开垦也在同时进行，其中西多派修道院在拓殖经济中所发挥的作用最为明显，它们几乎无一例外都建在荒林沼泽地区，为的是多开垦土地，既养活自己，也能吸引更多的教民参与其中。位于南哈茨（Südharz）和屈弗豪伊瑟（Kyffhäuser）之间的图林根盆地就是它们开垦出的“金色河谷”（Goldene Aue），马格德堡附近的沼泽地同样也是他们开垦出的良田。[②] 至13世纪，在萨克森（Sachsen）和多瑙河中游地区一带，人们已很少看到荒野和大片森林，而少数被圈围起来的森林则是供贵族狩猎娱乐和垄断砍伐之用。[③]

如果说12世纪的东进垦殖运动改变了中世纪德意志经济结构，那么土地租赁制的实施则标志着地产结构的重大变化。这种租赁制形式打破了原有的土地仅在马尔克公社内部流转的传统，取而代之的是领主的自营地乃至教会、修道院的耕地都可短期或长期租给农民耕种，如1245年，上巴伐利亚（Oberbayern）地区的鲍姆堡修道院（Kloster Baumburg）就将自己的全部土地租给农民耕种。[④] 这种租赁制形式既让领主与农民之间的依附关系得到松弛，使农民享有更多的人身自由权利，同时也为他们的自由迁居提供了可能，这使得他们可彻底摆脱徭役等束缚，从此，没有徭役束缚的土地承租人可以更自由地支配自己的劳动力，转而将其用在田间耕作和管理上，土地产出由此也进一步得到了提高。

然而，13、14世纪爆发流行的黑死病还是极大地动摇了社会经济基

① Herrmann Aubin und Wolfgang Zorn, *Handbuch der deutschen Wirtschafts- und Sozialgeschichte*, Stuttgart: Klett-Cotta Verlag, 1971, S. 175.

② Gottfried Zirnstein, *Ökologie und Umwelt in der Geschichte*, Marburg: Metropolis Verlag, 1994, S. 37. 邢来顺、吴友法主编，王亚平：《德国通史》第一卷，江苏人民出版社2019年版，第315页。

③ Bernd Herrmann (Hrsg.), *Umwelt in der Geschichte*, Göttingen: Vandenhoeck & Ruprecht Verlag, 1989, S. 119 - 122.

④ Katharine Schmid, *Kloster Baumburg. Entstehung und Entwicklung des klösterlichen Lebens und Wirkens in Baumburg*, Altenmark: Eigenverlag, 2007, S. 45.

础，尤其是 1309—1318 年间极端气候的出现更使欧洲雪上加霜，大饥荒之后的人口急剧下降，从而导致整个 14 世纪下半叶农业的大萧条。大批村庄荒芜，许多田地被撂荒。这段时期内，东进拓垦运动早已停止，因为此时期因人口增加所导致的生存空间不足的压力已不复存在，更何况自然资源已足够支配此时期相对较少人口的使用。[①] 进入 15 世纪下半叶，从黑死病和饥荒的黑影中走出的中欧地区人口又开始快速增长，荒废的土地不仅得到复耕，而且围海造田、改造沼泽地等一系列扩大耕地面积的经济活动也逐步展开，15 世纪末，仅石勒苏益格—荷尔施泰因地区的沼泽地改造就达 1.7 万公顷之多。[②] 而在这一次的开荒造田之后，原有的土地租赁制已逐渐瓦解，因为许多大地主采取强制方式迫使农民服劳役，他们不但控制土地使用权，而且还垄断粮食买卖和远程贸易，于是，商业资本对农村的影响已不再像前几个世纪那样活跃，这使得农村经济状况不断恶化：社会公共财产资源被封建领主没收，公共牧地法、伐木法、渔猎法等被限制或被完全废除。此外，大部分农民不仅失去了土地，而且还失去了自由选择庇护人的权利，他们完全被束缚在赖以生存的土地上，其剩余劳动力的自由发挥也失去了可能，而农民社会地位和经济状况不断恶化的结果便是随后 1524 年上莱茵区（Oberrheingebiet）、威腾堡（Württemberg）、图林根、蒂罗尔（Tirol）和萨尔茨堡等地农民起义的爆发。

经过一千年的农业发展，中世纪德意志农业发展取得了长足进步，这些进步不仅表现在技术运用方面，而且在生产结构方面也呈现出多样性。这些进步和转变所体现的是一种人与自然关系的和谐，同时也展现出“人”在自然环境中所扮演的极为重要的角色，因为在此之前的自然是一个接近原始状态的自然，由于人烟稀少，人的认知能力有限，再加上技术的低级粗糙，所以一个和谐的生态环境或对人有利的生存环境是不存在的。而进入中世纪以后，这一情况则发生了深刻的改变，人们所采用的生产技术和生产结构的多样性不但不损害环境，反而还更好地促进原始自然

① Wilhelm Abel, *Der Pauperismus in Deutschland am Vorabend der industriellen Revolution*, Hannover: Landeszentrale für Politische Bildung, 1970, S. 20.

② Edith Ennen und Walter Janssen, *Deutsche Agrargeschchichte. Von Neolithikum bis zur Schwelle des Industriezeitalters*, Stuttgart: Franz Steiner Verlag, 1979, S. 190.

环境向好的方向转变，所以，中世纪的农业生产在某种程度上是一种“可持续发展”的农业。在这一点上，很多环境史学者如赫尔曼、拉德考、维妮瓦特等均持有相同的观点，因为从生产技术方面来看，它体现在重犁的使用，三圃制的推广，北德地区草根泥的使用，水磨和风车的使用等；而在生产结构多样性方面，它则体现在粮食作物种植，花园果蔬种植，特殊作物种植和鱼塘经济开发等。

首先，在生产技术方面，重犁的使用是中世纪农业革命中取得的最重要成果之一。在此之前，罗马人所使用的轻犁很难在德意志境内推广开来，因为这种犁具只能在地中海沿岸的浅土层使用，而对于中欧地区的深土层来说，它很难深翻。由于中世纪初气候一直处于最佳温适期，且战事较少，社会处于一种安定的状态，所以，重犁的发明使用为封建庄园主高度重视并推广使用，尤其是它深翻土地后犁沟能积聚庄稼所需的雨水这一优点更为中欧人所喜欢。如果没有重犁，东进拓荒如何在短短的几个世纪内能开垦出大片农田这是无法想象的。此外，很多肥沃良田的形成也需要重犁进行深翻，否则，地表浅层富含矿物质的泥土也很容易随雨水一起流失。[①] 还有，马作为牛的补充甚至替代牛耕作和马具的改良也极大地提高了农业生产效率。由于少有战争，马替代牛的耕作在中世纪初已普遍采用。由于重犁远比轻犁重，且牛的力气不如马大，所以，深层泥土的翻动离不开马的牵引耕作。在奥德河和易北河之间的农业考古中人们发现，此地区中世纪马的肩胛骨磨损程度远比牛的磨损严重，这在人类学家贝克尔（Cornelia Becker）看来，是因为为加快翻耕速度，马拉重犁替代了牛耕，马的耐力和耕作效率是牛所不能比的。[②] 另外，挽具的改良也提高了马的耕作效率。早期时候，牛轭多用来挽马，由于使用牛轭时它的肚带和颈带会紧勒马的前胸和喉部，所以往往造成马的血液循环不畅和呼吸困难。此时期新发明的马挽具已有固定垫肩，这就有效地避免了牛轭使用的缺点。据记载，一匹套了牛轭的马所能拉动一千磅力，而换成马挽具后，其拉力

① Gottfried Zirnstein, *Ökologie und Umwelt in der Geschichte*, Marburg: Metropolis Verlag, 1994, S. 35 – 36.

② Bernd Herrmann (Hrsg.), *Umwelt in der Geschichte*, Göttingen: Vandenhoeck & Ruprecht Verlag, 1989, S. 20.

可提高四至五倍，可见工具改良所产生的效果。可以说，11世纪后的北德平原，尤其是12世纪东进拓荒运动中马耕和马挽具的使用是中世纪农业取得高效的两个重要原因。

在种作技术方面，三圃制的全面推广和北德地区草根泥的使用为粮食增产和人口增加提供了充分保障。三圃制这种耕作方式最早出现在8世纪后的塞纳河和莱茵河之间的肥沃平原上。在此之前，农民们采用的是二圃制耕作法，即为避免土地肥力衰退而采用一块田地播种，另一块田地休耕的轮作方式。二圃制最早发源于土地贫瘠、气候干燥的地中海沿岸地区，而北方优越的自然条件为三圃制提供了便利条件。农民们将每年休耕的土地减少到三分之一；另三分之一土地用于种植谷物，秋季播种，夏季收成；还有三分之一土地则种上燕麦、大麦或豆类等新作物，晚春播种，八、九月份收成。这样，田地在一个为期三年的周期中被轮流耕作，这不仅增加了农业收成，降低了天灾带来歉收的风险，而且有些作物（如豆类）的种植还可增强土地肥力，为来年丰收打好基础。到13世纪，德意志境内已全面采用这种耕作方式。不难发现，二圃制向三圃制过渡，意味着作物收成从原来的二分之一上升到三分之二，即净增六分之一收成。所以，这种劳动生产率的提高“无疑是一项了不起的成就，这种充满智慧的耕作方式当属中世纪欧洲一项最伟大的农业发明”。[①] 而草根泥的发明，则是因北德有些沙土地区，三圃制耕作方式明显不适用于这里，所以不能轮作的当地人只能靠栽种黑麦维持生计。由于黑麦栽种离不开肥料，而这一带的土地又缺乏肥力，所以，人们多从森林地或荒原地边缘铲来草根泥，将其和圈厩中的畜肥混合，然后再撒进地里，这样，土地肥力就有了保证，甚至不用轮作。由于铲出的草根泥堆积厚达数米，所以铲挖之多也带来了不少环境问题，许多被铲挖的地方往往地表裸露，由于北德地区多风，每当刮大风时，很多裸露的地表便尘土飞扬，天长日久，许多森林的生长便受到影响，荒原也变得更荒漠化。[②] 这种草皮经济一直持续到19世

---

① Gottfried Zirnstein, *Ökologie und Umwelt in der Geschichte*, Marburg: Petropolis-Verlag, 1991, S. 33 – 40.

② Hansjörg Küster, *Geschichte der Landschaft in Mitteleuropa*, München: Verlag C. H. Beck, 2013, S. 191.

纪末，当时汉诺威森林管理部门负责人布克哈特（Heinrich Cristian Burckhardt）面对埃姆斯河地区（Emsland）草皮破坏情况曾抱怨当地已变成了“利比亚沙漠”。①

还有在生产技术方面，水磨和风车的使用在中世纪欧洲也得到进一步推广。水磨最早出现在公元前后屋大维（Gaivus Octayius Augustus）统治的古罗马帝国时期，其在中世纪早期被引入德意志境内，在此之前德意志人所使用的一般都是家用石磨。有了水磨后，谷物加工效率大大提高，尤其是在中世纪繁荣期水磨的使用范围已逐渐扩大到木材加工、风箱拉动、铁器锻打、石料打磨等手工行业，② 从而它也被人们称誉为“中世纪的蒸汽机”。③ 水磨坊一般都安装在池塘河流边，水磨凭借水力传动就可进行生产。为提高生产加工效率，需要较高的水流速度作为保证，为此，人们多拦截水流来抬高水位。汉诺威的雷纳河（Leine）以及哈默尔恩的威悉河（Weser）就采用过这种拦截技术。④ 另外，为增加水量，人们往往在河流上游开挖湖泊，以增加蓄水量。到了枯水季，这些湖水就可以引入河流，这样，磨坊供水量就有了充分保证。而在没有河流或是水流量不大的地方，由于水磨坊无法建成，风车便派上了用场，特别是常年有风的北德低地平原一带往往使用的是风车。⑤ 另外，在图林根和萨克森很多风口处也使用这种风车加工谷物。总之，无论是水磨还是风车，它们的使用都能充分利用水力和风力这两种可再生资源，因而也不存在环境污染问题，这种“绿色”的生产方式也是人与自然环境友好相处的一种体现。

其次，在生产结构多样性方面，中世纪德意志人也取得了长足发展，

---

① ［德］约阿希姆·拉德考：《自然与权力》，王国豫、付天海译，河北大学出版社2004年版，第88页。

② Gottfried Zirnstein, *Ökologie und Umwelt in der Geschichte*, Marburg: Petropolis-Verlag, 1991, S. 39.

③ Stephan Schmal, *Umweltgeschichte. Von der Antike bis zur Gegenwart*, Bamberg: C. C. Buchners Verlag, 2001, S. 41.

④ Hansjörg Küster, *Geschichte der Landschaft in Mitteleuropa*, München: Verlag C. H. Beck, 2013, S. 204 – 205.

⑤ 风车最早由波斯人发明，进入欧洲应不晚于12世纪下半叶，这从13世纪的有关历史文献和古籍插图中可看出（Gottfried Zirnstein, *Ökologie und Umwelt in der Geschichte*, Marburg: Petropolis-Verlag, 1991, S. 39.）

首先表现在粮食作物的多样化生产上。可以说，此时期比以往任何时候种植的农作物种类都要多。在铁器时代，人们多种植黑麦、燕麦，而到了中世纪，谷物种植种类不断增加，斯佩尔特小麦、大麦、二粒小麦甚至黍米也成为人们种植的经济作物。在中世纪 8—10 世纪这两个世纪内，黑麦的种植在庄园经济中曾扮演一个十分重要的角色，它们是当时人们的主食，这从今天北德沙地、其他黄壤地区以及西北部缺乏矿物盐的耕地的考古发现中可以得知。从季节种植情况来看，黑麦和斯佩尔特小麦多属冬季种植作物，而燕麦、大麦和黍米多为夏季种植作物。从地理分布上看，斯佩尔特小麦和黍米多种植在南部地区的康斯坦茨一带，黑麦和大麦多种植在东部的莱比锡（Leipzig）一带。如果单一种植，再遇上凶年，人们往往很难克服灾荒危机，所以，中世纪庄园多同时种植各种经济作物，甚至也反季节种植冬夏作物。[①] 此外，豌豆、大豆和扁豆种植也相当普遍，它们不仅有助于人体摄取更多的碳水化合物，以蛋白质形式补充体内营养，同时还可用作饲料喂养牲畜，尤为关键的是，它们还是重要的植物肥，为土壤补充必要的氮元素，这样可避免土地肥力的下降。[②]

在花园果蔬种植方面，中世纪花园种植品种繁多，种类齐全。9 世纪初，因得益于查理大帝（Karl der Große）《庄园法典》的推广指导，科隆、亚琛、慕尼黑、巴塞尔（Basel）和斯特拉斯堡（Straßburg）等地的大庄园已开始经营园艺、栽培果蔬和养殖蚕桑，这为后世提供了宝贵的经验。[③] 随着城市的不断发展和商品经济日趋活跃，更多的果树品种在各地花园纷纷出现，甚至食用佐料和药草植物也被种植栽培。从果树品种来看，它们有葡萄藤、苹果树、梨树、李子树、樱桃树、栗子树、桑树、榅桲树等，其中的葡萄种植在当时尤为重要，因为教堂、修道院在做弥撒等宗教活动时需要用大量的葡萄酒。但由于葡萄酒不像牛奶、果汁易变质、不能长时间储存，所以，葡萄种植范围更广泛，在中世纪无论是城市花园，还是乡

---

① Dirk Meier, *Stadt und Land im Mittelalter*, Ostfildern: Jan Thorbecke Verlag, 2003, S. 150.

② Bernd Herrmann (Hrsg.), *Mensch und Umwelt im Mittelalter*, Stuttgart: Deutsche Verlags-Anstalt, 1986, S. 246.

③ Ulrich Weidinger, *Die Versorgung des Königshofs mit Gütern, Das „Capitulare de villis“*, in: *Das Reich Karls des Großen*, Darmstadt: Wissenschftliche Buchgesellschaft, 2011, S. 79 – 85.

村河边或山坡上，它都称得上是重要的经济作物。在蔬菜种植方面，中世纪花园种有苋菜、甘蓝卷心菜、芜菁甘蓝、独行菜、莙荙菜、萝卜、西芹、菠菜等。而佐料植物则有香薄荷、莳萝、茴香、荷兰芹、皱叶欧芹和黑芥末等。此外，为给宗教信徒医治疾病，许多教会和修道院花园里还种植了许多药草植物，这些植物有圣钟耧斗菜、圣母百合和圣剑百合等，因这些植物多为僧侣命名，故或多或少都带有某些神性色彩。①

在其他经济类作物种植方面，忽布、荞麦和油料作物可称得上是中世纪人们重要的食物补充来源。忽布花是啤酒酿制的重要原料。因为忽布种植的自然条件要求很高，所以它只能种植在山坡南面阳光充足且很少有冷风吹到的地方。巴伐利亚中部地区为地球上最早种植忽布作物的地方，据史料记载，早在 736 年，该地区盖森菲尔德（Geisenfeld）和格伦德尔（Gründl）两地开始种植此植物。今天该地区仍是地球上最大的忽布种植区，介于因戈尔施塔特（Ingolstadt）、雷根斯堡和兰茨胡特（Landshut）之间的种植面积多达 2400 平方公里。2016 年，该地区忽布产量占德国总产量的 86%，占世界的 34%。荞麦是 15 世纪美洲新大陆发现之前德意志境内最后一种被种植的经济作物，② 因其营养价值高，且易于种植，所以人们在很多偏远草地和森林山区大量种植，虽然它不属于麦类作物，但德意志人却仍赋予它“森林麦王”的美名，足见其所具有的重要营养价值和经济价值。近代以来，它的种植已扩大到很多沙地和沼泽地区。③ 此外，食物摄取离不开植物油烹制。从实地考古和有关文献记载来看，中世纪广为种植的是亚麻这种经济作物。这种油料作物在今天看来似乎无足轻重，人们只提取其植物纤维制成纺织品，但在中世纪它是人们日常生活不可或缺的油料作物。人们从其纤维植物中提取油料。尽管当时油菜籽和芜青籽也被用作油料，但其种植却并不是很多，直到近代人们才逐渐认识到菜籽油的重要性而广为种植。此外，山毛榉果油也是中世纪人们常用的一种油料

---

① Ulrich Weidinger, *Die Versorgung des Königshofs mit Gütern*, *Das „Capitulare de villis“*, in: *Das Reich Karls des Großen*, Darmstadt: Wissenschftliche Buchgesellschaft, 2011, S. 250 - 251.

② Bernd Herrmann (Hrsg.), *Mensch und Umwelt im Mittelalter*, Stuttgart: Deutsche Verlags-Anstalt, 1986, S. 76.

③ Hansjörg Küster, *Geschichte der Landschaft in Mitteleuropa*, München: Verlag C. H. Beck, 2013, S. 190.

替代品。①

另外，鱼塘经济开发也是中世纪生产技术提升的一个重要方面。这项开发之所以如此重要，是因为它也和宗教习俗有很大关系。在斋戒期内，根据宗教规定，除鱼肉被允许食用外，其他任何肉类食品都被禁止食用。所以，如何提高鱼类食品供应，则是教会和修道院需解决的问题。为此，许多鱼塘被开挖，人们甚至在许多山谷拦水作坝，在安装水磨坊的同时放养鱼苗。所以，中世纪大部分教堂和修道院附近往往多有鱼塘，如上劳西茨（Oberlausitz）、下劳西茨（Niederlausitz）、图林根东部和波西米亚南部地区都仍有大量的鱼塘留存至今，其中上劳西茨北边一带的许多鱼塘于 1994 年还被辟为生态保育区。这些水域今天已成为很多水鸟的天堂。颇为有趣的是，据 1547 年大主教多布拉维尤斯（Johannes Dubravius）记述，当时波西米亚南部地区一个名为罗森贝格（Peter Rosenberg）的贵族甚至还在鱼塘中安装有类似于今天的换氧机械设备，以改善水质，确保渔业丰产。从中我们也能了解到，近代早期的人们似乎已懂得空气含氧量对于有机物分解的重要性，因为他们懂得安装这种机器后可有效阻止泥污的形成，确保鱼类的快速生长。②

综上所述，中世纪德意志农业发展是一个从粗放式经营到集约化经营不断升级的发展过程。在此过程中，农产品种类的日益丰富对于人们的营养改善和体质增强无疑发挥了重要作用。应该说，这些成果的取得都建立在技术不断发明改进的基础上，从而确保了农业的“可持续发展”。正是这种集约化经营和“可持续发展”才促进了教堂、城堡和城市的进一步发展。在商品经济和货币经济的刺激推动下，庄园领主不断强迫农民增加农产品种植，借此扩大自己与城市的商品流通和经济交往，从而实现自身利益的最大化。从可持续发展角度来看，尽管中世纪农业开垦需砍伐大批森林，尽管农业集约化耕作对自然环境产生影响，并使其带有明显的人工改造或“人工景观”的痕迹，但这种历史痕迹尚不至于造成人与环境关系的

---

① Bernd Herrmann (Hrsg.), *Mensch und Umwelt im Mittelalter*, Stuttgart: Deutsche Verlags-Anstalt, 1986, S. 76 - 77.

② Johannes Dubravius, *Buch von den Teichen und den Fischen*, *Breslau* 1547, Wien: Herold-Verlold Verlag, 1906, S. 46 - 50.

紧张，也就是说，人的活动仍未超过环境的承受能力。和农村地区不同的是，此时期的城市，特别是人口密集的大城市所暴露的问题却已给环境带来了不小的压力。

第三节 “城市的空气使人自由”

欧洲城市最早诞生于早期人类居住密集地的河流交叉口和交通要道。德意志城市的形成最早可以上溯到古罗马行省统治时期，如科隆、特里尔这些城市的建成主要是出于罗马人征服异族和进行军事防御的目的。随着农业的不断发展和农业商品的交换，特别是许多道路（如古罗马驰道）的修建，德国城市于11世纪逐渐兴起。[①] 随着农奴不断获得人身自由，他们开始进入城市，从事手工业生产和商业活动，这也为城市的发展提供了有利条件。到13世纪中叶，德国城市进入鼎盛发展时期，仅是东部新开发的地区如奥德河畔就诞生出38座城市。[②] 随着远程贸易的兴起，特别是北部地区汉莎城市同盟的不断缔结，城市商品物资交流变得更为快捷起来。中世纪中欧城市发展的多元化和多样性为近代城市工商业的发展奠定了物质基础。到14世纪中叶，尽管德意志境内的城市发展呈下降趋势，但仍有近4000座之多。其中居民数两千人的城市约占90%，一万人的有20多座，这在当时已属大城市，尤其是科隆、法兰克福、慕尼黑等城市的人口甚至超过五万，这在当时的欧洲已属超大城市。到中世纪晚期，一批重要的城市逐渐形成，如巴塞尔、美因茨（Mainz）、亚琛（Aachen）、法兰克福、汉堡和奥格斯堡等，而最重要的两个生产和贸易城市仍为科隆和纽伦堡。[③] 在环境史学者希尔格尔（Marie-Elisabeth Hilger）看来，从某种意义上说，城市其实是“自然循环”的产物，这是因为城市经济离不开农村经济的保障，它需要农村源源不断地为其提供粮食、奶酪、蔬菜、家禽和酒类等经

---

① Stephan Schmal, *Umweltgeschichte*, *Von der Antike bis zur Gegenwart*, Bamberg: C. C. Buchners Verlag, 2001, S. 32.

② Fritz Rörig, *Die europäische Stadt und die Kultur des Bürgertums im Mittelalter*, Göttingen: Vandenhoeck & Ruprecht Verlag, 1955, S. 16 – 18.

③ Bernd Fuhrmann, *Deutschland im Mittelalter*, *Wirtschaft*, *Gesellschaft*, *Umwelt*, Darmstadt: Philipp von Zabern Verlag, 2017, S. 209.

济商品。与之相对应，城市则可以为农民提供生产生活所需用品，这种物质循环、能量流动和信息交换机制即构成这样一个“自然循环”系统，它有效地推动了城乡经济的共同发展。[①] 尽管 13、14 世纪黑死病引发的社会萧条导致城市人口急剧减少，但经济逐渐复苏后农村人口的大量涌入却又使城市恢复了活力。和被束缚在封建庄园的农奴境况不同的是，城市居民在经济、社会、文化和法律等方面拥有相对的自由，尤其在法律方面，他们不受封建等级的压迫，享有较为平等的集市权、城郊禁地、城市宪法和自由迁徙权，所以，中世纪一直流行的“城市的空气使人自由”（Stadtluft macht frei）这种说法曾给中世纪人带来对城市的强烈向往。[②] 然而，从今天的环境史学角度来看，中世纪德国城市的“空气”事实上却并不怎么纯净美好，在这种“空气”中生活的城市居民的自由度实际上还是受到很大限制的。总结中世纪中欧城市产生的环境问题，不难从如下三个方面得出结论。

第一，城市用水问题。中世纪城市用水问题不仅涉及人们生活中需要用到的清洁饮用水，它还包括手工业作坊中的生产用水以及防止火灾发生需要用到的消防用水等。由于受技术条件的限制，直到近代，人们对清洁水的检测都一直靠肉眼观测、用鼻子嗅闻或用嘴品尝等这些最基本的官能感知来进行。15 世纪意大利人阿尔贝蒂（Leon Battista Alberti）在总结古希腊罗马人有关理论的基础上，结合自己的观察和评价，将水质分为四类，认为雨水是最好的清洁饮用水，因为它收集储存后不易变质变味；其次是泉水，其品质则要视不同的出处而定；再次是井水和流动水源；而最差的则是静水，因为它不流动，所以不卫生。在他看来，作为好的水质就应该透明清澈，无臭无味。[③] 其实，细究起来，他的这套总结是建立在古希腊人希波克拉底（Corpus Hippocraticum）体液病理学说和罗马人瘴气理论学说基础上的。在希波克拉底看来，人体各种疾病是由于人体内黄疸

① Marie-Elisabeth Hilger, *Umweltprobleme als Alltagserfahrung in der frühneuzeitlichen Stadt? Überlegungen anhand des Beispiels der Stadt Hamburg*, in: *Die alte Stadt Nr.* 2, 2011, S. 112 - 138.

② 李伯杰：《德国文化史》，对外经济贸易大学出版社 2002 年版，第 24 页。

③ Kurt Walter Forster und Hubert Locher (Hrsg.), *Theorie der Praxis. Leon Battista Alberti als Humanist und Theoretiker der bildenden Künste*, Berlin: De Gruyter Akademie Forschung, 1999, S. 34.

液、黑疸液、血汗和痰这四种液体的混配不调所致，而瘴气的产生是不洁空气产生的后果，它会致人疾病，并到处传染。

在中世纪德国城市，使用最多的是公共水井。至 14 世纪时，它已被广泛挖凿使用。这些水井多为石制和砖砌水井，多被木屋所遮罩，井深一般在 10—15 米不等。据 15 世纪纽伦堡建筑师图赫尔（Endres Tucher）记载，15 世纪下半叶，纽伦堡共有公用水井 95 口。由于经常有动物如猫等落井溺毙的情况出现，所以其水质很容易受到污染，为此，纽伦堡市政部门要求居民对污染的水井进行清洁打扫。① 不仅如此，有些市政部门还专门安排清洁工定期清理水井，最早记录见于 1358 年法兰克福的一本税簿册。此外，还有许多城市安排监督人员看管水井，如 1360 年的巴塞尔、1362 年的海尔布隆（Heilbronn）和 1370 年的苏黎世等城市。不过，大多情况下，水井往往由附近居民和看管人员一起管理监督。根据规定，维修所产生的费用一般多分摊在附近居民和使用者头上。② 由于经常有人在水井槽中清洗衣物，从而导致水质污染，所以这些人往往被处以罚金，以示惩戒。康斯坦茨甚至还严令禁止在水井槽中清洗挖墓工具，如铲、锹等劳动工具。③ 在基尔和弗莱堡等城市，由于啤酒业兴盛，其对水质的要求也甚为严格，市政部门甚至对污染水井者作出过死刑判决的规定。④ 此外，根据 14 世纪雷根斯堡神职人员梅根贝格（Konrad von Megenberg）记载，为诬陷犹太人，人们往往将投毒事件栽赃到犹太人头上，在莱茵河沿岸、弗兰肯等地区很多城市都发生过类似事件，很多犹太人也因此死于非命。⑤ 针对 14、15 世纪黑死病流行的情况，许多城市由于水井污染也遭受过传染病污染和人员死亡事件，如斯特拉斯堡仅在 1349 年就死亡约 16000 人，1360 年死

---

① Endres Tucher, *Endres Tuchers Baumeisterbuch der Stadt Nürnberg*（1464—1475）, Nürnberg: Nabu Press, 2010, S. 110 - 112, S. 195.

② Karl Bücher, *Die Berife der Stadt Frankfurt a. M. im Mittealter*, Leipzig: Ort Verlag, 1914, S. 32.

③ Helmut Maurer, *Konstanz im Mittelelter I*, *Von den Anfängen bis zum Konzil*, Konstanz: Verlag Stadler, 1989, S. 245.

④ Stephan Schmal, *Umweltgeschichte*, *Von der Antike bis zur Gegenwart*, Bamberg: C. C. Buchners Verlag, 2001, S. 32.

⑤ Léon Poliakov, *Geschichte des Antisemitismus*, *Band 2. Das Zeitalter der Verteufelung und des Ghettos*, Berlin: Suhrkamp Verlag, 1978, S. 13 - 14.

亡约18000人，1414和1417两年分别死亡15000人左右。为此，医务人员要求市民远离水井，扔掉井边的提水器具，改用溪水和河水为饮用水。① 在很多山区，由于井水不足，很多泉水被引入市内，供居民使用。出于军事安全考虑，泉水管道多埋在地下，不易为外敌发现。此外，这样做法也能有效防止冰霜将水管冻裂。在水管材质使用方面，12世纪伊始，修道院使用的水管还是木制管道，到了15世纪，城市多改用铅制或铁制管道。巴塞尔、伯尔尼和高斯拉尔（Goslar）等城市均采用此技术。② 有些地方因为井水不足甚至还从郊外很远的水塘中调水，以缓解市民生活用水压力，如北德施特拉尔松（Stralsund）等城市。除上述供水方法外，14世纪水塔的兴修也丰富了中世纪德国供水技术。第一座水塔诞生于乌尔姆（1340年），随后普及到梅明根（Memingen）（1388年）和奥格斯堡（1416年）等城市。③ 此外，15世纪晚期水坝的建成既标志着水利技术的进步，同时也开启了近代拦水技术运用的先声。之所以需要这样的水坝工程，是因为严冬季节管道冻结，再加上河面冰封，许多市民的生产生活用水难以得到保证，尤其是许多河边的水磨无法转动，谷物无法被磨碾，从而直接影响到人们的日常生活。所以，此时期水坝的兴建也应运而生，人们在莱茵河沿岸和威斯特法伦（Westfalen）地区的很多山谷内拦水修坝，以解决附近居民生活和手工业作坊的用水不足问题。④

因为人口密集，生产生活垃圾较多，所以中世纪城市井水污染问题一直是人们高度关注并努力解决的问题。为防止井水不受污染，粪坑、污水沟须远离水井修建，其开挖深度必须低于井底位置，一般要求是污水沟与水井之间至少保持五米以上的距离，而粪坑则应离得更远；其开挖地点应设在水源流淌的反方向。此外，对于许多很难清理的垃圾如建筑垃圾、日常生活垃圾、动物粪肥等，有些城市还作出规定，这些垃圾需堆放到指定地点，纽伦堡甚至还规定，垃圾堆放至少与市内小溪保持10英尺（合3

① Gottfried Hösel, *Unser Abfall aller Zeiten, Eine Kulturgeschichte der Städtereinigung*, München: Jehle Verlag, 1994, S. 61.

② Bernd Fuhrmann, *Deutschland im Mittelalter, Wirtschaft, Gesellschaft, Umwelt*, Darmstadt: Philipp von Zabern Verlag, 2017, S. 222 – 223.

③ Ebd., S. 224 – 225.

④ Ebd., S. 227.

米）的距离。[①] 不过，当时各城市所做的规定不尽相同，有些城市允许市民可以随处抛扔垃圾，甚至包括粪便，而有的则明令禁止，如纽伦堡、慕尼黑等城市。对于很多有私人水井的家庭，许多城市规定，粪坑、污水沟的开挖应不影响邻居水井的安全（离邻居地基至少有 3 英尺合 90 厘米），慕尼黑市甚至还要求在开挖粪坑、污水沟时铺一层不易渗水的黏土，其厚度至少达 30 厘米。为防止水源污染，慕尼黑于 1365 年还规定，所有垃圾不许堆放在街面，应运往郊外，或直接抛扔进伊萨河。为确保城市水源清洁，有些城市还专门安排人员进行监督，如 1276 年，奥格斯堡市政部门特别指定行刑的刽子手来监督居民家庭的粪坑清空情况，不过，垃圾杂物可允许直接倒入莱希河（Lech）。1370 年，维也纳已专门成立行会，从事污水沟垃圾清理工作。到 15 世纪末，通过各种法律规定和行政管理条例的实施，德意志境内粪坑、污水沟对饮用水污染所存在的很多威胁被排除。甚至在排除粪坑臭气方面，12 世纪的弗莱堡早就作出规定，居民应尽力避免茅厕臭气对周边的干扰。此外，由于茅厕易招来老鼠蚊蝇，所以，应定期清理，以防水源污染和疫病传播。[②] 在清理公厕方面，根据图赫尔的记述，纽伦堡曾花费不少成本，将公厕里的粪便运往佩格尼茨河（Pegnitz），而且这种工作根据规定只能在夜间进行，如遇较小的水流量，或冬天河面结冰，这种工作需立即停止，另寻时间地点倾倒。为不让粪坑臭气熏天，纽伦堡市政部门还规定，5—9 月末这段天气较热时期内禁止处理粪便。[③] 除纽伦堡外，科隆和慕尼黑等大城市也规定只能在夜间将粪便运到城外。特别是科隆，也许是居民多的原因，规定只能在夜间通过指定的两个城门将粪便倒入莱茵河。有些 15 世纪晚期建起的公厕多位于城门边，不过都是些小城市，如吕内堡、希尔德斯海姆（Hildesheim）和马格德堡（Magdeburg）等。为减少运输费用，科隆甚至规定，居民可以将人畜粪便先埋入自家花园或庭院，或运往城外某个乡下的农家庭院，待经过若干年沤腐

---

① Hans Planitz, *Die deutsche Stadt im Mittelalter*, Stuttgart: Deutsche Verlags-Anstalt, 1991, S. 204.

② Bernd Fuhrmann, *Deutschland im Mittelalter*, *Wirtschaft*, *Gesellschaft*, *Umwelt*, Darmstadt: Philipp von Zabern Verlag, 2017, S. 232 - 233.

③ Bernd Herrmann (Hrsg.), *Mensch und Umwelt im Mittelalter*, Stuttgart: Deutsche Verlags-Anstalt, 1986, S. 149 - 159.

后，再当作肥料，撒进地里。这种做法被当时的很多城市接受，并一直延续到19世纪，直至化肥被发明使用后才告停止。①

通过上述措施规定的实施，中世纪德国城市的饮用水问题总体上得到较好管理。但不可否认的是，因当时城市众多，卫生条件有限，除一些大城市能做到较好的管理外，很多中小城市仍不能做到，粪便、污水、臭气、生活垃圾和作坊垃圾等都对城市污染造成了很大影响。也正由于此，当时的人们都普遍相信瘴气致病理论，即死水、沼泽地、粪坑、污水沟、圈厩、作坊生产的有害物质、潮湿天气以及南风吹刮时所形成的燥热风等都可导致空气质量下降，或导致水质下降，或引发疾病，从而有可能会引发诸多重大社会问题。②

第二，城市垃圾处理和动物饲养问题。从史料分析来看，中世纪德国各城市间的垃圾清除情况不尽相同，但有个共同点，即符合现代循环经济意义上的垃圾种类和数量十分有限，如1411年，法兰克福为确保老城区广场和街道保持整洁，特作出规定：所有粪肥、石子、泥土等垃圾在夏天须于8天内、在冬天须于14天内从城内运出，而且在随后的14天内须确保道路通畅，广场整洁。一年以后，市政部门对规定又作了修改：除建筑垃圾外，所有其他垃圾必须立马清除，最多不超过三天时间。十年后，也就是1421年，一项新的规定又出台：不允许猪仔在大街小巷里随意走动，如要跟放，也只能在水源地附近、城郊野外或猪舍放养。而到了1481年，鉴于该帝国城市在当时已成为著名的博览会城市，因外地来参会的客人较多，市政部门还规定：为让来宾感到舒适，也为了市民自身的健康安全，老城区居民须在三个月内将猪出售或屠宰，并拆除猪圈，以确保老城区没有任何异味和脏乱情况出现。如发现博览会期间老城区街道上有猪仔出现，当事人将处以四分之一古尔登罚款。此外，猪粪和草料也不允许堆放在大街上。这期间，居民应打扫街道，市政部门将承担垃圾清理工作。③

---

① Bernd Fuhrmann, *Deutschland im Mittelalter*, *Wirtschaft*, *Gesellschaft*, *Umwelt*, Darmstadt: Philipp von Zabern Verlag, 2017, S. 233.

② Mirko D. Grmek, (Hrsg.) *Die Geschichte des medizinischen Denkens*, *Antike und Mittelalter*, München: C. H. Beck Verlag, 1996, S. 312 – 335.

③ Bernd Fuhrmann, *Deutschland im Mittelalter*, *Wirtschaft*, *Gesellschaft*, *Umwelt*, Darmstadt: Philipp von Zabern Verlag, 2017, S. 235 – 236.

从这些规定中，人们可以看出中世纪城市垃圾清理的有关管理和运作情况。在当时，为保持市容整洁，很多城市已禁止养猪，如1400年伯尔尼就规定老城区市民须在两周时间内将猪粪运往城外。到1530年时，甚至已禁止将一切猪饲料运进城内，在城内养猪。1445年的科隆即规定14天内将猪出售或屠宰。而到1527年，科隆甚至规定，但凡在大街上撞见猪仔的市民都可以将猪据为己有和屠宰，以此惩戒在市内养猪，污染环境的市民。①

和上述城市不同的是，有些城市允许养猪，但放养数量却受到限制。如14世纪晚期的纽伦堡规定，一般市民家庭可饲养3头猪仔，面包师家庭因麸糠多可饲养多头，夏秋两季为12头，冬春两季为8头，而对于修道院和教会等宗教部门则不受限制。不过原则上说，市政部门是不提倡市民让猪仔在大街上乱窜的。德累斯登（Dresden）的情况却与此相反，一直到16世纪中期，牛、羊、猪等家畜都可以在大街上随便放养。由于缺少管制，很多城市曾出现猪狗伤人的情况，为此很多城市悬赏奖励那些屠宰野狗的市民。不过，对于牛羊的饲养似乎很少有城市限制，有可能是因为这些家畜能随时提供鲜奶、奶酪等奶制品，或满足耕地之需。不过，总体来看，中世纪城市中马、驴和骡等力畜的饲养量则相对较少。

从上文不难看出，中世纪城市中的人畜粪便、生活生产污水、城市垃圾等产生的环境问题还是较为突出的。为了保护市民身体健康和市容整洁，各城市部门为此采取了不少措施，也取得了较好的效果。除上文提及的有关对策外，还有一些举措也收效明显，如对街道的定期打扫在有些城市已成为传统，科隆就一直要求居民定期打扫自家门前的街道，这逐渐形成习惯并一直保持到20世纪六七十年代。当时还有专门指派的街道卫生监督人员在街道上来回巡视，监督居民打扫卫生。此外，排水沟和溪流清洁工作也由附近居民承担。在粪便处理方面，14世纪的科隆规定，粪便应尽量运送到城外的田间地头。甚至1353年还规定，市内粪便绝不允许拿来和城外交易买卖。② 此外，施瓦本等城市还长期保留大扫除周的习俗。为治理城市卫生，有些城市还规定不许出售有问题牲畜，或腐烂食品，否则将

① Manfred Groten, *Beschlüsse des Rates der Stadt Köln* 1320—1550, *Bd.* 3: 1523—1530, Düsseldorf: Droste Verlag, 1988, S. 16 – 18, S. 438, S. 445.

② Ebd., S. 75.

被处以重罚。科隆规定，如有商贩贩卖病牛，卖家先要被罚款，然后病牛被屠宰后掩埋到郊外，为的是确保市内空气不受病毒污染。此外，莱茵河畔也禁止出售腐臭鱼类商品。[①] 和科隆不同的做法是，1489 年，海尔布隆则严禁掩埋或焚烧带病菌的动物尸体，但可直接扔进内卡河（Neckar）。[②] 由于城市的不断扩大，很多城市不但兴修了很多人工排污沟，而且还拓宽了很多溪流河道，城市排污能力得到了增强，城市卫生状况也得到较好的改善。

第三，城市食品卫生监督管理问题。食品卫生安全问题也是城市卫生环境问题中的重要一环。为搞好城市卫生，在肉类食品监督方面，14 世纪早期，慕尼黑规定在牛屠宰前须对其进行监督检查。有些城市还规定不许贩卖病畜或出售腐烂食品，否则将被处以重罚。1335 年，法兰克福规定，如商贩以次充好，出售有问题的肉类食品，也将被处以罚款。科隆则规定，如有商贩贩卖病牛，他们要被处以罚款，病牛由市政部门没收后安排屠宰，然后再被掩埋到郊外，这样做的目的是确保市内空气免受病毒污染。[③] 和科隆做法不同的是，1489 年，海尔布隆不允许掩埋或焚烧带病菌的动物尸体，但可将它们直接扔到内卡河。[④] 在鱼产品销售方面，科隆莱茵河畔的鱼市被禁止出售腐臭鱼类商品。苏黎世自 1431 年开始只允许在指定的市场出售鱼类。斯特拉斯堡从 14 世纪也开设有鱼市，但在此之前已明文规定，禁止将腐臭鱼类和新鲜鱼类放在一起出售。15 世纪时，维也纳鱼市还专门安排监管人员对鱼市进行监督。针对出售野味的情况，科隆还专门设立指定出售点，并配有案板，供人买卖。而纽伦堡则允许可以在市场上任何一个地方买卖山林野味。总之，这些规定的作出表明当时有些德国城市已有了食品卫生监督管理。此外，1437 年，科隆还作出规定，从该年

---

① Manfred Groten, *Beschlüsse des Rates der Stadt Köln* 1320—1550, *Bd.* 3: 1523—1530, Düsseldorf: Droste Verlag, 1988, S. 76.

② Wilhelm Steinhilber, *Das Gesundheitswesen im alten Heilbronn*, 1281—1871, in: *Stadtarchiv*, Heilbronn: Eugen Salzer Verlag, 1956, S. 41.

③ Manfred Groten, *Beschlüsse des Rates der Stadt Köln* 1320—1550, *Bd.* 3: 1523—1530, Düsseldorf: Droste Verlag, 1988, S. 76.

④ Wilhelm Steinhilber, *Das Gesundheitswesen im alten Heilbronn*, 1281—1871, in: *Stadtarchiv*, Heilbronn: Eugen Salzer Verlag, 1956, S. 41.

起，所有的动物屠宰都要在1360年设立的屠宰场统一进行。该屠宰场紧挨着排污管道系统，屠宰后的动物内脏污水可以通过排污管道集中排放到莱茵河，一个很严重的城市污染源就此得以治理。此外，有的城市规定屠宰必须在桥面上进行，为的是让动物内脏直接由河水冲走。针对有人在街巷中屠宰动物的情况，有的城市规定，动物屠宰后，屠宰人须对污染的街巷立即打扫清洗，如卢采恩就有过这样的规定。[①] 根据对中世纪污水沟中动物内脏残存物的考古分析，发现有些城市的残存物内很少有危害人体健康的涤虫类寄生物，由此说明这些城市在食品监督管理方面所做的努力和取得的效果，而另一些城市的动物内脏残存物中却存有很多寄生虫，这从另一个方面也反映出这些城市或存在监管不力的情况。[②]

在其他食品方面，中世纪德国城市也有比较严格的监督。比如在水果销售方面，苏黎世规定，不成熟的水果禁止买卖。若干年以后，又作了补充规定，对健康有损害的腐烂水果禁止被出售。科隆对水果市场也有类似的管理监督。此外，啤酒质量的好坏也在监管范围之列。[③] 在葡萄酒酿制方面，葡萄质量不仅被检测，而且生产葡萄酒的其他辅助材料也须被检测，如净化酒浆的蛋白质、脱酸用的石灰以及用于提升酒味的干玫瑰和鼠尾草等也要经过严格检测。不仅如此，谷物粮食也被纳入到城市卫生监督范围。许多城市规定，谷仓中的粮食每年须多次翻晒，以便让谷物保持干燥，长期存储。由于仓储粮食经常受鼠害的侵扰，有些城市则积极鼓励市民消灭鼠害。为此，很多家庭开始养猫，甚至养鼬，以减轻鼠害威胁。此外，中世纪还有以捕鼠为业的职业捕鼠人，他们凭捕鼠数量的多少获取金额不等的报酬。在谷物储存堆放方面，有些城市也有明确的规定，即谷物堆放必须与地面保持一定的距离，以防谷物霉烂变质。[④]

---

① Bernd Fuhrmann, *Deutschland im Mittelalter, Wirtschaft, Gesellschaft, Umwelt*, Darmstadt: Philipp von Zabern Verlag, 2017, S. 250.

② Bernd Herrmann (Hrsg.), *Mensch und Umwelt im Mittelalter*, Stuttgart: Deutsche Verlags-Anstalt, 1986, S. 160 – 169.

③ Bruno Kuske (Hrsg.), *Quellen zur Geschichte des Kölner Handels und Verkehrs im Mittelalter*, Bd. 2, Bonn: Hanstein Verlag, 1978, S. 85, S. 106, S. 329.

④ Peter Dinzelbacher, *Das fremde Mittelalter, Gottesurteile und Tierprozess*, Essen: Magnus Verlag, 2006, S. 116 – 124.

纵观中世纪德国城市环境问题，为保证居民的生产生活安全，许多城市都出台颁布了很多城市卫生管理规定，并取得了不错的效果，有的还逐渐成为一种习俗被保留延续下来。这从今天德国人的生活方式中也能感受到中世纪文化对后世的影响。不过，从另外一个方面来看，中世纪的德国城市卫生问题仍然较多，从生产生活用水到污水的排放清理，从生产生活垃圾到卫生食品的监督检测乃至鼠害等都对中世纪德国城市的环境卫生和人的生命财产安全构成了很大危险。这种危险一日不消除，就永远存在空气质量和饮用水质量下降，街道卫生的脏乱差，甚至黑死病死灰复燃的危险。中世纪欧洲人遭受鼠害之苦的教训不可谓不深刻，正因为如此，从13、14世纪大批城市颁布实施的卫生管理规定都和黑死病所造成的可怕后果有关。这种历史教训影响深远，也不断启发人们如何改善城市卫生环境，如何让黑死病不再发生。随着近代自然科学的不断进步，这些问题的解决已开始提上议事日程。

第四节　森林砍伐与保护

从某种意义上说，森林开发利用史本身就是一部社会经济文化史。从经济意义方面来看，森林不仅可提供建筑材料、家居材料和燃料，而且还可用来架桥修路、筑坝防洪，甚至建城造船、矿山冶炼，其树叶果实还能为家畜提供饲料养分。从文化意义上来看，正如奥地利生态作家施瓦布(Günther Schwab)所描写的，森林不仅是“自然的心脏”，它脚下的“每一片土地都和人类的精神之根紧紧地维系在一起，其深绿色宝藏中流淌着的是语言和音乐的泉水”，而且它还“是人类生存栖息、艺术创作和文化传播之所，它如同一个静谧的小岛，会引导人去深刻思考”。所以，“它是一剂治愈现代文明病的良药”。① 如果再欣赏西方风景画中的森林画作，人们仿佛又回到了那个遥远的阿卡迪亚式的田园风光。荷兰兄弟画家林堡

① Günther Schwab, *Der Tanz mit dem Teufel*, *Ein abenteuerliches Interview*, Hameln: Adolf Sponholtz Verlag, 1956, S. 152 - 153.

(Brüder von Limburg)、德国画家丢勒（Albrecht Dürer）和阿尔特多弗尔（Albrecht Altdorfer）的许多森林风景画会让人脑海里产生无尽的遐想。[①]而从生态意义上看，森林则能调节气温，清洁空气，防风固沙，保持水土，可见森林对于人和自然环境的重要意义。

然而须看到的是，在很多史学家看来，中世纪欧洲史却又是一部森林砍伐史。这种观点乍一听起来好像有些言过其实，但细味之下，还是有其自身道理的。因为在古日耳曼人看来，森林是阻挡自己前进的敌人，它不仅阻碍自己了解和认识外面的世界，而且还妨碍到自身的生存，正如施马尔所说的："它是许多凶猛野兽和鬼怪精灵的现身处，是强盗的隐没处，是异教徒的藏身处，所以，这种隐患必须消除。"[②] 尽管森林为他们提供了栖身之所和食物资源，但随着五千年前新石器时代人们的定居和农业开垦，森林不断被砍伐，人口压力增加，人们需要有更多的土地。于是，从6世纪开始，在教会僧侣的引领下，人们挥刀向林，展开了一场旷日持久的砍伐运动。至中世纪晚期，除一些很难开垦到的山区和潮湿地以外，绝大部分地区的德国原始森林几乎被砍光。[③] 这场砍伐情况如何？它所产生的后果情况如何？各诸侯城邦是否采取措施对森林实行了保护？从以下五个方面将可以得出结论。

---

① ［英］查尔斯·沃特金斯：《人与树——一部社会文化史》，王扬译，中国友谊出版公司2018年版，第75—78页。

② Stephan Schmal, *Umweltgeschichte*, *Von der Antike bis zur Gegenwart*, Bamberg: C. C. Buchners Verlag, 2001, S. 27. 拉德考也有类似观点，他认为："中世纪鼎盛时期的开垦运动（包括砍伐大片森林），在中欧和西欧从冰川纪到今天的历史上，即便算不上最大的环境改造，也是范围最大的地区地貌改变了。"（［德］约阿希姆·拉德考：《自然与权力》，王国豫、付天海译，河北大学出版社2004年版，第161页。）环境史学家叶格尔也认为："中世纪是德国历史上森林面积损失最大的一段历史时期。"（Helmut Jäger, *Einführung in die Umweltgeschichte*, Darmstadt: Wissenschaftliche Buchgesellschaft, 1994, S. 82.）屈斯特也认为："从中世纪到18世纪这段时期内，德国森林在各景观中的下降比例最大。"（Hansjörg Küster, *Geschichte der Landschaft in Mitteleuropa*, München: Verlag C. H. Beck, 2013, S. 241.）

③ Hartmut Kleinschmit, *Mensch im Wald. Waldnutzungen vom Mittelalter bis heute in Bildern*, Husum: Husum Druck-und Verlagsgesellschaft, 2007, S. 8. 森林史学家克莱因施密特（Hartmut Kleinschmit）将自新石器时代（5000年前）开始人们大片砍伐森林至1850年德国开展大规模植树造林这段时间定义为"木器时代"。这一概念曾有很多史学家提及。它实际上已涵盖了石器时代、青铜器时代、铁器时代这三个历史时代。这一概念的提出是人们基于对森林在人类历史中所扮演的重要角色的一种高度评价和认可。

第一，在农业开垦方面，森林的砍伐被毁情况最为严重。“田野在扩展，森林被砍伐。”[①] 这是中世纪德国诗人福格尔威德（Walther von der Vogelweide）1215年写成的诗句。在他生活的那个东进开垦年代，中欧地区的森林差不多都被砍伐用于农业种植，少部分地方则被用于矿山开采。而在此之前的森林资源却相对保存完好。在6世纪时，中欧地区还是一个森林茂密、泥沼遍地的地区，阿尔卑斯山以北地区几乎很少有人烟，只有少数地方有罗马人统治的聚落。[②] 它们四周是森林砍伐后用于耕作的田园。由于当时土地贫瘠，收成较少，再加上人口不断增长，于是，人们继续砍伐森林，以获取更多土地。尽管如此，中世纪初的森林状况还保存较好，即使进入11世纪，中欧地区也仍有90%的森林存在，而到了福格尔威德生活年代后的200多年，中欧地区差不多已变成一个人工改造过的自然环境区，森林面积只剩下20%，而其余80%被砍伐的地方已变成庄稼地、休耕地和草地，可见这两百年间德意志森林所发生的巨大变化。[③] 通过孢粉分析发现，东荷尔施泰因的贝劳湖（Belauer See）一带在8世纪后为斯拉夫人居住区，但自1143年始，那里的情况就发生了巨大变化。由于第一次大规模开垦良田，许多树木被砍伐，其中以山毛榉树砍伐最多，而恺树砍伐相对较少。而到了13世纪的第二次大规模开垦期，所剩的山毛榉树不仅被砍光，甚至连小城低洼处的沼泽林也被砍伐。这块沼泽地原本并不适宜于种植庄稼，而这一次砍伐是因为草场开发需要，为的是能缓解牲畜增加所带来的压力。[④] 由于这一时期的气温较以往偏暖，也就是处于气候最适期阶段，所以，除种植外草场也被开发利用，农作物甚至可以直接在湖边地区种植，贝劳湖以及周边湖泊皆属此情况。此外，通过孢粉分析还发现，到14世纪中叶，东荷尔施泰因地区的居民定居点数量已达到峰值，也就是说，这一带的经济开发已暂告结束，且所剩的森林地已被辟为草场。

---

① 原中古高地德语为Bereitet ist daz velt，verhouwen ist der walt. 现代德语为Gebreitet das Feld，gehauen ist der Wald.（Ulrich Müller und Gerlinde Weiss，*Deutsche Gedichte des Mittelalters*，*Mittelhochdeutsch*，*Neuhochdeutsch*，Stuttgart：Philipp Reclam Verlag，2009，S. 182 – 183.）

② 据克莱因施密特考证，当时德意志境内约有60万人口数。

③ Dirk Meier，*Stadt und Land im Mittelalter*，Ostfildern：Jan Thorbecke Verlag，2003，S. 22 – 24.

④ Ebd.，S. 25.

此外，通过分析还发现，在冬季作物种植中，黑麦在这一地区种植最多，这也印证了北方沿海地区也种黑麦的历史考证。[①] 同样，也是在此东进垦殖时期内，中部山区的矿山开采业逐渐兴起。由于修建冶炼车间、冶炼矿砂、搭建坑道需要大量的木材，所以，该地区的森林被大量砍伐，冶炼作坊周围的环境从此日益恶化。[②] 从动物放养对森林的影响来看，当时的环境情况也不容乐观，根据环境史学家叶格尔估算，1300 年前后的德国中部和南部地区的许多庄园聚落内，每个聚落都有好几百头牲畜被赶进森林放养，而在美因河一带的弗兰肯地区，那些原本是森林的地方随后差不多变成草场，每年有 10 万—25 万头家畜在此放养。从总体情况来看，德意志境内夏季每天在森林牧场放羊的牲畜多达 800 万头。在他看来，这类森林牧场对森林的损害不仅表现在树木幼苗被啃噬，籽实被吃，而且许多橡树还被啃出疤疖，从而影响到树木成材。[③] 此外，过度放养还造成土壤结构的严重改变，如地块板结甚至地表石灰质加速形成。由于土壤营养物越来越贫乏，再加上雨水易流失，不易保存，所以，森林生长受到了严重影响。[④] 再加上中世纪封建庄园的日常生活方面也需用大量的森林资源，日常的烧炊、取暖、沐浴等燃料耗用量也相当之大。早期教会曾发布禁令，修道院即使是冬天也不准餐炊，只能进冷食。随着禁令的解除，修道院开始享有豁免权，僧侣们纷纷去附近的山上砍伐树木。在海德堡等地，有些城邦法令则规定可用森林木材烧水，用以经营澡堂服务业，不过，热水的烧煮也需要砍伐大量木材。封建庄园主仆烧水泡澡的费用甚至往往由他们的主人承担支付，而他们的主人浴室一般都有一到两个。根据历史记载，一般封建庄园主家的浴室每年都要燃烧掉 4—6 立方米的木材。[⑤]

---

① Dirk Meier, *Stadt und Land im Mittelalter*, Ostfildern: Jan Thorbecke Verlag, 2003, S. 25 – 26.

② Horst W. Böhme, *Siedlungen und Landesausbau zur Salierzeit*, Stuttgart: Jan Thorbecke Verlag, 1991, S. 211 – 232.

③ Gottfried Zirnstein, *Ökologie und Umwelt in der Geschichte*, Marburg: Metropolis Verlag, 1994, S. 43 – 44.

④ Helmut Jäger, *Einführung in die Umweltgeschichte*, Darmstadt: Wissenschaftliche Buchgesellschaft, 1994, S. 83 – 84.

⑤ Ernst Schubert, *Der Wald: wirtschaftliche Grundlage der spätmittelalterlichen Stadt*, in: Bernd Herrmann, *Mensch und Umwelt im Mittelalter*, Stuttgart: Deutsche Verlags-Anstalt, 1986, S. 261 – 262.

第二，在城市建筑方面，中世纪木材的使用量也相当惊人。与罗马人多使用建筑石材不同的是，德意志人多使用木材搭建房屋。之所以不用石材，只用木材，是因为北欧地区的石材没有亚平宁半岛多，并且石料开采成本昂贵，这对于经济还很落后的中欧人来说是难以承受的，更何况中欧地区本来就森林资源丰富，所以，他们因地制宜，就地取材，建盖桁梁房屋。在建盖时，一般先搭建两至三层木架，墙面由砖土填充。由于造价不高，成本较低，且坚固耐用，所以从 12 世纪开始桁梁房屋一直成为德意志人最喜爱的建筑样式。直至今天，德国境内仍有 250 多万座保存完好的桁梁建筑。建房砍伐的树木中，使用最多的是粗大结实的橡木和冷杉木材。从今天保留下的这个房屋数量来看，12 世纪以来的居民建房数要远远大于这个数字，可见各历史时期用于建房所造成的森林资源应是一个巨大惊人的数字。[①] 此外，各诸侯城邦的城墙建筑也需用大量木材，弗莱堡、哥廷根、爱森纳赫（Eisenach）等城市仅在兴建城市搭建城墙的过程中就差不多砍光了附近山上的森林，而居民用材则只能从外地购进。[②] 在泉水引入方面，中世纪早期的很多城市为制作木质管道也耗费了大量木材。[③] 此外，造船业也是一个木材消耗巨大的行业，为实现海上远程贸易，德意志沿海诸港口城市建造商船所需木材数量很是巨大，北部地区的很多森林由此被砍伐。建造一艘商船往往需要 300—500 根橡木，这就相当于砍伐 1—2 亩的森林。教堂建筑同样也需用大量木材，汉堡佩特里教堂（Petrikirche）的顶梁一次就用掉 400 多根古橡树树干。另外，该教堂的盖板和桁架也耗费了大量木材。[④] 1468 年建成的慕尼黑圣母教堂（Frauenkirche）20 年内至少用掉了两万根橡木、榆木和桤木等木材。[⑤] 据地方树木编年史记载，1252—1307 年，在

① Heinrich Stiewe, *Fachwerkhäuser in Deutschland*, *Konstruktion*, *Gestalt und Nutzung vom Mittelalter bis heute*, Darmstadt: Wissenschaftliche Buchgesellschaft, 2015.

② Hansjörg Küster, *Geschichte der Landschaft in Mitteleuropa*, München: Verlag C. H. Beck, 2013, S. 252.

③ Bernd Fuhrmann, *Deutschland im Mittelalter*, *Wirtschaft*, *Gesellschaft*, *Umwelt*, Darmstadt: Philipp von Zabern Verlag, 2017, S. 222.

④ Albrecht Timm, *Die Waldnutzung in Nordwestdeutschland im Spiegel der Weistümer*, Köln: Böhlau Verlag, 1960, S. 41.

⑤ Hansjörg Küster, *Mittelaalterliche Eingriffe in Naturräume des Voralpenlandes*, in: Bernd Herrmann (Hrsg.), *Umwelt in der Geschichte*, Göttingen: Vandenhoeck & Ruprecht, 1989, S. 65.

修建弗莱堡大教堂（Freiburger Münster）时，离市区很远的山上的冷杉树也被砍伐掉。[①] 在当时，这些木材的运输方式有的靠马拉，而大多数则通过放排这种形式。需要说明的是，为能顺利将木材运送到目的地，许多河流被人为改直拓宽。为增加河水流量，还要在许多河边开挖湖泊，以随时将湖水引入河中，增加流水量。不仅如此，有些河流中的砂石还要被清除，如哈茨地区的拉道河（Radau）和奥克尔河（Oker）中的砂石就曾被清除。由于长期放排，有些河岸边甚至还形成职业放排工定居的村落。总之，由森林砍伐所造成的种种破坏还是极大地影响了中欧地区的生态环境。

第三，在矿山开采和金属冶炼方面。制盐、玻璃制造、金属冶炼和木器厂木材加工等也是中世纪木材耗用量很大的行业，制盐行业更是如此。可以说，在中世纪，盐的重要性远胜今天，因为不仅腌制储藏食品、做黄油奶酪和烹饪等都需要食盐，而且金属冶炼等生产工艺也离不开这种化工原料。在生产技术工艺方面，中欧地区不像南部地中海沿岸和西部大西洋沿岸日照充分，通过日照和风干即能制盐，地处高纬度的中欧地区由于日照不足，所以使用木材高温制盐便成为唯一选择。因卤水含盐量只有2%—8%，为蒸干水分，耗用大量木材便在所难免，[②] 因此这个行业也被称为专门“吞噬木材的行业”（Holzfresser）。[③] 制盐一般在口径达200米如此偌大的平底锅内高温蒸煮。当时阿尔卑斯山东南部地区的雷兴哈尔（Reichenhall）每年制盐所需要的木材为24万立方米。[④] 兴起于12世纪晚期的哈莱茵（Hallein）地区也是重要的产盐区，仅1530年，蒸煮2.2万吨盐制品就燃烧了13万立方米的木材。这些木材如堆放在一起，可堆成一条高2米、宽1.2米、长54公里的木材长龙。[⑤] 中世纪北德的吕内堡地区也

---

① Ernst Schubert, *Der Wald. Wirtschaftliche Grundlage der spätmittelalterlichen Stadt*, in: Bernd Herrmann (Hrsg.), *Mensch und Umwelt im Mittelalter*, Stuttgart: Deutsche Verlags-Anstalt, 1986, S. 259.

② Bernd Fuhrmann, *Deutschland im Mittelalter*, *Wirtschaft*, *Gesellschaft*, *Umwelt*, Darmstadt: Philipp von Zabern Verlag, 2017, S. 442.

③ Gottfried Zirnstein, *Ökologie und Umwelt in der Geschichte*, Marburg: Metropolis Verlag, 1994, S. 41.

④ Ebd.

⑤ Bernd Fuhrmann, *Deutschland im Mittelalter*, *Wirtschaft*, *Gesellschaft*, *Umwelt*, Darmstadt: Philipp von Zabern Verlag, 2017, S. 440.

以煮盐著称。还在中世纪早期，该地区威尔希德山（Wilseder Berg）周围还是一片森林茂密的地区，而到了15时期初，处于鼎盛时期的制盐厂已到了无木材可用的地步，他们只好从北方森林较多的梅克伦堡地区购进木材。为此，1412年，梅克伦堡公爵同意可在其境内开挖放排水道，然后再连接易北河，以水运形式将木材放运到煮盐场，他要以这种形式来换取食盐。就这样，大批木材被运进，直至三十年战争爆发，放排营运才暂告停止。[①] 在环境史学者泽恩施泰因（Gottfried Zirnstein）和植物学家格莱布纳尔（Paul Graebner）看来，该地区荒原的形成和森林砍伐以及土地的过度利用是分不开的。[②] 在玻璃制造方面，木材既被当作原料，又被当作燃料用于生产。其中所需的原料即是碳酸钾，它需在大量燃烧的炭灰中加工提取制成。待碳酸钾和纯石英砂高温溶解后，玻璃制品随即制成，而这种高温溶解同时还需要大量的木材燃料。如制成1公斤碳酸钾制品，则需要燃烧1000公斤松木；根据木材情况的不同，生产1公斤玻璃则需要1—3立方米木材，如生产一件玻璃制品，所用木材的97%用于烧制碳酸钾，仅有3%用作燃料烧制产品。[③] 到18世纪时，碳酸钾已成为东普鲁士重要的出口物资，它所赚取的收入在有些地区可占木材经营收入的75%，可见其利润之高，但从另一个方面也反映出这些地区森林被毁的严重性。除这些行业外，金属冶炼行业当然也是消耗木材的一个主要行业。早在史前时期，人们就已掌握用铁矿砂炼铁这种技术。进入中世纪，竖炉和高炉慢慢取代了地炉，这种技术的不断进步也要求木材能源或木炭的进一步提供。这一行业的发展在带动锻造厂、矿山开采、铁匠铺、木炭厂兴起的同时，也无形中加速了森林资源的消耗。哈茨地区90%的阔叶林以及80%的针叶林都被用于矿山开采（主要用于搭建坑道）和烧制成木炭后用于金属冶炼，这些开采炼制给该地区带来了很大的环境压力。除森林砍伐外，生产过程中

① Harald Witthöft, *Die Lüneburger Saline, Salz in Nordeuropa und der Hanse von 12. - 19. Jahrhundert, Eine Wirtschafts- und Kulturgeschichte langer Dauer*, Rahden: Verlag Marie Leidorf, 2010, S. 116 - 143, S. 242.

② Gottfried Zirnstein, *Ökologie und Umwelt in der Geschichte*, Marburg: Metropolis Verlag, 1994, S. 38.

③ Wilhelm Abel, *Der Pauperismus in Deutschland am Vorabend der industriellen Revolution*, Hannover: Landeszentrale für politische Bildung, 1970, S. 53.

所形成的矿渣、废水、有害气体等也对周边环境产生了污染。此外，其他更早的矿山开采区如阿德伦（Ardennen）、西格尔兰（Siegerland）、图林根、黑森林、波西米亚等地也存在类似问题。[①] 除上述行业外，还有一个中世纪末兴起的行业，即木器厂的不断建立，它的开办也对森林资源构成了严重威胁。据菲林根地区（Villingen）有关历史资料记载，在基尔希海姆（Kirchheim）和普法芬维勒（Pfaffenweiler）附近的针叶林带，许多靠水力带动的木器厂在1310—1314年先后建成，大批的薄板条被生产出来。在纽伦堡，1458年，城邦议会曾规定禁止木器厂继续扩建。[②] 在其他手工业制作方面，中世纪木材的需求量也不可小视，如马车轮辐往往多用粗大的橡木做成，旋镂雕刻的木器则多用榉木，制绳作坊所用的树皮，以及木匠作坊生产家具等也需消耗大量的木材。此外，像焦油沥青炼制、烧砖、烧石灰、瓷器烧制、树皮制革、用于照明的松脂油和桦木油提取、养蜂业等都离不开森林资源的支持。在很大程度上，这些行业的生产加工同样也对环境造成不小的影响。[③] 生活在16世纪的德国医生兼矿山作家阿格里科拉（Georgius Agricola）在其1556年写就的大部头著作《论自然金属》中就详细记录了当时萨克森埃尔茨山矿山开采所造成的环境污染情况："在阿尔滕贝格（Altenberg）矿井内，到处是冶炼产生的浓黑烟雾，这些烟雾在不断熏炙人的伤口溃烂处，让人痛入骨髓。即使是铁块也能被这些烟雾腐蚀掉。正是这个原因，人们将家中的金属挂钩都换成了木钩。"[④] 由此可以想见，当时生活工作在那里的人们的健康状况也不容乐观。直到20世纪，该地区许多河流里还流淌着红水，这是因为河底当年残存的那些碎石中仍含有大量的锡元素，可见这些有害物质的危害性。在经历短暂的繁荣兴盛后，很多矿山从此荒废垮塌，随之而来的便是失业的大量出现或年轻

① Helmut Jäger, *Einführung in die Umweltgeschichte*, Darmstadt: Wissenschaftliche Buchgesellschaft, 1994, S. 91 - 92.

② Ernst Schubert, *Der Wald. Wirtschaftliche Grundlage der spätmittelalterlichen Stadt*, in: Bernd Herrmann (Hrsg.), *Mensch und Umwelt im Mittelalter*, Stuttgart: Deutsche Verlags-Anstalt, 1986, S. 260 - 261.

③ Helmut Jäger, *Einführung in die Umweltgeschichte*, Darmstadt: Wissenschaftliche Buchgesellschaft, 1994, S. 95 - 99.

④ Georg Agricola, *De Re Metallica Libri XII. Zwölf Bücher vom Berg-und Hüttenwesen*, Wiesbaden: Verlagshaus Römerweg, 2015, S. 156.

劳动力的流失，而留给矿山的却是一大堆环境问题和社会问题。

第四，诸侯城邦对森林资源的立法保护和人工造林。早在中世纪，森林就已不像人们想象的那样是一种可随意砍伐的资源，因为它的砍伐须在教会、国王等权力约束下有计划实施进行，这一点，仅从“Wald”和“Forst”这两个德语词汇中就能看出。“Wald”为“自然林”之意，而“Forst”则含有“管理林”或“受权力管制的森林”之意。这种权力机构在当时既包括教会这样的宗教权力机构，也包括大小封建领主、贵族、诸侯国王和皇帝等世俗权力者。对森林的砍伐保护最早由教会、修道院主持掌管，封建农奴须在他们的授意下从事森林的砍伐和利用。进入到墨洛温王朝和加洛林王朝的 7、8 这两个世纪，国王对森林保护的有关法律相继出台。查理大帝时期约于 770—800 年颁布的《国王法典》中的第 36 条规定：“我们的森林（包括自然林和管理林）应被小心看管监督。只有适合开垦的地方才可以砍伐，要阻止开垦后的土地再长出林木。但凡在有用林的地方，决不容许有过度开采或损害的情况发生。另外，管理林中的野生动物也须得到很好的看护。”[①] 随着时间的推移，国王将自己的森林地不断封赏给有功的大小侯爵，得到这些封赏的侯爵由此也扩大了自己的领地和主权，于是，森林自主砍伐和保护便成为这些侯爵财税收入和权力巩固的有力工具。然而，如何强化这个工具，如何建立一个有效的监督机制来管理这些森林，这是各诸侯城邦需考虑的问题。于是，各项森林管理的法律条文不断被颁布，如 1158 年，巴巴罗萨皇帝（Friedrich I. Barbarossa）因为采矿需要对山林行使保护特权所颁布的法律，[②] 13 世纪艾贝斯贝格（Ebersberg）修道院为管理森林所作出的保护规定等。[③] 从今天保留下来的

① 这段德文原文为：36. Unsere Wälder und Forsten sind sorgsam zu beaufsichtigen, Zur Rodung geeignetes Land soll man roden und verhindern, dass Ackerland wieder von Wald bewachsen wird, und nicht dulden, dass Wälder, wo sie nötig sind, übermäßig ausgeholzt und geschädigt werden, Unser Wildbestand in den Forsten ist gut zu hegen.（Wolfgang Lautemann und Manfred Schlenke, *Geschichte in Quellen*, *Bd*, 2. *Mittelalter*, *Reich und Kirche*, München: BSV Bayerischer Schulbuch Verlag, 1978, S. 95 - 96.）

② ［德］约阿希姆·拉德考：《自然与权力》，王国豫、付天海译，河北大学出版社 2004 年版，第 162 页。

③ Gottfried Zirnstein, *Ökologie und Umwelt in der Geschichte*, Marburg: Metropolis Verlag, 1994, S. 46.

历史文献来看，整个德意志至少有上千部文献记载了13—16世纪这三百年时间内各诸侯城邦的森林管理法规条例，其中甚至还包括各种经典案例的判处以及对未来森林管理的有关指导条例等内容。[①] 需指出的是，某些大城市颁布的法律条文往往还带有某些“创造性思维”，这给后世以诸多启发和借鉴，如纽伦堡自1294年、埃尔福特自1359年和法兰克福自15世纪以后所颁布的有关法律法规都体现了一定的创新精神，[②] 其中帝国城市纽伦堡中世纪中晚期颁布的有关法律法规可称得上是当时德意志境内最好的典章制度。从中可以看出，森林管理多成为帝国城市政治决策中的中心决策议题，如1309年亨利七世（Heinrich VII.）发布命令：“在50年内，要让动物毁坏和开垦田地的地方再长出森林”，1340年，路德维希皇帝（Kaiser Ludwig）发布命令，“严禁烧炭工、树脂工、玻璃工对森林滥砍滥伐，要让纽伦堡成为最好的城市，为此，森林数量将不许再减少，即使制作车轮轮辐和啤酒桶也不许再使用森林木材。”到了1351年，甚至贵族捕猎也被禁止：“城市受皇帝之托行使森林管理一切之权利，若有触犯法令者，包括狩猎贵族，他们都要付出昂贵的代价。”仅过了三年，也即1354年，卡尔国王（König Karl）颁布了“禁止在帝国森林中养羊放羊”的规定。约100年后的弗里德里希皇帝（Kaiser Friedrich）作出决定：“帝国城市坚持对帝国森林的权利，因战争和其他原因所导致的森林减少现在须重新恢复。”1552年，城市议会发布有关节省木材使用的措施：“谁如在城内盖建新房，面朝街面的墙体须改用石料。”[③] 从这些法律条文规定中可以看出纽伦堡在森林保护方面所做出的长期不懈的努力。当然，这一努力也是一种无奈之举，因为纽伦堡（包括埃尔福特）位于通航不足的小河边，[④] 它不像瑙河边的其他城市可以顺畅地运进木材，所以受地域条件限制，这些城市需制定严格的法律，以加强监督管理，确保森林资源的合理使用。从16世纪初开始，“德国诸侯们一个接一个地颁布森林法规条例”，因为

① Helmut Jäger, *Einführung in die Umweltgeschichte*, Darmstadt: Wissenschaftliche Buchgesellschaft, 1994, S. 105.

② Ebd.

③ Günter Reinhart, *Umwelterziehung im Geschichtsunterricht*, in: *Geschichtsdidaktik* 3, 1986, S. 245－246.

④ 纽伦堡位于佩格尼茨河边，埃尔福特位于格拉河（Gera）边。

他们发现"森林保护是最好的权力工具"。[①] 此时期1514年的蒂罗尔、1532年的黑森（Hessen）、1547年的不伦瑞克（Braunschweig）等诸侯城邦都相继颁布了有关法令。[②] 有些君主因为个人喜好还特地指定某些树木列为保护对象，如卡尔五世皇帝（Kaiser Karl V.）为防止紫衫树种灭绝，特将其列为名贵树种进行保护。[③]

将森林作为自己的经济资源是各诸侯首先考虑到的问题，其次，将森林辟为自己的狩猎地也是中世纪诸侯宫廷成员一种重要的娱乐消遣方式，纽伦堡、维尔茨堡、科隆附近的哈姆巴赫（Hambach）森林地、波恩（Bonn）附近的考滕（Kotten）森林地、慕尼黑附近的艾贝斯贝格森林地等都是当时著名的诸侯狩猎地。这些狩猎地多位于城堡宫殿边，一般都要被圈护起来，以防陌生人擅入和野兽跑失。

鉴于很多诸侯城邦森林资源短缺，所以，如何在保护的基础上进一步开发这类资源是他们要思考的问题，在这方面，纽伦堡和埃尔福特这两座城市走在了前列。1368年，纽伦堡市长施特洛姆（Peter Stromer）开始尝试利用人工种子进行发芽，他在冬天将针叶林种子浸泡，并保持在一定的温湿度，再等到来年四月下旬播进苗圃让其快速生长。凭借这种针叶林育苗法，他培育出当时世界上第一个人工造林区，他也因此获得"森林之父"的美誉。1398年，纽伦堡开始有了橡树种子人工培育的记载。到1400年前后，纽伦堡已成为欧洲树苗种子交易买卖最兴盛的城市，而且其树苗种子也是当时最受欢迎的出口商品。1423年，在纽伦堡专家的帮助下，该市育出的冷杉种子被播撒进法兰克福森林地。[④] 与此同时，希尔德斯海姆城邦议会也作出了植树造林的决议。今天，苏黎世附近占地约12平方公里的希尔森林地（Sihlwald）已成为瑞士的自然保护区，而在15世纪

---

① ［德］约阿希姆·拉德考：《自然与权力》，王国豫、付天海译，河北大学出版社2004年版，第164页。

② Gottfried Zirnstein, *Ökologie und Umwelt in der Geschichte*, Marburg: Metropolis Verlag, 1994, S. 46.

③ Hansjörg Küster, *Geschichte der Landschaft in Mitteleuropa*, München: Verlag C. H. Beck, 2013, S. 250.

④ Stephan Schmal, *Umweltgeschichte*, *Von der Antike bis zur Gegenwart*, Bamberg: C. C. Buchners Verlag, 2001, S. 40.

时，它已是全欧洲保护最好的人工育林地。[①]

第五节　黑死病和其他瘟疫

14 世纪中期爆发的鼠疫给欧洲带来了毁灭性灾难。如果说第二次世界大战欧洲损失人口为当时总人口 5% 的话，而这场鼠疫却夺走了欧洲当时 1/3 人口约 7000 万人的性命。[②] 回溯历史，这场鼠疫并不是欧洲第一次鼠疫，最早的可追溯到东罗马帝国查士丁尼（Justinian）时代 541/542—746/748 这两百年时期。这次鼠疫主要爆发在北欧、西北欧和地中海沿岸，中欧地区则较少出现。随后几百年的鼠疫流行情况因为史料的缺乏而无从知晓，所以 1347 年欧洲爆发的这场鼠疫在史学界往往被称为欧洲第二次鼠疫。[③]

鼠疫的蔓延主要由跳蚤传播而成，一旦人被带有鼠疫病菌的跳蚤叮咬，几天内就会丧命，这是因为人的血液循环系统被叮咬感染后会很快形成淋巴管肿胀，由此导致血液中毒。常见的鼠疫有肺型鼠疫和腺型鼠疫两种。这场鼠疫最早出现在蒙古人占领的西伯利亚地区，1340 年蔓延到伏尔加河下游。1345—1346 年，当鞑靼人第二次包围克里米亚半岛卡法城（Caffa）时，疫情先是在军营蔓延，然后蔓延到这座当时多为意大利热那亚人经商的城内。[④] 破城后，逃亡的热那亚商人将瘟疫带回亚平宁半岛，先是墨西拿、撒丁岛、科西嘉岛和艾尔巴（Elba），然后于 1346 年 11 月底蔓延到热那亚城。与此同时，地中海东岸地区的鼠疫也在君士坦丁堡、塞浦路斯、开罗等地蔓延。次年也即 1347 年后，瘟疫迅速蔓延到比萨、威尼斯、马赛、巴塞罗那，后经海上路线进入英格兰和苏格兰。[⑤] 这其中，汉

---

① Albert Hauser, *Wald und Feld in der alten Schweiz, Beiträge zur schweizerischen Agrar-und Forstgeschichte*, Zürich: Artemis & Winkler Verlag, 1972, S. 45.

② Bernd Fuhrmann, *Deutschland im Mittelalter, Wirtschaft, Gesellschaft, Umwelt*, Darmstadt: Philipp von Zabern Verlag, 2017, S. 456.

③ Klaus Bergdolt, *Der Schwarze Tod in Europa, Die Große Pest und das Ende des Mittelalters*, München: Verlag C. H. Beck, 1994, S. 5.

④ ［美］威廉 H. 麦克尼尔：《瘟疫与人》，余新忠、毕会成译，中国环境科学出版社 2010 年版，第 99 页。

⑤ Bernd Fuhrmann, *Deutschland im Mittelalter, Wirtschaft, Gesellschaft, Umwelt*, Darmstadt: Philipp von Zabern Verlag, 2017, S. 452 –453.

莎商船将鼠疫带入加莱、奥斯陆、哥本哈根以及德意志境内的科隆、汉堡和吕贝克等城市。除弗兰肯地区和波西米亚部分地区没出现鼠疫外，德意志绝大多数地方都遭到鼠疫的侵袭。1348 年底，维也纳曾在一天就死亡 960 人，整个德意志约有三分之一神职人员被夺取生命，很多教堂和修道院也不得不停止宗教活动。[①] 至 1352 年，鼠疫夺走欧洲 25—35% 人口的生命。此后，每过一百年，鼠疫就要再爆发一次，直至 18 世纪初才完全消失。[②]

当鼠疫在整个欧洲肆虐时，不管是宫廷王室，还是宗教机构等对此都束手无策，徒呼奈何。人们哀叹生命无常，甚至神职人员也醉死梦生，及时行乐，以忘却死亡的烦恼。对于当时的人们来说，因受医疗技术条件的限制，谁也无法解释鼠疫的病因机制，并提出有效的防范对策。不过，还是有人作出了尝试。1348 年，意大利医生弗利格诺（Gentile da Foligno）试图将体液病理学说和瘴气理论结合，再借助占星术来阐释鼠疫发作成因机制。他认为，由于 1235 年火星、木星和土星共同作用的缘故，它们一起将大海陆地中的有毒元素蒸发到大气中，大气所到之处，鼠疫也随之散发开来。如果人们吸入空气，这种有毒气体就会进入心肺，由此造成身体各器官的衰竭直至死亡。他的这一学说得到法国国王菲利普六世（König Philipp VI.）的重视，在国王的授意下，巴黎大学有关教授专家经过考察论证后得出结论：这一理论不太经得起推敲，最后的结论当然也是最好的办法还是人们尽快逃离城市，躲到乡下，此外别无他法。[③] 这一建议影响重大，此后的一百年间，法国和欧洲其他地区的乡村也纷纷被鼠疫肆虐，农村和城市一样也随之凋敝，一片萧条。[④] 需要说明的是，直至中世纪晚期，当时的医学家们也没找到鼠疫的发病原因和传播途径。尽管如此，人

---

① 魏健：《中世纪与黑死病鼠疫：在疾病中诞生的现代文明》，2019 年 8 月，凤凰网站（https：//culture. ifeng. com/c/7rZvQ7j4Dp2）。

② Dirk Meier，*Stadt und Land im Mittelalter*，Ostfildern：Jan Thorbecke Verlag，2003，S. 231.

③ 当时巴黎地区的人口减少了 2/3 以上。据估计，法国全国总人口死亡率应不低于 42%。（［美］布莱恩·费根：《小冰河时期：气候如何改变历史》，苏静涛译，浙江大学出版社 2017 年版，第 96—97 页。）

④ Joachim Ehlers，*Geschichet Frankreichs im Mittelalter*，Stuttgart：Kohlhammer Verlag，1978，S. 341 – 342.

们还是力图采取各种方法，减少病情蔓延和死亡情况的出现，如法国的马赛、意大利的雷吉奥城和西西里岛的拉古萨城等曾试图通过检疫来检查入城人员，以防传染病被带入。有些城市则用隔离法将病人隔离，防止病情的扩大蔓延。还有的城市要求采用报告制度，一有病情即告知市政有关部门。此外，还有人直接购买口嚼烟卷，用烟草气味来阻止带病菌空气的吸入。在德意志境内，不少城邦诸侯（如纽伦堡）也仿效法国人，纷纷到乡下避难。到了近代早期，很多规定还要求安全地区须与有瘟疫传染的地区中断交通，不再联系，而实际情况是，被隔绝的地方多是些乡村和小城市，否则大中城市间的贸易往来就将受到阻滞。从死亡人数情况来看，德意志很多城市的情况也不容乐观，有资料显示，15 世纪下半叶，吕贝克 1000 个居民中幸存的不足 10 人，每天约有 1500 人死亡。康斯坦茨约有 12000 人被感染致死，斯特拉斯堡死亡数更是高达 16000 人。① 从死亡分布情况来看，城市居民的死亡率显然要高于农村地区。根据史料记载，1347 年的这次大瘟疫首先遭重创的是磨坊和面包房，当时除一种名为印度鼠蚤的跳蚤大量寄生在粮食谷物中传播鼠疫外，还有一种喜生活在空气湿度为 90%—95%、温度在 15—20 度之间名为“人蚤”的跳蚤也成为重要的鼠疫携带者。农户收藏储存的粮食谷物为这些跳蚤提供了便利的生存条件，这些跳蚤通过粮食谷物的运输、生产、加工也顺带着进入到城市乡村的各行业领域，其中的磨坊和面包房自然就成为瘟疫传播的重灾区。如在吕贝克，首先被传染的是面包房，随后是面包房附近的邻居。从汉堡市当年财税部门的历史资料中也能看到，约有 35% 的面包师死于鼠疫灾难。另外，还有许多历史资料也记载有磨坊因瘟疫流行而不得不关闭的情况。②

受认知水平限制，当时的人们普遍认为鼠疫爆发是上帝对有原罪人类的一种严惩。人们根本无力于疫情抗争，唯有做祈祷和宗教游行祈求生存。在德国，忏悔的圣徒们赤裸上身在街上游行，他们一边唱着圣歌，一

① Bernd Fuhrmann, *Deutschland im Mittelalter*, *Wirtschaft*, *Gesellschaft*, *Umwelt*, Darmstadt: Philipp von Zabern Verlag, 2017, S. 454 - 455.

② Dirk Meier, *Stadt und Land im Mittelalter*, Ostfildern: Jan Thorbecke Verlag, 2003, S. 230 - 231.

边还不断用皮鞭抽打着自己的背部，以此悔罪，祈求上帝的宽恕。[①] 有的教徒甚至还前往罗马朝圣，祈求瘟神罗切斯（Rochus von Montpellier）和殉难神圣·塞巴斯蒂安（S. Sebastian）庇佑自己。[②] 1445 年，卑尔根（Bergen）大主教发布教令，要求圣徒连续五天举行弥撒、游行、斋戒等宗教活动，以驱赶瘟疫。不过，由于游行和弥撒祷告导致人群密集，加剧了瘟疫传播，从而导致更多人死亡，所以，从 1498 年开始，意大利威尼斯教会禁止人们在瘟疫期内从事宗教仪式活动。[③] 直到 17、18 世纪，因消毒、隔离等科学防疫措施逐渐在军营、医院和公共场所推广使用，鼠疫才在欧洲大陆逐渐减弱，直至 1721 年最后消失。

除最严重的黑死病外，中世纪还有一些瘟疫在德意志境内同样也给人们的生命财产以及生产生活构成重大威胁。首先是疟疾的经常发生。疟疾主要由蚊子传染病毒，该疾病最早出现于南欧地中海沿岸温暖潮湿地区，后经中欧地区一直蔓延到斯堪的纳维亚半岛。其主要发作症状为间歇性高烧、人体乏力、肝脾肿大、肾功能衰竭直至死亡。此种瘟疫时常也在中欧地区爆发，很多人因此丧命，尤其是儿童的死亡率更高。[④] 此外，麻风病的发作也时常出现。这种疾病多通过液体和其他不洁污染源传播。疾病发作时，人们脸上先是出现棕红色斑点，然后是斑点变成溃烂的疱疹，结痂后形成的严重疤痕有可能导致面部肌肉坏死，甚至失去感觉能力，而且喉结失声和内部器官受损的情况也多有发生。据史料记载，中世纪很多城市如科隆、高斯拉尔等先后遭受过麻风病侵袭。疾病流行时，麻风病病人往往被带到城外医院或专门建盖的小屋子里进行隔离，以防病情进一步蔓延。为加强防范，科隆 14 世纪还专门安排人员对病情进行检查。到 15 世纪，这项工作已由科隆大学接管承担。[⑤] 除此之外，麦角中毒也是中世纪

---

① ［美］布莱恩·费根：《小冰河时期：气候如何改变历史》，苏静涛译，浙江大学出版社 2017 年版，第 97 页。

② Bernd Fuhrmann, *Deutschland im Mittelalter*, *Wirtschaft*, *Gesellschaft*, *Umwelt*, Darmstadt: Philipp von Zabern Verlag, 2017, S. 456.

③ Andreas Plettenberg, *Dermatologische Infektiologie*, Stuttgart: Thieme Verlag, 2004, S. 393 - 394.

④ Bernd Fuhrmann, *Deutschland im Mittelalter*, *Wirtschaft*, *Gesellschaft*, *Umwelt*, Darmstadt: Philipp von Zabern Verlag, 2017, S. 447.

⑤ Ebd., S. 243, S. 447 - 448, S. 448.

晚期中欧地区多爆发的一种疾病。麦角是麦角菌侵入谷壳内所形成的一种黑色且轻度弯曲的菌核，它是麦角菌的休眠体，如遇到温暖潮湿的天气，收获后的谷物很容易受到麦角菌的感染。食用带菌粮食后，人们往往会出现动脉收缩，肢体坏死，甚至孕妇流产的情况。这种疾病多发生在中世纪中后期的大饥荒时期，许多食不果腹的乡下贫民多食用带此病菌的黑麦，一旦食用，则往往出现呕吐晕厥、痉挛抽搐甚至死亡的情况。① 此外，1494—1496年间，德意志境内梅毒病广为流行。人们不清楚的是，这种流行病是从美洲新大陆带入，还是在此之前欧洲大陆就已流行过。进入近代以后，这种疾病仍不时流行。② 总之，上述四种瘟疫中世纪一直都存在，时而潜伏，时而爆发，一直影响着人们的健康和生命安全。

由于人口大量减少，瘟疫、饥馑灾荒下的欧洲已处在一个严重的经济衰退期。由于粮食短缺，人们对食物的需求引起物价不断上涨。此外，许多生产部门因缺乏劳动力，特别是缺少有技能的专业人员而引发工资成本的不断上涨。在矿山地区，很多采矿工人死亡导致金属制品尤其是贵金属制品价格也不断攀升。巨大的成本导致矿山废弃和矿冶业的萧条。在农村地区，由于人口稀少，村落荒芜，正常的农业生产不能开展，城乡经济交流也因此多处于一种瘫痪的状态。整个欧洲笼罩在一片巨大的阴影中，正如美国环境史学家麦克尼尔所说的："迷茫和压抑的氛围也变得像瘟疫流行那样不可逃避。"如何寻求出路，获得新生，"欧洲也因此进入了历史的新时代。"③ 正是随即带来的思想启蒙和技术进步为人类找到了求生方案，也为人类社会的进一步发展提供了强大动力。

---

① Kay Peter Jankrift, *Krankheit und Heilkunst im Mittelalter*, Darmstadt: Wissenschaftliche Buchgesellschaft, 2003, S. 25 – 27.

② Reinhold Reith, *Umweltgeschichte der Frühen Neuzeit*, München: Oldenbourg Verlag, 2011, S. 24.

③ ［美］威廉 H. 麦克尼尔：《瘟疫与人》，余新忠、毕会成译，中国环境科学出版社2010年版，第102页。

第三章　近代早期至工业革命早期德意志地区环境危机初现（约1500—约1850年）

从思想史角度来看，很多人将环境问题看成一种“生态危机”，美国人怀特（Lynn White）将这种危机产生的根源归咎于基督教教义所倡导的“让地球臣服于你们”（Macht euch die Erde untertan）这种征服思想，德国神学家德雷威尔曼（Eugen Drewermann）也将不受约束的技术进步称为“死亡的进步”，以此阐明基督精神下地球与人的紧张对立有可能会导致两者同归于尽的结果。① 然而，也有完全相反的观点竭力倡导理性主义思想，正如培根（Francis Bacon）和笛卡尔（René Descartes）所主张的要用“理性”的自然观来怀疑一切，改造一切，从而让自然为人的富裕和幸福服务。② 应该说，在当时的中世纪晚期和近代早期，这种思想一直占据着主导地位，成为人们改造自然、追求技术进步的指导思想，从而也促成了工业革命的早日兴起。

伴随着意大利文艺复兴后人文主义的兴起，世界文明史揭开了新的篇章，美洲新大陆的发现、宗教改革运动的兴起、德国农民战争的爆发，美国人权宣言的起草诞生、法国资产阶级革命的爆发、神圣罗马帝国的覆灭、英国工业革命的兴起和现代资本主义的诞生等重大历史事件无不给近代世界文明打上鲜明的烙印。换句话说，16 世纪初至 19 世纪中叶这 350

---

① Eugen Drewermann, *Der tödliche Fortschritt, Von der Zerstörung der Erde und des Menschen im Erbe des Christentums*, Regensburg: Verlag Friedrich Pustet, 1990.

② 余谋昌：《环境哲学：生态文明的理论基础》，中国环境科学出版社 2010 年版，第 167—170 页。

年内，早期现代国家教育的形成，理性主义思想、经验论启发下的自然科学的蓬勃兴起，印刷术发明对知识的传播，宗教信仰的分裂与纠纷以及欧洲权力在世界范围内的扩张等也在极大地改变着人与自然环境的关系。如果从环境史研究角度进一步来看，能特别引起人与环境发生重大变化的，则有在航海方面 1492 年哥伦布（Christoph Columbus）发现美洲后产生的物种大交换，在金属冶炼方面自 15 世纪中期以来即已繁荣的矿冶生产的不断提升，在能源利用方面风能和水能的进一步开发利用，在农业生产方面的多样性种植经营等。这些新成就的取得不仅展示了新技术的运用发展，而且还展现了人类对自然驾驭和征服的“无限潜能”。随着此时期森林资源危机的到来，横跨石器时代、青铜器时代、铁器时代这三个历史时代的“木器时代”就此终结，取而代之的是石化能源新时代的到来。从此，被誉为“地下森林”的煤炭资源的广泛使用更是彻底改变了人类自然环境，进而促成工业化和城市化的迅猛兴起。

尽管存在着气候不利因素，频繁的自然灾害、瘟疫和战争，尤其是鼠疫给德意志人口造成的重大损失，但从其发展情况来看，人口增长总体来说还是呈上升趋势的。到 16 世纪初，德意志境内约有 900 万人口，而到了 1800 年左右，人口数已增加到 2200 万人。应该说，没有近代农业生产的巨大进步，就没有这样大的人口增长。[①] 正是有了这个人口增长动力机制的保障，才有了近代启蒙思想的诞生和科学技术的突飞猛进，这也为工业文明时代的到来打下了坚实的基础。

第一节　气候与农业生产

前文已述及，1300—1850 年为“小冰河时期”，所以，近代这段历史时期也同样处在这个寒冷持续期。具体来说，16 世纪中欧地区的整体气候表现为前三十年的冬季较寒冷，夏季则较为阴冷潮湿；中间的 1530—1560 年这三十年则表现为气温相对温和，此时期阿尔卑斯山地区的冰川有所融

① Reinhold Reith, *Umweltgeschichte der Frühen Neuzeit*, München: Oldenbourg Verlag, 2011, S. 24.

化，这样的气候使人口有所增加，也为农业生产创造了较好的条件。然而，自1560年以后直至1630年这70年时间内，很可能是受火山爆发的影响，气候又开始变得恶劣，平均年气温较以往普遍下降一度，夏季庄稼收获季节鲜少降雨，尤其是1585—1597年这段时间表现得最为明显。之所以如此，是因为自1580年开始阿尔卑斯山冰川活动的重新加剧。此时期山麓北部地区的葡萄种植和酿造业利润已大幅缩水，整个博登湖在1586/1587年、1602/1603年和1607/1608年这三个冬春时节一直处于冰封状态，可见其严寒之酷。①

17世纪开端可谓很不寻常，1600年2月16日，秘鲁于埃纳普蒂纳火山（Huanyaputina）突然爆发。这场火山爆发所形成的浮尘不仅数月内遮天蔽日，还飘散到格陵兰岛和南极等遥远地方，从而导致全球气候陷入混乱。1601年夏季气温更是创造了15世纪以来北半球最低气温纪录，中欧地区于是常年雾霾，太阳和月亮也是“微红，微弱，如同失去了光芒”。更为严重的是，这场火山爆发还导致了17世纪内其他四段寒冷期的相继出现，即1641—1643年、1666—1669年，1675年以及1698—1699年这四段时期。② 而在此之前的1613年夏天洪水已开始泛滥，纳戈尔德河（Nagold）和内卡河更是卷走了很多人畜。洪灾一直蔓延到图林根地区，这场洪灾在史学界被称为有名的“图林根洪灾”（Thüringische Sündflut）。③ 除了山区多洪灾，北海海面风暴潮的发生也很是剧烈狂暴，1619年，日德兰半岛布莱德施泰德（Bredstedt）附近发生了海堤溃坝事件。④ 进入1618—1630年这段时间内，由于气候变化无常，捉摸不定，春季时间开始推迟，夏季阴冷，而到了冬季，气温却又比16世纪末有所回升。1625年，风暴潮肆虐了罗斯托克（Rostock）和瓦纳明德（Warnemünde）两个沿海

---

① Reinhold Reith, *Umweltgeschichte der Frühen Neuzeit*, München: Oldenbourg Verlag, 2011, S. 9 - 10.

② ［美］布莱恩·费根：《小冰河时期：气候如何改变历史》，苏静涛译，浙江大学出版社2017年版，第122—124页。

③ Franz Nauelshagen, *Klimageschichte der Neuzeit*, Darmstadt: Wissenschaftliche Buchgesellschaft, 2010, S. 45.

④ Rüdiger Glaser, *Klimageschichte Mitteleuropa. 1000 Jahre Wetter, Klima, Katastrophen*, Darmstadt: Wissenschaftliche Buchgesellschaft, 2001, S. 98.

港口。1634 年 10 月 21 日，一场风暴潮更是夺走了北海沿海地区 1.1 万人的生命。随后，寒风凛冽，大雪纷飞，沿海海岸和河口地区几周时间内都一直处于冰封状态。① 在上述四段寒冷期内，干燥也是这段时期所伴随的气候现象。1684 年至该世纪末这段时间的气候变化则达到小冰河时期的峰值，尤其是 1670—1701 年这段时间内的气温下降最为剧烈，平均比以往下降了 0.8 度。究其原因，是这段时期太阳黑子活动减少，处在一个“蒙德极小期”（Maunder Minimum），此外，北大西洋涛动指数持续走低也是气温下降的重要推手。② 寒冷的冬季和低温的夏季导致整个欧洲粮食连年歉收，阿尔卑斯山地区的村民不得不将坚果壳碾成粉末，再掺杂大麦和燕麦粉做成粗制面包，以此熬过寒冷冬日。此外，夏季低温推迟了葡萄收获期，大面积的枯萎病损害了多种农作物，从而引发了自 1315 年以来欧洲大陆最为严重的饥荒。有些地区由于战争的爆发更加剧了饥馑的发生，如法国路易十四和奥格斯堡同盟之间发生的九年战争不但消耗了大量本可供穷人食用的粮食储备，而且导致农民税负不断加重，从而无钱购买来年的作物种子。③

接下来的 18 世纪前三十年却是一个气温相对较温和时期，这是太阳黑子活动增强的缘故。除了 1708/1709 年的冬天极为寒冷外，此时期其他干冷的冬季则较少出现。不过，1717 年 12 月 25 日圣诞日这一天发生的风暴潮却一下子夺走荷兰和德国海岸 1.8 万人的生命。④ 由于天气相对温暖，此时期奥地利干暖夏季的有利气候为葡萄种植带来了丰收。然而，随后的 1730—1810 年这 80 年时期内，除夏季气温较为正常外，欧洲大陆又开始进入寒冷模式，其他三季则显得既冷湿又干燥，特别是早春季节不时有霜冻现象发生。在 1730—1744 年这段漫长且极为寒冷的冬季里，1739/1740

① Rüdiger Glaser, *Klimageschichte Mitteleuropa. 1000 Jahre Wetter, Klima, Katastrophen*, Darmstadt: Wissenschaftliche Buchgesellschaft, 2001, S. 102.

② Reinhold Reith, *Umweltgeschichte der Frühen Neuzeit*, München: Oldenbourg Verlag, 2011, S. 10.

③ ［美］布莱恩·费根：《小冰河时期：气候如何改变历史》，苏静涛译，浙江大学出版社 2017 年版，第 134 页。

④ Rüdiger Glaser, *Klimageschichte Mitteleuropa. 1000 Jahre Wetter, Klima, Katastrophen*, Darmstadt: Wissenschaftliche Buchgesellschaft, 2001, S. 128.

年这个冬天应属最寒冷的冬天，维也纳周边地区的多瑙河河面持续冰封十个星期，德意志境内很多城市则发生粮食短缺和物价飞涨的情况。[①] 寒冷使人无处可逃，即使在家里也无法逃脱。1 月初，由于天气奇冷，富人家即使带有局部供暖的房舍内温度也只有 3 度左右，而穷苦人家则买不起炭火，只能在茅舍中抱团取暖，以此度日。这一年，很多人被活活冻死。在很多史学家看来，1740 年尽管有黑死病传染发作，但这并不是西欧人死亡的主要原因，恰恰是寒冷天气引发的低温症，以及饥荒所导致的营养不良导致很多人死亡，其中以老人和孩子为最。此外，18 世纪城乡糟糕的环境卫生状况也成为传染病滋生的温床，这更使营养不良、抵抗力差的人增加了患病风险，肺炎、支气管炎、心脏病和中风等疾病发作都和斑疹伤寒、回归热等的频繁爆发有着密不可分的关系。[②] 随后的 1750—1764 年没有异常天气出现，但随后 1770—1772 年所呈现的更潮湿、早春寒冷、仲夏多雨的天气给中欧带来了 18 世纪最大的一场饥馑。气候剧烈变化导致连年歉收，农产品价格持续上涨，牲畜大量死亡，许多地方连年战争使得人们的生活变得更为艰辛。到处是乞讨流浪的人群。很多饥饿不堪的人到最后往往会变成小偷盗贼，农村的犯罪率不断上升。不得不说，这场由饥馑引发的恐惧感早已弥漫在整个农村地区。[③] 不过，随后的 1773 年却是一个难得的好年成，且 1781—1810 年三十多年温暖期也同样如此。由于 18 世纪是德意志人最难熬的一个世纪，所以，该世纪也被史学家称为“漫长的 18 世纪”(das lange 18. Jahrhundert)。[④]

与此相反，进入 19 世纪，人们已不再感到极端天气的频繁出现，从世纪初到 1855 年这半个多世纪内，气候多表现为干冷，而自 1856—1895 年，气候多表现为温暖潮湿的特点。具体来说，仍处在小冰河时期的这半个多世纪内，如 1812—1830 年，由于 1815 年赤道附近印尼塔姆博拉（Tambo-

① Reinhold Reith, *Umweltgeschichte der Frühen Neuzeit*, München: Oldenbourg Verlag, 2011, S. 10.

② ［美］布莱恩·费根：《小冰河时期：气候如何改变历史》，苏静涛译，浙江大学出版社 2017 年版，第 164—169 页。

③ Wilhelm Abel, *Massenarmut und Hungerkrisen im vorindustriellen Europa*, *Versuch einer Synopsis*, Hamburg/Berlin: Paul Parey Verlag, 1974, S. 108 – 109.

④ Ebd., S. 110.

ra）火山喷发所导致的类似的小冰河时期的气候特征再次出现，所有的季节都很干冷，尤其是夏季更是如此。此外，此时期阿尔卑斯山地区的冰舌又开始增大前移。随后的1816年也是德意志最寒冷的一年，这一年也被称为“没有太阳光照的一年”，甚至在这年夏天还飘起了大雪。如同往年一样，年成歉收，物价飞涨，饥荒爆发，疾病成灾。西里西亚（Schlesien）和威斯特法伦等地区因饥馑爆发了大面积伤寒病。该年冬天，阿尔卑斯山地区的积雪不断堆积增高，一时难以融化，直到1817年七月份才开始有所消融，连博登湖的水位也涨到1566年以后从未有过的高度。① 进入1847年，由于天气极度寒冷，谷物和土豆歉收。自1855年以后，最后一段“小冰河时期”正式结束，人类气候由此过渡到一个所谓的“现代最佳温适期”阶段。②

从农业生产情况方面来看，决定农业收成的要素有很多，如土地贫瘠情况、耕作技术运用和田间管理等，但影响最大最直接的还是气候要素的影响，无论是谷物种作，还是牧场护养或果树栽种等都离不开气候变化的影响。冰雹、霜冻、雨雪和洪涝灾害等都可影响农业收成，尽管其对庄稼作物种类的影响程度各不相同，但遇到干冷、潮湿、炎热、或严寒这样的天气，或是多重天气灾害叠加到一起，农户收成的情况也不尽相同。如遭遇九、十月份漫长的雨季，种子播撒期就不得不推迟，而且作物种植面积很多时候也要作相应缩减；如遇到秋冬季节阴雨连绵的天气，经雨水浸泡，土壤中的很多氮元素往往被雨水冲走，冬季作物的收成因此要受到影响。根据有关估算，由于氮元素较缺乏，近代冬季作物收成比往往在一比十至一比十二之间，也就是说，如土壤中氮元素含量高的话，一斤种子可以带来12斤谷物的收成，如氮元素含量较少，播撒一斤种子，最终收成只有种子的十倍甚至更少。此外，如遇到低温天气或庄稼作物没有雨雪覆盖，很多作物往往也会被冻死。相反，如三四月份遇上温暖干爽的好天气，那么对冬季作物的生长则极为有利，而且也为夏季作物耕种打下良好

---

① Hubert H. L. Lamb, *Klima und Kulturgeschichte*, *Der Einfluss des Wetters auf den Gang der Geschichte*, Reinbek: Rowohlt Verlag, 1997, S. 407.

② Franz Nauelshagen, *Klimageschichte der Neuzeit*, Darmstadt: Wissenschaftliche Buchgesellschaft, 2010, S. 194.

的基础。当然，这其中最重要的还是好天气可促进田地牧场间绿草的生长，因为绿草不仅是农作物生长所需的肥料养分，而且还是牲畜重要的饲料来源，如果青草丰茂，那么当年的谷物生长和畜牧乳业自然也就丰收在望。反之，不利的气候条件就会给谷物收成、乳业经济和果蔬收成带来很大的负面影响，如遇到持续的雨雪天气，冬季作物的生长就会迟缓，来年收成不仅会减少，而且还会影响到夏季作物的播种和青草饲料的及时供应。一旦遇到饲料储备不足，牲畜来年的饥荒就在所难免。如果五月份过于寒冷或者过于潮湿，那么不但牲畜饲养会受到影响，而且夏季作物收成也会受到很大影响，这是因为谷物收割期不得不延迟，而且割过草的牧场也很难在短时期内再长出新草。在葡萄收获方面，寒冷潮湿天气也很难保证熟透了的葡萄是上等酿酒原料。此外，在这样的天气情况下，燕麦和大豆的收获也面临着同样的问题。值得关注的是，在五月特别是六月，由于干旱风险的存在，畜牧养殖和夏季谷物生长往往面临着很多不确定因素。此外，六月份的阴冷潮湿最不利于庄稼生长，还有就是到收获季节，农户们最害怕阴雨天气，因为他们一不能及时收割，二不能及时晒干储藏，谷物随时存在着霉烂变质的危险。即使是秋天过早出现的寒冷也同样会影响农业生产的进行，它不但影响草场秋草的生长，而且还会影响葡萄和大豆的成熟。此外，地势较高地区的燕麦和水果生长也会受到很大影响。①

在畜牧乳业经济方面，它的发展好坏完全取决于饲料的供应保障，如供应充足，牲畜过冬则不成问题，即使雨雪天气较长，也能从容应对。在果树栽种方面，夏季是否出现高温成为来年葡萄丰收的关键，所以葡萄农一般都希望高温天气出现，同时也担心霜冻的突然出现。如果葡萄园能在六、七月份花期过后保持一段阳光温暖的天气，那么葡萄的含糖量就将有充足的保障。根据葡萄种植经验，收成丰歉之比可达二十比一的比率，也就是说，好年成的葡萄收成是差年成的二十倍之多。当然，水果收成也离不开肥料的施与。一旦遇上饲料危机或瘟疫灾难，牲口减

① Eberhard Schulze, *Deutsche Agrargeschichte. 7500 Jahre Landwirtschaft in Deutschland*, Aachen: Shaker Verlag, 2014, S. 54 - 62.

少所造成的粪肥减少就不可避免，这对果树的生长和水果收成自然会带来不利的影响。[①]

鉴于上述农业生产自身所具有的特点，为有效应对不利气候给农业生产带来的影响，近代德意志农民采取了一系列行之有效的方法，以减轻收成波动。这些革新办法既能确保稳产增产，又能保证土地的输出承受能力。具体到谷物种植方面，则是人们将大块田地分成小块，再种上不同种类的作物，以此减少同一时间有可能发生同一作物歉收的风险。此外，为确保稳产，人们还将有些田地和牧场休耕休闲，借此增强田亩草地肥力。如果冬季作物歉收，休耕地内有可能就种上大豆，以此接济凶年，做到有备无患。此外，在哥伦布发现新大陆后由于土豆被引入欧洲，此时期的很多休耕地也被人们当作试验地进行栽种，由于土豆作物易栽易活（即使在小片贫瘠地内也长得很好[②]），所以，后来很多休耕地都种上了这种作物，从此，土豆也一直成为穷苦人度饥荒时最常见的粮食作物。[③]

在畜牧经济方面，人们尤其注重的是如何平衡好饲料供应量和牲畜存栏量之间的关系，为的是防止饲料不足，从而造成牲畜不能过冬的危险。普遍做法是，由于很难预计冬天会持续多久，所以一般农户都要根据草场面积大小、青草长势情况和自家牲畜多少来决定过冬饲料的存储。如果草料不足，农户们往往需要先处理掉一批牲畜。如果冬季过长，很多牲畜往往最后不得不以低价出售，农户们或高价购进草料，维持原有的牲畜存栏量。饲料危机有可能给家庭经济带来灾难，一旦出现，牲畜就会大量减少，乳业经济会随之衰退。17 世纪 90 年代由于寒冷春季连续出现，从而导致了牲畜存栏量的锐减和奶酪、黄油等乳制品供应的萧条。

---

① Michael Matheus (Hrsg.), *Weinproduktion und Weinkonsum im Mittelalter*, Stuttgart: Franz Steiner Verlag, 2005, S. 14 – 15.

② 在克罗斯比看来，马铃薯“适应各类温带气候，从海平面一直到一万英尺以上的高海拔地区都能安家，连最笨拙的农夫使用最原始的耕具也可种植。”此外，“作为温带地域最重要的粮食作物，只有小麦可与之竞争；而且马铃薯的单位耕地产量，更达小麦或其他任何谷物的数倍之多。”（[美] 艾尔弗雷德 W. 克罗斯比：《哥伦布大交换——1292 年以后的生物影响和文化冲击》，郑明萱译，中国环境科学出版社 2010 年版，第 98—99 页。）

③ Bernhard Buderath und Henry Makowski, *Die Natur dem Menschen untertan*, *Ökologie im Spiegel der Landschaftsmalerei*, München: Deutscher Taschenbuch Verlag, 1986, S. 91 – 97.

和上述情况不同的是，在果树栽种，尤其是在葡萄种植方面，人们关于如何有效防范葡萄减产的对策则十分有限，因为葡萄农需在市场购入粮食谷物、生产器具等生产生活资料，但葡萄产量因气候的不稳定而多有波动，这样往往会造成他们入不敷出，所以葡萄种植业是一个风险很大的行业。而经常发生的情况是，葡萄歉收年份往往和较高的粮食价格行情相伴生，这在“小冰期时代”650年这段时期内表现得尤为明显。为应对此危机，人们一般采取的做法是多种植大豆或果蔬来弥补葡萄种植的损失，以此度过危机。

恶劣的气候条件和自然环境迫使人们不得不另觅新的生存方法，以适应新环境的要求。如何根据天气条件，结合地区优势和生产技术优势，对农业种植进行革新改良，是人们不断思考的问题，尤其是哥伦布大交换带来的很多物种不但给遭受鼠疫打击的欧洲人提供了很多食物，同时也极大地丰富了欧洲人的食物品种，改善了营养结构，从而为欧洲近代文明的发展作出了重要贡献。

革新改良的第一步是对农业生产工具的改进以及新肥料的投入使用。承继中世纪以来的重犁耕作方式，此时期的犁具又增添了转向犁和爬犁。转向犁可以左右两边任意调转犁头，[①] 它特别适合于不规则田地的犁耕；而爬犁则专用于疏松泥土，犁耕者站在横放的爬犁上，由力畜拖拉耕作。此时期的这些犁具皆为铁制犁具，既轻巧方便，又坚固耐用。即使是在被牲畜来回踩踏后板结的草场地内，重犁也能深翻到地下14厘米。[②] 另外，进入到19世纪末，随着德国工业革命的深入开展，蒸汽犁也开始被投入使用，但其数量仍是有限，全德意志境内也只有840台，所以，农业耕作主要还是靠上述传统的犁具。[③]

传统的肥料生产主要来源于人畜粪肥的收集和植物的栽种。到了近代，除人畜粪肥外，植物肥和人工化肥的发明技术又前进了一大步。在植

---

① Hansjörg Küster, *Geschichte der Landschaft in Mitteleuropa*, München: Verlag C. H. Beck, 2013, S. 333.

② Eberhard Schulze, *Deutsche Agrargeschichte. 7500 Jahre Landwirtschaft in Deutschland*, Aachen: Shaker Verlag, 2014, S. 58.

③ Franz-Josef Brüggemeier, *Schranken der Natur, Umwelt, Gesellschaft, Experimente, 1750 bis heute*, Essen: Klartext Verlag, 2014, S. 61 -62.

物肥方面，首先是三叶草和苜蓿的大面积种植。1784 年，农业改革家舒巴特（Johann Christian Schubart）经过反复试验后发现，但凡用过三叶草的土地都可获得好收成，他也因此被尊为"三叶草之父"。然而，为什么这两种植物能带来丰产，人们却一直不解，直到 1840 年"化肥之父"李比希（Justus von Liebig）才解开此秘密，即这两种植物多含庄稼生长所需要的钾、磷酸盐和氮等矿物微量元素。在此基础上，他提出最小养分律，即"如果土壤矿物质中的某一微量元素不足，那么决定庄稼收成的一定是该矿物质中最低含量的那部分元素。"[①] 也就是说，植物生长发育需要吸收各种养分，但决定植物产量的却是土壤中那个相对含量最小的养分。此外，在他看来，鉴于庄稼种植会给土壤中矿物质带来损耗，那就需要某种类似三叶草这种肥料替代物来恢复土地肥力，让土地肥力保持平衡状态。因此，人工化肥的使用可有效解决这一问题。为此，他将钾和磷酸盐合成到难溶于水的盐类中，然后再加入少量的氨，使之成为一种兼含氮、磷、钾三种元素的白色晶体，这种晶体就是人工合成的钾肥。由于有充足的钾肥供应，农民们发现，他们农作物产量有了明显提高。[②]

和中世纪一样，谷物生产仍是近代最重要的粮食生产方式，因为它不仅是人们重要的食物来源，而且还是重要的种子和家畜饲料来源。从 11 世纪开始，面包开始成为人们的主食，也是自那时起，但凡能开垦的土地都种上了能制作面包的经济作物，特别是黑麦和燕麦，它们在中世纪晚期就已被视为农业革命的产物，即"第二代人工栽培植物"。黑麦之所以在欧洲地区被广为种植，是因为它对土壤条件要求不高，即使在气候条件不好的地区也能生长。此外，它成熟期短，而且不像小麦那样需要较多的土壤肥力，所以在三圃制经济中，黑麦是种植最多的冬季作物。此外，用黑麦做成的面包既营养丰富，又便于储存。而燕麦则多被当作饲料作物种植。不过，作为食物它却是贫苦人家的主要食物。和黑麦一样，燕麦种植对土壤条件也要求不高，即使在湿冷地区它也能生长。只是随着 18 世纪中期土

---

① Ernst Bruckmüller, *Eine „grüne Revolution"* (18. –19. *Jahrhundert*), in: *German Agrarrevolution*, Wien: Herold-Verlold Verlag, 1985, S. 206.

② Hansjörg Küster, *Geschichte der Landschaft in Mitteleuropa*, München: Verlag C. H. Beck, 2013, S. 335.

豆的大面积种植，这两种作物的重要性才逐渐下降。[①]

除种植黑麦和燕麦外，斯佩尔特小麦和小麦也是近代农业生产中主要粮食作物。斯佩尔特小麦的栽种同样对自然气候条件要求不高，在一般的土壤，哪怕是在不太好的气候条件下它也能种植，中世纪以来西南施瓦本地区广为种植的就是这类经济作物。小麦的较大面积种植是13世纪以后的事，因为它只能在气候和土壤条件好的地方生长，且不耐严寒和抗湿，所以其生长条件要求较高。在地中海地区，小麦做成的面包被称为“白面包”，而中欧人和北欧人则称之为“黑面包”，之所以会有这样的称谓，是因为这里的光照条件不如地中海地区充足，所磨成的面粉颜色看上去也不如那里的光亮洁白。无论在中世纪还是近代，用白面粉做成的面包往往属精美食物，享用的人多为市民阶层或上流贵族。总体来看，19世纪以前德意志境内的小麦种植还不是很普遍，一直到19世纪以后才被大面积种植。

享有“森林麦王”美誉的荞麦的种植从16世纪开始已在德意志境内全面展开，它最早栽种于14世纪。由于它在贫瘠的土地也能生长，所以，它在田地开垦尤其是东进垦殖过程中扮演了一个很重要的角色，很多沙地、沼泽地和荒原地都种上了这种作物，从而也养活了大批人口。如遇到食物匮乏和物价飞涨的年份，它可以调作粥羹，帮助人们度过灾荒。此外，和中世纪一样，大麦也是近代重要的经济作物。与很多麦类作物相仿，它的生长适应性也较强，易于种植。它不仅能制作面包，而且能做成粥羹，帮助人们充饥。此外，它和忽布一起成为啤酒酿制的重要原料来源。从16世纪开始，大麦酿制的啤酒已逐渐取代葡萄酒成为斋戒时期的饮料。在黍稷种植方面，由于播撒种子后人们至少要两次松翻土地，费工较多，所以，随着18世纪马铃薯的广泛种植，黍稷的种植逐渐呈下降趋势。

随着15世纪新大陆的发现，许多物种大交换也随之在新旧世界范围内展开，很多植物也从此被带入欧洲，玉米就是哥伦布第二次航海后从墨西哥带回西班牙的重要经济作物。当时的欧洲人不知它为何物，连德国植物

---

① Eberhard Schulze, *Deutsche Agrageschichte. 7500 Jahre Landwirtschaft in Deutschland*, Aachen: Shaker Verlag, 2014, S. 59.

学之父富克斯（Leonhart Fuchs）在其1553年发表的植物学著作中也将其称为“土耳其谷物”，认为土耳其是玉米作物的原产地。[①] 确实，18世纪三四十年代，德意志北部地区的玉米是从土耳其经巴尔干地区传入，而南部地区的玉米则是二三十年代从意大利北部的威尔施地区（Welsch）和东南欧一带传入，随后，布尔贡、莱茵河上游（Oberrhein）和普法尔茨（Pfalz）等地区都栽种了玉米。19世纪初，蒂罗尔和福尔阿尔贝克（Vorarlberg）等地已有玉米羹供人食用。[②]

土豆是继玉米之后哥伦布从南美安第斯山带回欧洲的第二个重要经济作物。它直到17世纪才被传入德意志境内，正如阿尔萨斯（Alsass）当地史料所记载的，它于1623年首次被当成水果植物栽入私人花园，然后逐渐被移栽到田间地头并在德意志中部山区逐步被种植。不过，一开始的栽种并不顺利，尽管有像腓特烈大帝（Friedrich II.）这样的君主大力宣讲种土豆的好处，但人们还是觉得其口感不好，美味不足。[③] 一个世纪后的1740/1750年间，它的种植已渐渐从萨尔（Saar）和普法尔茨（Pfalz）地区扩大到东北边的梅克伦堡和东南部的西里西亚西部地区，直至18世纪下半叶七年战争爆发以及1771—1773年的大饥荒发生后，土豆的种植才真正普及开来。[④] 由于其营养价值高，产量大（每亩谷物收成一般为八公担，而土豆可以达80公担[⑤]），因此，到1800年前后德意志境内的栽种面积已达30万亩，它和谷物、大白菜一起成为当时德意志人最主要的食物来源。[⑥]

此外，自哥伦布第二次航海将蔗糖带回欧洲后，蔗糖由此替代了蜂

---

① Gerd Brinkhus, *Leonhart Fuchs* (1501—1566), *Mediziner und Botaniker*, Tübingen: Stadtmuseum Tübingen, 2001, S. 15.

② R. Wendt, *Globalisierung von Pflanzen und neue Nahrungsgewohnheiten, Zur Funktion botanischer Gärten bei der Erschließung natürlicher Ressourcen der überseelischen Welt*, in: *Überseegeschichte*, von Thomas Beck, Horst Gründer, Horst Pietschmann und Roderich Ptak, Stuttgart: Franz Steiner Verlag, 1999, S. 206 - 210.

③ Eberhard Schulze, *Deutsche Agrargeschichte. 7500 Jahre Landwirtschaft in Deutschland*, Aachen: Shaker Verlag, 2014, S. 59.

④ Reinhold Reith, *Umweltgeschichte der Frühen Neuzeit*, München: Oldenbourg Verlag, 2011, S. 33 - 34.

⑤ 1公担合100公斤。

⑥ Eberhard Schulze, *Deutsche Agrageschichte. 7500 Jahre Landwirtschaft in Deutschland*, Aachen: Shaker Verlag, 2014, S. 59.

蜜，成为近代欧洲餐桌上不可或缺的美味甜品。为缓解蔗糖进口给德意志诸侯国所带来的贸易赤字压力，普鲁士化学家马克格拉夫（Andreas Sigismund Marggraf）尝试着从饲料萝卜中提取糖分，以替代蔗糖，[①] 最终于1747年取得成功。在此基础上，德国自然科学家阿哈尔德（Franz Carl Achard）研制出甜菜制糖生产技术，并于1802年在下西里西亚（Niederschlesien）地区建成德国第一个甜菜糖厂，以替代进口需求。同属于国家提倡替代咖啡进口的还有菊苣根的生产。同样由于咖啡进口造成贸易赤字的不断增加，1766年，腓特烈大帝发布禁令，严禁私人从海外进口咖啡，提倡以生产带有咖啡香味的菊苣根替代咖啡进口。随后，德意志第一个菊苣根饮品厂建成。[②] 对于普鲁士重商主义者们来说，这些经济举措在有效缓解贸易进口压力的同时，也很好地防止了金银外流，可以说，这种资本原始积累为德国资本主义生产方式的形成与发展创造了有利条件。

在花园经济作物栽种方面，近代德国也有了长足发展。首先是蔬菜水果的种植极为丰富。还在中世纪时，德意志人的果蔬种植基本上能做到自给自足，而到了16世纪，花园种植已成为一门职业技术活，由专人讲授和栽种。从16世纪末到18世纪，莱茵河上游平原已逐渐发展成为集约化程度较高的花园经济带，而有些地区原来的葡萄园则改为果蔬花园。到18世纪末，果蔬花园在采用集约化程度更高的轮作制也就是说实行土地轮休后，果蔬种植面积越来越大，而且种植品种也越来越丰富，大白菜、白萝卜、小红萝卜、胡萝卜、菠菜、西芹和生菜等成为主要菜品。此外，从美洲带回的瓜果蔬菜也广为种植，大青豆、红花菜豆、西红柿、辣椒、南瓜和向日葵等也都进入德意志花园。还有一些水果树、佐料植物、药草植物，甚至野生植物等也根据自身特性多被栽种。[③] 其次，在宫廷花园里，文艺复兴风格、巴洛克风格和洛可可风格等不同风格的装饰点缀则显示了不同主人身份的高贵和对不同品味的追求，一些被人工改造过的自然景观

---

① Albert Ladenburg, *Marggraf, Andreas Sigismund*, in: *Allgemeine Deutsche Biographie*, Band 20, Berlin: Duncker & Humblot Verlag, 1884, S. 334 – 336.

② Thomas Hengartner und Christoph Maria Merki, *Genussmittel, Ein kulturgeschichtliches Handbuch*, Frankfurt a. M.: Campus Verlag, 1999, S. 201 – 203.

③ Alfred Kohler, *Columbus und seine Zeit*, München: Verlag C. H. Beck, 2006.

也给人以耳目一新之感，尤其是来自异域的黄杨、紫衫、菩提树、欧洲鹅耳枥、欧亚山茱萸等树木灌丛和五颜六色的花卉植物更是给这些宫廷花园平添了几分异域风情。[①] 最后，植物园在近代欧洲许多大学内也纷纷建立。在当时，建立植物园的主要目的是为了让高校学生了解本土和异域各种植物种类，特别是对药草的认知鉴别，很多知名大学的植物园也因此成为人工栽培植物研究中心机构，荷兰莱顿大学因拥有多种异域花卉植物而成为欧洲著名的花卉植物观赏地，它集收藏功能和研究功能于一身，并辟有专门的药草花园。18 世纪中期的维也纳大学则同时拥有三个植物园，它既是皇家帝国权力的展示物，同时也是条件优越的科研教学中心和经济商品服务场所。[②]

除植物种植外，近代农业生产中人和动物的关系也表现得很密切。和中世纪一样，驴、牛、马既是农业生产中最重要的力畜，也是绞盘磨盘等的重要牵引工具。公牛强壮有力，只是动作较迟缓，它适合在较小的空间范围内（如山区丘陵地带）生产劳作，且使用爬犁时一般多用公牛，经过若干年的劳作后它还可以被宰杀食用。马则很少被食用（除了战争），它适宜在较大的空间范围内（如北方平原）生产劳作，是背拉重犁的最佳力畜。

在肉类消费方面，人们日常的饮食消费首先自然是对植物产品的消费，其次才轮到肉类食品消费。在近代肉类食品中，占比例最大的是牛肉供应，然后依次是猪肉、绵羊肉、山羊肉和野生动物肉类的供应。中世纪末，人均肉类消费每年在 100 公斤左右，而到了 1800 年前后，人均每年的消费量已下降到 25—28 公斤左右，主要原因是 16 世纪后植物类食物营养不断增加。[③] 在很多大城市，肉制品消费在很大程度上需要从外地购进，以牛肉为例，它主要有三个来源地：一部分来自丹麦，后转入荷兰，再进入科隆；第二部分来自克拉考（Krakau）和基辅这些地方，这些牛

---

① Hansjörg Küster, *Geschichte der Landschaft in Mitteleuropa*, München: Verlag C. H. Beck, 2013, S. 263 - 271.

② Herbert Reisigl, *Blumenparadiese und Botanische Gärten der Erde*, Innsbruck: Pinguin Verlag, 1987, S. 203 - 210.

③ Helmut Jäger, *Einführung in die Umweltgeschichte*, Darmstadt: Wissenschaftliche Buchgesellschaft, 1994, S. 168.

肉被运往德国中部和南部地区；第三部分则来自于匈牙利以及瓦拉黑（Walachei）地区，这些牛肉多销往南德和意大利北部地区。[①] 1618 年爆发的三十年战争曾一度导致牲畜存栏量锐减，战后养殖虽被恢复，但由于受草料危机、病虫害和瘟疫（如牛瘟病）等的影响，肉类乳制品的供应一直难以为继，仅是 1745—1752 年就有 300 万头牛死于牛瘟。为防止牛瘟再度发生，从 18 世纪 60 年代开始，人们开始从荷兰购入疫苗，为牛接种。[②]

在鱼类销售方面，城市以及较大河流湖泊旁边一般都设有鱼市，如维也纳鱼市一般都有五十种鱼类品种供应。除了鱼干和腌鱼外，供应上市最多的还数新鲜活鱼，15 世纪时，波西米亚鲤鱼开始进入维也纳、萨尔茨堡和施泰尔（Steyr）等地市场。进入 16 世纪，专业从事贩鱼的鱼贩子开始垄断运输销售，他们甚至在远距离路途中设有换水站，以确保新鲜活鱼能到达目的地销售。[③] 在渔业资源管理方面，和中世纪的有关森林法规禁令一样，鱼类捕捞同样也受到诸侯城邦的管制，这些既包括对一定水域的限制，又有对时令季节的限制，甚至对捕捞网眼的大小也都有严格要求。此外，为保护鱼类产卵，有关捕捞时间也有严格的规定。[④] 还在 14 世纪末，很多带有今天渔业合作社性质的庄园农户组织如"渔人管家"（Fischermeyer）就对捕捞活动进行监督，博登湖、图尔河（Thur）和莱茵河边的很多这种组织都在行使这种监督职责，一直到 16 世纪仍然还有这样的农户组织存在。[⑤] 由于 16 世纪后很多河流被人工改道，从而导致鱼类生存环境的破坏，很多鱼类开始减少，甚至绝迹。如鲟鱼 16 世纪时可从北海洄游到很多大河支流，而到了 18 世纪，莱茵河支流的美因河内已不见鲟鱼踪影。

---

① Reinhold Reith, *Umweltgeschichte der Frühen Neuzeit*, München: Oldenbourg Verlag, 2011, S. 38.

② Wilhelm Dieckerhoff, *Die Geschichte der Rinderpest und ihrer Literatur*, Berlin: Dietz Verlag, 1890, S. 97.

③ Reinhold Reith, *Umweltgeschichte der Frühen Neuzeit*, München: Oldenbourg Verlag, 2011, S. 39.

④ Heidi Hüster-Plogmann (Hrsg.), *Fisch und Fischer aus zwei Jahrtausenden*, Frankfurt a. M.: Römermuseum Augst, 2006, S. 45 –47.

⑤ Hubertus Bernreuther, *Die Geschichte der Fischerei im Mittelalter, Binnenfischerei, Teichwirtschaft und Seefischerei in Deutschland*, in: Create Space Independent Publishing Platform, 2011, S. 25.

1750 年前，欧洲鳇鱼经常从黑海洄游到多瑙河上游顶端产卵，而在此之后，人们只能偶尔在林茨盆地、帕骚，最远在乌尔姆附近的支流中看到。此外，鲑鱼消失的情况也是如此，这种被誉为“渔家人面包”的最常见鱼种也因河道的人工改变而产卵渐少。有史料记载的 1782 年奥德河和瓦尔特河（Warthe）中的鲑鱼情况即是如此。此外，其他鱼类如鳗鲡、斜齿鳊、粗鳞鳊、梅花鲈等的生存情况也每况愈下。[①]

应该说，和中世纪相比，德国近代农业取得了长足发展，尤其是 19 世纪上半期农业经济的快速增长更是给德国社会带来了巨大影响，粮食产量的提高则为 19 世纪上半期人口的增长提供了物质基础。1800 年，德意志人口为 2300 万，而到了 1850 年，人口已增至 3600 万，增长幅度已超过 50%。[②] 由于此时期的农业生产曾一度出现过所谓的生产过剩的“农业危机”，但这种危机却从另一个方面促进了农业资本主义的形成，一些富裕农民和商人趁机低价买入土地，从事资本主义农业生产经营，但许多贫苦农民也因此被迫出卖自己的土地，成为以工资为生的农业雇工。危机虽给贫苦农民带来了痛苦，但却很短暂，此时期出现的第一次工业革命则给他们提供了广阔的就业前景，他们逐渐成为工业革命的主力军，从而也助推了后来城市化浪潮的兴起。

第二节　城市环境问题

在环境史研究中，城市往往被看成“第二自然”或“被改造了的自然”，而且它还是一个“开放的”生态系统，并具有自身的特点。在这个生态系统中，城市居民在空间上已脱离自然原始的循环状态，形成一个时间上能够自主安排生产生活的自由群体，他们既是工商业生产经营者，也是艺术的受教育者和传播者，既是“人落生境”的一分子，也是物质循环、能量流动和信息交流的参与者。到中世纪晚期，城市已发展成为一个

① Reinhold Reith, *Umweltgeschichte der Frühen Neuzeit*, München: Oldenbourg Verlag, 2011, S. 39 – 40.

② Manfred Botzenhart, *Reform*, *Restauration*, *Krise*, *Deutschland* 1789—1847, Berlin: Suhrkamp Verlag, 1989, S. 97.

独特的“生态系统”，它在接受物质、能量、信息输入的同时，也在做相应的输出，而这些物质、能量、信息的载体往往就是人们生产生活所要的水、木材、食物、建筑材料、生产原材料等，而它们的获得则要通过周边地区的不断供给。与此相对应，城市也为周边地区提供商品、生产工具和技术服务等。① 以此为出发点，近代德国城市环境问题可从水资源供应、污水清除、瘟疫病和火灾防范等方面进行考察研究。

首先，作为“开放”生态系统的城市在与自然进行物质循环、能量流动过程中保持最密切关系的当数“水”这个媒介物。这其中，水源出处和水位高低就关系到城市居民的生存。在近代，如何将水引入城市不外乎继续沿用中世纪流传下来的许多老办法，如通过水磨、鼓风设备、筑坝等方式将水源引入城内。有些城市由于靠河流较近，它们就可以直接开挖地下水道将河水引入，用于工商工业生产和居民生活，如1637年莱希河边的兰茨贝格（Landsberg）即通过这种方式成功将河水引入市内，从此不但市民有了充足的生活用水，而且城内榨油、制革、制绒、木器和磨具等作坊也有了充足的水源保障。此外，为方便用水，人们还在地下水道上面建起了浴室和粮食交易市场。从1745年开始，该市新成立的屠宰协会取得用水许可，屠宰户可以廉价用水，用于牲口的屠宰清洗，包括屠宰垃圾清理用水。② 利马特（Limmat）河边的苏黎世也通过这种方式很好地解决了市内居民的生产生活用水问题。③

在饮用水方面，它的质量要求显然要比生产生活用水更高。到16世纪，“健康之水”这一概念开始出现，也就是说，人们往往根据观察、闻嗅和品尝等办法来辨别水质的好坏，对于静水或浑水则要抱着小心谨慎的态度使用。和中世纪一样，城市居民的饮用水一般多采用山泉或井水，地处山区的城市居民多使用泉水，而身居平原地区的市民则多用井水，像斯特拉斯堡、法兰克福、沃姆斯（Worms）这些城市不但拥有丰富的地下水

---

① 周鸿：《人类生态学》，高等教育出版社2005年版，第142—144页。

② Volker Dotterweich und Karl Filser（Hrsg.），*Landsberg in der Zeitgeschichte in Landsberg*，München：Vögel Verlag，2010，S. 458－459.

③ Dölf Wild，*Die Zürcher City unter Wasser-Interaktion zwischen Natur und Mensch in der Frühzeit Zürichs*，in：Stadt Zürich，Amt für Städtebau（Hrsg.），*Archäologie und Denkmalpflege*，*Bericht* 2006—2008，Zürich：gta Verlag，2008，S. 21－23.

资源，而且还在中世纪后期纷纷建起了管道输送系统。人们或通过这些管道系统，或通过落差，或借助于水压器械将水输送进水井槽。和中世纪一样，有些城市已建有水塔，专门为市民提供优质的水资源，1525 年，不伦瑞克建起了水塔。1533 年，吕贝克不但建起水塔，而且还建起一条长 4128 米的送水管道。这条管道直接将水塔和市内公共水井连接起来，然后再连接到各个市区的大小住户。可以说，16—18 世纪这两个多世纪内，德国很多城市已建有这种供水设施，并且水资源充足，水质也有充分保证。[①] 在此时期，这些管道材质既有木制管道，也有铜制管道，少数地方还用上了铅制管道，甚至北德不少地方还装有水龙头开关，以方便居民用水。而木制管道多被山区城市居民使用，一直到 1865 年，慕尼黑都还采用这种管道。1867 年，城市最后一根木管道被铁管道所替代。[②]

这些供水设施在近代时期仍不断被改良完善。1761 年，奥格斯堡很多家庭建有泵压抽水井，从而结束了用井绳汲水或桔槔舀水的历史。这种泵压抽水设备可保证城市 27 公里长的供水管道不会断水。1800 年前后，苏黎世也采用了这种供水办法，其供水管道长达 30 公里。[③] 而在德累斯登，据统计，七年战争爆发时的 1756 年，采用此技术的该城市每天人均供水量可达 107 升，这还是较少的一部分，而较多被泵压出来的水则在夜间白白流失。[④] 北德地区由于安装了水龙头，水资源得到了很好的节省。[⑤]

进入中世纪晚期，城市对水资源的管理（包括污水监管）往往由市政部门委托指派给某些专职人员进行管理，这些监管人员或监管供水管道，或监管水井，当涉及建筑、维修、清扫等事宜时他们还雇佣有关人员处理有关事务，比如新供水管道的修建，木制管道、泵具、水龙头更换等都需

---

① Heinz Schilling, *Die Stadt in der Frühen Neuzeit*, München: Oldenboug Verlag, 2004, S. 45..

② Wolfgang Behringer und Bernd Roeck (Hrsg.), *Das Bild der Stadt in der Neuzeit* 1400—1800, München: Verlag C. H. Beck, 1999, S. 203.

③ E. Suter, *Wasser und Brunnen im alten Zürich*, *Zur Geschichte der Wasserversorgung der Stadt vom Mittelalter bis ins* 19. *Jahrhundert*, Zürich: Pendo Verlag, 1981, S. 78.

④ Reinhold Reith, *Umweltgeschichte der Frühen Neuzeit*, München: Oldenbourg Verlag, 2011, S. 62.

⑤ Wolfgang Behringer und Bernd Roeck (Hrsg.), *Das Bild der Stadt in der Neuzeit* 1400—1800, München: Verlag C. H. Beck, 1999, S. 204.

要这类专职人员来完成。[①] 此外，凡是有供水设备的地方，都有相关的管理规定，水资源的有效合理分配、供水设备的维修更换以及用水成本的合理分摊等都有详细规定，而且随着时间的推移，尤其进入到17、18世纪，各项规定也更加严格规范，如遇到大旱、长时间冰冻或战争等不可抗力因素，为避免争夺水资源冲突事件的发生，很多规定也被明确颁布，从而从根本上杜绝了公私和互助团体对水资源的垄断占有。[②]

其次，在污水处理方面，近代德国在有效解决水资源供应问题的同时，也同样面临着城市污水处理的压力。由于中世纪以来人们动辄将粪便抛洒街头的恶习很难改掉，所以，排水沟和粪坑污水横流的现象时有发生，其中很大一部分污水经地下水渗漏入水井或供水管道系统，从而对人们的身体健康构成严重威胁。和中世纪一样，很多严格规定先后被颁布，也对违规者进行了相应的处罚。在粪肥问题处理方面，住在城边的居民可以将粪肥轻松运送到城外的田间地头。然而，身居大城市中的市民还是要对自家的粪坑茅厕定期进行清理，这些城市也都做出过明确规定，如1524年萨尔茨堡就规定，粪肥清理最好在平时的夜间或冬天里进行，以防止臭气弥漫到大街上，影响人们的起居生活。法兰克福也颁布了类似规定。甚至16世纪策勒（Celle）还让刽子手将不清理污水沟的人斩首示众，以儆效尤。纽伦堡、康斯坦茨等城市继续沿用中世纪以来的做法，公厕打扫指定由专人负责。[③]

和中世纪一样，近代的欧洲人也认为将粪便倒入河水不会对身体有害，因为河水自身可有效阻止瘴气的弥漫扩散。其实，这种自相矛盾的看法源自于时人对水净化能力的过高估计。他们认为，一片宽阔的水域自然拥有很大的接受和消解能力，再加上水的流动，粪便杂质和臭气自然随水流一起顺带流走，特别是较深的河流更具自净能力，且鱼虾水藻也能帮助清理粪污，让河水还原成清洁之水。此外，体量不大的被垃圾污水污染过

---

① Reinhold Reith, *Umweltgeschichte der Frühen Neuzeit*, München: Oldenbourg Verlag, 2011, S. 62 – 63.

② G. Garbrecht, *Die Wasserversorgung geschichtlicher Städte*, in: *Die alte Stadt* 20, 1993, S. 195 – 196.

③ R. Busch, *Die Wasserentsorgung des Mittelalters und der Frühen Neuzeit in norddeutschen Städten*, in: *Stadt im Wandel. Kunst und Kultur des Bürgertums in Norddeutschland* 1150—1650, Ausstellungskatalog, Hrsg. v. C. Meckseper, Bd. 4, Braunschweig, 1985, S. 301 – 315.

的河流也能不留痕迹地做净化处理。直到19世纪末细菌传染知识被普及前，仍有很多人一直坚持着这些观点。① 但这并不意味着当时的人们不知道不洁水源的危险，如1421年，苏黎世就严禁将动物尸体扔进本土境内的流动水域，即使是羸病之马也不能扔弃到河里。② 还有1605年，乌尔姆市民对泛着蓝绿色的河水忧心忡忡，因为这些洗过衣服的河水是从上游传染病居民点附近流下来的，这些“带毒的”河水是否会致人得病，他们不得而知，只是很恐惧。③

中世纪以后的城市排污主要有两种方式，一是地上排水沟，另一种为地下排水沟。地下排水沟经常由私人家庭挖建，然后由各家各户拼接在一起，这从1539年伯尔尼的城市历史档案中可以看出。这些地下排水沟渠都由石头垒砌而成，一般有一人高，污水从地下流淌，通过落差和城外的流动水域连接。这些排水沟虽由私人家庭挖建，但投资则由市政部门承担。④ 1632年，威腾堡公国建筑师施克哈特（Heinrich Schickhardt）绘制了一张斯图加特地下水网线路图，虽线路分布齐全，但无人知晓这些地下水网系统建于何年，直到1740年后，人们才在这张地图上用红颜色标注出城市饮用水地下管道系统，而地下排污系统则用黑色标出。⑤ 一旦遇到饮用水地下管道破裂，人们可通过线路图找到破裂处，然后尽快修好。不过在实际操作中，人们往往在地面用板桩做上标记，标注哪些是地下供水管道，哪些是地下排污管道，甚至还有用石柱做标记的，如1536年康斯坦茨历史档案中就记载了这种做法。⑥

---

① Erich Maschke und Jürgen Sydow, *Die Stadt am Fluss*, Sigmaringen: Jan Thorbecke Verlag, 1978. S. 34.

② R. Sablonier, *Wasser und Wasserversorgung in der Stadt Zürich vom 14. zum 18. Jahrhundert*, in: *Zürcher Taschenbuch* 1985, Zürich: Chronos Verlag, 1984, S. 26.

③ K. Krüger, *Wasser in jedwedes Bürgers Haus*, *Die Trinkwasserversorgung*, *historisch vergolgt und dargestellt am Beispiel der ehemals Freien Reichsstadt Ulm*, Frankfurt a. M.: Ullstein Verlag, 1962, S. 189.

④ Reinhold Reith, *Umweltgeschichte der Frühen Neuzeit*, München: Oldenbourg Verlag, 2011, S. 64.

⑤ Adolf Schahl, *Heinrich Schickhardt-Architekt und Ingenieur*, in: *Zeitschrift für Wüttembergische Landesgeschichte* 18, 1959, S. 15 – 85.

⑥ Wolfgang Behringer und Bernd Roeck (Hrsg.), *Das Bild der Stadt in der Neuzeit* 1400—1800, München: Verlag C. H. Beck, 1999, S. 31.

在过去，在城市饲养动物一直是欧洲的传统，这种情况一直持续到近代。如何限制这些动物的饲养，保持城市卫生清洁一直是城市管理部门面临的很棘手的问题。根据奥格斯堡1609年市场管理规定，市内一般家庭只能养两头猪，而面包师和磨坊家庭因麸糠多可多饲养一些。然而，从整体情况来看，将养猪限制在市内某些指定地点的做法几乎很难实现。① 1596年，康斯坦茨用作消防通道的两条胡同因堆积猪粪被处以重罚，根据城市规定："遇到紧急情况，胡同内不许放有障碍物，以确保每条街道畅通无阻。"而且1628年还进一步规定，"消防胡同内应随时备有消防用水供救火使用"。② 在巴塞尔，直到1852年，城市家畜粪便彻底才被清除。③ 虽然人们对当时城市粪便多的情况不能理解，但现实情况是当时的社会仍是以传统农业为主，人畜粪便是农业社会人们生存的重要依赖，所以即使在较大一点的城市饲养牲畜也是理所当然的事。这样的事，不仅欧洲以外的人，甚至连罗马教皇使节也感到好奇。1644年，某教皇使节出访明斯特，当他看到满大街奔跑的牛、羊、猪时，他暗自惊奇，这些市民怎么能就这样如此和谐地与这些牲畜生活在一起，然而他不知道的是，市民能多积攒粪肥便是其中的一个重要原因。④

再次，在瘟疫流行方面，中世纪以来最大的疾病仍是鼠疫的传播蔓延。近代有四个时间段为鼠疫的爆发期，即1520—1530年、1575—1588年、1597—1604年以及1624—1631年这四个阶段，到17世纪下半叶鼠疫渐渐消退，至18世纪初消失。⑤ 每次鼠疫发作，很多城市都如临大敌，1605年，乌尔姆曾发生过某种疫情，恐慌的市政部门曾求救于当地医生，问"这种新出现的疫情是鼠疫还是其他致命瘟疫所带

① Rolf Rießling (Hrsg.), *Neue Forschungen zur Geschichte der Stadt Augsburg*, Augsburg: Wißner-Verlag, 2011, S. 189 - 190.

② Wolfgang Behringer und Bernd Roeck (Hrsg.), *Das Bild der Stadt in der Neuzeit* 1400—1800, München: Verlag C. H. Beck, 1999, S. 34 - 35.

③ Gottfried Hösel, *Unser Abfall aller Zeiten*, *Eine Kulturgeschichte der Städtereinigung*, München: Jehle Verlag, 1994, S. 81.

④ Franz-Josef Jakobi (Hrsg.), *Geschichte der Stadt Münster*, Münster: Aschendorff Verlag, 1994, S. 591.

⑤ Reinhold Reith, *Umweltgeschichte der Frühen Neuzeit*, München: Oldenbourg Verlag, 2011, S. 19.

来的结果”。[①] 根据巴塞尔统计的死亡人员名单，1502 年，该市有 5000 人死于鼠疫，1576—1578 年间，死亡人数为 800 人。[②] 在奥格斯堡，1627—1628 年发生的鼠疫是该市最严重的一场瘟疫，共有 1.2 万人死亡。尽管此时期为三十年战争时期，死亡人数很多，但这些死亡人数在很大程度上却是因鼠疫传染致死。[③] 直到后来的鼠疫发作呈下降趋势，死亡人数也逐渐减少，不过，还是有部分城市没能幸免，维也纳、布拉格、格拉茨（Graz）等城市在 1679—1680 年仍遭受过鼠疫的肆虐，有不少人被夺去生命，最严重的是雷根斯堡，1713 年最后一次鼠疫传播竟造成 6000—8000 人死亡。[④]

从 16 世纪初开始，人们对鼠疫的认识有了进一步提高，1501 年，巴塞尔神学家兼医生比尔（Gabriel Biel）根据自己的研究，指出鼠疫传染途径为接触性传染，由此，“接触传染”这一概念逐渐为人们所接受，并于 16 世纪中期发展成为一门传染病学理论。[⑤] 1546 年，意大利医生弗拉卡斯托罗（Girolamo Fracastoro）在他的《传染学》著作中将传染理论和瘴气理论结合到一起，提出鼠疫病菌既可以通过空气传播，也可以黏附在它适合生存的物体上传播给人的论断。[⑥] 他的这一设想为很多学院派医学家所接受，德国医学家基尔希尔（Athanasius Kircher）在此基础上将鼠疫传播分成不同的等级类型，并提出“鼠疫自身也能通过人体发炎后发作且进一步传播”的假设。[⑦] 鉴于人们愈发认识到鼠疫传染危害的严重性，很多城市逐渐减少或取消宗教集会，如 1666 年美因茨就颁布此规定，大型宗教活动一律被取消，如需举行，也只能以小规模形式在短时间内完成。1713 年，

① Andreas Plettenberg, *Dermatologische Infektiologie*, Stuttgart: Thieme Verlag, 2004, S. 402.

② Ebd., S. 403.

③ Petra Feuerstein-Herz, *Gotts verhengnis und seine straffe - Zur Geschichte der Seuchen in der Früen Neuzeit*, Wiesbaden/Wolfenbüttel: Harrassowitz Verlag, 2005, S. 135 - 136.

④ Mischa Meier, *Pest. Die Geschichte eines Menschheitstraumas*, Stuttgart: Klett-Cotta Verlag, 2005, S. 409 - 415.

⑤ Werner Detloff, *Gabriel Biel*, in: *Theologische Realenzyklopädie*, Berlin: Walter de Gruyter Verlag, 1980, S. 488 - 491.

⑥ Reinhold Reith, *Umweltgeschichte der Frühen Neuzeit*, München: Oldenbourg Verlag, 2011, S. 22.

⑦ John Fletscher (Hrsg.), *Athanasius Kircher und seine Beziehungen zum gelerhten Europa seiner Zeit*, Wiesbaden/Wolfenbüttel: Harrassowitz Verlag, 1988.

因鼠疫流行，雷根斯堡临时取消礼拜活动，因为人们很害怕空气传染和接触性传染，他们知道，如果晚餐期间有人接触到某一传染病人递来的圣饼或汤勺等餐具，那将是一场灭顶之灾。所以，很多教堂多改用长勺，以避免人们之间的接触。[①] 此外，在市民日常生活中，人们也采取各种防范措施，尽量避免接触传染源。在采取对策方面，有的城市将病人隔离，有的还建立医院，给病人做护理，有的城市甚至关闭浴房和交易市场，有的还为健康人员开具健康证明。更有甚者，1728—1865年间，奥匈帝国东南边境还建起一道1900公里长、取名为“防鼠疫前线”的隔离墙，以防止瘟疫从东南欧国家侵入进来。[②] 应该说，从16世纪下半叶开始，有关预防传播疾病的医疗卫生措施逐渐增多，尤其是鼠疫的防范规定变得更为详细，如1585年奥地利有些城市明文规定：“为防止传染，医生使用的手术器具不能触碰到传染病人，手术之前一定要保持这些器具的卫生安全。”[③]

除鼠疫外，近代城市出现的其他疾病还有斑疹伤寒、疟疾、天花、霍乱和肺结核等。从15世纪中期开始，斑疹伤寒已开始流行，它主要通过体虱传染，从而导致人产生剧烈的头痛，同时出现皮疹、淋巴结肿大、肝脾肿大等症状。由于它也通过鼠疫传染，因此在近代时期，它和鼠疫经常交替发作。1803—1815年拿破仑（Napoléon Bonaparte）占领德意志时期，它已成为当时流行最广、危害性最大的流行性疾病。[④] 疟疾属于一种地方流行性疾病，它多发于空气潮湿的泥沼地带，通过蚊子叮咬或苍蝇传染到人体。18世纪，由于整个欧洲都在开垦沼泽地，很多垦殖者感染此病，甚至死亡。1761年，曼海姆爆发此病时，德国作家席勒（Friedrich Schiller）即死于此疾病；1828年，德国水利工程师图拉（Johann Gottfried Tulla）在改造莱茵河河道时也死于疟疾传染。[⑤] 天花病早在1500年前的欧洲大陆就存

---

① Arthur Dirmeier (Hrsg.), *Pesthauch über Regensburg*, *Seuchenbekämpfung und Hygiene im 18. Jahrhundert*, Regensburg: Friedrich Pustet Verlag, 2005, S. 203 - 204.

② Andreas Plettenberg, *Dermatologische Infektiologie*, Stuttgart: Thieme Verlag, 2004, S. 403.

③ Ebd., S. 354.

④ ［英］普拉提克·查克拉巴提：《医疗与帝国——从全球史看现代医学的诞生》，李尚仁译，社会科学文献出版社2019年版，第2页。Stefan Winkle, *Geißeln der Menschheit*, *Kulturgeschichte der Seuchen*, München: Verlag Artemis & Winkler, 2005, S. 896 - 897.

⑤ ［美］马克·乔克：《莱茵河——一部生态传记（1815—2000）》，于君译，中国环境科学出版社2011年版，第40—46页。

在，它被哥伦布带入美洲大陆，从而一度给那里的人们一度带来之灾。病人一旦发作，脸上会出现水痘斑点，而且这种水痘也有传染性。患者由于免疫力下降，往往变得聋瞎，有的瘫痪甚至死亡。由于这种疾病传染性很强，所以，欧洲18世纪往往也被称为“天花世纪”，长期以来一直也没有有疗效的药可以医治，直到18世纪晚期英国医生詹纳（Edward Jenner）发明天花疫苗后，它才被宣告彻底消灭。[①] 除上述流行病外，还有霍乱和肺结核也是19世纪广为传播的疾病。对于霍乱，在1829年前，人们对其还不甚了解，只知道患者多腹泻，最后有的甚至脱水而死。而肺结核早在中世纪就是一种很常见的流行性疾病，患者传染后多发低热并伴有盗汗、乏力和胸痛等症状，和霍乱一样，它也是一种死亡率很高的疾病，直至法国细菌学家卡尔梅特（Albert Calmette）和葛林（Camille Guérin）在20世纪初发明使用卡介苗后，人类才告别此疾病的困扰。[②]

最后，由于城市住房绝大部分为木结构房屋，所以近代的防火也一直被高度重视。在德意志境内，火灾多发生在下半年这个干燥期内。房屋着火的原因有很多，既有烧水做饭不小心所致，也有常年失修的火炉、壁炉引发火灾等情况，此外，夜间照明不慎也多引发火灾险情。从近代德国城市发生火灾情况来看，特别大的火灾情况并不多见，而小型火灾却频发不断。为此，16世纪时，很多城市专门安排专职人员，巡防监督城市居民的用火情况，另外还设有专职岗位，监督火情，做好消防巡逻工作，如夜间城楼岗哨、夜间街头巡逻和火灾呼救人员的设置安排等。此外，如何确保街巷防火通道的通畅，如何确保每个街区灭火水源的充足供应等也是市政部门需解决的问题。为减少火灾，有些市政部门还积极鼓励市民多用石头建盖房屋，如纽伦堡在16世纪初就鼓励市民房屋底层用石头砌墙，这样既减少了木材消耗，又能很好防范火灾，可谓一举两得。到1599年，市政部门又进一步明确要求民房的楼下三层都应该用石料砌建。[③] 苏黎世也采取

---

① Stefan Winkle, *Geißeln der Menschheit. Kulturgeschichte der Seuchen*, München: Verlag Artemis & Winkler, 2005, S. 771 – 773.

② Reinhold Reith, *Umweltgeschichte der Frühen Neuzeit*, München: Oldenbourg Verlag, 2011, S. 24.

③ Hans Planitz, *Die deutsche Stadt im Mittelalter*, Stuttgart: Deutsche Verlags-Anstalt, 1991, S. 146.

了这种做法，不仅如此，他们还在附近山区建起了许多采石厂，专门为城市居民提供石材。[①] 虽然从 18 世纪开始中欧地区的砖坯烧制逐渐兴盛，并取代了很多石料，但从总体情况来看，城市市民还是偏爱传统的桁梁房屋，待搭好木架结构后，再填以泥土砖块做成墙面，屋顶再铺盖上苇草或瓦片，一座漂亮实用的新居就此落成。

第三节　自然景观的巨大变化

进入中世纪末近代初，大规模的土地开垦给中欧地区几乎没留下什么原始自然地。农业生产、森林经济以及矿山开采等经济活动都极大地改变了自然面貌，这些“人工景观”何以形成？它们又如何决定着人们的生产生活方式？这两节将深入研究这些问题。

在农业生产方面，围海造田、草场种植和沼泽地开垦等生产活动直接决定了自然景观的改变。土地收成的提高一方面取决于开垦土地面积的大小，另一方面则取决于人们的耕作方式。在北德沿海地区，土地获取一般都要通过拦水筑坝、围海造田的方式来进行，甚至很多河流入海口处也采用此法改造良田。到中世纪末，很多从前被大海吞噬的土地通过围海造田的方式又重新被人们夺取回来。[②]

进入 16 世纪，中欧有些地区的农民、贵族和宗教群体也开始仿效英国推行圈地运动，将黑死病时期撂荒的土地划线定界，变为私有。不仅如此，很多荒野也被围圈起来，成为私有财产。受此举措激励，1583—1608 年间，瑞士卢采恩（Luzern）地区的农民首先将公共牧场私分均摊，变成个人家庭经营牧场。围圈后的私家牧场不仅种有牧草，而且还可进行其他轮作，尤为重要的是，人们更加关注对草场的浇灌维护。从实际效果来看，经常浇灌的草场不仅富含各种营养物质，而且还可促进草地的保湿保温，从而有效地防止病虫害的侵入。丰茂的牧草为牲口饲养提供了充足的

---

① Eva M. Seng, *Stadt - Idee und Planung*, *Neuere Ansätze im Städtebau im* 16. *Und* 17. *Jahrhundert*, München/Berlin: Deutscher Kunstverlag, 2003, S. 189.

② Dirk Meier, *Die Nordseeküste*, *Geschichte einer Landschaft*, Heide: Boyens Bochverlag, 2006, S. 121. S. 147.

草料来源。由于草场经营情况良好，所以从1600年开始，当地政府积极支持这一做法，并由此推广到对荒野的圈地开发，人们或排干沼泽地的积水，或开发河流低洼地，将其一一改造为良田。由于对灌溉技术的熟练运用，此时期很多地区的人们已经能有效应对不利气候条件的干扰，且在生产技术方面不断革新，从而有效保障了粮食丰产和人口增长的需要。①

卢采恩地区的这一经验很快被推广到德意志境内的阿尔高（Allgäu）、福尔阿尔贝克、上施瓦本地区（Oberschwaben）和林茨高（Linzgau）等地，并于18、19世纪达到顶峰。随着田亩丈量和田地森林等私有产权的明晰，零星散落的村居渐渐变少，取而代之的是人口居住更为集中的村镇的兴起。在沿海地区，随着生产技术革新化的兴起，草田轮作制经济也逐渐取代了三圃制耕作方式，成为一种很受欢迎的地域经济发展模式。所谓的草田轮作制经济是指耕地和牧场轮流使用的一种生产方式，也就是说，一块大田作物种植若干年后，再连续几年种植牧草（如苜蓿、三叶草等）植物肥，以促进土壤团粒结构形成，土壤肥力的恢复提高为畜牧业发展可提供优良草料。到19世纪初，这种优越的耕作方式已推广到德国东部的梅克伦堡和马克—勃兰登堡（Mark Brandenburg）等地。② 由此可见，和其他自然景观一样，草地在景观塑造方面也扮演着一个非常重要的角色。

除草地景观外，近代人工景观改造则表现在对沼泽地的大面积开垦上。君主专制时期的拓荒开垦承继了中世纪以来的东进大开垦模式，它先是在北德地区展开，然后发展到东北部地区，最后成为沼泽地开发大本营。其实早在1633年，东弗里斯兰地区的苔藓地开垦即已开始，新迁来的居民先排干积水，然后挖出地底层的泥煤，并将其出售给附近地区的居民，以此维持开垦补给。这种开垦在很大程度上受益于当地优惠的移民迁居政策，于是人们借鉴荷兰人开垦苔藓地经验，在沿海一带开垦出许多良田。③ 1680年，勃兰登堡大选帝侯威廉（Friedrich Wilhelm von Branden-

① Andreas Ineichen, *Innovative Bauern. Einhegungen*, *Bewässerung und Waldteilungen im Kanton Luzern im* 16. *und* 17. *Jahrhundert*, Luzern/Stuttgart: Schwabe Verlag, 1996, S. 276 – 277.

② Stefan Brakensiek, *Agrarreform und ländliche Gesellschaft*, Paderborn: Verlag Ferdinand Schöningh, 1991, S. 238 – 239.

③ Karl-Ernst Behre, *Ostfriesland*, *Die Geschichte seiner Landschaft und ihrer Besiedlung*, Wilhelmshaven: Druck-und Verlagsgesellschaft, 2014, S. 74 – 76.

burg）在东普鲁士地区宣告开垦正式启动，人们首先成立农庄，然后开垦沼泽地，这些开垦当然也包括人们对波罗的海沿岸波莫尔（Pommern）地区大片森林的砍伐。[①] 进入19世纪早期，勃兰登堡地区哈维尔（Havel）河附近瑙恩（Nauen）和弗里萨克（Friesack）之间的一大片低湿沼泽地也被成功开垦。1718—1724年间，很多排水沟被修成，人们在此又开垦出1.5万亩的良田。令人惊喜的是，这片苔藓低沼地泥煤层含有大量丰富的矿物质，显然比西北部东普鲁士的那片沼泽地还要更丰腴肥沃。[②]

最大规模的开垦还要数1747年腓特烈大帝领导下的奥德布鲁赫（Oderbruch）泥沼地大开垦，他任命瑞士人奥依勒尔（Leonhard Euler）为开垦总指挥。工程实施6年间，先后有5.6万亩沼泽地被抽水排干。按照腓特烈大帝的设想，实施此庞大工程可实现三个目标：第一，改善奥德河通航条件；第二，截短大坝长度；第三，获取更多的土地。[③] 由于这里蚊蝇遍地，环境恶劣，每年都会爆发疟疾等瘟疫，再加上繁重的体力劳动，很多拓荒者死于泥沼地。此外，再加上冬天的冰冻期较长，所以工程一再被延迟，直至6年后的1753年才竣工。与此同时，其他一些小型拓荒工程在普利格尼茨（Prignitz）、什切青（Stettin）和道瑟塔尔（Dossetal）展开。[④] 尽管1756年开始的七年战争期间没实施新的开垦项目，但已开工的瓦尔特沼泽地（Warthebruch）和内策沼泽地（Netzebruch）两个开垦项目仍在进行。1763年战争结束后，一批新的开垦项目随即又在许多低洼地和比较大的易北河、奥德河、瓦尔特河、内策河以及维克塞尔河（Weichsel）等河口处展开。许多大坝如林河（Rhin）大坝、阿兰德大坝（Ahland）以及其他水域的大坝也一一动工兴建。由此，易北河以东普鲁士大片的泥沼地逐渐消失，原始的自然景观也被改造为颇具“自然”特色的田园景观。

---

① Barbara Beuys, *Der Große Kurfürst, Der Mann, der Preußen schuf*, Reinbek: Rowohlt Verlag, 1991, S. 376 – 378.

② Almut Andreae und Udo Geiseler, *Die Herrenhäuser des Havellandes, Eine Dokumentation ihrer Geschichte bis in die Gegenwart*, Berlin: Lukas Verlag, 2001, S. 102 – 103.

③ Reinhold Reith, *Umweltgeschichte der Frühen Neuzeit*, München: Oldenbourg Verlag, 2011, S. 27.

④ David Blackbourn, *Die Eroberung der Natur, Eine Geschichte der deutschen Landschaft*, München: Deutsche Verlags-Anstalt, 2006, S. 46 – 47.

面对这些巨大成就，腓特烈大帝也不禁自诩道："通过一场和平的战争我就获得了一个省大的面积土地。"① 大面积开垦引来了大量的人口迁徙，甚至连法国的胡格诺人、荷兰人、萨尔茨堡人、波西米亚人以及福格特兰德人等也纷纷迁到这里。一共开垦出的14.2万亩土地从此成为普鲁士首都柏林的后花园和大粮仓。② 此外，这些被开垦的地方水网密布，交通便捷，到处呈现出一派生机勃勃的景象，甚至连中欧地区本来很少见的青蛙、白鹤等也来此栖息繁衍。③

在水域改造方面，近代德意志人对流动水域的改造也使自然环境发生了深刻变化。这些流动水域既包括河流小溪，也包括海洋湖泊。从某种意义上说，它们既是人类动力能量的提供者，同样也是人自然环境的摧毁者。自古以来，居民村落多喜欢逐水而居，画家丢勒也认为水边城市是其心目中最理想的居住地。④ 从"动力能量提供者"角度来看，河流可运送粮食、建筑和生产用原材料，它不但能提供人们所需要的能源，而且还能将垃圾污水带走。此外水资源不用于人们的生产生活，而且江河湖海中的渔产品还可为人们提供丰富的食物营养。从"人类自然摧毁者"角度来看，水坝建设固然能给人带来福祉，但也改变了河流走向，其利用所造成的环境污染和对物种多样性的破坏也极大地改变了河流生境和人类居住环境。此外，洪涝灾害还会给人带来生命财产的损失，浅水、蜿蜒弯曲、流速很慢的河流会容易结冰，一旦冰流融化，就会给河床河岸带来危险。正因为流水自身具有很大的静力，它往往能冲出新的沟壑支流，或冲走堤岸，改变周边的地形地貌，所以河流从来都是新地形地貌的塑造者。近代早期，雷根斯堡附近就曾发生莱茵河自然改道的情况；⑤ 1579年，易北河

① Hansjörg Küster, *Geschichte der Landschaft in Mitteleuropa*, München: Verlag C. H. Beck, 2013, S. 283.

② ［美］大卫·布莱克本：《征服自然：水、景观与现代德国的形成》，王皖强、赵万里译，北京大学出版社2019年版，第47—51页。

③ Johannes Schultze, *Die Mark Brandenburg*, Berlin: Duncker & Humblot Verlag, 2011, S. 682 - 685.

④ K. Krüger, *Albrecht Dürer, Daniel Speckle und die Anfänge frühmoderner Stadtgestaltung in Deutschland*, in: *Mittelalter für Geschichte Nürnbergs* 67, 1980, S. 79 - 97.

⑤ Lothar Kolmer und Fritz Wiedemann (Hrsg.), *Regensburg. Historische Bilder einer Reichsstadt*, Regensburg: Verlag Friedrich Pustet, 1994, S. 156.

发生洪灾冲毁克莱因威滕贝克（Kleinwittenberg）附近堤岸的事件，从此，易北河再也没从普拉陶（Pratau）流过，而改流他处。[①] 有人曾诙谐地认为，16 世纪的地图仅是一瞬的地形地貌记录，它很难反映未来全貌，即使是当时的制图人也不知道明日河流的走向。[②]

和陆上运输相比，水道运输自古以来就是人们的首选，因为它运量大，成本低，且快捷方便。因此，自城市诞生以来，它们多建在河流水域边，为的就是能充分利用水资源所提供的各种便利。然而，码头堤坝的兴建和拖缆装卸设备的安装不免对附近水域产生一定的环境影响，比如河边拉纤小道周围的动植物生长会受到影响，尤其是很多鱼卵繁殖区。[③] 此外，木材放排也带来不小的环境问题。如前文所述，木材放排自中世纪以来就一直盛行，因为制盐需要大量的木材燃料，所以，水上放排便成为最常见的运输方式。到了近代，萨尔茨堡附近一座名为哈拉因（Hallein）的小城因为放排就造成不少环境问题。每到冬天，萨尔茨拉赫（Salzlach）河上游放排下来的木材会裹挟大量冰流碎石冲向下游的品茨高（Pinzgau）地区，并在那里形成很大的碎石淤积，这些安全隐患使小城哈拉因居民感受到巨大的环境压力。[④]

为连接水域、方便运输，近代 17、18 世纪的人工运河兴建即已达鼎盛。人工运河早在中世纪晚期即已有之，进入近代的 1603—1620 年，连接易北河和奥德河的菲诺运河（Finowkanal）修建而成，刚一通航，却因为三十年战争而被摧毁。为重新连接这两河流，1669 年，勃兰登堡威廉大选帝侯又修建了一条规模更大的运河，它共有 13 处箱式船闸，尤其是诺特河（Notte）的重新通航和沃尔特斯多夫（Woltersdorf）附近船闸的开通为柏林乃至整个普鲁士提供了充足的建筑材料保证。[⑤] 此外，腓特烈大帝也修建

---

① Karl Jüngel, *Kleinwittenberg*, *Ein geschichtlicher Überblick*, Lutherstadt Wittenberg: Drei Kastanien Verlag, 2014, S. 69.

② Reinhold Reith, *Umweltgeschichte der Frühen Neuzeit*, München: Oldenbourg Verlag, 2011, S. 29.

③ Günter Stein, *Stadt am Strom*, *Speyer und der Rhein*, Speyer: Verlag der Zechnerschen Buchdruckerei, 1989, S. 34.

④ Hans-Walter Keweloh (Hrsg.), *Flößerei in Deutschland*, Stuttgart: Konrad Theiss Verlag, 1990, S. 107 - 108.

⑤ Almut Andreae und Udo Geiseler, *Die Herrenhäuser des Havellandes*, *Eine Dokumentation ihrer Geschichte bis in die Gegenwart*, Berlin: Lukas Verlag, 2001, S. 105.

了很多运河，如 1743—1745 年建成的普劳运河（Plauer Kanal）、1743—1746 年第二次重修的菲诺运河、1746 年建成的施托尔科运河（Storkower Kanal）以及威尔伯林运河（Werbellinkanal）等。1786—1788 年建成的鲁品运河（Ruppiner Kanal）则标志着普鲁士马尔克地区水道航运网络系统已基本建成。除这些人工运河外，还有很多专门运输木材的人工运河也在 18 世纪末一一建成。①

除人工运河外，河道的拓宽拉直也使近代德意志地理景观发生了很大变化，这其中最大的工程要数图拉领导的对莱茵河上游河段进行的改造。这项工程开始于 1817 年，至 1864 年结束，历时 47 年。尽管图拉于 1928 年感染疟疾死去，但他的后继者洪塞尔（Max Honsell）等仍坚持不懈，领导广大民众将工程圆满完成，原 354 公里的河段改直后最后缩短为 273 公里，也就是说河段被截短了 81 公里，所有河道宽度也都控制在 200—250 米范围内。此外，原来河中的小岛和半岛加在一起总计 1000 多平方公里的沙石土方被清除，还有共计 240 公里长的多处大坝得以建成，河中的淤泥也得到彻底清理。整个项目一共用掉 500 万立方米的建筑材料，其中用于筑堤护岸的柴垛每年就用掉 8 万捆。② 从此，莱茵河上游两岸居民的生存条件得到了明显改善，从此他们不再受洪涝之苦，许多泥泞地也变成了肥沃的良田。此外，由于航道被改直，船只行驶也不像从前那样容易遭遇危险，航运条件从此大为改观。然而应看到的是，河道的拓宽改直也带来了很多环境问题：第一，莱茵河金矿资源遭受很大损失。两千多年以来，该地区一批职业淘金者专以淘金为生，为获得一克黄金，他们需淘洗七吨砂石，被清除砂石的莱茵河却从此失去这种宝贵资源。③ 第二，新的生态环境导致了鸟类迁徙和植被情况发生变化。由于原来的芦苇地和泥泞沼泽地被改造为水果园和土豆、甜菜的种植地，其中的很多鸟类栖息地和繁殖区

---

① Hans-Joachim Uhlemann, *Berlin und die Märkische Wasserstraßen*, Berlin: Transpress VEB Verlag für Verkehrswesen, 1987, 176.

② Norbert Hailer, *Natur und Landschaft am Oberrhein. Versuch einer Bilanz*, Speyer: Verlag der Pfälzischen Gesellschaftzur Förderung der Wissenschaften in Speyer, 1982, S. 45 –46.

③ Carl Lepper, *Die Goldwäscherei am Rhein*, *Geschichte und Technik*, *Münzen und Medaillen aus Rheingold*, *Arbeitsgemeinschaft der Geschichts- und Heimatvereine im Kreis Bergstraße*, Darmstadt: Wissenschaftliche Buchgesellschaft, 1980, S. 76.

从此消失，这种局面则迫使捕鸟人不得不跟随鸟群向莱茵河下游迁徙。①第三，捕鱼量的大幅下降。18世纪70年代初，莱茵河上游鱼类资源仍有45种之多。这其中，不仅有河鲈、斜齿鳊和鲃鱼等淡水鱼，而且还有从北海洄游到此产卵的海洋鱼类，如海七鳃鳗和西鲱鱼等。根据施佩尔当地出版商科尔伯（Georg Friedrich Kolb）的描述，1831年，虽然河里还能捕捞到很多鱼类，但捕获量却不断减少，尤其是1840年后，施佩尔、弗兰肯塔尔（Frankenthal）以及格尔梅尔斯海姆（Germersheim）地区的渔民不断发出抱怨，他们几乎已见不到鲟鱼和鲑鱼的踪影。②

应该说，一直到18世纪末，德意志水利项目在很大程度上仍是凭传统经验在修建，因为人们还没拥有成熟的水利工程技术，所以，所建成的项目工程也只是停留在一般的实用基础上，因此也是无法禁得起实践检验的。一直到18世纪末，水利工程技术才日臻完善，并接近较为理想的自然科学中的数学方法论原理，也就是说，一系列技术参数开始被使用，河流从“被驯服的流动水域”开始变为“具有几何规则样式的实用客体”，而河流地图也从16世纪凭肉眼观测绘制的“图画画作”升级为用直尺圆规精确绘制的自然景观客体。③

第四节　森林保护、矿山开采与金属冶炼

从中世纪繁荣期开始，德意志各诸侯城邦因农业开垦、矿山冶炼、城市建筑等砍伐了大片森林，而到了中世纪晚期，诸侯城邦加强了对森林的立法保护，很多原始森林才得以被保护，尽管此时期森林砍伐仍在继续，但鼠疫流行而导致的人口锐减和经济萧条也放缓了砍伐速度，这给森林生长创造了一个很好的恢复期，特别是有些地区人工造林的开展更是为森林休养生息提供了一个绝佳契机。然而，进入近代的16世纪，由于人口的不

① David Blackbourn, *Die Eroberung der Natur*, *Eine Geschichte der deutschen Landschaft*, München: Deutsche Verlags-Anstalt, 2006, S. 139.

② Ebd., S. 133 - 134.

③ Gerhard Leideil und Monika R. Franz, *Altbayerische Flusslandschaft an Donau*, *Lech*, *Isar und Inn*, *Handgezeichnete Karten des* 16. *bis* 18. *Jahrhunderts aus dem Bayerischen Hauptstaatsarchiv*, Weißenhorn: Konrad Verlag, 1998, S. 288.

断增长和农业开垦的继续进行，原来生长出的森林又被大片砍伐，可以说，此时期德意志境内的原始森林已几乎绝迹，而且此时期森林资源的利用已越来越集约化，具体地说，就是这些森林或继续被辟为诸侯城邦的森林狩猎地或保育地，或被留作农业草场的备用开垦地，或被当成商品生产的木材供应地。

根据16、17世纪有关历史文献记载，近代早期德意志境内多生长混合阔叶林，其中山毛榉的生长面积最大，储量最多。不过，有些建筑用材林如橡树以及其他针叶林等往往为诸侯城邦所有，受到严格保护，而且中世纪很多可以被砍伐的低矮林、牧场林和间伐林到了近代早期已被纳入到森林管理范畴，不许再做任何商业采伐，这种做法得到后世生态学家的高度肯定，认为这才是“最接近自然”的森林管理和开发利用模式，后来18、19世纪的德国在森林经营管理方面付出了很大努力也难以达到这样理想的效果，因为此时期种植的林木不仅抗风能力弱，而且还易招致病虫害侵袭。更何况此时期的森林经济已完全依赖于乔木林，因为只有它属质量上乘的建筑材料，在木材交易中可带来丰厚可观的回报。①

近代木材使用量特别大的行业还要数矿山开采和金属冶炼行业，阿格里科拉1556年在其著作中就曾将采矿业称作是一个专门“吞噬木材”的行业。自中世纪15世纪中叶以来，随着矿山开采规模的增大，修建坑道所需的坑木也不断增加，而且冶炼过程中所用的炭火也需消耗大量的木材。而哈茨山区早在此之前已不容乐观。根据阿格里科拉的记叙，矿山冶炼厂周围的大片森林和小树林被毁。此外，很多鸟类等其他动物也没了踪影，有的甚至灭绝。② 受经济利益驱使，很多对矿山拥有所有权的地方君主迫于无奈，不得不对有限的森林资源采取保护措施，他们纷纷颁布矿山开采森林法规，以确保森林资源的安全。于是，自1524年起，哈茨山区的矿山开采和金属冶炼被纳入森林管理范围，特别是矿主也要受森林管理部门的

---

① Richard Hölzl, *Umkäpfte Wälder*, *Die Geschichte einer ökologischen Reform in Deutschland* 1760—1860, Frankfurt a. M.: Campus Verlag, 2010, S. 105 – 118.

② Georg Agricola, *De Re Metallica Libri XII. Zwölf Bücher vom Berg-und Hüttenwesen*, Wiesbaden: Verlagshaus Römerweg, 2015, S. 89 – 105.

监督约束，这使得该地区森林砍伐情况出现好转。[①] 1528年，南蒂罗尔地区的陶福尔（Taufer）君主直接任命矿山律师和森林管委会负责人，让其协调森林管理，以促进森林资源的有效利用。1551年，为有效管理今天奥地利境内施瓦茨（Schwaz）和哈尔（Hall）矿山的有限森林资源，国王斐迪南德一世（Ferdinand I.）提出“森林资源应该且必须通过好的法规来管理”，从此，冶炼经济也正式被纳入森林管辖范围体系。[②] 总之，但凡有法律条文规定的地方，矿山的森林管理也开始变得井井有条，许多森林保育区关闭了玻璃厂，冶炼锻造车间被迁到山脚边。为减少冶炼过程中的木炭使用，近代很多地方不断尝试新办法，以求得燃料资源的最优化使用。从16世纪中叶开始，威斯特法伦南部的西格尔兰人为确保冶炼厂木炭资源的充足供应，他们结合当地资源优势，创立了“豪贝格经济（Haubergswirtschaft）”模式，即栽种间伐期为15—20年的低矮林，树干用做冶炼炭火，而树皮则用来制革。此外，在这些树林里，人们还可套种经济作物，开辟草场，饲养牲畜，由此形成林业和农牧业经济的最佳组合，这既发展了农牧业经济，也为矿山冶炼提供了木炭资源。据史料记载，1562年，此时期的木炭资源供应充足，而到了19世纪初，本地木炭生产已开始不敷使用，冶炼所需的三分之二木炭需要从周边地区购入。[③] 此外，在燃料技术革新方面，1796年英国采用焦煤炼铁的方法传入德意志上西里西亚的格莱维茨（Gleiwitz），这种方法有效减少了木炭使用，也极大地降低了冶炼成本。1816年，鲁尔区焦煤生产正式投产，这为随后德国工业革命的兴起创造了有利条件。

同样，为节省木材，木材燃料消耗量巨大的制盐业也采用新能源以减少成本，提高产量。从1560年开始，阿伦道夫（Allendorf）制盐厂开始尝试使用煤炭和泥煤替代木炭。1590年，威腾堡弗里德里希公爵（Herzog Friedrich von Württemberg）请人勘探煤矿，并取得成功，新开采的煤矿于

---

① Georg Agricola, *De Re Metallica Libri XII. Zwölf Bücher vom Berg-und Hüttenwesen*, Wiesbaden: Verlagshaus Römerweg, 2015, S. 107.

② Hansjörg Küster, *Geschichte des Waldes*, *Von der Urzeit bis zur Gegenwart*, München: Verlag C. H. Beck, S. 161 – 162.

③ Alfred Becker, *Der Siegländer Hauberg*, *Vergangenheit*, *Gegenwart und Zukunft einer Waldwirtschaftsform*, Kreuztal: verlag die wielandschmiede, 1991, S. 131 – 132.

1620年被正式使用。此外，玻璃厂也是一个吞噬木材的行业。16世纪以后，一大批玻璃厂先后在施培萨特（Spessart）、图林根森林、费希特尔山区（Fichtelgebirge）、萨克森、波西米亚、西里西亚和罗特林根（Lothringen）等地建立。随着炉箅条的发明，通风条件更好的高炉更加快了木炭的燃烧速度，从而也迫使人们不得不改用煤炭。同样，钾碱、焦油、沥青、石灰、松脂油炼制和砖瓦烧制也需大量木材。这些自中世纪末沿传下来的传统制造业此时期前期耗费了大量的木材资源，从而引发了近代木材能源危机。①

这场危机促使林业管理者不得不对过去森林管理中的成败得失进行反思。他们最终认识到，森林资源并不是永远都有，只有在大力种植的基础上适度开发利用，才能使森林资源持续永久地为人类造福。1713年，担任萨克森侯国矿山事务总管的卡洛维茨首先提出了森林永续利用理念，并提出了人工造林思想。他指出："努力组织营造和保持能被持续不断或永续地利用的森林，是一项必不可少的事业，没有它，国家不能维持国计民生，因为忽视了这项工作就会带来危害，使人类陷入贫困和匮乏。"② 他对"森林永续利用"给出的原始定义是"生产作业和木材生产要延续有序，以致世世代代从森林中得到的好处，至少能有我们这代人这样多"。其核心主旨就是"确保均衡有序地产出木材"。他反对对森林进行掠夺性采伐。③ 这种森林经营理念彻底摒弃了盲目开发森林资源的错误思想，并最终确保木材最高产量的持续性和稳定性。他的这一思想对后世的森林经营管理产生了重大影响，他也因此被奉为"森林永续利用"理论的创始人和"可持续发展"鼻祖。④

卡洛维茨的这一创新理论为近代林业的兴起与发展拉开了序幕。从18世纪下半叶开始，一大批森林学校在德意志境内建立。1763年，赞提尔

---

① Reinhold Reith, *Umweltgeschichte der Frühen Neuzeit*, München: Oldenbourg Verlag, 2011, S. 114 - 123.

② Hans von Carlowitz, *Sylvicultura oeconomica*, Bearbeitet von Klaus Irmer und Angela Kießling. Freiberg: TU Bergakdemie Freiberg und Akademische Buchhandlung, 2000, S. 105 - 106.

③ Ebd., S. 107.

④ Christof Mauch, *Mensch und Umwelt*, *Nachhaltigkeit aus historischer Perspektive*, München: oekom verlag, 2014.

(Hans Dietrich von Zanthier) 在哈茨山区的维尔尼格罗德 (Wernigerode) 成立了德国第一所森林学校；1770 年，德国第一个森林科学院在柏林成立；两年后，又一所森林学校在斯图加特建立；1780 年，哥廷根大学成为德国第一个开设林学课程的德国高校；1785 年，林学家科塔 (Heinrich Cotta) 在图林根契尔巴赫 (Zillbach) 创立森林管理员培训学校，19 世纪初，该校迁至塔兰特 (Tharandt)，升级为著名的农林学院。这些学校的林学教育内容广泛多样，既包括数学、物理、化学、植物学、土壤学等自然基础知识，也包括林学专业知识如苗木栽培、森林采伐和森林管理，甚至和森林知识有关的狩猎知识、落叶收集、森林牧场的经营管理、木材运输、木炭烧制和沥青炼制等知识也被传授教学。[①] 从此，一大批专业人才被培养出来，这为 19 世纪上半叶更大规模的植树造林运动提供了雄厚的人才储备。

在这些高校，卡洛维茨“林业永续利用”理论以及另一位林学先驱哈尔提希 (Georg Ludwig Hartig) 的“森林永续经营”思想一直是课堂教学的主要内容。通过教学，学生们需懂得：从现在开始，新的木材开采量决不允许超过新生林的种植数量。表现在实践过程中：一方面，德意志境内的森林法律法规加强了对森林资源的管理。没有国家特许，任何人都不许对森林进行砍伐，甚至连森林里的草场放牧、树枝树叶的采集以及其他林业经济作物如松脂、果实的采集等都被严令禁止。为此，许多违反禁令者都付出了惨重的代价，如 1806 年，当威斯特伐利亚地区的森林在划归为农民的私有财产之后，农民们对那些偷砍森林的人施以极刑，以至于“这些家伙最后到处尸体横陈”。[②] 另一方面，根据法律规定，不管是国有林地还是私人林地，对于森林中仍有的林业空地，国家和私人必须栽种林木，以确保林地不被荒置，如巴登州 1833 年颁布的《森林法》就明确规定，森林中的空闲地必须补种林木，不得浪费林地资源。[③]

① Hansjörg Küster, *Geschichte des Waldes, Von der Urzeit bis zur Gegenwart*, München: Verlag C. H. Beck, S. 185 - 186.

② ［德］约阿希姆·拉德考：《自然与权力》，王国豫、付天海译，河北大学出版社 2004 年版，第 245 页。

③ Hansjörg Küster, *Geschichte der Landschaft in Mitteleuropa*, München: Verlag C. H. Beck, 2013, S. 323.

18 世纪时期的植树造林多为杉树。杉树之所以成为首选，是因为：第一，它属于速生林，生长快，对土壤要求不高，即使在较贫瘠的土壤地它也能快速生长；第二，杉树容易成材，具有很大的经济价值；第三，它属于轻型木材，便于在水上放排运输。① 为挽救当时的木材能源危机，德意志境内各诸侯城邦先后展开了以杉木为主的植树造林运动，尤其是普鲁士人在 1815 年维也纳和会以后，在东至美美尔河（Memel），西至莱茵河广袤辽阔的土地上都种起了杉树。此外，许多河流也为杉木放排提供了有利条件，奥德河、易北河、莱茵河等大小河网都纵横在普鲁士境内。直至 1871 年德国建国短短的几十年内，德意志境内已云杉遍野，郁郁葱葱，远看上去，那些挺拔伟岸的杉树就像是列队整齐的普鲁士士兵一般，给人以庄严肃穆之感，也正由于此，杉树在德国赢得了“普鲁士常青树”的美誉。② 然而，进入 19 世纪后，杉木虽在有些地区继续被种植，如施瓦本山区的许多草场林地，但松树已渐渐取代之并成为 19 世纪广为种植的经济林。松树一般多种植在土地较贫瘠的地区。从 19 世纪中叶开始，松树种子被播撒在下萨克森中的许多荒原区、石勒苏益格—荷尔施泰因州海岸边的部分高燥地以及莱茵河上游平原的阿翁森林地（AuenWälder）。③ 这些速生针叶林给德国带来了巨大经济效益。除上述两种针叶外，此时期还有很多国外针叶林树种也被引进德国，如花旗松、日本落叶松、黑松、北美云杉以及加拿大铁杉等也广被栽种。④

虽然针叶林的大面积种植会带来很好的经济效益，也有利于改善环境，但它所带来的问题也同样很突出，且不容忽视。首先是病虫害问题，单一的针叶林栽种很容易遭受病虫害侵袭。这方面的教训可从 19 世纪 30 年代汉诺威地区单一栽种针叶林的情况中看出。1833 年，一位当地林业管理人员就已认识到这样的单一种植早晚会“中昆虫大

① Joachim Allmann, *Der Wald in der Frühen Neuzeit, Eine mentalitäts- und sozialgeschichtliche Untersuchung am Beispiel des Pfälzer Raums* 1500—1800, Berlin: Duncker & Humblot Verlag, 1990, S. 24.

② Hansjörg Küster, *Geschichte des Waldes, Von der Urzeit bis zur Gegenwart*, München: Verlag C. H. Beck, S. 189.

③ Ebd., S. 189 - 190.

④ Karl Hasel und Ekkehard Schwartz, *Waldgeschichte, Ein Grundriss für Studium und Praxis*, Remagen: Kessel Verlag, 2002, S. 215.

军的下怀”。[①] 1889—1891年间，慕尼黑附近的埃博思贝格（Ebersberg）地区单一种植的森林几乎全部被模毒蛾这种病虫害所毁。[②] 与此相反，颇有远见的有鲁尔区东边的利普（Lippe）地区的林业人员，他们则大面积栽种阔叶林，虽然少获一些经济效益，但却有效抵御了病虫害的发生。不仅如此，这种单一栽种还会极大改变周边地区的生态环境，进而引发动物食物链断裂问题的出现，原本频繁出没的熊、狼和狐狸等动物慢慢消失，取而代之的是狍子的大量出现。不再遭受凶猛野兽侵袭的狍子此时既能在林中自由出没，又能去田间地头糟蹋庄稼。此外，林间的灌木丛里生长的许多花草果实也成为它们天然理想的觅食对象。为改变这一情况，许多地方的林业人员逐渐改变原来单一的针叶林栽种模式，不时间杂栽种椴树和橡树等阔叶林树种。[③] 最后，火灾和风暴也是单一森林直接遭受毁灭的主要原因。19世纪德国境内森林大火并不多，但小型火灾却频发不断，这仍然给很多地方带来不小的环境损害和经济损失。风暴灾害中，由于根系较浅，单一栽种的杉树最容易被连根拔起，地表也随之遭到毁坏。1894年2月，汉堡附近的萨克森森林被风暴摧毁；同年夏天，南部埃博思贝格森林中的杉木林也遭受过严重的风暴灾害。[④]

19世纪初，随着煤炭资源在西里西亚、萨克森和鲁尔区的大量发现，人们对森林资源的依赖已逐渐下降，其中冶炼加工业对木材燃料的需求下降最为明显。但无论如何，森林仍是德国工业革命和人们日常生活的重要经济资源。

矿山开采与金属冶炼不仅吞噬了大量木材，还给周边环境增添了巨大压力。冶金业的繁荣期主要集中于1450—1550年，而在此之前的50年却是经历过一个萧条期的。当时的矿山开采多集中于贵金属矿开采。因为受排水技术条件限制，矿井多发生注水事件，再加上当时黑死病流行，很多

---

① Joachim Radkau, *Natur und Macht*, München: Verlag C. H. Beck, 2002, S. 247.

② Reiner Beck, *Ebersberg oder das Ende der Wildnis, Eine Landschftsgeschichte*, München: Verlag C. H. Beck, 2003, S. 287.

③ Hansjörg Küster, *Geschichte der Landschaft in Mitteleuropa*, München: Verlag C. H. Beck, 2013, S. 324.

④ Reiner Beck, *Ebersberg oder das Ende der Wildnis, Eine Landschftsgeschichte*, München: Verlag C. H. Beck, 2003, S. 288.

地区的金银铜矿开采深受影响。进入 1450 年以后，随着黑死病的减退和经济的逐步恢复，这些贵金属开采才开始恢复元气，哈茨山、阿尔萨斯、萨尔茨堡、蒂罗尔等地的开采从此进入一个大繁荣时期，甚至施瓦茨铜银矿一度被认为是“开不完的大金库”，它也因此成为 15、16 世纪欧洲最大的铜银矿。

随着开采的不断深入，矿井深度也在不断加深，有的甚至达地下 886 米，如 1599 年蒂罗尔山区的盖斯特矿井（Geisterschacht）。和中世纪一样，深井开采面临的最严重问题仍是井下渗水问题。为此，如何通过机械操作方式抽取井下积水便成为当务之急，但这需要大量的财力物力投入。于是，吸引资本投入、招徕更多的劳动力便成为当时各大矿山的通行做法。比如施瓦茨矿山在 16 世纪中期就招来大批矿工，此时期仅矿山小城居民就已多达 1.25 万人，这在当时的欧洲已属罕见，而此时期另一处的因斯布鲁克小城也不过 5000 居民。此外，埃尔茨山区施内贝克（Schneeberg）和阿尔滕贝克等地的矿山居民数量也出现暴增的势头。然而从 16 世纪中叶开始，由于 1546—1547 年爆发的施马尔卡尔登战争（der Schmalkaldische Krieg）、黑死病的继续肆虐和对森林的严重砍伐，德意志境内的金属冶炼开始逐渐萧条衰落。①

和中世纪相比，近代矿山开采对环境的影响程度更大，后果也更为严重。这是因为矿井注水和矿井通风不足等问题不但改变了矿井内部的自然平衡，而且给工人的健康和生命安全带来巨大威胁。此外，坑道的无限延伸也为地基下沉和矿井塌陷埋下了隐患。不仅如此，矿井塌陷后形成的漏斗状矿坑因为矿渣和不含矿物质石块的填集往往会形成新的地形地貌，从而改变周边地区的环境条件。同时，从人的健康安全角度来看，因为恶劣的开采环境和繁重的体力劳动，矿工甚至附近居民的健康甚至生命安全也受到极大威胁，呼吸疾病、头晕病、心脏病、重金属中毒症等职业病多有发生。加之长期低头弯腰在矿井中爬行，很多人都患有颈椎病，很难将脖子伸直或将头抬起。

矿井塌陷和矿井构筑物垮塌这类矿山事故经常发生，且后果严重。

① Martina Schattkowsky（Hrsg.），*Das Erzgebirge im 16. Jahrhundert*, *Gestaltwandel einer Kulturlandschaft im Reformationszeitalter*, Leipzig: Leipziger Universitätsverlag, 2013, S. 386.

1655—1687 年间，瑞典法伦（Falun）铜矿矿井中的构筑物曾多次垮塌，如 1687 年发生的这起垮塌事件尤为严重，造成众多人员伤亡，矿井垮塌达数百米之深。当年占世界三分之二铜产量的矿山从此一蹶不振。对此，19 世纪著名作家黑贝尔（Johann Peter Hebel）和霍夫曼（E. T. A. Hoffmann）在其文学作品中都曾再现过当年法伦矿的兴衰。[①] 在当时的很多人看来，矿井塌陷属自然灾害，而阿格里科拉却持反对意见。他认为，这种塌陷是"矿井坑道不断扩建的结果"，许多漏斗状矿坑更是直入地球深处。[②] 和法伦铜矿情况相同的是，1704 年和 1803 年，萨克森埃尔茨山区的盖尔（Geyer）砷矿也先后垮塌过两次，造成了巨大伤亡和财产损失。为保护这一工业文化景观，1935 年，纳粹德国将其列入自然保护名录。

如上文所述，森林的大肆砍伐不仅造成森林资源短缺，而且还严重破坏了矿山周边的生态环境。这是因为矿山开采冶炼过程中产生的有害物质如有毒气体、矿渣、尘灰、废水、重金属等都扩散进入到空气、土壤和水流中。正如阿格里科拉所经历记述的，仅是洗砂就让河水、溪水变成毒水，很多鱼类因水质污染从此消失。[③] 另外，根据考古发现，许多矿山沉积物中含有重金属元素，其中以铅、铜、锌、镉这四种重金属元素最为常见。由于毒性过大，很多残存至今的矿渣堆边都不长草木，即使零星长出，也多残缺畸形，可见这些放射性元素的巨大危害性。由于受洗矿技术制约，很多矿物质没被分洗即被丢弃，这些矿物质如方铅矿等也多含有毒物质，一俟排入附近水域，再被洪水冲积到牧场草地，最终给牲畜和人的健康安全带来很大伤害。此外，矿渣和不含矿物质的石块所形成的废弃垃圾堆也严重污染了环境，正如 16 世纪德国画家海瑟（Hans Hesse）在其著名的教堂祭坛画作《阿纳贝克矿山祭坛》（1521 年）中所绘的那样，到处是高高的矿渣堆，由此可以想见当年矿山繁忙的生产场面和环境污染情况。[④]

① Johann Peter Hebel, *Schatzkästlein des rheinischen Hausfreundes*, Fischer Taschenbuch Verlag, Berlin, 2008; E. T. A. Hoffmann, *Die Bergwerke zu Falun*, Stuttgart: Philipp Reclam Verlag, 1986.

② Georg Agricola, *De Re Metallica Libri XII. Zwölf Bücher vom Berg-und Hüttenwesen*, Wiesbaden: Verlagshaus Römerweg, 2015, S. 78.

③ Ebd., S. 104.

④ Hans Buekhardt, *Hans Hesse in Annaberg-Buchholz*, *Altes und neues aus dem Leben des berühmten Malers*, in: *Sächsische Heimatblätter* 1, Dresden: Sächsisches Druck-und Verlagshaus, 1971, S. 1 -5.

根据科学检测分析，近代矿山冶炼过程中有害物质的排放已达到相当严重的程度，在对格陵兰岛冰帽层进行分析后发现，近代从欧洲大陆漂浮来的尘灰中的铅含量指标非常之高，这足以证明当时矿山开采和金属冶炼所造成的严重污染。和森林资源管理一样，自中世纪以来，鉴于资源的稀缺性，很多诸侯城邦都认识到资源保护的重要性，并为此加强立法，对资源进行保护。因此矿冶业对环境造成的破坏行为也受到法律制裁。其实，今天流行的“肇事者原则”早在中世纪末就已明显体现在有关法律条文中。1463 年的拉滕贝格（Rattenberg）矿山管理条例以及 1477 年的萨尔茨堡矿山管理条例都明确将这一原则以法律形式确立下来：“谁若在草场、庄稼地和原野排放有害物质，他须对所造成的损失进行赔偿。”① 而到了近代，这方面的有关规定也多见于不少矿山管理规定中，只是因经济利益驱使，监管难度大，很多规定流于形式，最终难以落到实处，这也是近代矿冶业环境污染问题突出的关键原因。

在劳动保护和医疗卫生方面，近代采取的措施显然比中世纪前进了一大步。身为医生的阿格里科拉在约阿希姆斯塔尔（Joachimsthal）行医时，就遇见许多工伤医疗事故和疾病发作事件，并在其著作中专门探讨了到处翻滚、含砷量很高的“冶炼炉排放出的黑色烟雾”（schwarzer Hüttenrauch）。在当时，因对此问题尚不够重视，人们也没使用这一术语，直到 19 世纪这一术语流行开来后，人们才明白，当年阿格里科拉提及的这种黑烟雾实际上就是火焰炉燃烧贫矿时产生的大量废气，因排烟和通风设备不齐全，所以产生浓黑的有毒烟雾，从而导致空气污染，作业环境恶化。和阿格里科拉同时代的瑞士医生帕拉塞尔苏斯（Paracelsus）对矿山职业病也颇有研究，在其 1567 年出版的著作《论矿山魔怔与其他矿山病》中，他分别对矿山冶炼工人所患的各种职业病进行了分析，并提出治疗方法和有关设想。此外，他还对水银中毒症病理进行过深入细致的研究。在对施内贝克矿山矿工进行调研后，他发现，该地区矿工肺病患病情况和其他矿山有所不同，且患者死亡率明显高于其他地区，其原因就在于该地区有害物质的

---

① Reinhold Reith, *Umweltgeschichte der Frühen Neuzeit*, München: Oldenbourg Verlag, 2011, S. 53.

放射程度远要比其他地区高。此外，从后来的历史记载情况来看，该地区17、18世纪有害物质的放射程度比16世纪要高得更多。更为严重的是，第二次世界大战前夕，因该地区发现铀矿，大批矿工同样死于这种疾病，而且发病情况远要比前几个世纪严重得多。① 此外，对冶炼烟雾有深入研究的还有高斯拉尔医生施托克豪森（Samuel Stockhausen），1656年，他在其著作中详细记录了因烟雾造成的各种疾病的发作症状，其中对铅中毒的研究和治疗方法的探讨尤为精深。②

① Udo Benzenhöfer, *Studien zum Frühwerk des Paracelsus im Bereich Medizin und Naturkunde*, München: Verlag Klemm & Oeschläger, 2005, S. 135.

② Reinhold Reith, *Umweltgeschichte der Frühen Neuzeit*, München: Oldenbourg Verlag, 2011, S. 54.

第四章　工业革命兴起至“二战”德国环境危机全面爆发（约1850—1945年）

18世纪末，拿破仑实行的欧洲大陆封锁政策不仅阻隔了英国工业革命对德意志的影响，同时也严重妨碍了德意志与英国、法国、意大利、西班牙等国的经济交流。18世纪普鲁士农业改革的不彻底以及境内众多封建割据势力的存在，也导致了各诸侯城邦政治上的四分五裂和经济上的相互隔绝，落后的农村封建生产关系和城市行会法规就这样一直阻碍着德意志各诸侯城邦生产力的发展和资本主义生产方式的推行。此外，各邦在政治上的分裂还造成关税叠加，货币不统一，经济受到严重制约的局面，从而进一步影响到德意志地区的经济一体化进程和工业革命的开展。令人欣慰的是，1815年的维也纳和会还是给欧洲带来了数十年和平。德意志经济封锁的解除，特别是1834年德意志关税同盟的建立，标志着各邦之间的关税壁垒被打破，这不仅促进了各邦相互间的经济交流，让德意志经济真正走向一体化，同时也为德国工业革命开辟了更广阔的空间。1848年的三月革命更是给德意志各邦以强烈冲击，随着落后僵化的封建生产关系的解体，大批从农奴制中解放出来的农民和手工业者纷纷涌入城市，这既为工业化生产提供了大批廉价的劳动力，也为德国城市化发展提供了必要的前提条件。至1871年德国建国前，德国的第一次工业革命在纺织、交通、机器制造、钢铁煤炭生产所取得的巨大成就便为德国统一提供了强大动力，也为第二次工业革命奠定了雄厚的物质基础。新兴电气和化学工业等新技术改造了传统产业并拓展了新型工业领域，这不仅使德国确立了工业在整个国民经济中的主导地位，而且也为其世界工业强国地位的确立奠定了坚实的基础。在农业方面，包括种植业和牲畜饲养业在内的农业生产也多受益于科技进步和工商业发展，由此实现了向现代高效型农业的快速转变。此外，工业革命时期的德国人口也呈暴增趋势。1800 年，德意志境内的人口约为 2400 万人；到第一次工业革命后的 1866 年，人口已猛增到 3990 万人；而到了一战前的 1914 年，德国人口已爆增到 6780 万人。也就是说，仅 19 世纪内，德国人口就差不多翻了三倍。[①] 此外，工业化的高速发展也促成 19 世纪末德国城市化的全面兴起。由于帝国宪法规定人们有自由迁徙和职业选择的权利，所以原本占大多数的农业人口开始大批涌入城市。1890 年，德国有一半人口为城市人口，而仅过了五年，城市人口已占全国总人口的 80%。[②] 巨大的人口压力不可避免地会引发很多社会问题和环境问题。与此同时，威廉帝国继续奉行到处抢占殖民地和大规模扩建海军的“世界政策”，这种咄咄逼人的对外扩张政策最终导致德国与英、法、俄等国的矛盾不断加深，进而导致自身外交上的孤立，直至第一次世界大战爆发。

从气候条件来看，自 1855 年起，人类度过最后一个“小冰河时期”，开始进入到一个所谓的“现代最佳温适期”，良好的气候条件无疑为世界经济复苏和繁荣创造了有利条件。可以说，德国工农业的快速发展、人口激增与此时期的温适气候条件不无关系。概括 19 世纪德国历史进程，不外乎可以用工业化、城市化、资本积累、工人运动、科技进步、文化繁荣和侵略扩张这样的简短词进行概括总结。然而，在这个高速工业化发展的时代背景下，德国工业革命究竟带来了哪些环境问题，这些环境问题又如何影响到社会发展和人的生存，人们在面对诸多环境压力时又采取了怎样的应对措施，并取得哪些成果，这些问题将在下面章节中做深入探讨。

---

① Friedemann Schmoll, *Erinnerung an die Natur*, *Die Gechichte des Naturschutzes im deutschen Kaiserreich*, Frankfurt/New York: Campus Verlag, 2004, S. 63.

② 李伯杰：《德国文化史》，对外经济贸易大学出版社 2002 年版，第 233 页。

第一节　工业革命全面兴起至一战爆发（约1850—1914年）

一　工业的高速发展和科学研究领域新探索

和英法等国工业革命相比，德国工业革命起步较晚。其第一次工业革命开始于19世纪30年代，到1871年德国建国前为止；第二次工业革命为德国建国后至1914年一战爆发前这段时期。如果说第一次工业革命时期德国尚未达到工业化国家的水准，充其量属于拥有强大工业经济实力的农业国，[①] 那么，第二次工业革命时期它则抓住了有利机遇，利用其在电气、内燃机和合成化学等新领域的优势，迅速实现了从农业国向工业国的转变，并一跃成为工业先锋国家。[②]

早在18世纪末，许多德意志官员和商人就已到英国学习考察，并带回英国工业革命先进的成果经验。萨克森、柏林和杜塞尔多夫（Düsseldorf）周围地区已开始零星出现纺织机器。1783年，商人布吕格尔曼（Johann Gottfried Brügelmann）在杜塞尔多夫附近的拉廷根（Ratingen）兴办起欧洲大陆第一个棉纱厂。[③] 两年后，用于坑道抽水的蒸汽机在海特施泰特（Hettstedt）安装成功，它由此成为普鲁士境内生产出的第一台瓦特蒸汽机。[④] 1792年，上西里西亚地区建成了第一座炼焦高炉。[⑤] 尽管19世纪30年代前德意志工业发展缓慢，但毕竟有所发展，工业革命的序幕由此开启。1825年，柏林埃格尔斯（Egells）铸造机器厂开始制造大型蒸

---

① 据统计，1870—1874年，德国国内生产结构百分比为：农、林、渔等第一产业占37.9%，工业、手工业、采矿业等第二产业占31.7%，第二产业产值与第一产业产值相比差距很大。在就业结构方面，第一产业从业人数远高于第二产业从业人数。1861—1871年，第一产业人数占就业总人数的50.9%，而第二产业从业人数仅占27.6%。（Walther G. Hoffmann, *Das Wachstum der deutschen Wirtschaft seit der Mitte des 19. Jahrhundert*, Berlin: Springer Verlag, 1965, S. 33, S. 35.）

② 邢来顺、吴友法主编：《德国通史》第四卷，江苏人民出版社2019年版，第343页。

③ Marie-Luise Baum, *Johann Gottfried Brügelmann*, in: *Wuppertaler Biographien 1. Folge. Beiträge zur Geschichte und Heimatkunde des Wuppertals Band 4*, Wuppertal: Born-Verlag, 1958, S. 19–26.

④ 德语维基百科网站（https://de.wikipedia.org/wiki/Hettstedt）。

⑤ Erle Bach, *Oberschlesien*, *Vom Sudetenland zur oberschlesischen Platte*, Würzburg: Kraft Verlag, 1998, S. 45.

汽机。[①] 1828 年，《莱茵—威斯特法伦广告报》上已刊登出“机器，到处是机器，这就是我们的奋斗目标!”这样的口号。[②] 进入 19 世纪 30 年代中期，工业革命正式开启，四五十年代逐渐进入高潮，然后以六七十年代的逐渐减弱告一段落。这一阶段所呈现的主要特点是：新技术和新机器不断被投入使用，以铁路建设为标志的交通运输业得到前所未有的发展，工业产量迅猛上升，工业固定资本投入不断增加，商业和银行业迅速现代化，工业人口迅速增加。[③]

具体到工业生产方面，则表现为以下四个生产领域所取得的不同程度的进步。

第一，在纺织工业方面，随着新技术使用和机械化发展，原来以家庭手工业和手工作坊为主的纺织业生产逐渐为使用机器的纺织工厂所替代。除亚麻纺织行业总体机械化程度不高外，毛纺织品、棉纺织品的生产情况却大有改观。1831 年，普鲁士美利奴羊数量已达 240 万头，这为毛纺织业发展提供了充足原料。1861 年，德国已拥有 622 家毛织厂、3655 台机器织机和 9068 台手工织机，它们主要集中在普鲁士和萨克森等地区。1850 年，德意志毛纺织业机械化程度已达 50%。[④] 从棉纺织业方面来看，纱锭数量从 1835 年的 58 万个增加到 1865 年的 235 万个，棉纱生产量从 3786 吨增加到 37128 吨，增幅比例较大。[⑤] 而棉织机数量也从 1800 年的 3.5 万台增加到 1846 年的 15 万台。但是机械织布机的数量还是一直很少。尽管机械化程度很慢，棉织业还是有很大发展，例如棉布产量从 1815 年的 3600 吨增加到 1865 年的 41294 吨。[⑥] 虽然这样的发展水平不能和 1788 年英国的生产水平相比，但还是有了较快的发展，且呈快

① Oskar Gramodka, Egells, Franz Anton, in: Neue Deutsche Biographie, Band 4, Berlin: Duncker & Humblot Verlag, 1959, S. 323.

② Hubert Kiesewetter, *Industrielle Revolution in Deutschland* 1815—1914, Berlin: Suhrkamp Verlag, S. 204.

③ 邢来顺、吴友法主编：《德国通史》第四卷，江苏人民出版社 2019 年版，第 98 页。

④ 同上书，第 99 页。

⑤ Friedrich-Wilhelm Henning, *Die Industrialisierung in Deutschland* 1800—1914, Paderborn: Verlag Ferdinand Schöningh, S. 140.

⑥ Wolfram Fischer, Jochen Krengel und Jutta Wietog, *Sozialgeschichtliches Arbeitsbuch*, *Band* 1, *Materialien zur Statistik des Deutschen Bundes* 1815—1870, München: Verlag C. H. Beck, 1982, S. 79.

速发展趋势。

第二，在交通领域，道路建设尤其是铁路建设成为工业革命发展的重要引擎。德国第一次工业革命前的陆上交通很是落后。当时还主要靠骑马和邮政马车方式运载人货，1816 年的公路里长只有 3836 公里，而到了 1835 年，已增至 2.5 公里，再到了建国后的 1872 年，公路总长已达 11.5 公里。[①] 在内河水运方面，长期以来的落后局面在此时期也有了很大改观。1800 年前后，德意志运河总长只有 490 公里，而到了 1850 年，总长已达 3528 公里，这也是个不小的进步。海上运输则长期以来都是汉莎同盟的优势领域，但到了拿破仑战争和封锁时期，德意志海上运输受到沉重打击，直至 19 世纪 30 年代后才逐渐恢复元气。真正给德意志交通运输事业带来革命性变化的是蒸汽轮船和蒸汽机车的使用。1830 年，莱茵河上仅有 12 艘蒸汽船出现，到 1850 年时，则有 3989 艘之多，它们是当时德国最重要的航运交通工具。最具有决定意义的是蒸汽机车的问世，即铁路交通的开通。1835 年 12 月 7 日，德国从纽伦堡至福尔特（Fürth）的第一条铁路开通，总长虽只有 6.5 公里，却意义非凡。因为第一次工业革命所需的煤、钢、铁的运输都建立在铁路建设的基础之上，它不但快捷方便，而且运输量大，可节省大量的运输成本。1845 年，德国铁路总长为 2130 公里；至 1888 年则已增至 4 万公里；而到了一战前夕，它已猛增到 6.37 万公里。[②] 铁路建设不仅增加了运输量，而且还直接刺激了矿冶、木材加工等行业部门的发展壮大。同时，它自身也带动了以蒸汽机车为代表的机器制造业的繁荣发展。到 19 世纪中期，德国已成为机车制造业强国。

第三，机器制造无论在数量还是在质量上都有了长足发展。1815 年德意志工厂仍普遍使用人力和畜力。在当时机器进口受限制的情况下，德意志人直接引入经验丰富的英国熟练工人来工作，并邀请英国机器制造商来开设工厂。截至 1846 年，关税同盟区内的萨克森已开设 232 家机器制造厂，普鲁士开设了 131 家，巴伐利亚开设了 17 家等。1861 年，德国机器

① 邢来顺、吴友法主编：《德国通史》第四卷，江苏人民出版社 2019 年版，第 101 页。

② Franz-Josef Brüggemeier, *Schranken der Natur*, *Umwelt*, *Gesellschaft*, *Experimente*, 1750 *bis heute*, Essen: Klartext Verlag, 2014, S. 87.

制造厂总数达665家，从业人数达35562人。[①] 随着制造技术的不断提高，刨床、铣床、钻床等的制造数量不断增加，质量也在不断提高。到1861年，德国的机器制造在质量方面已赶上了英国。[②] 1863年，德国机器出口量首次超过了进口量，德国由此也从机器进口国转变为机器出口国。[③] 而到建国时期，企业总数已达1400家之多。[④] 有些企业拥有上千人的生产规模，其中柏林的施瓦茨科普夫机器厂更是多达7000人。[⑤] 这些机器制造厂为德国第一次工业革命发展奠定了坚实的技术基础。

第四，钢铁煤炭工业的发展同样也取得了令人瞩目的成就。如前文所述，中世纪和近代德意志的冶炼业一直兴盛不断，但冶炼水平和英国相比仍显得很落后。1781年，英国人已开始利用搅拌炉炼铁使熟铁产量大增，直到1815年以后，这一技术才被引进德国，而其先进的冶炼技术的大规模引入则是19世纪30年代以后。[⑥] 进入40年代，随着克虏伯公司等一大批鲁尔区钢铁生产和加工企业的发展，德国炼钢技术也取得了新的突破。1851年伦敦水晶宫万国工业博览会上，德国生产的硬度更大的“搅炼钢”令时人惊叹。[⑦] 进入五六十年代，德国钢铁生产更是发生巨变，1873年，焦煤高炉总数达180座，生铁产量从1850年的21.7万吨猛增到1870年的139.1万吨，而钢产量从1850年的19.7万吨猛增到1870年的104.5万吨。[⑧] 同样，作为德意志传统行业，煤炭在第一次工业革命前的开采量还

---

① Alfred Schröter und Walter Becker, *Die deutsche Maschinenbauindustrie in der industriellen Revolution*, Berlin: Akademie-Verlag, 1962, S. 73.

② Hubert Kiesewetter, *Industrielle Revolution in Deutschland* 1815—1914, Berlin: Suhrkamp Verlag, 1989, S. 209.

③ Reinhard Rürup, *Deutschland im* 19. *Jahrhundert* 1815—1871, Göttingen: Vandenhoeck & Ruprecht Verlag, 1992, S. 77.

④ Alfred Schröter und Walter Becker, *Die deutsche Maschinenbauindustrie in der industriellen Revolution*, Berlin: Akademie-Verlag, 1962, S. 73.

⑤ Hubert Kiesewetter, *Industrielle Revolution in Deutschland* 1815—1914, Berlin: Suhrkamp Verlag, S. 209 – 210.

⑥ Hans-Werner Hahn, *Die industrielle Revolution in Deutschland*, München: Oldenbourg Verlag, 2011, S. 54 – 55.

⑦ Franz-Josef Brüggemeier, *Schranken der Natur*, *Umwelt*, *Gesellschaft*, *Experimente*, 1750 *bis heute*, Essen: Klartext Verlag, 2014, S. 84.

⑧ Hans-Werner Hahn, *Die industrielle Revolution in Deutschland*, München: Oldenbourg Verlag, 2011, S. 37.

是很少，原因是受交通运输不便和矿井建造难度大等技术条件的限制。随着铁路数量的不断增加以及蒸汽机、矿井排水等开采新技术的投入使用，19 世纪 50 年代，以鲁尔区为代表的采煤业飞速发展。1840 年的煤产量为 318 万吨，而到了 1870 年，就已达 2640 万吨。①

应该说，德国第一次工业革命促进了社会经济的快速增长，从而也使社会经济结构发生了重大变化，从此，德国开始了从农业主体型经济向工业主体型经济的转变。尽管此时期其工业产量已超过法国，但仍没有达到工业化国家标准。为实现这一目标，1871 年起，德国抓住国家统一带来的有利条件实现了第二次工业革命，通过用新技术改造传统产业并拓展新兴领域，从而确立起工业在整个国民经济中的主导地位，这些主要表现在以下几个方面。

第一，大力促进新的技术发明和创造，使以煤炭钢铁为代表的传统工业得到了长足发展。首先，在纺织工业方面，传统纺织工业在继续发展的同时，也进行了内部结构调整。亚麻纺织业发展虽出现回落趋势，但毛纺织业和棉纺织业却继续稳中有升，丝织业则借助于科技的运用得到迅速发展。② 其次，在钢铁生产方面，虽然德国第一次工业革命已超过法国，但和英国相比，仍相差甚远。1870 年，世界钢铁总产量为 1290 万吨，英国的产量为 670 万吨，占世界总产量的 52%，美国为 190 万吨，占 15%，而德国却只有 140 万吨，占 12%。③ 之所以英国有如此绝对优势，是因为它充分掌握着各项钢铁冶炼技术。1877 年，在借鉴总结英国人托马斯（Sidney G. Thomas）发明的托马斯炼钢法基础上，德国人改进工艺，向传统的贝塞麦转炉中掺入石灰，由此解决含磷铁矿石的脱磷问题。由于德国拥有丰富的磷铁矿资源，在使用这一新工艺后，不仅钢产量得到提高，而且还降低了生产成本。这一技术革新带来了根本性变化。1913 年，德国钢铁产量分别已达 1620 万吨和 1931 万吨。④ 英、美、德三国在世界生铁产量中

---

① Wolfram Fischer, Jochen Krengel und Jutta Wietog, *Sozialgeschichtliches Arbeitsbuch*, *Band* 1, *Materialien zur Statistik des Deutschen Bundes* 1815—1870, München: Verlag C. H. Beck, S. 63 - 64.

② 邢来顺、吴友法主编：《德国通史》第四卷，江苏人民出版社 2019 年版，第 349 页。

③ Karl Erich Born, *Wirtschafts-und Sozialgeschichte des Deutschen Kaiserreichs* (1867/71—1914), Stuttgart: Franz Steiner Verlag, 1985, S. 42.

④ Manfred Görtemaker, *Deutschland im* 19. *Jahrhundert. Entwicklungslinien*, Bonn: Schriftenreihe der Bundeszentrale für politische Bildung, 1986, S. 302 - 303.

的比重分别为13.3%、39.3%和24.1%，钢产量的比重分别为10.2%、41.5%和24.7%。[①] 德国钢铁产量已超过英国，跃居欧洲第一，世界第二。与此同时，德国已成为世界第二大金属生产国和最大金属进口国。此时期钢铁工业已出现大规模集中趋势，鲁尔—卢森堡—萨尔这一区域已成为德国乃至西欧最重要的钢铁工业中心。其次，在钢铁工业和动力用煤的拉动下，德国煤炭工业出现了大幅增长。由于深钻工艺的进步、矿井支撑技术的改进以及快速钻机、开采锤、凝胶炸药、电动泵、震动溜槽、电力矿用铁路等新技术的使用，采煤效率大大提高，石煤产量已从1871年的2900万吨猛增到1913年的1.9亿吨，翻了近七倍；而褐煤产量则从1880年的1210万吨猛增到1913年的8750万吨，翻了七倍之多。[②] 最后，在机器制造方面，其快速发展趋势也为专业化分工创造了有利条件。第二次工业革命时期的机器制造业呈现两大趋势，即新建企业不断增加，企业规模和职工人数也不断增长。1882—1907年，德国6—50人规模的中等企业数目从4356个增加到11798个，增加近两倍；50人以上的大企业数目从894个增加到3409个，增加了三倍。[③] 由于新技术、新机器的不断涌现，此时期的机器制造已越来越专业化和细分化，也就是说，生产某种特定机器的企业和机器产品已越来越多，这不仅有利于提升企业的产品质量和工艺，而且还极大地提高了生产效率，降低了成本开支。

第二，以电气、化学为代表的新型工业部门的异军突起，使德国确立了自己在世界上的工业强国地位，德国由此实现了由农业国向工业强国的重大转变。

在电气工业领域，1866年，西门子（Werner von Siemens）发电机的发明不仅解决了电的生产问题，也使电气工业的发展和推广成为可能，人类由此从蒸汽时代步入到电气时代。[④] 电气工业的兴起和发展也由此成为

---

① Wilfried Feldenkirchen, *Die Eisen- und Stahlindustrie der Ruhrgebiets* 1879—1914, Wiesbaden: Steiner Verlag, 1982, S. 170.

② Franz F. Wurm, *Wirtschaft und Geseschaft in Deutschland* 1848—1948, Wiesbaden: Leske Verlag, 1972, S. 105.

③ Hubert Kiesewetter, *Industrielle Revolution in Deutschland* 1815—1914, Berlin: Suhrkamp Verlag, S. 213.

④ Johannes Bähr, *Werner von Siemens* 1816—1892, München: Verlag C. H. Beck, 2016.

第二次工业革命的核心内容和主要标志。[①] 1875 年，德国共有 81 家电气工程企业，职工 1157 人，而 20 年后，企业数已增加到 1326 家，职工数达 26231 人，可见势头之迅猛，同时代社会学家桑巴特（Werner Sombart）曾这样评价电气工业所带来的繁荣景象："19 世纪 80 年代，特别是 19 世纪 90 年代，这一行业企业如雨后春笋般涌现，以至于今天的德国（1912 年）到处都是这一新型工业，而这一工业在 30 年前还无人知晓。"[②] 动力源的解决不仅使缺乏矿藏资源的德国中、南部地区步入电气化轨道，而且电能的使用也带动了煤炭工业和水利能源的发展。在德国 1913 年的电力生产中，有 63% 来自于石煤发电，23% 来自于褐煤发电，11% 来自于水力发电。[③] 此时期，德国已有一半家庭用上了这种清洁方便的能源，这种电气化程度在当时无一国家可与之相比，且其电气工业产品出口也高居世界首位。[④]

在化学工业方面，德国也独步世界，傲视群雄。该行业之所以能够发展成为世界的领头羊，主要得益于德国自身的两大优势：德国拥有化学工业发展所需的丰富矿产资源，如钾盐、黄铁矿和煤焦油等；再加上各大化学公司、大学和技术研究所建立了大批应用化学室，这些都为新药物和合成燃料的生产提供了保障。早在 1834 年，化学家容格（Friedlieb Ferdinand Runge）已开始用煤焦油做实验，从中提取出喹啉和苯胺这些染料化合物。[⑤] 1856 年，在英国皇家化学院担任院长的德国化学家霍夫曼（August Wilhelm von Hofmann）的英国弟子珀金（William Henry Perkin）在此基础上发明苯胺紫化工染料，这是人类发明的第一个合成染料。不久霍夫曼也提炼出多种煤焦油染料。[⑥] 与此同时，德国不但在染料工业方面取得重大

① 邢来顺、吴友法主编：《德国通史》第四卷，江苏人民出版社 2019 年版，第 350 页。

② Werner Sombart, *Die deutsche Volkswirtschaft im 19. Jahrhundert und im Anfang des 20. Jahrhundert*, Darmstadt: Wissenschaftliche Buchgesellschaft, 1954, S. 314.

③ 邢来顺、吴友法主编：《德国通史》第四卷，江苏人民出版社 2019 年版，第 351—352 页。

④ 一战前夕，德、美、英、法的电气生产比重分别为 34.9%，28.9%，16% 和 4%，而德国电器产品出口占世界总量的 46.4%。（Hubert Kiesewetter, *Industrielle Revolution in Deutschland 1815—1914*, Berlin: Suhrkamp Verlag, S. 221.）

⑤ Franz-Josef Brüggemeier, *Schranken der Natur, Umwelt, Gesellschaft, Experimente, 1750 bis heute*, Essen: Klartext Verlag, 2014, S. 97.

⑥ 邢来顺、吴友法主编：《德国通史》第四卷，江苏人民出版社 2019 年版，第 353 页。

突破，而且在药物制造和化肥生产等方面也得到了飞速发展。1861年，恩格尔霍恩（Friedrich Engelhorn）在曼海姆（Mannheim）建立焦油颜料厂。1865年，李比希弟子克莱姆兄弟（August Clemm und Carl Clemm）在路德维希港（Luswigshafen）建立巴登苯胺—苏打企业（BASF）。[①] 1863年，拜耳（Friedrich Bayer）在伍珀塔尔（Wuppertal）成立拜耳染料公司，生产品红染料，公司下属的企业实验室研究人员杜伊斯贝格（Carl Duisberg）又发现了三种新苯胺染料。[②] 至1874年，德国已有42家化学公司，资本总额达4200万马克；而到了1896年，化学工业股份公司数量已上升至108家，资本总额达33290万马克。到1890年，德国合成染料生产已占世界总量的90%，钾盐生产和加工所需的95%以上的原料也由德国垄断，硫酸生产也占世界绝对统治地位，为英国产量的1.5倍。[③] 德国的化学工业曾被人形容为“德意志帝国最伟大的工业成就”，这一领域也是“最快乐的工业”领域。[④]

第二次工业革命的成功宣告德国从农业国一跃转变为工业强国，其在工业化进程中的“追随国家”地位也由此上升为“先锋国家”的领导地位。这种成就的取得一方面要得益于国家统一为经济发展扫清障碍，同时也要归功于日耳曼民族特有的科学探索和发明创造精神，这些科学发现和科技进步为德国社会的经济发展和社会进步奠定了坚实的科学基础，也为科技创新提供了源源不断的动力。

在物理学领域，19世纪德国许多开创性研究成果震撼世界。除了李特尔（Johann Wilhelm Ritter）发现紫外光、欧姆（Georg Simon Ohm）创立电阻定律外，高斯（Johann Carl Friedrich Gauß）于1833年发明了有线电报。1842年和1847年，迈耶尔（Julius Robert von Mayer）和赫尔姆霍尔茨（Hermann von Helmholtz）还分别发现了能量守恒定律；1850年，克劳修斯

---

① Gustaf Jacob, *Friedrich Engelhorn*, *Der Gründer der Badischen Anilin- und Soda-Fabrik*, Mannheim: Gesellschaft der Freunde Mannheims, 1959.

② Hans Joachim Flechtner, *Carl Duisberg*, *Eine Biographie*, Düsseldorf: Econ Verlag, 1981.

③ H. J. Habakkuk, *Cambridge Economic History of Europe*, *vol.* 4, *The industrial revolution and after*, *Population and technological change*, Cambridg: Cambridge University Press, 1971, p. 107.

④ Werrner Sombart, *Die deutsche Volkswirtschaft im* 19. *Jahrhundert und im Anfang des* 20. *Jahrhundert*, Darmstadt: Wissenschaftliche Buchgesellschaft, 1954, S. 109.

(Rudolf Clausius) 得出了热量在做功时不可能被充分利用的结论；1856 年，韦伯（Wilhelm Eduad Weber）计算出了光速；1895 年，伦琴（Wilhelm Röntgen）发现伦琴射线。[①] 从有关统计数据来看，1806—1825 年，德国人在热能、电磁学理论和光学等研究领域的发现为 60 项，同期英法两国合计为 250 项，而到了 1846—1870 年，英法合计发现为 561 项，而德国已高达 556 项。[②]

在化学领域，除上述提到的李比希、霍夫曼等化学家外，1817 年，化学家施特罗马耶尔（Friedrich Strohmeyer）发现镉元素并证明它为有害物质；[③] 1865 年，凯库勒（August Kekulé）第一次提出苯环状结构理论，这一理论极大地促进了芳香族的发展和有机化学工业的进步；1876 年，锗元素发现者温克勒（Clemens Alexander Winkler）在弗莱贝格市建立了德国第一个硫酸厂；1896 年，在其担任弗莱贝格矿业学院校长期间，他还积极致力于环境污染赔偿补助事务，要求企业对废气排放进行治理；[④] 1910 年，哈伯尔（Fritz Haber）和博施（Carl Bosch）采用高压化学方法制成合成氨。1912 年，克拉特（Fritz Klatte）发明人工合成材料聚氯乙烯树脂。

在医学领域，1876 年，科赫（Robert Koch）首次阐明特定细菌会引起特定疾病的理论，并发明了用固体培养基的细菌纯培养法。他不但首先发现了炭疽杆菌、霍乱弧菌和鼠蚤传播鼠疫的秘密，而且首次发明了蒸气杀菌法和预防炭疽病接种法等；1891 年，贝林（Emial von Behring）用血清疗法成功防治白喉、破伤风。据统计，1800—1829 年间，德国人在医学领域的发现数量为 23 项，同期英国人和法国人加在一起的发现数量为 108 项，而 1850—1869 年间，德国人在该领域的发现数量为 65 项，而其他国

---

① 邢来顺、吴友法主编：《德国通史》第四卷，江苏人民出版社 2019 年版，第 231—232 页。

② Thomas Nipperdey, *Deutsche Geschichte* 1800—1866. *Bürgerwelt und starker Staat*, München: Verlag C. H. Beck, 2013, S. 494.

③ Karl Arndt, *Göttinger Gelernte*, *Die Akademie der Wissenschaften zu Göttingen in Bildnissen und Würdigungen* 1751—2001, Göttingen: Wallstein Verlag, 2001, S. 88.

④ Gottfried Zirnstein, *Ökologie und Umwelt in der Geschichte*, Marburg: Petropolis-Verlag, 1991, S. 120.

家的发现总和为66项。①

在生物生态学方面，1827年，巴尔（Karl Ernst von Baer）发现了哺乳动物卵细胞并建立了比较胚胎学。19世纪三四十年代，米勒和他的学生一起创立了生理学。1866年，达尔文的忠实追随者海克尔（Ernst Haeckel）在其著作《生物体普通形态学》中首次提出“生态学”这一概念，将其定义为“一门研究生物体和其周边外部环境之间关系的学科。在这个外部环境内，如从广义角度出发，我们应考虑到生物体它所有的‘生存条件’，这些生存条件既包括有机的自然，也包括无机的自然。”② 这一概念自诞生以来一直没人引用，直到38年后的1904年，植物生态学奠基人德鲁德（Oscar Drude）在美国圣路易斯举行的国际科学与艺术大会上重新提及道：“要是‘生态学’这个术语在15年前的某个大会上被宣布为有机自然科学中某个分类学科的话，就像植物形态学或心理学那样被认可，那几乎是不可能的事。”③ 1912年，动物生态学家海瑟（Richard Hesse）在其论文《动物生态学》中第一次正式使用了“生态学”这个专业术语。从此，“生态学”这一概念正式被学界接受采用。④ 1877年，海洋生物学家亨森（Viktor Hensen）首次提出“浮游生物”这一概念。1889年，他对大西洋不同纬度105个海域内采集的浮游生物样本进行定量分析，他由此获得“浮游生物定量分析之父”的称号。⑤ 他的同事、同为普鲁士基尔海洋科学调查委员会成员的默比乌斯（Karl August Möbius）也对海洋生物研究有许多重要贡献，特别是“群落生态学”这一概念的提出更奠定了他在生态学领域的重要地位。⑥ 将“群落生态学”这一概念发扬光大的是“湖泊学之

---

① Thomas Nipperdey, *Deutsche Geschichte* 1800—1866. *Bürgerwelt und starker Staat*, München: Verlag C. H. Beck, 2013, S. 494.

② Ernst Haeckel, *Generelle Morphologie der Organismen*, Berlin: Verlag von Georg Reimer, 1866, S. 286. ［日］鸟越皓之：《环境社会学——站在生活者的角度思考》，宋金文译，中国环境科学出版社2009年版，第18页。

③ Oscar Drude, *Die Beziehungen der Ökologie zu ihren Nachbargebieten*, *Sitzungsberichte und Abhandlungen der Naturwissenschaftlichen Gesellschaft ISIS in Dresden*, Dresden: Nabu Press, 1906, S. 100.

④ Gottfried Zirnstein, *Ökologie und Umwelt in der Geschichte*, Marburg: Petropolis-Verlag, 1996, S. 149.

⑤ Dietrich Trincker, *Hensen*, *Christian Andreas Victor*, in: *Neue Deutsche Biographie*, Band 8, Berlin: Duncker & Humblot Verlag, 1969, S. 563 - 564.

⑥ Ralf Klinger, *Die wichtigen Biologen*, Wiesbaden: Marix Verlag, 2008, S. 73 - 74.

父”提内曼（August Thienemann）。他在此基础上所创立的水生态学为德国湖泊学研究开启了一个全新领域，同时也为世界水生态研究做出了重要贡献。1908 年，动物学家达尔（Friedrich Dahl）在其老师默比乌斯研究的基础上进一步提出了“群落生境”这一重要生态学概念。此外，生态心理学奠基人施塔尔（Ernst Stahl）、生态植物学家弗克（Wilhelm Olbers Focke）和阿莱绍恩（Fredrik Wilhelm Christian Areschoug）以及生态动物学家塞姆帕尔（Karl Gottfried Semper）等在各自领域均有建树，并为生态学理论的发展作出了重要贡献。①

在地理学方面，从 19 世纪开始，地理学正式分支为自然和人文两大学科，其中，近代地理学奠基人亚历山大·冯·洪堡（Alexander von Humboldt）可谓人文地理学之集大成者。他曾考察过欧洲大陆，先后到过拉丁美洲、美国和中亚等国和地区。其著作《自然之我见》、《宇宙》、《植物地理学论文集》、《美洲热带地区研究之旅》等除了涉及地理学考察内容外，还涉及矿物学、火山学、植物学等各个学科领域的内容，他也因此被誉为“第二个哥伦布”、“美洲科学研究的新探索者”、“科学界之侯爵”、“新亚里士多德”，为后世所景仰，② 就连大文豪歌德（Johann Wolfgang von Goethe）对这位好友的渊博学识和丰富阅历也赞赏不已：“没有人能和他相比！我还没有见过谁像他似的多才多艺，知识广博！不管你往哪儿摸索，他都在行，都可以慷慨赠予我们精神财富。”③ 在此基础上，德国第一个地理学讲席教授李特尔（Carl Ritter）则创立了人文地理学早期理论。在近代地理学中，他最早阐述了人地关系和地理学的综合性、统一性，并奠定了人文地理学的基础，从而被公认为近代人文地理学创建人之一。李特尔认为，地理学是一门经验科学，应从观察出发，而不能从观念和假设出发，主张地理学的研究对象是布满人的地表空间，人应成为整个地理研究的核心和顶点。他创用“地学”一词替代了洪堡的“地球描述”。他于 1817—1859 年出版的 19 卷巨著《地学通论》（又名《地球科学与自然和人类历史》）就是一部按世界各大洲论述的地理学著作。在具体研究过程中，他认为，

① 江山：《德国生态意识文明史》，学林出版社 2015 年版，第 149—156 页。

② Thomas Richter, *Alexander von Humboldt*, Reinbek: Rowohlt Verlag, 2009.

③ ［德］约翰·爱克曼：《歌德谈话录》，杨武能译，光明日报出版社 2007 年版，第 90 页。

应侧重对人文现象的研究，要把自然作为人文的基本因素。为更好地确立地理学研究发展方向，他主张地理学应与历史学共同携手，相互借鉴，这在其1833年举行的题为《地理科学的历史因素》的讲演中得到很好的体现。[①] 同样为地理学做出重要贡献的还有慕尼黑大学教授弗拉斯（Karl Nikolaus Fraas），在希腊雅典海伦大学担任植物学教授期间，他对希腊很多地区进行了系统的考察后认为，该地区在古希腊时期大量无节制的放牧以及农业生产的过度开发利用使得原本富饶肥沃的土地肥力每况愈下，这些都是长期的人为因素所致。为此，他发出了警告：“一个国家自然植被的毁坏将会彻底改变这个国家的原有植被特点，而且这个国家和他的人民再也回不到它从前的自然状态中。”他的这种思想给马克思以很大启发。在1868年3月25日写给恩格斯的信函中，马克思高度赞扬弗拉斯的这种研究，并进一步认为“人类开荒拓土最终所遗留下的往往是一片沙漠地。”[②] 在李特尔研究的基础上，拉采尔（Friedrich Ratzel）进一步致力于研究地理自然环境对人会产生哪些重要影响，这位人类地理学创始人是第一个使用“生物圈”、“生命空间”和“环境”等生态专业术语的人。[③] 1882年和1891年，在其出版的《人类地理学》一、二卷著作中，他详细探讨了人类分布的原因以及各种自然条件对人类历史发展与文化特征的影响，从而进一步发展了李特尔所主张的地理学应以人类为中心的思想学说。至此，人类地理学这门子学科正式诞生，拉采尔也因此受到学界的高度推崇。另外，李希霍芬（Ferdinand von Richthofen）对美国、日本、东南亚的地理学研究——尤其是对我国地质地理的开创性研究，使其成为近代世界地理学的重要奠基人和开拓者。其弟子、聚落地理学创始人施吕特尔（Otto Ludwig Karl Schlüter）同样也认为人对自然的影响可以放置到某个特定的地域空间内进行研究，比如田地、草地、花园、矿山、油田等这些人造景观要素。他认为，“人”在自然中是一个主体角色，把人说成是“自然的产品”

---

① Hanno Beck, *Carl Ritter*, *Genius der Geographie*, *Zu seinem Leben und Werk*, Berlin: Dietrich Reimer Verlag, 1979.

② Gottfried Zirnstein, *Ökologie und Umwelt in der Geschichte*, Marburg: Petropolis-Verlag, 1991, S. 136.

③ Johannes Steinmetzler, *Die Anthropogeographie Friedrich Ratzels und ihre ideengeschichtlichen Wurzeln*, in: Bonner Geographische Abhandlungen, Heft 13, Bonn: Verlag Herbert Grundmann, 1956.

这种观点是极端错误的，因为人对一切都能做出积极的反应，而不会对什么都被动忍耐。比如希腊富饶的土地和曲折的海岸线，这些在某些人看来是古希腊文明的一个缩影，其实不然，因为在更遥远的蛮荒时代，那里就已有人类活动。至于古希腊文明，它也仅是历史长河中的一瞬，并不能代表希腊人的全部。所以，人不应该是自然的产品，而应该是自然中一个最值得关注的“地理要素”。[①] 他的这一观点对帕奇（Joseph Partsch）、格拉德曼（Robert Gradmann）、赫特纳（Alfred Hettner）等德国地理学家产生了重要影响，甚至他的反对者——景观生态学创始人帕萨日（Siegfried Passarge）也逐步接受了这一观点，并将其引入到自己的研究中。

二 农业生产的巨大进步

到 1860 年左右，德国已很少有可供扩大耕种面积的土地，且休耕地数量也在骤减。[②] 为保证人口增长需要以及工业生产所需原料，如何提高单位面积产量，实现农业增产增效是两次工业革命过程中急需解决的问题。为实现这一目标，确保肥料的充足供应便提上首要日程。

鉴于李比希在 19 世纪 40 年代倡导的人类农业生产已进入化学农业时代的思想，其发明的钾肥逐渐开始使用并取得显著效果，这为 19 世纪下半叶开始的农业大生产运动提供了充足的肥料保障。此时期，许多土地干燥、肥力欠缺的贫瘠地区、慕尼黑附近的绍特尔沙地平原，石勒苏益格—荷尔施泰因州沿海岸附近的高燥地以及吕内堡荒原内均使用上了化肥，并获得很好的农业收成；同时，此时期钢铁产量猛增，托马斯炼钢法过程中产生的大量磷酸钙残渣也成为一种很好的农业肥料。除这两种化肥外，传统的农业肥仍是农民一直喜爱的自然有机肥，人畜粪肥仍被大量收集施撒；此外，很多鸟粪，甚至骨肥也被施撒到田间地头。在植物肥料方面，继三叶草和苜蓿草之后，蝶形花草成为 19 世纪下半叶人们的新发现并被大量种植。1855 年，植物营养学家舒尔茨—卢皮茨（Albert Schultz-Lupitz）

① Rainer W. Gärtner, *Schlüter, Louis Karl*, in: *Neue Deutsche Biographie*, Band 23, Berlin: Duncker & Humblot Verlag, 2007, S. 113 – 114.

② 1878 年时，只剩下 8.9% 的闲置土地，而到了 1913 年，只剩下 2.7%。（Ernst Klein, *Geschichte der deutschen Landwirtschaft im Industriezeitalter*, Stuttgart: Franz Steiner Verlag, 1973, S. 127.）

在阿尔特马克自己购买的庄园中试种此植物，他想以此来给沙地增加肥力，最后如愿以偿，农作物收成得到很大提高。这种种植方式很快在德意志境内被推广并成为一种样板模式。[①] 据统计，仅 1913 年德国使用的矿物肥料就花费 5.73 亿马克；[②] 1910 年以后，根据哈勃—博施工艺生产出的合成氨产量已远远超过其他种类的氮肥产量。[③]

为实现农业增产增效，农业技术的发明推广也在不断展开。19 世纪 50 年代第一次工业革命引发的机械化浪潮为提高农业生产效率带来了契机，效率不高的人力畜力被解放出来，取而代之的是许多新机械农具的发明使用。新发明的筛谷机不仅能筛出秕谷，而且还能将杂草种子筛出，这对于良种优选起到了关键作用；[④] 蒸汽技术的推广使用使得蒸汽犁也随之诞生，它不仅提高了翻土速度，而且犁土更深，这节省了很多人力畜力。[⑤] 此外，脱粒机、割草机、播种机等农机具也纷纷被投入使用。至 1907 年，德国脱粒机使用量达到 94 万台，是 1882 年的 3 倍；割草机 30 万台，是 1882 年的 15 倍；播种机 29 万台，是 1882 年的 5 倍；蒸汽犁 2995 台，是 1882 年的 3 倍，可见增长势头迅猛，这为高效农业生产提供了充分的保证。[⑥] 在苔藓地开垦方面，排水管道技术至 19 世纪中期已被广泛使用。该专业设备由英国人于 1843 年发明，德国西北部以及西阿尔特马克等地的苔藓沼泽地使用上这种设备后，沼泽地内的积水便很快被排干，然后人们深挖地下的沙土层，再撒入粪肥或人工化肥，这样，大片优良耕地被重新开垦出来。自 1866 年农业家利姆帕乌（Theodor Hermann Rimpau）在西阿尔特马克地区的库恩瑙乌庄园（Gut Cunrau）采用此技术开垦沼泽地后，德意志境内随之又掀起了一场沼泽地开垦运动。这场运动差不多一直持续到第二次世

---

① Asmus Petersen, *Schultz-Lupitz und sein Vermächtnis*, Berlin: Erich Schmidt Verlag, 1953, S. 12.

② August Sartorium von Waltershausen, *Deutsche Wirtschaftsgeschichte* 1815—1914, Jena: Gustav Fischer Verlag, 1923, S. 452.

③ Hubert Kiesewetter, *Industrielle Revolution in Deutschland* 1815—1914, Berlin: Suhrkamp Verlag, S. 161.

④ Peter Erling, *Mehl-und Schälmüllerei*, Bergen/Dumme: Agrimedia Verlag, 2008, S. 105.

⑤ Ebd. , S. 114.

⑥ August Sartorium von Waltershausen, *Deutsche Wirtschaftsgeschichte* 1815—1914, Jena: Gustav Fischer Verlag, 1923, S. 452 -453.

界大战结束。[1] 此外，在灌溉技术方面，西格尔兰地区的很多河谷斜坡上都安装有草场灌溉系统，为的是确保牧草的顺利生长和充足供应。此外，霍亚（Hoya）和不来梅之间的洪特塔尔河谷（Huntetal）斜坡上的大片草地以及吕内堡荒原也使用了这种灌溉设备。有了这些设备，牧草产量往往可翻倍甚至更多。除草场灌溉系统外，有些地势较高的地区因为水源不足开始使用水车，在今天的艾博曼施塔特（Ebermannstadt）博物馆内仍可见到当年的这种历史陈列物。此外，很多峡谷中用石头砌成的高架水渠和用于防洪的堤坝也是此时期兴修的重要水利设施，它们为确保农业丰产发挥了重要作用。[2] 在乳制品生产方面，由于牛奶离心分离机和冷却设备等的广泛使用，使得牛奶、黄油、奶酪、炼乳等乳制品的生产加工在当时也成为可能。[3]

与此同时，牲畜饲养也有了长足发展。随着生活水平的不断提高，人们的食物结构也逐渐在向肉类消费方面转变。在养羊业方面，因人们不太喜好食用羊肉，且价廉质优的澳洲和阿根廷羊毛进口给德国养羊业带来很大冲击，所以羊的饲养量一直呈下降趋势，羊的饲养量从 1860 年的 2800 万头下降到一战前的 500 万头；与之相反，牛的饲养量却一直稳中有升，1873 年，牛的饲养量为 1577 万头，到 1913 年增长到 2099 万头；[4] 而猪的饲养量则增幅最大，1816—1913 年间，生猪存栏量由 353 万头激增到 2567 万头，在牲畜总头数中的比重由 11.1% 上升到 42.6%，成为各类牲畜饲养中最多的一类。[5] 之所以发生这样的变化，是因为人们更喜爱食用猪肉。而且猪的生长速度快、饲养期短、还有充足的饲料保证——如土豆即是当时上佳的猪饲料，还有大量甜菜渣和乳清、贫酯牛奶等黄油副产品等也是

① Gottfried Zirnstein, *Ökologie und Umwelt in der Geschichte*, Marburg: Petropolis-Verlag, 1991, S. 111.

② Hansjörg Küster, *Geschichte der Landschaft in Mitteleuropa*, München: Verlag C. H. Beck, 2013, S. 332 - 333.

③ Ebd., S. 335.

④ Friedemann Schmoll, *Erinnerung an die Natur, Die Gechichte des Naturschutzes im deutschen Kaiserreich*, Frankfurt/New York: Campus Verlag, 2004, S. 67.

⑤ Hubert Kiesewetter, *Industrielle Revolution in Deutschland* 1815—1914, Berlin: Suhrkamp Verlag, S. 163.

上等的猪饲料。[①]

此外，尤为重要的是，德国高效型农业生产的实现还得益于铁路交通运输所发挥的重要作用。1871年德国统一后，随着铁路建设进一步展开，很多村镇通上了火车，到了19世纪末，德国不少偏远地区也都有了铁路网连接。尽管当时火车时速不高，且转运较多，但大宗货物运输已成为可能，尤其是城乡之间、各农业区之间的经济联系变得更为密切。如果某个地方的谷物种植收益不高，人们往往会放弃种植，或改种其他经济收益更高的农作物。如阿尔卑斯山山麓有些较荒僻的农村地区就采用了此法，而自身所需要的粮食则直接从他处购入。[②] 因为此时期交通便捷，运输方便，很多靠近火车站附近的小城市和村镇还建有便于仓储运输的仓库，这些仓库储运多由农业合作社统一经营。这种经营形式在19世纪中期已很普遍，这得益于农业合作改革家莱弗艾森（Friedrich Wilhelm Raiffeisen）的大力宣传推广。他发起成立的合作社主要有三个经营职责：负责为农户购买生产资料、帮助农户销售农产品以及向农户提供农业信贷资金。在他的带领下，从1850到1890年这四十年间，德国农业合作社从无到有发展到3000多家；到1912年，已迅猛增加到26500家，是1890年的近9倍。合作社模式之所以发展迅速，一方面是因为普鲁士政府的大力扶持，如为促进农业合作社销售机构的成立，普鲁士政府在1896年和1897年这两年共计为合作社谷物仓储设施建设提供了500万马克的资金资助，并将普鲁士中心合作社的原始资本提高到3000万马克，专门用于谷物仓储运作费用开支；另一方面，它得力于莱弗艾森农业合作社自身高效的组织管理和业务指导。[③] 从生态学角度来看，在生产资料购买和农产品销售过程中，铁路运输恰恰可成为一座物质交换和能量循环的重要桥梁。也就是说，农户所需要的矿物肥、种子、农机具、煤炭由火车运入，而农户种植的谷物、土豆、甜菜等也由火车运出。在运入项中，数量庞大的化肥运输尤为关键，

① 邢来顺、吴友法主编：《德国通史》第四卷，江苏人民出版社2019年版，第385页。

② Hansjörg Küster, *Geschichte der Landschaft in Mitteleuropa*, München: Verlag C. H. Beck, 2013, S. 334.

③ Erwin Katzwinkel, *Friedrich Wilhelm Raiffeisen*, in: *Lebensbilder aus dem Kreis Altenkirchen*, Altenkirchen: Heimatverein für den Kreis Altenkirchen, 1979, S. 64–66.

从19世纪中期开始，正是由于矿物肥源源不断地供应，一场在全德开展的“大生产运动”才得以顺利进行，许多苔藓地、高燥地和沙地在被施以氮、磷、钾等矿物肥后改变了土壤结构，土地变得肥沃；在运出项中，数量众多、体量庞大的农产品更离不开铁路运输，谷物和土豆可快捷有效地运送到城市，而甜菜可以很快运送到附近工厂进行糖业生产加工。当时，在马格德堡附近的万茨雷本（Wanzleben）一带已形成欧洲最大的一片甜菜种植区。到19世纪末，全德共有1.8万人从事甜菜种植、2.2万人从事甜菜制糖生产；1914年前，世界各地一半以上的甜菜种子产自当地小万茨雷本（Klein Wanzleben）的农业科学实验室。① 到19世纪末，甜菜种植已成为德国农业生产中的一个重要组成部分，除万茨雷本外，西里西亚、图林根金色河谷、莱茵河、弗兰肯、下巴伐利亚（Niederbayern）、下萨克森部分地区以及东阿尔特马克等地区也成为德国甜菜主产区；多尔马根（Dormagen）、丢伦（Düren）、海尔布隆、奥克森福尔特（Ochsenfurt）、诺特海姆（Nordheim）、于耳岑（Uelzen）以及蔡茨（Zeitz）等地的甜菜制糖厂则成为威廉帝国重要的制糖企业。②

不仅如此，糖业生产也带动了巧克力制造业和乳制品业的发展，19世纪亚琛的巧克力厂已是欧洲最大的巧克力生产厂，其原料主要为蔗糖和牛奶。从19世纪下半叶开始，农村牛奶生产合作社将收集到的牛奶通过铁路运往城市供市民消费，或送进相关工厂进行奶制品加工。有些靠近火车站的牛奶场多发展成为大型乳制品生产企业，如弗伦斯堡（Flensburg）、德累斯顿（Dresden）、斯图加特、拉文斯堡（Ravensburg）、瓦瑟堡（Wasserburg）、格吕伦巴赫（Grönenbach）和阿尔高地区的林登贝格（Lindenberg）等城市都建有大型乳制品厂。③

除甜菜外，19世纪德国种植的主要经济作物还有土豆、烟叶、忽布花、大麦等。土豆不仅是家庭餐桌上的主食，也是重要的副食品生产原

---

① Dirk Schaal, *Rübenzuckerindustrie und regionale Industrialisierung Der Industrialisierungsprozess im mitteldeutschen Raum* 1799—1930, München: LIT Verlag, 2005, S. 209 – 210.

② Hansjörg Küster, *Geschichte der Landschaft in Mitteleuropa*, München: Verlag C. H. Beck, 2013, S. 335.

③ Klaus Bake und Anja Hoffrichter, *Handbuch für Milch-und Mokereitechnik*, Gelsenkirchen: Verlag Th. Mann, 2003, S. 67 – 68.

料。1914年，德国已成为全球最大的土豆生产国，其土豆产量高达4500万吨。[①] 布兰登堡的一家大型淀粉厂以这种经济作物为主要原料，海尔布隆、慕尼黑等地的食品厂专门加工土豆、出售土豆泥等制品。[②] 烟叶主要种植在气候和土壤条件较好的地区，莱茵河上游以及巴登—符腾堡州西北部的克莱西高（Kraichgau）均是德国烟叶主产区，拉尔（Lahr）卷烟厂和瓦尔道夫（Waldorf）卷烟厂是德国最重要的两家卷烟制造厂家。[③] 作为啤酒酿制的重要原料，忽布这种传统经济作物此时还在被人们种植，除巴伐利亚中部地区这个主产区外，沃恩扎赫（Wolnzach）、美茵堡（Mainburg）、泰特朗（Tettnang）等地收获的忽布花以及许多地区收获的大麦都通过铁路运输进了农家仓库和城市中。[④]

在水果蔬菜生产方面，由于人口的不断增长，水果蔬菜的生产和消费也随之持续上升，在许多城市周边，水果蔬菜的种植面积扩大，种植园多采用精耕细作的集约化生产方式，从19世纪中叶至20世纪中叶这一百年时间里，凭借柏林哈维尔湖附近地区优越的自然条件，维尔德尔区（Werder）的果树栽种面积总共翻了十倍；同时，蔬菜种植面积也大幅增加，柏林地区的水果蔬菜由此得到充足供应。在斯图加特、汉堡、慕尼黑等大城市，水果蔬菜市场不断涌现，便捷的交通使农村地区生产的水果蔬菜得以源源不断地运进城市。此外，巴登、施瓦本、博登湖等地区的水果园里，随处可见放养的牛羊牲畜，这种放养不但为果园去除杂草，而且还提供了丰富的粪肥，有机生态农业经营在此得到很好的展示。[⑤]

由于高效农业的发展，德国农产品的国际市场竞争力也在不断加强，肉类食品、乳业奶制品等的出口都呈上升趋势。对此，贸易保护主义者和贸易进口拥护者的两种不同的声音也在此时期不断出现。以农民为代表的

---

① 邢来顺、吴友法主编：《德国通史》第四卷，江苏人民出版社2019年版，第385页。

② Hansjörg Küster, *Geschichte der Landschaft in Mitteleuropa*, München: Verlag C. H. Beck, 2013, S. 336.

③ Theo Seibert und Günter Hechler, *Tabakbau in Deutschland*, Landau: Pfälzische Verlagaanstalt, 1976, S. 56.

④ Heinrich J. Barth, Christiane Klinke und Claus Schmidt, *Der Grosse Hopfenatlas. Geschichte und Geographie einer Kulturpflanze*, Nürnberg: Fachverlag Hans Carl, 1994, S. 37 – 38.

⑤ Joachim Mayer, *Obst und Gemüse*, Stuttgart: Franckh-Kosmos Verlag, 2010, S. 15 – 16.

贸易保护主义者纷纷抱怨日益激烈的竞争危机有可能会给本国农民带来损失，建议征收贸易保护税，以保证战争爆发时粮食的供给充足。与此相反，贸易进口拥护者却显得更为清醒理智，他们对国外进口持欢迎态度，并自豪地宣称："我们要让我们的母牛去阿根廷拉普拉塔（La Plata）草原食草，因为只有食用到那里以及地球上其他地方的上等牧草，德国才可以出口更多的冻肉食品和乳业奶制品。"① 从农业学家布伦塔诺（Lujo Brentano）的这句话中人们可感受到，19 世纪的德国农业早已跨出国门，实现了与国际社会的接轨。

随着德意志帝国的不断强盛，城市资本纷纷流入农村地区，许多农民开始通过农业合作社借贷资金，或翻建房屋，或扩建粮仓、圈厩和粪池，有的甚至还成立家庭企业，专门生产销售本地区特色产品。此外，农村地区的教堂、学校、村镇议会楼房甚至消防设施也在这些资金的大力扶持下陆续被翻新改造。特别是 1871 年帝国建立后，人们在不同场所树立了纪念碑，以纪念阵亡烈士。这些纪念碑旁大多种有花卉草木，包括橡树、椴树等，这对环境起到了一种很好的美化作用。②

伴随着农业改革的发展，农村生活已发生了许多新变化，尤其是农村的城市化风潮在不断席卷和蔓延，许多来自于大城市的知识分子不断进入乡村，感受那里的诸多变化，他们甚至还将自己的所见所闻记录下来，以此反映那个时代所发生的日新月异的变化，如现实主义作家冯塔纳（Theodor Fontane）在马克—勃兰登堡③以及舒金（Levin Schücking）在威斯特法伦农村地区④的漫游考察录中就记述了他们的这段经历。此外，还有不少牧师和高校师生利用节假日旅居乡下，直接体验和感受乡下生活，有的还直接经营园艺，种植他们从城里带来的各种花草果树，许多农民也获益

① Sigmund von Frauendorfer und Heinz Haushofer, *Ideengeschichte der Agrarwirtschaft und Agrarpolitik*, *Bd.* 2, *Vom Ersten Weltkrieg bis zur Gegenwart*, München: BLV-Verlag, 1958.

② Hansjörg Küster, *Geschichte der Landschaft in Mitteleuropa*, München: Verlag C. H. Beck, 2013, S. 338 – 339.

③ Theodor Fontane, *Wanderungen durch die Mark Brandenburg*, *Alle Fünf Bände in einem Buch*, in: Creat Space Independent Publishing Platform, 2014.

④ Wilhelm Heising, *Westfalen in den Romanen Levin Schückings*, Universitätsdissertation, Münster: LIT Verlag, 1926.

匪浅，既开阔了眼界，又积攒了种植经验，自己家的环境由此变得更加优美，许多原本以种植食用植物为主的花园现在也增添了很多观赏植物，乡村景观由此得到了进一步美化。

这些师生之所以旅居乡下，感受田园生活的美好，是因为他们越来越厌恶城市化过程中日益拥挤的大城市生活，空间逼仄、空气污浊、噪音不断、绿化稀少的大城市生存环境迫使他们不得不去寻找空气清新、自由开阔、舒适惬意的地方去放松身心，回归自然。在乡下，他们不仅记录当地的风土人情，还记录农业耕作方法，平时只有在书本上看到的植物花卉现在他们也能现场欣赏和采摘。处身于 19 世纪农业社会向 20 世纪工业社会转变的这个过渡时期，很多新生事物既让人感到陌生，又促使人们怀着好奇心不断去探索认知。由于此时期农村地区粗放型经营和集约型经营同时并存，各种土地利用形式为动植物物种多样性展示提供了条件，所以，动植物物种的传播繁衍已变得越来越多，如白鹤数量的增加就是此时期新植物物种不断出现和绿地面积不断增加的结果。腓特烈城（Friedrichstadt）边的卑尔根胡森（Bergenhusen）、哈维尔河边的帕雷（Parey）、易北河边的吕施泰特（Rühstädt）等地这些原本白鹤少见的地区由此也变成它们常年的栖居地。①

总之，两次工业革命时期拥有科技进步和生产多样化的德国农业生产为现代高效农业经营树立了一个很好的样板，正如德国现代农业专家普里伯（Hermann Priebe）所高度赞扬的那样，19 世纪德国农业发展“直至第二次世界大战都可作为一个有机发展的样板。”② 环境史学家库斯特也特别怀念这个时代，因为“它是一段技术进步且在农业生产方面犹值得人回忆的好时光，从而也为德国农业史增添了极具浪漫的色彩。”③

然而不可否认的是，科技进步和生产多样化也带来了不少负面影响，这主要表现在对自然环境的破坏方面，即此时期土地重划、田亩归并这项

① Hansjörg Küster, *Geschichte der Landschaft in Mitteleuropa*, München: Verlag C. H. Beck, 2013, S. 287.

② ［德］约阿希姆·拉德考：《自然与权力》，王国豫、付天海译，河北大学出版社 2004 年版，第 239 页。

③ Hansjörg Küster, *Geschichte der Landschaft in Mitteleuropa*, München: Verlag C. H. Beck, 2013, S. 341.

农业改革[①]之后出现的一些新问题，集约化农业经营让整个田园景观变成一块块几何对称式的原野平畴，这种原始自然景观的破坏不仅引起当时家乡保护者的反感，因为他们认为这样的“自然”有可能会慢慢汇入“资本”这个经济学概念，并最终沦为“商品”的奴隶，[②] 而且也招致乡土作家勒恩斯（Hermann Löns）的反对，他用戏谑的笔调在诗作《土地合并规整》中反映了这一历史事件，给人以深刻思考：“有个人走在五颜六色的原野上，他手里拿着一根丈量土地的量链。他看看这，又看看那：‘这里的一切七歪八扭，很不规整！’他量量这，又量量那：‘这里的一切杂乱无章，很没条理！’他看着山谷里的小溪：‘那里的灌木丛要它有何意义！’他又用手指了指鱼塘：‘那里应变成一块土豆地才是！’眼前的那条路很碍眼了：‘这条路必须得改直！’那片荆棘又让他恐惧不已：‘那些荆棘自然要统统砍光！’他又嫌野梨子树长得不挺直：‘第一棵要砍倒的就是它！’他看着杨树也觉着没什么用：‘它理所当然也得被清除！’如此多的人工杰作，就这样将这块村田给彻底糟蹋。”[③]

此外，本土物种的减少甚至消失在19世纪末已大量出现。在由粗放式农业经营向集约化经营过渡的这段时期内，许多贫瘠的土地不再有人种植，取而代之的是树木栽种或转向集约化程度更高的田地耕作，人们多施以化肥，由此很快即见到收益。1900年前后，人们已明显感觉到原有的牧场森林地在减少，尽管如此，人们仍能从许多老照片中看到当年牧场边那些粗壮高大的山毛榉和橡树。然而，随着农业机械化的不断发展和农业多样性经营，这些树木多被砍伐，且被砍的地方已很难再栽上相同或类似的树木。之所以如此，是因为此时这些草场已不再被经营使用，草场自身的变化改变了周边地区的生态环境，最后只能被用作耕地。不仅如此，此时

---

① 这项农业改革的目的在于使分散的小块田地能得到重新整合，便于大规模机械化耕作和经营管理。这项新的土地分配和重新划归政策既提高了农业生产效率，使农业彻底走上了集约化道路，同时也改变了农业结构和农村景观，节约了劳动力资源，最终实现了农业资源的合理化有效配置。（Wolf Schmidt und Susanne Kutz, *Von „Abwasser“ bis „Wandern“, Ein Wegweiser zur Umweltgeschichte*, Hamburg: Körber-Stiftung, 1986, S. 123 – 124.）

② Ernst Rudorff, *Heimatschutz*, 2. Aufl. Leipzig: Reichl Verlag, 1901, S. 80, S. 87.

③ Franz-Josef Brüggemeier und Michael Toyka-Seid (Hrsg.), *Lesebuch zur Geschichte der Umwelt im 19. Jahrhundert*, Frankfurt/New York: Campus Verlag, 1995, S. 57 – 58.

期的很多苔藓地也同样被辟为耕地。随着传统农业生产方式的改变以及铁路、厂房的大量建设，中欧地区许多本土植物逐渐消失，如伴随谷物生长的很多野草和花卉植物（如兰科植物）等，它们逐渐变成“稀有物种”，如巴伐利亚和黑森低地中田间地头经常见到的硬毛草后来也只能在附近海拔650米以上的地方才可见到。[①] 此外，不少动物物种数量也呈下降趋势，狼、猞猁、松貂、水獭、獾、海狸、麋鹿、马鹿、松鸡、鳟鱼、石蟹、河蚌等也越来越少，[②] 有的甚至绝迹，1835年10月24日，德国最后一头狗熊在巴伐利亚鲁鲍尔丁（Ruhpolding）地区被乡村猎户射杀。[③]

和19世纪许多地区实行的针叶林单一种植一样，长期以来葡萄种植过程中遇到的病虫害问题也一直困扰着德国葡萄农。众所周知，葡萄由其自身的“自然属性”所决定，只能采取单一种植这种方式，即它的种植需要优良的土壤和气候条件，特别是有些优良品种的栽种对自然条件要求则更高。由于大面积种植，病虫害的侵袭就自然不可避免，这是一个困扰了人们几千年的问题。进入19世纪，随着生物制品的不断问世，从烟草中提取的盐碱除虫剂或是从亚洲进口的用毛鱼藤根做成的除虫剂已普遍使用。此外，还有大量的喷洒药物、麻醉剂、种子杀虫剂等也逐渐得到使用。这些除虫药物究竟会给人带来哪些副作用，当时的人们尚不清楚，只是由于一时没有更好的替代药物，所以只能继续使用，更何况这些除虫药物在当时已属高科技产品。为此，1889年，普鲁士农业委员会宣布其为“保密药物”，不得对外公开，直到1932年，有关生产企业才达成协议，共同检测这些化工产品的副作用效果和适用范围。[④] 此外，还有两种从南美洲带入的新病虫害——白粉霉病和葡萄根瘤蚜此时期也成为德国葡萄农的心病，即使是上述药物也不能根治，直到19世纪末20世纪初有机磷农药、溴甲

① Helmut Jäger, *Einführung in die Umweltgeschichte*, Darmstadt: Wissenschaftliche Buchgesellschaft, 1994, S. 126.

② Ebd., S. 137 - 196.

③ Günter Haaf, *Rettet die Natur*, Gütersloh: Praesentverlag Heinz Peter, 1981, S. 271.

④ Hans Braun, *Die Entwicklung des Chemischen Pflanzschutzes und ihre Auswirkungen*, *Veröffentlichungen der Arbeitsgemeinschaft für Forschung des Landes Nordrhein-Westfalen*, in: *Naturwissenschaftliches Heft* 162, Köln: Rheinland-Verlag, 1966, S. 8 - 23.

烷等化学杀虫剂的生产使用，这两种病虫害才得到较为有效的控制。[①]

农药的危害性在今天看来有目共睹，它不仅污染空气和水源，而且让庄稼作物直接吸收有毒物质，最后进入人体，给人的生命和健康安全带来危害。同样，化肥这种矿物肥也含有很多有害物质，它虽对提高农作物产量、养活众多人口起到很关键的作用，但它对土壤、农产品、大气和水体所造成的污染还是很严重的。从对土壤的影响情况来看，单独施用化肥会导致地块板结，土壤中的有益微生物数量会逐渐减少，土壤质量退化，从而不利于土壤肥力的发展；过量施用，尤其是过量施用磷肥，会对土壤产生更大污染，不仅如此，它还对蔬菜、水果中的有机酸、维生素 C 等成分的含量以及果实的大小、形状、颜色、香味等产生许多影响。从对大气的影响情况来看，过量施用化肥，如过量铵态氮肥进入土壤后不能被作物吸收利用，部分氮素会以氨气和氮氧化物等活性氮形式排放，从而引发雾霾等大气污染。

尽管 19 世纪德国很多地区严重雾霾的出现与工业污染有关，但在一定程度上和化肥的大量施用也是密不可分的，如过多施用钾肥，会造成作物对钙等阳离子吸收量的下降，庄稼生长能力随之下降，从而产生菜心病和苹果苦痘病等。[②] 从对水体的影响情况来看，化肥的过量施用不仅导致水体的富营养化，而且还会造成地下水污染，其中以硝酸盐污染程度为最。许多生产磷酸盐的工厂将磷灰石与酸类物质合成溶解，生产出化肥。生产过程中不仅排放出大量气味难闻的臭气，而且这种含有大量酸性物质的气体还对附近地区的植被造成损害。工厂排出的酸性污水还会导致附近河流小溪中鱼类的死亡以及地下水质的破坏。此外，很多工厂生产钾肥附带产生的钾盐、镁盐等有害物质也会导致鱼类和其他生物体的死亡，尤其是所排的含盐量高的咸水经与地下水混合后，会直接污染饮用水水质，给人的健康带来损害。经检测，19 世纪末易北河、莱茵河、维拉（Werra）、阿勒尔河（Aller）、舒恩特尔河（Schunter）、奥克尔河和伊那斯特河（Inner-

① Franz-Josef Brüggemeier, *Schranken der Natur*, *Umwelt*, *Gesellschaft*, *Experimente*, 1750 *bis heute*, Essen: Klartext Verlag, 2014, S. 106.

② Franz Schinner und Renate Sonnleitner, *Bodenbewirtschaftung*, *Düngung und Rekultivierung*, Berlin: Springer Verlag, 2013.

ste）等河中都含有大量的有害物质。[①] 一战前夕，德国谷物种植总成本约40%用在化肥上。与1890年相比，1913年德国农业用肥增加到8000万公担，其中，钾盐由210万公担上升到3010万公担，过磷酸钙由500万公担上升到2000万公担，硫酸氨由60万公担上升到400万公担。[②] 单位每公顷矿物肥也从1880年的1.7公担上升到1913年的20.1公担，由此可见德国化肥使用量逐年大幅上涨的趋势，[③] 此时期德国化肥使用导致的污染问题由此可见一斑。

应看到的是，除人工化肥外，很多天然有机肥的不当使用和处置同样也造成了严重的环境污染。制糖原料甜菜的大量种植成为19世纪下半叶农业生产中最为独特的一道风景线，由于种植面积大，产量高，许多甜菜制糖厂纷纷建立。而甜菜加工过程中产生的污水却成为一大公害。本来这种含有大量有机物的污水是一种很好的天然有机肥料，但由于排放量过大，工厂为节省成本，减少运输，它们一般直接将其排入附近的水域或草地，从而造成严重的环境污染，影响到附近的居民生活。这些污水中的有机物会慢慢腐烂，并不断散发臭气，造成水体中的氧气逐渐减少，最后导致鱼虾和其他生物的死亡，直至水体全部坏死。由于甜菜多在每年九月至次年二月收获加工，所以，此时期德国的很多水域和草地都被这种污水污染，附近居民、业主等曾纷纷抱怨投诉企业这种不负责任的做法，1884年，现实主义作家拉贝（Wilhelm Raabe）发表的德国第一部生态文学作品《普菲斯特磨坊》即反映了这段“甜菜大生产运动”历史：位于柏林附近的一条小溪边世世代代生活着磨坊主普菲斯特一家，由于小溪上游甜菜制糖厂每年都向下游排放大量的生产污水，从而导致主人公家的磨坊和酒馆不能正常营业，为维护权利，主人公愤而将糖厂告上法庭，并最终赢得这场官司。尽管得到了赔偿，但工厂却仍在排污，主人公不得不关闭磨坊和酒馆，并在抑郁悲愤中死去。继承遗产的儿子于是用斧

① Wolf Schmidt und Susanne Kutz, *Von „Abwasser“ bis „Wandern“*, *Ein Wegweiser zur Umweltgeschichte*, Hamburg: Körber-Stiftung, 1986, S. 69 – 70.

② August Sartorium von Waltershausen, *Deutsche Wirtschaftsgeschcihte* 1815—1914, Jena: Gustav Fischer Verlag, 1923, S. 452.

③ Günther Franz, *Deutsche Agrargeschichte von Anfängen bis zur Gegenwart*, Stuttgart: Ernst Klett Verlag, 1962, S. 36.

头砍倒花园中的那棵老栗树，然后带着妻子离开他魂萦梦绕的故乡，乘火车返回了柏林。[①] 拉贝讲述的虽是一个主人公状告甜菜加工制糖厂排放污水的小事件，但他展示的却是“那个时代暴露出的许多问题中的一个问题”，因为“河流和游弋着鳟鱼的小溪无不在抗拒着德意志污水、粪肥和其他有害物质，碧绿的莱茵河、蓝色的多瑙河、蓝绿相间的内卡河和闪着金光的威悉河也都在抗拒着德意志有害物质的疯狂倾泻”。[②]

三　环境问题之一——空气污染

对新鲜空气问题进行讨论并不是什么新鲜事，早在 17 世纪英国工业革命时期就已有之。当时的伦敦由于雾霾经常出现，空气中往往夹杂着酸雨和腥臭味。[③] 1661 年，在呈报英王查理二世（Charles II.）的一篇名为《防烟雾，或名空气的不适与笼罩伦敦的浓雾》的报告中，园艺家伊夫林（Johann Evelyn）就曾建议将工业设施搬出伦敦市区，并大力种植绿色植物以改善城市空气质量。很遗憾，这两条建议均未被吸收采纳，[④] 雾霾问题因此困扰了伦敦长达两个世纪之久，直至 1952 年 12 月 4 日爆发了著名的“伦敦烟雾事件”，这场劫难共造成 1.2 万人死亡。[⑤] 同样，在 19 世纪农业向工业型国家转型过程中，德国最突出、最难治理的问题也是由烟雾和粉尘等排放所引发的空气污染。这种污染首先源于很多家庭燃煤的使用，其次是工业生产用煤，尤其是化工、钢铁、玻璃、造纸、纺织等行业的煤炭燃烧。这些释放的粉尘、烟雾、高浓度硫化物、二氧化碳等有害物质在给环境带来巨大压力的同时，也给人的健康和生命安全造成极大的危害。

在燃料经济方面，19 世纪煤炭逐渐替代木材，一举成为德国工业革命最重要的燃料资源，这本身就极具有划时代意义。由于煤炭储量大，资源丰富，且有快捷方便的铁路运输作保障，所以这种运价低廉的燃料动力很

---

① Wilhelm Raabe, *Pfisters Mühle, Ein Sommerferienheft*, Stuttgart: Philipp Reclam Verlag, 2000.

② Ebd., S. 178.

③ ［英］布莱恩·威廉·克拉普：《工业革命以来的英国环境史》，王黎译，中国环境科学出版社 2011 年版，第 37 页。

④ Stephan Schmal, *Umweltgeschichte, Von der Antike bis zur Gegenwart*, Bamberg: C. C. Buchners Verlag, 2001, S. 58.

⑤ 高丹：《灾难的历史》，哈尔滨出版社 2009 年版，第 136—139 页。

快成为家庭生活和工厂生产的首选，尤其是 19 世纪 50 年代后，煤炭燃料更占据了主导地位。然而，大量的煤炭资源供应对某些受益者来说是一种工业繁荣和技术进步的标志，但对受害者来说却是一场梦魇，因为自然环境会因此受到极大污染，人体健康也受到极大损害。在 19 世纪早期，工厂附近居民和工业企业之间因为空气污染所引发的冲突往往多表现为局部范围内的冲突，而进入到世纪中叶以后，随着污染程度的不断加深，局部地区的冲突逐步演变成大范围的冲突，原来一般普通的抱怨投诉不断升级，最后迫使政府不得不出面调解，甚至依靠颁布法规条例来解决。很显然，矛盾的焦点在于：一方面是社会个人对生命财产权益的主张，另一方面则是企业主对自身权益的主张，冲突的结果往往以企业主胜诉而告终。因为在政府看来，这些企业是国家经济发展的顶梁柱，是实现工业化国家的主力军，无论是传统的工商业、农业还是遭受污染的个人家庭，都应遵循工业企业主利益至上的原则，应让位于国家发展工业企业的需要。尽管存在局部地区和个人赢得官司的情况，但从总体上看，个人利益最后还是不得不屈从于国家意志。

根据传统德国法律规定，遭受环境损害的当事人拥有很大的话语表决权，如遇有邻居建盖房屋影响到自己的正常生活，人们可以提出正当请求，让邻居终止其污染行为，当然，其前提必须是他遭受了相关的财产损失、身体损害或其他损失。为保护污染受害者，普鲁士人参照法国人的做法，将有关工商业生产经营活动纳入国家的掌控之下。1810 年，法国曾颁布相关法律，规定 66 种工商业生产活动应处在国家的许可和监管之下。受法国相关法律的启发，普鲁士人也于 1845 年正式颁布了《普鲁士工商业法规条例》，其中的第 27 条即详细地列出了如下这些需获得官方批准许可的生产企业：“那些需要特别获得警察部门批准认可的工商业生产企业（参见第 26 条）① 应包括：火药厂、消防器材生产厂、各种雷火炸药生产

① 《普鲁士工商业法规条例》第 26 条规定：一个特别的警察部门批准许可是绝对必要的，诸如这类工商业企业，如它们的所在地或购置地对产权所有人、附近居民或公众明显带来不利影响、危险或侵害干扰的都得经过警察部门的批准许可。（Franz-Josef Brüggemeier und Michael Toyka-Seid（Hrsg.），*Industrie-Natur*，*Lesebuch zur Geschichte der Umwelt im 19. Jahrhundert*，Frankfurt/New York：Campus Verlag，1995，S. 156.）

厂、煤气生产厂、石煤焦油生产厂（包括其原料产地）、玻璃厂、瓷器和制陶厂、糖厂、麦芽厂、砖瓦砂石生产厂、高炉厂、冶炼厂、金属浇注厂、锻造厂、化工厂、铁皮厂、油漆厂、纺织厂、漂白厂、蜡染厂、肥皂厂、骨肥厂、制蜡厂、屠宰场、制革厂、肥料生产厂、蒸汽机生产厂、蒸汽锅炉生产厂、各种由水力或风力驱动的生产厂以及各种烈性酒和啤酒生产厂等。不管业主是用于自己消费所进行的生产还是出售给其他消费者所进行的生产，上述所有这些生产厂家都一视同仁，首先必须获得警察部门的批准许可。”① 从中可以看出，各种有可能产生污染的工商业企业均有涉及，并且对有可能产生的污染如空气污染、水污染、噪音污染，甚至工伤事故等也都做了充分考虑。这项法规条例 1869 年被德意志联盟、1871 年被德意志帝国一直所沿用，而且今天德国的环境立法在很大程度上仍借鉴该传统的环境立法思想，可见该法律的历史性贡献和重要影响。② 应该说，这些规定对大多当事人都保持了公平合理性，因而国家审批机构拥有较令人信服的判决标准，受侵害的产权所有人、附近居民或公众则有了一个顺畅的诉讼渠道，而对于工商业生产者来说则克服了潜在的障碍，在受法律保护的前提下，可顺利拿到经营许可。不过，从总体情况来看，鉴于国家对工业发展的全力支持，尽管产权所有人、附近居民或公众不断主张自己的权利，但他们也还是很难胜诉，最终也只能牺牲个人利益以服从国家利益。只是在这个法律规定中，有关对产权所有人、附近居民或公众生活质量包括环境质量的改善与提高需做的解释几乎未涉及，这从另外一个方面也反映了该法律条规的立法点，即一切都应该让步于工业化大生产和经济发展。经济发展不仅能让人尽快走上富裕之路，同时也能给国家带来源源不断的财税收入。仅凭这一点，普鲁士执政者和绝大多数公民还是积极赞成走工业化发展这条道路。所以，从某种意义上说，整个 19 世纪的工业污染史实际上就是一部自然与权力的斗争史。

和木炭相比，煤炭燃烧过程中释放的硫化物、二氧化碳和烟尘造成的

① Stephan Schmal, *Umweltgeschichte*, *Von der Antike bis zur Gegenwart*, Bamberg: C. C. Buchners Verlag, 2001, S. 61.

② Franz-Josef Brüggemeier, *Das unendliche Meer der Lüfte*, *Luftverschmutzung*, *Industrialisierung und Risikodebatten im 19. Jahrhundert*, Essen: Klartext Verlag, 1996, S. 224.

污染更为严重。19世纪初从英国进口的石煤虽然质量好，但由于价格昂贵，人们还是改用本土石煤，如鲁尔地区大量产出的石煤。由于本土石煤质量较差，所以燃烧后不但烟雾大，粉尘多，而且还会排放更多的有害物质，从而给周边环境和人的健康造成很大危害。好在世纪初期家庭用煤并不多见，政府部门为此做了相关的使用指导。最早报道家庭用煤给人带来健康损害的可见于1802年2月13日《克拉考日报》。[①] 该报详细报道了人在有害气体中毒后可能会出现的症状：“头痛、眩晕、嗜睡、昏沉麻木、胸闷、喉咙发痒等症状会随之出现。除此之外，人的脸部、嘴唇和手心将会变红发紫，眼球突出，脖子两边的筋脉也会肿胀。严重情况下，会出现窒息，甚至死亡。”为此，报纸还给出了有关防护援救措施。[②] 于是煤炭燃烧带来的严重危害逐渐为人们所认识和了解。同年5月12日，也是因为煤炭燃烧所造成的严重污染，德国历史上第一次环境冲突事件爆发：班贝格企业主施特鲁普夫（Joseph Ernst Strüpf）拟建造一个玻璃厂，他通过市议会向本地侯爵大主教提出了申请。由于本地居民知道煤炭燃烧所带来的严重危害且表示反对，所以，尽管项目最终得到了批准，但还是搬迁到郊外，民众的意见由此得到尊重。搬迁后的企业仍不断受到指责，人们对其排放的硫化物含量很高的烟雾进行了批评：“虽然玻璃厂燃烧石煤所释放的烟雾不能立即致人死亡，但它却像是一个潜在的毒物在慢慢损害着人的健康，直至最后有可能致人死亡”。“还有很重要的一点是该地区植被的破坏。这种破坏不可避免，要不了几年，这些植被都将被全部熏死”。[③]

19世纪中叶后，虽然燃煤的地位作用越来越突出，但仍未在全德境内被使用。尽管如此，它的使用还是引发很多投诉，甚至抗议。1862年10月，乌尔姆市民因为市内啤酒厂、烟厂、麦芽厂等六家企业燃煤所造成的严重污染向市政府递交了诉状。在诉状中，他们这样描述了自身所遭受的不幸：“每当刮大风或起大雾的时候，这些浓烟就会被吹压得很低。一种

---

① 克拉考即今天波兰的克拉科夫市，原属普鲁士帝国。

② Deutsche Justiz- und Polizey-Fama, *Obrigkeitliche Belehrung über die Art der Stubenfeuerung mit Steinkohlen und Verwahrung vor den Wirkungen des Steinkohlendampfes*, Nr. 32. Montag, den 15. März, 1802, S. 250 – 252.

③ Franz-Josef Brüggemeier und Michael Toyka-Seid (Hrsg.), *Lesebuch zur Geschichte der Umwelt im 19. Jahrhundert*, Frankfurt/New York: Campus Verlag, 1995, S. 31.

人们都知道的大城市中经常出现的现象随之也在我们这里发生了：我们这些工厂周围的民房尽处在一片烟海中。我们不仅闻不到新鲜的空气，这些烟雾反倒越变越浓，甚至还夹杂着一股硫黄味。我们不仅在露天里会感到压抑，就是在家里也无法忍受，那种味道完全就是一种损害人健康的恶臭味。除此之外，这些烟雾中还夹杂着煤灰和烟尘，它们会飘落到我们的地毯、窗帘和家具上。对此，我们有权提出并主张，我们的身体健康和家庭财产不能受到任何的损害和侵犯。"① 在企业生产方面，此时期的鲁尔区已是烟囱林立，浓烟滚滚，就连克虏伯铸钢厂所在地埃森也难见晴日，这从1867年1月12日厂主克虏伯（Alfred Krupp）从法国尼斯（Nice）寄回德国工厂本部的一封信函中可以深切感受到："办这个小型图片展，我建议，我们最好还是利用周末星期天这个时间，因为平时的工作日到处都是烟雾、蒸汽和噪音，这会给人一种不安烦躁感，由此所造成的不好影响或者说损失会是很大的。"② 为防止本地区空气污染，有些诸侯城邦开始颁布规定，要求企业加高烟囱，以稀释烟雾浓度，让其扩散到更远处。1831年，普鲁士规定工厂烟囱最低不能低于20米。但是有些企业不情愿按规定执行，还是让原有的烟囱继续排烟。1848年，弗莱贝克冶炼厂因为排放大量有害气体导致附近很多农户的牛羊死亡，不仅如此，大量植被也都遭受到不同程度的污染毁坏，农民纷纷发出抗议，并一直持续到1860年，工厂才不得不将烟囱加高到60米，才暂时缓解了污染状况。然而，好景不长，附近的森林人员又发出警告，声称周边的大片杉林不断受二氧化硫有害气体的腐蚀，大面积杉林发黄枯萎，甚至病死。③ 不得已，到1928年时，工厂烟囱再次被加高到140米，直至成为当时欧洲最高的烟囱。④ 虽然此烟囱能有效稀释有害气体，确保本地区不再发生新的污染，但十公里以外的

---

① Stephan Schmal, *Umweltgeschichte, Von der Antike bis zur Gegenwart*, Bamberg: C. C. Buchners Verlag, 2001, S. 63.

② Historisches Archiv Krupp, *Alfred Krupps Briefe und Niederschriften, Bd.* 9, 1866—1870, Berlin: Verlag für Sozialpolitik, Wirtschaft und Statistik, 1937, S. 108.

③ Wolf Schmidt und Susanne Kutz, *Von „Abwasser" bis „Wandern", Ein Wegweiser zur Umweltgeschichte*, Hamburg: Körber-Stiftung, 1986, S. 74.

④ Franz-Josef Brüggemeier, *Schranken der Natur, Umwelt, Gesellschaft, Experimente*, 1750 *bis heute*, Essen: Klartext Verlag, 2014, S. 108 - 109.

地区却还要继续遭殃。由此人们得出结论：再高的烟囱都不能根治污染，它只能保一时，保一地，而不能“将其所排放的污染物从这个世界上彻底清除”。①

除钢铁冶炼企业燃烧煤炭造成空气污染外，化工企业排放的有毒气体也成为人们投诉抗议的对象。1828 年 8 月 12 日，波茨坦（Potsdam）附近的一家化工厂因为排放大量的废气烟雾而引发附近居民的抗议：“贝伦德兄弟化工厂在炼制动植物化工原料过程中所排放的大量废气烟雾，不仅严重困扰了附近居民，甚至连两千英尺以外的居民也难以忍耐。这些臭气和烟雾如此严重，以至于所有街道和花园都深受其害，甚至连我们的住房也不能幸免，即使我们小心翼翼地关好了门窗，但这些有害物还是钻进我们的屋内，尤其是夜晚时分，我们更是呼吸困难，喉咙干燥和发痒。头痛、心跳加快、血压上升、无法睡眠等已成了我们的家常便饭。如果再一直这样下去的话，可以想象，即使到时候还给我们一个最清洁的自然，那我们也没福分尽情享受了。”② 1850 年前后的科隆香水厂也到处是刺鼻难闻的气味。只要一接近工厂，人们就不由自主地掩捂口鼻，害怕受到有毒气体的侵害。③ 随着科学人员对有害气体研究的深入，人们对它的认识也越来越深刻，所以，有些拟上马的化工厂因民众的强烈反对最终不得不下马。1874 年，鲁尔河边（Ruhr）的霍尔斯特（Horst）市拟建设化工厂即属这一情况，得知消息的市民很快向地方政府提出抗议申请。在申请书最后，他们发出呼吁：“我们希望政府在农业经济仍占主体的这个时期能将这片土地置于国家的保护之下。帝国健康卫生局也应多方面发挥其影响，不能让这样一个既损害植被、又损害人体健康的企业在人口众多的本地区落户，请千万不要只考虑这些特殊群体的利益，而应该以民众的健康安全为本。为实现此目的，我们呼吁，所有居民都应该积极行动起来，一起抗

① Bernd Borgreve, *Waldschäden im Oberschlesischen Industriebezirk nach ihrer Entstehung durch Hüttenrauch, Insektenfrass etc.*, *Eine Rechtfertigung der Industrie gegen folgenschwere falsche Anschuldigungen*, Frankfurt a. M.: Fischer Taschenbuch Verlag, 1895, S. 32.

② Franz-Josef Brüggemeier und Michael Toyka-Seid, *Industrie-Natur*, *Lesebuch zur Geschichte der Umwelt im 19. Jahrhundert*, Frankfurt/New York: Campus Verlag, 1995, S. 64 – 65.

③ Ernst Rosenbohm, *Kölnisch Wasser*, *Ein Beitrag zut europäischen Kulturgeschichte*, Berlin/Dortmund/Köln: Albert Nauck & Co. Verlag, 1951, S. 15 – 16.

议，让危险尽快被消除。”① 在这样的呼吁抗议声中，霍尔斯特化工厂建设最终只好停止作罢。

然而，有些抗议却一波三折，尽管地方政府和民众达成了妥协，但最终还是不得不听命于政府高层部门的决策安排，民众的抗议也因此成为一场徒劳，工业至上原则最终还是压倒民意，企业主也由此达到了自己攫取更高利润的目的。据 1890 年 10 月 9 日《马格德堡日报》报道，柏林市施特格利茨区（Steglitz）拟建设一家石煤焦油厂，这激起了“整个施特格利茨区民众难以描述的激动情绪，人们都担心眼前这么好的空气就会被污染。工厂要是建成，想再住在这里已是不能的事了。不仅是老百姓，就连附近的铁路部门和区政府代表也和民众一起强烈抗议该项目上马”。很快，当地警察局做出了回应：“厂房的建设，还有那些能产生浓烈烟雾、或制造令人不适的噪音或其他给人带来不良后果的设备安装都须禁止。如有违反者，将课以重罚，情节严重者，将被判刑入狱。”然而，一年后的 7 月 13 日，人们从柏林市内务部那里得到的答复是：“如果此项目被废止，那么该区今后申报的所有工商业大项目我们都一律不予批准。”② 最终的结果是，施特格利茨警察部门不得不服从市主管部门的安排，同意此项目的开工，民众虽有抗议，但也无济于事，徒呼奈何。

和施特格利茨情况略有不同的是，有些地方的警察部门虽不希望工厂建在市区，但可以将其集中到某个指定区域进行建设，这样既便于管理，又能保证居民不受到污染影响。然而，这样一个良好的初衷却并没有得到市民尤其是工厂工人的理解支持。在他们看来，如将居住区和工厂区强行隔开，这将给他们的生产生活带来诸多不便，尤其像鲁尔工业区这样一个偌大的工业生产区，他们甘受污染也不愿远离工厂，饱受奔波之苦，比如在 1894 年 2 月 28 日某烟雾排放设备检查委员会的一份调查发言中，某位委员即反映了这种现实情况：“比如鲁尔区的盖尔森基兴（Gelsenkirchen）和上西里西亚的扎布尔泽（Zabrze）这两个工业区，那里的工人总是吸入烟雾。让我既感到同情又感到遗憾的是，他们只能以工业为生，并以此为

① Franz-Josef Brüggemeier und Michael Toyka-Seid, *Industrie-Natur*, *Lesebuch zur Geschichte der umwelt im 19. Jahrhundert*, Frankfurt/New York: Campus Verlag, 1995, S. 71 – 75.

② Ebd., S. 79 – 80.

傲，又不得不接受这些污染带来的损害。”①

值得关注的是，空气污染不仅影响到周围环境和居民健康，而且对生产工人的健康也造成极大的损害，这从1877年弗莱贝克冶炼厂有关规定中可得到证实。对于有毒气体的排放需注意事项，该企业劳动卫生规定第4条曾做出这样的提醒：“尽管最近已改善了所有危害工人健康的生产技术条件，但不容忽视的是冶炼过程中排出的那些烟雾。这些气体不仅包括金属冶炼时产生出的有害气体，还包括其他形式的有害物，如冶炼炉中的尘灰以及冶炼炉周围那些一道被排放到空气中的有害气体。”此外，该企业对能否胜任冶炼这项工作的工人也做了相关要求：“至于冶炼工人，他们应在半年前进行岗位试用。如能在试用期内对烟雾没有过敏性反应的话，那么他们就可以胜任此项工作。”此外，在宣传方面，该企业对于吸入烟雾等有害物质所表现出的症状也做了详细描述：“之所以出现胃炎、胃痉挛等症状，一是因为他们自身不好的生活习惯所致，另外就是有害物质的伤害所致，特别是冶炼烟雾和铅雾，它们对呼吸器官伤害不能轻视。如果他们在干重活时吸入这些有害气体，就会胃胀没食欲，或是呼吸困难，四肢无力，久而久之，会出现不想进食，身体消瘦和贫血等症状，这些症状会经常在冶炼工人身上发生。”② 从这些历史记录情况来看，因受有限的卫生条件制约，当时生产工人的卫生健康状况不容乐观，他们的人体生理适应状态、生理代偿状态和机体损害状态明显比一般城市居民情况要糟糕。③

到19世纪末，烟雾排放已成为德国最大的环境问题。1900年，德意志公共健康护理协会对1.5万城市居民进行问卷调查，得出的结论是，20%—25%的居民认为他们正遭受严重的空气污染，主要罪魁祸首是家庭和工厂的燃煤。此外，工厂生产过程中排放的其他有害气体也对他们的生

① Redebeitrag auf der 3. Sitzung der Kommission zur Prüfung und Untersuchung von Rauchverbrennungs-Vorrichtungen am 28. Februar 1894, Exemplar des gedruckten Berichts in Geheimes Staatsarchiv Merseburg, Rep. 120 BB IIa Nr. 28 Adh. 1 Vol. 2, Bl. 190.

② H. E. Weickert, *Ueber die Krankheiten der Arbeiter in den fiskalischen Hütten bei Freiberg vom Jahre* 1862—1875, in: *Jahresbericht der Gesellschaft für Natur- und Heilkunde in Dresden September* 1876 *bis August* 1877, Dresden: Nabu Press, 1877, S. 14 - 44.

③ 朱建军、吴建平:《生态环境心理研究》，中央编译出版社2009年版，第152—155页。

活和健康安全带来影响。在他们看来，那些浓雾烟尘不仅影响他们的出行，甚至还弄脏他们的衣物，尤其是家住铁路附近的居民更是不堪其扰。一些河流边的蒸汽船排放的浓雾烟尘也使河岸居民遭受严重污染，尤其是天气不好的时候，特别是莱茵河沿岸的很多城市居民就更受其害。① 此外，市政人员和工程技术人员也抱怨这种污染，因为许多历史建筑物、纪念碑等不仅被厚厚的烟尘所覆盖，而且还遭受其所排放的硫化物的严重腐蚀。特别是遇到阴雨天气，烟尘和水滴结合后形成的雾霾更是给这些建筑物造成破坏。据统计，1877—1885 年间，汉堡每年有 130 天的雾霾天气，仅冬天就占了 52 天，居民们抱怨不断，因为他们很难见到晴日，多为毒雾烟尘所困扰。② 这里需说明的是，“雾霾”这个词汇在当时还没有出现，只是到 1905 年在伦敦举行的世界卫生大会上，“烟”（smoke）、“雾”（fog）两个英语词汇才首次被整合在一起，从而产生“雾霾”（smog）这一专有术语，从此，这一术语逐渐流行开来。③

1880 年元月伦敦发生的一场雾霾事件给德国带来不小震动，因为这场雾霾导致的市民死亡人数是一般空气污染致死人数的两倍。④ 灾难发生后，德国很多杂志报道了这场灾难，并公布了死亡人数。随后，它们将目光转移到帝国境内，高度关注国内空气污染动态，并得出结论：烟雾排放地区居民的呼吸病发病率远高于农村地区，其中呼吸道感染和肺病发病率最高。不仅如此，含有大量硫化物的有害气体对植物也有巨大的杀伤力。1887 年，亚琛东边不远的施托尔贝克（Stolberg）地区森林所遭受的硫酸腐蚀即为一场严重的环境灾难。据当地定损专家调查，该地区工厂烟囱每天烟雾中的硫酸排放量就高达 86.5 吨，其中的 51 吨来自于锌厂和玻璃厂，另 34.5 吨来自于各大小企业石煤的燃烧。如果按年计算，则共有 3.17 万

---

① Gerd Spelsberg, *Hundert Jahre Saurer Regen*, Aachen: Alano Verlag, 1984, S. 56 - 57.

② Elisabeth von Dücker, „ ···*in der Glashütte viel Staub und Rauch und Schmutz*“ - *Zu Gesundheitsrisiken und Umweltproblemen am Beispiel der Ottenser Glashütte* 1850—1930, in: *Umweltgeschichte*, *Das Beispiel Hamburg*, von Arne Andersen, Hamburg: Ergebnisse Verlag, 1990, S. 43.

③ Wolf Schmidt und Susanne Kutz, *Von „Abwasser“ bis „Wandern“*, *Ein Wegweiser zur Umweltgeschichte*, Hamburg: Körber-Stiftung, 1986, S. 85.

④ Franz-Josef Brüggemeier, *Das unendliche Meer der Lüfte*, *Luftverschmutzung*, *Industrialisierung und Risikodebatten im* 19. *Jahrhundert*, Essen: Klartext Verlag, S. 79.

吨硫酸被倾倒在该地区40平方公里的范围内，也就是说，每平方米的土地上所倾倒的硫酸量差不多有一公斤，这样的倾倒指标远远高于同时期德国其他工业区的倾倒指标（哈茨工业区为70—120克/年平方米，波西米亚工业区为270—350克/年平方米）。鉴于这种不利情况，亚琛拟新建一座工业园的计划就此搁浅。为此，亚琛及附近其他城市在加强绿化的同时，还栽种了许多特别能抗酸耐腐的草木。[①]

从总体情况来看，这场抗雾霾运动还是促使人们提出了不少建议，并采取措施，力争削弱或消解空气污染所带来的影响。不过，这些建议和措施大多只建立在解决那些困扰人的、看得见的烟尘之上，而看不见的有害气体却多被忽视。[②] 为此，工程技术人员试图设计出一种无烟燃烧设备。随着工艺技术的不断改进，许多大型无烟蒸汽锅炉和加热锅炉不断问世，这在很大程度上缓解了城市污染压力，特别是20世纪初电气化的普及更使清洁能源取代传统燃煤成为可能。然而，由于这些技术革新需要很大的资金投入，且原有设备还一直能生产，所以，这在很大程度上也减缓了对原有设备的淘汰更新，正如弗莱贝克和施托尔贝克等企业所排放的硫化物一样，根据当时的技术条件，它可完全回收有害气体中70%的有用成分。如能实现，则环境压力大为减轻，且经济效益也可大大提高。但现实情况却是回收成本过高，额外添置设备的资金投入过大，最后只能不了了之，任由污染继续进行下去。[③]

在技术监管方面，为仿效1866年成立的专门监管蒸汽锅炉安全的“技术监督协会（TÜV）”的有效做法，监督无烟燃烧的协会团体——“无烟燃烧企业和反烟雾协会”宣告成立，其主要职责是确保成员企业在锅炉燃烧时少排放或不排放烟雾，尽最大可能确保城市空气质量安全。1902年，汉堡成立了相关协会，并一直很好地履行这方面的职责。[④]

① Gerd Spelsberg, *Hundert Jahre Saurer Regen*, Aachen: Alano Verlag, 1984, S. 66 – 67.

② Frank Uekötter, *Umweltgeschichte im* 19. *und* 20. *Jahrhundert*, München: Oldenbourg Verlag, 2007, S. 10.

③ Franz-Josef Brüggemeier, *Das unendliche Meer der Lüfte*, *Luftverschmutzung*, *Industrialisierung und Risikodebatten im* 19. *Jahrhundert*, Essen: Klartext Verlag, S. 237.

④ Wolf Schmidt und Susanne Kutz, *Von „Abwasser“ bis „Wandern“*, *Ein Wegweiser zur Umweltgeschichte*, Hamburg: Körber-Stiftung, 1986, S. 86.

在企业生产监督方面，为防止司炉工铲煤填炉操作不当导致燃烧烟雾过多这种情况出现，很多司炉技术培训学校随之成立。在市政部门和技术协会的安排下，司炉技术不熟练的工人被派往这类学校学习，待技术合格后再重新上岗，而技术考核不合格者则往往被解雇，从此，锅炉和其他设备的煤炭燃烧有了一个较好的监督。①

随着电气化技术水平的不断提升，很多分散的小型燃烧设备逐渐被整合，于是家庭供暖被集中供暖所替代，企业能源动力则为火力发电所替代。至此，烟囱加高仍是稀释有害气体的最佳处理办法。1907 年，《应用化学》杂志中刊出的文章认为这仍是一种最有效的办法，并继续向社会推荐："这里，最有效的办法是将有害气体继续稀释，向更远处扩散，直到气体变得不再有害。只有采用这种正确的处理办法，这些紧裹包围我们住所的、一望无际的雾海才能得到消除。我们还是用最自然的方法清除烟雾，将我们的工业区和城市化整为零，只有这样，我们才能最终打赢这场对有害气体的胜利。"② 这种观点听起来很是激进，尤其是对工业区和城市进行分散化建设在当时的历史条件下是不可能实现的，但从另外一个方面来看，也反映出当时国家和企业的某种无奈，在治污技术尚不发达的情况下，人们也只能寄希望于不断加高烟囱，让烟尘、硫化物气体等有害物质排放进更高的大气层和更远的地方。

在医疗卫生防治方面，代表国家最高鉴定专业机构的"普鲁士空气质量鉴定委员会"在空气污染防治方面也给出了权威解释和呼吁。在 1901 年起草的鉴定意见书中，专家们给出的解释是："随着浓雾增加，空气中有害物质的浓度也在不断增加，所以，敏感的肺部器管便会感受到城市空气的糟糕。此外，烟雾还会使天气情况变糟。从卫生健康角度来看，寒冷季节阳光照射不足不但使我们萎靡不振，而且还不能有效地对我们的周边环境进行杀毒。"为此，委员会发出呼吁："空气污染损害的不是一小部分人或病人，即使是健康的人也不能幸免，尤其是大城市居民和工业区居

① Wolfgang Noot, *Vom Kofferkessel bis zum Großkraftwerk- Die Entwicklung im Kesselbau, Grundlage, Konstruktion, Anwendungen*, Essen: Vulkan Verlag, 2010, S. 34.

② H. Ost, *Der Kampf gegen schädliche Industriegase*, in: *Zeitschrift für angewandte Chemie* 29, 1907, S. 1689 – 1693.

民。对于遭受各种污染的这些居民来说，能享受清洁空气不应该成为他们的奢望，他们必须得到保护，以避免遭受大规模烟雾的侵扰。”①

尽管国家、企业、公民付出巨大努力，力争将空气污染造成的损失降到最低，但所收到的效果却微乎其微，而且这种局面一直到“二战”结束前也少有改观。实际情况是，除小城市外，德国大中城市1910年由空气污染所造成的死亡率高达17.9‰。② 大批动物因食用含硫化物和重金属的草料而死亡，植物污染情况也比以前严重。据有关杂志报道，20世纪初，很多市中心以及工厂下风口的针叶树已没了踪影，柏林、汉堡、汉诺威以及鲁尔区的很多城市都出现了类似情况。③ 1913年前后，威斯特法伦地区阿尔特纳市（Altena）周边的植物因空气污染几乎全部死亡，当时普鲁士议会议员施培伯爵（Graf von Spee）的一位朋友在路过这座城市后将自己的所见所闻告诉施培伯爵，从中可以看出该市所遭受的空气污染状况：“我建议您派有关专家去那里看看。有一次，我偶然经过那里。从前那里可是一个特别漂亮的丘陵地区，而今天的整个山坡上却再也看不到草树灌木了。一切都没了，这就是周边工厂烟雾蒸汽排放带来的恶果。也许有人会说，这些工厂就应该放到那里，而且要全放到一起。但我想说的是，它们本就不该属于那块文化繁荣之地。”④ 1919年，著名的自然保护者克洛泽（Hans Klose）在描述鲁尔工业区遭受的空气污染时也记录了他所见到的场面：“起码有上百个烟囱。那些烟囱里冒出的浓烟就像是一面面小旗子一样布满天空。烟雾从烟囱里翻滚而出，紧跟着从上百米的高处吹散进空气中。”“人人都知道煤油灯燃着煤烟，煤炉冒着浓烟。不一会儿，家具和地面就布满了烟尘，家庭主妇对这种讨厌的污染物很是郁闷。如果说这在家庭生活属例外情况的话，那么工业区内喷出的烟雾可就几乎没停歇过。70米或者更高

---

① *Gutachten der Wissenschaftlichen Deputation für das Medicinalwesen über die hygienischen Nachtheile der übermässigen Rauchentwicklung*, in: *Vierteljahresschrift für rechtliche Medizin und öffentliches Sanitätswesen*, 1901, S. 315 - 320.

② Friedemann Schmoll, *Erinnerung an die Natur*, *Die Gechichte des Naturschutzes im deutschen Kaiserreich*, Frankfurt/New York: Campus Verlag, 2004, S. 77.

③ Gerd Spelsberg, *Hundert Jahre Saurer Regen*, Aachen: Alano Verlag, 1984, S. 189.

④ Wolf Schmidt und Susanne Kutz, *Von „Abwasser“ bis „Wandern“*, *Ein Wegweiser zur Umweltgeschichte*, Hamburg: Körber-Stiftung, 1986, S. 88.

的烟囱将烟尘和各种有害气体排进大气层。烟囱越高，烟雾扩散的面积就越大。只消几个星期，早春的树叶很快就变成暗绿色，很快还有一层烟尘布满树叶，而且还是棕灰色。才进入夏天，树叶变得就像跟快入秋的叶子一般。和没有工业区的邻近地区相比，那些树叶提前好几周就开始掉落了。"①

到20世纪初，空气污染不断加重的情况更进一步激发了有关科研机构和社会团体治理的决心。1910年，一本名为《烟雾与尘灰》的专业杂志在鲁尔河边的缪尔海姆市（Mühlheim）创刊发行，该杂志邀请政府官员和有关技术人员发表文章，专门探讨空气污染治理有效办法，并让社会一起来分享治理经验，同时也希望政府、各社会团体以及专业机构能紧密合作，最终目的是"用最大的气力来治理空气污染"。很遗憾，这本杂志仅发行23年就被后来的纳粹政府所查封。② 此外，为获得损害赔偿，代表农民和房产主利益的民间团体协会"莱茵—威斯特法伦反烟雾损害保护协会"也于1914年在莱茵—威斯特法伦工业区成立，其主要职责是：为协会成员提供法律咨询，做出专业鉴定或在诉讼过程中帮助协会成员赢得司法判决。同年2月13日，在波鸿举行的第一次协会集会上，约有上千名农民和房产主参加了此次集会，并成立损失赔偿义务合作社，专门向有关赔偿企业索取赔偿，为受害方主张权利，讨回公道。自此，该协会的成立让遭受烟雾侵害的农民和房产主有了维权代言人和执行人，从而为他们顺利获得损害赔偿提供了有力保障。③

然而，在具体执行过程中，作为被告方的某些工厂企业却并不愿履行赔偿责任，他们以各种理由拒绝原告方的赔偿要求，有的还拉拢、甚至威胁和要挟定损专家，逼迫其做出对自己有利的伪证，从而达到减少赔偿甚至不赔偿的目的，如1913年发生在哈姆（Hamm）市的皇家高级法院驳回被告要挟鉴定专家作伪证即是一桩典型的判审案例。最终，当事企业不得不履行赔偿义务，赔付原告方所主张的损失。④ 总体来看，在两次工业革

① Hans Klose, *Das westfälische Industriegebiet und die Erhaltung der Natur*, Berlin: Suhrkamp Verlag, 1919, S. 5–26.

② Stephan Schmal, *Umweltgeschichte*, *Von der Antike bis zur Gegenwart*, Bamberg: C. C. Buchners Verlag, 2001, S. 58.

③ Franz-Josef Brüggemeier und Michael Toyka-Seid, *Industrie-Natur*, *Lesebuch zur Geschichte der Umwelt im 19. Jahrhundert*, Frankfurt/New York: Campus Verlag, 1995, S. 88–89.

④ Gerd Spelsberg, *Hundert Jahre Saurer Regen*, Aachen: Alano Verlag, 1984, S. 149–150.

命期间，德国人在治理空气污染方面所付出的努力并没有取得很大的成功。虽然他们的工业取得了长足发展，但空气污染治理却无法保持同步，这主要还是和国家优先发展工业的发展战略以及众多民众支持有关。民众的宽容理解，地方部门的骑墙式调停，政府工业强国主导战略的优先决策等是此时期空气污染治理成效不大的主要原因。和英国、法国、比利时等其他老牌资本主义国家一样，德国在治理空气污染方面所走的同样也是一条先发展、后治理的老路，这样的成本代价十分巨大，这也为“二战”后德国生态社会转型提供了很多宝贵的借鉴经验。

四　环境问题之二——废水污染

随着工业化和城市化的不断发展，继空气污染问题之后，水污染问题从 19 世纪七八十年代起开始也成为德国社会一个高度关注的问题。在此之前的 1857 年，英国泰晤士河因为工业污水和居民生活用水大量排放而变得臭气熏天，连国会大厦中与会的议员们也倍受折磨。1859 年，比利时首都布鲁塞尔塞纳河的居民因为河水污染开始投诉。十年后，由于污染程度的不断加重，塞纳河中开始出现大量鱼类死亡。[①] 虽然德国统一后大城市的河流污染尚未达到伦敦和布鲁塞尔那样的情形，但河流污染不断加重的趋势却依然令人感到担忧，因为此时期的大城市正处于一个人口急剧增加的阶段。1910 年，5000 人以上城镇的人口比重占全国总人口的 48.8%，10 万人以上的大城市人口比重占全国的 21.3%，也就是说，1871 年，每 20 个人中有一个生活在城市，而到了 1910 年，则每 5 个人中就有一个为城市居民。[②] 和小城市相比，此时期的大中城市数量增长最快，1875—1910 年间，1 万人口以上的城市总数从 271 个增加到 576 个，增幅高达 112.5%。[③] 不断增加的城市人口压力无形中也加剧了城市水污染问题。应该说，19 世纪 90 年代前，德国的水污染主要是城市污水，而在此之后，工业污水的排

① Franz-Josef Brüggemeier und Thomas Rommelspracher, *Besiegte Natur, Geschichte der Umwelt im 19. und 20. Jahrhundert*, München: Verlag C. H. Beck, 1989, S. 43.

② Walther G. Hoffmann, *Das Wachstum der deutschen Wirtschaft seit der Mitte des 19. Jahrhunderts*, Berlin: Springer Verlag, 1965, S. 178.

③ Gerd Hohorst, Jürgen Kocka und Gerhard A. Ritter, *Sozialgeschichtliches Arbeitsbuch, Bd. 2, Matrialien zur Statistik des Kaiserreichs* 1870—1914, München: Verlag C. H. Beck, 1978, S. 45.

放量和危害程度都已超过城市污水，成为水污染最大的污染源。① 由于德国境内大小河流众多，河网交叉密布，所以，至19世纪末，德国水域已成为环境受损最严重的生命空间领域。

1904年，德国河流、土地和空气清洁保持国际协会向帝国议会发出紧急呼吁："河流污染已日益严重，德意志大多数水域已被污染。"其中的罪魁祸首就是人畜粪便的肆意排放，它"不仅污染了美丽的河流，还让我们失去了最重要的肥力资源，这对国民经济来说是一种巨大的浪费，相当于我们每年额外花500万马克从国外进口人工化肥这个代价"。为此，协会进一步呼吁议会制定有效的法律，好让城市和工业企业知晓，它们无权"将德意志大小河流变成自家的污水沟，任意排放这些宝贵的肥力资源。"②

该协会投诉的河流污染首先涉及的是城市增长带来的粪便污染问题。在19世纪上半叶，城市规模总体来说还相对偏小，所以，人畜粪便问题还不算什么大问题，因为根据传统做法，人们一般会将粪便收集到粪坑，或施撒到自家花园，或由市政卫生部门定期集中收集运往城外施撒到田间。然而，从该世纪中叶开始，随着城市人口的增加，有关大小街道被粪便污染的投诉抱怨越来越多，于是有些城市下水道工程开始实施，最早建设的城市为汉堡，它建于1840年。随后，柏林、慕尼黑、法兰克福等城市下水道工程也纷纷于50年代建成，人畜粪便、生产生活污水和雨水等一起可以直接通过这些下水道被排入附近河流。③ 然而，这些混杂在一起的污染物排放还是带来不少问题，如何做好后续清理工作，仍需亟待解决，对此，下列三种方法多被采用：第一，最简单也是最经济的做法是将污水通过较小的落差引到蓄水池内，在污水流入蓄水池前通过栅栏将污染物拦截，然后待水流静止后让体量较小的污染物沉淀，再通过若干清洁程序处理，最后得到相对较清洁的水源，这种方法往往多用于中小城市。第二，成本较大的做法是建造带有斜坡的草场，被排放的污水流经草地后再渗漏收集，

① Franz-Josef Brüggemeier, *Schranken der Natur*, *Umwelt*, *Gesellschaft*, *Experimente*, 1750 *bis heute*, Essen: Klartext Verlag, 2014, S. 120.

② Thomas Kluge und Engelbert Schramm, *Wassernöte*, *Umwelt- und Sozialgeschichte des Trinkwassers*, Aachen: Alano Verlag, 1986, S. 198.

③ Franz-Josef Brüggemeier und Thomas Rommelspracher, *Besiegte Natur*, *Geschichte der Umwelt im* 19. *und* 20. *Jahrhundert*, München: Verlag C. H. Beck, 1989, S. 46.

这样便做到较好的污水净化处理。这种方法对于大城市来说很有必要，因为污染物多，大量粪便的收集对于城外农民来说意义非同小可。第三，随着世纪末生物分解法的诞生，用微生物清洁污水已成为当时一种较流行的做法。①

总之，不管采用哪一种方法都需要大量资金的投入，而这些费用在一战前都要靠各市区和纳税人自行承担。所以，城市下水道工程修建曾一度引发争议，因为并不是每个市民都赞成建成此项目，也不是每个人都愿意承担这样很大的工程开支，尤其是后续清污工程开支，对他们来说，后续清污这项工程不仅是一笔额外的开支，而且也不能给他们带来任何好处。所以，对他们来说，最简单也是最经济的方法就是不建任何城市下水道，也不做任何净化分解处理，直接将污水排入附近河中。在他们看来，只要自己不受污染，下游地区是否遭受污染就不是自己应关心的事了。

之所以有这样的想法，是因为这些市民心中自有他们一套所谓的“科学理论”依据，尤其是他们颇为认可的著名卫生学教授派滕考夫（Max von Pettenkofer）和其弟子所提出的“地表污染学说”和“河流自净理论”。根据这些学者的观点，数百年以来，城市地表层在“被人畜粪便、家庭生活垃圾和屠宰场垃圾污染后，井水饮用水也变得越来越危险”。② 在他们看来，大批流行病的发作如霍乱正是水污染所致。对此他们给出的建议是，有必要修建城市中心供水系统，并继续修建城市下水道，以尽快排走城市污水来改善城市卫生环境。至于污水净化设备则可有可无，不是很重要，因为污水本身在河流中会逐渐被稀释掉，更何况河水本身就有自净能力，它可以让污水最终还原成干净的水源。③

鉴于这样的理论依据，污水清洁处理自然不能令人满意，这就导致更多的河流受到污染，如1898年夏天莱比锡附近的卢普河（Luppe）所遭受的污染情况就非常严重，连伐木工人也拒绝到附近的森林去砍伐树木，

---

① Franz-Josef Brüggemeier, *Schranken der Natur*, *Umwelt*, *Gesellschaft*, *Experimente*, 1750 *bis heute*, Essen：Klartext Verlag，2014，S. 115.

② Ernst Grahn, *Die städtische Wasserversorgung im Deutschen Reiche*, *sowie in einigen Nachbarländern*, Bd. 2, Berlin：Forgotten Books，1902，S. 224.

③ Harald Breyer, *Max von Pettenkoffer*, *Arzt im Vorfeld der Krankheit*, Stuttgart：S. Hirzel Verlag，1981，S. 59－60.

"因为河里散发出的臭气实在令人难以忍受。"有些河边森林也因河流污染而逐渐消失。此外，河边居民家的窗户夏天也要紧闭，否则在屋子里逗留片刻就无法忍受河中所散发的臭气。正因如此，疟疾也曾一度在此流行。面对这些现象的出现，有些普鲁士议员开始对"河流自净理论"产生怀疑，认为这样的理论根本不成立，或者说纯粹是某种借口。在他们看来，污水污染河流，然后又花费巨大成本将不洁之水再变为有用之水，这样的做法不仅荒唐，且根本不划算。在这种观点的影响下，普鲁士政府于1877年做出决定：禁止将未经净化过滤的污水排放到公共水域。①

几周之后，在德意志公共卫生护理协会举行的会议上，有些成员坚持反对政府的这一做法。在他们看来，河流本身就是清除各种垃圾污秽的自然渠道，"只要这个世界还存在，就要一直遵循这种自然法则。不让排污只会带来被动，其结果必然会造成社会成本的上升和各种社会弊端的产生。"对此，他们坚决主张废除禁令，继续修建下水道，并制定最低排污标准，为的是以法律形式来确立污水排放危险性的标准。② 不过，这种观点还是遭到少部分人的反对，同年10月，这些成员成立了上文所提到的河流、土地和空气清洁保持国际协会。他们积极支持政府颁布排放禁令这一做法，拒绝任何解禁建议。然而，他们的这种做法最终还是很少有人支持，其中反对最强烈的便是城市各社区居民，他们积极支持放弃清污设备建造的做法，因为这项工程造价不菲，成本昂贵。迫于各社区的压力，政府最终还是不得不做出让步，同意城市污水排入河流，只是最低排污标准不准突破。不过，自1888年后，这项标准要求又进一步提高，也就是说，排放标准变得更为严苛。根据新标准规定，只要河水有腐臭和有害气体情况出现，就意味着危害已产生。

就这样，各种清污设备还是一如既往地继续修建，但河流污染仍在继续并大有不断恶化的趋势。19世纪80年代末，甜菜种植区不伦瑞克附近的奥克河由于很多甜菜厂排放污水而变成工业废水污染重灾区。很多草场

① Thomas Kluge und Engelbert Schramm, *Wassernöte*, *Umwelt- und Sozialgeschichte des Trinkwassers*, Aachen: Alano Verlag, 1986, S. 106.

② John von Simson, *Kanalisation und Städtehygiene im 19. Jahrhundert*, Düsseldorf: VDI-Verlag, 1983, S. 167.

变成一片片人工泥沼地，到处闻起来都有一股硫酸水的味道，连很远地方鱼塘内的鱼类也被毒死。夏天洪水泛滥后，这些污水到处泛滥，再加上天气高温，深黑黏稠的污水开始散发恶臭，泡沫遍处，沉渣泛起，这些实在让附近居民难以忍受。1889年，不伦瑞克市民开始发出抗议，当地技术大学卫生学教授布拉修斯（Rudolf Blasius）也向市议员会议递交了自己的调研报告，并请求市政部门尽快解决这一问题。根据其四十次实地调研，他在污水中发现了大量有机微生物，而且一次比一次多，他最终得出的结论是，河流污染情况已变得异常严峻。1890年冬天，污染情况再度加重，不伦瑞克医疗协会也随之发出抗议，要求政府部门尽快采取行动，制止工厂污水的进一步排放。终于到1891年春天，市调查委员会做出决定，要求河流两岸甜菜厂严格按最低排污标准排放污水，由此，严峻形势才得到有效控制。①

除企业生产排放污水外，疾病污染也对城市用水构成严重威胁。1892年夏天，汉堡爆发了一场震惊欧洲的流行性霍乱。短短两个月时间内就有1.8万人被传染，7600人死亡。② 疾病暴发的主要原因是该城市既没有有效的清污设施，也没有大型供水设备，所以城市直接从易北河抽取饮用水，然后又将污水排回河内。由于当时正值海水涨潮，所排污水被海潮卷入城内，形成倒灌，然后和饮用水混在一起，由此引发了这场灾难。然而，颇为奇怪的是，市内阿尔托纳区（Altona）的市民和中心监狱的犯人却很少被霍乱感染，后经调查发现，原来这两个地方都有各自独立的供水系统，中心监狱拥有自己的水井，而阿尔托纳区则自建有供水设备，尽管其饮用水也取自于易北河，但他们所采用的沙子过滤方法对饮用水已做了很好的清洁处理。③

沙子的过滤作用人们早已知晓。由于其设备购置花费不大，技术上易于操作，且过滤作用非常有效，所以此次霍乱发生后，这项技术很快被推

① Thomas Kluge und Engelbert Schramm, *Wassernöte, Umwelt- und Sozialgeschichte des Trinkwassers*, Aachen: Alano Verlag, 1986, S. 77 - 78.

② Dieter Schott, *Europäische Urbanisierung* (1000—2000). *Eine umwelthistorische Einführung*, Köln, Weimar, Wien: Böhlau Verlag, 2014, S. 243.

③ Franz-Josef Brüggemeier, *Schranken der Natur, Umwelt, Gesellschaft, Experimente*, 1750 *bis heute*, Essen: Klartext Verlag, 2014, S. 118.

广开来。此外，此时期污水氯化处理技术的问世已成为一种很有效的技术补充，这为根除霍乱提供了保障。所以1900年后，遭受霍乱困扰的地区尤其是汉堡和鲁尔工业区在使用氯化处理技术（尤其对夏季污水的处理）后，霍乱已完全得到控制，饮用水水质也得到很好的改善。① 由于其高效，使用成本低，所以很多清污设备可以省去，不需再购置投入。而在莱茵河沿岸城市曼海姆，当地的河水污染情况也很是严重。1901年，政府水质检测专家在对下水道污水进行检测后得出结论，河水已不能再作为饮用水使用。不仅如此，这些排放的污水还严重污染了莱茵河，甚至下游还发生沃姆斯市居民向政府投诉饮用水遭受污染这类事件。② 也是在同年，鲁尔区盖尔森基兴市又发生了一次伤寒病大流行。由于这年夏天大旱，鲁尔河水位严重下降。然而令人没想到的是，9月1日突降暴雨，雨水将大量的市内垃圾冲进河里。由于市民饮用了不洁河水，短短两周时间内，伤寒病肆虐整个城市。据记载，10月初，有1329人感染疾病。到月底时，已上升到3235人，其中约五百人死亡。专家们检测水质后得出的结论是："遭受污染的河水仍被城内居民当作饮用水使用"。③ 好在此时期西门子公司电气工程师艾尔维因（George Erlwein）已发明了臭氧技术发生设备用于饮用水清洁处理，并在威斯巴登和帕达博恩（Paderborn）等地投入使用，最终取得较理想效果。由此，盖尔森基兴地区的伤寒病流行才得到较好的控制。④

此时期，由于下水道多承载着排泄人畜粪便的任务，所以它的修建倍受争议。为防止河水污染，有些城市开始采用桶装方式收集粪便，由农民运往城外施撒到田间地头，新明斯特（Neumünster）、基尔、魏玛（Weimar）、海德堡等城市都采用了这种办法，有的甚至还通过铁路运输将粪便运往更远的农村地区。然而，随着化肥的大量使用，农民对粪肥的依赖逐

① Richard J. Evans, *Tod in Hamburg, Stadt, Gesellschaft und Politik in den Cholera-Jahren 1830—1910*, Reinbek: Rowohlt Verlag, 1990, S. 672.

② Franz-Josef Brüggemeier, *Schranken der Natur, Umwelt, Gesellschaft, Experimente, 1750 bis heute*, Essen: Klartext Verlag, 2014, S. 117.

③ Thomas Kluge und Engelbert Schramm, *Wassernöte, Umwelt- und Sozialgeschichte des Trinkwassers*, Aachen: Alano Verlag, 1986, S. 123.

④ Gottfried Zirnstein, *Ökologie und Umwelt in der Geschichte*, Marburg: Metropolis Verlag, 1994, S. 123.

渐减少，粪便对于农业的意义因此也下降了很多。此外，由于此时期抽水马桶的普及，粪桶收集不但没了可能，而且经水稀释后的粪肥价值也大大降低，这让农民更加没有兴趣来收集它们，海德堡为此曾发放大量的补助来鼓励农民将这些粪肥运走，结果收效甚微，政府决策部门权衡再三，最终下定决心于1905年修建下水道系统，以便让稀释的粪肥和其他污水一起排入内卡河，随河水一起冲走。至此，人们得出的结论是：还是城市下水道最方便实用，它不但将城市粪便彻底冲走，而且在很大程度上可改变城市卫生状况。同时，随着水处理技术的不断进步，河流污水也能得到很好的清洁处理。尽管某些技术使用范围有限，但从健康角度来看，它们完全可胜任清污工作。也正是在此时期，德国城市下水道工程开始大量修建。许多下水道工程不仅连成网状系统，还延伸很远，甚至延伸到贫民居住的棚户区。[①] 总之，经过许多艰辛曲折，这项城市经典工程最终还是给市民带来了卫生健康，由此也标志着一个崭新时代文明的到来，正如德国社会民主党创始人倍倍尔（August Bebel）在回忆19世纪90年代大都会柏林时写道的：“卫生状况很是令人不适，整座城市也没有一条像样的城市下水道。马路两旁人行道边用石头砌成的水沟里，积攒着的尽是些家庭生活污水，一到热天，到处散发着臭气。街道边连个厕所也没有，要是外地人，尤其是女人来到这里，他们一定会感到绝望。不过，1870年之后，大城市柏林已走出蛮荒蒙昧，步入一个文明的新时代。”[②]

和生活污水相比，工业废水引发的社会关注与讨论要晚得多。在19世纪九十年代前，它仍未引起人们足够的重视，人们关注较多的仍是生活垃圾如饭菜剩余物，尤其是人畜粪便如何排放这类问题，因为它们会散发臭气，制造拥堵，传播疾病。自科赫1876年提出细菌传播疾病理论并经过大量的事实证明后，人们才彻底颠覆传统观念，开始相信科学。然而，对于工业污水，此时的人们还认识不足，总认为其排放量不大，危害程度较

① Franz-Josef Brüggemeier, *Schranken der Natu*, *Umwelt*, *Gesellschaft*, *Experimente*, 1750 *bis heute*, Essen: Klartext Verlag, 2014, S. 120.

② Rudolf Virchow, *Reinigung und Entwässerung Berlins*, *General-Bericht über die Arbeiten der städtischen gemischten Deputation für die Untersuchung der auf die Kanalisation und Abfuhr bezüglichen Fragen*, Berlin: Nabu Press, 1873, S. 135.

小，甚至还有人认为适当的排放更有利于杀死水中的某些细菌。这种观点在当时颇为流行，直到九十年代工业污水突然暴增，且危害程度愈演愈烈，所有的甜菜制糖厂、化工厂、冶炼厂、纺织厂、染料厂、焦油提炼厂等在生产过程中都排放出惊人的污水量后，人们才意识到问题的严重性。以莱茵河左岸支流艾尔夫特（Erft）河边的缪勒织布厂为例，该厂所在地库亨海姆（Kuchenheim）的工商业主管克拉茨博士（Dr. Kraatz）曾认为："艾尔夫特河形成的水污染多半应由该河沿岸的纺织企业承担责任。"根据其调查，库亨海姆居民每天的家庭生活用水总量约为1200—1500立方米，而缪勒织布厂一天排放的生产污水即高达4000立方米，也就是说，工厂排污是家庭生活用水的差不多三倍。①

如何应对这种工业污染，这很容易让人联想到人们如何处理空气污染的种种做法。应该说，在这个问题上，长期净化所付出的努力是远远不够的。一般采取的方法也仅是直接将工业污水排放到附近水域，稍微做得好的是安装专用管道，将污水排放到河中央或下游地区，让污水在不影响本地区的情况下逐渐稀释流走。还有的地区则采用修建沉淀池的办法，把污水收集到一起，然后再通过沉淀自净的方式让污水净化。总之，如何有效稀释和排放这些污水越来越成为人们关注的话题。工业界代表往往多从自己的立场出发，很少关注其他方利益，如代表德国化工协会利益的专家于利施（Konrad W. Jurisch）就认为可直接将污水排入附近河流，因为"那些排放污水工业企业产出的经济价值远是内河渔业经济价值的上千倍，甚至更多。要是伍珀尔河（Wupper）或埃姆舍尔河（Emscher）等小河边的工厂真的会影响那里水产养殖的话，那么那些渔民就只能做出牺牲让步。总之，这些河流应成为乐善好施的排污渠道，最终将这些工业污水排进大海"。② 与此相反，居住在河边、世代以渔业为生的渔民则坚决反对污水的大肆排放。19世纪末，汉堡易北河岸边的埃巴诺沥青厂因大量排污遭到下

① Andreas Dix, *Industrialisierung und Wassernutzung*, *Eine historisch-geographische Umweltgeschichte der Tuchfabrik Ludwig Müller in Kuchheim*, Köln: Rheinland-Verlag, 1997, S. 248.

② Konrad W. Jurisch, *Die Verunreinigung der Gewässer*, *Eine Denkschrift im Autftrage der Flusscommission des Vereins zur Wahrung der Interessen der chemischen Industrie Deutschlands*, Berlin: Nabu Press, 1890, S. 103.

游支流科尔布兰特河（Kohlbrand）附近阿尔滕维尔德（Altenwerder）乡镇的抗议，但该地区的污水排放还是为市政警察部门所默许，并听之任之，由此造成河内比目鱼吞食沥青残渣和油污后的大批死亡。对此，该乡镇渔业协会长曾发出哀叹：“照这样下去，要不了一两年，河里的大小鱼类都要被毒死。”很遗憾的是，作为弱势群体，尽管这些渔民发出呼声，甚至和这些企业对簿公堂，但在当时的大工业时代背景下，他们往往败下阵来，最终只能屈服于残酷的现实。[①] 鉴于工业污水排放所导致的严重局面，社会民主党人李卜克内西（Karl Liebknecht）大声呼吁，要求改善城市卫生条件，其中首要的任务是尽可能多地建设城市下水道。和于利施一样，他也主张将污水直接排进大海，让其在一望无际、看不见底的深海中稀释，直至最后消失。[②]

和于利施一样，李卜克内西的愿望虽然美好，即他们都主张利用海水来净化污水，但却忽视了河流沿岸居民的切身利益。在那个一切为工业让步的时代背景下，牺牲局部利益已成为当时一种普遍的做法，正像汉堡附近科尔布兰特河沿岸渔民所遭遇的那样。于是，某些河段和小溪也就成为工业污染的“牺牲河段”，任由企业肆意排放，最后变成专门接纳工业污水的臭水沟。随着工业化的不断发展，有些“牺牲河段”的整条河流和小溪都成为工业污染的牺牲品，如上文所提及的鲁尔工业区的埃姆舍尔河等。

埃姆舍尔河所遭受的工业污水污染在德国工业污染史中颇具代表性。该河是一条贯穿鲁尔区南部地区的小河，总长110公里，呈东西流向，最后注入鲁尔区西边的莱茵河。1830年前后，随着本地区工业化兴起后工业生产的进行和矿山的大规模开采，短时间内就出现了污水排放所带来的环境问题：随着小河和小溪水位变浅，地势下沉，洪涝灾害面积不断扩大，泥沼地面积也逐渐增大，尤其是小河变得不再清澈，鱼虾也越来越少。1875年2月21日，当地的《雷克林根周报》就报道过小河污染情况：“很

① Arne Andersen (Hrsg.), *Umweltgeschichte*, *Das Beispiel Hamburg*, Hamburg: Ergebnisse Verlag, 1990, S. 195.

② Franz-Josef Brüggemeier, *Schranken der Natur*, *Umwelt*, *Gesellschaft*, *Experimente*, 1750 *bis heute*, Essen: Klartext Verlag, 2014, S. 121.

多次我们看到门格德（Mengede）附近的河水被染成深黑色，河水散发着恶臭。在这片被氨水和气化焦油排泄物所污染的河段里，鱼虾、青蛙等死光了。”① 到了1901年，河水中只有47%的水源为天然雨水（旱季仅为21%），其余的都是其他各种污水。在所排放的9600万立方米污水中，仅工业污水就占了89%。② 在这些工业污水中，有一种含盐量很高的污水也被排入到河内，这种污水主要来自于矿山坑道中的积水。由于当时脱盐成本过高，未经脱盐处理的污水就直接被排进河里。经检测，当时埃姆舍尔河流入莱茵河交汇处的盐含量为每升3.6克，而其支流小溪中的盐含量则更高，甚至“比大西洋里的海水都咸”。更为糟糕的是，对于农业生产来说，这种污水已不能用于灌溉。此外，流域附近的地下水来源也受到威胁，根据当时对其流域内的46口水井的调查记录，其中的45口水井水减少甚至枯竭。③

此外，还有一种被称为煤泥的污染源也对河流生态环境构成了威胁。为除去杂质，化工用煤需经过水洗工艺处理，由此产生的煤泥也随之被排入河内，它们随即沉淀，形成大量淤塞，这既污染了河水，又影响了正常的河水流速，而且岸边植物生长也受到严重影响。④

这样的人为灾害进一步引发了区域性疾病的流行：至19世纪70年代，该地区疟疾曾发生过不下五次；1887—1900年13年内的伤寒死亡率是普鲁士帝国其他地区的两倍。1901年，当伤寒病又在盖尔森基兴蔓延时，卫生学家埃姆李希（Rudolf Emmrich）就对鲁尔区的卫生健康情况做了如此表述：“伤寒病发生期间，我曾对那不勒斯、巴勒莫和君士坦丁堡的疫情做过调查，因此也看到了当地很糟糕的卫生状况。我也考察过法国、奥地利和德国其他城市的有关疫情，然而像埃姆舍尔河这样由工业污水、粪水

① Olaf Bette, *Von der Emscher*, in: *Gladbecker Blätter für Orts- und Heimatkunde*, 9/10, 1928, S. 65 - 67.

② Ralf Peters, 100 *Jahre Wasserwirtschaft im Revier*, *Die Emschergenossenschaft* 1899—1999, Bottrop/Essen: Verlag Peter Pomp, 1999, S. 145.

③ Hubert Kurovski, *Die Emscher. Geschichte und Geschichten einer Flusslandschaft*, Essen: Klartext-Verlag, 1999, S. 15 - 20.

④ Ralf Peters, 100 *Jahre Wasserwirtschaft im Revier*, *Die Emschergenossenschaft* 1899—1999, Bottrop/Essen: Verlag Peter Pomp, 1999, S. 94 - 99.

乱排所引发的病情、波及范围和造成的这么严重的后果，这还是我平生从未遇见过的。”①

由于沿岸居民不堪忍受这样的严重污染和疾病肆虐，他们要求净化污水的呼声也越来越高，但最终还是遭到采矿主们的抵制，因为污水处理成本相当之大。直到1904年，情况才出现转机，随着威廉帝国的行政干预和相关法律的颁布实施，这些企业最终成立了该地区第一个带有自行管理性质的互助组织——埃姆舍尔合作社。从此，以经济和技术手段确保水质不受污染以及相关治污举措均以法律形式被确立进《埃姆舍尔互助合作法》。应该说，这一举措有效遏制了污水的肆意排放，沿岸的洪涝灾害从此大为减少，百姓的卫生健康状况也得到了明显改善。然而，无论如何，这些污染还是带来许多不可逆转的严重后果：尽管沿岸农户可获得一些经济补偿，但所得补偿也根治不了盐碱地灾害或洪涝灾害；许多河曲地段因煤泥沉积已变成直流河道；很多河段的河床内所堆积的沉积物厚达五米甚至更高；尤其是该河和莱茵河汇合处的地势下沉严重；1906—1910年，河口汇合处甚至向北挪移了三公里，从而又诞生出一条长达十公里的新河床；此外，沿岸原来的苔藓地和泥沼地经长年污染已差不多消失。②

作为排污对象的埃姆舍尔河曾不堪重负，而作为提供饮用水的另一条鲁尔区重要河流鲁尔河的污染情况也不容乐观。虽然它被指定为“牺牲河段”，但其饮用水供应因受整个鲁尔区环境污染的影响也未能幸免，一直到20世纪20年代，这条河流也引发过很多卫生不洁问题。之所以出现这些问题，还要追溯到鲁尔区给排水建设发展的历史。19世纪60年代，鲁尔工业区各城市开始兴建中心供水设施和下水道设施。到1883年，已有11座城市并入中心供水设施网络，7座城市修建了城市下水道。③一开始的饮用水供应尚不能延伸到城市的每个角落，即使到该世纪末，水井也依

① Rudolf Ermmrich und Friedrich Wolter, *Die Entstehungsursachen der Gelsenkirchener Thyphusepidemie von* 1901, München: Bergverlag Rother, 1906, S. 168.

② Historischher Verein für Dortmund und die Grafschaft Mark (Hrsg.), *Alles fließt-Das Wasser der Emscher*, in: *Zeitschrift des Historischen Vereins für Dortmund und die Grafschaft Mark e. V. in Verbindung mit dem Stadtarchiv Dortmund*, Essen: Klartext Verlag, 2006, S. 107 - 118.

③ Ernst Grahn, *Die städtische Wasserversorgung im Deutschen Reiche sowie in einigen Nachbarländern*, *Bd.* 1, Berlin: Forgotten Books, 1898, S. 105.

然是饮用水的主要供应方式。由于此时期鲁尔区污染严重，井水也未能幸免，这就导致很多流行病如伤寒病的爆发。下水道铺设情况也是如此，它的修建也只局限于一些重要的市民居住区。为确保饮用水的安全卫生，很多有实力的工厂如奥伯豪森（Oberhausen）地区的克虏伯、蒂森、好希望等工业企业开始自建水厂，用于企业生产和居民生活，使用过的污水也一起经下水道排入埃姆舍尔河。

随着工业污染程度的不断加深，鲁尔河的卫生状况于20世纪20年代开始出现问题：由于工业取水对水质情况要求程度不高，所以，很多取水设施便直接修建在鲁尔河边，这可以为企业大大节省工程开支，如盖尔森基兴水厂就直接建在了河边，而且也不做任何清洁过滤就直接使用，而这也是1901年该市爆发伤寒热导致很多人死亡的主要原因。此外，多特蒙德水厂距小河只有十米远距离，缪尔海姆的水井干脆就紧挨着河边，杜伊斯堡的取水情况也差不多如此。①

由于鲁尔河受到各种污水的污染，所以其水质对健康也是有损害的。此外，由于河床中淤泥不断沉淀、堆积和拥堵，导致河岸水井经常渗水，所以水井的蓄水量也多受到影响，污水技术专家伊姆霍夫（Karl Imhoff）在调查鲁尔河污染情况时这样写道："由于河里缺水，水井中的水位也急剧下降。此时河中烂泥层的压力也在逐渐加大。一旦烂泥层开缝断裂，河水没经沉淀过滤，就直接从沙子渗入到水井中，这样的水当饮用水使用是明显值得怀疑的。"② 伊姆霍夫研究得出的结论是，河岸水井的过滤作用为600比1，也就是说，使用过滤井水后，每600个人中一般只有一人得病的概率。若是河水不足，或发生洪灾，那么水中病原体的数量就要比平时高十倍，所以，1910年有些水厂不得不告知居民，从鲁尔河中提取的饮用水必须烧开后才能饮用。③ 一年后的夏天，河水污染情况更是糟糕，水生态学家提内曼在考察鲁尔河下游河段时曾这样描述河流污染的场面："下游河水中含有大量化学工业品污染酸液。鱼类已没法在这种酸液中存活，动

---

① August Thienemann, *Die Verschmutzung der Ruhr im Sommer* 1911, in: *Wasser und Gas* 13, 1912, S. 419 – 422.

② Karl Imhoff, *Die Reinhaltung der Ruhr*, Essen: C. W. Haarfeld Verlag, 1910, S. 18.

③ Ebd., S. 21.

物也不能饮用这种污水。路过河边时，人们都尽量绕开河段，以避开那些熏人的气味。有了这些酸液的浸泡，这样的水体再也不能称之为‘河水’了。然而，下游河谷的水厂却仍在使用这样的河水。”[①] 到了1914年早春和仲夏时节，由于水质不断恶化，好希望冶炼厂告诫本厂工人尽量不饮用河水，如非得饮用，也需经过高温消毒处理。[②]

在这种情况下，为解决饮用水问题，鲁尔区不得不在东南边很远处的萨尔兰地区建起一座大型水坝。这项工程于1904年破土动工，1913年竣工并投入使用，鲁尔区生产生活用水紧缺问题由此得到了很大缓解。1914年，鲁尔区有关排污企业和用水部门坐到一起，共同制定了一项庞大的工程计划：再修建一条下水道，然后通过此下水道直接将污水排入莱茵河。由此从1925年起，每年总计5000万立方米的污水未经任何净化处理就从杜伊斯堡、缪尔海姆和奥伯豪森直接排入莱茵河里。该项工程虽缓解了鲁尔河下游水源污染压力，却给莱茵河带来了巨大压力。然而，这些排污企业和用水部门却一再为自己辩解，声称“偌大莱茵河的清污能力自是很强，渔民的抱怨也过于夸张了。从经济发展角度来看，他们从事的渔业经济哪有工业生产重要，他们也太自不量力了。”[③]

应该说，19世纪末于利施的“和工业相比，渔业和其他传统行业并不具有多大的经济意义，所以它们应让位于当前压倒一切行业优势的工业企业利益”的观点是一种颇为流行的观点。[④] 这种观点极大地助长了城市和工业企业的放任行为，从而导致河流污染的进一步恶化，应该说，鲁尔区排污企业和用水部门的实际做法和这种主张是一脉相承的，它们清洁了自己，污染了别人。还在19世纪80年代之前，大城市中的污水排放也仅是一些制革厂、屠宰场和类似企业的排放，当时的水源总体来说还相当清

① August Thinemann, *Die Verschmutzung der Ruhr im Sommer* 1911, in: *Wasser und Gas* 13, 1912, S. 420.

② Franz-Josef Brüggemeier und Thomas Rommelspracher, *Besiegte Natur*, *Geschichte der Umwelt im* 19. *und* 20. *Jahrhundert*, München: Verlag C. H. Beck, 1989, S. 57.

③ Karl Imhoff, *Der Ruhrverband*, Essen: C. W. Haarfeld Verlag, 1928, S. 18.

④ Konrad W. Jurisch, *Die Verunreinigung der Gewässer*, *Eine Denkschrift im Autftrage der Flusscommission des Vereins zur Wahrung der Interessen der chemischen Industrie Deutschlands*, Berlin: Nabu Press, 1890, S. 103.

洁，作为饮用水不需要采取什么防范措施，作为牲畜饮用水和工商业生产用水则更是不成问题。而进入 80 年代后，由于工业污水的大量排放，整个河流污染情况发生了急剧变化，正如帝国卫生局委员会当时发出的警告："一个开放的水域内，很难再看到健康饮用水的迹象。谁要是饮用它，谁就得自己承担健康损害所带来的一切后果。"[①] 从中也可看出，河流的"自然"使命已发生了根本改变，它的新使命是发扬所谓的"乐善好施"的精神，任意接纳城市和工业所排来的大量污水，最后再一起排放到大海，让大海成为这些污水的最后净化场所。从深受其害的渔业经济方面来看，尽管 1874 年帝国颁布了《渔业法》，也严令禁止污染水域，但污染水体的有害物质类别和排放量却并没有载明，包括城市居民如何清洁污水也没有做具体规定，于是，河流污染仍在继续并大有愈演愈烈之势。随后各联邦州自行制定了相关法律，如 1887 年的黑森、1899 年的巴登、1900 年的符腾堡、1907 年的巴伐利亚以及 1909 年的萨克森等，它们都旨在加大水污染防治力度和突出渔业经济的重要性。在经过反复不断的社会讨论后，帝国政府最终于 1912 年完善了这部法律，使其更适应工业化和城市化发展需要，也在最大程度上维护了渔民权益，提升了渔业经济地位，从而更好地促进了帝国渔业经济的发展。[②] 此外，水污染中不能忽视的还有水坝建设所引发的诸多环境问题。其建设虽可缓解用水压力，但如溃坝所导致的大量人畜死亡和村庄被毁等安全问题却时有发生，在这方面，英、美、法、瑞士、西班牙等国 19 世纪都有过惨痛的经验教训。不仅如此，鱼类的洄游繁殖也受到很大影响。还有就是春天水底各种藻类茂盛生长后易出现沤腐，并吸收大量氧气，从而易导致水体发生腐臭。最后，由于季节雨量情况不定，坝内的蓄水量会随着产生变化，尤其是下游河流和小溪经常会出现干涸断流现象，这些都给环境带来很多不利的影响。到 20 世纪末，由于城市卫生条件的不断改善，城市已成为乡村居民特别向往的居住地，这也是此时期德国城市化达到高潮的一个很重要原因。

---

① Thomas Kluge und Engelbert Schramm, *Wassernöte*, *Umwelt- und Sozialgeschichte des Trinkwassers*, Aachen: Alano Verlag, 1986, S. 122.

② Ebd., S. 40.

五　环境问题之三——垃圾污染

进入 19 世纪下半叶，随着城市化的兴起和发展，继污水问题之后，垃圾问题也逐渐成为社会关注的焦点。从总体情况看，1885 年之前，德国城市垃圾还相对较少。为让人们对其有一个正确的认识和了解，有关部门开始宣传普及“垃圾”这一概念，强调垃圾自身所具的经济价值，并倡导和鼓励人们积极回收利用，更好地造福人类。1885 年，在帝国农业部所做的一份城市垃圾调查报告中，“垃圾”概念定义阐释为：“‘垃圾’是一个相对主观的概念，严格意义上说，只要某样东西在使用后不具备存在的价值，它就可以被视为垃圾。”此外，垃圾的利用价值也在此被突出强调：“和宇宙中的万物一样，垃圾自身也有其价值。从经济发展所赋予我们的任务要求来看，我们不要一次性使用某物，要尽可能地在各个环节对它做到形态和材料上的转换使用。”为实现这一目的，一方面“要最大限度地减少垃圾，让人们不再为有害的垃圾所困扰”；另一方面，要“最大限度地利用垃圾，以此来为社会多创造财富，让其为人们带来更多的福祉”。[①]

1885 年以前城市垃圾较少的原因主要有两个：首先是整个社会还处于一个比较贫穷的状态，人们一般不轻易丢弃尚有价值的垃圾，更何况有些垃圾可派上用场，以备不时之需；其次，一般手工业产品生产形成的垃圾和生活垃圾大多为有机垃圾，穿旧穿破的衣物一般都要被洗涤缝补，最后被当作抹布使用，有的待其形成布片后还可加工成纸张或其他印刷品。而厨余垃圾一般在收集后运往城外的乡村用于喂养牲畜，有的则被当作肥料，施撒到郊外的田间地头。还有的垃圾如刨花、木头屑等可燃物则直接用于烧火做饭，冬日取暖，或被城市垃圾清理部门收集后集中焚烧，用于城市供热供暖或派作其他用途。而不能焚烧的垃圾如玻璃、金属废品等因为可出售给垃圾回收部门，所以也不轻易扔掉，丢撒在街头。

然而，随着工业化和城市化的进一步发展，在此之后的垃圾从量和质两方面来看都发生了新变化。根据德意志公共卫生护理协会 1895 年出版的

---

① Eduard Heiden, *Die Verwerthung der städtischen Ficalien. Im Auftrage des Deutschen Landwirtschaftsrathes bearbeitet*, Hannover: Forgotten Books, 1885, S. 4 – 6.

一份季刊杂志报道，很多大城市外田间地头施撒的都是城内运出的饭菜残余物，或骨头加工成的骨肥。此外，“到处抛扔的垃圾杂物中有玻璃、陶瓷碎片、罐头盒、破旧衣物、弹簧片、废旧螺丝、铁丝、废旧纺织机梭等各种垃圾，在很多灌木丛低矮树木上，多挂有破衣碎片和废旧纸张。有的地方还可能见到堆得像山一样高的垃圾，甚至许多石子坑里也填满了垃圾杂物。”尤其是那些不易腐烂的金属垃圾“一到春天就发霉变绿，看着既刺眼，又碍眼”。[①] 如何合理有效地利用这些垃圾已成为人们关注的焦点。从现代医学心理学角度来看，这些“无用之物”会给人带来一种感官上的困扰，从而引发某种嫌弃或排斥心理，人们会不自觉希望它们能从公众视野范围内被清除干净；还有一种潜在的心理则是对垃圾传播疾病的恐惧。另外，从审美角度来说，垃圾的存在也确实影响市容美观，同样也给人以强烈的不适感。[②]

在清理垃圾方面，当时最常见的是在垃圾堆旁拥挤着很多穷人，他们在垃圾堆里翻来找去，希望能找到一些有价值的东西，而真正有价值的东西实际上早已被走街串巷收垃圾的人收走，而这些穷人多在晚间出没，带着篮筐去垃圾堆里翻找最后有价值的东西。在今天看来，这种做法实际上就是“垃圾回收利用”的初级形式，只不过在开始阶段还没有被机构化执行，也就是说没有政府牵头，社会出资，企业运营，共同来解决这一问题。随着垃圾不断增多，环境日益恶化，人们的呼声也变得越来越强烈，于是，垃圾处理逐渐由部分小企业承担起来，并且运营得颇为有效，因为在它们看来一切都可很好地回收利用，变废为宝。

然而，随着垃圾的不断增加，这些小企业已无法处理庞大体量的垃圾，新产生的垃圾于是又被人乱抛乱扔，新的垃圾堆不断出现在城门口，有的干脆就堆在街头巷尾。1898 年的莱比锡就面临着家庭生活垃圾乱堆乱放的问题：“在这里，人们看到的可不像是卡尔斯鲁厄（Karlsruhe）市郊

① Franz-Josef Brüggemeier und Michael Toyka-Seid（Hrsg.），*Industrie-Natur*，*Lesebuch zur Geschichte der Umwelt im 19. Jahrhundert*，Frankfurt/New York：Campus Verlag，1995，S. 231.

② Carmelita Lindemann，*Verbrennung oder Verwertung？Müll als Problem um die Wende vom 19. zum 20. Jahrhundert*，in：*Technikgeschichte* 59，1992，S. 91 – 107.

那座人工小山丘。[1] 站在那座山丘上，放眼山下开阔的平原，人们一定会心旷神怡。人们在这里所看到的却是这样一座‘拿人开涮’的小山，因为它是一个由家庭生活垃圾堆成的小山包。它不在城外，恰恰就耸立在市中心人流量很大的人民公园内。它就这样被那些看上去似乎很敬业、很能干的卫生清洁工堆集到一起。”面对这样糟糕状况，人们在进行调侃的同时也发出警告：“要是哪一天流行病菌从中诞生，再蔓延到整座城市，那就会出现大批人死亡的可怕后果。”[2] 对于有些城市将垃圾堆设在河流边的做法，帝国皇家科学代表团成员也发出了警告：“若是人们将垃圾堆随便设在洪水频发地段，那就很容易出现垃圾被河水冲走的情况。雨水、融化的雪水都有可能冲走这些垃圾，而且它们还会以意想不到的方式污染水源。”在如何清理工业企业垃圾这个问题上，该代表团成员也给出了相关建议：“要是这些企业能少制造一些垃圾，能清除垃圾堆散发的异味，赶走四周乱飞的苍蝇，不让那些翻找垃圾的人擅自进厂，我相信，各工厂区一定会成为清洁区，而且我还相信，这也符合这些企业主本身的利益。”[3]

鉴于城市垃圾乱堆乱放出现的许多问题，人们纷纷寻找解决办法，其中一个较为有效的建议是对垃圾做焚烧处理。这一做法其实早在十多年前的英国就已实施。1914年，英国垃圾焚烧点多达200处,[4] 这给德国人很大启发。1898年，汉堡率先在圣保利和圣乔治两个市区设立垃圾焚烧点，30多万市民从此受益。[5] 应该说，这项举措确实给市民带来了很多便利，体量庞大的垃圾从此不需再花费巨大的成本运往城外。由于当时的城市仍在不断向外扩张，所以就地焚烧便成为一种很经济的做法。此外，就地焚

---

① 该人工山丘于1889—1893年建成，其目的是利用地势，在山顶建造供水设施，方便山下市内供水。

② Franz-Josef Brüggemeier und Michael Toyka-Seid (Hrsg.), *Industrie-Natur*, *Lesebuch zur Geschichte der Umwelt im 19. Jahrhundert*, Frankfurt/New York: Campus Verlag, 1995, S. 233 - 234.

③ Rubner/Schmidtmann (Referenten), *Gutachten der Königlich Wissenschaftlichen Deputation für das Medicinalwesen über die Lagerstätten von Müll in Ueberschwemmungsgebieten von Flussläufen*, in: *Vierteljahresschrift für gerichtliche Medizin und öffentliches Sanitätswesen*, Bd. 13, 1900, S. 316 - 218.

④ Friedemann Schmoll, *Erinnerung an die Natur. Die Gechichte des Naturschutzes im deutschen Kaiserreich*, Frankfurt/New York: Campus Verlag, 2004, S. 88.

⑤ Franz-Josef Brüggemeier und Michael Toyka-Seid (Hrsg.), *Industrie-Natur*, *Lesebuch zur Geschichte der Umwelt im 19. Jahrhundert*, Frankfurt/New York: Campus Verlag, 1995, S. 232.

烧垃圾还可给城市腾出很大的空间，尤其是在疾病流行时期，这样做更可以减少流行病的发作蔓延，如阻止1892年的霍乱的肆虐横行。接受焚烧任务的垃圾焚烧厂也担保，“从卫生安全角度来，焚烧工作无可挑剔”，且“对市民没任何健康损害”，市民的健康安全由此得到很大保障。不仅如此，垃圾焚烧还具有极为重要的经济意义，通过燃烧垃圾不仅可以制成肥料，还可为市民提供大量的热能。到1914年，德国又有另外六座城市实施垃圾焚烧。然而，更多的垃圾焚烧厂建设最终还是没能进行下去，因为它的建设和经营需要巨大的资金投入。[①] 按原来的规划设想，焚烧垃圾可提供更多的热能，而这些热能又可以以商品形式出售给市民使用，不过从实际情况能看，这种方式生产的热能十分有限，且成本远高于收入所得，因为在热能生产过程中，为保证垃圾焚烧无烟无害，往往还要另外添加煤炭，以确保垃圾能充分燃烧，而煤炭的采购成本却往往高于热能的销售所得。另外，垃圾焚烧后的残余物如何堆放处理，这又是个棘手的问题。更为重要的是，在焚烧过程中，垃圾中很多有回收利用价值的东西也一同被烧掉。正由于这一点，该方案一度受到很多批评。

为此，人们试图找到某种替代方案来促进垃圾的有效利用。1898年，一种名为“垃圾筛选”的新方法在慕尼黑附近的普拉赫（Pullach）地区投入使用。这种方法的操作流程为：家庭生活垃圾由专用垃圾车收集，然后通过铁路运输方式运送到普拉赫垃圾加工厂。厂内安装筛选机和传送带等设备，筛选工作多由女工手工完成，她们根据不同的类别筛选分拣垃圾，对有用的垃圾进行再加工处理，比如食物垃圾或继续用来喂养牲口，或制成堆肥；动物骨头则制成骨粉或胶水；而金属垃圾则集中收集，送回冶炼厂做冶炼处理；剩下没有利用价值的就扔到附近荒废的苔藓沼泽地。然而，随着时间的推移，这部分的垃圾量也是相当惊人，最后不得不通过焚烧形式来处理，而这种处理成本也相当惊人，同时期汉堡发给市民的垃圾补偿费为每人每年0.39马克，而慕尼黑却高达0.77马克，以此鼓励市民少制造垃圾，减少社会负担。然而，在具体操作过程中，垃圾筛选虽技术

① Franz-Josef Brüggemeier, *Schranken der Natur, Umwelt, Gesellschaft, Experimente*, 1750 *bis heute*, Essen: Klartext Verlag, 2014, S. 123.

上可行，但其成本投入却异常昂贵。

稍晚时期在柏林采取的三桶制垃圾分类法也不尽理想，它不但处理成本昂贵，在技术操作上也很难实现。这种创意最早诞生于1903年，在一份地方报纸有关垃圾处理的技术讨论中，有人提出了“垃圾分类法”这种方案，即家庭生活垃圾用三只桶分装：“三只垃圾桶应放在厨房或其他房间里。第一只桶内放灰尘杂物；第二只里面放动植物有机垃圾，如骨头、菜叶等；第三只则放入可回收垃圾，如废纸、玻璃瓶、废金属、破旧衣物等。”① 此外，作者还发出呼吁：“这种分类首先要从每个家庭开始。若是一家之主选用此法，我相信，它一定会受到各家庭主妇的欢迎，因为这为她们还有家庭女佣省去好多麻烦。”② 受此启发，四年后的1907年4月1日，柏林夏罗腾堡市区正式引入这一方法并交由一家私人企业负责经营。③ 然而，这种分类后的垃圾处理却并不轻松：尘灰杂物要运到30公里以外的罗特霍夫（Röthof）做堆放处理；骨头、菜叶等有机垃圾要送往14公里外的西格菲尔德（Seegefeld）做清洗处理，然后再出售给肥料厂或直接喂养牲口；而第三类废纸、废金属等可回收垃圾则出售给分散在四处的相关工厂做处理。所以，这种分类成本异常昂贵，技术操作上也异常烦琐。仅过了五年，这家企业即宣布破产倒闭，三桶制垃圾分类也仅是昙花一现，很快夭折。④ 这种分类法使人们很容易联想到今天德国所实施的四桶制垃圾分类法，从某种意义上说，早期的三桶垃圾分类法也可谓当今生态文明时代德国家庭垃圾分类的一个发端起源。

虽然人们大力宣传垃圾利用的好处，但上述三种垃圾处理利用方法从总体情况来看却并没有达到预期效果。在这种情况下，帝国大多数城市居民最终不得不做出选择，由市政部门牵头建设垃圾场，将垃圾集中堆放，这样既不存在多家垃圾场竞争问题，可降低处理成本，同时卫生问题也能得到较好的解决。然而，从实际情况来看，短期时间内垃圾处理问题似乎

---

① C. Adam, *Müllverbrennung oder landwirtschaftliche Verwertung*? in: *Technisches Gemeindeblatt*, Berlin: Nabu Press, 1903/04, S. 10 – 11.

② Ebd., S. 11.

③ Clemens Dörr, *Hausmüll und Strassenkehricht*, Leipzig: Ort Verlag, 1912, S. 8.

④ Franz-Josef Brüggemeier, *Schranken der Natur, Umwelt, Gesellschaft, Experimente*, 1750 *bis heute*, Essen: Klartext Verlag, 2014, S. 124.

得到了解决，但时间一长许多问题又随之产生，这是因为只要垃圾回收有利可图，就避免不了人们对垃圾资源的抢夺，许多废品回收人和捡垃圾者为此会在垃圾桶或垃圾场内乱翻，以维持生计。这种情况一直持续到一战爆发前。不过在两次世界大战期间，德国城市垃圾在系统有效的组织下却得到了很好的回收利用，出现这种现象的原因正是因为战时物资的短缺。此外，战后东德的垃圾回收工作开展得也颇为有效，究其原因，是国家外汇短缺所致，所以，东德人只能通过经济节约、自力更生的方式才能用有限的外汇购入生产原材料，从而更好地为社会主义建设服务。

虽然垃圾回收利用率不高，但在威廉帝国时期，德国已走在了世界前列，尤其是德意志民族对垃圾资源的深刻认识使他们认识到垃圾的有效利用不仅是他们应展现的一种物质成就，同时也是一种了不起的文化成就。在他们看来，垃圾本身具有自身的内在价值，在经济学家林德（Carl von der Linde）看来："世界上没有哪个国家像德国一样如此依赖土地产出和经济商品生产，要做到这些，就必须以各种资源的超量使用为代价。德意志民族不应该像其他殖民国家一样，把今天的富裕幸福归功为它的土地财富或是从殖民地掠夺来的那些财富，而应该归功于它能合理巧妙地利用那些可循环利用的辅助性资源，其中，大城市产生的垃圾就属于这种辅助性资源。每年价值数以百万计马克的生活垃圾和工业垃圾就这样不经意间被白白抛弃，如被煤气厂当作垃圾处理的焦油就可以用来生产上佳的人工合成染料。有了它们，我们何需再进口那些昂贵的天然染料产品？更何况它的生产可成为我们民族财富一个新的增长点；还有，如能对冶炼过程中产生的那些废气进行回收利用，这样不仅可减少污染，还可提炼出更多的化工产品；还有对高炉矿渣的有效处理也可生产出更多的高效肥料等。总之，我们希望能从这些大城市不受人重视的废弃物中提升其使用价值，让其内在价值得到充分彰显。"① 如能实现此，垃圾利用上所创造的物质成就也就自动升华为一种文化成就，因为"根据对垃圾采取怎样的态度和行为来判断，人们就完全可以给这个民族划分文化等级。我们民族经济教给我

① Carl von der Linde, *Müllvernichtung oder Müllverwertung*, *Insbesondere das Dreiteilungssystem*, *Ein Beitrag zur Hygiene des Mülls mit Rücksicht auf ihre volkswirtschaftliche Bedeutung*, Charlottenburg: Forgotten Books, 1906, S. 1 – 2.

们的是，对垃圾的轻视是一种文盲表现，对其清除是一种半文盲表现，而对其利用则是一种有全面文化素质的表现”。林德还进一步认为：“在不断加大垃圾利用力度这个问题上，我们要以一种欢迎的姿态积极支持并传播垃圾回收利用的思想，从而让一句话变成为真理，那就是：垃圾不是无用之物，它实际上就是没放对地方的有用之物。”①

与此同时，在当时的自然保护者和家乡保护者看来，加强国民的环境保护教育，让其不乱抛乱扔垃圾，已成为他们的共识，身为自然保护者的霍亨佐伦侯爵（Fürst Wilhelm von Hohenzollern）就高度强调这种教育的重要性，对此，他给出有益的忠告和建议：“教育的核心在于，要让年轻人尽早远离平庸和粗鲁，要唤醒他们内心深处守规矩、不逾矩那种最自然的情感。这种情感会告诉他们，无论在哪里做客，或身处某森林地，或在某公共场合，他们都应举止得体，合乎礼仪。此外，他们还要以这种方式改掉另一种陋习，那就是不要将早餐包装纸四处乱丢，包括乱扔在森林里。”② 在这里，霍亨佐伦侯爵不但强调讲规矩、守秩序的重要性，而且还倡导讲卫生、爱清洁、不随地乱扔垃圾的好习惯。同样，另一位自然保护者绍恩尼辛（Walther Schoenichen）在其著作《和绿色之母相处》中也强调这种教育的重要性，同时还要求强化政府职能，做好有关立法工作：“满大街都是废纸屑、用过的公共汽车票和其他垃圾，这种现象显然不符合街道清洁形象，所以，一定要教育好广大民众维护广场街道和其他公共设施的整洁，并以法律形式确立下来，让更多的人来关注它。”③

六　环境问题之四——小汽车和城市噪音污染

到 1914 年一战前夕，德国已拥有 7 万辆小汽车，是欧洲小汽车保有量最多的国家。然而，车辆的不断增长随之引来民众的不同反应。在时人看来，小汽车的诞生是新技术成果的最重要展示，尤其是在公路交通中，它

---

① Franz-Josef Brüggemeier und Michael Toyka-Seid（Hrsg.），*Industrie-Natur*，*Lesebuch zur Geschichte der Umwelt im 19. Jahrhundert*，Frankfurt/New York：Campus Verlag，1995，S. 238 – 239.

② Wilhelm von Hohenzollern，*Gedanken und Vorschläge zur Naturdenkmalpflege in Hohenzollern*，Berlin：Dietz Verlag，1911，S. 3 – 24.

③ Walther Schoenichen，*Der Umgang mit Mutter Grün. Ein Sünden- und Sittenbuch für jedermann*，Berlin-Lichterfelde：Verlag Naturkunde，1929，S. 45.

所展现出的机动快速更是让人们感受到自由、舒适和高贵的美好。铁路交通虽然和公路交通一样极大地改变了时间和空间涵义，但和公路交通相比却存在着缺陷，即它的每条铁路线皆为固定线路，每个铁路站点也是固定站点，所以人们出行的机动性还是受到很大的限制。而小汽车却可以随处行驶停靠，它可以弥补乘火车出行的不足。此外，尽管它的行驶速度在当时不是很高，但却远快于马车，所以其快捷舒适度也广受人们青睐，正如当时人们在旅游见闻中所报道的：他们又获得了新的自由，能看到沿途优美的田园风光和迷人的城市风景，而这一切可借助于小汽车很快实现。[①]

然而，在实际道路行驶中，小汽车却并没给驾驶者带来多少快乐，反倒是引发不少路人的反感，甚至有不少人朝车子扔石头，对着驾驶者痛骂。对此，驾驶者也不敢还嘴，只能逃之夭夭。[②] 之所以出现这样的情况，是因为小汽车在道路行驶过程中往往会制造很多危险，让人心生恐惧。即使它刚面世时的速度在每小时20—30公里之间，但其速度也远远快于其他交通参与者，无论是马车和行人都无法与之相比，所以，这种呼啸而过的交通工具很容易成为人们攻击诅咒的对象。为此，有些地区限制时速，以防止汽车惊扰行人。巴登州即规定小汽车最高时速不超过9公里，而到了1909年新的有关法规颁布后，时速可提升至20公里。[③] 对于有些驾驶高档轿车好显摆的飙车族，帝国议员施托勒（Karl Wilhelm Stolle）在议会上表达了他的愤懑之情："要是这些不遵守交通规则的家伙们驾着豪车在乡村公路上兜风，他们会受到任何惩罚吗？星期天早晨，当那些在工厂里做完工的工人外出散步和呼吸新鲜空气时，他们身边往往会有一辆轿车呼啸而过，于是马路两边的灰尘高高扬起，以至于这些工人刚换的一身新衣也被弄脏。这些炫耀的家伙们也不问问自己，他们会弄脏多少人的衣服和身体？"[④] 此外，对

---

① Klaus Kuhm, *Das eilige Jahrhundert. Einblicke in die automobile Gesellschaft*, Hamburg: Junius Verlag, 1995, S. 11 – 12.

② Christoph Maria Merki, *Der holprige Siegeszug des Automobils* 1895—1930. *Zur Motorisierung des Straßenverkehrrs in Frankreich, Deutschland und der Schweiz*, Wien: Böhlau Verlag, 2002, S. 189.

③ Wolfgang Sachs, *Die Liebe zum Automobil*, *Ein Rückblick in die Geschichte unserer Wünsche*, Reinbek: Rowohlt Verlag, 1991, S. 56.

④ Franz-Josef Brüggemeier und Michael Toyka-Seid (Hrsg.), *Industrie-Natur*, *Lesebuch zur Geschichte der Umwelt im* 19. *Jahrhundert*, Frankfurt/New York: Campus Verlag, 1995, S. 248.

于当时许多人拥有豪华小汽车后所表现出的炫耀心理，帝国议员绍奈希—卡罗拉特王子（Prinz zu Schönaich-Carolath）也给予了猛烈批评，并建议国家立法以杜绝这种浮躁风气的盛行。在1906年的一次国会演说中，他抱怨这些豪车车速过高，它们不仅惊吓到公路两边的牛马牲畜，而且还会惊吓到那些乡村居民，受惊的他们也因此“害怕进城”，而“这些老爷们却在我们百姓花钱修建的公路上任意飙车取乐，从而给人们带来很大的心理恐惧和危险，这是一种极不负责任的行为。对于这种情况，我们政府绝不能坐视不管，听之任之。”①

然而，这些被谴责的驾车人却并不认为自己有什么过错。在他们看来，经常发生的碰撞事故多是由“那些不小心的交通参与者”引起，因为他们还不熟悉小汽车行驶方式，更遑论对小汽车行驶速度的认知，否则他们早就躲闪避让了。过去没小汽车时，他们这样走路是没问题的，而现在人们会突然受到惊吓，受惊的他们往往呆站在车前，一时不知所措。所以，“行驶在乡间公路上的小汽车，若见到对面来人，就必须拐弯绕开他们，或减速，或干脆停下来让他们走过，这实在是很恼人的事。要是这样，小汽车快速行驶的优越性能就无法体现出来。”② 正因为有这样的认识，所以，当时的驾车人很容易造成交通事故，由此造成的伤亡情况时有发生。

事故发生除驾车人自身原因外，路况不佳也是一个很重要的原因。开始阶段的路面都是土灰路面。尽管大多数路基不时被加固，但由于没铺上石子，所以一遇到干燥天气车辆行驶时，便尘土飞扬，不见天日。为此，这些小汽车经常被人戏称是“一流的扬尘器”。为解决这一问题，有些人给出建议：在车上安装一台水箱，再在轮胎边安装一个喷嘴，将其连接到水箱，这样喷嘴喷出的水流就可以阻止灰尘的扬起。还有一些人则另觅他法，希望能阻止灰尘的产生。然而，最终形成的意见是：还是“洒水防尘”的办法最为有效，即城市投入洒水车，在马路上不停洒水，以确保灰

---

① Franz-Josef Brüggemeier und Michael Toyka-Seid (Hrsg.), *Industrie-Natur*, *Lesebuch zur Geschichte der Umwelt im 19. Jahrhundert*, Frankfurt/New York: Campus Verlag, 1995, S. 247.

② Ludwig von Löw, *Die Gefahren des Automobils und ihre Bekämpfung*, in: *Deutsche Reue* 36, 1911, S. 234 – 238.

尘不再扬起。然而这个方法虽好，但也有很大的缺点，即洒水会很快蒸发，没过多久，路面上的灰尘又重新扬起。随着修路技术的不断进步，人们终于找到一种较为妥善的解决方案——柏油路面的铺设，即先铺石子，再倒上焦油，最后再铺上沥青，新的无尘路面最终于 1910 年前后正式诞生。①

与今天情况不同的是，汽车尾气排放问题在当时并不是什么突出的问题，尽管当时有医疗卫生情况调研和尾气排放测量，但事实结果如何人们也不完全知晓。不过，尾气排放形成的臭味还是引发不小的抱怨。为根除这种臭味，一种闻上去很清香的除臭剂当时已生产并投入使用。然而，其作用效果如何，恐怕连发明人自己也不是很清楚。在当时，装有汽油发动机的小汽车很是昂贵，平均每辆价格一般都在 1 万马克左右，这相当于今天 24 万欧元的价格，即使双人座小型车辆只花一半价钱，对当时的人们来说也很难承担。然而，尽管小汽车驾驶带来不少问题，人们对它的痴迷狂热尤其是对它快捷舒适的认可还是有增无减。随着汽车技术的不断改进，1990 年，其时速已能达到 100 多公里，人们甚至将它用作赛车，从事体育竞技比赛活动。②

在当时的德国，除小汽车、部分载重汽车外，马匹和以前一样仍是重要的城市交通参与者。根据官方统计，1900 年左右，柏林街头仍有 6 万匹马在行走，可见数量之多。这些马匹主要用于工厂手工业作坊生产以及为私人商店拖拉货物。此外，它们有时还用于牵引有轨汽车、有轨电车甚至消防水车等，特别是啤酒厂更是大量使用马匹用于啤酒生产和运输。不仅如此，在军营、城市旅游观光、节日盛典和私人娱乐消遣等场合，马匹也被派上大量用场，所以，在平日柏林街头，随处都能看到马匹，甚至著名的动物花园内也经常见到军士骑着高头大马在巡逻执勤。③ 尽管这些马匹会到处遗弃粪便，但在当时这并不算是什么很严重的问题，因为粪便很快

① Franz-Josef Brüggemeier und Michael Toyka-Seid（Hrsg.），*Industrie-Natur*，*Lesebuch zur Geschichte der Umwelt im 19. Jahrhundert*，Frankfurt/New York：Campus Verlag，1995，S. 250 – 252.

② Harry Niemann und Wilfred Feldenkirchen（Hrsg.），*Die Geschichte des Rennsports*，Bielefeld：Delius Klasing Verlag，2002，S. 34.

③ Ulrich Raulff，*Das letzte Jahrhundert der Pferde*，*Geschichte einer Trennung*，München：Verlag C. H. Beck，2018.

被收集，并当作重要的肥料被施撒到城外农田。所以在当时，马不仅是人类重要的生产生活助手，还一身是宝，能为人类带来福祉：马鬃可以用来制作床垫、沙发垫，血液和骨头可制作肥料，油脂可用来生产蜡烛、肥皂。不仅如此，马皮还是上等的皮革原料，马肉可供人食用。

随着城市的不断扩大、工商业企业和城市人口的不断增加，噪音也成为日益突出的问题。噪音问题自古有之，只要有人口积聚的地方就会产生噪音。村庄集市、城市、工厂、码头、军营、车站、娱乐场所等地方都是很容易产生噪音的地方，马蹄铁掌、马车轮摩擦石子路面所发出的响声，火车轮箍摩擦铁轨所发出的刺耳噪音，手工业作坊所发出的机器轰鸣声，火车轮船汽笛、汽车喇叭鸣叫声等往往使城市居民饱受折磨。然而，如何测量这些噪音等级，当时的人们还无法做到，直到一战后人们才把噪音按分贝分成各个等级。

1932 年出版的《布罗克豪森大百科全书》对噪音所下的定义是：“噪音评定标准一般根据普通人的感觉而制定。”[①] 然而，这仍是一个很模糊的定义，因为根据一般普通人的认知，他们对噪音没有一个统一的划分标准，更何况有些人对某些声音感到厌烦，而有些人却恰恰相反，对此感到愉悦。但不管如何，但凡是刺耳的，给人带来不适的，甚至给人的身心带来损害的都被视为噪音污染，正如根据现代噪声强度标准所规定的“一般声音大到 80 分贝或以上就被认定为噪声”，如达到 120 分贝，甚至会产生致聋的危险。所以，在工业化和城市化高速发展时期，若按现代标准，当时德国大城市 80 分贝以上的噪声处处皆是，这自然给人们的生产生活带来很大的困扰。1869 年，著名作家施皮尔哈根（Friedrich Spielhagen）在其小说《锤子与铁砧》中即已描述到如此恐惧的场面：一家工厂内，工人焊接蒸汽锅炉时发出的噪音给人带来窒息感。此外，三个身高力大的工人抡着大铁锤在不断敲打着锅炉内壁的焊接口处，叮当作响的声音更是震耳欲聋，那场面“犹如地狱一般”，让人难以忍受。对此，作家给予了无限同情，认为这些天天和噪音打交道的人无疑就是一群“最可怜、最令人同情

① Michael Toyka-Seid, *Die Stadt und der Lärm. Aspekte einer modernen Beziehungsgeschichte*, in: Georg G. Iggers und Dieter Schrott (Hrsg.), *Hochschule-Geschichte-Stadt*, *Festschrift für Helmut Böhme*, Damstadt: Wissenschaftliche Buchgesellschaft, 2004, S. 313.

的垂死之人。"[①] 在此之后，越来越多的人开始关注噪音问题，有的还进行了深入研究，如1903年柏林城市建筑委员会委员平肯堡（G. Pinkenburg）曾对噪音类型以及噪音受害者的不同反应做过这样的详细表述："那些在马路上饱受噪音之苦的人本身其实也是各种噪音的制造者，一部分声音是他们表达强烈意愿时发出的声音，另一部分则是他们在日常生活中使用发声器具后发出的各种声响，如铃铛、哨子和汽笛所发出的声响等。这些声音不可胜数，无法一一列举，其表现特征多是突然间的爆发或长时间的持续。对此，人们无法预知，也无法知道它何时会终止。正是这些让我们猝不及防、突然间窜进我们耳朵的声音，如自行车铃铛声、小汽车喇叭声等给我们带来极度不适，乃至于我们经常会遭受惊吓，一时不知如何是好。要知道，这种突然间的惊吓很容易给人带来精神健康方面的损害，老年人和体弱者更是如此，这些人一般来不及躲开避让对面那些疾驰而来的车辆和马匹。"为此，平肯堡给出建议："有轨电车和小汽车司机，还有骑自行车者在行驶过程中必须经常不断地摇铃铛或按喇叭，以提醒行人和其他车辆注意交通安全。如有必要，机动车驾驶员需不断大声地对那些注意力不集中的行人叫喊，提醒他们注意危险，甚至发出警告，好让他们别被撞上，以免造成交通事故。但遗憾的是，这些叫喊声有时会变成叫嚷声甚至呵斥声，这种现象确实存在，这是不争的事实。"[②]

随着时代的进步，大量的城市噪音越来越引发人们的关注，许多社会人士开始积极投身到反噪音运动中。1908年，哲学家和教育家赖辛（Theodor Lessing）创建了德国第一个反噪音协会并出版了相关杂志。由于当时的人们对噪音的危害还认识不足，所以参加协会的人数不是很多，会员多是些有身份的中产阶层人物，但他们对工业企业却知之甚少，所以，杂志没发行多久便停刊，尽管如此，这仍是德国历史上反噪音运动中的一个重要里程碑，尤其是赖辛本人在反噪音宣传教育方面所做的贡献给后世很大启发。在其1908年发表的著作《噪音：一篇反生活噪音檄文》中，他首

① Friedrich Spielhagen, *Hammer und Amboß. Raman. 2. Teil*, München: Staackmann Verlag, 1902, S. 45.

② Jens Flemming und Klaus Saul (Hrsg.), *Quellen zur Alltagsgeschichte der Deutschen* 1871—1914, Damstadt: Wissenschaftliche Buchgesellschaft, 1997, S. 60.

先声讨了城市噪音所带来的严重后果：“今天的我们仍不时听到街头噼啪作响的马鞭声，如果对此抱怨的比叔本华（Arthur Schopenhauer）生活的那个时代少的话，[①] 那今天又有一种新的噪音在敲打着我们的神经，这种声响比以往任何声响都令人恐惧。如果这些祖先还在世的话，他们一定会忍受不了这种叫人欲死不罢、欲活不能的声响。在这里，我会想到那些交通运输工具、移动式蒸汽机、摩托车，尤其是小汽车。在没有饥荒的今天，也就是马尔萨斯人口论假设目标成为现实的今天，到处布满着这些杀人机器，它完全改变了当今现代化城市的形象。四百磅重的移动式蒸汽机在狂野地发着低沉的喘息声，从中喷出的蒸汽更是发出刺耳的尖叫声；还有那八百磅重的小汽车更是了得，它恐怕要打破噪音记录，它就那样一直不停地在呻吟喘息，或尖声怪叫；摩托车隆隆的吼叫声划破了宁静的夜空；房檐屋顶上，升起的是汽油燃烧后一团团蓝色的烟雾，可怕的烟臭味随之散发开来。”对此，赖辛仍十分怀念那个没有摩托化工具而只有马车在街上信步徜徉的时代，恰恰是这些摩托化工具的出现“让人们的生活和生意往来搅混到一起，无形中给人们增添了很多精神压力和心理负担，这些因素将使诞生在机器时代的人们永远和噪音相伴在一起”。[②] 在赖辛的影响下，对汽车噪音、交通事故和城市灰尘等有关反现代城市文明的批判一直持续，即使到20世纪二三十年代也未停歇，甚至批评的矛头还对准了铁路、公路等道路交通建设，因为在自然保护者看来，这些按几何方块分割的交通设施建设不仅破坏了田园景观，而且还摧毁了许多林荫路和动植物自然保护区，这种做法不仅是一种对自然环境的破坏，更是一种对德意志民族文化的摧残毁灭，所以整个民族需对此进行深刻的反思。不过，有关这种思想被后来的纳粹政府所借鉴吸收，特别是在高速公路建设过程中遵循的自然保护原则，其景观审美已逐渐蜕变为一种所谓雅利安“高贵民族”的形象展示，其道路建设也逐渐蜕变为一种血腥野蛮的侵略手段，使得更多国家生灵涂炭，也使更多地区的生态环境遭到破坏。

---

① 德国哲学家叔本华生于1788年，卒于1860年。

② Theordor Lessing, *Der Lärm. Eine Kampfschrift gegen die Geräusche unseres Lebens*, Wiesbaden: Bergmann Verlag, 1908, S. 45 - 46.

七 家乡保护与自然保护

对田园景观遭受噪音、交通事故、灰尘等破坏现象首先发难的是德国家乡和自然保护先锋里尔（Wilhelm Heinrich Riehl）。在这位文化史学者看来，铁路、公路网的大量建设就像河道改直一样是一种“人为毁灭性的掠夺”，因为这种直线分割是一种“现代文化对传统审美的诅咒和颠覆”，而且这种“洛可可式的”的直线切割“不会带给人任何美感”，剩下的只有“绝望”。[①] 19 世纪末，由于威廉帝国时代工业的高速发展和城市的快速扩张，喧嚣时代背景下的社会也在经历着一场深刻的思想文化危机，如何还德意志民族文化传统以本来面目，如何在迷惘的工业时代中重新寻回日耳曼人原始本真的民族传统，这些一度引发很多文化学者的思考，而里尔发出的对家乡和自然保护的呼吁正契合了这一时代很多民众的心理。在他的影响下，德国家乡保护运动和自然保护运动由此拉开序幕，这对德国社会发展和文化繁荣产生了重要而深远的影响。

家乡保护运动起源于 19 世纪末，结束于“二战”前，一共经历了半个世纪的发展历史。其诞生的主要目的是增强广大民众对德意志民族的认同感，同时激发他们对家乡的热爱并形成一种对家乡的自豪感。该运动在许多地方以各种团体形式出现，如家乡协会、民族传统服装协会、历史协会和民间艺术协会，包括德国青年运动所属的“候鸟运动”也参与其中，它们汇成一股强大的社会洪流，共同推动了时代进步和社会发展。[②] 该运动具有鲜明的时代特征，它在对工业化、城市化和社会贫困化进行文明批判的同时，也用审美的眼光和浪漫的情怀审视和感悟自然，试图与大自然做亲密接触，共同感受清新、原始自然的美好，从而激发人们对原有淳朴民风和乡村生活的向往。尽管“家乡”概念后来被纳粹篡改偷换，并宣称家乡保护即“纯种日耳曼的家乡保护”或家乡即“日耳曼人最本质的一

---

① Wilhelm Heinrich Riehl, *Rheinlandschaft. Gesprochen im Verein für wissenschaftlichen Vorträge zu Crefeld am 24. Oktober* 1871, in: *Freie Vorträge*, *Erste Sammlung*, Stuttgart: Forgotten Books, 1873, S. 65.

② Gerhaerd Ziemer-Hans Wolf, *Wandervogel und Freideutsche Jugend*, Bad Godesberg: Voggenreiter Verlag, 1961.

切”，但这种“血统和土地”（Blut und Boden）思想随着第三帝国的覆灭也告结束。尽管如此，“家乡保护运动”的诞生与发展仍是一个崇尚人与自然和谐相处的时代进步标志。19 世纪末，随着“候鸟运动”的不断发展壮大，这项运动又得到以工人阶级为主体的自然之友等协会团体的声援支持。[①] 他们创立的“自然之友协会”、“自然和家乡保护协会”以及“德意志家乡保护联盟”等协会团体在美化家乡、保护文化景观和自然环境等方面为德国生态文明建设做出了许多重要的贡献。

“家乡”这一概念最早诞生于拿破仑占领德意志时期所激发的德意志民族解放运动。随着浪漫主义思想的诞生，日耳曼人对德意志民族的认同感进一步得到了加强。由此，民族、家乡、自然这三个概念开始成为 19 世纪工业化高速发展进程中人们最向往、也最乐意谈论的话题。第一个从民族角度出发并将“民族”这一概念有机统一到家乡保护和自然保护中的正是里尔，他不仅是民族学创始人，还是家乡保护和自然保护运动的发起者。早在 19 世纪五六十年代，他就坚决反对对家乡和自然造成严重破坏的盲目的工业化发展，[②] 并始终坚持“一个民族想拥有未来，就必须保护好它的民族之根”这一观点。他深刻批评那些爱患有“历史遗忘症”的人，认为他们已“游离于自然之外，且忘掉自身最原始的民族特性”，而这些人正是“当今饱读诗书、受过良好教育的城市人以及那些大腹便便、营养状况甚好的农民们”，他们所代表的正是“当下这个在文化教育方面显得异常高雅，在物质生活方面显得异常幸福的民族”，而这样的民族是“很难抵挡得了严寒风霜并生存下去的”，所以，这个“民族未来所需要的是那些贫苦农民，尤其是那些生活在苔藓沼泽地一带的农民，因为他们是一个粗犷彪悍、韧劲十足的优秀群体。只有在他们的村落里，我们才能找到这个民族硕果仅存的文明精华，而这些文明精华必须从现在起就要真正地守护好，就像那些需要我们保护的为数不多的沙丘地、苔藓地、荒原地、冰川、巉岩绝壁和荒野。”为此，他呼吁：“好几十年了，工业进步一直

---

① Franz-Josef Brüggemeier und Thomas Rommelspacher, *Besiegte Natur*, *Geschichte der Umwelt im 19. und 20. Jahrhundert*, München: Verlag C. H. Beck, 1989, S. 158 – 167.

② Jost Hermand, *Mit den Bäumen sterben die Menschen*, *Zur Kulturgeschichte der Ökologie*, Köln: Böhlau Verlag, 1993, S. 83.

在主张和坚持它的权利，现在也到了我们为荒野主张权利和努力斗争的时候了。”①

在其后发表的著作中，里尔再次强调“世世代代的农民”才是德意志传统文化真正的守望者和捍卫者，他甚至预言：“不断发展的工业化和城市化进程势必摧毁农民的生存基础，并最终不可避免地导致自然的蜕化变质。”② 在他看来，所谓的工业化进步其实就是一种从西方世界引入的“魔鬼怪胎”，正是这种魔鬼怪胎剥夺了人的自由幸福，尤其是剥夺农民这个群体的自由幸福。为此，他进一步呼吁：“为确保拥有一个完整且不受任何损害的田园家乡，德国不能再沿袭英法等国的老路去追求那种所谓的工业化发展，这才是一种真正的社会进步。”③ 里尔的这一思想很快为崇尚乡村生活的民众所接受，并得到广泛的支持。在其影响下，人们多怀念“传统而美好的旧时代”，向往“简朴的生活”，希望一直能保持那种“自然的生活节奏和秩序”。④

在里尔提出家乡保护思想的基础上，音乐家、同为家乡保护运动的奠基人鲁道尔夫（Ernst Rudorff）则进一步丰富和发展了里尔的思想学说。为激发人们热爱家乡、热爱自然的情感，他首先探索了日耳曼人热爱自然的本源：“日耳曼人的本源就在于他们对自然表现出的最内在深沉的情感。如神话传说中我们祖先对奥丁神（Odin）那片圣洁的橡树林的神往。中世纪神话故事中，蛇身人妖美露茜娜女神、骑士浪漫的爱情故事以及睡美人的凄美故事，还有福格尔维德、歌德、艾兴多夫（Josef von Eichendorff）那些优美动人的诗歌等，这些最终都汇成一种天才的、无与伦比的上天启示，一种在我们民族音乐中又能听到的天籁之音。它们总是以同一种基调呈现，是一种神秘却无法揭示其奥秘的自然灵魂最深处的某种本真，这种

① Wilhelm Heinrich Riehl, *Land und Leute*, Stuttgart: W. G. Cotta'sche Buchhandlung, 1854, S. 30 - 32.

② Wilhelm Heinrich Riehl, *Die bürgerliche Gesellschaft*, Hamburg: Tredition Verlag, 2011, S. 263.

③ Wilhelm Heinrich Riehl, *Land ung Leute*, Stuttgart: W. G. Cotta'sche Buchhandlung, 1854, S. 56.

④ Jost Hermand, *Mit den Bäumen sterben die Menschen*, *Zur Kulturgeschichte der Ökologie*, Köln: Böhlau Verlag, 1993, S. 84.

本真也正是对我们这个民族气质最贴切的表达和最形象展示。”[①] 面对自然环境所遭受的破坏，鲁道尔夫在1880年发表的《论现代生活与自然之关系》一文中试图将工业对自然的摧毁，尤其是“对如诗如画的田园景观的摧毁”纳入到社会文明视野加以批判。他认为，是肆无忌惮的工业化发展带来了噪音、污水和烟尘。此外，集约化农业生产也让整个田园景观变成了一个几何对称式的原野平畴。尤其不能忽视的是，还有一股重要的摧毁力量也在破坏着自然，那就是那帮自私自利的大城市旅游者。身处大自然中的他们寻找各种借口保护自然，而实际上却做着许多伤害自然、污染环境的事，这些都是他们内心自私、却怎么也掩藏不住的外在表现。[②] 另外，在其1897年发表的《家乡保护》一文中，他还进一步谴责了诸多自然被毁现象，并给予深刻批评。对于前辈里尔所称颂的有些“自然野生动物”仍健在的情况，此时的他也只能发出这些动物已不复存在的哀叹。对此，他进一步强调道：“这场毁灭一切的所谓的‘现代生活’不仅毁灭了祖先遗留给我们的古色古香的城墙、街道和房屋，同时也毁坏了这个美好的自然。一切都已被肆虐殆尽，这种破坏程度恐怕连我们祖先也无法想象!”因为到处都奉行“直线加几何方块的设计规划原则”，乃至于大部分田野平畴看上去就像是数学题中的那一道道行列式一样整齐划一，机械单调，令人乏味。此外，到处是“令人目眩的广告招牌和广告标语”和任意穿梭在美丽山谷的铁路桥梁，还有风景如画的河岸也笼罩在工厂冒出的滚滚浓烟中。也正由于此，我们才不时看见一群群来到大自然中“呼吸夏日清新空气”的人们在尽情享受大自然的各种恩赐。很遗憾的是，此时的大自然就像是一个被驯服的奴隶，它的脖子上正套着一个“无形且抽象的‘可利用’的枷锁”，它已完全“蜕变异化”，正成为人们获取利润的工具和开心取乐的场所，“直至被榨干最后一滴血。”这样的“自然”会慢慢演绎为“资本”这个经济学概念，并最终沦为“商品”的奴隶。[③]

---

① Arne Andersen, *Heimatschutz: Die bürgerliche Naturschutzbewegung*, in: Franz-Josef Brüggemeier und Thomas Rommelspacher, *Besiegte Natur*, *Geschichte der Umwelt im* 19. *und* 20. *Jahrhundert*, München: Verlag C. H. Beck, 1989, S. 143.

② Kurt Marti, *Tagebuch mit Bäumen*, Darmstadt: Luchterhand Literaturverlag, 1989, S. 99.

③ Ernst Rudorff, *Heimatschutz*, Leipzig: Reichl Verlag, 1901, S. 12, S. 16, S. 24, S. 31, S. 51, S. 80, S. 87.

为避免德国陷入“丑陋做作的美国化风潮”的泥潭，防止民众“盲目追逐所谓的财富和富裕”，同时不被“虚幻的幸福泡影”所迷惑，鲁道尔夫呼吁人们应恪守传统，努力践行日耳曼人固有的“勤俭知足、和平友好、幽默开朗和敬畏上帝”的人生价值观。如果广大民众能做到这一点，那么他们就不会被那种“时尚的文明价值观”所干扰，而是在纯真和谐的自然氛围里将民族优良传统发扬光大。在这里，鲁道尔夫的呼吁并不是一种仅停留在口头上的道德宣传，即劝告民众“不要整天围着工商业生活和交通生活打转转”。他的真实意图是希望国家能积极行动起来，多设立一些较大的自然保护区，以防德国自然景观被那些“野蛮的工业”所吞食。[①]

同样，鲁道尔夫的家乡保护思想也得到很多文人学者的声援支持。受他的影响，文化思想批评家朗贝恩（August Julius Langbehn）在其1890年发表的著作《作为教育家的伦布朗》中从文化悲观主义角度出发，试图劝诫人们摒弃那种精神单调、文化单一的所谓“合理化”、“物质享受”、“科学性”和“自由主义”等思想，鼓励人们不妨尝试从荷兰画家伦布朗（Rembrandt van Rijn）的作品中找到某种“民族再生”的力量，以提高自己的艺术品味来反对自由主义和那些所谓的“现代新生事物”。[②] 而作家索恩雷（Heinrich Sohnrey）则于1893年创办了《乡土》月刊杂志，并发表文章反对农村人口涌入大城市。他认为长此下去，德意志民族传统将会在不久的将来遗失。[③] 而建筑艺术家、画家舒尔策—瑙姆堡（Paul Schultze-Naumburg）则给出了更明确、更坚决的批评态度，在其1901年发表的《由人所塑造的景观》一文中，他提出的有关问题发人深省：“工业将把这个国家的一切自然景观毁之于一旦，除了能在最短的时间内获得最大的财富，没有人考虑自然景观保护这一问题。这些无缘无故被毁坏的景观将来是没有任何补救办法的。是否有人能设计生产出既美观又不伤害自然的生

① Ernst Rudorff, *Heimatschutz*, Leipzig: Reichl Verlag, 1901, S. 15, S. 44 –45.

② Julius Langbehn, *Rembrandt als Erzieher*, in: CreateSpace Independent Publishing Platform, 2012, S. 45 –48.

③ Historische Kommission füe Niederschsen und Bremen, *Konservative Zivilisationskritik und regionale Identität*, *Am Beispiel der niedersächsischen Heimatbewegung* 1895—1919, Hannover: Hahnsche Buchhandlung, 1991.

产设备，对此似乎还没有人思考过这样的问题。”他还进一步提出许多问题供人们思考：“难道人为设计自然景观是我们求得生存的唯一出路吗?难道经济发展逼迫我们非走这条路不可吗？是不是还存在着其他新目标和新方法达成统一的可能性呢？如果在开始阶段不毁坏自然之美，以获取更高的收益，那么到最后就根本不存在民族获得幸福而自然却受到伤害这对矛盾。”[①] 舒尔策—瑙姆堡的文化批评层面可谓广泛，对于那些破坏自然景观的现象，如电话线高压线的乱铺乱设、铁路线的四处延伸、公路桥梁的任意修建、广告牌的四处泛滥以及噪音的无人过问等他都仔细调研和深入探讨过。在其1905年发表的著作《我们这个国家的丑态》中他指出：在到处被“资本”这种瘟疫传染的工业化社会里，保持一种“朴素简单或返璞归真”的人生态度也许是一种最好的生存方式。人们就应该像19世纪四五十年代比得马耶尔时期那样退缩到个人生活和家庭生活的圈子里去寻找自己的快乐。只有这样，人们才能获得一个和自然友好相处的美好未来。[②]

在这些思想的启发下，1904年，鲁道尔夫在德累斯顿宣告成立了德意志家乡保护联盟。联盟成员一致推选舒尔策—瑙姆堡担任联盟主席。[③] 根据联盟章程，该联盟的主要任务是：“保护德意志家乡永远具有其自然属性和鲜明的历史个性”。另外，“要维护具有乡村风格的建筑样式，尤其要保护好自然景观不被破坏（包括历史文化遗迹），同时，还要力所能及地保护好家乡的动植物物种和地理文化遗产。此外，民风民俗、传统节日和民族服装等也应纳入到这一保护范畴。”1905年，该联盟在高斯拉尔举行了第一次联盟大会。这个联盟团体中的成员多由上流社会的市民阶层所组成，其中25%的成员来自于社会中上阶层的领导管理层，20%的成员为教师、牧师、教授和图书管理人员等科学教育精英，31%的成员多为企业家，而建筑师和建筑行业的企业家在其中占了大多数，其余24%的成员多由医

---

① Paul Schultze-Naumburg, *Die Gestaltung der Landschaft durch Menschen*, Leipzig: Ort Verlag, 1901, S. 14 - 15.

② Paul Schultze-Naumburg, *Die Entstellung unseres Landes*, Halle: Mitteldeutscher Verlag, 1905, S. 78. S. 78 - 82.

③ Jost Hermand, *Grüne Utipien in Deutschland*, *Zur Geschichte des ökologischen Bewußtseins*, Frankfurt a. M. : Fischer Taschenbuch Verlag, 1991, S. 84 - 85.

生、艺术家、新闻记者等社会精英组成。因为该联盟多由社会精英所组成，所以一开始并没有引起社会中下层的声援支持，成员到1904年时也只有636人。随着时间的推移，联盟的影响越来越大，到1916年时，已猛增到2.7万人。①

德意志家乡保护联盟的第一个行动便是对劳芬堡（Laufenburg）水电站修建计划的抗议。1906年，莱茵河上游瑞士和德国交界的劳芬堡地区拟修建一座水电站用于发电。然而根据这项计划，一处挺拔秀美的自然岩石景观必须被炸掉，这样才能确保水流的快速通过。为保护这个自然景观，联盟还邀请了当时著名的社会学家桑巴特和韦伯（Max Weber）、自由党人瑙曼（Friedrich Naumann）、作家毕尔曼（Otto Julius Biermann）以及画家德弗雷格（Franz von Defregger）等人一起征集签名，号召广大民众一起参与到这个抗议活动中。虽然这个带有很多理想主义色彩的联盟最终没能阻止岩石爆破和大坝建设，但它还是尽最大努力确保劳芬堡周边地区的自然景观没有遭受破坏。在此之后，联盟还提出城市绿化带建设以及城墙破损修复和城墙加固等建议，这些建议被较好地贯彻实施并取得很好的效果。此外，城市公园、甚至墓地等公共场所在联盟的建议下也广种花草树木，这也给城市绿化建设带来了很大的改进。不仅如此，许多家庭花园也被呼吁要求多栽种花草，以营造一个更美观的自然环境。② 此外，在民间艺术保护方面，联盟也不遗余力地做了大量的抢救和挖掘整理工作。

由于联盟成员多由社会上层精英组成，工人阶层很少被吸收，这就使联盟缺少了和社会中下层交流的机会，他们也只能从自己的立场出发来解决其他社会问题，如对烟尘、污水、垃圾等污染的治理。即使其中有工程技术人员，他们也很少关注环境问题，究其原因，主要还是和联盟所确立的宗旨和行动纲领有关。所以，尽管联盟在景观保护、城市绿化等方面做出了许多重要贡献，但在环境治理、道路和水利建设以及其他与家乡保护

① William Rollins, „*Rund Heimatschutz*“, *Zur Integration von Ästhetik und Ökologie*, in: Jost Hermand, *Mit den Bäumen sterben die Menschen*, *Zur Kulturgeschichte der Ökologie*, Köln: Böhlau Verlag, 1993, S. 160 – 161.

② Gottfried Zirnstein, *Ökologie und Umwelt in der Geschichte*, Marburg: Petropolis-Verlag, 1996, S. 185.

有关的活动中却涉足甚少，有记录的也仅是一战前发生在易北河沿岸拉滕（Rathen）附近居民抗议烟尘这一事件。由于当时附近陶器厂烟囱中飘出的烟雾不仅影响了周边地区植被的生长，还影响到居民生活，所以联盟呼吁工厂应迁居它处，还该地区一个优美的自然环境。在这里，景观保护仍被放在首位，至于环境保护和人的生命健康保护则未在该记录中被提及。[①] 从中可以看出，自然保护和工业之间的对立并不是联盟所关心的问题，这主要和联盟成员的组成以及行动纲领有关，所以，该联盟还是缺少了社会中下层最根本、最广泛的支持，这也是其自身固有的历史局限性所致。

和家乡保护运动一样，德国自然保护运动在19世纪末20世纪初已全面展开。不过，和家乡保护运动不同的是，德国自然保护行动早已有之，且具有悠久的历史和深厚的文化根源，这一点，从中世纪开始的有关森林立法以及近代以来的有关动植物资源的保护中即可看出。如八、九世纪查理大帝《国王法典》中已有森林管理的有关规定。1237年，萨尔茨堡大主教雷根斯贝格（Eberhard von Regensberg）也曾颁布法令，严禁砍伐加斯泰因塔尔山谷（Gasteinertal）中的森林，以确保草场的有利生长。[②] 在保护鸟类资源方面，1335年，苏黎世已严禁捕鸟，从而确保有害昆虫能得到捕杀。[③] 进入近代以后，瑞士东部地区的格拉鲁斯地区（Glarus）于1548年开始禁止狩猎。[④] 1799年，亚历山大·洪堡在南美委内瑞拉进行科学考察时，他第一次见到含羞草这种热带地区植物。为保护这类植物，他首次提出“自然文化遗产”（Naturdenkmal）这一概念。[⑤] 1801年，作家席勒在其

---

① Arne Andersen, *Heimatschutz: Die bürgerliche Naturschutzbewegung*, in: Franz-Josef Brüggemeier und Thomas Rommelspacher, *Besiegte Natur. Geschichte der Umwelt im* 19. *und* 20. *Jahrhundert*, München: Verlag C. H. Beck, 1989, S. 151.

② Hans Martin Schaller, *Eberhard II.*, in: *Neue Deutsche Biographie*, Band 4, Berlin: Duncker & Humblot Verlag, 1959, S. 231.

③ Helmut Jäger, *Einführung in die Umweltgeschichte*, Darmstadt: Wissenschaftliche Buchgesellschaft, 1994, S. 168.

④ Josef Schwitter und Urs Heer, *Das Glanerland*, *Ein Kurzporträt*, Glarus: Baeschlin Verlag, 2000, S. 19.

⑤ Reinhard Piechocki, *Stichwort*: *Naturdenkmal*, in: *Naturwissenschaftliche Rundschau* 59 (4), 2006, S. 233 - 234.

审美论文《论崇高》中论述了文化和自然景观保护以及人对原始自然的审美需求。[①] 1802 年，鸟类学家和森林学家贝希施泰因（Johann Matthäus Bechstein）首次提出对野生动物实行保护，特别是对鸟类资源的保护。[②] 1803 年，巴伐利亚国王马克西米利安一世（Maximilian I. Joseph）开始将班贝格林苑设为保护区。尽管它不是一个真正意义上的自然保护区，但已有了现代自然保护区的雏形，并且是今天班贝格城市公园的前身。[③] 1836 年，对莱茵河岸的龙岩自然文化遗产实行的保护开启了德国自然保护的先声。当时，由于十年前本地乡镇克尼格斯温特（Königswinter）将这个 301 米高、且山上有废墟城堡的小山丘出售给一家碎石厂而遭到社会各界人士的反对。在他们看来，这个龙岩山丘和城堡废墟不仅是德国莱茵河畔最美的自然景观，同时也是德意志民族一个不朽的文化遗产。在经过长达十年的艰难协商调解后，该文化遗产最终被普鲁士以国家的名义买下并确立为永久的自然文化遗产。[④] 与此相呼应的是，1847 年，萨克森王国颁布法律，将境内 28 棵古树作为文化遗产置于国家的保护之下。[⑤] 1852 年，哈茨山北部地区一条名为"鬼墙"的砂岩带被确立为自然保护区。这条砂岩带从巴伦施泰德（Ballenstedt）一直绵延到布兰肯堡（Blankenburg），长 20 公里，是一道独特的地理景观。[⑥] 1852 年，《奥匈帝国森林法》正式颁布，其中明确规定将自然保护作为帝国发展的长期目标，奥匈帝国也由此成为世界上第一个将"自然保护"写进法律条文的国家。这期间，许多早期的民间协会团体也相继成立，1861 年，弗莱堡成立巴登黑森林协会。它是

---

① Kurt Wörfel, *Friedrich Schiller*, München: Deutscher Taschenbuch Verlag, 2004, S. 105 - 106.

② Johann Matthäus Bechstein, *Ornithologisches Taschenbuch von und für Deutschland oder kurze Beschreibung aller Vögel Deutschlands für Liebhaber dieses Theils der Naturgeschichte*, Leipzig: Richter Verlag, 1802.

③ Lothar Braun, *Stephan Freiherr von Stengel* (1750—1822) *. Erster Generalkommissar des Mainkreises in Bamberg*, in: *Bamberg wird bayerisch*, von R. Baumgärtel-Fleischman, Bamberg: C. C. Buchners Verlag,, 2003.

④ Bernhard Buderath und Henry Makowski, *Die Natur dem Menschen untertan*, *Ökologie im Spiegel der Landschaftsmalerei*, München: Deutscher Taschenbuch Verlag, 1986, S. 177 - 180.

⑤ Stiftung Naturschutzgeschichte, *Naturschutz hat Geschichte*, *Eröffnung des Museums zur Geschichte des Naturschutzes*, Essen: Klartext Verlag, 2003, S. 25.

⑥ Ludger Feldmann, *Faszination Geologie*, *Die bedeutende Geotope Deutschlands*, Stuttgart: E. Schweizerbartsche Verlagsbuchhandlung, 2006, S. 36 - 37.

德国最早的森林保护民间团体。1935 年，该协会与于 1884 年在斯图加特成立的符腾堡森林协会合并为“黑森林协会”，专门从事自然保护事业。[①] 1869 年，德意志阿尔卑斯山协会成立，它于 1883 年与其他山区旅行协会合并组成了德意志山区保护和山区旅行协会，专门致力于德国山区的历史文化保护和科学研究工作。[②] 1871 年，“自然保护”这一概念由鸟类学家、自然研究者马丁（Philipp Leopold Martin）正式提出。这一概念曾引发鲁道尔夫的极大兴致，在其 1888 年 11 月 9 日的日记中，他这样写道：“这是一封极为重要的有关自然保护的信件。”[③] 1875 年，《普鲁士帝国森林法》正式颁布，同年，德国鸟类保护协会也宣告成立；次年，《德意志帝国鸟类保护法》起草工作正式开始；1899 年，被称为“德国鸟类之母”的莉娜·海恩勒（Lina Hähnle）在斯图加特成立德意志鸟类保护联盟，它是今天德国自然保护联盟的前身；[④] 1900 年，阿尔卑斯山动植物保护协会也宣告成立。

受《奥匈帝国森林法》的启发，许多欧美国家也开始设立自然保护区。1864 年，美国开始将世界上最低、最干旱地区之一的加利福尼亚州中东部地区的死亡谷设为自然保护区；1890 年，它和另一个位于加州的大峡谷——国王峡谷一起被确立为美国两个最早的国家公园；[⑤] 1870 年，瑞士将汝拉山脉西边一个介于瑙茵堡州（Neuenburg）和瓦特州（Waadt）之间的一条长 1200 米、深 500 米的马蹄谷（Creux du Van）设立为自然保护区；[⑥] 1875 年，瑞士第一部《联邦狩猎和鸟类保护法》正式颁布；[⑦] 1886 年，加拿大正式

---

① Julius Wais, *Schwarzwaldführer*, 3. Aufl., in: Kommission bei A. Bonz Erben, Stuttgart: Steinkopf Verlag, 1913.

② Anneliese Gidl, *Alpenverein*, *Die Städter entdecken die Alpen*, *Der Deutsche und Österreichische Alpenverein von der Gründung bis zum Ende des Ersten Weltkrieges*, Wien: Böhlau Verlag, 2007.

③ Carsten Kretschmann, *Räume öffnen sich*, *Naturhistorische Museen im Deutschland des* 19. *Jahrhunderts*, Berlin: Akademischer Verlag, 2006, S. 104.

④ Ludwig Gebhardt, *Hähnle. Emilie Karoline*, in: *Neue Deutsche Biographie*, Band 7, Berlin: Duncker & Humblot Verlag, 1966, S. 432 – 433.

⑤ Alexander Huber und Heinz Zak, *Yosemite*, München: Bergverlag Rother, 2007.

⑥ Raymond Beutler und Andreas Gerth, *Naturerbe Schweiz*, *Die Landschaften und Naturdenkmäler von nationaler Bedeutung*, Bern: Haupt Verlag, 2015.

⑦ Ilse Haseder und Gerhard Stinglwagner, *Knaurs Großes Jagdlexikon*, Augsburg: Bechtermünz Verlag, 2000, S. 381.

颁布《海豹保护法》。[1] 1887 年，新西兰在北岛中部设立了汤加里罗（Tongariro）国家公园。[2]

随着一大批国内外自然保护区的设立以及各种协会团体的成立，德国自然环境保护运动于 19 世纪末正式展开，它既为许多欧美国家做出了良好的示范，同时也启发了国内自然保护人士的进一步思考。1898 年，普鲁士政治家和教育改革家维特坎普（Wilhelm Wetekamp）在众议院呼吁，对正在消失的自然景观应加强立法保护，特别是加强对苔藓地以及其他特殊自然景观的开发限制。同时他要求国家将那些自然保护区以“神圣不可侵犯的国家公园的形式”加以设立并进行保护。此外，在这些国家公园内，“所有自然发展史中的文化遗产都应得到妥善保护和合理维护”。他还以美国国家公园为例，高度赞扬了北美地区的这一做法，认为它“是一个优秀典范”，应成为日耳曼人学习的榜样。[3] 他的呼吁曾得到德国自然保护先锋康文茨（Hugo Conwentz）的积极回应和支持。同年，他也在众议院发出呼吁向美国学习，在德意志境内创设“大公园”，为的是能将部分自然景观保留下来，以免再遭受工业污染的破坏。在维特坎普的呼吁下，普鲁士文化部部长阿尔特霍夫（Friedrich Althoff）开始委托康文茨对帝国境内的文化遗产进行调查登记，并要求其提出具体的保护方案和措施。在康文茨的领导下，1900 年，东普鲁士省开始提交自然文化遗产清单；1902 年，德国第一个自然景观保护法——《普鲁士自然景观保护法》正式颁布。与 1904 年鲁道尔夫创立的德意志家乡保护联盟相呼应，在对帝国境内的自然文化遗产进行调查后，康文茨于同年向帝国文化部正式提交了《自然文物古迹损坏及保护对策》这份调查报告。在报告中，他不仅对洪堡“自然文化遗产”这一概念作了进一步的延伸和阐发，同时还列举了可作为文化遗产的具体名单以及这些文化遗产有可能遭受的各种损害。同时，对哪些部门对这些文化遗产应做怎样的保护工作，他也给出了有效的建议和方案。此

---

① Rüdiger Wandrey, *Die Wale und Robben der Welt*, Stuttgart: Franckh-Kosmos Verlag, 1997, S. 5.

② Otmar Lind und Andrea Niehues, *Neuseeland*, *Die schönsten Nationalparks*, Rappweiler: Reise Know-How Edgar Hoff, 1998, S. 89.

③ Franz-Josef Brüggemeier und Thomas Rommelspacher, *Besiegt Natur*, *Geschichte der Umwelt im 19. und 20. Jahrhundert*, München: Verlag C. H. Beck, 1989, S. 143 – 157.

外，和鲁道尔夫一样，在这份报告中，他也对旅游资源的无节制滥用行为以及资本主义将自然奴役为商品的错误思想进行了深刻的批判。①

由于在当时自然保护还没得到广泛的支持，所以，如何加强宣传、如何争取更多人的支持一直是康文茨思考的问题。他很清楚，在当时那个年代，如果否定技术，或者将技术视为破坏自然的潜在对手是不会受人欢迎的。为此，1903 年在卡塞尔举行的第 95 次德国自然研究者和医学工作者联盟大会上，他巧妙地阐释了技术与自然利用之间的矛盾关系问题：“从经济角度来看，受人欢迎，也为人所希望的是自然力的利用将不断得到扩大。”比如“为获取水力资源，毫无疑问，人们都不希望发生什么灾难性后果。”但“一旦发生某些无坚不摧的原始自然力，稀缺资源以及可作为审美对象的纪念物都将被破坏甚至遭受彻底毁灭。”有鉴于此，他希望有更多的人能参与到自然保护这个运动中来，当然，“也不要感到这是一种敦促或是某种强制性要求，这完全是一种自愿自发的行为，没有任何强迫的意图。”② 在他的宣传影响下，有些国家也开始设立自然保护区，例如 1904 年，他在瑞典的四所大学做了有关报告，这给瑞典人以很大启示，瑞典随即颁布了《自然保护法》。此外，在他的领导之下，普鲁士帝国于 1906 年在柏林还成立了自然文化遗产保护局。该机构的成立在德国自然文化遗产的保护中发挥了重要作用。1936 年，纳粹德国时期成立的帝国自然保护局即是以此为基础成立的帝国行政机构。③ 1907 年，在林学家基尼茨（Max Kienitz）的倡议下，康文茨在柯林（Chorin）附近设立了北德第一个自然保护区，以此让保护区内 172 亩苔藓地的物种多样性能得到有效的保护。④

① Stefan Vogel, *Conwentz, Hugo Wilhelm*, in: *Neue Deutsche Biographie*, Band 3, Berlin: Duncker & Humblot Verlag, 1957, S. 347.

② Hugo Conwentz, *Die Gefährdung der Naturdenkmäler*, *Verhandlungen der Gesellschaft Deutscher Naturforscher und Ärzte*, 75. *Versammlung zu Cassel*, 20. – 26. *September* 1903, Leipzig: Reichl Verlag, 1904, S. 237 – 238.

③ Margarete Boie, *Hugo Conwentz und seine Heimat*, *Ein Buch der Erinnerungen*, Stuttgart: Steinkopf Verlag, 1940, S. 23 – 25.

④ MLUV des Landes Brandenburg Landesforstanstalt Eberswalde, 100 *Jahre Naturschutzgebiet Plagefenn*, Tagungsband zur Jubiläumsveranstaltung vom 11. bis 12. Mai 2007 in Chorin, Eberswalde, 2007.

康文茨的大力宣传和努力实践由此产生了积极影响。1906 年，巴伐利亚成立了州自然保护局；1907 年，卡塞尔附近的萨巴堡（Sababurg）原始森林地被设立为德国最早的一批森林保护区；① 1909 年，德国西南非殖民总督林德奎斯特（Friedrich von Lindequist）在帝国殖民地纳米比亚的艾托沙盆地（Etosha-Pfanne）以及另两个地区设立了自然保护区，随后不久，艾托沙盆地被宣布为国家公园。② 同年 10 月 23 日，奥地利和德国自然保护者在慕尼黑成立了自然保护公园协会，其宗旨是“确保那些最原始、最独特的自然景观和珍稀动植物物种不再遭受人类文明的戕害”。③ 在自然科学家、作家弗洛里克（Kurt Floericke）的倡议下，1908 年，德意志帝国设立了德国第一个自然保护公园——阿尔卑斯山自然保护公园。他的创设理念是，公园的设立并不是对自然保护区内各种文化遗产进行保护，而是将保护重点放到那些具有鲜明地方特色的自然景观，尤其是动植物世界中那些珍贵的自然物种身上。应该说，他的这种理念和有关家乡保护理念颇为契合，同时在某种程度上也受到 1872 年创立的美国黄石国家公园这个自然保护理念的启发。④ 协会成立还不到四年，就吸收成员 1.6 万人。⑤ 1909 年，他在斯图加特创办了一本名为《宇宙》的科普杂志以普及自然保护知识；此外，为方便人们观察鸟类活动，他还于 1919 年倡议建立南德观鸟台促进会，并和促进会主席博德曼（Johann Nikolaus von Bodeman）一起于 1928 年在博登湖西边的梅特瑙（Mettnau）半岛上建成了一座观鸟台；与此同时，他还编辑出版了另一本科普杂志——《鸟类报道》。⑥ 随着第一个自然保护公园的诞生，其他自然保护公园也分别在德意志境内的不同

① Theodor Rocholl, *Sababurg (Reinhardswald)*, Hofgeismar: Druck L. Keseberg, 1910, S. 11.

② Daryl und Sharna Balfour, *Etosha-Naturparadies in Afrika*, Stuttgart: Franckh-Kosmos Verlag, 1992.

③ Gottfried Zirnstein, *Ökologie und Umwelt in der Geschichte*, Marburg: Petropolis-Verlag, 1996, S. 190.

④ Wolf Schmidt und Susanne Kutz, *Von „Abwasser“ bis „Wandern“, Ein Wegweiser zur Umweltgeschichte*, Hamburg: Körber-Stiftung, 1986, S. 133.

⑤ Kurt Floericke, *Der gegenwärtige Stand der Naturschutzpark-Bewegung*, in: *Kosmos* 6, Heft 12, 1909, S. 369 – 372.

⑥ Ulrich Franke, *Dr. Curt Floericke, Naturforscher, Ornithologe, Schriftsteller, Mit der ersten umfassenden Bibliographie seiner Schriften*, Norderstedt: Books on Demand, 2009.

景观区相继创立：1921 年，巴伐利亚州东南部阿尔卑斯山贝尔希特斯加登地区（Berchtesgaden）的瓦茨曼山（Watzmann）和国王湖（Königssee）一带方圆 208 平方公里的地区被设立为自然保护公园；[①] 同年，位于北德平原的海德堡荒原中的一块 2.1 万亩的荒原地也被设立为自然保护公园，其中 169 米高的威尔希德山（Wilseder Berg）成为这个公园的重点保护景观。[②]

随着自然保护区和自然保护联盟在欧洲的不断建立，如何加强国家之间的合作以更好地保护动植物资源此时已渐为人们所关注。1910 年，自然研究者、瑞士国家公园创始人萨拉辛（Paul Sarasin）在奥地利格拉茨召开的第八届国际动物学家会议上发表了一个题为《论世界自然保护》的讲演。在讲演中，他强调道：“那些看上去生机勃勃而实际上却已遭受严重侵害或濒临危险的自然应该由一批受过严格训练的自然研究者来诊断把脉，这必须成为他们一项很严肃的新任务。”他以自己一年前在北冰洋挪威施匹茨卑尔根群岛（Spitzbergen）所做的调查为例，反复强调很多动植物正在遭受人类侵害。他认为，在他那个年代，几乎还没有颁布过有效的动植物保护法来阻止人类残酷的商业行为。仅是去年一年，斯匹茨卑尔根岛上就有 137 只冰熊死于非命，现在仅剩 26 只；而海象的命运则更糟，已死亡 162 只，现仅存 4 只。其他的如冠海豹死亡数则更多，多达 4039 只，而海豹也多达 1109 只。这其中的主要原因是贪婪的人们对珍贵动物皮毛的追求。白鹭因为其羽毛的珍贵而几乎灭绝；而由蜂鸟羽毛制成的一双鞋子能卖到 6000 马克。1907 年，伦敦市场就出售过累计 19742 只极乐鸟的羽毛。这些被猎杀的动物资源如同有些自然资源一样稀缺。这一点，那些唯利是图的商人们是看不到的，他们只想着如何获得财富，攫取不义之财。对此，萨拉辛发出感慨：“要是人们能使用替代物，放弃这种动物制品该有多好啊！然而，他们有时候恰恰就是不愿如此！值得庆幸的是，那些残害动物的行为现在越来越受到社会的谴责，而那些穿戴高级

① Michael Vogel und Marika Hildebrandt, *Nationalpark Berchtesgaden, Im Augenblick der Zeitlosigkeit*, Berchtgaden: Plenk Verlag, 2010.

② Ernst Andreas Friedrich, *Gestalte Naturdenkmale Niedersachsens*, Hannover: Landbuch Verlagsgesells chaft, 1991, S. 103.

皮毛时装的女性也越来越受到社会舆论的批评。"[1] 为此，各个国家间的自然保护合作就显得很有必要且非常紧迫。在这种思想的影响下，1913年11月17日—19日，在瑞士伯尔尼举行了国际自然保护大会。尽管大会呼吁国家之间应加强合作，但与会各方反应平淡，并没有给予足够的重视。[2]

八 生活革新运动、无产阶级自然之友和候鸟运动

与家乡保护运动和自然保护运动相呼应，兴起于19世纪中后期的生活革新运动也是一场抗拒社会文明病的生态社会运动。这场运动的主体同样也是社会中上阶层的市民，他们并不反对技术进步；他们真正反对的是城市化给人带来的喧嚣浮躁和对物质享受的片面追求。如何消除城市喧嚣、放弃物质享受、回归自然、以寻求一种最贴近自然的生活方式忘却身心烦恼、让人回到一个最原始本真的状态，这些都成为生活革新运动所追求的思想内容。在这种思想的启发下，各种形式的生活革新运动在德国、瑞士、奥地利等德语国家不断涌现，如自然康复运动、服装革新运动、自由天体运动、饮食革新运动和乡村公社运动等，这些都给19世纪末的自然环境保护增添了一抹亮色。此外，同时期的无产阶级自然之友运动和德国青年运动领导下的候鸟运动也将自然环保运动推向一个新的高度，并为后世留下了许多宝贵的精神财富和文化遗产。

自然康复运动最早来源于卢梭（Jean-Jacques Rousseau）的启蒙思想。在卢梭看来，人应回归自然，到大自然中去陶冶心灵，接受严苛自然的洗礼，以此从自然中汲取力量，强健体魄，不断丰富思想和灵魂，最后成为一个合格的“自然人”。他反对药物治疗身体，积极主张以温泉浴、日光浴、自然氧吧等自然理疗方式强身健体，医治疾病。受他的启发，自然理疗家普利斯尼茨（Vincenz Prießnitz）提倡的冷水浴疗法曾先后吸引约3.6万人去他修建的格莱芬贝格（Gräfenberg）冷水浴场做身

---

① Gottfried Zirnstein, *Ökologie und Umwelt in der Geschichte*, Marburg: Petropolis-Verlag, 1996, S. 192 – 193.

② Ebd. , S. 193.

体理疗。[①] 另一位自然理疗家施罗特（Johann Schroth）则在林德维瑟（Lindewiese）采用湿热法治疗病人。他要求病人少吃食物，甚至只饮用清水和吃面包来维持身体的基本需求。虽然两种理疗方法不尽相同，但都是建立在15世纪瑞士医学家帕拉塞尔苏斯“人体本身具有自我康复能力”这一观点基础之上，并取得不错的效果。到1891年，隶属于自然康复协会的理疗场所已达131处；到1913年，其成员已多达14.8万人；[②] 1933年，该协会统一划归到纳粹管制下的“合乎自然的生活方式和理疗方式等规范行为的帝国劳动团体协会”，接受纳粹的监督掌控。[③]

服装革新运动起源于19世纪下半叶人们对哪种服装材料更有利于人的身体健康的争论。有人认为动物毛纺织品对人体健康有利，有人认为棉织品对人体健康有利，还有人认为麻织品更有利于人体健康。对此，各方面争论不一，莫衷一是。动物学家和医学家叶格尔（Gustav Jäger）为此还专门成立了一家服装企业，生产男性标准服装。他的这种设计创新不仅在德国市场风行了数十年之久，同时还风靡英伦三岛，为英国绅士所喜爱。此外，他还成立服装协会，并创办了专业服装杂志。[④] 在女性服装创新设计方面，最重要的一项改革是对传统紧身束腰装的彻底废除。早在1788年，医学家苏莫尔林（Samuel Thomas Soemmerring）在《论束胸的危害性》一文中就指出束胸装对女性身体所造成的各种危害，如行走不便、呼吸困难、晕厥、便秘，甚至影响孕妇健康和胎儿的发育生长等。[⑤] 1900年，在比利时服装设计师维尔德（Henry van de Velde）的组织下，德国女性艺术家率先身穿一批无束胸勒腰的女装展现在人们面前。次年，德国成立了女性服装改良自由联合会。1912年，德国女性服装和女性文化联盟成立。至第一次世界大战爆发前夕，德国女性着装已有了很大的变化，新的时代赋

---

① Karl E. Rothschuh, *Naturheilbewegung*, *Reformbewegung*, *Alternativbewegung*, Darmstadt: Wissenschaftliche Buchgesellschaft, 1983, S. 68 – 73.

② Wolfgang R. Krabbe, *Lebensreform*, *Selbstreform*, in: Diethart Kerbs und Jürgen Heulecke (Hrsg.), *Handbuch der deutschen Reformbewegungen* 1880—1933, Wuppertal: Peter Hammer Verlag, 1998, S. 77 – 79.

③ Ebd., S. 82.

④ Eugen Dolmetsch, *Aus dem alten Leben*, in: *Schwäbischer Merkur* vom 13. Februar 1938.

⑤ Samuel Thomas Soemmerring, *S. Th. Sömmerring über die Wirkungen der Schnürbrüste*, Berlin: Nabu Press, 2011.

予德国女性一个崭新的外表形象和精神气质。①

自由天体运动最早诞生于瑞士，19 世纪中叶传入德国慕尼黑和奥地利维也纳。在普多尔（Heinrich Pudor）和温格维特（Richard Ungewitter）这些裸体主义者看来，他们之所以如此，是想尽可能多地摄取大自然中的阳光、空气和水分等生命元素，以求获得一种最自然、最健康的生活方式，而这种裸体方式与色情和性欲冲动等情欲概念没有任何关系。② 1891 年，普多尔在其发表的《裸者——为未来喝彩》一文中，就将人的裸体行为看作是一副抵御人类退化变种的良剂，并高度赞扬它是时代进步的一种标志，是文明社会发展的必然结果。③ 而温格维特更是将这项运动上升到种族宣传和反犹思想高度，他甚至宣称："当德国女人经常看到我们裸体的男同胞时，就不会跟那些外国野种男人乱跑。考虑到一个健康后代繁殖选择的需要，我在此提议，大力提倡这种裸体文化，要让那些健康强壮的男女走到一起，而对那些体质差的人士就要控制其生育权了。"④ 尽管这种运动带有某些种族宣传色彩，但滥交或其他淫乱活动在这个团体中是绝对禁止的，正如历史学家贝尔格曼（Hans Bergemann）所说的："在这场轰轰烈烈的裸体运动中，人们都严守纪律，都有很好的自制力。"然而，真正等到纳粹上台后，他们又严令禁止这项运动，认为它有伤风化，直至"二战"结束后这项运动才又风靡起来。⑤

早在 19 世纪中期，饮食革新运动首倡者就开始拒绝白糖、白面粉、罐头制品、浓缩肉汁和固体汤料等机械加工食品。在这些改革家看来，正是这些"现代文明食品"导致各种人体怪病出现，只有那些来自于大自然的食品才真正有营养价值，给人带来健康，所以少吃肉，多吃粗粮

① Gundula Wolter, *Hosen, weiblich, Kulturgeschichte der Frauenhose*, Marburg: Jonas Verlag, 1994, S. 41 -42.

② Karl E. Rothschuh, *Naturheilbewegung, Reformbewegung, Alternativbewegung*, Darmstadt: Wissenschaftliche Buchgesellschaft, 1983, S. 127.

③ Rolf Koerber, *Freikörperkultur*, in: Diethart Kerbs und Jürgen Heulecke (Hrsg.), *Handbuch der deutschen Reformbewegungen* 1880—1933, Wuppertal: Peter Hammer Verlag, 1998, S. 105.

④ Oliver König, *Nacktheit, Soziale Normierung und Moral*, Wiesbaden: VS Verlag für Sozialwissenschaften, 1991, S. 213.

⑤ Karl E. Rothschuh, *Naturheilbewegung, Reformbewegung, Alternativbewegung*, Darmstadt: Wissenschaftliche Buchgesellschaft, 1983, S. 130 -131.

和素食应是最佳选择。另外，对于有些刺激性食品他们也尽力拒绝，如烟草、咖啡、酒类饮料、食糖和其他气味浓烈的作料等。1858年，药剂师哈恩（Theodor Hahn）就指出粗粮、牛奶、新鲜的水果蔬菜乃最好的天然食品。① 而施利凯森（Gustav Schlickeysen）则要求人应成为“素食动物”，而不是“肉食动物”。② 进入19世纪60年代，素食主义已受到很多人的欢迎，这其中最重要的倡议人当属政治家施特洛夫（Gustav Struve）以及神学家巴尔泽尔（Eduard Baltzer）。施特洛夫以理论宣传见长，他于1869年发表的著作《植物食品：一个崭新世界观的前提基础》成为提倡素食主义的经典著作；而巴尔泽尔则以实践见长，他于1867年在哈茨山区的诺德豪森（Nordhausen）成立了德国第一个素食协会，同时还致力于营养学研究。③ 1892年，莱比锡成立了德意志素食协会。到1912年，德国已成立25家素食协会，共拥有5000多名素食成员。④

乡村公社运动开始于19世纪末，由于很多受过良好教育的市民阶层憎恨大城市和抵制工业文明，于是他们纷纷逃离城市，和一帮志同道合的人一起前往乡村，在那里开辟小花园，成立公社互助组织，种植粮食蔬菜，自给自足。历史学家林瑟（Ulrich Linse）将这一现象称作是一种“逃避现实社会的生存方式”。他认为，即使他们是一个群体，但也有不同的信仰和目标追求，他们当中，既有追求社会改革的人，也有种族主义信仰者，同时还有一批无政府主义者和路德教追随者。如定居于勃兰登堡北边海姆兰德（Heimland）的一群社民就属于种族主义社民，而定居在瑞士泰森州（Tessin）真理山区（Monte Verità）的社民则属于社会改革派和无政府主义派人士。此外，在达姆施塔特附近还建有女性社区，她们和其他社区一样，所过的是一种简朴的田园生活。⑤ 颇具代表性的是1893年居住在柏林

① Peter Müller, *Apotheker*, *Naturarzt und Polemiker*, *Zum* 125. *Todestag des Naturheilarztes Theodor Hahn* (1824—1883), in: *St. Galler Tagblatt*, Nr. 83 vom 10. April 2008, S. 11.

② Karl E. Rothschuh, *Naturheilbewegung*, *Reformbewegung*, *Alternativbewegung*, Darmstadt: Wissenschaftliche Buchgesellschaft, 1983, S. 75.

③ Ebd.

④ Judith Baumgartner, *Vegetarismus*, in: Diethart Kerbs und Jürgen Heulecke (Hrsg.), *Handbuch der deutschen Reformbewegungen* 1880—1933, Wuppertal: Peter Hammer Verlag, 1998, S. 127, S. 129.

⑤ Ulrich Linse, *Zurück*, *o Mensch zur Mutter Erde. Landkommunen in Deutschland* 1890—1933, München: Deutscher Taschenbuch Verlag, 1983. S. 157 - 187.

北边奥拉宁堡（Oranienburg）附近的18位生活革新人士，他们创建“水果种植垦区素食伊甸园”。在这个互助社区内，他们只种植青菜水果和其他经济作物，不屠宰动物和进行肉类买卖。1894年，社区拥有92名社员，到1930年，社员已达850人。因该协会带有明显的种族倾向，所以1933年，它被纳粹政府所接管并一直存续到战后。东德时期，它又恢复原貌，继续从事农业生产。直到今天，该互助组织仍在很多领域开展各种生产经营活动。[①]

在社会中上层发起的生活革新运动开展得如火如荼之时，处于社会底层的无产阶级工人群体也与之相呼应，发起了热爱自然、亲近自然的“自然之友”运动。他们之所以也积极投身到这场声势浩大的社会运动中，是因为他们自身所遭遇的境况要求他们回归自然，在大自然中忘记资本家对他们剥削摧残的烦恼，最后使工人阶层组成一个更强大的无产阶级阵营，誓要和腐朽没落的资本主义抗争到底。19世纪末，随着工业化进程的不断加速，为实现更多的资本主义原始积累，资本家对工人的剥削也达到无以复加的地步，工人阶级的极度贫困化随之出现，失业、职业病、超负荷工作、工资水平的低下使工人及其家庭的生活条件不断恶化。1843年，女作家阿尼姆（Bettina von Arnim）致函给威廉四世（Wilhelm IV.）时就描述过当时汉堡工人悲惨的生存境况：“无产阶级主体在荒僻小巷和市区中都能看到。汉堡城门外左右两边的一排排窝棚远远伸展开去，这就是所谓的破烂角落……在这一片东倒西歪的贫民窟内有几座大房屋，共7栋，约2500人挤住在400间屋子里……无论是国家还是市政部门都没有想到过给这些穷人修建一个较大的收容所，来替换那些破烂不堪、臭气熏天的窝棚……那些房间一般都很窄小，而且一模一样，就是在这样一间屋子里却挤住着两家人。往往屋子里拉上一根绳，就算是把两家给隔开了。”[②]

为改变工人阶级生存状况，工人运动领袖拉萨尔（Ferdinand Lassalle）于1863年成立了“全德工人联合会”。他试图以改良方式谋求工人阶级利益，然而这样的妥协方式却并不彻底，取而代之最受欢迎的还是马克思和恩格斯领导的国际共产主义运动。他们认为，改良是一种妥协方式，不会

---

① George L. Mosse, *Die völkische Revolution*, *Über die geistigen Wurzeln des Nationalsozialismus*, Frankfurt a. M.: Hain Verlag, 1991, S. 123 – 124.

② 李伯杰：《德国文化史》，对外经济贸易大学出版社2002年版，第220—221页。

取得成功，只有通过阶级斗争，废除资本主义的生产资料私有制，才能让工人阶级摆脱自身贫困，推翻现存的社会制度，最终实现人类的大同。在论及资本主义生产方式对自然环境的破坏和对人性的摧残方面，马克思在《资本论》第一卷中做了这样的经典概述：“资本主义生产发展了社会生产过程中的各种技术组合，而这一切的实现，却正是以损害一切财富源泉为前提，即土地和工人。”之所以形成这样的结果，在他看来是因为“资本主义生产使它汇集在各个大城市的人口越来越占优势，这样一来，它一方面汇聚着社会的历史动力，另一方面又破坏着人与土地之间的物质交换，也就是使人以衣食形式消费掉的土地的组成部分不能回到土地，从而破坏土地持久肥力的永恒自然条件。这样，它就同时破坏了城市工人的身体健康和乡村农民的精神生活”。[①] 这个重要论断不仅揭示了自然本身所隐含的价值，而且也为人们反抗资本家剥削找到了一把锐利的思想武器。

为寻求精神寄托，在“知识就是力量”口号的鼓舞下，19 世纪末的很多工人无产者前往民众教育培训机构。他们希望在那里学习大众科学知识，以充实自己的精神生活。1889 年柏林成立的乌拉尼娅（Urania）民众教育学校[②]就是这样一所以传授自然科学知识为主的教育培训机构。在那里，工人们学到的是：“自然是一个有灵魂的、可学习的客体对象，如能置身到这样的客体中，人们便可以在德意志自然哲学的传统精髓中让灵魂得到更好的升华。”应该说，这种观点非常契合当时工人无产者的精神需求，更何况还有新浪漫主义哲学思想和许多通俗易懂的自然科学知识给他们以启发。[③] 除培训机构外，当时还有很多相关的杂志也刊载宣传这方面的知识，哲学家兼作家波尔施（Wilhelm Bölsche）所撰写的文章尤为工人阶级所欢迎。在他的文章中，他将生态学知识、生活革新运动思想以及浪漫主义所崇尚的有机自然哲学融为一体，使其成为工人阶级所向往的一种新世界观。[④] 在其代表性著作《自然中有爱的生活》中，他以一种乐观的

---

① ［德］马克思：《资本论》第一卷，人民出版社 1972 年版，第 522 页。

② 乌拉尼娅，古希腊司天文女神名，也即古希腊女神阿佛洛狄忒别名。

③ Christel Reckenfelder-Bäumer, „*Wissen ist Macht-Macht ist Wissen*“, in: *Berlin um* 1900, Berlinische Galerie e. V., Berlin: Calvendo Verlag, 1984, S. 405–416.

④ Ulrich Linse, *Ökopax und Anarchie*, *Eine Geschichte der ökologischen Bewegungen in Deutschland*, München: Deutscher Taschenbuch Verlag, 1986, S. 44.

世界观思想替代斯宾塞（Herbert Spencer）的社会达尔文主义思想，认为绝不是只有优胜劣汰后的强者可接近自然，唯有通过“爱”这种最崇高的方式才能真正接近自然。这种思想给了工人无产者很大的安慰，因为从整个大自然生物进化过程来看，任何不公平和痛苦都是短暂的一瞬，它不可能永远蒙蔽工人无产者对美好未来最坚定的政治信仰。①

在这种思想和知识的熏陶下，一个信仰民主社会主义的、以工人阶级代表为主体的“自然之友”协会团体于1895年在维也纳成立，其发起人为同样信仰社会主义的奥地利教师施密德尔（Georg Schmiedel）。在他的带领下，协会开展自然环境保护、旅游、文化交流和体育活动等一系列社会活动。因其具有鲜明的政治信仰，且工人阶级众多，所以很快便赢得广泛的群众基础。为扩大协会影响，协会成立第二年，维也纳协会总部创办了《自然之友》月刊杂志。杂志积极宣传报道各分支协会开展的各项活动，同时还发表诗歌散文等文学作品，热情讴歌自然，以吸引更多的工人无产者加入协会，走进自然，在感受自然美的同时，忘却人世间诸多的不公正待遇。② 仅十年时间，即到1905年时，自然之友协会团体已发展到德国、瑞士、美国等国，并逐渐发展成为一个国际性协会团体组织。到希特勒上台前夕的1933年，它已拥有来自22个国家的20万会员，直至今天，它仍拥有来自48个国家的50万会员，其中仅德国会员就有10万人之多。③

在《自然之友》杂志创办的同时，波尔施仍不遗余力地为工人漫游活动鼓掌助威，摇旗呐喊。在其为另一位工人漫游活动组织者、自然科学家格罗特维茨（Curt Grottewitz）所撰写的《一个大城市工人在大自然中的礼拜天》一书引言中，他这样描述了城市工人在大自然中收获的种种欣喜：“城市就像是一个铁笼子，毫无生气。如果是星期天，你会看到荒原中行走着一群人，他们在徒步漫游。你还会看到松树幼苗正从沟坎中长出。你

---

① Wilhelm Bölsche, *Liebesleben in der Natur*, *Eine Entwicklungsgeschichte der Liebe*, Bremen: outlook Verlag, 2012.

② Ulrich Linse, *Ökopax und Anarchie*, *Eine Geschichte der ökologischen Bewegungen in Deutschland*, München: Deutscher Taschenbuch Verlag, 1986, S. 49.

③ 德语维基百科网站（https: //de. wikipedia. org/wiki/Naturfreunde）。

会感受到春天正告别严冬，悄然渐至。”① “城市对于这些工人来说就是一个充满痛苦的资本主义世界，只有走进自由的大自然，他们才能迎接到社会主义的曙光，对未来充满信心。”② 在波尔施看来，工人的这种生活方式无疑是一种由无产阶级代表的生活革新方式，是工人文化运动的一种形象展示，因为这种无产阶级的“自然之爱”不仅意味着工人阶级要和大城市的各种噪音喧嚣和空气污染做短暂告别，同时也展现了他们对社会主义美好未来的憧憬向往，只有回到泥土芬芳、空气清新的故土，他们才能告别资本主义制度，摆脱阶级压迫，才能在异化的社会中找回真我，如果总是待在大城市，那就会像格罗特维茨所说的那样，人们的自然情结和家乡情感会变得越来越生疏，完整的人格会随之在这些人身上慢慢消失，最后剩下的“也仅是一群异化的现代人。这些地道的大都市柏林人，他们将整日生活在警察的眼皮子底下，蜷缩在六层高的楼房内，啃着添加了化学物质的三明治面包。”③

可以说，19 世纪末 20 世纪初，这些工人无产者浪漫主义情怀的养成正是得益于波尔施等人的思想启发和大批培训机构以及宣传刊物的启蒙引导。在 1907—1911 年的有关调查中，当面对“您经常去森林里吗？如果您躺在森林地，周围一片寂静，此时的您会想什么？”这些提问时，大多数工人无产者给出的是正面积极的回答：在这个充满社会矛盾和日常生活艰辛的资本主义时代，唯有大自然能给他们生活的勇气和力量，让他们百折不挠，在极其艰苦的条件下顽强生存下去。在调查过程中，一位冶炼工人曾这样回答道：“躺在森林地里，抬头仰望着那些高大古老的树木，它们刺破苍穹，直上云霄。我感觉这些亲密朋友有说不完的话儿想对我说。我仿佛听见其中的一棵高大的菩提树正对我呼喊：‘你这个可怜的人间之子，你为什么甘受奴役？你为什么受人压迫？你看见没，我们宁愿让你死在这里，也不愿让人将你从这里拖走，去过那种失去自由的生活?!’”这种表述在这类调查中还有很多。从中不难看出，森林就是这些工人无产者的一个“自由自在的自然，在

① Ulrich Linse, *Ökopax und Anarchie*, *Eine Geschichte der ökologischen Bewegungen in Deutschland*, München: Deutscher Taschenbuch Verlag, 1986, S. 44.

② Ebd., S. 45.

③ Curt Grottewitz, *Sonntage eines Großstädters in der Natur*, Berlin: Dietz Verlag, 1925, S. 6 - 7.

这里，已不存在任何的奴役、剥削和束缚”。①

在这里，这些工人无产者不仅有故土情结，以期重新回到自然母亲的怀抱，而且还怀有某种内心期待，那就是对美好未来的向往，正如这位冶炼工人在看到流淌的小溪时内心所呼唤的：“我清楚地听到它的潺潺流淌声，啊，是小溪，那是小溪！我在反复思考着，你是那样的奋不顾身，冲破重重艰难险阻，要汇入大海，实现自己的理想。我也要像你一样，学会坚持和忍耐，不达目的，誓不罢休。我应该如此，也必须如此。”② 在这里，是大自然给了他人生启发，让他懂得，眼前的困境是暂时的，在大自然中，还存在着更高的精神法则，那就是在不久的将来，这些工人无产者一定会团结起来，挣脱锁链，通过阶级斗争来消灭吃人的剥削制度，最终获得自身的解放和幸福。

还有一位纺织工人也讲述了自己的郊游经历和内心感受：“只要有时间，我就会走进森林，将自己的整个身心融入到未来那个王国世界里。在那里，一切美景已不属于某一个人，它属于所有人，属于那些对幸福与和平异常渴望的人。”对于这位纺织工人来说，那里的森林不仅是他反抗贫困的场所，同时也是他对前途未来充满信心的源泉地，正如另一位被问卷调查的工人所回答的：“要多些耐心！你这片美丽的森林。要不了多久，你厚密的树冠上一定会再长出青枝绿叶，这就是你企盼的那些幸福的子孙后代。我相信，这一天将会很快到来。”还有一位工人也很受森林启发，认为工人阶级一定会像这春天里的森林一样，“从冬天的沉睡中逐渐苏醒过来。”③

稍有些遗憾的是，尽管上述思想成为主流，但还是有一些悲观者受社会达尔文主义思想影响，对未来的社会主义信心不足。在森林中，他们不敢奢望自己能成为幸福、和平、自由之人，他们看到的是生活贫困给自身带来的心理阴影，有些人觉得处身于森林中的人的生存状况不一定比那些处身于粪堆中的屎壳郎的生存状况要好，因为这些粪虫可随时从粪堆里获

---

① Adolf Levenstein, *Die Arbeiterfrage, Mit besonderer Berücksichtigung der sozialpsychologischen Seite des modernen Großbetriebes und der psychopsysischen Einwirkungen auf die Arbeiter*, München: Verlag Ernst Reinhardt, 1912, S. 354 - 355.

② Ebd., S. 357.

③ Ebd., S. 358 - 359.

得食物；还有一些人认为，在森林中觅得自由听起来就像是童话，因为现实中的人与人、动植物与动植物之间总存在着“为生存而进行的你死我活的斗争”；还有第三种人认为，在森林中，“我只看见各物种之间的争斗，所以，为生存而斗争即是人生法则的真谛。”尽管当时存在着这些悲观思潮，但好在它们都不是主流，值得欣慰的是，绝大多数受访者还是表达了与此截然不同的积极进步的观点，因为在森林里，听着树叶的沙沙声，他们仿佛已和森林融为一体；有的甚至将这种情感上升到某种宗教狂热程度，认为“森林是我的教堂，自然是我的上帝，我要在满心喜悦中尽情欢呼，接受自然的洗礼”①。

在接受自然洗礼的同时，有许多自然之友还表达了对工业文明的无情批判，其中一位受访者曾给出这样的回答：在森林中，他的眼前会不时浮现原始人类的某些生活方式，他们呼吸的空气很清新，而这些空气也从未被烟囱里冒出的浓烟污染过；还有一位则表示，若能呼吸到森林里难得的清新空气，他宁愿放弃大城市中那些光怪陆离的生活，哪怕回到森林里来当一名伐木工也非常乐意；还有第三位受访者更是发出了内心的呼喊：“让魔鬼带走所有这些荒诞文化，带走那些充满烟臭味的矿山，那些尘灰飞扬的城市，那些脏兮兮的街道和住房，还有那些自私自利的人类以及贴着现代标签的野蛮人”；最后一位受访者仿佛听到自然在召唤自己，令他感到诧异的是，此时此刻，却没有人跟随他一同前往，再细看他们，却见他们仍在灰蒙蒙的工厂里，或在震耳欲聋的机器声中，或在死亡会随时降临的矿山坑道间做牛做马，心甘情愿为资本家卖命。②

从这些工业无产者内心所发出的呼喊声中不难看出，他们对自己生存的大城市充满了憎恶之情，被工业文明摧残的他们在大城市中已很难觅得一方净土。这就不难理解，为什么德国的生活革新运动最后偏偏和工人运动走到一起，并结成联盟广泛的自然之友，只是因为他们都有共同的民主传统基础和求得自由解放的共同目标。正因为如此，德国无产阶级的生活

① Wolfgang R. Krabbe, *Gesellschaftsveränderung durch Lebensreform. Strukturmerkmale einer sozialreformischen Bewegung in Deutschland der Industrialisierungsperiode*, Göttingen: Vandenhoeck & Ruprecht Verlag, 1974, S. 151 – 152.

② Ebd., S. 152 – 153.

革新运动又增添了新的华章，他们广泛接受生活革新运动这类新生事物，积极投身到工人无产者自身组织的素食运动、反酒精饮料、自由天体运动、自然康复理疗和青年运动中，并将这些活动带进自己的漫游活动中。在这些活动中，这些自然之友在休憩疗养、放松身心的同时，还开设许多教育课程，其目的是启发工人劳动者积极思考，让他们将自己所学的生物学、地理学、岩洞研究、古生物学、考古学等知识积极应用于实践探索。令他们无比欣喜的是，这些从前只有社会中上阶层的公民才有条件学到的知识现在他们也能充分享受。由此，这种“社会漫游”已告别过去那种传统的民族文化教育，它预示着工人无产者以一种积极的姿态投身社会实践，并为缔造社会主义新时代做出有益的尝试与探索。所以，如从狭义角度来看，这种社会漫游也许只是一种单纯的休憩疗养或大众教育，但从广义角度来看，它却是一种有益的社会主义实践尝试，因为被剥夺财产后的他们别无选择，只有投身到自然母亲的怀抱中才能得到精神慰藉和未来希望。为此，一种新的集体财产所有制形式——“自然之友小屋”应运而生。这些房屋多建造在森林原野中，令工人无产者无比自豪的是，他们是用自己筹来的资金在业余时间建成这些小屋。在小屋内，他们既可以安心休养，和大自然做亲密接触，同时还可以学习文化知识，丰富自己的业余文化生活。尤为重要的是，在这里，人们还可以学习马克思和恩格斯的社会主义理论，畅谈共产主义理想，共同为无产阶级斗争而奋斗努力。① 这之后的二三十年内，社会漫游运动不断发展壮大，到1933年，其成员数在德国境内已发展到6万，自然之友小屋已建造了220处。在奥地利，其成员数更是高达9万，自然之友小屋也有100多处。随着“二战”后德国移民不断移居到世界各地，美国、澳大利亚等国也有了这种工人组织，它们逐渐发展成为一支颇有国际影响力的旅游协会团体。②

除上述这些社会阶层外，还有一种社会阶层在19世纪末也发起了漫游

---

① Ulrich Linse, *Ökopax und Anarchie*, *Eine Geschichte der ökologischen Bewegungen in Deutschland*, München: Deutscher Taschenbuch Verlag, 1986, S. 52.

② Emil Birkert (Hrsg.), *Von der Idee zur Tat. Aus der Geschichte der Naturfreundebewegung*, Touristenverein Die Nuturfreunde, Bund für Touristik und Kultur, Landesverbund Württermberg, Heilbronn: Eugen Salzer Verlag, 1970, S. 46.

运动，这便是青年运动中诞生的一股新生力量代表，其发起的漫游运动在当时被称为“候鸟运动”（Wandervogelbewegung）。“候鸟”一词最早来源于浪漫主义作家艾兴多夫于 1837 年发表的诗作：“候鸟们，是谁赐予你们以知识，让你们在陆地海洋上高飞展翅，直击沧溟？”[①] 该项运动产生的原因是一些学生希望自己能从家庭和学校的监管束缚中解放出来，也就是说能从威廉帝国时期严苛的教育制度中解放出来，走进自然，与自然发生共鸣。他们希望借此复活一种原初力量，这种力量能够让所有感官自然地感受自然，从而激活生命，使他们悟得人生真谛。在候鸟运动者看来，天地、山水和草木都是生命的真正化身。自然体验就是生命体验，在自然中漫游就是在真理中沉思。所以，自然体验就是“在自然中重新认识主体”，而漫游的过程就是一个“正在到来的、新的人性”或“完整人性”的现实化过程。在这个意义上，自然正是人格的最佳“教育者”。[②] 在这种思想的影响下，1896 年，在柏林东北边市区的施特格利茨，一位名叫霍夫曼（Hermann Hoffmann）的大学生组织了一批中学生举行集会，然后一起到野外徒步漫游。他们的漫游范围随后遍及德国很多地区，1899 年，他们甚至还穿越了波西米亚森林。1900 年，完成大学学业的霍夫曼将领导职务移交给中学生代表费舍尔（Karl Fischer）。在他的领导下，候鸟运动逐渐变成一场声势浩大的全国性运动。于是，广大青年学生开始使用自己的一套问候语和识别口哨，他们身着中世纪服饰，想以这种独特的复古形式来抵制工业文明，回归自然，正如费舍尔所说的：“拯救自己，紧握旅行手杖，去寻找你那已失去的自然和坦诚。”[③] 候鸟运动的另一位发起者古尔利特（Ludwig Gurlitt）更是将这种青年运动上升到一种文化高度：“培养青年的漫游兴致，在共同远足中有益且愉快地度过休闲时光，唤醒感受自然的官能，引导青年认识我们德意志故土，锻炼漫游者的意志和独立性，培养合

① Walter Laquer, *Die Deutsche Jugendbewegung*, *Eine historische Studie*, Köln: Wissenschafts-und Politikverlag, 1991, S. 29.

② Christine Völpel, *Hermann Hesse und die Deutsche Jugendbewegung. Eine Untersuchung über die Beziehung zwischen dem Wandervogel und Hermanns Hesses Frühwerk*, Bonn: Verlag Herbert Grundmann, 1977, S. 89.

③ ［英］乔恩·萨维奇：《青春无羁——狂飙时代的社会运动（1875—1945）》，章艳等译，吉林出版集团有限责任公司 2010 年版，第 99 页。

作精神，抵制损害生命和灵魂的东西，这些东西尤其威胁着大城市及周边地区的年轻人，因为他们闭门不出，无所事事，还有酒精和尼古丁，没有比这些更糟糕的了。”① 由于候鸟运动成员众多，影响广泛，至 1913 年，该运动已遍布全德，甚至发展到周边的瑞士、奥匈帝国等地区。

也是在同年 10 月 11—12 日，在黑森州北边迈斯纳山（der Hohe Meißner）上的路德维希城堡中，各路青年汇聚于此，举行了首届自由德意志青年大会，并成立了“自由德意志联盟”。大会宣布该联盟归“德意志青年运动”组织领导，并发表了《迈斯纳宣言》。② 值得关注的是，在这届大会上，哲学家克拉格斯（Ludwig Klages）做了一个题为《人与地球》的发言。在发言中，他为当代人所遭受的环境危机痛心疾首，认为他们中的大多数人“正遭受大城市的封闭隔绝，而且从青少年时代开始就要天天和烟尘、噪音和恍如白昼的夜色打交道”，他们对景观之美也没有青年本身应具有的评价标准，若听到“林荫道边稀疏树林里几只八哥鸟和麻雀的叫声”，再偶尔看到一块土豆地，便大为满足，并相信自己已见到了最美的自然，这样的见识在他看来甚是浅陋。此外，他还列举了人类对自然环境所犯下的种种罪行，并提醒德意志青年在从事“这项庄严而伟大”的运动时应保持必要的警醒和反思：“人与地球的关系已被彻底撕裂断割开了。那些最古老的田园小调虽不会永远地堙没下去，但至少已沉寂了数百年。无数根单调雷同的枕木、电话线、高压线在森林和群山间来回切割穿梭，这里如此，印度、埃及、澳大利亚和美国也未尝不是如此。像其他地方一样，我们这里的田园风景已被‘人为整合在一起’，也就是说，无处不是方块景观，无处不是堆填的沟壑，本来鲜花盛开的灌木被砍伐得尽光，本来长满芦苇的池塘也被放水抽干。青翠山坡间那些原来像迷宫般蜿蜒曲折的河道现在已被人为拉直，河岸边的烟囱像一根根林木拔地而起，工厂里排出的有毒废水也让地球之水变成了毒液。一句话，许多地方快赶上美国

① Ludwig Gurlitt, *Bericht von Professor Dr. Ludwig Gurlitt an das Preußische Kulturministerium*, in: Werner Kindt (Hrsg.), *Die Wandervogelzeit. Quellenschriften zur deutschen Jugendbewegung* 1896—1919, Düsseldorf/Köln: Eugen Diederichs Verlag, 1968, S. 53.

② Gerhaerd Ziemer-Hans Wolf, *Wandervogel und Freideutsche Jugend*, Bad Godesberg: Voggenreiter Verlag, 1961, S. 34.

的芝加哥了!”① 在控诉之余，他又进一步表达了自己对“工业文明”和“技术进步”的不满和厌恶之情：“在‘有用’、‘经济发展’和‘文化’等一大堆托词之下，今天人类所做的一切其实都不过是在对生命进行着某种毁灭，这才是事实的真相所在。是它，这个所谓的‘技术进步’，在以各种光鲜外表呈现在我们眼前，令我们头晕目眩。正是它毁灭了森林，灭杀了动物，消灭了原始部落，并试图打着‘生产开发’的幌子让自然毁容，使其失去本来姣好的面目。总之，只要有生命存在，它就会剥夺他们一切合法的生存权，让他们在大自然中失去原本应有的尊严。”② 在当时，这篇著名的演说给社会市民阶层很大的震动和反响，但对于候鸟运动以外的青年学生来说则影响较小，因为他们对大城市和现代文明的批判、对技术的拒绝等理解尚不透彻，所以，在如何有效应对环境压力问题方面，该协会团体所开展的活动则相对较少。③ 纳粹统治期间，该协会团体被纳入到“希特勒青年团”领导之下。“二战”后至今，该团体仍继续存在，尽管还有一些成员不时开展活动，但已远比不上一战前蓬勃发展的景象。

第二节　一战和魏玛共和国时期(1914—1933年)

一　第一次世界大战引发的环境问题

第一次世界大战给德国造成的最直接后果是80万人的饥饿死亡。1914年战争爆发后，由于以英法为首的协约国对其进行经济封锁，德国进口物资受阻，以至食物进口中断。德国海军对此无能为力，因为他们处在协约国严密的监控之下。德国民众的粮食供应和营养补给严重不足，一个成人每天正常需摄入2000卡路里热量，但到1917年时，这些成年人每天已明显不足1100卡。随着饥馑的蔓延和死亡人数的不断增加，越来越多的人体

① Ludwig Klages, *Mensch und Erde*, *Zehn Abhangdlungen*, Stuttgart: Alfred Kröner Verlag, 1956, S. 10.

② Ebd., S. 12.

③ Franz-Josef Brüggemeier, *Schranken der Natur*, *Umwelt*, *Gesellschaft*, *Experimente*, 1750 *bis heute*, Essen: Klartext Verlag, 2014, S. 154.

质变得愈加虚弱，他们已处在死亡的边缘。①

这种遭受封锁和忍受饥饿的滋味对德国人来说不啻是一场噩梦。这种隐痛不仅触及社会政治、经济、科技等各个领域的最深处，而且还对后来第二次世界大战的爆发产生了重要影响。1918 年 11 月一战结束后，经济封锁仍在继续，直至 1920 年元月《凡尔赛和约》正式生效后才被解除。封锁虽解除，但它给人们带来的痛苦却还在继续。此时期德国人所面临的问题不单单是粮食供应的短缺，还有人们日常生活、工农业生产急需的商品原材料的短缺，这些都严重制约着经济恢复和社会发展，所以，摆在德国人面前最紧迫的任务是尽快找到替代资源，以缓解粮食和商品原材料资源的供应不足。战后人们的生计也只停留在战时状态，他们或以荨麻和飞廉草充饥，或将干树皮研碎冲制成咖啡，或用锯末和面粉混在一起制作面包，甚至连各种垃圾也舍不得丢弃而重新加以利用。

在寻找传统方法以求得生存的同时，社会各界也在尽力摆脱眼前的危机，许多农业学家、营养学家、化学家和其他专业人员在积极寻找出路，以便能更有效地生产水果蔬菜和粮食作物。在其他领域，科研人员们也同样不遗余力，希望有更多更重要的发现，以尽快摆脱这场封锁危机，尤其是在化工领域，科学家们在一战期间所积累的经验足以在战后继续被推广使用。以氨气生产为例，一战前，德国生产炸药所需的硝酸钾多从智利进口，由于经济封锁，为觅得出路，德国化学家哈伯和博施采用哈伯—博施制氨工艺法，先从液态空气中蒸馏取得氮气，再将水和燃料制成氢气，然后将氮气和氢气合成生产出合成氨化工产品，从而解决了炸药生产问题。不仅如此，合成氨还是重要的化肥生产原料，而在此之前的氨制品是一直难以实现规模化生产的。② 一战期间，一大批合成氨生产厂纷纷建立，路德维希港（Ludwigshafen）的奥帕奥（Oppau）和比特菲尔德（Bitterfeld）的洛伊那（Leuna）工厂是此时期重要的合成氨生产基地，仅是比特菲尔德工厂生产用电量就是整个柏林用电量的两倍，可以想象该工厂当时的生

① Heinz Hagenlücke, *Hunger*, in: Gerhard Hirschfeld u. a. (Hrsg.), *Enzyklopädie Erster Weltkrieg*, Paderborn: Verlag Ferdinand Schöningh, 2004, S. 565 – 567.

② Alwin Mittasch, *Geschichte der Ammoniaksynthese*, Weinheim: Verlag Chemie, 1951, S. 23 – 24.

产规模之大。①

尽管这些工厂的生产能力很大，并且政府还相继出台了许多解决物资匮乏问题的措施政策，但在经济封锁的情况下，这些生产仍是杯水车薪，无济于事，食物短缺更是给不少弱势群体带来毁灭性灾难，如精神病医院病人获得的食物就明显低于普通百姓的食物所得，这也是其死亡率高的原因所在。1929年世界经济危机爆发后，当德国再度遭受粮食危机时，这些病人又一度被缩减粮食供应。而到了纳粹党执政后，纳粹分子更是变本加厉，不但称这些病人“过着毫无生命价值的人生”，克扣其粮食，甚至还直接将他们杀害。②

从战场情况来看，第一次世界大战可以被称为人类历史上的第一次技术战争或工业化战争，各种新武器的投入使用，尤其是坦克、飞机、大炮和毒瓦斯的巨大杀伤力使欧洲成为一个巨大的军火试验场，旷日持久的阵地战逐渐演变成一场巨大的物质消耗战，这场战争在将人与技术的矛盾推向一种不可调和的境地的同时，也使人在艰难的自然气候与地理条件下饱受肉体和精神折磨。由于雨天不断，道路泥泞，泥沼遍地，士兵们行军打仗变得异常艰难，甚至有时候不得不放弃前行，就地宿营。一些士兵有时候一连好几个月不得不在泥沼地这样恶劣的环境中咬牙坚持。到了夏天，他们要经受炎热的炙烤；而到了冬天，他们又不得不忍受严寒的摧残考验。此外，战壕中还不时有老鼠出没，士兵们还经常遭受虱子的侵袭叮咬。对于受伤的士兵来说，医疗药品的供给也很是有限，是前线作战士兵受伤后因药品不能及时补给而造成严重残疾甚至死亡，麻醉止血药物、抗生消毒药物、手术包扎品、血浆供应等经常处在一种供应滞后的状态。所以，战争、武器和自然组成了一个死亡组合体，同时也给第一次世界大战打上了一个鲜明独特的印记。③

除战争外，1918年春天爆发的“西班牙大流感”也给整个世界带来恐

---

① Joachim Radkau, *Technik in Deutschland. Vom 18. Jahrhundert bis heute*, Frankfurt a. M.: Campus Verlag, 2008, S. 256.

② Heinz Faulstich, *Hungersterben in der Psychiatrie* 1914—1949. *Mit einer Topographie der NS-Psychiatrie*, Freiburg: Lambertus Verlag, 1998, S. 55 - 68.

③ Charles E. Closmann (Hrsg.), *War and the Environment*, *Military Destruction in the Modern Age*, Texas: Texas A & M University Press, 2009, p. 80.

慌，并导致大量人员死亡。这场流行性疾病最早爆发于法国，后蔓延至世界各地。之所以称这场流行病为“西班牙大流感”，是因为当时一战结束后各国士兵回到国内，人们都在传播战争结束的好消息，而此时期已有八百万人患上流感的西班牙因过于坦诚最先公布了国内流行病发作情况，所以该疾病被冠以“西班牙”之名，“西班牙大流感”这个污名也随之传遍全球。不过，西班牙人还是称此疾病为“法国流行性感冒”。①

在1918—1919年短短的两年时间内，全球约有10亿人被传染，约5000万至1亿人死于这场大流感（当时世界人口约为17亿人）。② 对于这场流行病爆发的原因，当时的人不甚明了，今人也无从知晓，其死亡人数和蔓延发作过程也仅是从后来的研究分析中得出的。这场灾难是人类历史上最大的一次流行病灾难，它不仅反映了当时人们对疾病认知和防范的不足，同时也反映了人类在大自然面前的渺小，1918年仅是德国就有约30万人死于这场大流感。③

一战期间，东线作战的胜利唤醒了德国人对摆脱经济封锁的巨大希望，在占领立陶宛、乌克兰和俄罗斯西南部地区后，许多激进民族主义者的梦想就此得以实现，连一向克制谨慎的著名历史学家梅内克（Friedrich Meinecke）也不禁击节叫好，希望德皇军队“为内部殖垦获取更大的土地空间”。此外，他还希望波兰也成为威廉帝国管辖下的一个“自治”国，“即使是邻国的拉脱维亚也不妨纳入帝国版图，如果拉脱维亚人被驱赶到俄罗斯，那么广袤的拉脱维亚土地就可变成帝国额外获得的一块农业垦殖地。”在他看来，在此之前，“这是人们想都不敢想的事，而在今天，这并不是一件办不到的事。”④ 在当时，持这种观点的人不在少数，甚至很多文人学者也跟风附和。在他们看来，为确保战时粮食供给，“对俄罗斯境内

---

① Manfred Vasold, *Grippe, Pest und Cholera. Eine Geschichte der Seuchen in Europa*, Stuttgart: Franz Steiner Verlag, 2008, S. 9 - 10.

② Wolfgang U. Eckart und Christoph Gradmann (Hrsg.), *Die Medizin und der Erste Weltkrieg*, Pfaffenweiler: Centaurus Verlag & Media, 1998, S. 321 - 342.

③ Eckard Michels, *Die „Spanische Grippe" 1918/19. Verlauf, Folgen und Deutungen in Deutschland im Kontext des Ersten Weltkriegs*, in: *Vierteljahrshefte für Zeitgeschichte* 58, 2010/1, S. 1 - 33.

④ Ernst Schulin, *Friedrich Meonecke*, in: Hans-Ulrich Wehler (Hrsg.), *Deutsche Historiker, Band* 1, Göttingen: Vandenhoeck & Ruprecht Verlag, 1971, S. 39 - 57.

具有西欧文化和农业传统的部分地区”不妨采取间接或直接的办法来夺取占领。[①]

威廉帝国觊觎这些国家的野心由来已久，而且后来所发生的战争也更进一步印证了这种企图，于是，威廉帝国开始仿效英法等殖民列强，不仅抢占了西非、西南非、东非、我国青岛、南太平洋诸岛等领地，而且还进行世界贸易，企图进一步掠夺殖民地国家的经济资源，从而达到与英法殖民列强平起平坐，分庭抗礼的目的。然而，一战失败使德国退出了殖民竞争，尽管如此，国内的很多激进民族主义者仍不甘心，梦想有朝一日能卷土重来，和英法等列强齐头并进，重新殖民奴役其他国家。他们甚至认为，即使将来再失败，至少还可以和那些被殖民国家讨价还价，继续从中谋取利益。然而，历史进程毕竟不以他们的意志为转移，他们海外殖民的幻想最终还是化为泡影，因此，向东侵略扩张似乎成为他们殖民侵略的最后选择，因为只有在那里还存有大片土地和物质资源，如能攫取到手，这些资源将可充分保障粮食供给以及提供工业生产所需原料。

然而，在协约国共同打击、气候和地理条件受限以及国内民众厌战情绪不断高涨的情况下，这些德国激进民族主义者的野心不得不在战后暂时收起。进入魏玛共和国时期后，寻求替代资源这一梦想也暂告一段落。而到了纳粹统治时期，由于科技的不断进步，人们已不再为资源问题犯愁，因为现有原材料通过新技术完全可以得到更好的利用。不仅如此，许多合成材料也相继问世，从此，自然资源不足问题得到了有效缓解和克服。此时期，由于煤炭资源储备丰富，人们不用担心其枯竭，但他们有所担心的是，石油资源和其他地下资源究竟还能维持多久。之所以有此想法，是因为在当时不仅是德国，其他工业化国家也在积极寻找出路，希望通过技术发明来减少对这些有限资源的依赖。

二　农业生产与“力耕联盟”

一战结束后，德国农业一时还难以恢复元气，整个社会面临着严重的

① Willi Oberkrome, *Ordnung und Autarkie. Die Geschichte der deutschen Landbauforschung, Agrarökonomie und ländlichen Sozialwissenschaft im Spiegel von Forschungsdienst und DFG* (1920—1970), Stuttgart: Franz Steiner Verlag, 2004, S. 39.

粮食短缺和民众饥荒等问题。在1914年协约国集团宣布对德国实行经济封锁时，德国还能或多或少从智利进口一些硝酸钾，所以，此时期的德国尚有一些硝酸钾储存。尤为幸运的是，在占领比利时安特卫普港（Antwerpen）后，德国从港口仓库中获得不少硝酸钾原料。然而有限的存量还是被很快用完，因为不管是化肥生产还是军事爆破所需的炸药都离不开硝酸钾的提供。虽然一些迅速建起的工厂能局部缓解合成氨原料供应的不足，但从整体情况来看，它仍未达到大规模生产水平，从而无法满足国内农业生产对其巨大的需求。

由于合成氨生产首先须要为炸药生产提供保障，所以，农业生产仍被化肥不足问题所困扰。此外，再加上劳动力、工器具短缺，运输条件有限，德国一战时的农业收成呈不断下降趋势。如何找到相应的替代资源则成为当务之急，如在动物饲料问题解决方面，应尽力做到“山毛榉果实的收集，将屠宰后的动物下水加工成饲料粉末，对麦糊酒糟、草木纤维进行分解加工、荒原野草的切碎”等。[①] 随着战事渐紧，1915年，帝国做出决定，全国家庭生猪存栏量需尽快减少，因为“1000万头猪就要消耗掉全国6400万人所需的土豆量。不仅如此，仅这1000万头猪消耗的粮食谷物就可维持2000万人一年的粮食供应”。[②] 这种观点乍听起来似乎有说服力，但实际执行中却引发了一场灾难：被屠宰的900万头生猪因一时无法食用消费，最后只能被腌制处理。更为严重的是，大量生猪屠宰造成严重的粪肥不足问题，这直接影响到农业生产，农民对此叫苦不迭。此外，生猪屠宰后剩下的生猪存栏量已很难维持工业润滑油、肥皂等油脂加工的需求。

人们别无选择，随后的农业生产只能以一种掠夺式的生产方式进行。由于缺乏化肥，地力不断被消耗，这种情况一直持续到战争结束后才有所改观。1913—1914年，全国平均每亩氮肥施用量为6.4公斤，而到1918—1919年时，其施用量已降至3.9公斤，随后的施用量又呈急速上升趋势，到1929—1930年时，其施用量已上升到14.1公斤。所以，就总体情况来

---

① Walter Klaas, *Das Schwein in der Kriegsernährungswirtschaft*, Berlin: Akademie-Verlag, 1917, S. 49.

② Ebd., S., 3.

看，农民战后对氮肥的施用量在逐年增加，他们这样做的目的是让地力能尽快恢复。此外，战后钾肥施用量也同样有很大增加，1913 年，全国施用量为 41.9 万吨，战时呈下降趋势，而到了 1928 年，钾肥施用量已增至 61.6 万吨。从战后粮食产量来看，虽比战时有很大提高，但仍未恢复到战前水平，如 1925—1927 年冬季黑麦和夏季大麦产量也只达到战前 1914 年的 81%，冬季小麦产量为战前的 82%，土豆产量为战前的 95%，只有最后这一项差不多接近战前水平。①

战后化肥的大量使用虽带来丰产，但却引发农民的很多不满，主要原因是化肥价格不断上涨，这让农民不堪重负。此外，新生产的化肥由于浓度偏高，很容易造成土壤酸化，对庄稼作物和有机微生物易造成损害，并导致大量菌类繁殖。有关当时土壤酸化的具体记载虽未被发现，但今天的很多调查检测数据显示，当时至少有三分之一的土地属酸化土壤。②

大量使用人工化肥造成的后果引发不少社会讨论，同时也引起人智学鼻祖、哲学家史代纳（Rudolf Steiner）的关注。他试图从人文学角度来阐释农业发展的必要性，并提出用生物动力种植法来解决农民对化肥的过度依赖问题，即回归传统的腐殖质层保护性生产，放弃化肥使用。在他看来，整个地球无处不充满生机，每一块泥土都是地球的一个细小器官，就像眼睛和耳朵对于人的躯体一般。具体地说，腐殖质层应该以最自然的方式由各种天然肥料组成，这样，腐殖质层就可保证由各种充满生命力的物质组成。与此相反的是，那些通过化学工艺生产出的化肥不具有任何天然属性，它属人工制成，是一种对土地来说很生分、对人体健康很有害的化学物质。为此，他做了大量有影响力的宣传工作，如 1924 年，他在科贝尔维茨农庄（Gut Koberwitz）所做了八场专场报告，这些报告在德国引起强烈反响，并受到农民欢迎。在他看来，使用化肥不仅会降低农作物品质品性，还会使人体产生致癌物质。此外，在当时通货膨胀时期，化肥支出对于农民来说也是一笔很大的经济负担。史代

① Frank Uekötter, *Die Wahrheit ist auf dem Feld, Eine Wissensgeschichte der deutschen Landwirtschaft*, Göttingen: Vandenhoeck & Ruprecht Verlag, 2010, S. 202.

② Ebd., S. 212.

纳的这些观点得到了社会的广泛认可，尤其是农民阶层的拥护。[①] 在其死后的第五年，即1930年，新创刊《德墨忒尔》（Demeter）杂志大力宣传他的生物动力种植思想。值得一提的是，这里的杂志取名很是讲究，用意也很深刻，因为“德墨忒尔”是古希腊神话中的农业、谷物和丰收之神，她教会人类耕种，给大地以生机。她具有无边的法力，可以让土地肥沃，植物茂盛，也可以让大地枯萎，寸草不生。总之，她既可以让人享有用不尽的财富，也可以让人一贫如洗。[②] 也是在同一年，德国农业生物动力种植法协会成立，协会主席由1917年7月—10月短暂担任过威廉帝国首相的著名政治家米歇尔斯（Georg Michaelis）担任。

尽管当时有许多社会知名人物支持史代纳的生物动力种植学说，并且这种放弃化肥、回归传统的农业生产方式在很多地区被付诸实施，也取得一定效果，但这种理念仍受到许多农业集约化拥护者的批评。他们认为这是一种“历史倒退”，是一种“极端主义思想，因为它将人们又赶回到那个遥远漫长且黑暗无边的中世纪年代”。特别是纳粹上台后，为抓紧备战，多储备粮食，放弃化肥的农业生产也只能成为短暂的历史一瞬，生物动力种植法生产最终被废除，取而代之的仍是先前的大规模集约化生产。[③] 于是，土地又被重新整合到一起，大量的化肥继续被施撒，更多的农业机械被投入使用，尤其是农业拖拉机的大量投入使用。此时期农用拖拉机的使用令人印象深刻，因为此庞然大物的工作效率甚是惊人，这在当时的美国已得到充分展示，正是由于它的广泛使用，美国的农业生产才发生了一场新的革命。与此相反的是，尽管一战后的德国农业生产也有机械化耕作方式出现，但它仍是一种辅助形式，而主要方式仍是人们的手工劳作和小型农机具的使用，这使得农业生产效率极为低下，且费时费工，如遇到刮风下雨等恶劣天气时翻耕田地，收获土豆，锄除杂草，将地里的收成运往仓库等，农业生产就会变得异常艰辛，生产效率也会受到极大影响。为改变

---

① Frank Uekötter, *Umweltgeschichte im 19. und 20. Jahrhundert*, *Enzyklopädie Deutscher Geschichte*, Band 81, München: Oldenbourg Verlag, 2007, S. 24.

② 晏立农、马淑琴：《古希腊罗马神话鉴赏》，吉林人民出版社2006年版，第131—132页。

③ Frank Uekötter, *Am Ende der Gewissheiten*, *Die ökologische Frage im 21. Jahrhundert*, Frankfurt/New York: Campus Verlag, 2011, S. 63.

这种落后状况，农业科学家们开始思考如何有效解决这一问题，于是他们创办农业科技杂志，大力宣传集约化农业生产的好处，包括化肥和农业拖拉机的使用所带来的各种好处。此外，他们还进行大量的田间试验，并给出具体操作建议，想以此推广现代农业生产，提高农业生产效率。

与此同时，如何有效解决农业病虫害，也是此时期现代农业生产过程中急需解决的问题。经济封锁重创了威廉帝国，导致很多农药生产原材料无法进口。鉴于战时食品危机给德国带来的巨大灾难以及由此引发的一系列严重的社会问题，所以，在吸取历史教训的基础上，战后德国在振兴农业的同时，也开始生产剧毒杀虫剂，以期消灭战争期间未能根治的各种农业病虫害，其中尤以含砷杀虫剂的生产更为紧迫。含砷杀虫剂为剧毒性化合药物，早先威廉帝国卫生健康局和有关生物研究部门在其颁布的农药生产目录中曾明令禁止这种农药的生产。然而，由于这种农药能高效杀虫，所以战后魏玛共和国以及后来的纳粹政府也允许这种农药少量生产，并严格规定使用范围。根据规定，开始阶段只能在葡萄园使用，后来逐渐放宽到水果种植行业。至 1942 年，根据有关规定，德国每年含砷杀虫剂药物施用量不得超过 1 千吨。[①] 从实际情况来看，较少的施用量在当时还是被接受认可的，因为在科学家们看来，自然界本身就有砷元素的存在，而且这些有限的农药使用不会对果蔬和食品等产生有害作用。尽管如此，这种观点在当时还是招来不少批评，尤其是当时含砷农药喷洒工作已由农用飞机承担。尽管采取了各种防范措施，但自然界中的鸟类、蜜蜂和森林里的许多其他动物却往往不能幸免。另外，在喷洒农药地区，人们已不能再采摘浆果蘑菇，否则会中毒死亡。遗憾的是，这种情况仍时有发生，并每每见诸报端，于是从 20 世纪 20 年代中期开始，人们一直在寻找其他替代药物，并进行了多种尝试。[②]

应该说，科学家们不仅为解决饥荒问题提供了大量的农业技术支持，而且还耗费更多精力，以期进一步提高农业生产效率，为未来战争做准备，确保德国战时农业生产的安全和充足供给。在这方面，一战留给德国

---

① Gustav Mammen, *Die wirtschaftliche Bedeutung des Pflanzenschutzes und Vorschläge zu seiner weiteren Ausgestaltung*, Berlin: Akademie-Verlag, 1936, S. 67.

② Elisabeth Vaupel, *Arsenhaltige Verbindungen vom 18. - 20. Jahrhundert. Nutzung, Risikowahrnehmung und gesetzliche Regelung*, in: *Blätter für Technikgeschichte* 74, 2012, S. 44 - 46.

人的教训不可谓不深刻。这种教训在暗暗告诫他们：多种植收成高的粮食作物，多施撒高效化肥，积极防治病虫害，多分析土壤墒情，多系统有效地利用动植物资源，多合理有效地加强农业生产管理，多控制生产成本，尤其是多寻找可替代生产原料等，只有这样，才能最终将战争创伤转化为一种斗志，才能更好地鼓舞德意志民族“通过德国农业生产研究来获取制胜秘诀”，最终确保本民族在不受制于人的情况下真正实现“食品自由”和“粮食安全”。[①] 在这种思想的激励下，当时的科学家们在农业生产方面取得了不少突破：葡萄品质得到了进一步提高；在全脂牛奶生产方面，由于找到了更有效的物质添加到饲料中，鲜奶不仅产量得到了提高，而且价格也大幅下降；此外，牛奶的脂肪含量也有了很大降低。[②]

仓廪实而知礼节。在确保百姓粮食供应无虞的情况下，如何对“社会错误发展进行纠偏”，或者说如何加强农民的“日耳曼血统”教育已被逐渐提上议事日程，为此，不少民族学家、历史学家、地理学家和其他科学界代表开始致力于德意志民族有关“地道纯正”的农民性问题研究，这些民族精英想以此确定本民族曾经拥有过的那种“原始地道的村庄共同体形式”，以期为自身所谓“高贵种族”的身份找到某种合法的理论依据或辩解。在他们看来，农业移民应该为那些“业已失去根基的”人提供生存地和新家园，因为在这样的乡村和大自然中，他们可有效对付“原子武器的侵袭和商品化思潮的泛滥”。[③] 特别值得关注的是，由于波兰人不断涌入，东部地区的很多村落被其“鸠占鹊巢”，这种潜在威胁正迫使德意志人的民族性一天天衰退，如任其发展下去，那么把一战后“分离出的东马尔克地区（Ostmark）再纳入德意志版图”的希望就不免要落空。[④] 为此，向东部地区的迁居已成为当务之急。很多学者精英认为，让大城市居民迁到

---

① Willi Oberkrome, *Ordnung und Autarkie*, *Die Geschichte der deutschen Landbauforschung*, *Agrarökonomie und ländlichen Sozialwissenschaft im Spiegel von Forschungsdienst und DFG*（1920—1970）, Stuttgart：Franz Steiner Verlag, 2004, S. 27.

② Ebd., S. 53.

③ Ebd., S. 70, 64.

④ Constantin von Dietze, *Die Weltagrarkrise*, Vortrag in Halle am 21. 1. 1931. in：Willi Oberkome, *Ordnung und Autarkie*, *Die Geschichte der deutschen Landbauforschung*, *Agrarökonomie und ländlichen Sozialwissenschaft im Spiegel von Forschungsdienst und DFG*（1920—1970）, Stuttgart：Franz Steiner Verlag, 2004, S. 67.

东部乡村不失为是一种明智之举，只是具体到实践中有可能较难执行，因为东部乡村的生活条件和工作环境是无法与大城市相比的。然而，随着世界经济危机的爆发，特别是东部形式发生了根本改变，尽管城市居民不愿意前往东部地区，但还是有不少自然保护主义者和青年运动组织代表响应此号召，而其中的很多人属于民族激进主义分子，1926年在慕尼黑成立的“力耕联盟”（Bund Artem e. V.）即是德意志青年运动中的一支羽翼。到1934年时，它被吸收进“希特勒青年团”组织。

“力耕联盟”所代表的是一种典型的民族主义思想，其成员以自由劳动者身份定居乡村，从事农业生产，为的是能身体力行，努力践行“血统与土地”这种种族主义思想。他们的世界观也由此打上了一种鲜明而强烈的种族主义印记。[①] 在这些成员看来，“力耕”就是要对日耳曼民族中最原始的动力源泉进行继承、创新和发展，同时，还要对他们所追求的“血统”“土地”“阳光”和“真理”等理念进行新的诠释和演绎。具体到实践中，就是这些力耕者须奔赴德意志东部各省区，扎根于乡村，以一种团体互助的形式在那里过起一种自给自足的农村生活，以实际行动组成一道“防护墙”，以有效地防范和抵御东边波兰人的入境骚扰，比如在秋收时节防止波兰人经常会偷渡入境，收割德国人的庄稼。这些成员之所以选择定居于此，是因为在他们看来，德国未来的命运并不取决于与西边莱茵河流域或鲁尔区邻国之间的关系，真正需防范的是东边维克瑟尔河和梅美尔河流域之间有关国家对德意志的“觊觎”和“不轨图谋”。怀着这样的激进理念，1927年，联盟创始人亨切尔（Willibald Hentschel）率领“力耕联盟”成员进驻到波德边境萨尔河边的哈勒（Halle）地区，其他类似的联盟也积极跟随响应。此联盟的重要成员有后来的纳粹党卫队队长希姆莱（Heinrich Himmler）、帝国农业部长达尔（Walther Darré），还有担任奥斯维辛（Auschwitz）集中营总指挥的赫斯（Rudolf Höß）、纳粹统帅莱辛巴赫（Horst Rechenbach）、种族优生学鼓吹者君特（Hans Friedrich Karl Günther）以及第三帝国培训总校校长格兰佐夫（Walter Granzow）等纳粹精英。此时

① Stefan Brauckmann, *Artmanen als völkisch-nationalistische Gruppierung innerhalb der deutschen Jugendbewegung* 1924—1935, in: *Jahrbuch des Archivs der deutschen Jugendbewegung*, Schwalbach: Wochenschau-Verlag, 2006, S. 176 - 196.

期该联盟80%的成员已蜕变为纳粹党员。[1] 至1929年，力耕联盟发展达到鼎盛期，其成员已达两千多人，主要散布在东部大小三百多个农庄。

三 节能高效的工业化生产

一战结束后，随着法国1923年对鲁尔工业区的占领，德国人对法国人所表现出的消极抵抗态度使该区工业生产近乎处于某种停滞状态。虽然工业遭受损失，但从自然环境保护角度来看，从该年早春时节至秋季到来这段时间内，鲁尔区却经历了一个良好的生态恢复期。因为工业生产停止，烟囱不再冒出浓烟，废气、污水、矿渣等不再产生，很多植被又重新生长出来，不仅如此，连埃姆舍尔河、鲁尔河的污水排放也减少了很多。尤其是植被的恢复情况更令人感到惊奇，这从有关历史记载中可以看出："随着煤厂、炼焦厂和钢铁厂相继停产，人们明显可以感受到鲁尔工业区空气状况的好转，人们觉得此时的空气仿佛又回到工业革命前的那种状态了。当然，变化最大的还是植被，地里生长的萝卜等蔬菜。一直到深秋季节都还碧绿青翠，而在去年夏天的时候它们就早已蔫枯。马铃薯的生长也是如此，这种特别害怕烟熏的作物，现在也是一片青翠，一眼望去，长势喜人的它们随时可长出许多花蕾来，这种情况人们好久都未曾见过了。地里很多裸露的地方也都渐渐变绿了，原来一年两季收成的作物今年也能种三季了。花园里的作物收成同样也令人欣喜，种植的蔬菜不仅能满足自家需求，而且还有大量剩余可出售，这在以前是想都不敢想的事。水果表皮也干净了许多，要是在以前，它们可都是被一层厚厚的烟尘或焦油状的东西所覆盖。"同样可以证明的是后来的有关检测分析，人们发现，1923年鲁尔区的树木年轮也远较以往和随后的年份稀疏。[2]

德国人对法国人的消极抵抗很短暂，当年秋即告结束，随之而来的是工业生产的恢复。停工期内环境向好的情况已一目了然，而浓烟的重新冒出和工业生产的恢复则意味着环境恶化的开始。从随后的魏玛共和国时期

---

① Jost Hermand, *Grüne Utopien in Deutschland. Zur Geschichte des ökologischen Bewußtseins*, Frankfurt a. M.: Fischer Taschenbuch Verlag, 1991, S. 112.

② Heinz Bergerhoff, *Untersuchungen über die Berg-und Rauchschädenfrage mit besonderer Berücksichtigung des Ruhrbezirks*, Dissertation, Bad Godesberg: Voggenreiter Verlag, 1928, S. 71 – 78.

情况来看，德国经济并没有处在一个持续稳定的增长状态，否则将会造成更多的资源消耗和污染排放。另外，此时期的人口也处在零增长状态。从表面来看，此时期的经济增长处于高增长水平状态，而这种高增长似乎与注重强调环保有关。实际情况是，随着此时期政治、经济、技术等形式所发生的新变化，工业生产也发生了新的改变，即从一开始就将节约高效作为生产重点。在这方面，之前的威廉帝国实际上就已开了个好头，这在后面的工业生产过程中还将继续发扬光大，从而实现更高效合理的高技术、大规模生产。

如何节约有限资源？对此，化学家温克勒在1900年就已经发出警告："理性要求我们，对于那些随意浪费煤炭等化石能源的行为，我们要不遗余力地进行反对，"因为"这些我们现在任意挥霍的宝贵资源"将永远不会再生长出来，"它将永远失去"。对此，每个人最终必然会发出疑问："这些资源最终会消失到哪里？它们又会以怎样的方式被耗尽？"①

其实在这些问题背后，隐藏着一个很严峻的事实，即有朝一日化石能源终会枯竭。尽管在温克勒看来此时期距"煤炭真正枯竭的时代还很遥远"，"甚至靠燃烧能源为生的人类还能使用煤炭好几个世纪"，但如任其这样发展下去，"不加阻止"，那这样的行为无疑是一种短视行为，因为受损害的"是我们的子孙后代"，他们很有可能要遭受更大的能源危机。有鉴于此，他发出呼吁：要开发其他能源，尤其是对当前的煤炭资源人们要更加珍惜使用。②

在这方面大有可为的行业很多，尤其是矿山开采和冶炼行业，它们生产过程中有五分之四甚至更多的能源有时候被无谓浪费。对于这样一种低效率的能源利用方式，温克勒给出的批评是这些行业"毫无羞耻感"。哲学家奥斯特瓦尔德（Wilhelm Ostwald）也对自然资源的浪费行为提出了批评，认为"吞噬化石能源资源的企业"必须成为"被控诉的野蛮对象"，他希望人类最终能找到合理的解决方案，以"最少的能源消耗换得最体面的生存"。③ 然

① Clemens Winkler, *Wann endet das Zeitalter der Verbrennung*? Freiberg: J. G. Engelhardt'sche Buchhandlung, 1900, S. 4 – 7.

② Ebd., S. 12 – 15.

③ Stephan Schmal, *Umweltgeschichte*, *Von der Antike bis zur Gegenwart*, Bamberg: C. C. Buchners Verlag, 2001, S. 81.

而，这种温柔的乌托邦思想并不是唯一的选择模式，自由保守党人拉滕瑙（Walther Rathenau）则认为还存在着其他选择可能，即通过掠夺殖民地资源这种方式来保证国内日益增长的能源需求。这种观点是基于一战前德国拥有很多殖民地而提出的，而一战战败后，随着殖民霸权丧失，德国获取能源的唯一可能性似乎只有通过向东扩张来实现。"如能实现，不但可夺得领土，而且还可向国内源源不断地输送能源燃料。"① 与这种同样也是温柔乌托邦思想不同的是，经济地理学家弗里德里希（Ernst Friedrich）对现代文明社会的浪费行为则给予了一种颇为理性的批评。在他看来，这个所谓的文明社会实际上是一种"掠夺性经济"社会，这种掠夺行为已延伸到地球的各个角落，"它不仅让那些野生动植物资源消失，而且连许多珍惜使用这些资源的理性人也成为牺牲品。"这种畸形发展让人颇感遗憾，因为它只能在局部程度上被缓和削弱，却不能被终止。因此，"有必要来一个彻底的清理整顿过程"，被整顿后的经济在确保人们合理利用地球资源的同时，可为人类创造一个更安全幸福的未来。②

对资源不足的认识会导致不同后果的产生，这在一战期间就已表现出来：它促成了经济封锁状态下人们资源节约意识的自觉形成，比如进一步加强对垃圾废品的回收利用，多使用国内原材料，尽量减少对进口的依赖等。对此，拉滕瑙在深入研究的基础上进一步表达了自己对德国一战时资源未能实现有效利用的不满，同时，他也为未来社会绘制了一幅蓝图，即希望未来人类能有效利用资源，放弃畸形消费，追求社会公平正义，让人类成为一个友好的大家庭。在这里，拉滕瑙绘制的是一幅未来生态社会型国家蓝图。根据他的理解，在这样的未来社会里，"人类要小心用好太阳赐予我们人类的这种热能。这种热能来自于哪里？一句话，它是煤炭燃烧所产生的热能。"另外，在他看来，每一种浪费行为都是以牺牲我们人类所共有的资源为代价，所以，没有任何人有权"开着排气设备，燃烧着煤

① Stephan Schmal, *Umweltgeschichte, Von der Antike bis zur Gegenwart*, Bamberg: C. C. Buchners Verlag, 2001, S. 84.

② Ernst Friedrich, *Wesen und geographische Verbreitung der „Raubwirtschaft"*, in: *Dr. A. Petermanns Mitteilungen aus Justus Perthes' Geographischer Anstalt* 50, Gotha: Verlag Justus Perthes, 1904, S. 68-79, S. 92-95, S. 95.

炭，让五分之四的热能白白流失掉，这就像有些嘴里吃着馒头而脚底糟践馒头的人一样，这是万万不可也绝对不允许的。”①

围绕着资源节约问题，针对不合理的生产、运输和贸易现象，拉滕瑙也给出了自己的看法。他认为，对待那些“丑陋不堪、对人有害且粗大笨重的货物”，应尽量少生产或干脆不生产；奢侈品生产应该停止；对于那些过剩的中间产品的生产也应取缔，“因为它们需要在车间和销售点之间来回不停地运转倒腾。”国际贸易也意味着资源的巨大消耗，因为它必须通过有关资源保护政策的制定、颁布和实施才能进行。“如果一种产品能用德国原材料生产，且能达到替代进口的效果，那么，就必须使用本国原材料生产。”为此，国家需制定一系列规章制度和生产标准来保证国产原材料得到最合理有效的使用。此外，为保证社会公平正义，他给出建议，希望在未来的生态社会型国家里能做到财富均分，幸福共享。这种幸福不是单纯经济意义上的富裕幸福，而是一个奉行社会正义、更有运行效率和远大前景的未来社会所创造的富裕幸福。②

然而，还有另一种切实可行的办法可实现更有效的生产并替代进口，这便是先做系统化研究，然后进行大规模生产的“规模经济”生产方式。这种生产方式的优越性在于：随着产量增加，企业长期生产的成本会不断下降，最经典的案例即是前文述及的生产合成氨和硝酸盐企业——洛伊那工厂形成的规模经济。由于一战期间用于制造炸药的硝酸盐原料被封锁，为解决这一问题，该厂于1916年5月19日破土动工，仅10个月，一座当时欧洲最大的化工厂即告竣工投产，很快国内的合成氨供应得到有效缓解。总结企业的成功之道在于：它所走的并不是一条节约之路，也就是说，它并没有以“最小的能源消耗换得最体面的生存”，而是通过走“规模经济”之路，采取更好的经营管理方式，坚持技术革新，尤其是加强康采恩集团员工的技能培训等方式来逐步降低企业的生产成本，最后实现更高效的生产。③

---

① Wather Rathenau, *Deutschlands Rohstoffversorgung* (*Dezember* 1915), in derselben Gesammelten Schriften, Bd. 5., Berlin: Forgotten Books, 1918, S. 23 – 58, S. 54.

② Ebd., S. 59 – 94, S. 74.

③ Hermann-Josef Rupieper u. a. (Hrsg.), *Die mitteldeutsche Chemieindustrie und ihre Arbeiter im 20. Jahrhundert*, Halle: Mitteldeutscher Verlag, 2005, S. 145 – 175.

此外，规模经济下的流水线作业生产也是此时期提高劳动生产率的一个重要方式。20 世纪 20 年代初，由美国汽车生产商福特（Henery Ford）和工程师泰勒（Frederick Winslow Taylor）发明的这种生产技术虽不能降低物耗，但却极大地降低了生产成本，使大规模生产有效地促进了现代大众消费。1913 年，福特将他的第一台 T 型“铁皮车”（Tin Lizzy）放在流水线上进行装备，从此开启了汽车生产的新时代。通过完美的大规模生产，再辅之以低价销售政策（每台汽车从 850 美元降价打折到 400 美元），并提高工人工资待遇，该车型很快便占领美国市场，销售量迅速突破百万，并很快占领全球市场。[①] 至 20 世纪 30 年代末，美国的轿车保有量就达到 2650 万辆，远远超过世界其他国家的总和，而此时期的德国却只有 42 万辆轿车，平均每百人才拥有一辆轿车。[②] 由于此时期世界经济危机爆发，德国汽车生产处于徘徊停滞状态，直至纳粹上台后，振新汽车工业才被重新提上日程。就这样，美国福特的流水线生产方式给德国汽车生产商以很大的启发，尤其是 1937 年大众汽车公司建立后竭力仿效此做法，并取得巨大成功。1938 年，大众甲壳虫款式首次面世即受到人们青睐。这种在流水线上大规模生产的新款式很快便成为德国国民轿车，即使到“二战”后，它也经久不衰，成为大众最喜爱的代步工具，由此，它逐渐取代了美国的 T 型福特车，并最终创造了 2.2 亿辆的销售记录。[③] 值得注意的是，德国汽车生产所走的规模经济之路不仅意味着其经济取得了巨大成功，更重要的是，从社会发展角度来看，它标志着现代消费型社会已初步形成，人们的生活水平从此又上升了一个台阶。随着纳粹上台后汽车工业的兴起，大众摩托化时代也随之到来，而德国社会真正进入现代消费型社会则是“二战”结束后的 50 年代。总之，德国现代消费型社会的到来应归功于魏玛共和国时期的大规模生产，如再向前追溯，甚至还可提前到威廉帝国时代雄厚工业基础所创造的诸多有利条件。

---

① David Beecroft, *History of the American Automobile Industry*, 2009, (https://lulu.com).

② Joachim Radkau, *Technik in Deutschland. Vom 18. Jahrhundert bis heute*, Frankfurt a. M.: Campus Verlag, 2008, S. 222 - 223.

③ Werner Oswald, *Deutsche Autos, Ford, Opel und Volkswagen, Band* 3, Stuttgart: Motorbuch Verlag, 2001, S. 25 - 26.

除化学工业和汽车工业外，发电行业同样也表现出大规模生产的特点。19世纪末，德国发电系统已初步建成，由于当时的电流已能远程输送，所以，很多发电厂开始建立，连偏远地区也能输送上电力。在随后的几十年里，随着发电技术不断升级，特别是一战后节约高效原则的实行，一大批新能源项目得到开发，如南德地区进行的大型水电站建设、萨克森地区和莱茵河左岸地区很多露天煤矿和大型褐煤发电厂建设，甚至鲁尔工业区还尝试对高炉废气和炼焦废气进行燃烧处理，然后对燃烧后的热能进行有效回收等。其中特别给人带来希望的是对粉煤灰进行有效的二次燃烧处理，从煤炭燃烧时的烟气中收集的粉煤灰中还含有少量的可燃物，如何利用特殊设备装置对其充分燃烧，并回收热能，这是德国工程师特别希望能解决的问题。而在当时的美国，由于美国发明家科特雷尔（Frederick Gardner Cottrell）在加利福尼亚以及德国工程师缪勒（Erwin Möller）在美国布拉克韦德（Brackwede）于1910年前后发明了用于除尘的电力过滤装置，环境清洁能力和企业安全保障得到了充分改善和提高。这一技术在美国得到普及，由此广受欢迎。[①] 与此同时，大西洋此岸的德国工程师也正在全力研究解决这一问题并取得了显著成效。

尽管魏玛共和国没有制定相关除尘和空气保护法令，或成立有关治理机构，但很多地方州政府和民间团体还是不遗余力地做了许多实际有效的工作，如1920年“鲁尔煤矿区移民定居协会”成立后，就将许多环境污染肇事者、环境专家和政府部门人员等召集到一起，商讨如何解决鲁尔区的空气污染问题。此外，多特蒙德健康局还专门研究如何治理辖内的粉煤灰和烟尘等问题。杜伊斯堡则成立了劳动委员会，专门听取民意，解决实际问题。[②] 终于在1927年，鲁尔区当时德国最大的火力发电厂之一的赫尔纳（Herne）发电厂安装了烟尘回收装置和高效燃烧装置，原本没得到充分燃烧的粉煤灰在此之后燃烧率提高了8%，甚至可达到30%，而烟尘回收率更是高达90%。该项技术的发明使用收效显著。还没发明使用这些除

---

① Frank Uekötter, *Umweltgeschichte im 19. und 20. Jahrhundert*, *Enzyklopädie Deutscher Geschichte*, Bd. 81, München: Oldenbourg Verlag, 2007, S. 25 - 26.

② Frank Uekötter, *Von der Rauchplage zur ökologischen Revolution*, *Eine Geschichte der Luftverschmutzung in Deutschland und den USA* 1880—1970, Essen: Klartext Verlag, 2003, S. 445.

尘设备时，鲁尔区周边地区几小时内就会落满一片白色尘灰，远远望去，就像冬天的落雪一般。附近的学校有时候不得不停课，有些居民不管是白天还是黑夜都要在门窗外挂上湿门帘和湿窗帘，以吸附尘灰，防止其进入室内。此外，由于废气中含有大量的硫化物，很多铁制排烟设备因受强烈腐蚀“在短短几天内就锈烂破败”。这种可怕的景象一直持续了很长时间，直至除尘技术发明问世后，这一问题才得到较好的解决，特别是世界经济危机爆发后，由于发电厂三个蒸汽锅炉被关闭了两个，因而该厂周边地区乃至于整个鲁尔工业区的环境都得到了显著改善。① 鉴于在除尘技术方面所取得的巨大进步，1928 年，“德国工程师协会”（VDI）宣告成立。它的成立标志着德国有组织领导的环境技术正式启动，这是人类第一次将环境技术开发成一个由专业生产企业和技术专家联合组成的新协会团体。②

新电厂的建立虽给环境带来许多压力，但从某种意义上说也给环境减压创造了许多有利条件，因为它可以将电流输送到德国境内的任何一个地方，这样，在很多城市中造成巨大污染的蒸汽燃烧设备就此被淘汰。此外，新建成的火力发电厂一般多建在城郊或乡村，它们往往靠近煤田矿山等场所，从而形成一个庞大的生产网络系统。

除发电厂外，此时期风能发电技术也在逐渐推广。从理论上说，风能利用在此时期也应该成为一种重要的能源补充。1870 年，德国的风车最大量已达 20000 台，1925 年时却下降到 8000 台，下降原因是蒸汽发电设备、柴油发动机和电动机的替代使用。1900 年前后，德国风能发电似乎迎来了高潮，因为从美国进口的风车发电设备经过改良后不仅轻巧便宜，而且更具机动灵活性，它可适用于不同地形的安装需要，即使在偏远的乡村地区它也是一种理想的发电设备，可快速发电，并输送到各地。因此，德国境内安装了数千台风车设备，人们似乎看到风力发电所带来的美好前景，更何况一战后煤荒问题一度引发热议，这更让人们对风能发电充满期待。专家们开始对风车的空气动力学进行系统研究，许多基础研究成果纷纷被发

① Franz-Josef Brüggemeier und Thomas Rommelspacher, *Blauer Himmel über der Ruhr*, *Geschichte der Umwelt im Ruhrgebiet*, Essen: Klartext Verlag, 1992, S. 55 – 56.

② Frank Uekötter, *Umweltgeschichte im 19. und 20. Jahrhundert*, *Enzyklopädie Deutscher Geschichte*, Bd. 81, München: Oldenbourg Verlag, 2007, S. 25.

表，许多革新成果也不断问世。然而，风能利用的高潮点最终还是没到来。尽管设备便宜，且可安全操作，但它还是不能和火力发电设备相比，因为它不能持续稳定地提供电力，尤其是不具备火力发电所具备的远程供电的优势。此外，由于它不能生产便宜且远程输送的交流电，更何况当时那个时代倡导要“依托于大型发电厂，采取集中生产的方式，以创造一个最大覆盖范围的电力供应循环系统”，所以风能发电最终还是昙花一现，直到“二战”后随着生态文明时代的到来，它才被提上议事日程，真正有了广阔的发展前景。①

四　工业污水和生活用水

为改善德国水域水质，积极发展渔业经济，19 世纪末，黑森、巴登、符腾堡等地先后颁布水法，并成立有关机构。受这些地方的启发，1901 年，普鲁士帝国也成立了皇家水质试验检测机构，开展专门对饮用水供应和污水处理的管理。1914 年 4 月，一部新法律——《普鲁士水法》正式诞生。然而，由于一战爆发，这部法律最终未能实施，而成立的皇家水质试验检测机构也无法履行其职能。在很多专家看来，如果一战未发生，如果这部法律和专业监督机构正常运行，那么帝国内各大水域的水质应该可以得到较好监督和改善。

其实早在十多年前，这部法律就已在普鲁士议会上由议员们进行了商讨，但由于意见不一，最终未能形成统一结果。之所以出现这样的情况，是因为在政府部门看来，废水自身的稀释能力和河流自净能力可保证帝国境内水质的安全，因此，现行一般法律已足够适用，无需再颁布其他法律。而反对者如著名的水生态学家柯尼希（Joseph König）则坚持要求国家制定详细的法律法规，对污水制定一个严格的排放标准，同时对饮用水制定一个最低清洁标准，从而使帝国水质达到一个有效的检测标准。只有这样，帝国政府职能人员才能采取有效行动，确保法律法规的贯彻执行。不过这项建议还是遇到了不少阻力，最终没能写进这部法律。正由于此，这

---

① Matthias Heymann, *Verfehlte Hoffnungen und verpasste Chancen*, *Die Geschichte der Windenergienutzung in Deutschland* 1890—1990, in: *Environmental History Newsletter* 2, 1990, S. 1 – 10.

部法律缺少了有关有害物质排放的具体种类和数量规定，也就是说，哪些有害物质只能有限排放，哪些则根本不能排放，并未对此作出规定。其核心内容一如1845年颁布的《普鲁士工商业法规条例》中规定的，仍是废水排放须事先提出申请，附近居民可提出诉讼请求，政府部门有权做出相关法律裁决等。因此，《普鲁士水法》这部法律的最大特点同时也是缺点是，它对水质评定留有一个很大的操作空间和回旋余地；此外，对政府部门行使裁决权，却没有规定哪个独立的职能部门对其进行有效监督。①

与此情况类似，成立十余年的皇家水质试验检测机构也鲜有作为，除进行一些基础研究外，该机构很少参与相关的公众讨论和政策制定。此外，由于自身的影响力有限，再遇上一战所遭受的经济困难，所以无论是村镇还是工业界都不太愿意和该机构有联系交往，唯恐产生自己不愿承担的额外成本开支。尽管战争结束后该机构有可能会迎来契机，发挥其重要作用，但结果还是事与愿违，不仅没发挥作用，反而为政府“出谋划策”，任由污染继续加重。根据科布伦茨（Koblenz）联邦政府档案记载，1930年11月24日，在一份调查报告中，一位皇家水质试验检测机构官员曾明确强调，在《普鲁士水法》重新施行后，本地区“不允许存在有污染的河流”，一旦某工厂或某个地方擅自排污，就要立即被禁止，而且所造成的污染损失也由企业承担。然而，在实际执行过程中，这种禁令却并没有立即得到执行。由于污水排放已成为一种习惯，并大有愈演愈烈之势，所以人们普遍有一种强烈的愿望，希望依照现行的《普鲁士水法》来约束企业的滥排行为。针对企业的滥排行为，且新法承袭原法没规定具体的排放标准，所以，在如何处罚方面，政府执法部门无从下手。此外，成本支出也给企业带来不小的负担，“因为污水处理设施建设需要一笔很大的开支，而且设施建成后，设施本身也不产生任何经济效益”。此外，对于地方村镇来说，筹措这方面的资金同样也颇为棘手，以至于“最近数十年河流污染情况一年比一年糟糕”。对于这种情况，在检测官看来，政府是知晓的。然而，由于当时整个德国正经历一场灾难深重的世界经济危机，所以政府

① Jürgen Büschenfeld, *Flüsse und Kloaken. Umweltfragen im Zeitalter der Industrialisierung* (1870—1918), Stuttgart: Klett-Cotta Verlag, 1997, S. 237－239.

部门也无法采取强有力的措施来整治河流污染。

对此，这位机构官员表示，“政府没有必要将自己的这种迁就态度公布于众”，“如被工业企业知晓，它们就会将政府眼下面临的困难理解为是一种迁就忍让行为”。有鉴于此，他进一步强调，政府的这种想法决不能有任何泄露。此外，在任何情况下，政府部门对工业企业和地方村镇因治污需承担成本开支的抱怨也不必在意，因为“经验告诉我们，别一味地责怪那些工业企业，这样的做法既不明智，也不可取，虽然有污水不断被排出，但只要它们还在生产，这才是我们当下最关心的事”。①

在某种程度上，这位机构官员的这种做法可以理解为是一种无奈之举，因为当时的被动情况确实是因为世界经济危机爆发才导致政府、企业和地方村镇可选择的举措很少。而在此之前的有些地方则是另一番景象，如流经该地区的伍珀尔河，由于附近很多化工企业和村镇所排放的污水污染了河流，所以地方政府付出了很大努力，以阻止污水排入。在这个问题上，早在 19 世纪末人们就已展开讨论并持续了很久，但是河流上游企业和城市对此并不感兴趣，因为投入巨大治污成本最终只能使下游村镇居民受益，而自己却没得到任何好处。而到了魏玛共和国时期，公众舆论压力已越来越大，群众抗议集会越来越多，许多党派也积极参加，尤其是普鲁士议会多次讨论这条河流的污染问题，并于 1930 年颁布有关法律。然而这项法律却并没受到有关当事人的欢迎，最终伍珀尔河仍是一条工业排污河流，正如当时一位社会民主党人所揶揄的：“既然伍珀尔河边的居民都以工业为生，那还不如让其继续接纳工业污水为好。”②

类似情况也出现在埃姆舍尔河整治问题的讨论上。19 世纪 20 年代，这条河流已改建为一条开放式的工业排污河流，所排放的污水未经过任何过滤就直接排入。这种情况对于工业界来说是它们最想要的结果，而对于这种情况的批评者来说却不希望如此，为此，利普河（Lippe）和尼尔斯河（Niers）等河流合作社开始采取防范措施，以防止河流遭受污染，确保河流水质的安全。受此影响，随着 20 世纪 20 年代末杜伊斯堡附近一座大型

---

① Bundesarchiv Koblenz, *Bericht an die Landesanstalt vom* 24. 11. 1930, S. 154 – 485.

② Klaus-Georg Wey, *Umweltpolitik in Deutschland*, *Kurze Geschichte des Umweltschutzes in Deutschland seit* 1900, Opladen: Westdeustcher Verlag, 1982, S. 90 – 101.

污水处理厂建立，埃姆舍尔河的水质开始出现好转，这也确保了污水在流入莱茵河前先得到一个相对较好的清洁处理。不过，该污水处理厂的清污能力仍十分有限，尤其是对从炼焦厂在回收气体时提炼焦油、氨、苯等过程中排出的污水更是无法处理。含有苯酚的污水气味特别难闻，受此污染的鱼类无法被人食用。和其他动植物一样，受这种污水浸泡的鱼类最终都难逃死亡的命运。由于莱茵河渔民不断抱怨投诉，埃姆舍尔合作社迫于无奈不得不上诉，要求炼焦厂购置萃取设备，对苯酚做萃取分离处理，以减轻污水排放。于是，11 台设备于 1928 年被安装投入使用，这样，一半苯酚得到了回收，而另一半则由于“如再安装设备进行萃取分离的话，那将是一笔很划不来的资金投入”而导致项目工程最后不得不搁浅。[①]

在饮用水方面，由于此时期的河流比帝国时期的河流遭受了更多有害物质的污染，所以，饮用水处理也比以前付出更昂贵的代价。除利用传统的地下水、远距离供水方法外，水塔、水厂等都安装了过滤设备。此外，一战前兴建的拦水大坝此时期已能发电，被当作水电站使用。由此，在饮用水供应方面，水厂、大坝、水库和远距离供水设施等组成一个巨大的供水网络，它们自成体系，以工业方式生产饮用水，从而确保了饮用水及时安全的供应。[②]

由于许多大坝建在优美的风景区，所以也引发了不少争议，如巴伐利亚地区瓦尔兴水电站建设即成为附近民众关注的焦点，该地区有两个湖泊相毗邻，中间相距不到一公里，地处高位的瓦尔兴湖（Walchensee）比地处低位的考赫尔湖（Kochelsee）高出 206 米，为利用自然落差发电，瓦尔兴湖的湖水就必须引入考赫尔湖。由于这之间的地形为岩体山坡，所以需要进行人工开凿，于是，在开凿后的斜坡沟渠中安装了六根并列的巨大水管连接下方的水电站，然后再通过水电站内的水轮机将湖水排入考赫尔湖中。为确保上方瓦尔兴湖充足的蓄水量，根据工程师意见，还需将三公里以外的伊萨河河水引入该湖。对此，巴伐利亚政府积极支持这一引水计划。之所以受到高度重视，是因为该政府深刻认识到它们地处一隅，其他地方早已开展了工业革

① Franz-Josef Brüggemeier und Thomas Rommelspacher, *Blauer Himmel über der Ruhr*, *Geschichte der Umwelt im Ruhrgebiet*, Essen: Klartext Verlag, 1992, S. 107.

② Thomas Kluge und Engelbert Schramm, *Wassernöte*, *Umwelt- und Sozialgeschichte des Trinkwassers*, Aachen: Alano Verlag, 1986, S. 113 – 115.

命，而自身却每每失之交臂。鉴于眼下有这样一个水利工程可改变自身命运，并能有效弥补境内电力能源的不足，所以他们自然不肯放弃，积极支持这一计划的实施。于是，1908年，巴伐利亚政府投入启动资金，两年后，州议会又通过追加资金的决议，希望项目顺利实施并早日建成。[①]

然而，由于该项目坐落在优美的景观区，工程的实施并不像人们想象的那么顺利。由于担心项目建成后会影响周边地区的生态环境，特别是对旅游业带来负面影响，所以当地很多居民和协会团体不断发出抗议，以阻止该项目的实施。他们聘请专家进行论证，许多市长镇长也积极声援民间抗议活动，以至于最后巴伐利亚州内务部不得不出面与其谈判协商，直至最后在州议会中进行听证辩论。由于迟迟得不到回复，1912年，另一个名为“伊萨河谷协会”成立，它继续进行抗议，其核心任务是：保护伊萨河水资源和其沿岸的森林资源，防止工业企业和大小城市对其造成新的破坏和损害。它们的行动得到河流沿岸啤酒厂的支持，因为只有阻止河水污染，它们才能生产出优质啤酒。此外，《慕尼黑最新时报》也积极报道他们的抗议活动，宣传其保护宗旨。迫于无奈的政府最终不得不颁布规定：伊萨河边拟建的任何项目都一律停止。于是，瓦尔兴水电站被迫停建，此时正好也恰逢一战爆发。然而在战争结束前夕，巴伐利亚政府又趁时局混乱突然做出决定，战争结束后三个月拟重新进行项目建设。于是，1918年12月一战结束后，项目建设又重新开始。1924年，这座高压水电站正式建成并开始发电。令“伊萨河谷协会”和项目周边居民感到欣慰的是，政府在开工命令中声明，战前颁布的规定仍然有效。根据规划，伊萨河水只能引入少量到上方的瓦尔兴湖内，而且湖水不能降到原先申请的16米水位，而只能是5米，以此确保伊萨河正常的水流量。由于有效的规划和合理的资源分配，政府、协会团体和地方居民的利益得到有效平衡，项目周边的生态环境也得到妥善保护。[②] 这样的案例在魏玛共和国时期算是一个较成

① Peter Schwarz, *Die Baugeschichte des Walchenseekraftwerkes* 1918 *bis* 1924. *Teil* 1, in: Heimatverband Lech-Isar-Land e. V. (Hrsg.), *Lech-Isar-Land*, *Heimatkundliches Jahrbuch* 2007, Weilheim: Mohrenweiser Verlag, 2016, S. 267 – 316.

② Ebd., Teil 2, in: Heimatverband Lech-Isar-Land e. V. (Hrsg.), *Lech-Isar-Land*, *Heimatkundliches Jahrbuch* 2007, Weilheim: Mohrenweiser Verlag, 2016, S. 231 – 270.

功的案例，而且在德国水利生态环境史上也是一个经典的成功案例。当时的这座水电站是德国最大的水力发电站之一。作为著名的工业文化遗产地，现每年有近10万游客到此参观游览。

第三节　纳粹德国统治时期(1933—1945年)

一　自然保护

从1918年8月《魏玛宪法》诞生到1933年希特勒攫取政权，魏玛共和国仅存在了14年便寿终正寝。作为德国历史上的第一个民主政府，它虽在艰难的国际环境下领导德国民众取得了许多辉煌的建设成就，但却因先天不足，柔弱无能，逐渐遭到社会精英的遗弃和普通民众的咒骂怨恨而成为一个孤立无援的政府，最终成为极端民族主义的温床和纳粹主义的试验场，让希特勒独裁称霸的野心得以实现。尽管刚上台的纳粹政府在自然保护方面对自然保护者和家乡保护者没什么要求，甚至其自身的许多自然观思想都很混乱，但被蒙蔽的自然保护者和家乡保护者还是将目光投向纳粹，希望能与他们一起保护自然和家乡，维护传统，拒绝大城市生活和物质诱惑，重新寻求对民族和种族世界观的价值评判。颇为巧合的是，这些观点恰恰迎合了纳粹的民族观念和种族思想，于是，一些自然保护主义者，除上文提到的希姆莱、达尔和舒尔策—瑙姆堡等人外，还有绍恩尼辛等也在1933年之前加入了纳粹组织，并成为重要党魁。在此之前的绍恩尼辛曾担任过普鲁士国家自然文物保护局局长，除此之外，他还是《自然保护》杂志出版发行人。在1933年第11期出版杂志中，他发表了一篇题为《“德意志民族必须纯洁化”——还有德国景观呢?》的文章，在宣扬种族理念的同时，他将其与自然保护思想嫁接，兜售极端民族主义思想。在他看来，保持民族的纯洁性，根除异族尤其是根除非德意志基因种族的计划需全面展开，而保持景观的纯洁性更应放在任务之首。具体地说，就是要彻底清除有碍观瞻的景观广告牌，五花八门的异族建筑，横七竖八的街头杂货摊，喧嚣吵闹的游乐场，甚至破坏风景的观景台和人工瀑布等。此外，对于那些“来自于异域的草树灌木我们也不能容忍，因为它们不仅让我们家乡最原始的自然景观变得越来越不真实，而且也会让我们德意志田园景观蒙上一层昏暗的阴影”。[①] 作为德意志家乡保护联盟的成员，绍恩尼辛在联盟内大力宣传其思想，并受到不少成员的拥护和追捧。1933 年 10 月，该联盟被归属到由纳粹领导的“民族与家乡帝国联盟”。

在自然保护方面，纳粹政府首先推出的是1935年6月26日颁布的《帝国自然保护法》。这部法律由许多自然保护专家在魏玛时期颁布的有关法律基础上制定而成，其最大亮点是很少有纳粹术语和种族思想。另外，在设计理念、法律保障和组织框架方面，这部法律也给国家自然保护赋予了很大的操作空间。具体地说，在设计理念方面，该法律进一步拓宽了自然保护领域，它不仅涉及动植物保护和自然文化遗产保护，还包括由人所创造的文化景观保护。因此，所有的文化景观将作为一个整体被纳入到“家乡范畴”，被加以保护，正如人们对这种法律设计理念所评价的那样：“之所以这样设计，是因为要让德意志人享有充分的精神生活，无论在哪个景观地，都要让人有一种家的感觉，并愿意生于斯长于斯，世世代代都是地道的日耳曼人”。[②]

而在法律保障方面，这部法律则提供了更大的操作空间，即在景观保护等主要事务方面，帝国自然保护机构必须随时过问，对于破坏自然的行为，它们随时可以以自然保护的名义没收其非法所得，再进行法律惩处。在组织框架方面，法律专家更是直接将普鲁士帝国的自然保护作为第三帝国的样板，也就是说，从中央到地方均设立自然保护机构，而且那些担任名誉职务的专业人员也被正式吸收进来，一同参与自然保护工作。这些人员中，大多为博物馆教员和其他工作人员，他们不仅可以为自然保护部门提供咨询服务，而且还可以承担具体工作，如发掘、研究和监管有关保护对象等。

由于自身具有新颖性、实用性和进步性等特点，这部法律成为一部具有划时代意义的法律，乃至于“二战”结束后的十几年也未作改动并一直沿用。在自然保护者看来，它的颁布标志着“德意志自然保护已走上一条崭新且大有希望的光明之路”。[③] 包括这部法律的重要草创者——1945 年后

---

① Walther Schoenichen, „*Das deutsche Volk muß gereinigt werden*“, - *Und die deustche Landschaft*? in: *Naturschutz* 11, Neudamm/Berlin: Hugo Bermühler Verlag, 1933, S. 205 - 209.

② Karl-Heinz Ludwig, *Technik und Ingenieure im Dritten Reich*, Düsseldorf: Droste Verlag, 1974, S. 62.

③ Hans Klose, *Fünfzig Jahre staatlicher Naturschutz*, *Ein Rückblick auf den Weg der deustchen Schutzbewegung*, Gießen: Brunnen Verlag, 1957, S. 33.

仍在自然环保领域担任重要职务的克洛泽也积极认可这部法律所发挥的重要作用。在其后来的回忆中，他认为自法律颁布起至1939年这四年时间“是德国自然保护高光时刻”，因为这部法律带来了无限新的可能性，而且政府自然保护部门的工作也得到“普遍尊重与认可”。[①] 在这部法律的贯彻实施和有效保障下，到1936年，帝国先后设立了98个自然保护区；仅过了四年，即1940年，帝国自然保护区一下子猛增到800个，而登记注册的历史文化遗产更是高达5万之多。

和以往其他时期一样，并不是所有自然保护区的设立都一帆风顺，其中的很多就曾在设立过程中遇过不少阻力，如将霍亨施托芬（Hohenstoffeln）地区的一座因火山活动而形成的小山设立为自然保护区的过程就可谓一波三折。这座小山坐落在风光优美的博登湖西畔，山上有一座古老的城堡可供游人参观歇息。1913年伊始，有人发现火山喷发形成的玄武岩可供开采，其碎石可用于公路建设，所以，一座采石厂便在附近建起，并开始开采生产。开采一开始便有人提出抗议，但抗议的并不是附近居民，因为它能为这些居民提供几十个工作岗位，真正的抗议者是以作家芬克（Ludwig Finckh）为首的一群自然保护者。他们坚决反对这种破坏自然的行为。然而，采石厂却拥有开采许可权，他们对芬克的抗议置之不理。直到希特勒上台后，该作家又重燃希望，并于1933年12月31日致函希特勒本人。在信函中，他这样写道：“尊敬的帝国总理先生，您拥有一颗德意志民族、德意志友爱和德意志信仰之心。您是德国的拯救者。我要以一颗忠诚的心在您身边战斗。目前，在帝国南部的赫高（Hegau）地区，有一座小山正在泣血哀吟，而且恐怕要一直这样下去。在它垂死之前，请允许我向您斗胆进言：仁慈的主啊，一个德国诗人此刻正在为德意志祖国这座最可怜的小山而战斗。希特勒万岁！您忠实的路德维希·芬克。”[②] 尽管当时帝国公路建设总监托德（Fritz Todt）和帝国国防部长黑斯（Rudolf Heß）

---

① Heinrich Diedler, *Ein Leben für Naturschutz: Dr. Hans Klose, Rudolfstädter Corpsstudent prägte Bewußtsein für Umwelt und Landschaft*, in: *Deutsche Corpszeitung*, 110. Jahrgang, Heft 1/2008, S. 25 – 26.

② Volker Ludwig, *Die Entstehung des Naturschutzgebietes Hohenstoffeln im „Hegau-Zeitschrift für Geschite, Volkskunde und Naturgeschichte des Gebietes zwischen Rhein, Donau und Bodensee“*, Band 54/55, 1997/98, Singen: Selbstverlag des Hegau-Geschichtsvereins Singen e. V., S. 153 – 188.

也声援芬克等自然保护者，但采石厂一如既往地进行开采。直至1935年《帝国自然保护法》颁布后情况才发生了根本改变。根据新法律规定，霍亨施托芬地区被划为自然保护区。尽管修建公路需要碎石，但托德却不再从采石场购买碎石，随后，帝国内务部也竭力限制企业开采。由于之后750米以上的山顶被设为自然保护区，所以企业不得不于1938年12月23日停产，费尽九牛二虎之力的芬克以及其他自然保护者的心愿最终得以实现。①

同样，纳粹在德意志乡村景观美化方面也高度重视，并以科学知识开启民智，让科学知识为景观美化服务。在这方面，绍恩尼辛不仅强调自然保护和景观保护的重要性，而且对乡村景观美化方案也高度重视。在他看来，德意志乡村景观美化要像19世纪初倡导的“对待景观就要像对待自家花园”那样，尽可能按照“美”和“井然有序、有条不紊”的要求对乡村自然景观进行巧妙合理的布局安排，最终确保其不仅具有审美效用和经济效益，同时还具有良好的生态效应。此外，在他看来，对于乡村自然景观，仅做保护或维护工作还很不够，还需对其中的道路、街道、溪流、河流等有意识地进行设计安排，同时，要因地制宜，多栽种“本土植物”来点缀美化自然景观。为此，人们不仅要掌握植物社会学知识，对20世纪20年代在自然科学和人文科学领域被广泛运用的整体有机观察方法也要高度重视。在这样的宣传引导下，此时期的人们不再将单个植物或某种自然现象隔离开来做片面观察，而是将其放置到某个小生境或群落生境中做有机系统的观察。在他看来，如能以这种观察方法看待某种植物或自然现象，那么，自然界或景观中各有机要素之间的相互作用关系就能被正确理解，这对美化景观可带来有益的启发。②

与此相呼应，同为自然保护者的花园艺术家赛福特（Alwin Seifert）则提出“有机渐变理论”来强调自然界中各有机要素之间的相互关联性。在

① Frank Uekötter, *The Green & the Brown, A History of Conservation in Nazi Germany*, Cambridge: Cambridge University Press, 2006, pp. 85 - 89.

② Karl Ditt, *Naturschutz zwischen Zivilisationskritik, Tourismusförderung und Umweltschutz, USA, England und Deutschland* 1860—1970, in: Mattias Frese und Michael Prinz (Hrsg.), *Politische Zäsuren und gesellschaftlicher Wandel im 20. Jahrhundert, Regionale und vergleichende Perspektiven*, Paderborn: Verlag Ferdinand Schöningh, 1996, S. 499 - 534.

他看来，那种片面追求经济效益，不顾及景观能带来长远社会效应的观点十分错误，这种“机械的”景观塑造只会给自然带来更大的破坏，造成更大的损失。他认为，“从每粒最小的尘埃到整个宇宙，自然是一个封闭且充满生命力的有机体。在这个有机体中，每一个细小环节都受制于其他环节，而且每个细小环节的变化都会引起整个大环节的变化。”和绍恩尼辛一样，他积极宣传自然保护的重要性。作为一个杰出的生态理论家和早期生态运动发起人，他在自然保护方面的建树颇多，尤其是他还参与了当时第三帝国水利工程、铁路建设、农田灌溉等重大项目建设决策，他的许多观点对帝国的自然保护和景观美化起到了关键作用。他认为，铁路建设应最终为公路建设所取代，因为直来直去的铁路将德国自然景观切割得支离破碎，面目全非，而公路建设却可以依山傍水，依照地形进行各种弯道设计，可确保它的流动蜿蜒之美。[①] 在水利建设方面，他对当时的很多大坝建设给予猛烈抨击，认为这既破坏了自然之美，也对大坝上下游动植物物种的繁衍栖息带来许多危害。对于那些随意将河流小溪拓宽改直的做法，他认为，最终只能招致荒漠化的形成。在农业生产和自然景观如何形成和谐整体这个问题上，他信奉的是：最好的技术同时也应是对自然保护最有利的技术，最好的景观保护同时也是最好的农业资源保护。靠园林建筑起家的他从此赢得德国“生态园林之父”的美称。[②] 他也因此受到纳粹青睐，和其他 14 位景观设计师一起，被帝国公路建设总监托德聘为“帝国景观律师”，专门负责帝国景观的咨询、评价和仲裁工作。在他的提议下，托德最终决定建设符合自然审美的帝国高速汽车专用道。其实，建设高速公路最初本是希特勒的构想，只不过后来由托德付诸实施而已。1933 年 2 月 11 日，希特勒就曾在柏林国际高速公路博览会上发表感慨：“如果说以前是以铁路的长短来衡量一个民族生活水准的话，那么将来的衡量标准将取决于适合汽车奔跑的公路长短。”5 月 1 日，他宣告这项“伟大任务”即将开始。6 月，托德走马上任，从此，一项耗资 60 亿帝国马克、动用 6000

---

① Joachim Radkau und Frank Uekötter (Hrsg.), *Naturschutz und Nationalsozialismus*, Frankfurt/New York: Campus Verlag, 2003, S. 277 - 281.

② Alwin Seifert, *Ein Leben für die Landschaft*, Düsseldorf: Diederichs Verlag, 1962, S. 35, S. 37 - 39, S. 100 - 102.

名工程技术人员和管理人员、总长度为7000公里的巨大工程正式启动。[①]对于法西斯主义者来说，和汽车、广播、电影一样，高速公路是他们实行独裁统治的强有力工具，因为在他们看来，这种高速公路会给人带来一种全新的时空感，它既是雄性力量的展现，也是美、速度和进取的象征。为此，他特地叮嘱总工程师费德（Gottfried Feder）：他们要做的不是单纯找到某技术的解决方案，而是力图寻找到一个文化和艺术相结合的最佳方案。[②] 这种集种族主义思想、技术和生态为一体的生态法西斯思想在此得到充分展现。根据希特勒指示，高速公路建设的最高原则是不破坏风光之美，以此增添山川秀色。它不仅能给人们带来便捷，同时还应该让人们沿途欣赏祖国的山川之美，并激发起对祖国、对民族的自豪感。除此之外，向远方无限延伸的公路还可唤醒德国民众对远方的憧憬和异域的向往，并有助于将这个“没有生存空间的民族”（Volk ohne Raum）引向一个崭新的充满希望的远方世界。然而在高速公路边种植怎样的树木这个问题上，赛福特和托德却产生了意见分歧，赛福特坚持多栽种本土树木，而托德却认为“异域植物也可以接受，因为其生长速度往往快于本土植物”。不仅如此，路边栽种异域树木还可不时变换风景，给驾驶者带来更多的愉悦享受。更何况栽种异域树木的成本远比栽种本土植物低。最终，赛福特还是听从了托德的观点，他们最终达成的结果是：尽量让栽种的树木和周边的自然环境协调匹配，尤其是将它们对周边环境会产生怎样的影响作为首要问题进行考量。[③]

进入战争时期，第三帝国的景观设计和维护发生了很大改变。为加强军事防御，防止盟军进攻，1940年，经纳粹党魁希姆莱（Heinrich Himmler）提议，被纳粹帝国民族保护专署委员会任命为德国景观设计和维护特别委托人的维普金—于耳根斯曼（Heinrich Wiepking-Jürgensmann）开始实施其“防御性景观”计划。根据其设想，帝国境内的森林树木种植要能提供开阔的视野，这样可发现盟军飞机的影踪，同时还要最有效地防

---

① 李伯杰：《德国文化史》，对外经济贸易大学出版社2002年版，第346页。

② Erich Stockhorst, 5000 *Köpfe. Wer was im* 3. *Reich*, Kiel: Arndt Verlag, 2000, S. 56 – 57.

③ Thomas M. Lekan and Thomas Zelelr, *Germany's Nature*, *Cultural Landscape and Environmental History*, New Brunswick: New Brunswick Press, 2004, pp. 111 – 139.

范其轰炸偷袭。此外，河岸工事修筑也要符合军事设施要求，即确保河岸对面的地形能有效阻止盟军的进攻，而河岸这边的地形以不妨碍本方军事设施的布置和百姓生活的正常进行为前提。他的这种行为也印证了他根深蒂固的种族主义思想："自然景观就应该是生活在其中的民众的一种形象展示和心声表达。它既是我们这个高贵民族精神和灵魂的对外展示，也是我们魔鬼敌人的梦魇之所。所以，从本质上看，我们德意志民族的自然景观应完全有别于波兰人和俄国人的自然景观。要知道，东边那些民族嗜杀残暴的本性也就像锋利的刀片一样冷酷无情，这正如他们传统的自然景观所暴露的那种丑陋不堪的精神和灵魂。"①

此外，在很多场合，希特勒、希姆莱和戈林（Hermann Göring）所表现出的不仅是"坚定执着的"自然保护者，同时也是"虔诚仁慈的"动物保护者，所以，动物保护也是纳粹自然保护中的一项重要宣传主题。1933年11月24日，《第三帝国动物保护法》正式颁布。对于纳粹主义者来说，动物保护是他们最欢迎的话题，因为动物保护与欧洲传统的反犹情结有着很深的历史渊源。19世纪末，德国境内就有一些动物保护者掀起反对犹太人虐待动物的抗议活动，他们认为，犹太人将动物作为科学实验标本或者不用麻醉方式屠宰动物是一种极残忍的行为，应受到强烈的谴责。这种行为在很大程度上也受到当时生活革新人士的批评。他们的观点很快为纳粹所利用，犹太人在对待动物这个问题上从此也有了一个洗不清的罪名。动物保护者认为，拿动物做实验纯粹是"犹太人的杰作"，"他们似乎不遗余力地要剥夺我们日耳曼人最自然的本性再取而代之，好让他们那种机械的、剥削和奴役自然的科研思想侵入我们的骨髓。"② 1927年，纳粹代表在魏玛议会中就主张对残害动物的行为应予以惩罚。1932年，他们进一步提出了禁止用动物做科学实验的建议。1933年5月1日，有关不用麻醉法屠宰动物的惩罚令正式颁布施行。禁令明确规定，那些"热血动物"在屠宰之前一定要经过麻醉处理才能屠宰，当然也有例外，即那些濒死的肉食动

---

① Reinhard Piechokie und Norbert Wiersbinski, *Heimat und Naturschutz*, *Die Vilmer Thesen und ihre Kritiker*, Bundesamt für Naturschutz, Bad Godesberg: Voggenreiter Verlag, 2007, S. 18.

② Daniel Jütte, *Tierschutz und Nationalismus*, *Die Entstehung und die Auswirkungen des nationalsozialistischen Reichstierschutzgesetzes von* 1933, Münster: Aschendorff Verlag, 2002, S. 167.

物可不用麻醉就直接屠宰。如出现过失或故意违反禁令，当事人将被罚款或接受六个月的监禁拘留。在动物实验问题上，动物保护法也作了明确规定，即动物实验只可在某些特殊医学领域进行，如癌症研究领域。另外，随着战事发展，动物实验完全超出了动物保护法范畴，并延伸到战犯和犹太人身上，很多被研发出来的生化武器也因此成为纳粹摧残虐待动物和人类的有力罪证。①

二　大工业生产和能源经济

到 1936 年，德国工业生产已恢复到 1929 年的水平，工人失业问题已得到大大缓解。1937—1938 年，德国工业生产持续上升，尤其是此时期的发展速度已令美、英、法等国望尘莫及。根据英国学者汤因比研究得出的数据，1938 年，德国制造业产量占世界制造业产量的 14.3%，超过法国和英国生产的总和。其钢产量达 2330 万吨，居欧洲第一位。到 1939 年，德国铝产量为 19.9 万吨，居世界第一位。在染料生产方面，德国占整个世界产量的三分之二和出口的 90%。在 30 年代，德国钾盐出口已占全球的 70%。② 同时，它也是世界上人均拥有收音机数量最多的国家，在当时，收音机的出现非同小可，因为它实现了政治宣传画所描绘的愿景，“整个德国都在收听元首的讲演”。纳粹技术神话不仅给广大民众带来了汽车、收音机、电视机、住宅、化妆品等，同时也为纳粹巩固独裁统治赚得更多的民众支持和政治选票。③

准备战争需要大量生产，而大量生产就意味着能源的巨大消耗以及大量环境污染的产生。此外，对景观的大面积破坏也在所难免，如河流拓宽改直，泥沼地和苔藓地抽水排干，农业集约化种植，以及新工厂的不断建立等，这些都无形中给自然环境带来极大的破坏。在开始阶段，纳粹所宣称的集体意识似乎为治理污染提供了可能，因为在他们看来，工厂不应该

① Daniel Jütte, *Tierschutz und Nationalismus. Die Entstehung und die Auswirkungen des nationalsozialistischen Reichstierschutzgesetzes von* 1933, Münster: Aschendorff Verlag, 2002, S. 180 - 191.

② Arnold J. Toynbee, *Krieg und Kultur*, *Der Minitarismus im Leben der Völker*, Stuttgart: Kohlhammer Verlag, 1950, S. 131 - 132.

③ 李伯杰：《德国文化史》，对外经济贸易大学出版社 2002 年版，第 358 页。

老是坚持自己的法律主张，将优先权让渡给私人，它要充分考虑集体利益，也就是说，“先公后私”应成为整个社会遵守的基本准则。所以，每当工厂附近的居民遭遇工厂污染时，他们只能忍气吞声，迁就忍让，而政府部门则充当和事佬，尽量做到息事宁人，避免冲突升级，如1937年发生在鲁尔工业区的一桩诉讼案即属此情况，颇为典型。当时的双方当事人分别为奥伯豪森的好希望冶炼厂和一户附近受工厂浓烟污染的农户人家。

和以往不同的是，受理此案的当地司法部门这一次高度强调民族集体思想和邻里关系的重要性，他们认为“在这样的关系中，邻居们应彼此理解，相互体谅。”在他们看来，为形成良好的邻里关系，工业企业应“尽可能地安装技术设备来保护邻里安全”，而作为农户的一方也应该理解企业难处，毕竟它们也是在为国家做贡献，所以，“对于工厂的有害物的排放，该农户也不要过于敏感，暂时的忍耐应有必要，因为在当前这样的形势下，无论如何，人们都不应该阻止国家工业的发展。”①

本来在此前一年，《帝国空气卫生法》拟将颁布，但由于工业优先发展战略的实施，尤其是战争临近，该法律最终还是没能颁布施行。然而，大量的污染投诉仍不时发生，这给工业企业带来极大的困扰。为维护自身利益，广大民众要求帝国最重要的卫生机构“普鲁士水、土壤和空气卫生局”承担此责任，为诉讼双方提供最权威的检测鉴定结果。受委托的该卫生局开始着手这方面的工作。他们声称，工业企业已做出不少尝试，正在尽量减少废气排放所带来的损害。然而，事实情况让人们不得不质疑，并提出批评。面对民众的不满情绪，该卫生局则表达了自身的委屈：“要知道，对于我们这个机构来说，处理这么多投诉所产生的成本远比调查污染原因的成本大得多。”为此，该机构惺惺作态：“工业企业排放大量有害气体引发了大量民众的不满，这给了我们充足的理由和信心，会尽快解决这些令人无法忍受的空气污染问题”。同时，它还向民众做出表态：随着新工厂的建立和其他设施的不断扩建，他们会及时做好检测鉴定工作，以确保在废气和烟尘防治方面能采取更有效的防范措施。② 然而，实际情况是，

① *Juristische Wochenschrift* 66, 1937, S. 1237 - 1239.

② Stellungnahme der Preußischen Landesanstalt für Wasser-, Boden-und Lufthygiene vom 20. 8. 1936.

该机构表里不一，真正的行动少之又少，直至战争爆发纳粹政府将注意力转到其他更重要的领域后，这类环保工作也被暂时搁置到一边，这从记载的有关文献资料中可以看出。在一本名为《空气危险及防治》（1940 年版）的专业书籍中，当时有关生产生活过程中排放的废气以及空气悬浮物的研究内容相对较少，而化学、生物、放射性武器污染以及有关炸弹和手榴弹的危险介绍内容却占据大量篇幅，这明显反映了战时人们对环境污染关注已开始转移。①

和空气污染一样，纳粹时期的水污染问题也给人带来很大困扰，并招致不满和批评。很多河流污染早在威廉帝国时期和魏玛时期就已存在，且一拖再拖，最后是火烧眉毛，到了不得不解决的地步，如鲁尔工业区的伍珀尔河即属此情况。在经过很长时间的拖延后，伍珀尔河治污协会不懈努力终于得到回报，1944 年时已先后建成四座污水处理厂，其污水终于得到较好治理。和伍珀尔河情况相类似，该地区埃姆舍尔河仍在继续扮演着一条污水沟的角色，附近地区的工业污水也一直朝河里排放。不过，在生产生活用水供应方面，该地区却出现了重大变化，因为此时期家庭生活用水和工业生产用水已开始分开供应。和这两条河流命运不同，纳粹时期该地区的鲁尔河污染却没得到任何治理，正如 1937 年鲁尔区一份调查报告所显示的，为加紧备战，该地区日益紧张的工业生产和其他经济活动“已导致鲁尔河污染不堪重负，而这种糟糕局面在此之前是前所未有的”。② 最终，其治理还是没任何进展。究其原因，主要是工业生产的超负荷运转以及治污资金不足。由于军事装备生产紧急，再加上资金短缺，人们已无暇顾及鲁尔河的污染治理，这种局面直到战后才得到根本改变。

战争爆发后，第三帝国水质情况不断恶化，甚至 1943 年还出现饮用水污染导致流行病发生事件。在帝国卫生局看来，必须阻止这种情况的发生，“否则的话政府部门在民众中的威信将大大受损。”其实早在 1941 年，帝国卫生局领导人就已发出警告，“水质情况正变得越来越糟糕，所以，

① Fritz Wirth und Otto Muntsch, *Die Gefahren der Luft und ihre Bekämpfung im täglichen Leben, in der Technik und im Krieg*, Berlin: Ort Verlag, 1940.

② Stadtsarchiv Münster, Regierung Münster 27984, Protokoll der Vorstandssitzung des Ruhrverbundes vom 26. 11. 1937.

务必采取紧急措施，阻止灾难蔓延。当务之急是颁布新法规，以防止新的污染发生。”然而，新法规最终还是没制定出来。①

与此同时，地下水位不断下降的情况也引发人们的广泛关注。对于这个问题的争论其实在魏玛时期就已有之，并一度引发热议。因为在某些城市，人们观察到，随着供水设施的不断建设，地下水位开始不断下降，很多农用地和森林地变得越来越干燥。此外，很多河流湖泊的水位也在下降。之所以出现这样严峻的形势，很多人认为，是1933年纳粹上台后第三帝国青年义务劳动队在全国范围内开展的一系列开山挖湖、修路搭桥、滥砍滥伐等破坏行为所致。② 对此，赛福特在1934年的一项研究报告中表明了自己的看法，认为“今天的这种文化建设和水利建设方式最终只会给第三帝国的生存基础带来巨大损害”。在报告中，他列举了许多令人触目惊心的人为灾害，并希望能建成一种“更接近自然方式的水利设施”。然而，他的呼吁却并没引起反响。为进一步引起社会关注，1936年，在巴登州举行的自然保护日纪念大会上，赛福特发表了一篇题为《德国的草原化》的讲演。在讲演中，他严厉批评了那些将河流肆意改造为通航运河的行为。此外，对于抗洪不力以及肆意拦水建坝的做法，他也给予了猛烈抨击，他甚至断言：“如果任由德国的水经济这样发展下去，那么最终将是可怕的无限草原化现象的出现。”在他看来，这种局面的出现在很大程度上应归罪于那些专业人员的不作为，因为他们“并未洞悉充满生机的大自然中存在着千丝万缕、细微精巧的联系”，他们最终很有可能会“破坏中欧地区的生态平衡”。③

然而，这种猛烈的批评却并未得到工程水利技术人员的认同。虽然他们采纳了赛福特的若干建议，但实际效果却微乎其微，反倒是许多饮用水供应地区的其他建设越来越多，正如托德1941年所要求的：“战争迫切要求人们对自然进行越来越深入细致的开发利用。”此时期那些在供水、污

---

① Klaus-Georg Wey, *Umweltpolitik in Deutschland. Kurze Geschichte des Umweltschutzes in Deutschland seit* 1900, Opladen: Westdeutscher Verlag, 1982, S. 101 - 102.

② Detlev Humann, *„Arbeitsschlacht“, Arbeitsbeschaffung und Propaganda in der NS-Zeit* 1933—1939, Göttingen: Wallstein Verlag, 2011.

③ Alwin Seifert, *Im Zeitalter des Lebendigen, Natur, Heimat, Technik*, Dresden/Planegg: Müllersche Verlagshandlung, 1941, S. 26, S. 28.

水处理和水力发电地区建造其他军事设施已成为头等大事。所以，他要考虑的是如何“确保工程技术在大自然中发挥到极致，让自然听命于战争需要，为战争做最大贡献”。①

从大生产运动到分散生产，是纳粹加紧备战、实现其侵略野心的一项重要举措。为实现这一目标，执行闭关自守经济政策的纳粹政权需要调动一切社会力量来为社会生产服务，而当时的大批失业人员所组成的青年义务劳动队却正好充当了急先锋。② 如何评价这支劳动队，克洛泽后来曾有过这样的回忆表述：“对那些数以百万计的失业人员来说，他们应尽快找到工作。于是，这些招募来的青年义务劳动队成员很快被派遣到许多自然景观地区。这种闭关自守的经济思想最终导致大自然中那些存量不多的荒原、森林、苔藓地甚至水域的消失。”③

鉴于大工业化生产带来的诸多问题一时难以解决，此时期的人们似乎意识到，一旦战争爆发，社会倒退就在所难免。所以，其出路应在于：工业企业应分散生产，同时也对城市居民做分散安排。也就是说，将城市居民迁往农村地区，以进一步加强农业生产。此外，那些城市失业人员可组成一支青年义务劳动队，去乡村参加生产劳动。鉴于当时世界经济已处在崩溃边缘，所以，实现闭关自守的经济政策已十分必要，因为它在促进农业生产的同时，还可更好地减少对粮食进口的依赖。④

在当时，这种闭关自守的经济政策颇受一些纳粹理论家的吹捧支持，水力学兼经济学家拉瓦采克（Franz Lawaczek）便是其中的一位。在他看来，如果一个民族想独立不受制于人，就必须依靠自己的土地来养活自己，而对外贸易只能让那些投机商人钻空子占便宜。所以，保持经济上

① Alwin Seifert, *Im Zeitalter des Lebendigen*, *Natur*, *Heimat*, *Technik*, Dresden/Planegg: Müllersche Verlagshandlung, 1941, Vorwort von Fritz Todt, S. 1 – 2.

② ［美］大卫·布莱克本：《征服自然：水、景观与现代德国的形成》，王皖强、赵万里译，北京大学出版社 2019 年版，第 284 页。

③ Karl-Heinz Ludwig, *Technik und Ingenieure im Dritten Reich*, Düsseldorf: Droste Verlag, 1974, S. 62. Hans Klose, *Fünfzig Jahre staatlicher Naturschutz*, *Ein Rückblick auf den Weg der deustchen Schutzbewegung*, Gießen: Brunnen Verlag, 1957, S. 32.

④ Willy Oberkrome, *Siedlung und Landvolk*, in: Karin Wilhelm und Kerstin Gust (Hrsg.), *Neue Städte für einen neuen Staat. Die städtebauliche Erfindung des modernen Israel und der Wiederaufbau in der BRD*, *Eine Annäherung*, Urban Studies (Transcript), Bielefeld: Transcript Verlag, 2013, S. 237 – 251.

的自给自足是赢得自由的首要前提。有鉴于此，德国的未来应放在分散的生产经营中。为实现这一目标，就应做到在有利于手工业经济发展的同时，逐步减少大工业生产，同时还要创立大量的小型工商业企业，使其“和农业发展有机紧密地联系到一起”。在他看来，尤为重要的是，能源经济改革应作为一项最根本的改革加以实行。要打破大工业生产过程中所形成的联合供电经营体制，以分散式的供电方式取而代之，具体地说，就是通过风力和水力发电来为企业提供可再生能源。如果这种方式能实现，那么纳粹追求的农村集体用电方式就会得到进一步加强，对煤炭资源的依赖也会大大降低。此外，拉瓦采克想在帝国内引入“氢经济”这门新型的能源经济模式。他提出这一构想的理论依据是：氢是一种清洁能源，它燃烧成水后，不会产生任何污染物。为能将风能、太阳能、水能等可再生能源发电后进行储存、运送和转化，即需要利用电解电池，通过电解水来制氢，然后通过高效储氢材料进行常温储存，并通过管道输送。这种输送方式在战时显然比天然气输送方式要安全得多，更重要的是它既环保，又经济。由于此时期大量多余的电力一时无法使用，所以，拉瓦采克这一设想的提出恰逢其时，更何况对于家庭供暖、企业生产、火车牵引机车、有轨电车和城市公交车使用来说这是一种最理想不过的万能型能源。①

然而，现实情况是，拉瓦采克这一设想无法实现，因为希特勒军备生产需要的不是大工业生产的拆分，恰恰相反是工业生产自身不断的加强和提高，尤其化工企业的扩建更应如此。之所以建立大工厂，就是为了确保能有效应对原材料进口再度被封锁的危险。由于这种大生产方式多为高能耗生产，所以希特勒上台后，拉瓦采克的分散式能源供应设想已无可能实现，非但不能实现，反倒是新的大型发电厂的建设比任何时候都被突出到重要战略地位，这在纳粹 1935 年颁布的《帝国能源经济法》中被高度强调，尤其是建立一个为大工业生产服务的联合供电经营体系，以确保战时充足的电力供应。此外，根据法律精神，这种经营体制就是将电力供应垄

---

① Franz Lawaczek, *Technik und Wirtschaft im Dritten Reich*, *Ein Arbeitsbeschaffungsprogramm*, München: Franz-Eher-Verlag, 1932.

断权让渡给那些业已存在且经营良好的电力大鳄，而不要给那些分散经营的小电厂以生存空间。[①] 然而，随着战事发展，德军占领波兰后，面对这片广袤的地区，这些电力大鳄又不得不更改经营办法，临时采取分散的发电方式，因为大范围的联合供电经营既耗费时间，又耗费能源。更为重要的是，集中供电方式有可能导致战时生产出现瓶颈。于是，可再生能源利用再度被提起并引发讨论。1942 年春，希特勒又想到拉瓦采克当年提出的这种设想，于是他做出指示，在占领区多建设小型发电厂，尤其是多安装风能发电设备，以获取更多的电力供应。令人颇为费解的是，他的这一愿望最终还是没能实现，因为希特勒的想法有时变化无常，令人难以捉摸。此外，由于占领区行动空间十分有限，尤其是风能设备发电效率在当时还比较低下，所以，希特勒的设想最终还是落空。[②]

针对当时风能发电效率低下的问题，企业家霍内夫（Hermann Honnef）很想改变这一状况。他拟安装 60 台高空风能发电设备，在他看来，如能建成此项目，所发电能就可以以更便宜的价格供应整个德国。根据其设想，这些发电设备高低大小不等，最高可达 500 米。此外，每台发电设备安装有 3 个涡轮发电机，其直径在 60—160 米之间。如此大型设备在他看来很有必要，因为它可以很好地利用高空风，所以从技术上说完全可把控，而且从经济效益上也完全可行，因为它生产的电价要远远低于煤炭发电和水力发电价格。[③]

霍内夫的设想在德国引起巨大反响并得到积极回应，很多人认为“整个德国经济又将发生翻天覆地的变化”。如有大量清洁便宜的电力供应，那么不仅中部地区富含镁元素的盐矿资源可得到充分开采，而且轻金属等也可以大量生产，甚至比铝还要轻的金属制品也都可以生产出来。此外，在农业生产方面，很多种植暖房内的地热加温设备也可得到广泛使用，有的三季种植甚至可增加到四季种植。对此，希特勒也不时表现出浓厚兴

① Hans D. Hellige, *Entstehungsbedingungen und energietechnische Langzeitwirkungen des Energiewirtschaftsgesetzes von* 1935, in: *Technikgeschichte* 53, 1986, S. 123 - 155.

② Mattias Heymann, *Die Geschichte der Windenergienutzung* 1890—1990, Frankfurt a. M.: Campus Verlag, 1995, S. 217 - 268.

③ Wolfgang Altendorf, *Hermann Honnef*, *Sein Leben*, Freudenstadt: Altendorf Verlag, 1977, S. 15 - 16.

趣，许多城市也很想借此试验项目做大胆尝试。然而，这样的项目毕竟带有某种理想主义色彩，虽很诱人，但无法真正实现，因为这样的设备体量过于庞大，单设备制造本身就是个难题。此外，如此高的设备在安装过程中的静力学问题如何解决又是个难题。尽管该项目早在1932年2月24日发行的《民族观察家报》中就声称可“展示令人艳羡的新技术，缓解经济危机，为德国自给自足的战时政策提供强有力的保障”,[①] 尤其是在德国占领波兰后它似乎在新的广阔的空间范围内更有了用武之地，但最终还是因战事紧急无法进行新技术研发而搁浅。

三 纳粹之伪“绿”

应该说，整个纳粹统治时期，第三帝国的自然环境已遭受到很大破坏，甚至毁灭，这些破坏不仅包括土地资源、水资源和空气的污染，而且还包括战争带来的巨大破坏。在极端民族主义、种族灭绝和军事扩张思想的影响下，大批犹太人惨遭杀害，无数无辜的德国士兵成为炮灰，到处都是被炸毁的房屋、厂矿、学校、教堂以及被遗弃的农田、战壕、铁丝网、尸体残骸等，被摧毁的自然已成为人间炼狱。如果非要说纳粹在经济建设和自然保护方面做出很多努力，并创造了不少惊人成就，将德国塑造成一个“绿色花园”的话，那也是隐藏了其真实目的，即消灭异己、称霸世界的野心。所以，纳粹法西斯所追求的“绿”绝不是什么文明和谐之“绿”、技术进步之“绿”和人类进步之“绿”。它既谈不上“绿”，也谈不上“生态”，如果非要说它带有某种“绿”的成分，那也是它独有的野蛮血腥之“绿”、荒唐悖谬之“绿”和人类倒退之“绿”。这种论断在今天的历史研究中已被普遍认可，如果对纳粹精英的政治主张再做深入细致的探讨，这种结论也就更令人信服。

前文中提及的瓦尔特·达尔是纳粹“血统与土地”思想的鼓吹者，也是早期自然保护和家乡保护的发起者以及简朴生活的践行者。在其1931年撰写的著作中，他批评很多人只单纯追求俭朴生活而缺少政治理想抱负的

① Mattias Heymann，*Die Geschichte der Windenergienutzung* 1890—1990，Frankfurt a. M.：Campus Verlag，1995，S. 168.

那种“小家碧玉”式的生活方式。在他看来，那些只追求“在乡下建有小花园或自家住宅，在城市拥有花园住宅或生活在小型社区的人如果只想着怎么过得健康舒适的话”，那他们是一事无成的，因为他们连“资本主义不时表露出的恶魔般的阴笑”也觉察不到。和无产阶级一样，他也将资本主义视为自然保护者和家乡保护者的敌人。在他看来，这样的敌人“必须被消灭，它的统治必须被推翻，以此让人们回归真正自然的生活，并阻止一切破坏道德价值的事情发生”。[①] 在其担任帝国农业部长期间，他将农民放到很高的位置，高度强调农业对于国家自给自足的重要性。他竭力推行农产品最大满足需求原则，坚决打击粮食市场投机倒把行为。此外，他还积极推广史代纳所倡导的“生物动力种植法”，反对农业现代化进程中破坏土地的行为，如化肥和农药的滥用，以确保土地资源得到更好的保护和利用。而在能源使用方面，他则积极提倡节约原则，鼓励人们尽量多利用生物能，如沼气的使用。为尽量减少饲料进口，多节约外汇，他要求农民尽可能地提高农作物产量，如对以往轮作制的恢复就是一项有效的战时应对措施。[②] 总之，他想以“最大需求满足经济”来革除当时农业现代化进程中所暴露的种种弊端，以此消除资本主义工业现代化给人带来的种种蹂躏和摧残。

达尔的这些理论听起来似乎很时尚现代，他甚至还被有些人奉为绿党的鼻祖。[③] 除达尔外，赫斯、托德和希姆莱等也有类似主张。和其他纳粹精英一样，他们也积极主张利用风能和太阳能发电，要求实现经济的分散经营，拒绝无用商品的生产，鼓励多生产本土商品。但是，他们的这些主张也很容易给人以误导。反思之余，不难发现，这些思想不过是一种煽动和鼓噪而已。在此，有些很重要的问题必须厘清，那就是上述这些观点在纳粹主义思想方面究竟占据怎样的地位？或者说这些思想在当时的意识形态下是否是一种“绿色”思想？而且在纳粹的意识形态中，这些主张究竟

---

① Richard Walther Darré, *Um Blut und Boden*, *Reden und Aufsätze*, München: Eher Verlag, 1932, S. 208.

② Heinz Haushofer, *Darré*, *Walther*, In: *Neue Deutsche Biographie*, Band 3, Berlin: Duncker & Humblot Verlag, 1957, S. 517.

③ Anna Bramwell, *Blood and Soil*, *Richard Walther Darré and Hitler's „Green Party“*, Abbotsbrook: The Kensal Press, 1985, p. 171.

应归属为纳粹的哪一种意识形态？

找到这些问题的答案并非易事，因为在纳粹意识形态与上述所提到的“绿色”主张或“生态”主张之间很难有一个清晰的界限划定，这是因为，纳粹思想不仅表现为种族主义思想、反犹主义思想和军国主义思想等核心思想，它同时还包含一大批与之同在竞争状态下的其他社会思潮和政治立场，尽管这些社会思潮和政治立场不与纳粹思想相抵牾，且随着时代发生新的转变。从以往两百年的历史进程来看，德意志民族并没有提出过一个什么清晰的“生态”行动纲领，真正存在的也只有不同的信仰追求者。在这个群体中，尽管他们信仰各异，但其核心思想仍是探求自身与自然环境之间的相互依存关系，他们希望在此基础上能有新的发现和进步，并对当下现代工业的错误发展做一个纠偏。在威廉帝国时期，这些不同信仰追求者追求的是一个“农村加小城市的精神世界”，也就是说，他们在喧嚣的工业化时代背景下对自然、家乡、民族和历史往往怀有某种“故土情结”。而到了魏玛共和国时期，这种情结则表现得更为强烈，甚至极端。渐渐地，当这些思潮和纳粹思想汇聚到一起时，便可看出它们又发生了许多新变化，而达尔、赫斯、托德和希姆莱等提出的主张正是这些新变化的产物。

然而，即使在纳粹精英内部，他们的“生态”主张也不尽相同，尤其是随着时间的推移，这些主张又发生了新的变化。尽管希姆莱的主张和达尔相似，但随着他在纳粹政权内部的地位不断上升，成为希特勒的得力助手，身为农业部长的达尔便不得不听命于他的安排，于是，达尔的声音逐渐衰微，一种新的声音开始出现，那就是一切为了备战，一切为了战争的胜利。在这种形势下，一种开足马力、高效的大工业生产成为纳粹的首选目标，它依据当时最新的科学知识和最强劲的科技力量，以最快速度扩大工业生产，其结果必然是以牺牲自然资源和环境为巨大代价。即使在战争时期，自然保护者和家乡保护者与大工业生产的冲突仍时有发生，但在纳粹强权面前，他们最终都败下阵来，因为他们必须明白，不能因为自己的局部利益而拖了战争后腿，毕竟战争是帝国意志。为了帝国利益，作为帝国的自然保护者和家乡保护者，他们应维护大工业帝国形象，尤其是确保东边新占领区的绝对安全。

在向东扩张问题上，尽管当时存在不同观点，但他们共同的诉求仍是围绕纳粹思想和其政治主张展开，即他们的共同目标是通过创造一个最本质、最具有鲜明特色的农民社会，以获得他们期盼已久的民族新生。正是这种狂热催生了许多激进思想和冒险行为。为使一个“没有生存空间的民族”获得“新生”，纳粹精英便将“血统和土地”思想与现代自然科学知识杂糅到一起，以期创造一个新德意志帝国。于是，在这样的思想影响下，一个所谓的“东部总计划”战略就此形成。领导实施这项战略计划的便是纳粹主要首领希姆莱。1939 年 10 月 7 日，“二战”爆发后不久，他就被希特勒任命为德意志民族巩固委员会委员长，其主要职能是“将居住在国外的德国侨民迁置到德意志地区，以此来削弱迁居地异族民众的有害影响”，这是构成《东部总计划》战略的核心内容。[①] 当然，这里提到的“德意志地区”即是指历史上普鲁士人所居住的东部地区。

该战略计划的设计其实早在前几年就已着手进行，其重要性被纳粹党魁高度认可。在这里，该计划战略所涉及的并不是某个单项计划而是一整套计划战略的实施。它不只包括对占领区居民点进行新的布局安排，更重要的是，它构成了纳粹种族灭绝政策的核心内容，也就是说它已长远着眼，将目光放到了战后布局安排。应该说，在战争期间，该计划战略就已暴露出极端思想，随着战事发展，它变得越来越极端，并发展到惨绝人寰的地步。其中第一步计划仅限于波兰占领区，然后逐渐扩展到其他东欧国家和东南欧地区，最后占领黑海至列宁格勒，甚至延伸到西伯利亚地区。纳粹军队所到之处，当地居民须自行离开，由此预计会有数百万人的死亡，因为根据计划安排战略，当地居民应给德国迁居者腾出生存空间，确切地说，就是他们要被赶出自己的居住地，如是犹太人，他们会遭到灭绝，如是其他异族居民，他们要忍受虐待，直至最后被困死饿死。[②]

参与这项战略制定的主要是德意志民族巩固委员会所辖的计划处，其处长为党卫军重要成员、纳粹时期著名的农业学家马耶尔（Konrad Meyer）

---

① Gert Gröning und Joachim Wolschke-Bulmahn, *Die Liebe zur Landschaft*, *Teil* 3, *Der Drang nach Osten*, München: LIT Verlag, 1987, S. 28.

② Christian Gerlach, *Krieg*, *Ernährung*, *Völkermord*, *Deutsche Vernichtungspolitik im Zweiten Weltkrieg*, Hamburg: Hamburger Edition, 1998, S. 223 – 247.

教授。身为普鲁士科学院院士，由于在空间研究和乡村规划方面做出重要贡献，他享有很高的国际声望。他对计划处被授予的任务颇感兴趣，因为在新占领的东部地区他可以一试身手，将自己的空间研究和乡村规划理论运用到具体实践中。在他看来，那里有很高的规划自由度，他可以以一个胜利者的姿态在一个偌大的空间范围内对居民进行任意驱遣，既不会遇到阻力，也不会有人提出异议。由于当时纳粹移民政策和种族灭绝政策已推行实施，所以，马耶尔的这项规划恰逢其时。尽管他没对纳粹移民政策和种族灭绝政策做出过任何倡议，但他却非常了解这一政策的具体内容，因为这一政策可为其规划的实施提供一个崭新的空间，故而他所表现出的是一种非常欢迎的姿态。①

根据希姆莱指示，东部地区的空间规划应依据于马耶尔“最新的研究成果”，要产生“革命性后果，因为它不仅要保证日耳曼民族在那里世代繁衍，而且还要对那里的景观做彻底改造”。为达到这一目的，就必须从方法和内容两方面对空间规划做设计安排，具体地说，在方法上，就是要依据有机原则，将景观和迁入居民视为一个有机整体进行布局和安排；而在内容方面，则要将这项规划看成是一项很重要的文化任务来完成，从而做到“在这样的景观中，日耳曼人将作为西方国家中的第一个民族来塑造一个具有崭新灵魂的世界。而且在这个灵魂世界中，日耳曼人将首次在人类历史上创造一种崭新的生活方式，那就是它可绝对主宰自己物质幸福、精神富有、灵魂高贵所需的一切生存基础和条件”。② 换言之，该空间规划最终将致力于人与自然关系一种新的平衡，或者说实现一种崭新的、回归农业最本真的生活方式，正如希姆莱一直强调的：“农民阶级是民族本源，自由乡土上的自由农民是德意志民族力量最坚强的后盾。”③

《东部总计划》开篇总则即突出了战略计划实施的必要性，即对新占领的东部地区做一个崭新彻底的空间规划布局，也就是说，新的布局方案

① Dieter Münk, *Die Organisation des Raumes im Nationalsozialismus*, Bonn: Pahl-Rugenstein Verlag, 1993, S. 34 - 45.

② Erhard Mäding, *Landespflege*, *Die Gestaltung der Landschaft als Hoheitsrecht und Hoheitspflicht*, Berlin: Erich Schmidt Verlag, 1942, S. 215 - 216.

③ Josef Ackermann, *Heinrich Himmler als Ideologe*, Göttingen: Muster-Schmidt Verlag, 1970, S. 203.

将对东部地区的自然环境做一次深刻改变，从而“消除异族文化对这片景观的侵蚀污染，因为他们留下的是一片片文化荒漠地”。与这些异族相反，日耳曼人则“在和自然交往过程中追求一种更高层次的生存需求”。有鉴于此，空间规划布局应“计划周密，井井有条，使景观塑造更贴近自然，”以便让新迁入的居民很快有一种家乡的亲切舒适感。

根据规定，景观塑造应保持其自然属性，而且每一种改造都要按其属性要求进行。在森林资源保护方面，不管是森林地，还是一排排大小树木或灌木都要加以保护，要绘就一幅“丰富多彩、长势良好、井然有序”的森林画卷。在土地资源保护方面，大地母亲的保护、维护和增扩应成为至高无上的法则。在水资源保护方面，对水资源的干预以及其循环利用要做到谨慎斟酌，反复权衡，以防不测后果发生，要“确保最好水质，让水资源为民族同胞服务。谁胆敢污染破坏水资源，谁就是破坏帝国事业，就是我们民族共同的敌人。另外，所有帝国机关和民众服务机构要确保各类污水以一种无可挑剔的清洁方式排放到公共水域，如将有害污水排放到江河湖海，必须事先清洁污水，让其变为纯自然的、有利于人体健康的清洁之水，这是每个公民、每个村镇和每个企业应尽的义务和责任。”①

类似的规定还有很多，具体要求也非常详细，譬如如何防洪，如何保持水土，如何在景观区营造小气候环境，如何保护森林、林中小路和森林边缘地，如何塑造田野景观，包括对灌木丛做修剪护理和果树栽培，如何维护和保养村庄绿化设施和经营农家花园等。此外，高压线和通信线路也应沿着防护林和森林边缘地架设。广告宣传牌绝不允许出现在原始景观地带，垃圾也决不允许在景观地带露天堆放。在工业选址方面，企业应以不破坏自然景观为第一要务，尤其是在新占领区设立的工业生产区，则更应“将自然景观中因战争留下的累累伤疤抹平愈合”。

总计划战略尤其强调对大花园和公园景观的建设。根据要求，大花园和公园建设不仅要贴近自然风格，而且还要体现德意志民族所具有的了不

---

① Mechthild Rößler und Sabine Schleiermacher (Hrsg.), *Der „Generalplan Ost“, Hauptlinien der nationalsozialistischen Planungs- und Vernichtungspolitik*, Berlin: Akademe-Verlag, 1993, S. 121 – 130.

起的创新精神。它们的风格应高度体现这个民族的精神气质，景观环境应与民族的外在表现相得益彰。① 此外，在设计建造过程中，要尽量多地运用最新的生态学、生物学、植物学和空间规划知识。总之，所有建成的景观不仅应具有实用功能，还应具有审美功能，既要让这样一个“健康且带有农民质朴本色的文化景观中的土地、水域、果序、森林和人的居住地具有一流品质和水准”，同时还要让它具有“鲜明的民族特征，为的是要让日耳曼人在此找回家的感觉，并愿意在此扎根，保卫好自己的家乡”。②

需要说明的是，总计划战略并不仅限于对东部地区的空间规划布局，在那里所积攒的经验也应运用到此时的“旧帝国”范围内，为的是能够再建立一个“新型的农业化社会”。总之，无论是在新占领的东部地区，还是在旧帝国范围内，土地才是人们赖以生存的唯一基础，正如希特勒所强调的：“人不是靠什么思想意识活着，而是靠粮食谷物、煤炭、铁、矿砂才能生存，总之，一切要靠土地资源才能存活。要是没了土地资源，其他大道理再多也没用。一切都不是什么经济问题，归根到底还是土地问题。”③ 在他看来，也许某些合成材料的生产可以缓解社会需求压力，但这只是暂时现象，从长远来看，一切生存需求都离不开“脚下的这块土地，只有它才能真正给人们提供赖以生存的物质基础”。④ 从这番表达中可以看出，希特勒并不像达尔和希姆莱等一样反对工业和技术运用。然而，即使是工业生产也离不开土地资源的提供，更何况工业生产需要足够的场地作保证。从这个意义上说，土地资源是纳粹最觊觎、也最不愿放弃的根本利益，而新占领的东部地区则可以为其提供广大的空间范围，它可以为第三帝国提供坚实的后方基地，给德国民众以给养，并提供必要的战略资源。对苏联一战也是其最后一次尝试，然而其空间规划和

① Heinrich Wiepkin-Jürgensmann, *Die Landschaftsfibel*, Berlin: Deutsche Landbuchhandlung, 1942, S. 25.

② Gert Gröning und Joachim Wolschke-Bulmahn, *Grüne Biographien. Biographisches Handbuch zur Landschaftsarchitektur des 20. Jahrhunderts in Deutschland*, Berlin/Hannover: Parzer Verlag, 1997, S. 415 – 418.

③ Rainer Zitelamm, *Hitler*, *Selbstverständnis eines Revolutionärs*, Stuttgart: Klett-Cotta Verlag, 1987, S. 338.

④ Gerhard L. Weinberg, *Hitlers Zweites Buch*, *Ein Dokument aus dem Jahr* 1928, Stuttgart: Deutsche Verlags-Anstalt, 1961, S. 61.

景观塑造的美梦最终都化为泡影。在自然和正义面前，纳粹所裹罩的“绿色”外衣最终还是没遮盖住它血腥残暴的军国主义思想、极端民族主义思想和种族主义思想的真面目，从而让这段历史成为最荒诞的景观史或自然环保史，这也为人类生态文明史提供了一部活生生的反面教材。

第五章　德国生态文明时代的开启和繁荣(1945—2020年)

第一节　战后至环保思想觉醒时期(1945—1970年)

和一战结束后的情况一样，第二次世界大战结束后的德国民众也遭受到饥馑的威胁。大城市食物供应已处于“有史以来最低水平”，有时候人均每天食物摄入甚至还不到1000卡路里热量。[①]“二战”期间，由于纳粹奉行自给自足经济政策，所以他们能确保粮食供应，尤其是对占领区实行经济掠夺后，他们的粮食更是充足有余。而战争结束后，由于一切已处于瘫痪状态，政府机构失控，数以百万计的难民居无定所，情况由此一天天恶化，再加上1946年冬天又是20世纪欧洲最寒冷的冬季，这更加剧了人们的生存难度，大规模民众抗议不断发生，由于此时期食品和有些重要物资商品实行定量配给制，从而导致黑市交易盛行，投机倒把猖獗，经济情况一时很难有好转。

作为德国最重要的工业区，鲁尔区的情况也令人担忧。由于许多企业被摧毁，该区工业发展前途未卜。人们普遍关心的是，如此重要的老工业区是否还能重获新生。鉴于该工业区是“二战”期间德国最重要的军事装备生产基地，所以协约国很是忌惮，唯恐其重建后又形成新的威胁，于是，根据1944年9月签署的摩根索计划[②]（Morgenthau-Plan）规定，鲁尔

---

① Manfred Galius und Heinrich Volkmann (Hrsg.), *Der Kampf um das tägliche Brot. Nahrungsmangel, Versorgungspolitik und Protest* 1770—1990, Opladen: Verlag für Sozialwissenschaften, 1994, S. 377 – 391.

② 摩根索（Henry Morgenthau），美国政治家，1943—1945年曾担任美国财政部长。

工业区内能移动的工业设备由战胜国拆除搬走，不能搬走的就地摧毁，区内技术人员及熟练工人全家永久性迁出，并安置到其他地区。此外，摩根索计划还规定，解除军事装备和平民武装的德国应转变回农业国，以此削弱其工业实力，从而减轻对协约国的潜在威胁。然而，这项计划未免显得过于激进，特别是 1946 年极度寒冷的冬天不期而至，食品物资供应已到了极度匮乏的地步，此时期的德国民众已处在水深火热之中，他们希望局势能尽快好转起来，所以，这项计划最终还是未能执行下去。

面对困局，一场看上去有点“不靠谱”的试验在鲁尔区的埃森悄然展开。一批由科学家组成的某研究小组想通过试验来了解该地区居民能否在当前糟糕的经济形势下自给自足，度过饥馑。根据他们的规划安排，五年时间内，每个家庭分得一块土地、一只羊、一头猪和若干只鸡仔。于是，从 1947 年 1 月 1 日开始，在对当地某工程师家庭经过一段时间的跟踪调查后，他们得出结论，这个四口之家的生计情况颇令人满意，这给人以希望和鼓舞，因为从 1948 年 10 月份开始，该试验已能养活全家，甚至国家分发的食物配给供应卡还有部分结余可返还给国家，而其他地区居民的生活状况却仍是很糟糕。直到 1950 年 2 月底，整个德国经济形式才全面好转，至此，食物配给供应卡正式停用。应该说，这场试验看上去不是很令人信服，人们怀疑这种经验是否能推广，因为被选定的埃森地区本身就具有很好的气候条件和土壤墒情，而且土地耕作和家畜饲养均采用了最好方法，尤其是大量矿物肥的使用更使土地丰腴，产量大增，还有上等饲料的投入使用也为鲜奶、蛋类和肉类食品生产提供了保证。所以，在人们看来，这场试验在某种程度上带有“秀”的成分，因为这样的农业经营方式是一种过度集约化的经营方式，同时也是精心设计安排的结果，所以附近地区的农民曾嘲讽埃森当地“每一株植物、每一口牲畜边都站着一位大教授，他们就是这般费尽心思在呵护着它们的生长。”①

今天看来，当时的这种尝试也许意义不大，且不具有什么参照性，因

① Fritz Gummert, *Vom Ernährungsversuchsfeld der kohlenstoffbiologischen Forschungsstation Essen, Ein 5 Jahre durchgeführter Versuch, einen Menschen ausschließlich aus den Erträgnissen von* 1250 *qm zu ernähren*, Veröffentlichungen der Arbeitsgemeinschaft für Forschung des Landes Nordrhein-Westfalen, Naturwissenschaftliches Heft 42, Köln: Verlag Wissenschaft und Politik, 1957, S. 35 – 69.

为随后的经济很快恢复了元气，并经历了一个“经济奇迹”时期。在此情况下，已没有人希望德国真的成为一个农业国，食品供应还保持那种自给自足的模式。但尽管如此，这样的试验仍具有一定的启发性，因为它展示了战后德国民众处于一种怎样的生活状况，德国社会又处在一个怎样的发展阶段，而且哪些要素对他们的生存起决定作用，尤其是这场试验所展示的农业生产效率是否可得到提高以及人们该怎样来提高农业生产效率等问题已成为人们关注的焦点。为此，埃森的这些科学家们运用当时最新的农业科学知识，施撒了很多化肥，并且在病虫害防治方面也投入了许多化工企业生产的新药物。应该说，这些依据于当时最新科技进行农业生产的新举措对后来德国农业的发展产生了重要影响，也促成了德国农业的快速发展，尤其是40年代末大量的科技投入更促成农业生产奇迹的诞生，乃至于粮食危机很快得到缓解。这场试验于1954年夏宣告停止，此时期试验家庭已没有存在的理由，因为他们已能自给自足，虽然自家不能生产奶制品、苹果汁和巧克力等商品，但街头商店却货源充足，可供人们任意挑选购买。①

商品供应丰富的另一个重要原因是战后德国经济又很快融入世界贸易体系中。在这个体系内，人们已不用担心再遭受经济封锁或走自给自足模式的老路，人们考虑更多的是如何通过生产进行国际贸易，以换回自己所需要的物资商品。所以，在和平相处的前提下，开展国际经济合作已变得十分必要，所取得的成果也立即显现，尤其是在核能发展和化学工业方面所展现的合作成果更令人倍受鼓舞。这种以科技进步为先导的重要举措从此将德国引领到一个广阔的新天地，因为作为用之不竭的可再生能源，核能发展已展现出巨大的价格竞争优势；而在化工生产方面，许多新材料的问世也给农业生产、医疗卫生和人们的日常生活带来许多重大改变。当时的许多批评人士曾指出核能和化学工业的发展会带来许多不良后果，只是后果出现在后来的七八十年代；而在此之前，人们还是持很乐观的态度，至少此时期高速发展的经济已很快消弭战争所带来的严重后果。于是，一

---

① Günter J. Trittel, *Hunger und Politik. Die Ernährungskrise in der Bizone* (1945—1949), Frankfurt a. M.: Campus Verlag, 1990, S. 189 - 195.

种新的大规模生产和超量消费方式随之出现，从而引发了诸多环境问题。

一　经济奇迹、核能发展与大众消费

“二战”结束后的德国开启了一个政治和经济双重意义上的“黄金时代”。此时期，由于经历了一个持续的和平繁荣期，欧洲国家在政治上需要保持一致意见，在经济上保持快速增长的势头。特别是西德的经济增长速度更是惊人，仅在 1952—1960 年短短的九年时间内，其人均国民生产总值就从 5146 美元增长到 9224 美元，也就是说，1960 年人均国民生产总值差不多比 1952 年增长了一倍。而到了 1970 年，其人均国民生产总值已增至 14790 美元，这又相当于 1952 年的近三倍。[①]

这种快速的经济增长在当时被称为“经济奇迹”。能产生这样的奇迹自有其原因：第一，战后人们迫切希望在各方面能迎头赶上，争取将在两次战争中失去的损失尽快弥补回来；第二，战时经济基础和生产能力仍保持良好；第三，已培养出一大批接受过良好培训的生产主力军；[②] 第四，美国于 1947 年 7 月启动的旨在复兴欧洲经济的“马歇尔计划”（Marshall-plan）为德国振兴（包括东德）提供了强大的资金支持。[③] 正由于此，当时的各项经济指标都显示了战后西德经济的强劲增长，同时也表现在以化石能源为基础的巨大能源消耗下，它和钢铁生产、汽车生产以及煤炭运输等一起成为经济增长的引擎，从而促成西德经济的迅速崛起。

也是在此时期，煤炭的开采和使用又经历了一个繁荣期，它不仅对西德的经济增长意义重大，同时对整个欧洲也意义非凡，这从 1951 年 4 月由西德、法国、意大利、荷兰、比利时和卢森堡六国共同缔结的“欧洲煤钢共同体”所倡导的“协调各成员国煤钢生产”这一点中可以看出。该共同体作为局部一体化的尝试，其成功组建促使欧洲各国考虑到把共同市场扩

---

① Christian Pfister, *Energiepreis und Umweltbelastung*, *Zum Stand der Diskussion über das „1950er Syndrom“*, in: Wolfram Siemann (Hrsg.), *Umweltgeschichte*, *Themen und Pespektiven*, München: Verlag C. H. Beck, 2003, S. 62.

② Andrea Mayer und Martha Wilhelm, *Das Wirtschaftswunder*, *Die Bundesrepublik* 1948—1960, Berlin: Elsengold Verlag, 2018, S. 3 – 4.

③ Manfred Knapp, *Deutschland und der Marshallplan*, in: Hans-Jürgen Schröder (Hrsg.), *Marshallplan und westdeutscher Wiederaufstieg*, Stuttgart: Franz Steiner Verlag, 1990, S. 36 – 40.

大到其他部门，其成功经验也为1957年欧洲经济共同体以及欧洲原子能共同体的创立树立了榜样。[①] 同时，矿山开采也经历了一个持续的危机时期，煤炭逐渐为石油所替代，从而给环境减轻了不少的压力，究其原因，是因为石油燃烧所产生的有害物质明显比煤炭燃烧要少很多。此外，当时的石油价格非常便宜，因此，它成为主要动力燃料并一直保持增长的态势。从石油中生产出的汽油不仅为大众摩托化工具的快速增长提供了可能，同时还使越来越多的家庭使用上了暖气。使用暖气的家庭从此不再被燃煤产生的煤烟、尘灰所困扰，人们不需早晨生火，夜间熄火，所以无论在家庭环境卫生，还是个人身体健康保护方面，汽油使用带来的好处显然远胜于煤炭燃烧。不仅如此，从工业生产方面来看，石油更是石化工业的基础原料，它使塑料制品的生产完全成为可能。和50年代后期刚起步的塑料制品生产相比，60年代初西德塑料生产企业的塑制品总产量增长了834%，即翻了八倍之多。到1972年，西欧石油使用量已经是1948年的15倍，可见当时西欧经济发展对石油的高度依赖。[②] 之所以出现这样的现象，这和当时战后人们的思想观念转变有关，人们认为能源使用多少代表着一个国家经济发展水平的高低，它是经济发展的一项重要参考指标。鉴于对能源需求迫切，也因为不可再生资源有朝一日会枯竭，所以，从50年代中期开始，核能工业第一次被提上议事日程，这也预示着核工业时代的到来。

1955年8月，西方工业国家在瑞士日内瓦召开了国际核能会议，与会的西德所有党派代表在此达成协议，一致同意发展核工业，以弥补战后国内能源不足。1956年，德国社会民主党正式向议会提交《核能计划》，并宣称："这种可控的核分裂以及以此方式获得的核能资源将开启人类新时代。人们在劳动生产过程中利用水力、蒸汽、石油所获得的能源以及所投入的体力劳动，将来都可以用核能替代。""作为第二次工业革命以来一种重要的新能源，核能的使用必将给我们人类带来更多的富裕和幸福。以此名义开发和使用新能源，将有助于巩固我们的民主基础，加快我们民众之

---

① Nikolaus Bayer, *Wurzeln der Europäischen Union*, *Virsionäre Realpolitik bei Gründung der Montanunion*, Sankt Ingbert: Röhrig-Verlag, 2002, S. 2–3.

② Frank Uekötter, *Umweltgeschichte im 19. und 20. Jahrhundert*, München: Oldenbourg Verlag, 2007, S. 29.

间和平事业的发展。我们一定要让核能时代成为一个所有人都能享受和平和自由的最伟大的时代!"①

类似的表达在当时还有很多，颇为流行，也很受欢迎，由此人们展开无尽的想象：核反应堆似乎可以在任何一个地方安装，它不仅可以发电，而且还可以用于海水脱盐；沙漠从此可以变成良田；即使是地球上最北部的暖房冬日也可供暖；此外，轿车、火车、有轨电车、轮船，甚至深水潜艇也能靠核能驱动。在许多政治家、记者和作家看来，作为一种可再生能源，核反应堆可以连续运行几百年，使用这种新能源不仅价格低廉，而且在使用过程中几乎不存在什么危险。许多民众百姓积极支持核计划的实施，即使是自然环境保护者也被这些美好想象和溢美之辞所感动，并表现出前所未有的欢迎态度，于是，他们和社会各界站到一起，在他们看来，只有这样，正如《核能计划》所倡导的，"才能有效地避免对煤炭资源的掠夺，确保在减少开采褐煤资源的情况下，对自然景观实行有效保护。"② 然而，尽管当时社会各界对核能使用普遍热情高涨，尤其是新闻媒体积极报道核能工业所带来的各种好处，但仍有不少社会精英和民众对此计划的实施抱有怀疑甚至批评态度，特别是核爆炸危险更是他们所担心和关注的问题。③

随着1945年7月美国和1949年8月29日苏联第一颗原子弹爆炸试验相继取得成功，一场核能竞赛在苏、美、英、法等国之间展开。④ 至1962年，这些国家先后进行了423次核爆炸试验，这些爆炸释放的放射性有害物质数量惊人，它们飘散到全球各地，西德也未能幸免。根据检测，西德饮水中的放射性物质含量已超过正常饮用水含量的一百多倍，所以毫不奇怪的是，当时的医生为什么将1961年发生的一起胎儿畸形事件归咎于孕妇

① Wolfgang D. Müller, *Geschichte der Kernenergie in der Bundesrepublik Deutschland*, *Anfänge und Weichenstellungen*, Stuttgart: Schäffer Verlag für Wirtschaft und Steuern, 1990, S. 338.

② Ebd. , S. 339.

③ Mark Walker, *Die Uranmaschine*, *Mythos und Wirklichkeit der deutschen Atombombe*, Berlin: Siedler Verlag, 1990, S. 45.

④ 杨怀中:《现代科学技术的伦理反思》,高等教育出版社2013年版，第62页。

服用含超量放射有害物质的安眠药。[①] 在 1955 年的一起问卷调查中，有三分之二的成年人给出的回答是核能与“爆炸、战争和毁灭”有着千丝万缕的联系。到 1958 年时，也只有 8% 的民众支持核能用于民用事业，还有 17% 的民众甚至认为它会成为核战争的罪魁祸首。[②] 应该说，这种担心不无道理，因为超级大国美国将核武器装备出售给它的欧洲盟友英国和法国，并任由其布置在了西德各自的军事占领区。这种情况曾一度引发民众的强烈抗议，1958 年，抗议人数高达 30 多万人。初始阶段他们由工会组织领导，社会民主党（SPD）也给予了一定程度的支持。随后在工会和各党派之间逐步达成了一致意见，即人们应将民用核能开发和核武器部署问题区别对待，其中的民用核能项目将由国家出资兴建。[③]

在政治层面，有关核能发电也争议颇多，导致民众的抗议此起彼伏。1951 年，西德政府拟在卡尔斯鲁厄、科隆和于利希（Jülich）建设核反应堆项目，该计划随即遭到当地民众的强烈抵制，卡尔斯鲁厄居民甚至闹上法庭，认为政府置公民的健康安全于不顾，这完全是一种侵犯公民人身权利的行为，为此，他们要求政府在项目上马前对这些未澄清问题给出合理解释。他们的控告申诉引起广泛关注，德国新闻媒体对此进行了报道。然而，这些媒体关注的不是他们的申诉结果，更多的还是为核能项目辩解，希望民众能多一些理解和支持。对此，很多报道居然污蔑这些居民为“一群爱没事找事的乡巴佬”，甚至《南方信使报》在 1956 年 11 月发行的报纸上还登出《手持打谷连枷抗议核反应堆建设》这类标题文章。[④]

与此同时，不少科学家对核能利用也发出了警告。1956 年，德特莫尔德（Detmold）一家医院的主治医生曼施泰因（Bodo Manstein）率先成立了“反有害原子能联盟”，他坚决反对核武器使用，并对核试验过程中释

---

① Catia Monser, *Contergan/Thalidomid*, *Ein Unglück kommt selten allein*, Düsseldorf: Eggcup Verlag, 1993.

② Joachim Radkau und Lothar Hahn, *Aufstieg und Fall der deutschen Atomwirtschaft*, München: oekom verlag, 2013, S. 89.

③ Julia M. Neles und Christoph Pistner (Hrsg.), *Kernenergie. Eine Technik für die Zukunft?* Berlin/Heidelberg: Springer Verlag, 2012, S. 204 – 205.

④ Wolfgang D. Müller, *Geschichte der Kernenergie in der Bundesrepublik Deutschland*, *Band* 1, *Anfänge und Weichenstellungen*, Stuttgart: Schäffer-Poeschel Verlag, 1990, S. 220.

放的放射性物质所带来的种种危害发出警告。此外，在赞成核能民用开发利用方面，鉴于核能本身潜藏的危险，他呼吁社会各界须对核能建设持审慎态度。五年后，他发表了一部名为《处身在进步的扼杀中》的长篇著作。在这部著作中，他以最专业的知识全面系统地介绍了核能使用的危险。① 此外，当时还有大量的集会和社会讨论也抗议核能使用，只是很难找到详细的记载描述，不过可以肯定的是，新闻媒体和政治家们对核能的热衷是显而易见的，只是他们不愿向外界透漏。

在自然保护者联盟方面，他们几乎没参加当时的社会大讨论，参加的也只是些身为社会民主党的自然之友成员。他们和曼施泰因创立的联盟站到了一起，既拒绝核能的军事利用，也拒绝核能的民用开发。这种立场看似孤立，但从某种意义上说却变相地支持了核能建设，因为这些拒绝在符合其自然保护宗旨的同时，可让核能的开发利用有效减少对煤炭开采和水力发电的过分依赖，从而达到其保护自然的目的。对此，巴伐利亚州自然保护专员代表克劳斯（Otto Kraus）于 1960 年在其发表的文章中承认“有些科学家、政治家和公民对核能利用所存在的危险感到担忧”。不过，在他看来，这些危险还是可控制的，因为即使像水电大坝建设也会带来危险，一旦发生技术操作失误，或者由于自然不可抗力，大坝就存在着崩溃的危险，人的死亡也随之不可避免。既然如此，核技术进步和核电站建立却可以提供一条新的出路，因此，“这个历史机遇应该好好抓住，应得到有效利用。”②

总体来看，到 20 世纪 60 年代，西德政治家、科学界、经济界以及媒体行业已达成一致意见，建立核电站，并将核能视为一种不可或缺的重要能源。1966 年，德国首个球床反应堆并网发电，③ 核能所产生的电能消费也随之急速增长，不仅工业企业，甚至一般家庭也都用上了核能发电，这为西德经济奇迹的诞生提供了可靠的能源保证。

---

① Bodo Manstein, *Im Würgegriff des Fortschritts*, Frankfurt a. M.: Europäische Verlagsanstalt, 1961.

② Otto Kraus, *Bis zum letzten Wildwasser? Gedanken über Wasserkraftnutzung und Naturschutz im Atomzeitalter*, Aachen: Alano Verlag, 1960, S. 34 – 36.

③ ［美］约翰·塔巴克：《核能与安全——智慧与非理性的对抗》，王辉、胡云志译，商务印书馆 2011 年版，第 172 页。

在大众日常消费方面，从粮食供应情况来看，随着1954年埃森地区农业试点的结束，西德粮食供应已达到一个很高的水平。此时期的人们再也不像从前任何一个历史时期那样要靠天吃饭，他们一年四季都可获得新鲜食品，如牛奶、凝乳和新鲜香肠等都可放到冰箱中冷藏保存。然而，随着物质商品的不断丰富，浪费现象也开始出现，据1954年6月30日《图片报》报道，当时的柏林某公园内，就出现过大人孩子将面包随意乱扔的情况。

在家用电器方面，到20世纪50年代末，不少家庭都用上了洗衣机、电话、黑白电视机、洗碗机、冰箱、自行车和吸尘器等。冰箱的诞生归功于氟利昂技术的问世。氟利昂这种化学产品于1928年被发明，作为一种制冷剂，它是气候技术中使用很广泛的产品。此时期冰箱的问世着实给人们带来很多惊喜，正如一位家庭主妇所慨叹道的："它全身透着光亮，黄油和香肠放在里面好几天都没事，拿出来看看，就好像前天刚买回来的一样。"① 不过，总体来看，50年代使用冰箱的家庭还是很少，仅占11%，而到了1962年后，已有一半家庭开始使用。和冰箱一样，洗衣机在当时也属高档家用电器，1955年时，也只有10%的家庭能力购买，真正普及是从60年代末开始，1969年，西德已有69%的家庭使用此产品。吸尘器早在魏玛共和国时期即已有之，而真正的普及还是在"二战"后，1955年，有39%的家庭开始使用，到1962年时，普及率已高达65%。②

同样，私家小轿车保有量的变化也反映了人们消费方式和生活品质的改变。1950年，西德私家小轿车保有量为54万辆，到1960年已猛增到450万辆，也就是说，在短短的九年时间内，西德汽车保有量增长了近九倍；而到了1970年，小轿车保有量更是高达1400万辆；而10年后的1980年，小轿车保有量在1970年基础上又几乎增长了一倍，达2300万辆。③应该说，在很大程度上，私家小轿车的使用情况最能体现社会、经济、技

---

① Lutz Niethammer, „*Normalisierung*" *im Westen. Erinnerungen in die 50er Jahre*, in: Gerhard Brunn (Hrsg.), *Nordrhein-Westfalen und seine Anfänge nach* 1945/46, Essen: reimar hobbing Verlag, 1986, S. 206.

② Arne Andersen, *Historische Technikfolgenabschätzung am Beispiel des Metallhüttenwesens und der Chemieindustrie* 1850—1933, Stuttgart: Franz Steiner Verlag, 1996, S. 108.

③ Statistisches Bundesamt (Hrsg.), *Datenreport* 2004, Bonn: Bundeszentrale für politische Bildung, 2004, S. 370.

术的发展状况，也是社会文明进步的一个重要标志。小轿车不仅替代了过去速度慢、机动性差的老式小汽车和马车等交通工具，同时也缓解了轮船、铁路等客运压力。随着汽车工业的兴起，能源的需求量也随之大增。此外，大量的基础设施如公路网、停车场、加油站、桥梁涵洞等也随之兴建，自然景观也因此发生巨大改变。由于交通便捷，很多人纷纷涌进城市，从而导致城市不断向周边地区扩大延伸，还在1950年，西德11个州市城市建筑面积仅占各州市总面积的6.7%，而到了两德统一前的1989年，这11个州市的城市建筑面积已占各州市总面积的11.4%，[①] 差不多翻了一倍，可见汽车对居住空间拓展所发挥的重要作用，其直接后果就是城市人口和企业也随之增加，城市街道、工厂、学校、医院和住房等也不断被增修兴建。

从住房情况来看，随着人们生活水平的不断提高，人们的收入也不断增加，住房条件也因此得到较大改善。1950年，一般普通家庭的人居面积为15平方米，十年后的人居面积已增加到19平方米；而到1970年时，西德人居面积又有所增加，已达到24平方米，这在当时的西方工业化国家中已属领先水平。[②] 从此，西德居民的住房不仅宽敞，而且还有较好的装潢布置条件，每家每户差不多都有卫生间，有的甚至楼上楼下有好几个卫生间可供使用。此外，在供暖方面，70年代已不像50年代那样只有卧室才安装供暖设施，此时期差不多所有房间都安装了供暖设施。由于房间较多，此时期家庭中的孩子也能拥有自己的一间居室。一般家庭都拥有收音机和电视机等家用电器，[③] 有了它们，整个屋子既显得时尚，又充满着现代气息。

此外，在医疗卫生领域，随着社会的不断进步，婴儿出生率与从前相比开始呈现不断下降的趋势，这在各历史时期的人口发展史中还是第一

① Frank Uekötter, *Umweltgeschichte im 19. und 20. Jahrhundert*, München: Oldenbourg Verlag, 2007, S. 29.

② Rainer Geißler, *Die Sozialstruktur Deutschlands, Zur gesellschaftlichen Entwicklung mit einer Bilanz zur Vereinigung*, Wiesbaden: VS Verlag für Sozialwissenschaften, 2011, S. 73.

③ 此时期已有彩色电视机问世，1973年时，西德彩电普及率已达15%。(Arne Andersen, *Historische Technikfolgenabschätzung am Beispiel des Metallhüttenwesens und der Chemieindustrie 1850—1933*, Stuttgart: Franz Steiner Verlag, 1996, S. 108.)

次，尤其是于1961年，作为20世纪人类最重要发明成果之一的避孕药的推广使用更是意义重大。尽管从道德层面和宗教层面来看存在不少反对意见，但它的推广使用已成为一种趋势，并逐渐为人们所接受。此外，许多新抗生素药物的问世也极大地改变了人们的性道德观念，如梅毒的彻底医治消除了人们对性病的恐惧。在以往的治疗中，这类性病异常难治，病人往往要经受疼痛难忍的针剂注射，且治疗效果不佳。[①] 在器官移植方面，1954年，美国医生第一次成功地进行了肾移植手术。它和避孕药以及其他新药物一起正在不断颠覆人们思想意识中那些固有的"自然"治疗方式，让人们感受到新医疗技术给人们带来的生命奇迹和生活的美好。还是在20世纪50年代，电休克疗法的临床使用让许多"非自然"同性恋者得到较好的治疗，从而也让他们重返"自然"伊甸园，寻回他们业曾失去的"自然""性趣"。由于当时的同性恋情况很普遍，为遏制这一现象的发生，1957年，西德联邦宪法做出规定，严禁这种有伤风化的"同性间性行为"的发生。依据当时刑法第175条之规定，约有5万多男性同性恋者被判刑入狱，有10万人进入司法程序接受司法调查。直至1969年，同性恋被正式合法化，前提是年龄不低于21岁；1973年，年龄限制放宽到18岁。[②] 除此以外，随着医疗技术的进步，此时期其他疾病如肺结核、百日咳、肺炎和脑膜炎等这些从前夺走无数人性命的疾病也能够得到根治。早在1910年威廉帝国时期，德国人的平均寿命勉强只有50岁，而到了1970年，西德人的平均寿命已提高到71岁，[③] 这是一个了不起的成就。这项成就的取得不仅归功于医疗技术的巨大进步，同样也归功于工农业生产的快速发展，它们为人们生活水平的提高和社会发展提供了重要的物质基础和技术保障。

二　现代农业生产大发展

"二战"结束后至1949年这四年时间内，西德农业生产并未显现出多

① Birgit Adam, *Die Strafe der Vinus. Eine Kulturgeschichte der Geschlechtskrankheiten*, München: Orbis Verlag, 2001, S. 23 – 24.

② Andreas Pretzel, *Ohnmacht und Aufbegehren*, *Homosexuelle Männer in der frühen Bundesrepublik*, Hamburg: Männerschwamm Verlag, 2010, S. 213 – 217.

③ Josef Ehmer, *Bevölkerungsgeschichte und Historische Demographie* 1800—2010, München: Oldenbourg Verlag, 2013, S. 56.

大的发展前景，其生产状况在很大程度上和威廉帝国时代末期的情况相类似。此时期，只有约四分之一的人即 510 万人从事农业生产，他们经营的农业企业大多为不足 8 亩地的家庭式小企业，其数量约有 164 万个。[①] 在农田耕作方面，约有 12 万台拖拉机被投入使用，此外还有 120 万匹马和 215 万头其他力畜也参与到农业生产中。[②] 此时期，尽管有拖拉机耕作和其他工器具辅助生产，但重体力劳动仍占据相当大比重，除农田耕作外，人们还要喂养牲口，锄田除草；此外，防止鸟雀啄食谷物，去除马铃薯瓢虫以及其他病虫害也耗费了人们很多精力；为避开阴雨天气，人们还要翻晒谷物，仓储堆放，这又要耗费不少人力物力。

上述这些问题几十年来一直没得到很好的解决。由于很多农业企业规模过小，所以农民生产的粮食价格与从美国和南美进口的便宜的粮食相比，他们显然处于劣势。此外，由于劳动条件艰苦，工资水平低下，现有的乡村生活对许多人来说已越来越没有吸引力，在威廉帝国时期特别是魏玛共和国末期，这些问题已严重影响到社会经济的发展，并导致农村人口的大量流失。这种现象不仅出现在当时的德国，其他西欧国家也都出现。有鉴于此，人们不想再看到这种落后局面继续存在，也不想再任其发展下去，所以，战后所有西欧国家的农民都享有一种特别保护，即《关贸总协定》中所规定的他们可享受的种种权利和应尽的义务。该协定于 1947 年在日内瓦颁布，其出发点是对一战后所犯的错误做一个纠偏。[③]

要纠偏的错误主要表现在：一战后，如何开展国际合作以及德国在合作中应扮演一个怎样的角色？对此，人们抱有不同的看法。在他们看来，尽管一战遭受失败，但德国仍属经济强国。所以，不少人仍希望凭此实力，有朝一日重新开战，或以其他方式再夺回德国世界霸主地位。有鉴于此，有些国家想趁机削弱德国，在德国加入国际共同体组织过程中不断设置障碍；但也有些国家将德国视为一股积极重要的政治和经济力量，认为

① Alois Deidl, *Deutsche Agrargeschichte*, Freising: DLG-Verlag, 1995, S. 296 – 297.

② Frank Uekötter, *Die Wahrheit ist auf dem Feld. Eine Wissensgeschichte der deutschen Landwirtschaft*, Göttingen: Vandenhoeck & Ruprecht Verlag, 2010, S. 356.

③ Eberhard Schulze, *Deutsche Agrargeschichte. 7500 Jahre Landwirtschaft in Deutschland*, Aachen: Shaker Verlag, 2014, S. 134.

它的加入可更好地维护欧洲关系的稳定。两种观点相互对立，难以取得一致，直至1928年世界经济危机爆发后，因各国贸易保护主义的盛行，国际贸易不断受阻，从而导致德国一直没能加入任何国际组织。

“二战”结束后，一个普遍流行的看法是，只有国家间实行自由贸易，西德重新被吸收到西欧和国际大家庭，欧洲战后重建才有望实现。不过，还有另一种观点也存在，有不少人认为，开展国际合作可以，但农业不应该放在国际贸易合作范围，它不应成为世界贸易组织努力的目标，因为该行业是世界经济危机产生的最主要诱因。这一点从19世纪末出现的全球激烈的农业价格战中可以看到，由于当时的美国、南美国家和澳大利亚不断打压农产品价格，把持着对农产品价格的垄断，从而导致很多国家的农业企业无法与之竞争而遭淘汰。正由于此，“二战”结束后，该行业被特地从其他有关贸易协定中拎出，由各国自行制定关税保护政策，从而对自己国家的农产品实行保护，正如意大利和法国所做的那样。之所以如此，是因为这两个国家的农业在国民经济中所占的比重远比德国要大得多。

1957年，随着欧洲经济共同体创立，欧洲农业又经历了一个特别保护期，该组织旨在让参与国之间的交通贸易变得更通畅简便，并有步骤地设立一个自由贸易区。但是，由于其自身农业发展步伐跟不上工业高速发展的脚步，并且两者间的差距越来越有拉大的趋势，所以，该组织不得不对自身的农业采取必要的保护措施，于是，1958年，在意大利北方小镇斯特雷萨（Stresa）举行的会议上，欧洲经济共同体成员国制定了《农业共同政策》，一致同意将农产品价格提升到同一水平，如共同体内农民生产销售发生亏损，共同体将给予农业补贴优惠措施，让农民受益。此外，在进口方面，各国应首先照顾到共同体内部成员国的利益，然后再考虑从共同体以外的国家进口农产品。于是，在随后的几年内，得益于这项保护政策，西欧农业体系逐步得到完善，不仅农产品价格得到了保障，而且农业歉收补偿机制也得以建立，西欧农业从此进入到一个高速发展的快车道。①

---

① Franz Knipping, *Rom*, 25. *März* 1957. *Die Einigung Europas*. 20 *Tage im* 20. *Jahrhundert*, München: dtv Verlagsgesellschaft, 2004, Kapitel 3.

作为重要的经济共同体成员国，西德也获益良多，其农业发展也一改威廉帝国以来的颓势，在 1950—1970 年这短短的二十年时间内很快就赶上了现代工业发展的步伐，并很好地融入到现代工业社会体系中。至 1970 年，从事农业生产的人员已从 1949 年的 510 万人下降到 210 万人，原来占 25% 的就业人口比例已下降到 8.5%，平均农业企业规模由原来的不足 8 亩地上升到 11.7 亩地。此外，在农机具使用方面，农用拖拉机使用已上升到 133 万台，作为力畜的马匹使用数量则下降到 20 万匹。粮食生产已完全实现翻番，此时期粮食谷物产量从 1950 年的 2500 万吨猛增到 5840 万吨。在牛奶和禽蛋供应方面，成效也很显著，1950 年，每头奶牛年产鲜奶 2500 升，而到了 1970 年，鲜奶产量上升到 3800 升；禽蛋供应则从 1950 年每只鸡每年 120 个的产蛋量上升到 1970 年的 216 个。①

从上述数据中可以看出，《关贸总协定》的实施，尤其是欧洲经济共同体所制定的一系列农业政策给西德农业带来了翻天覆地的变化，一个新兴的现代农业就此诞生。然而，在高效农业生产取得巨大成就的同时，许多问题也随之产生，这使得很多农民最后不得不放弃田园，举家去城市谋生。尽管城市中的新工作给他们带来更高的收入，但他们最终还是失去了赖以生存的土地家园，正如威廉帝国时期以来人们一直批评的“农民正失去他们自身最根本、最独特的精神特质和传统价值”那样。不过，随着时代的发展，这种批评已很难再引起和鸣声，因为此时期遭受巨大冲击的农民群体正处在一种尴尬的境地，在“怀着一种本能的抵抗情绪面对不可避免要到来的经济发展和技术发展”的新形势下，他们不得不顺应潮流，以一种“欢迎的姿态”迎接这个新时代的到来，正如 1965 年正值当时西德农业经济改革新规定颁布之际，某新教教堂为纪念丰收感恩节在其出版发行的纪念文集中所表述的那样。该文集高度赞扬国内农业生产取得的巨大成就，积极支持稳步实施的农业改革，并将这项改革视为“一项社会总任务”，鼓励人们“上帝已将巨大的技术力量作为一种社会变革手段赐予给人类，为的是确保人类有一个快速的社会发展，”谁要是对这种发展心存

① Ulrich Kluge, *Ökowende, Agrarpolitik zwischen Reform und Rinderwahnsinn*, Berlin: Siedler Verlag, 2001, S. 38.

恐惧，固步自封，谁最终就会被这个社会所淘汰。“为此，路德福音所要做的是给予各位教民以安慰和自由，以此希望各位能跟上时代的步伐。”①然而，从这本文集中应看到，不少作者在欢迎农业生产发生重大变革的同时，内心里其实也存在着一丝隐忧，即农村人口在不断减少，乡村有可能会变得空寂荒凉。因此，他们呼吁政府应“多设立非农业工作岗位”，以留住农村人口，让他们守护好家园。② 在这种倡议下，很多工作岗位被创设出来，如乡村公路网的扩建。由于农民建设大军的加入，其公路里长从1960年的13.5万公里增长到1970年的16万公里。增长最快的是农村地区私家小轿车和载重汽车保有量，1960年，西德农村地区这两种车型的保有量为800万辆，而到了1970年，其保有量已猛增到1700万辆，增长了一倍多。由于交通条件得到不断改善，乡村地区间的联系变得更为紧密，场地租金也变得更便宜，由此吸引了大量城市企业来乡村落户。此外，由于城乡联系日益频繁，很多城市就业人员也来乡村企业工作，他们每天可乘坐便捷的交通工具穿梭在城乡间。③ 自此，人们对乡村地区会变得空寂荒凉的担心成为过去。进入70年代，农村和城市间的概念区分已变得越来越模糊，因为城市工业在不断向城外乡村地区迁移扩张，而这些地区的居民也进入这些企业或城内工作。在城乡居民不断融合的过程中，他们的生活习惯已渐趋一致，从前自工业革命以来不断发生的城乡冲突此时已很少发生，原来很多需政治层面才能解决的问题此时也在无形之中化解。

与此同时，开始于19世纪的土地重划、田亩归并工作于“二战”后又重新展开。这项工作之所以能推广实施，主要是因为此时期农业生产力已有了很大提高，尤其是很多现代农机具的投入使用使农业企业的大面积耕作成为可能。不过，这项改革也带了很多环境问题：草地田野在被合并的同时，很多灌木丛、荒滩地等也重新被开垦；此外，很多蜿蜒的小溪被改直，很多苔藓地也被抽水晾干，再改造成农田。在没被改造之前，这些

---

① Clemens Dirscherl, *Landwirtschaft, Ein Thema einer Kirche*, Gütersloh: Gütersloher Verlagshaus, 2011, S. 10.

② Ebd., S. 12.

③ Statistisches Bundesamt (Hrsg.), *Datenreport* 1999, Bonn: Bundeszentrale für politische Bildung, 1999, S. 346, S. 350.

景观地带本是良好的小生境，它们给大量动植物提供了良好的生存环境。而经过人工改造后，小生境逐渐消失，由此导致动植物物种逐渐减少。所以，“二战”后的德国农业在生态多样性方面已开始显现衰退趋势，其审美观赏性也大为降低。此外，由于野生植物的不断减少以及有用经济植物如食用植物等的不断增加，很多大面积单一种植也颇为盛行，这也对现代生态农业的发展带来很多不利的影响。①

为保证农业丰产，现代农业生产要求投入使用更多的化肥。1947 年，在埃森地区进行的农业试验过程中，根据专家建议，每亩地施撒 200 公斤的硝酸盐化肥，这是当时平均施撒量的十倍，农业丰产因此显而易见。专家们不仅盛赞化肥可带来高产，而且还指出施肥所带来的其他好处，如长势良好的作物收割后可在田间留下更多的秸秆，这些可作为很好的绿色有机肥补充田力；多施撒化肥可促进很多有机物的繁殖生长以及有利于土壤水分的保持；此外，土壤团粒结构的改善也有利于土壤的疏松耕作。虽然这种硝态氮肥因价格较高只能适用于集约化程度较高的种植区，但在这些专家看来，不断提高化肥施用量仍很有必要，也因此成为一种趋势。由于战争期间德国用于生产的氮成品原料多用来制造炸药，而战争结束后，这些氮成品原料被用来生产化肥，所以，战后西德化肥生产和使用量呈现出一个急增态势，这从战后各历史时期单位每亩施撒量中可以看出：1950 年，平均每亩施撒的钾肥量为 45.7 公斤，1960 年为 70.6 公斤，而到了 1970 年，已上升到 87.2 公斤，这相当于 50 年代近两倍的水平；在磷酸盐施撒方面，1950 年的施撒量为每亩 29.6 公斤，1960 年为 46.4 公斤，而到了 1970 年，已上升到 67.2 公斤，这已相当于 50 年代的两倍多水平；而氮肥的使用量更是惊人，1950 年为 25.6 公斤，1960 年为 43.4 公斤，而到了 1970 年，已上升到 83.3 公斤，这相当于 50 年代的三倍多，由此可见 20 世纪 70 年代西德农业生产对化肥的高度依赖。② 总之，化肥、农机具的大量使用以及单一种植的广泛推广为西德农业的工业化生产铺平了道路，其

---

① Norbert Knauer, *Ökologie und Landwirtschaft*, Stuttgart: Verlag Eugen Ulmer, 1993, S. 24 - 31.

② Statistisches Bundesamt (Hrsg.), *Datenreport* 1994, Bonn: Bundeszentrale für politische Bildung, 1994, S. 390.

迅猛势头一直持续到今天。从20世纪50代中期开始，人们再也不用担心粮食供应不足或战后饥馑问题，取而代之的是大型农业企业的不断涌现，大面积农业种植的推广，单一种植面积的不断增加，化肥农机具的大量投入以及农药杀虫剂、除草剂的大量使用，由此产生的结果是农业生产人员不断减少，而农业收成却稳中有增，粮食供应完全自给自足，且有很多余粮供出口贸易。

值20世纪60年代西德乃至整个西欧农业生产全面取得丰收之际，世界人口也经历了一个快速增长期，尤其是第三世界国家的人口增长更是迅猛。然而，这些国家的农业发展却不能和西欧国家保持同步，尚不足以应对其本身人口增长所带来的危机，世界粮食供应问题由此凸显，且日益严重。1968年，美国斯坦福大学生物学教授埃利希（Paul Ehrlich）在其发表的当时最畅销的《人口爆炸》著作中就曾提出：过度的人口增长将使地球人满为患，资源枯竭，还有环境和大气也将遭受污染。如果不迅速改变这种状况，人类将面临如原子弹、氢弹爆炸这样的灾难，那么，世界末日必将会到来。在著作开篇，他甚至断言："应对世界粮食问题已到了关键时刻。到70年代，人类将经历更为严重的饥荒问题，尽管能很快实施援救计划，但仍有数以千万计的人会饿死。到那时，想再阻止世界死亡人口的不断上升为时已晚。"① 对于这样的警告，西欧国家由于自身有充足的粮食储备，不必为自身饥馑问题过分担心，但却不排除存在着一种可能性，即要为不断增长的世界人口提供粮食资源。

此外，西德充足的粮食储备在很大程度上还要归功于当时化学工业的发展，尤其是自20世纪30年代，特别是1945年"二战"结束，化学工业经历许多重大变化之后。也正是从此时期开始，化学家们比以往任何时候都努力，将更多的精力投入到化学分子结构研究中。他们希望在充分保护自然环境的基础上，用新农药产品来解决以往很多未解决的病虫害问题，因为这些问题在很大程度上仍制约着农业生产的发展。他们相信，随着化工技术的不断进步，这些问题终将得到很好的解决。

---

① Paul Ehrlich, *Die Bevölkerungsbombe*, München: Hanser Verlag, 1971, S. 13.

三　农药、医药、合成材料等工业化生产

1944 年，还在“二战”期间，德国化学家施拉德尔（Gerhard Schrader）就合成了代号为 E605 的化合物，这就是著名的硫磷杀虫剂。它的问世是有机磷化合物成为杀虫剂的一个重要突破，也是农药史上所取得的一个重大突破。该农药不仅是一种较为理想的杀蚧壳虫药剂，而且还可有效兼治螨类、粉虱、蚜虫等病虫害。1948 年，该产品由拜耳公司正式生产，埃森农业试点区也很快使用该产品灭杀马铃薯瓢虫，并取得良好效果。①

大面积发生马铃薯瓢虫害最早出现在 1922 年法国波尔多地区（Bordeaux）。这些瓢虫主要靠啃食马铃薯植物为生。一旦虫蛹出现，便很快大面积繁殖，而且会在很短时间内啃光马铃薯作物。然而，对它的防治在当时尚未找到有效的办法。在此之后，该病虫害慢慢向东蔓延至比利时和卢森堡，并于 1936 年进入德国。由于很长时间以来人们一直在关注它的动向，并认识到它的危害性，所以，1935 年，纳粹德国营养局成立了马铃薯瓢虫防治所，并在随后的几年里在全国范围内成立了分支机构，专门开展马铃薯瓢虫防治工作，正如当时所报道的：“大批失业人员以及治瓢工作人员纷纷走进田野，一块地挨着一块地巡查这类病虫害。若发现虫蛹，他们就赶快翻挖土壤，用筛子过滤土壤，将虫蛹筛出，然后用二硫化碳对土壤进行消毒。”②

除二硫化碳外，当时还有一些化学物质也用于马铃薯瓢虫、金龟子瓢虫防治工作，其中较为有效的是砷化物使用。这类药物毒性大，可杀死害虫，不过它对其他有机生物也同样致命，尤其对人的伤害更大，在葡萄种植方面，如使用这类药物，甚至会有使人致癌的风险。此外，像士的宁、马钱子碱等药物虽能防止老鼠，但因为含有大量的硫化物和铜、水银等有害物质，所以对人的危害也不容小觑。根据一本 1939 年出版的水果种植手册记载，当时的葡萄和其他水果种植均离不开砷化物这类农药的使用，而

---

① Wolfgang Dedek, *Gerhard Schrader* (1903—1990) *zum* 100. *Geburtstag*, in: *Naturwissenschaftliche Rundschau* 56, 2003, S. 308 –310.

② M. Hanf, *Von der Mechanik zur Chemie - 36 Jahre Pflanzenschutzentwicklung*, in: *Mitteilungen aus der Biologischen Bundesanstalt für Land- und Forstwirtschaft*, *Berlin-Dahlem*, Heft 146, 1972.

含砷的葡萄和其他水果“很明显对人的健康带来很大损害。为此，人们开始使用新农药四硝基咔唑以替代之。于是，从1942年开始，含砷农药被全面禁止使用。”①

随着对硫磷杀虫剂的问世，人们不但省去手工捡拾马铃薯瓢虫的繁重劳动，而且还可避免其他有害药物对身体的损害。由于对硫磷只杀害虫，不伤害植物，所以它不仅受到农民的欢迎，而且很多花园种植也使用上这种农药。然而，由于它是一种剧毒农药，一旦误服，很容易致人死亡。此时期美国就曾发生过多起对硫磷投毒事件。1952年，西德发生了第一起用对硫磷谋害人命事件，当此事两年后被揭开真相公布于众后，西德媒体对此做了详细报道。② 此后，有关利用对硫磷毒杀猫、狗、鸟类等动物事件也经常发生，由此引发很多邻里纠纷甚至闹上法庭。不过，对于这类事件，媒体很少关注，关注更多的是作为杀虫剂，其副作用到底有多大，尤其是对人的伤害有多大。人们对此抱有极大的兴趣，希望对该药物有一个全面了解。然而，由于当时的检测方法和程序相对简单，再加上对该药物未进行长时间的检测跟踪，所以人们无法获得权威可靠的数据，因此也就一直在懵懂状态下使用该药物。然而，随着滴滴涕农药的问世以及检测技术的进步，它的使用曾一度经历了一个旺盛期，不过由于其产生的巨大副作用，最终还是被全面禁止使用。

滴滴涕最早诞生于1874年。1939年，瑞士化学家缪勒（Paul Hermann Müller）通过研究发现，滴滴涕可用于杀虫剂促进农业生产。因为这一重要发现，他于1948年获得诺贝尔生理医学奖。和对硫磷一样，滴滴涕也是一种较理想的杀虫药物而令人印象深刻：喷涂此药物的前线士兵可有效防止虱子叮咬；在疟疾防治方面，它被视为一种很有效的药物，可有效降低人口死亡率；飞机喷洒它也可有效防治农田森林病虫害的发生；此外，由于它生产工艺简单，且具有很高的化学稳定性，所以它不但杀毒有效，而且还能长时间保持药性，因其可克服传统农药的缺点而广受欢迎。特别是

① Elisabeth Vaupel, *Arsenhaltige Verbindungen vom 18. - 20. Jahrhundert, Nutzung, Risikowahrnehmung und gesetzliche Regelung*, in: *Blätter für Technikgeschichte* 74, 2012, S. 58 - 60.

② Ernst Klee, *Christa Lehmann, Das Gedächtnis der Giftmörderin*, Frankfurt a. M.: Krüger Verlag, 1977.

通过试验还发现，它对脊椎动物（包括人）的毒性较小，由此一时间被人们当作万能药广为使用。①

然而，和对硫磷使用一样，在众多实验中，长时期使用该药物会带来怎样的后果，或者说会产生怎样的生态因果关联，这些问题在当时一直未得到很好的重视和解决。这些实验应弄清的最根本的问题是，这种药物是否真的对病虫害产生效果。一切听起来似乎很简单，不过在当时，病虫害防治确实给人们带来极大困扰，尽管有很多药物可供使用，但真正有效的却少之又少，从而导致新产品的不断生产投放和人们的不断尝试，由此也让人们对产品产生许多不信任感甚至怀疑，这就促使科学家们不得不对新产品进行检测：这些新问世的产品质量如何？其副作用后果有多大？尤其是长时间使用后其副作用后果是否还存在？对这些产品经过反复检测后，科学家们终于得出结论，滴滴涕以及其他农药产品均未显示有副作用，从此，这些药物被人们放心使用，由此经历了一个全球范围内的“放心使用”阶段。1952 年，借助于马歇尔计划提供的资金援助，西德“开启了一个崭新时代，人们要充分利用化学药物来清除杂草，同时确保农作物也免遭病虫害侵袭”。②

然而不久之后，许多问题开始显现，最主要的问题还是其副作用比当初预想的还要更严重。这是因为这些副作用不会立马出现，而是随着时间的推移一点点显露出来，其中最大的问题正是其自身所具有的化学超稳定性，而这一点在此之前却一直为人们所欢迎。滴滴涕大量使用最终导致的结果是：人体和其他动物体内积聚有大量的滴滴涕残留物，而且这些残留物具有极大的溶脂性，特别是鸟类更容易受其影响，可直接导致荷尔蒙分泌失调以及其他大量副作用的产生。对于其他动物而言，即使它们不直接接触该药物，它们也会在摄入食物时间接地将滴滴涕带入体内。最后，滴滴涕或其他类似药物会导致人和动物抗药性（或耐药性）的产生。同样，

---

① Christian Simon, *DDT. Kulturgeschichte einer chemischen Verbindung*, Basel: Cristoph Merian Verlag, 1999, S. 12 – 45.

② Jürgen Büschenfeld, *Chemischer Pflanzenschutz und Landwirtschaft. Gesellschaftliche Vorbedingungen, naturwissenschaftliche Bewertungen und landwirtschaftliche Praxis in Westdeutschland nach dem Zweiten Weltkrieg*, in: Andreas Dix und Ernst Langthaler (Hrsg.), *Grüne Revolutionen, Agrarsysteme und Umwelt im 19. und 20. Jahrhundert*, Innsbruck/Wien/München: Studien Verlag, 2006, S. 129 – 150.

被喷洒药物的害虫也有抗药性，最终使得药物无效，它们会不断繁殖，而且所繁殖的虫体同样也有这种抗药性，如药性不强，或喷洒不够，这些害虫将继续存活，危害庄稼生长。

其实，这种抗药性的产生并不是什么新鲜事，因为在传统药物中它即已有之。在批评人士看来，这种抗药性正变得越来越普遍，这在很大程度上使人们对病虫害有了进一步认识，因而才更为广泛地使用了这些新药物。在他们看来，所谓的“抗药性”这一概念本身是有问题的，因为那些被称为生物的害虫本身就是生命共同体中的“普通”一员，只要其数量没突破界限，即使它造成了一些灾害，那也是可接受的。相反，如使用滴滴涕，那就要尽可能彻底消灭这些害虫，但其他生物也一同被灭杀，即使是害虫天敌也往往不能幸免。除此以外，还存在着其他危险，即如果某害虫生物体没被滴滴涕喷洒到，那它就会更疯狂繁殖，直至最后给农作物带来毁灭性灾难。[①]

不过，在这些批评人士看来，危害最大的不是病虫害，而是某种农作物的单一种植，这种单一种植一方面表现为降低了物种多样性，另一方面是害虫的其他天敌较少出现。于是，害虫自身很容易得到生存，并大量繁殖。为消灭这些害虫，大量的滴滴涕使用就在所难免，从而又增加了害虫的抗药性。有些批评人士甚至将这个过程称作是人与害虫之间的一种博弈。在他们看来，这些害虫“从生物学角度来看是这个地球上武装得最好的生物体。它们身上处处体现出机智狡猾的特性，因为它们有一种特别的适应能力，哪怕是在最严苛的生存条件下也能很快适应周边环境，保全自己。”对于专业人员来说，“它们就是人类最危险的敌人，和它们较量，说白了，就是一场你死我活的斗争。”批评人士还进一步认为，这些家伙在被新药物喷洒后会不断改变自身来增强耐药能力，以此作为对抗，直至最后人们无药可用，无计可施。[②]

应该看到的是，当人类在与病虫害作斗争的同时，滴滴涕却给鸟类带

---

① Edmund Leib und G. Olschowy, *Landschaftspflege und landwirtschaftliche Schädlingsbekämpfung*, in: *Anzeiger für Schädlingskunde* 28, Heft 10, 1955, S. 145 - 150.

② Conelius J. Briejèr, *Grundlagenforschung für Naturschutz und Landschaftspflege*, in: *Natur und Landschaft* 6, 1958, S. 102 - 104.

来了毁灭性灾难，美国海洋生物学家卡逊就曾为它们的灭绝感到担忧。在其 1962 年发表的《寂静的春天》这部经典生态著作中，她就揭示了各种环境污染问题，其中就包括滴滴涕的使用对环境，尤其是对鸟类产生的巨大杀伤作用。当时，这部著作在美国引起很大轰动，而且很长时间内一度引发热议，由此促成 20 世纪 70 年代美国和西欧大多数工业化国家对滴滴涕的禁止使用。不过在西德，这种讨论却并不是很激烈，因为这种杀虫剂并没有被广泛使用，而是和其他新药一样正处在一个慢慢推广使用的过程。此外，当时的西德农村企业多为中小型企业，它不像美国农业实行的大规模工业化种植，尤其是大面积单一种植，所以美国尤其离不开对滴滴涕的使用。另外，西德的植物栽培和水果种植本身具有很大的多样性，尤为关键的是，在农药成本投入方面，西德中小型农业企业不可能像美国那样承担巨大的成本开支。①

在药品生产方面，“二战”后的医药科技人员也在尝试着运用生物学或生物化学知识对各种病虫害包括细菌、病毒和发酵酶等的作用机制进行研究，以期研制出相应药物。除前文提到的避孕药外，此时期的 1945 年，随着弗莱明（Alexander Fleming）、福楼雷（Howard W. Florey）和钱恩（Ernst B. Chain）三位科学家一起获得诺贝尔生理化学奖，盘尼西林于次年在亚琛市施托尔贝克（Stolberg）格吕伦塔尔化工厂（Grünenthal GmbH）正式生产并被投放到西德市场。由此，一种高效、低毒的抗生素被广泛临床使用，这大大增强了人类对细菌感染的抵抗力。② 然而，这种青霉素也具有很强的抗药性（直至今天也是如此），就像是此时期另一种刚问世的药物康泰克镇静剂一样。

也是在该化工厂，科技人员于 1954 年发现了一种名为反应停的物质，它对人的神经有良好的镇静作用。这一发现标志着医药科技领域又取得了一次重大突破。科技人员首先将这种药物用于动物试验，其结果是既没有镇静效果，也没有产生其他副作用，但等到做人体试验时，它却显示出一

① Dirk Maxeiner und Michael Miersch, *Lexikon der Öko-Irrtümer. Fakten statt Umweltmythen*, München: Piper Verlag, 2002, S. 103 - 105.

② Christof Goddemeier, *Alexander Fleming* (1881—1995). *Penicillin*, in: *Deutsches Ärzteblatt* 36, 2006, S. 28.

种极为有效的能促进睡眠的镇静作用。为此，工厂于1956年向政府部门提出申请，拟生产此药物。获得批准后，工厂于次年10月生产出第一批产品并投放到市场。在当时，因该药物经动物试验没有产生任何副作用，所以，作为一种非处方药物，人们在街头药店可任意购得。[①] 然而，由于受医疗技术水平限制，当时的这类动物试验或人体试验和上文的杀虫剂试验一样，都只能见到短期效果，特别是急性杀毒杀菌效果，而长期副作用效果却来不及做长时间跟踪检测，因而忽视了镇静剂还会产生其他严重后果，如超剂量服用可致人死亡，甚至成为许多谋杀和自杀事件的罪魁祸首。

此外，被忽视的还有有些药物对母体婴儿可产生致残作用。如1960年末，康泰克新药问世三年后，在临床使用这种药物的过程中，医务人员首先发现这一严重情况，并向工厂提出质疑。然而，工厂对此进行反驳，坚称新生儿畸形不是该厂生产的药物所致，很有可能是其他的原子放射污染或X光照射所致。[②] 然而，随着时间的推移，康泰克镇静剂导致婴儿致残的原因变得越发清晰，西德政府最后不得不做出决定：从1961年夏天开始，该药物将正式被纳入处方药管理目录，人们不得随意购买，只能由医生开出。也是在同年，西德政府颁布了《药品管理法》，第一次将药品，包括对企业的监督纳入到国家的监管之下。法律规定，为获得新药生产许可，原药品临床试验和第三独立医药机构检测已不做强制规定，但药品登记、医生跟踪记录以及新药副作用种类和程度范围等有关报告必须向国家医药监督部门上报。此外还规定，从1964年开始，新药品必须通过临床前检测，并开展进一步的临床研究。[③]

据西德1963年成立的"康泰克受害者联邦协会"估计，由于服用了这种带有巨大副作用的康泰克镇静剂药物，当时全球范围内致残的婴儿约在5千至1万人之间，孕妇妊娠期内的胎儿死亡率则很难统计。这起事件

① Catia Monser, *Contergan/Thalidomid, Ein Unglück kommt selten allein*, Düsseldorf: Eggcup-Verlag, 1993. S. 8.

② C. Friedrich, *Contergan - Zur Geschichte einer Arzneimittelkatastrophe*, in: L. Zichner und M. A. Rauschmann (Hrsg.), *Contergankatastrophe. Eine Bilanz nach 40 Jahren*, Darmstadt: Steinkopff Verlag, 2005, S. 3 - 12.

③ Horst Hasskarl und Hellmuth Kleinsorge, *Arzneimittelprüfung, Arzneimittelrecht. Nationale und internationale Bestimmungen und Empfehlungen*, Stuttgart: Gustav Fischer Verlag, 1979, S. 79 - 90.

在 20 世纪 60 年代曾一度引发轰动，成为当时著名的“康泰克丑闻事件”，由此引起人们的高度关注。与此有关的格吕伦塔尔化工厂曾一直顽固抗拒，拒绝对受害者做相应赔偿。由于无法抵赖事实，该厂于 1968 年被起诉，至 1970 年 4 月诉讼结束。根据司法判决，该化工厂最终向有关受害者基金会支付了 1 亿马克赔偿金。康泰克受害者联邦协会网站资料显示，2016 年初，德国仍有 2400 名康泰克残疾患者。[①]

这起丑闻事件让人感受到药物副作用所带来的可怕后果。不过，有些药物和治疗方法却给人带来福音，如盘尼西林这种青霉素药物。因为这种药物具有低毒高效的特点，所以它的问世开创了抗生素治疗疾病的新纪元。通过数十年的努力，青霉素针剂和口服青霉素已能治疗肺炎、脑膜炎、白喉、心内膜炎、炭疽等疾病。给人带来更多福音的是，继青霉素之后，链霉素、土霉素、四环素、氯霉素等抗生药物也相继问世，这又极大地增强了人类抵御传染性疾病的能力。[②] 总之，在抗药性问题上，不管是农药还是医药产品，这个问题至今依然存在，而且还有不断增长的势头，如何解决之，是医疗科技领域仍在探索攻关的问题。

除农药和医药品研发取得巨大进步外，在工业生产方面，战后的合成材料生产也取得了飞速发展，它和合成纤维等产品的问世标志着战后石化工业已进入一个崭新的历史发展阶段。合成材料制品不仅具有轻便、不易腐烂的特点，而且根据人们的需要，还可以生产出各种颜色、各种样式的产品来，所以，这些化工产品可派上各种用场，且价格低廉，如尼龙袜这种合成纤维产品战后曾一时风靡全球，它不仅具有弹性大、轻便和透气好等优点，而且还适合各种腿型的女性穿着。此外，它的优雅妩媚甚至性感特质也很受女性青睐。穿上它，人们不仅感到时尚，可引领新潮，同时也显得很高雅，让人对未来生活充满向往。

在当时，合成材料并不是什么新生事物，因为它早在 19 世纪就已得到开发使用，如橡胶制品由树胶制成，还有赛璐璐做成象牙、琥珀或珍珠仿

---

① 德国康泰克受害者联邦协会网站（https：//www. contergan. de/adr. php? id_ kunden = 671& id = 12271）。

② Ingrid Pieroth，*Penicillinherstellung. Von den Anfängen bis zur Großproduktion*，Stuttgart：Wissenschaftliche Verlagsgesellschaft，1992，S. 132 – 146.

制品等。这些合成材料兼具物理属性和化学属性，在生产过程中加入硫化物和其他化工原料即可有机合成。第一次合成也是第一次大规模生产的合成材料为胶木酚醛树脂，它在1905—1907年间由比利时化学家贝克兰德（Leo Hendrik Baekeland）成功研发。[①] 1909年，合成橡胶随之诞生。一战时期，德国人采用二甲基丁二烯聚合成2500吨甲基橡胶用于军事装备，但因耐压性不够，战后很快被淘汰。"二战"期间，德国人用丁二烯和金属钠合成生产出丁钠橡胶，其属性与天然橡胶极为相似，正是有了这种合成橡胶，橡胶供应才没出现短缺，从而确保了战时生产需要和战事推进。[②]"二战"后，随着高分子化合物知识的不断更新，再加上石油的大量开采供应，很多价格低廉、质量很轻的化工产品被陆续生产出来。这其中，就包括人们熟知且生产最多的PVC聚氯乙烯树脂产品。

氯乙烯这种化学物质早在19世纪中期就已为人所知晓，而聚氯乙烯树脂的诞生则要归功于化学家克拉特在1912年将乙炔和氯化氢两种物质有机合成。在试验过程中，克拉特想知道氯元素是否可作为化工产品使用，结果在化学反应过程中，大量的聚氯乙烯随之产生，由此氯乙烯树脂被大量生产出来。通过对树脂材料和生产工艺的不断改进，1935年，德国法本公司（IG Farben）正式生产出塑料薄膜和塑料管等产品，从此一直到60年代后期的这三十多年时间内，聚氯乙烯树脂产品使用一直在世界塑料制品中占居首位，直至60年代后期，它才被聚乙烯产品取代。[③] 用聚氯乙烯树脂生产出的产品优点在于：物理状态稳定；从重量上看，它远比金属和玻璃制品要轻；各种物质都可在该树脂产品中储存或通过软硬管输送；此外，再薄的塑料薄膜、再厚的覆盖物产品均可生产；在恶劣天气下，该产品可防风防雨防雪，对人们的生产生活起到重要的保护作用；由于其具有防火耐温的特点，所以它还可用来生产各行各业所需要的各种产品，如电线和光纤外皮、塑料袋、食品和药品包装袋、辅助医疗用品、广告牌、建

---

① Charles F. Kettering, *Leo Hendrik Baekeland*, 1863—1944, in: *National Academy of Sciences*, Washington, D. C., 1946, p. 281 - 302.

② Jochen Streb, *Die Entwicklung der Synthesekautschukindustrie in Deutschland und den USA vor und während des Zweiten Weltkriegs*, Memento vom 10. Januar 2012 im Internet Archiv.

③ Andrea Westermann, *Plastik und politische Kultur in Westdeutschland*, Zürich: Chronos Verlag, 2007, S. 60 - 62.

筑装潢材料、家具、玩具甚至时装和首饰品等。

和其他新合成材料一样，该产品的多功能使用也暴露了不少缺点。由于其不溶于水，且绝缘，不透气，因而造成很多微生物不能和空气、阳光、水分进行充分接触，如农用薄膜的使用；此外，由于其不易腐烂，所以很难进行有机分解，会对环境造成很大污染，尤其是很多聚氯乙烯树脂多含有害物质，更是给人们的健康带来损害甚至致癌或改变人和动物基因，如塑料食品袋的使用；在垃圾处理方面，该产品形成的白色污染无所不在，甚至造成海洋鱼类的大量死亡；由于其不能进行焚烧处理，所以它的回收处理长期以来一直是一个难题。不过，对于这些问题，直到 20 世纪 70 年代，人们还未予以足够的重视，因为经济高速发展离不开新材料和新产品的开发研制，人们想看到的是新技术新产品如何给人们的生活带来更大的便捷和更多的实惠，所以在很大程度上，它是战后“经济奇迹”的某种展示，也是化工产品取得重大发展成就的重要标志。

从工业生产总体情况来看，随着“经济奇迹”的持续，“二战”后西德的工业污染又达到一个新高度。50 年代末至 60 年代初，北莱茵—威斯特法伦州每年飘落的工业粉尘就达到 60 万吨之多，仅鲁尔工业区就占了一半以上，甚至在鲁尔区的有些地方，每个月每 100 平方米范围内就飘落 5 公斤多的尘灰。此外，在煤炭燃烧和矿砂冶炼过程中，大量的含硫气体被排放到空气中，从而给周边环境带来了极大的破坏。① 仅 1961 年这一年，整个鲁尔区就降尘 150 万吨，所排放的二氧化硫高达 4 万吨。对于这种情形，周边护林人员颇是气馁，正如当时的《明镜》周刊杂志所报道的，那些护林人员觉得“当地很多橡树很可能无法存活下去”。② 类似情况也出现在西德其他工业密集区。即使是环境保护较好的地区此时期也因过度建房和工业扩建不能幸免，乃至于当地空气污染情况不断发生。每一次污染出现，就像是战场上发起一次“总攻”，时时威胁着人们的健康安全。③ 至

① K. Mellinghoff, *Die Grünpolitik im Ruhrgebiet mit besonderer Berücksichtigung der Rauchbekämpfung*, in: *VDI-Bericht* 7, 1955, S. 82.

② *Der Spiegel*, Nr. 33, 9. 8. 1961, S. 22.

③ D. Möller, *Luftverschmutzung und ihre Ursachen. Vergangenheit und Zukunft*, in: *VDI-Bericht* 1575, 2000, S. 119 – 138.

此，城乡之间的污染程度基本接近，人们越来越感到，环境压力不仅仅只存在于工业区和大城市，整个西德都处在这样糟糕的境况中，包括水域也是如此。

“二战”期间以及战后一段时期内，由于西德境内水域污染程度不断加重，联邦政府于1950年开始要求各地政府提交相关水资源使用情况和水质监测报告。此时期，地下水资源供应变得越来越少，即使是很多人口较少的农村地区也是如此，因此，人们只能改用河水或湖水资源，而这些河水、湖水的水质却不断被工业污水和家庭生活用水所污染。到1957年，西德境内仍还有57%的居民没使用上污水过滤设施，并且只有10%的设施为生物污水处理设施。虽然政府部门实行了改革，希望以此提高水质，确保人民的健康安全，但改革所付出的努力却收效甚微，因为各联邦州不想共同行动，而且它们对联邦政府干预其职能工作也表现出一种拒绝的态度，其结果引发了社会各界激烈的大辩论，直至同年达成一个统一的法律框架协议，并于1960年正式生效。至此，污水处理设施不断被增加扩建，到1975年时，已有51%的污水处理设施采用了生物污水处理技术，但仍有25%的居民没使用上污水清洁设备。这种情况还是不能令人满意，尤其是污水排放量仍在急速上升，很多新化学物质也一同被排放，其中就包括大量洗衣粉这类洗涤类化学物质，有的河流中堆起的洗衣粉泡沫高达一两米，造成鱼类大量死亡，其中，莱茵河遭受的情况最为严重。①

有关数据显示，1949—1952年，西德水域每年有一百多种鱼类死亡，仅是莱茵河每年就有3000多条鲑鱼污染后被捕捞处理。尽管这个数量远低于一战前每年捕捞16万条这个数字，但这些鲑鱼已不能被食用，只能就地掩埋。为此，1951年，西德渔民协会专门成立了“德国水域保护协会”。协会成员希望能和政府、政治家和专业人员坐到一起，共商污水治理对策，以此激发公众兴趣并带动其参与。从1954年开始，很多报纸媒体经常登发水污染报道，这促成了1957年《西德水法》的颁布实施。根据《水

---

① Klaus-Georg Wey, *Umweltpolitik in Deutschland, Kurze Geschichte des Umweltschutzes in Deutschland seit* 1900, Opladen: Westdeustcher Verlag, 1982, S. 173 – 175.

法》规定，西德将大量扩建污水处理设施，以此推进西德污水治理，确保水质不断提高。[①] 然而，尽管河流污染问题在受害者、专业人员、政府官员、政治家之间一度引发热议，媒体也给予不少报道，但这些也只是昙花一现，没再持续下去，由此并没形成一个广泛的公众抗议活动，或与自然保护者或投诉工业污染的受害者积极开展合作，以取得他们的支持。

为减轻河流污染，降低排放成本，很多工厂企业和村镇试图找到某条排放捷径，这样既省事，又能节省成本开支，于是，他们干脆将清污淤泥和稀释酸液直接倒入大海，这又回到 19 世纪人们走过的老路。这种方法归根结底不是一个一劳永逸的解决办法，只不过它将污染换了个地方而已。不过，这种现象在当时很是普遍，且为合法，就像当时的很多船只一样，它们将重油残余物直接排入北海或波罗的海。所以，战后的德国海洋还是遭受到相当大的污染。1967 年 3 月 26 日发生的坎荣号油轮倾油事件直接导致 11.5 万吨石油倾入英吉利海峡，从而造成北海海域包括西德海岸的严重污染。[②] 除海洋污染外，战后自然灾害的发生也给德国沿海地区造成很大损失，1962 年 2 月 16 日发生的风暴潮即肆虐了西德 400 公里长的北海沿岸地区，艾姆斯河（Ems）、奥斯特河（Oste）和易北河入海口处的很多大坝被冲毁。遭受损失最严重的是汉堡市，死亡 315 人，60 处大坝被毁，1.25 万公顷约占市区面积 1/6 的地区遭受洪灾，1255 所住房被冲毁，2.7 万所住房受损，损失合计高达 50 亿马克。洪水退潮后，整座城市又面临着饮用水短缺问题，岛上居民需通过船运来解决吃水问题，这是他们有史以来第一次接受内陆饮用水供应。[③]

四　自然环境保护

作为战败国，“二战”后的德国沦为英、法、美、苏等国占领区。在自然保护方面，由于这些同盟国在德国境内建有大量的军事设施，所以对

---

① Wolfgang Engelhard, *Naturschutz. Seine wichtigsten Grundlagen und Forderungen*, München: Bayerischer Schulbuch-Verlag, 1954. S. 25.

② Edward Cowan, *Oil and Water*, *The Terry Canyon Disaster*, Philadelphia: J. B. Lippincott Company, 1968, p. 78.

③ Dirk Meier, *Die Nordseeküste*, *Geschichte einer Landschaft*, Heide: Boyens Bochverlag, 2006, S. 148.

德国自然环境构成了严重威胁，在这方面，最著名的自然保护事件当属西德民众为保护英属占领区大克乃西特浅滩沙地（Großer Knechtsand）而进行的抗议，由此揭开了战后德国自然保护新篇章。

大克乃西特浅滩沙地是威悉河和易北河入海口附近的一块沙滩地。自1953年11月开始，该沙滩地被英军辟为空军投弹练习基地。本来在1945年5月时，英军占领了北海中的黑尔戈兰岛（Helgoland），并将其设为投弹练习区。长期的投弹轰炸导致岛上几乎所有的居民房屋被摧毁，迫使居民不断逃出。由于该岛是德国北海中距德国最远的海岛，战略地位重要，所以经谈判协商，该岛于1952年3月被德国正式收回。作为补偿，大克乃西特浅滩沙地于是被划为英军新的投弹练习基地。这一举措引发该沙滩地附近居民、渔民和旅游者的强烈抗议，尽管如此，时任西德联邦总理的阿登纳（Konrad Adenauer）还是代表西德政府与英国政府签订了新军事占领区划分协议。

自此之后，沙滩地附近居民仿佛又回到了战争时期，特别是随着英军投弹数量的不断增加，这更激起了他们的抗议，他们的住房裂缝频出，玻璃被不断震碎，来沙滩地上度假的游客也不断减少，还有海豹被炸死炸伤等。对此，作为在野党的汉堡共产党借机抨击执政党，认为阿登纳领导的新政府软弱无能，甘受英国人摆布。《库克斯港报》（Cuxhaven）也批评政府代表“奴颜媚骨、卑躬屈膝”。① 还有其他声音也对政府表达了不满：“这些同盟国军队怎敢就随意将我们德意志领土变为它们的军事演习区？他们会随意在自己国家的沙滩地上任意投弹轰炸吗？”② 尽管批评之声不绝于耳，但西德政府和英国空军仍置若罔闻，直至翘鼻麻鸭保护抗议事件发生，情况才真正出现转机，从而促成战后西德自然保护运动的开启。

长期以来，大克乃西特浅滩沙地一直是候鸟栖息地，其沿岸很多栖息地于1900年被德国鸟类保护协会购买或以租借形式设为鸟类“避难所”，

---

① Jens I. Engels, *Naturpolitik in der Bundesrepublik*, *Ideenwelt und politische Verhaltensstile in Naturschutz und Umweltbewegung* 1959—1980, Paderborn/München: Verlag Ferdinand Schöningh, 2006, S. 179.

② Anna-Katharina Wöbse, *Die Bomber und die Brandgans*, *Zur Geschichte des Kampfes um den Krechtsand-Eine historische Kernzone des Nationalparks Niedersächsisches Wattenmeer*, in: *Jahrbuch Ökologie* 2008, München: Verlag C. H. Beck, 2007, S. 189.

而且于 20 世纪 20 年代又开辟了一处鸟类保护区。在此，一位名为弗里曼（Bernhard Freemann）的当地教师特别关注对翘鼻麻鸭这种大型鸭科动物的研究保护。他从由法国、英国、丹麦和荷兰等国收集来的信息中得知，该沙滩地是这个地球上翘鼻麻鸭栖息最多的中心地，每年夏季末有 20 万只翘鼻麻鸭来此栖息。然而，自英国空军在此投弹以后，翘鼻麻鸭多有死伤。为此，弗里曼将这一情况诉诸媒体，同年 10 月 19 日，《图片报》刊登了一幅两只被炸死的翘鼻麻鸭的图片，这为民众抗议找到了突破口。于是，新的抗议不再从政治抗议入手，人们考虑的是如何保护好这些无辜生命，让它们有一个安定的、不受打扰的栖息地。这样的抗议方式自然得到各种社会团体的支持，甚至很多国际协会团体也声援支持，如国际动物保护协会以及荷兰、英国、法国等国的鸟类专家也积极投身到这一抗议活动中。他们抗议大量翘鼻麻鸭遭到伤害，甚至面临死亡的危险。他们深知这种军事投弹练习不会停止，只希望能尽量少投炸弹，特别是烈性炸弹和烟雾弹的投放应全面禁止。

然而，1957 年 9 月举行的抗议活动却并没达到预期效果。根据抗议者提出的要求，英军投弹应全面停止，且沙滩地应设为国家自然保护区。在“大克乃西特沙滩地保护和研究协会”的组织号召下，同年 9 月 8 日，数百名抗议者带领新闻记者、摄影师乘坐渔船登上沙滩地，以期驱逐英军，将该沙滩地设立为国家自然保护区。然而，西德政府为维护大局，力争保持和英国政府的良好关系，他们对这一抗议并未表示出欢迎的态度。倒是下萨克森州政府采取灵活的外交手段，主动出面，从自然保护角度出发，巧妙利用联邦政府不能干预各联邦州自然保护决策这一规定，成功将该沙滩地收回，并很快于同年 10 月 8 日宣布该沙滩地为自然保护区，它因此成为战后西德最大的自然保护区。①

除上述情况外，20 世纪五六十年代在其他领域还发生过很多抗议活动，如黑森林南部地区乌塔赫峡谷（Wutachschlucht）附近居民抗议建造水坝发电项目以及萨尔兰地区巴尔韦山洞（Balver Höhle）等自然保护行动。

---

① Anna-Katharina Wöbse, *Knechtsand - A site of Memory in Flux*, in: *Global Environment* 11, 2013, pp. 160 – 183.

1953年元月，一家发电公司拟在乌塔赫峡谷内建造一座大坝，拟蓄水发电，该计划随即遭到当地民众的抵制。一个专为此成立的“黑森林家乡保护联盟”先后收集18.5万个签名，以抗议此项目的实施。整个抗议活动先后持续近十年，迫使项目建设最终不得不放弃。① 作为天然洞穴，巴尔韦山洞“二战”期间曾被用为德军军用仓库，战后因该地区被英军辟为军事区，英军拟将山洞炸毁，但因其有重要的考古价值，在西德民众的强烈抗议下，该山洞最终还是被保存下来。从这两起抗议方式情况来看，它们和大克乃西特沙滩地抗议一样，都积极诉诸公众，从民族利益角度出发获得广泛支持，从而得以成功。然而从抗议活动特点来看，这些抗议与威廉帝国时期和魏玛共和国时期的抗议却存在着很大差别，其中最大的不同点在于战后民众抗议运动多求诸社会公众，而社会公众给这些自然保护者以极大支持。从中他们也渐渐懂得，这种抗议批评声应尽量少针对政府，应该说，这种谨慎克制的态度本身也符合20世纪50年代西德宽松的政治气氛。此外，由于很多自然保护者本身就在政府部门工作，所以他们近水楼台，充分利用自己有利的工作条件，以达到行动目的。

如将20世纪50年代的这些自然保护者（包括家乡保护者）与从前传统的自然保护者作比较，应该说，他们之间不是一种简单的传承延续的关系，更准确地说，是一种发扬光大的关系，且一代比一代有远见，因为战争、逃亡、幸存教会他们如何更热爱自己的家乡，如何保护好身边的自然环境。通过努力，他们看到了希望，也收到了成效，并向公民进一步宣传普及这方面的思想主张，尤其是加强对青少年一代的教育培养。正由于此，大批政治家也积极支持他们的行动纲领，并通过加强名胜古迹、民俗、方言、民族等传统文化的保护来更好地传授这种“家乡意识”。然而，令他们失望的是，面对大西洋彼岸袭来的美国化风潮，在时尚新潮的时装、音乐和电影等的猛烈冲击下，这些政治家们徒呼奈何，只能哀叹“这是现代社会的一种错误发展，这一代人是垮掉的一代，很多自然保护精英是我们看走了眼的精英”。②

① Fritz Hockenjos, *Die Wutachschlucht*, Konstanz: Rosgarten Verlag, 1964, S. 25.

② Jens I. Engels, *Naturpolitik in der Bundesrepublik, Ideenwelt und politische Verhaltensstile in Naturschutz und Umweltbewegung* 1959—1980, Paderborn/München: Verlag Ferdinand Schöningh, 2006, S. 65.

对于上述这种观点，不仅青年一代不认同，而且在政治家内部也有不少人对此发出批评，而这些政治家恰恰是当时那些颇为著名的自然保护者，其中包括在西德自然和家乡保护机构供职的洛尔希（Walter Lorch）、在巴伐利亚和巴登—符腾堡州自然保护机构供职的布赫瓦尔德兄弟（Kraus und Konrad Buchwald）、在德意志自然保护联盟供职的恩格尔哈特（Wolfgang Engelhard）以及西德联邦议会议员布尔赫纳（Wolfgang Burhenne）等。1957年，在洛尔希、布尔赫纳还有其他作者一同出版的《原子能时代的自然》这本文集中，他们描绘了未来时代是一个即将发生深刻变化的时代。在这个时代中，与此有关问题的“真正解决”“只有通过对新生事物有着清醒的认识”才能进行。因此，作为新时代自然保护主义者“很难说对传统概念有什么深刻体会或亲近感，他们感受深刻的应该是这个时代的急骤变化，他们会以一种积极的姿态迎接这个新时代的到来”。一句话，在他们看来，“从传统中汲取力量”已成为一种迂腐落后的观点。

与他们相反的是，那些对传统自然保护持审美观的政治家们仍有一种怀旧情结，仍保持着传统的思想观念，他们拒绝“不自然”的现代建筑，坚决反对“这种建筑如放进大自然，会形成一个前所未有的新生境。在这个新生境中，动植物会精神焕发，散发出适应新环境的动人光彩，由此，一个崭新的生命共同体随之诞生”这种观点。在他们看来，只有怀着对传统的敬畏之心，才能使“自然和经济这两者在原子能时代不成为一对死敌，它们应努力融在一起，延续人类在自然中的存续价值。对于每一次它们发展所面临的新机遇，它们应毫无保留地为人类的繁衍生息和富裕幸福做出贡献”。①

在乐观地看待未来的同时，这些作者也猛烈批评那些对大自然无止境掠夺的行为。在他们看来，这种无止境索取既是对大自然的巧取豪夺，也是一种对大自然的严重伤害。人类看似赢得了一切，而这只不过是“一瞬间的获利”或蝇头小利，失去的却是更长远的利益。为此，他们要求人们在利用资源时为长远着想，要小心翼翼对待大自然中现有的资源，在向自

① Walter Lorch und Wolfgang Burhenne u. a., *Die Natur... im Atomalter*, *Versuch einer Prognose*, Bonn: Verlag Herbert Grundmann, 1957, S. 4-6, S. 27, S. 32.

然索取的过程中，“既要充分考虑到自然资源的转化和可再生能力，又要考虑到环境多样性要素的形成和保护。”① 今天看来，这样的表述很接近于“可持续发展”这一概念所包含的内容。这种表述还可追溯到5年前即1952年各党派在联邦议会上一致达成的共识，他们鼓励人们应节约使用自然资源，牢固树立长远发展目标，反对任何对大自然的损伤毁坏。不过，这些观点并不是西德议员自己的观点，而是他们参考了大洋彼岸美国人的观点，将可持续发展这一先进理念和实践做法引入到西德议会做宣传推广。②

真正有影响力的实际举措是1961年《梅瑙绿色宪章》的正式诞生。当年4月20日，16位政界、经济界和文化界著名专家齐聚于南部博登湖中的梅瑙岛（Meinau），他们中有西德花园协会主席贝尔纳多特（Lennart Graf Bernadotte）、花园艺术家赛福特、自然保护专家布赫瓦尔德、景观学家奥尔绍维（Gerhard Olschowy）、景观设计师罗索（Walter Rossow）、施罗德尔（Ernst Schröder）和企业家托普福尔（Alfred Toepfer）等。在经过商讨后，他们共同发表了这部宣言，其出发点是“代表人类意愿”，要求人们加强“自然环境”保护。在这里，“自然环境”（natürliche Umwelt）这一概念第一次由德国人正式提出，其中的很多倡议直至今天仍被人们吸收采纳。该绿色宪章包含以下十二项内容：“第一，在考虑自然实际情况的条件下，力求为所有规划层面设计出一个法律上可操作实行的空间规划。第二，为所有乡镇的人口居住地、工业生产场所和交通区域设计出景观规划和绿色空间规划方案。第三，建设花园；修建通往森林、山区、江河湖海以及其他风景优美景区的自由通道；居民区内留有自由空间以确保市民的日常休闲和放松；城市附近为市民修建周末休憩空间，在离城市较远的地方为市民修建度假区。第四，可持续农业生产的充分保障以及乡村居民点有条不紊地推进建设。第五，制定强有力的措施以维护和恢复一个健康的大自然，尤其是对土地资源、气候和水资源的保护。第六，现有天然和

---

① Walter Lorch und Wolfgang Burhenne u. a., *Die Natur... im Atomalter*, *Versuch einer Prognose*, Bonn: Verlag Herbert Grundmann, 1957, S. 4.

② Hans-Peter Vierhaus, *Umweltbewußtsein von oben*, *Zum Verfassungsgebot demokratischer Willensbildung*, Berlin: Duncker & Humblot Verlag, 1994, S. 55 – 57.

人工绿色资源的保护和可持续利用。第七，从组织架构上防止和避免对景观有损害的人为干扰，如在居民点建设、工业区建设、矿山建设、水利兴修和道路建设过程中的人为干扰。第八，对本不可避免的人工干扰的修复弥补，尤其是对荒野地的绿化修复。第九，以公众教育形式让所有公民学会思维转换，充分认识到城市和乡村景观的重要意义以及它们所面临的危险。第十，在教育领域，让受教育者充分掌握自然家政和景观学方面的专业知识。第十一，加强与自然生命空间有关的科学研究。第十二，制定充分的立法保护措施以确保拥有一个健康的生命空间。”① 在宪章中，自然景观被专家们确定为重点保护对象。此外，为确保该目标的实现，有关法律工具的制定实施和教育普及被视为重要的前提保证。根据宪章所赋予的义务，在发表宪章的同时，由这些专家组成的“西德乡村保护委员会”也随之成立。宪章特别申明强调，委员会将置于国家总统保护之下，且不为外界任何影响力所左右。时任西德联邦总统的吕布克（Heinrich Lübke）第一个接受了这份宪章，并表示全力支持这些举措。然而，这一倡议在公众中引起的反响还是很有限，真正做出回应的也仅是一些专业人士、政治家和其他社会精英。②

在这一领域从事实践活动的，最早可以追溯到战后 1950 年“德意志自然保护联盟”的诞生，它由当时的一批自然保护者创立，是德国第一个跨地区性的各自然保护分支机构的总机构代表。从 1953 年开始，它承接了“西德自然保护和景观维护联邦局”所有的工作职能，而这一机构正是纳粹时期成立的“帝国自然保护局”。该机构自 1947 年起每年都举行会议，旨在探讨德国自然保护和乡村景观维护等问题。正是有这样的延续，西德自然保护者的各项工作才能做到传承有序，一直保持到今天。③

---

① Alfred Barthelmeß, *Landschaft*, *Lebensraum des Menschen*, *Probleme von Landschaftsschutz und Landschaftspflege geschichtlich dargestellt und dokumentiert*, Freiburg/München: Alber Verlag, 1988, S. 239.

② Willi Oberkrome, „*Deutsche Heimat*“, *Nationale Konzeption und regionale Praxis von Naturschutz*, *Landschaftsgestaltung und Kulturpolitik in Westfalen-Lippe und Thüringen* (1900—1960), Paderborn/München: Verlag Ferdinand Schöningh, 2004, S. 435.

③ Helmut Röscheisen, *Der Deutsche Natruschutzring*, *Geschichte*, *Interessenvielfalt*, *Organisationsstruktur und Perspektiven*, München: oekom verlag, 2006, S. 6 – 7.

在新闻媒体宣传方面，战后对自然保护的宣传也得到很大程度的加强，其中电影、电视两大新闻媒体分别担任主要的宣传教育任务。1956年10月28日，德国电视一台（ARD）首次推出系列科教片《给动物们一个场所》这套节目。这套由动物学家格尔茨梅克（Bernhard Grzimek）拍摄的节目推出后不久即在西德引起轰动，在向观众普及动物知识的同时，它还宣传动物保护和自然保护的重要意义。该系列节目一共播放了175集，直至1987年3月格尔茨梅克离世停播。除此以外，这位曾担任法兰克福动物园园长的科学家还撰写了大量有关动物习性的研究著作。不仅如此，他还前往非洲拍摄动物纪录片。他于1959年在塞伦盖蒂大草原（Serengeti）拍摄的纪录片《塞伦盖蒂不能死亡》曾获得1960年美国奥斯卡新闻纪录片大奖，他也由此成为战后德国获此殊荣第一人。[①] 此外，在此前后，西德电视台还播放了很多和保护动物有关的青少年科普系列片，如1954年播放的《拉希》（Lassie）、1958年播放的《小福瑞》（Fury）以及1964年播放的《费里普尔》（Flipper）等节目，这些系列片都将动物看成是人类的好朋友，并一帧帧将自然精灵最精美的画面呈献给广大电视观众。[②]

此外，在自然灾害宣传方面，各新闻媒体也不遗余力，积极宣传自然环境保护的重要性，如20世纪五六十年代发生的两次巨大洪涝灾害即成为当时各新闻媒体关注的焦点。1954年7月，德国和奥地利境内所发生的洪水被称为“世纪洪灾”，其中受灾最严重的地方为奥地利和巴伐利亚之间的多瑙河沿岸地区，约15万亩夏季作物被冲毁，12人死于洪灾暴发。发生这场洪灾的主要原因是连绵不断的夏雨导致很多河流河水猛涨，最后汇聚到多瑙河，由此造成这场灾难。当时很多报纸媒体给出的结论是：“鉴于这场巨大的洪涝灾害，人们已深晓自然的巨大威力，相比之下，人类却如此渺小，不堪一击。大自然展现出的威力是任何人也抵挡不了的。它像一个阴险的敌人，张开血盆大口，用其浑浊不堪、令人作呕的巨浪将一座

① Bernhard Grzimek und Michael Grzimek, *Serengeti darf nicht sterben. 367000 Tiere suchen einen Staat*, Berlin: Deutsche Buch-Gemeinschaft, 1962.

② Jens I. Engels, *Von der Sorge um Tiere zur Sorge um die Umwelt, Tiersendungen als Umweltpolitik in Westdeutschland zwischen* 1950—1980, in: *Archiv für Sozialgeschichte* 43, 2003, S. 297－323.

座堤坝吞噬毁灭。”① 另一起洪灾为上文述及的汉堡洪灾。1962 年 2 月发生的这场洪灾造成的损失巨大，当时的汉堡市长达乌（Herbert Dau）对这场灾难曾给出这样的评价和警告：“大自然已发起了可怕的还击，它展现了毫不留情和凶恶残暴的一面。”② 当时的《汉堡回音报》也发出同样的声音：“大自然向那些自认为能主宰自然的人做了展示，它才是真正的赢家。”③

对于这场洪灾，这不是唯一的反应，做出反应的还有其他社会各界，他们呼吁政府应有效地加强防洪抗洪的技术支持和管理规划工作。他们认为，人们虽然无法阻止洪灾的发生，但对它的防范却完全可以做到，河堤河坝的加高加固，海岸防洪设施的维护升级，给相关人员配备先进的装备设施以及各地区、各部门之间的密切合作都可为夺取抗洪胜利提供强有力保证。正是吸取了这样的宝贵经验，人们在洪灾来临时都能做到有效防范，如在应对 1993 年莱茵河地区、1997 年奥德河地区、2002 年易北河和多瑙河地区、2013 年中欧大部分地区以及 2017 年哈茨地区洪灾时，德国上下井然有序的防范措施为广大民众的生命财产安全提供了有力保障。

在环境保护方面，“二战”后的污染排放都遵循威廉帝国时期以来施行的一整套规章制度，其管理机构也基本上沿用了原来的管理体系，其中很多地方管理规定一直沿用到战后，就像很多工业区的居民，他们“不得不忍受一直存在的各种环境污染”。④ 正如 1961 年法兰克福一家工厂在生产过程中释放出有毒的亚硝气体时，当地某新闻机构负责人振振有词所说的：“在这个工业时代，我们所有人都免不了要生活在某些危险环境中，”谁要是不愿意，“那他就干脆搬到加拉帕格斯群岛（Galapagos-Inseln）那个世外桃源好了。”⑤ 正因为有这样的说辞存在，所以越来越多的人对身边

---

① Jens I. Engels, *Vom Subjekt zum Objekt*, *Naturbild und Naturkatastrophen in der Geschichte der Bundesrepublik Deutschland*, in: Dieter Groh und Michael Kempe u. a. (Hrsg.), *Naturkatastrophen*, *Beiträge zu ihrer Deutung*, *Wahrnehmung und Darstellung in Text und Bild von der Antik bis ins 20. Jahrhundert*, Tübingen: Narr Francke Attempto Verlag, 2003, S. 119 - 142.

② Ebd., S. 123.

③ *Hamburger Echo* vom 19. 2. 1962.

④ Landesarchiv Nordrhein-Westfalen Düsseldorf, Regierung Düsseldorf, Bericht 1015/22, *Schreiben an die Bewohner einer chemischen Fabrik vom* 9. 10. 1951, in: *Blatt*, 1951, S. 131 - 132.

⑤ *Der Spiegel*, Nr. 52 vom 20. 12. 1961.

的环境污染感到不满。于是他们组织起来不断发出抗议，由此得到社会的广泛支持，医生、技术工人、政治家甚至政府部门也参与进来，他们一起抵制工业污染排放，以期求得一个安全健康的生活环境。

应该说，在如何遏制空气污染方面，战后已有了明显改善。颇为引人注目的是，很多社会公共机构以一种前所未有的姿态积极投入到空气污染治理中。如 1950 年，奥伯豪森市政府即授予魏玛时期以来德国最有名的空气污染治理专家里瑟刚（Wilhelm Liesegang）空气质量监督权，希望他"对市区内因工业废气、烟尘、飞灰排放所造成的污染范围和污染程度进行检测鉴定"，并提出"限制这些污染的方案措施"。经过一年的调研，里瑟刚公布了该市的严重污染情况，由此引发了社会热议和讨论。同样 1953 年，杜伊斯堡市也委托有关专家对本市污染情况做了鉴定，鉴定结果最后也见诸于当地报纸，并引发了社会的广泛讨论。差不多还是在同年，埃森碳生物研究所专家也对各项污染排放指标进行了检测鉴定。1954 年，鲁尔煤炭区移民协会负责人起草了《鲁尔工业区空气清洁法草案》，其中提出了成立有关合作社的建议。此外，草案还规定区内各企业、社区和地方管理机构应联合起来，共同制定有关规章制度，并确保这些规章制度在合作社内得到贯彻落实。①

与此同时，很多报纸还刊登读者来信，有些报社甚至将这些读者来信直接递呈给当地政府部门，希望引起他们的重视。从 50 年代中期开始，鲁尔区威腾（Witten）、波鸿、哈根（Hagen）、波特罗普（Bottrop）和埃森等城市的很多协会团体自发联合起来，就日益严峻的环境污染问题做出行动，着手各城市问题的解决。1956—1957 年，杜伊斯堡市有十个协会团体联合成立了"杜伊斯堡反空气污染利益共同体"。此外，一个类似的团体协会也在埃森市成立，许多医疗工作者加入其中，和社会各界一起积极投身到抗议空气污染活动中。其中的一位医生甚至于 1959 年向当地政府揭发检举奥伯豪森冶炼厂的空气污染，一年后他又揭发检举了埃森克虏伯公

---

① Rainer Weichelt, *Die Entwicklung der Umweltschutzpolitik im Ruhrgebiet am Beispiel der Luftreinhaltung* 1949—1962, in: Rainer Bovermann und Stefan Goch u. a. (Hrsg.), *Das Ruhrgebiet-Ein starkes Stück Nordrhein-Westfalen*, *Politik in der Region* 1946—1996, Essen: Klartext Verlag, 1996, S. 476 - 498.

司。这一举动在两个城市引起很大反响，有关媒体也详细报道了这一情况。当地政府积极表态，拟解决存在问题。很多党派也积极行动起来，努力促成空气污染问题的解决。①

鲁尔区团体和个人的抗议活动不仅在地区间引起很大反应，而且在全国范围内也引起社会各界的广泛关注。1955 年 12 月，北莱茵—威斯特法伦州议会第一次对空气污染问题进行了深入辩论；一年后，西德联邦议会也进行了辩论。在辩论中，社会民主党强烈要求联邦政府对全国空气污染情况实行定期报告制度，并提出相应的治理对策。作为一个保守的行业组织，“西德联邦医生协会”于 1958 年也要求政府“从广大民众的健康安全利益出发”制定新法规，以消除日益严重的健康危险。同样，在萨尔州(Saarland)，人们也抗议空气污染。尽管其他地方和城市没有类似的报道和记载，但这并不代表这些地方就没发生投诉和抗议，而且其产生的影响同样也不可低估。之所以如此是因为：首先，尽管鲁尔工业区和很多大城市的空气污染已达到很严重的程度，但北莱茵—威斯特法伦州其他地区以及西德大部分地区尚未达到此程度，所以空气污染问题还不至于上升到国家层面；其次，尽管各团体协会和个人彼此间存在着接触联系，但他们却并没有自发联合到一起，共同采取抗议行动；再次，各地媒体报道也仅局限于地方层面，而地区以外的媒体报道大多数也只关注它们本地区内的情况和问题，尤其是空气污染问题更是如此。因此，很多党派虽表达关注，但这种关注也仅局限于本地问题，而一旦上升到更高层面，或提交议会进行讨论，则往往不能引发其他地区、其他党派的关注，不同身份的官员、不同领域的技术专家则更不会对此给予关注。

上文提及的成立“反空气污染协会团体”的建议多出自于县市级技术专家，政府部门的建议则少之又少，当然也不排除部分政治家的支持，如政府部门“联邦议会符合自然的经济增长方式劳动共同体”内各成员的支持。② 该政府部门积极倡导节约利用自然资源，反对破坏和损害自然，一

---

① Franz-Josef Brüggemeier und Thomas Rommelspacher, *Blauer Himmel über der Ruhr*, *Geschichte der Umwelt im Ruhrgebiet*, Essen: Klartext Verlag, 1992, S. 62 - 64.

② 该政府部门德文全称为 Die Interparlamentarische Arbeitsgemeinschaft für naturgemäße Wirtschaftsweise

切以有序发展、不侵害子孙利益为最高准则。在具体行动中，该政府部门不仅参与了《联邦水法》的起草和颁布，而且还要求国家尽快颁布实施由相关团体协会起草的空气清洁法律法规文件。

然而，工业行业仍表现出某种拒绝态度，但在“联邦议会符合自然的经济增长方式劳动共同体”的敦促下，它们最终还是成立了“空气清洁委员会”，其主要任务是向社会提供技术咨询服务，对防范空气污染提出相关建议和应对方案，并由其所辖协会“德国工程师协会”担负主要职能工作。“空气清洁委员会”主要致力于获取可靠数据以促进其咨询工作的开展。之所以这样，是因为战前的很多数据或丢失或存有争议。正如其中一位专家1954年时提出的，烟雾、尘灰和废气是否真的会对人产生影响，一直还存在很大争议。所以，必须通过研究弄明白“工业污染排放是否会给人带来干扰甚至伤害”，至于个别科学家确定的最高排放标准则根本就是一些误导人的指标，很遗憾，战后整个西德仍徘徊在这样的迷宫里。①

尽管存在这样的观点，此时期对空气清洁所采取的措施却还是未受干扰，并一直在执行，其中所做的第一步是对工商业法规条例和民法细则中的有关条文进行了修改，尤其是对一些重要概念重新做出了修正解释。至此，根据当时规定，尽管空气污染必须得接受，但对附近受害居民的宽容义务已限制较小，特别是他们投诉、获取赔偿的可能性有了明显提高。另外，相关企业必须认真执行相关法律规定，它们不能以企业经营困难为借口来规避法律，继续排污，而且也别指望短时期内法律规定有任何松动或变更。总之，这一系列举措给西德环境政策带来了积极变化，也为环境保护创造了有利条件，如1962年北莱茵—威斯特法伦州颁布的《环境保护法》成为西德第一个联邦州颁布的空气保护法。此外，该联邦州还于1964年颁发了《空气清洁技术指导细则》，该细则对很多有害物质规定了最高排放标准。②

应该说，这些法律规章制度的颁布得益于政治家和专家们的动议，同

---

① J. Weißler, *Erfahrungen über Rauchschöden im Ruhrbezirk*, in: *Mitteilungen aus dem Markscheidewesen* 61, 1954, S. 162－172.

② Klaus-Georg Wey, *Umweltpolitik in Deutschland*, *Kurze Geschichte des Umweltschutzes in Deutschland seit* 1900, Opladen: Westdeustcher Verlag, 1982, S. 181－183.

时也离不开广大民众的大力支持，其中最有代表性的要数1961年西德总理布兰特（Willi Brandt）在联邦议会选举时所提出“还鲁尔一片蓝天”的口号。该口号强烈反映了当时广大民众的心声。社会民主党竞选纲领则更体现了这一愿望和诉求：“纯净的空气、纯净的水、少一点噪音，这些绝不允许只停留在书面文字上，却看不见行动。令人吃惊的调查结果显示，不断增长的白血病、癌症、支气管哮喘、血象变化等与空气污染、水污染有着很大关系，甚至很多孩子也患上这些疾病。同样令人震惊的是，这样一项涉及千百万人健康的极为重要的共同任务却几乎被忽视，所以，一定要还鲁尔区一片蓝天。”①

颇为遗憾的是，社会民主党人的这一举措虽引起很大反响，但也招来不少非议，甚至冷嘲热讽。当时的基民盟发言人就对这一口号嗤之以鼻，认为“哪有这等好事，随便就能拥有一片蓝天。这是一个让国家垮塌的竞选纲领，也是毫无责任感的一纸空文。”② 尽管基民盟党内发出这样的负面声音，也还是有其他成员发出和社民党差不多的声音，马耶尔斯（Franz Meyers）便是其中的一位，作为基民盟党头面人物，这位杜塞尔多夫市部长议会主席在布兰特提出此口号前一年举行的联邦议会中首次提及空气污染问题。他认为，工业企业对此应负有不可推卸的责任，它们应承担相应的责任后果：“我们已别无选择。在工业密集区，有着数以百万计劳动大军，他们的健康状况和劳动力使用情况已达到临界点，他们已无法再这样忍受下去。”③ 尽管当时公众和各党派对此呼吁反应平淡，但马耶尔斯在后来的很多场合仍一再坚持此观点。新闻媒体的反应比他们更为敏锐，早在50年代中期就已大力报导空气污染事件，如1956年，《明星》和《明镜》两大著名杂志对空气污染给予了很大关注和报道。在随后的时间里，很多地方报纸广播电台也报道了这类题材的内容。不过，诸如这样的报道也仅限于工业密集区和大城市，在整个国家则尚未展开。

---

① Hans-Peter Vierhaus, *Umweltbewußtsein von oben*, *Zum Verfassungsgebot demokratischer Willensbildung*, Berlin: Duncker & Humblot Verlag, 1994, S. 86.

② Ebd., S. 55.

③ Rainer Weichelt, *Silberstreif am Horizont*, *Vom langen Weg zum blauen Himmel über der Ruhr*, *Luftreinhaltepolitik in Nordrhein-Westfalen* 1950—1962, in: *Sozialwissenschaftliche Informationen* 22, 1993, S. 171.

从总体情况来看，20 世纪五六十年代，环境保护问题尚未成为国家和公众关注的焦点。虽然自 19 世纪以来环保活动此起彼伏，层出不穷，但活动主体多各行其是，所表达的也是各自的主张和诉求。其中有些团体在战后被纳入到 1961 年成立的“联邦健康部”的管辖范围，其主要职能首先是防治疾病和确保食品营养安全，其次才是水资源管理、空气污染治理和噪音防治。为此，在随后几年制定若干相关法律的过程中，该部门在与工业企业展开论辩，同时还要与为争取自身利益的各联邦州角力争辩，以充分维护国家利益，确保国家法律的权威和尊严。从执行效果来看，所实现的环保目标仍是有限，因为其主要任务是确保广大民众的健康，其次才是开展自然环境保护。正如 1968 年社民党在其未来规划纲要中向民众所承诺的：“要和水污染、土地污染和空气污染作斗争，其目的还是为了确保人民群众的健康安全。”① 而真正将自然环境保护上升到首要任务，则应归功于 70 年代环保运动的兴起和大力推动。

第二节　环保运动兴起至今(1970—2020 年)

鉴于 1970 年前后德国乃至世界范围内频发的各种灾害，很多西方学者已感到环境问题的日益凸显以及人类生存危机的加剧。1968 年，美国人埃利希发表了名著《人口爆炸》并提出著名的“新马尔萨斯人口论”：如果人类不对人口增长进行有效控制，即使有再好的技术，也不能挽救自身灭亡的命运。② 美国未来学家托夫勒（Alvin Toffler）和英国作家泰勒（Gordon Rattray Taylor）对此也表示了极大的关切。在同为 1970 年发表的著作《未来休克》和《最后审判书》中，他们也阐述了无节制的人口增长不仅会加速自然毁坏，还会促使人类更变本加厉地掠夺地球有限的资源，长此下去，未来灾难性后果将完全可预见。不仅如此，泰勒还警告人们不断增

① Karl Ditt, *Die Anfänge der Umweltpolitik in der Bundesrepublik Deutschland während der 1960er und frühen 70er Jahre*, in: Mattias Frese und Julia Paulus u. a. (Hrsg.), *Demokratisierung und gesellschaftlicher Aufbruch, Die siebziger Jahre als Wendezeit der Bundesrepublik*, Paderborn/München: Verlag Ferdinand Schöningh, 2003, S. 312.

② Paul Ehrlich, *Die Bevölkerungsbombe*, München: Hanser Verlag, 1971.

加的放射性危害，如石棉、滴滴涕和重金属铅的污染等所释放的放射性危害，这些生态灾难和人口灾难最终会将人类置于灭亡的境地。① 还是在同年，美国生态学家康芒纳（Barry Commoner）发表的著作《封闭的地球圈：自然、人和技术》在西德和读者见面并引起了不小的轰动，尤其是在西德思想文化界曾一度引起强烈的反响。与托夫勒和泰勒的观点相似，康芒纳也认为以技术为支撑的过量生产和消费可给社会带来巨大的财富，但却要以牺牲资源和破坏环境为代价。这种短视行为不仅加大了人对自然所犯下的罪行，同时也极大地破坏了人类环境系统。为“不向自然欠债”，他发出呼吁：“未来自然中的人类应该不断敲响警钟，同时要比以往更严肃、更认真地处理好自身与自然环境的关系。”② 受这些思想的影响，德国宗教家、环保活动家艾莫瑞（Carl Amery）于 1972 年发表了一部名为《天命的终结，基督化无情的结果》的生态宗教著作。在这部著作中，他将人对环境的破坏归结为犹太基督本源，认为在“自然认识”这个问题上，基督教教义和世界其他宗教教义完全相反，从一开始即宣称人是地球和其他万物的主宰者。正是由于这种思想一直在作祟，所以，人类始终认为自己是上帝精心创造出的最优秀的物种，他可以对其他任何物种进行最赤裸的侵害掠夺，并总在道德层面上给自己留有种种最“冠冕堂皇”的“合法辩解权”。③ 此外，在生物学和动物学界，“人”这个破坏环境的始作俑者也遭到奥地利动物行为心理学家洛伦茨（Konrad Lorenz）的猛烈批评。在其 1974 年发表的生态著作《文明人类的八大罪孽》中，这位 1973 年诺贝尔心理学或医学奖得主在分析生命系统的结构特征和机能障碍基础上，深刻阐述了地球人口爆炸、自然的生存空间遭到破坏、人类自身的竞争、脆弱使人类所有强烈情感发生萎缩、遗传的蜕变、抛弃传统、人类的可灌输性增加、核武器这八大人类所面临的危险问题。在对生物退化与文明衰退进行比较后，他向世界发出警告：文明人类的这八大罪孽“不仅使人类的现

---

① Alvin Toffler, *Der Zukunftsschock*, Bern: Scherz Verlag, 1970; Gordon Rattray Taylor, *Das Selbstmordprogramm*, *Zukunft oder Untergang der Menschheit*, Berlin: Fischer Taschenbuch Verlag, 1970.

② Barry Commoner, *Wachstumswahn und Umweltkrise*, München: Bertelsmann Verlag, 1971, S. 185, S. 269.

③ Carl Amery, *Das Ende der Vorsehung*, *Die gnadenlosen Folgen des Christentums*, Reinbek: Rowohlt Verlag, 1972, S. 199, S. 18.

代文明出现衰竭征兆，而且还使整个人类‘物种’面临着被毁灭的危险。”[①] 与此同时，西德媒体也处于一个很活跃的状态。1970 年 9 月，《明星》周刊发出“德国已处在一场抗毒战争”的警告；《南德意志报》也声称西德已进入“一颗定时炸弹会随时引爆”的时刻，因为“牛奶中含有大量的碱土金属锶，波罗的海已被石油污染，城市已处在雾霾的笼罩下，拥挤的马路上尽是蜗牛般爬行的汽车，这些令人休克的后果已不期而至”；[②]《明镜》周刊在同年 10 月份出版的期刊中则刊登出《整个世界已处在环境灾难中》这样一个惊悚的文章标题；《彩色》周刊在同年 12 月 8 日也表达出某种恐惧之情：“我们将毁灭我们自己。我们的环境已遭受毒害。人类已处在极度的危险之中。”[③] 同时它还认为人类已处在悬崖边缘，因为战后经济的高速增长不仅使高消费成为可能，而且还消耗了大量资源，从而加剧了人们对不断被排放的大量有害物的恐惧。正如 1973 年罗马俱乐部在其发表的一篇报告中所声称的：黄金时代从此一去不复返。[④]

这些新闻媒体之所以如此不遗余力发出警告，是因为一方面残酷的现实迫使它们不得不如此；另一方面，上述国内外各种思潮的诞生也为它们的舆论宣传提供了强大的理论支撑，尤其是《增长的极限》的发表在全球范围内所产生的巨大轰动更是给它们以启示。[⑤] 1972 年，为揭示人类生存状况，受罗马俱乐部委托，美国麻省理工学院经济学家丹尼斯·梅多斯与前夫人——环境学家多内拉·梅多斯等共同发表了这部著作。在这部著作的结尾处，几位作者给出的观点振聋发聩，给人以警醒：如果“世界人口、工业化、环境污染、粮食生产等的增长和对自然资源的掠夺”方式没任何改变，那么一百年后“地球将会达到它的绝对增长极限”。人类这样

---

① ［奥］康拉德·洛伦茨：《文明人类的八大罪孽》，徐筱春译，中信出版集团有限公司 2013 年版，第 193—195 页。

② F. Kai, *Hünemörder*, *Kassandra im modernen Gewand*, *Die umweltpolitischen Mahnrufe der frühen* 1970*er Jahre*, in: Frank Uekötter und Jens Hohensee (Hrsg.), *Wird Kassandra heiser? Die Geschichte falscher Ökoalarme*, Stuttgart: Franz Steiner Verlag, 2004, S. 78 – 97.

③ Udo Margedant, *Entwicklung des Umweltbewusstseins in der Bundesrepublik Deutschland*, in: *Politik und Zeitgeschichte* 29, 1987, S. 20 – 21.

④ Johannes Straubinger, *Ökologisierung des Denkens. Sehensucht Natur*, *Band* 2, Salzburg: Books on Demand GmbH, 2009, S. 141 – 143.

⑤ 曾繁仁：《生态美学导论》，商务印书馆 2010 年版，第 30—37 页。

的行事方式最终只会破坏自己的生态平衡、经济平衡和社会平衡，并将自己的生存置于危险境地。[①] 鉴于这本著作当时运用计算机模型，采用最先进的科学方法，对大量数据进行了分析总结，并提出了很多令人信服的警示数据，1973 年 10 月 14 日，罗马俱乐部最终荣获该年度诺贝尔和平奖。该部著作被译成 25 种文字，发行量达 250 万册，而且在全球范围内至少举行了 50 场大型专场会议，专门探讨这部著作所产生的重要影响。

在随后的时间里，围绕着这部著作的影响而产生的环境问题大讨论仍在继续，并产生了很好的效果：广大民众对环境保护的呼声越来越高，对政府的要求有时甚至表现出很激进的倾向，大量机构越来越支持广大民众的诉求愿望，很多原本立场摇摆不定的科学家此时也和社会精英走到一起声援环保活动，许多世纪末日的猜测想象和最新的环保科技知识一起助推环保运动的诞生等等，这些都促成了 20 世纪 70 年代“环境”这一概念具有更深刻的含义，它逐渐为广大民众接受，由此为环境运动的到来奠定了重要的思想理论基础。

一　环保运动与环境政策

总结西德环保运动，它不是一场自上而下，而是一场自下而上的运动。对于这一点，2011 年，政治家艾普勒（Erhard Eppler）在回忆早期环保运动时曾给出过这样的权威总结：“不是党代会主席、不是政府机构、不是强有力的科技、不是大主教和教堂负责人、不是报社编辑、也不是康采恩集团主席，他们都没能促成这场变革，真正促成这场运动诞生的是那些家庭主妇、葡萄农、社会工作者，还有女教师、女医生、一般牧师、生态种植农民以及许多对什么都爱较真的人。”[②] 在他看来，正是在这些社会基层群体的推动下，一种新的社会运动才得以宣告诞生。这场社会运动将环境大讨论引向深入，让政府处在强大的压力之下，最终不得不采取行动来进行一场深刻的社会变革。尤其是从当时有关核电厂建设的激烈争论和对新公路、新机场建设的多次抗议回忆中人们，也能深刻感受到这一点。

① Dennis Meadows und Donella Meadows u. a. , *Die Grenzen des Wachstums. Bericht des Club of Rome zur Lage der Menschheit*, Reinbeck: Rowohlt Taschenbuch Verlag, 1972, S. 161 - 164.

② Erhard Eppler, *Vom Entstehen eines ökologischen Bewußtseins*, in: *FAZ* vom 11. 5. 2011.

此外，这种自下而上的抗议运动还表现在普通民众与有关党派、政府机构和团体协会的对立。直至今天，这场运动仍给人留下这种印象，即它已告别传统的抗议方式，取而代之的是新的环境理念和环保意识的诞生，尤其在美国环保运动的影响下，西德民众和其他西方国家民众一起将世界环保运动推向高潮。

环保运动最早诞生于美国。1970 年，美国议会议员、威斯康星州州长内尔逊（Gaylord Nelson）发出倡议，拟于 4 月 22 日这一天举行声势浩大的国内环保游行，以呼吁人们关注环境和保护环境，仅是纽约这一天就有一百万人走上街头参加了活动。此外，美国各地约有两千万人以各种形式声援了这项运动，并最终决定将每年的 4 月 22 日定为“地球日”以唤醒民众的环保意识。此外，这项运动还得到了尼克松总统（Ricard Nixon）的支持。次年，美国政府拨出 100 亿美元资金用于支持受损环境的修复。①

其实在此前一年，新上台的社会自由党联盟在根舍总理（Hans-Dietrich Genscher）的倡议下就已仿效美国成立了环保部，这在德国还是第一次出现“环境保护”（Umweltschutz）这样的概念。② 为声援国家环保运动、推动并促进国内环保事业的发展，1971 年社会自由党联盟发表了《环保政策纲要》。该纲要共计十条，其主要内容是：第一，环保政策是各项政策措施的总和，制定它就是要为人们提供一个健康良好的环境，以确保公民生存的尊严。同时，还要确保土地、空气、水和动植物资源不受人的干扰和侵害，并得到可持续保护和发展。此外，要力求避免一切人为干扰和损害；第二，确定了肇事者原则，即谁破坏自然环境，谁须承担相应的损坏成本；第三，环境保护应得到资金、税收和基础设施等政策的大力支持；第四，技术进步必须以保护自然环境为前提，也即大力提倡和研发“环境友好型技术”；第五，环境保护应成为每一位公民的责任和义务；第六，联邦政府将当好环保科技顾问，服务民众，为民众谋福利；第七，加大科研力度，对环境损害及其产生的后果做深入研究。政府将为一切研发提供

---

① Frank Uekötter, *Am Ende der Gewissheiten*, *Die Ökologische Frage im 21. Jahrhundert*, Frankfurt/New York: Campus Verlag, 2011, S. 87 - 88.

② Frank Uekötter, *Umweltgeschichte im 19. und 20. Jahrhundert*, München: Oldenbourg Verlag, 2007, S. 33.

最有利条件；第八，加强环保专业高素质人才的培养，高校跨学科领域的设置和实验场所的增设扩建将作为重中之重；第九，联邦政府、各联邦州以及各村镇应在科技和经济方面多加强沟通和合作；第十，环境保护要求有一个广泛的国家合作基础。联邦政府将为各领域的国际合作提供一切必要的支持。[①] 和十年前的《梅瑙绿色宪章》相比，这一次国家不仅赋予了环境保护以法律地位，同时还提出了“肇事者原则”、开发“环境友好型技术”、加强科研力度以及培养高校后备人才等重要举措。这说明自下而上发起的环保运动已越来越深入人心，环境保护已是大势所趋，并上升为一项基本国策。在1970年9月所做的一起问卷调查中，尚有近60%的被问卷者称未听说过“环境保护”这一概念。而到了1971年11月，随着《环保政策纲要》的公布执行，有90%多的被问卷者称已听说过此概念。随着公民动议的不断高涨，1972年西德各联邦州达成协议，成立“联邦公民动议环保联盟”，旨在加强各地环保联盟协会之间的联系，共同促进环保运动正规化和合法化开展。[②] 此后，很多政府官员也加入了该联盟，这其中即包括国务秘书哈特科普夫（Günter Hartkopf）。他领导下的政府内务部不仅参与制定了一系列环保政策，而且还关心环保人士，甚至连他们的差旅费也都给予报销，由此看出政府部门对公民动议的高度重视。这促进了广大民众对环境问题的高度关注，也提高了他们参与公民动议的热情。在1973年所做的另一起问卷调查中，已有65%的被问卷人将空气和水污染治理看成是一项很重要的环保任务。由此可以看出，在短短的两三年时间内，西德在环境保护和环境政策的实施方面已取得了显著成效，这标志着环保运动已被正式纳入到国家政治决策框架体系并进入公众视野，这是一个前所未有的壮举。[③]

虽然这项运动所走的是一条自下而上的路线，但不可否认的是政府和有关官员在其中扮演着很重要的角色，只是这种重要作用的发挥离不开多

---

① Stephan Schmal, *Umweltgeschichte*, *Von der Antike bis zur Gegenwart*, Bamberg: C. C. Buchners Verlag, 2001, S. 98.

② Hans-Peter Vierhaus, *Umweltbewußtsein von oben*, *Zum Verfassungsgebot demokratischer Willensbildung*, Berlin: Duncker & Humblot Verlag, 1994, S. 151 – 153.

③ Edda Müller, *Sozial-liberale Umweltpolitik*, *Von der Karriere eines neuen Politikbereichs*, in: *Politik und Zeitgeschichte* 47/48, 1989, S. 3 – 15.

年来广大民众对环境问题的高度关注，离不开新闻媒体的大量宣传报道，离不开有关专业机构和专家的大力支持，这其中就包括各地自然保护协会的支持。如奥地利人施瓦布领导下的“生命保护世界联盟”在1969年时就已有一百万成员。应该说，很多由知名人士组成的联盟对环保运动的开展起到了极大的推动作用，尤其是进入到70年代后，随着联盟的快速发展，他们发挥的作用越来越大，在他们的声援下，环保运动与政府间的合作变得越来越密切，但同时也不免产生许多不一致的意见和激进行为，甚至产生利益冲突。同样，在政府和党派内部仍存在着一部分人，他们对新产生的环境问题视而不见，很是麻木，甚至拒绝，从而使环境政策的制定变得异常艰辛。

从环境政策方面来看，20世纪70年代至20世纪末的政策演变可划分为三个阶段。

第一阶段为热情升温阶段，也即1970—1974年。1969年，随着基民盟、基社盟姊妹党和社民党这个大联盟执政党的解体，下野的社民党和自由党组成联盟赢得大选，成为西德新执政党。该年11月，社民党主席布兰特明确表态，积极支持环保运动。第二年6月，环境问题内阁委员会正式成立，三个月后，它发布了《联邦政府环境保护紧急行动纲领》。于是，内阁委员会开始着手起草有关法律，旨在加强国内环境保护。这些法律包括如何制定汽油中铅含量的最低标准、如何防治建筑噪音、如何防治空气污染和不断增加的垃圾公害、如何对水法和植物保护法等法律进行修改完善等内容，同时它还承诺不断促进技术项目开发，确保环保领域基础研究顺利开展。

可喜的是，这些理念全面体现在次年社会自由党联盟发表的《环保政策纲要》十大主张中，更为重要的是，这些计划还充分体现在其他有关法律政策中，比如在《基本法》中，对“环境保护”这一概念又做了新的阐释和内容补充。与此同时，环保职能部门不断增设，1974年西德联邦环境部正式成立，它领导下的很多新法规政策的制定变得越来越具体，所涉及的内容涵盖到水、空气、土地、动植物、森林等资源的保护。此外，它在化肥使用、垃圾和废油处理、危险品处理、核能利用、能源节约等方面都做了具体的规定和要求。虽然此时期“环境保护”概念已体现在政府的各种法律规定和行动计划中，但环境保护尚未全面开展，因为此时期国民健康保护仍为第一要务。此外，让政府尤感急迫的是，如何让民众更全面地了解环境问题，多掌握生态循环理论知识，多促进生态思想的形成，尤其是对科学界的要求，这是政府亟待解决的问题。①

应该说，此时期并不是所有社会团体都能认识到新环境政策颁布的必要性，这其中包括社会经济部门和相关利益团体，甚至某些联邦州包括与环保相抵触的政府职能部门，如德国工业协会（BDI）这样的政府组织。它虽原则上支持国家环境保护这一举措，但出于成本考虑，它告诫政府还是不制定更具体的实施细则为好，否则工业企业将花费更多资金用于环境治理。存在类似做法的还有不少工会组织，它们对环保运动一直持怀疑态度，担心过高的成本投入会造成企业裁员，从而导致社会失业率的上升。有些工会组织则顾虑重重，首鼠两端。如 1974 年德国工会联盟（DGB）出台了《环保纲领》，该纲领虽发出积极信号来声明支持联邦政府加强环保，但实质性举措少之又少，给人一种空喊口号的感觉。

此外，在各政党内部，很多人对环保运动所采取的态度也表现不一。如在野党基民盟党对新环境政策很少给予支持，但这并不代表所有成员都反对执政党这一行动，如其中的成员格鲁尔（Herbert Gruhl）就坚决致力于环保运动，拥护环保新政策的颁布实施。他于 1975 年发表的著作《一个被掠夺的星球》一时成为畅销书，他想以此来影响自己的党派也能致力于环保事业。还在前两年的 1973 年，他就向同为姊妹党的基社党主席卡尔斯滕斯（Karl Carstens）发出建议，希望党内多宣传环保思想，但卡尔斯滕斯所表现出的是一种怀疑态度，在他看来，这种宣传意义不大，即使付出努力，恐怕也“只有少数人会响应”。失望的格鲁尔遂于 1978 年退出基民盟党，于 1982 年自行成立了生态民主党。②

与基民盟相反，社民党和自民党在环境保护方面所表现的态度则颇为积极，这也是它们能走到一起、赢得大选、共同成为执政党的一个重要原因。尤其是自民党，在西德所有的党派中它更是环保运动的先锋。在 1970

① Hans-Peter Vierhaus, *Umweltbewußtsein von oben*, *Zum Verfassungsgebot demokratischer Willensbildung*, Berlin: Duncker & Humblot Verlag, 1994, S. 107 – 109.

② Ebd., S. 85.

年上台执政前，时任联邦内务部部长的根舍作为自民党主席曾起到很关键的领导作用，很多决定性的建议举措虽然没从党内得到，但他本人却充分听取社会各团体阶层的意见，尤其是很多政府官员和专家的建议。他和他的党派反应最为迅速，于1971年就发表了《弗莱堡论纲》，论纲呼吁"给人以尊严"的基本生存权，要求国家给予自然生命以最基本的保护。①

与此同时，广大民众参与环境保护的积极性也在明显增长。1970年，第一批跨地区间的公民动议活动——抗议环境破坏的"莱茵—美因行动"正式发起。在随后的两年时间内，"莱茵—内卡环境保护公民行动"和"上莱茵地区委员会行动"又先后发起。这些抗议行动均围绕着核电站建设而展开。1972年成立的"联邦公民动议环保联盟"下辖约1000个分支机构，共有50万名成员。这些成员大多处在抗议活动第一线，抗议开始阶段还谈不上有什么具体的行动目标和行动纲领，对他们进行报道的也多是一些当地新闻媒体。例外情况是杜伊斯堡北部地区居民抗议一家化工厂建设和威尔（Wyhl）附近地区居民抗议核电厂建设这两起事件，他们抗议的缘由主要是担心项目建成会影响他们的葡萄种植，同时莱茵河地区气候变暖以及放射性污染会损害他们的健康也是他们很担心的问题。至于核事故和核燃料垃圾处理问题则在媒体中很少有讨论，甚至核能的使用多是从积极方面给予评价。②

1974—1982年为环境政策发展的第二个阶段，也可视为环境政策执行的艰难阶段。由于1973年世界范围内发生的石油危机和经济危机，人们对核能利用又给予积极评价。一夜之间，罗马俱乐部所做的预测以及所发出的警告似乎一一得到了验证。此时期的石油和能源价格不断上涨，给人的感觉是这些能源很快将耗竭。在这种情况下，核能利用给人带来希望，因为在人们看来，这是一种用之不竭、价格低廉且比较安全的新能源。对于工业企业和环保人士来说，这场危机也意味着一场极大的挑战，因为一方面石油危机预示着经济增长可能已达到极限；另一方面，

① Edda Müller, *Innenwelt der Umweltpolitik. Sozial-liberale Umweltpolitik.* （*Ohn*） *macht durch Organisation*? Opladen：Westdeustcher Verlag，1986，S. 45－48.

② Frank Uekötter, *Am Ende der Gewissenheiten*, *Die ökologische Frage im 21. Jahrhundert*, Frankfurt/New York：Campus Verlag，2011，S. 91－92.

石油价格的提高会进一步加剧经济危机。因此，工业企业为求生存不需在环保问题上花更多气力，而环保人士却更为煎熬，需与这些企业做更大的抗争。

包括工会在内，此时期的工业企业比以往任何时候都不愿多承担环保开支。于是，开始阶段的热情渐渐冷淡下来。能明显感受到的是，70 年代中期西德环保法律法规颁布的数量明显呈下降趋势。然而，尽管此时期存有异议且经济衰退，但环保政策的执行力度不但没减弱，反而在很大程度上得到了加强。之所以出现这种情况，是因为在各党派和政府部门，特别是在政府内务部中有大量的支持人士和团体积极投身于环保活动。他们从机构上给予声援支持。有些政府官员对环保更是心存感念，因为他们正是靠环保运动起家，从而在工作上获得很多晋升机会。从科研领域来看，此时期尽管遭遇经济危机，但对环境问题的基础研究仍在不断深入，尤其是政府各部门对其支持更是不遗余力。即使是宗教机构此时期也积极加入到环保运动中，它们提出的“保护好上帝的自然创造物”口号很多年一直成为环保运动的强大思想动力。除此之外，很多不受政府部门领导的环保协会、动议群体等协会团体无论在数量还是队伍自身发展壮大方面都有了显著提高，其中最著名的有德国环境和自然保护联盟（BUND）和绿党（Die Grünen）这两个党派团体。应该说，德国绿党的诞生完全得益于环保运动的兴起。[①] 1979 年，其发起人首次以合法身份进入议会，次年绿党宣告成立[②]。此外，在欧洲事务方面，这个时期的很多国会议员也在欧洲议会或欧洲其他机构担任要职，从事欧洲环保政策制定及其有关方面的工作。

尽管经济危机存在，且企业工会领导下的工业企业在环保方面所表现的态度不是很积极，但无论在国家层面还是在各联邦州，联邦政府仍在积极稳步地推进环境政策的颁布实施。1975—1976 年间，又有一批法律法规相继出台，内容涉及洗衣粉生产管理、污水处理和自然保护等。在当时不利的经济形势下，尽管这些法律法规的执行未完全收到效果，但在某种意

---

① 严耕、杨志华：《生态文明的理论与系统建构》，中央编译出版社 2009 年版，第 89 页。

② Frank Uekötter, *Umweltgeschichte im 19. und 20. Jahrhundert*, München: Oldenbourg Verlag, 2007, S. 35.

义上却为后续环保事业的开展探出了不少新路。如 1981 年颁布的新法规定污水排放当事人须缴纳一定的排污费，肇事者原则在此得到明确。不过，面对不断增长的垃圾而颁布的有关规定在颁布实施后却远未达到预期效果。于是，内务部、饮料生产行业和销售行业三者之间达成了一个“自愿协商”，即对垃圾可自行灵活处理的妥协，这不仅意味着该规定的不严谨，同时也意味着政策在某种程度上的失灵。这种“自愿协商”所造成的结果是饮料生产企业和经销商得以逃脱政府部门的监管，以敷衍态度和最低成本来处理垃圾，从而导致更大的垃圾污染源产生，由此导致三者之间的矛盾进一步加深。①

应该看到的是，这种妥协实际上也是对环保法律法规的一种亵渎，它势必招致社会批评。这些批评不仅来自工业企业，同时还有和企业绑在一起的工会组织，因为它们最大的担心是工人的充分就业不能得到保障。同样对此感到担心的还有 1982 年新上台的联合执政党——基民盟、基社盟姊妹党和自民党所组成的联合政府。面对两百万失业大军，他们想多放些权力给工业企业和工会组织，也就是说，少颁布一些法律规定、多减轻税收、帮企业减负，这其中就包括对环境保护税的减免。②

20 世纪 80 年代初至 20 世纪末为环境政策执行的第三阶段，此时期所呈现的特点是新问题的不断产生以及环境政策的进一步加强。80 年代初，西方工业国家经历了第二次石油危机的打击。由于油价不断攀升，西德国民经济生产总值下降了 0.4%，西德经济由此处于一个停滞不前的发展状态。然而，环境保护运动并没有因为经济滞涨而停歇，反而受到公众的高度关注，并不断得到加强。此时期，1971 年诞生于加拿大的绿色和平组织发起的全球性抗议也在西德境内逐步展开，并引发国际关注。

绿色和平组织在西德发起的第一个抗议行动是反对向北海倾倒垃圾以及在汉堡建设化工厂。向北海倾倒各种工业垃圾在德国已不是什么新鲜

---

① Klaus-Georg Wey, *Umweltpolitik in Deutschland*, *Kurze Geschichte des Umweltschutzes in Deutschland seit* 1900, Opladen: Westdeustcher Verlag, 1982, S. 214 - 220.

② Frank Uekötter, *Am Ende der Gewissenheiten*, *Die ökologische Frage im 21. Jahrhundert*, Frankfurt/New York: Campus Verlag, 2011, S. 112.

事，早在几十年前即已有之，并一直被认为是一种较适宜稳妥的方式。[①]1969 年，威悉河入海口处诺登哈姆市（Nordenham）新建的一家化工厂就将含有大量重金属稀释酸液倾入黑尔戈兰岛附近的公海。对此行为，当时的西德交通部还给予表扬，认为这是一种环境友好型做法，值得提倡。于是，很多化工厂纷纷效仿。这一行为引发北海沿岸渔民的愤慨，他们抱怨大量鱼类死亡，渔业减产。于是，抗议活动不断高涨，直至 1980 年 5 月西德和荷兰两国绿色和平人士发起了一次不寻常的抗议活动：他们将一条名为“彩虹斗士”的轮船开进莱茵河，在河中连续三天拦截拟前往黑尔戈兰岛附近公海倾倒垃圾的船只。更引起轰动的是当年 10 月，西德绿色和平组织领导人岑德勒尔（Harald Zindler）将自己绑在船缆上，以抗议船只前往北海倾倒垃圾。连续很多天的绑缚抗议行为一度引起媒体的极大关注，很多现场照片被陆续登出，岑德勒要以此来展示绿色和平组织保护环境的勇气和决心。

不仅如此，岑德勒尔于次年再一次展示了他的勇气和决心。当年 6 月 26 日，他和其助手一起驾驶一辆小卡车，拉着“绿色和平人”横幅，径直冲入汉堡附近的一家化工厂，强烈抗议该厂排放有害物质，以阻止其污染周边环境。戴上氧气罩的他们爬上了工厂烟囱，在烟囱顶上，他们挥舞旗帜，人们可以清楚地看见旗帜上写着醒目的抗议标语：“如果最后一棵树倒下、最后一条河流被污染、最后一条鱼被捕捞，你们是不是该意识到，金钱最后终究不能当饭吃”。他们占领工厂烟囱的照片很快被媒体登出，并一度成为全球关注的焦点。从此，现场的抗议声此起彼伏。三年后，该化工厂被迫停产，这也是德国战后第一家迫于环保运动强大攻势而关闭的企业。[②]

从上述事件中可以看到绿色和平运动所产生的积极影响，同时也反映出新闻媒体的巨大影响力。同样，20 世纪 80 年代西德森林大面积死亡事件也是在媒体的不断宣传报道和呼吁下才引起社会广泛关注的。从 1981 年

---

① Horst Güntheroth, *Die Nordsee*, *Portrait eines bedrohten Meeres*, Hamburg: Gruner + Jahr Verlag, 1986, S. 25.

② Frank Zelko, *Greenpeace*, *auf den sich die folgenden Ausführungen stützen*, in: *Die Welt* vom 20. 6. 1984.

11 月开始，《明镜》周刊连续三期刊登有关报道。报道介绍了森林死亡原因系酸雨毒害，并指出森林死亡已不是某个局部地区的问题，它无处不在，德国、欧洲乃至整个世界都面临着这场灾难。报道还阐述了酸雨带来的其他严重后果，这让新选举出的政府处在强大的社会舆论压力之下。①

还在联盟议会选举前，主抓此项工作的内务部部长鲍姆（Gerhard Baum）于 1982 年 9 月 1 日召开内阁特别会议，内阁成员在达成共识后制定出企业二氧化硫最高排放标准。② 新上台的联合政府本想多照顾企业利益，降低该排放值，然而全国范围内森林死亡大讨论不但没给这些企业机会，反倒是对它们提出了更高的要求。实际结果是，根据规定，五年后，西德 90% 的发电厂必须安装脱硫装置，以减少二氧化硫排放，让全国森林能得以拯救。

应该说，绿党的不断发展壮大正得益于这一契机的产生。由于环境问题日益突出，尤其是此时期森林死亡已成为西德上下关注的焦点，所以 1980 年元月成立的绿党在此次选举中获得很多民众支持，并于 1983 年开始正式进入议会，争取到很多合法席位。此外，美国卡特（Jimmy Carter）总统内阁此时期发表的《全球 2000》（Global 2000）报告无形中也为德国绿党的崛起提供了契机。1977 年，受卡特委托，许多美国机构和科学家代表参与起草了这份报告。在报告中，科学家们描绘了很多环境危机景象和可怕后果：世界环境危机在不断升级、重要的资源正在骤减或枯竭如石油和天然气储备只够人类使用 22 年、铅、铜等重要金属资源也只能使用 21 年。所以，当务之急是降低世界人口出生率，以缓解资源和环境危机。这一报告很快被翻译成德文，尽管有 1700 页的内容，但仍成为西德畅销读物。③

与此同时，世界其他地区不幸发生的许多人为事故也加剧了环境污染，并造成全球恐慌。1978 年 3 月，法国西北部布雷斯特市（Brest）海边

① Frank Uekötter, *Am Ende der Gewissenheiten*, *Die ökologische Frage im 21. Jahrhundert*, Frankfurt/New York: Campus Verlag, 2011, S. 113 – 115.

② Wolfgang D. Müller, *Geschichte der Kernenergie in der Bundesrepublik Deutschland. Anfänge und Weichenstellungen*, Stuttgart: Schöffer Verlag für Wirtschaft und Steuern, 1990. S. 139.

③ Reinhard Kaiser (Herausgeber) und Thomas Berendt (Übersetzer) u. a., *Global* 2000. *Der Bericht an den Präsidenten*, Frankfurt a. M.: Zweitausendeins Verlag, 1981.

发生油轮倾油事件。一艘名为“阿莫戈·卡迪兹”的超级油轮从波斯湾出发拟向荷兰鹿特丹港驶进，结果于途中触礁，而导致船上 22.3 万吨的原油倾入海中，造成布雷斯特附近 350 公里长的沙滩被污染，数以千计的鸟类被污染致死。[①] 此外，西德海边有很多工厂将污水排入海洋，甚至有的核电厂直接将放射性污水排入海洋，有的企业还特意用轮船将污水运往公海倾倒，给海洋造成大面积污染，海带、海草随之超量生长，海豹、海象也大量死亡。特别是 1981—1982 年间，波罗的海大批鱼类死亡。在工厂生产方面，人为疏忽而导致的污染事故频繁发生，如 1976 年意大利塞维索（Seveso）化工厂发生的大量二噁英泄露、1984 年印度博帕尔市（Bhopal）农药厂发生的氰化物泄漏、1986 年瑞士巴塞尔市桑多茨（Sandoz）化工厂仓库失火导致大量磷化物、硫化物和水银等有害物质流入莱茵河等事件给环境造成了巨大破坏，也给人的生命财产造成了巨大损失。[②] 然而，人们最大的恐惧还是对核工业项目安全问题的担忧，1979 年，美国宾夕法尼亚洲哈里斯堡（Harrisburg）三哩岛核电厂二号反应堆发生了核泄漏事故，所幸处置及时，没发生事故灾难，但这已给人们敲响了警钟。[③] 1986 年 4 月 26 日，苏联切尔诺贝利核电站由于工作人员操作不当，导致四号反应堆发生了严重泄漏和爆炸事故，30 名工作人员当场被炸死，1650 平方公里范围内的土地遭受辐射。[④] 爆炸后形成的大量高辐射物质散发进大气层，然后飘向北欧和西欧地区，引发了这些国家和地区民众的极大恐慌，德国也未能幸免。仅六周后，也即当年 6 月 6 日，西德政府决定成立“联邦环境、自然保护和核反应堆安全部”（以下简称环保部），将核反应堆安全作为自然环境保护的一项重要事务来抓。[⑤]

与此同时，西德境内还有一个严重的环境污染问题亟待解决，即海量

---

① Dirk Maxeiner und Michael Miersch, *Alles grün und gut? Eine Bilanz des ökologischen Denkens*, München: Albrecht Knaus Verlag, 2014, S. 356.

② Ebd., S. 355 - 363.

③ 余谋昌、王耀先：《环境伦理学》，高等教育出版社 2006 年版，第 193 页。

④ Stephan Schmal, *Umweltgeschichte*, *Von der Antike bis zur Gegenwart*, Bamberg: C. C. Buchners Verlag, 2001, S. 104 - 105.

⑤ Frank Uekötter, *Am Ende der Gewissenheiten*, *Die ökologische Frage im 21. Jahrhundert*, Frankfurt/New York: Campus Verlag, 2011, S. 119.

垃圾如何处置。随着生产的不断扩大和人们消费水平的不断提高，许多垃圾包括包装物垃圾大量产生。在此时期，绝大多数垃圾都采用露天堆放的方式，只有部分垃圾采取焚烧的处理方式。然而，到20世纪80年代末，这两种垃圾处理方法都带来了不少问题：因空间有限导致垃圾堆放场地不足；大多数垃圾场设施不齐全，如地下水防渗设施普遍欠缺；工人对垃圾分类专业知识掌握不够；在生产安全方面，如果没有焚烧设备做备选方案，很多堆放着的垃圾有可能发生化学反应，带来爆炸、有害物泄露或毒气扩散的危险。尽管安装垃圾处理设备在开始阶段因硫化物气体泄露而存有争议，但在经过长时间的争论后，脱硫装置还是被安装。然而，解决这一问题后，人们又发现，垃圾焚烧过程中还有大量的二噁英有害物质产生，这使人们不由得想起前文提及的塞维索化工厂所发生的类似事件。所以，解决此问题已成为当务之急。①

此外，其他有害物质如滤尘这种超有害物质也要按特殊垃圾做处理，还有脱硫过程中所使用的碳酸钙物质也是不易处理的垃圾。尽管其毒性不大，但不容易焚烧干净，最后总留存30%的剩余物。虽然这种焚烧在当时属高科技处理技术，但仍称不上是一种完美的技术方案，因为在某种程度上这些垃圾资源仍未得到充分有效的利用。

各种灾害的频繁发生在加剧环境危机的同时，也促使人们对垃圾问题展开更深入的讨论，如何让垃圾场从视野中消失成为人们关注的焦点。从现存的垃圾堆放情况来看，这些垃圾不仅污染土地资源，而且还对地下水资源构成严重威胁。此外，垃圾焚烧过程中产生的二噁英和其他有害物质如何处理也成为一道很棘手的难题，而此时期的西德正处在海量垃圾的包围中。由于垃圾处理成本不断上升，垃圾处理企业已经很难生存下去，他们只有被动应付政府部门的检查，继续任意堆放垃圾，甚至欺骗舆论，声称那些特殊有害垃圾短时间内不会对人的健康构成威胁，或者干脆将其打包出口到有些监管机制不完善或贫穷落后的国家。

这些问题的存在更加剧了人们的担心，也给政府部门、相关企业和个

---

① Beiträge in Bürgeraktion „Das bessere Müllkonzept Bayern e. V.“ (Hrsg.), *Müll vermeiden, verwerten, vergesssen?* Ulm: Universitätsverlag Ulm, 1991, S. 264 – 265, S. 308 – 310.

人带来很大的压力。如何解决之?很多方法被探索尝试,其中两种颇有效的做法相继得到采用。第一种为垃圾分类法,另一种为“绿点”(Der Grüne Punkt)废弃包装物回收处理法,这种处理方法所运用的系统被称为绿点系统或双元系统。所谓的垃圾分类法就是将有机垃圾、可回收垃圾以及其他种类垃圾分类收集处理,这种做法很容易让人联想到 1907—1917 年间帝国首都柏林的夏罗腾堡市区所采用的三桶分类法。和当时情况相类似,此时期的垃圾回收利用同样也是个很棘手的问题。如何从垃圾中分拣出有用物质被视为一项成本投入很高的回收处理过程。很多有用垃圾,特别是化工产品垃圾本身由各种物质组成,其分拣提炼无论从成本投入还是技术操作上来看都很难实行。[①] 因此相对于垃圾分类法来说,“绿点”废弃包装物回收处理则是一项更有效的垃圾处理方法。“绿点”本意为一个由绿色和白色箭头组成的圆形图案,它表示垃圾物质的有效循环利用。1990 年 6 月,随着德国《包装条例》的颁布,生产商和销售商须对其包装物承担的回收义务被正式确立。条例规定,如果商品包装上印有统一的“绿点”标识,它表明商品生产商已为该商品回收付讫费用,由此一套完整的回收、分类、再利用系统正式建立起来。该回收法的意义在于,通过商品包装有关条例规定,产品责任原则首次以法律形式被确立下来。而且根据条例规定,商品包装的生产者和经营者均有义务回收和利用使用过的产品。采用此回收法,德国很好地控制了包装垃圾。刚开始两年内,德国即回收包装材料 100 万吨,而在随后的三年内,商品包装材料回收已高达 1300 万吨,其中铝制品和白铁皮饮料罐头包装材料的回收利用率均高达 81%,含有多种复合金属材料包装物的回收利用率也达到 79%,可见这一方法给包装业带来巨大成效,这也是包装业实现可持续发展的一个重要体现。[②]

到 20 世纪 80 年代中期,环境保护正式成为西德官方的一项重要政治任务。随着许多新法规的不断出台和许多新机构的不断成立,环保问题一

---

① Roland Ludwig (Hrsg.), *Recycling in Geschichte und Gegenwart*, *Vorträge der Jahrestagung der Georg-Agricola-Gesellschaft* 2002 *in Freiburg*, Freiburg: Alber Verlag, 2003, S. 45 – 50.

② Dirk Maxeiner und Michael Miersch, *Lexikon der Öko-Irrtümer*, *Fakten statt Umweltmythen*, München: Piper Verlag, 2002, S. 303.

时间成为一种时尚话题。这些成就的取得既要归功于当时良好的经济发展形势，还要归功于有关政府部门领导人的大力支持，这其中就包括1987—1994年担任西德环保部部长的托普福尔（Klaus Töpfer）。在他的领导下，很多重要的法律法规得以颁布执行。也由于他在这方面的资深经历，1998—2006年，他领导了联合国环境纲领实施工作。[①] 1999年，随着对交通燃料、电力、取暖和天然气等的使用征收生态税，德国节能减排效果成效显著，劳动就业率也逐年上升。2003年，得益于这项改革所创造的就业岗位达25万个；2005年，因生态税改革促成的二氧化碳减排量超过2%。此外，根据联邦统计局调查，由于汽车燃油税上涨，居民开始减少汽车驾驶，尽量选择公共交通出行，越来越多的消费者开始购买耗油量小的汽车。据统计，2000—2003年间生态税改革使全国道路交通燃油消耗量每年下降了2%。不仅如此，这项改革还优化了德国能源结构，很多消费者开始使用无铅、低硫油品，从而使清洁油消费大幅上升。与此同时，虽然2003年的德国能源消耗总量与1998年相比有所下降，但风能和水力发电消耗量却增长了75%，二者分别占据世界第一位和第二位，这表明能源生产和消费结构已得到有效改善。[②] 此外，在核能发展战略方面，鉴于很多核能事故所造成的严重后果，联邦政府在2002年已表示有计划有步骤地关闭部分核能项目，特别是2011年3月11日日本福岛发生了严重的核泄漏事件后，[③] 德国联邦政府明确表态，截止到2022年，德国将关闭所有核电厂，以确保广大民众的健康和生命安全。[④]

总之，在过去的四十多年里，西德以及统一后的德国在环保事业发展方面所走的是一条极不寻常的道路：大批法律法规相继颁布实施，联邦政府和各联邦州都设立了环保部门，有关研究机构和科研队伍的建设不断得到充实和加强，很多高校开设了相关课程，甚至许多中小学也开设了自然

---

① ［美］J. 唐纳德·休斯：《世界环境史》，赵长凤等译，电子工业出版社2014年版，第282页。

② Gunter Stephan, *Energie, Mobilität und Wirtschaft, Die Auswirkungen einer Ökosteuer auf Wirtschaft, Verkehr und Arbeit*, Berlin: Springer Verlag, 2013, S. 125 – 131.

③ 党连凯、阮祖启：《核能将给人类带来福还是祸》，福建少年儿童出版社2017年版，第85—87页。

④ 江山：《德语生态文学》，上海学林出版社2011年版，导言第1页。

环境保护课程。此外，环境事业的发展也带动了大批就业，媒体、公众讨论也空前活跃，这些在为绿色德国发展创造最有利条件的同时，也为德国加强国际合作，促进世界环保事业发展开辟了广阔前景。

二 国际合作与国际环境政策

“二战”后因冷战原因，环境保护方面开展的国际合作还相对较少，直到 60 年代末才迈出实质性的一步。1968 年，联合国教科文组织在巴黎举办了“人与生态圈”国际会议，来自 60 个国家的 300 名代表，其中包括西德政府代表参加了这次会议。这些代表多由科学家组成，他们就世界资源保护利用以及地球生态圈保护等问题展开了讨论，并充分交流了意见，最终达成一致：地球生态圈是一个由各种生态系统组成的聚合体，这些生态系统虽处在一个自然状态，但也处在不断被人为干扰和破坏的平衡状态中。根据当时赢得大选的美国总统尼克松的建议，可将国际自然环境保护事务划归到北约组织名下，接受其领导，但这项建议最终还是被否定，遭否定的主要原因是当时还有很多其他类似组织机构仍存在，它们不愿接受北约这样一个军事集团组织的领导。随着这些组织机构的不断发展壮大，在随后的若干年内，它们逐渐加入到欧洲共同体和联合国组织机构内，并拥有自己独立合法的地位。①

进入 70 年代，西德政府更积极投身于国际环保合作事业。1972 年 6 月 5 日至 16 日，西德政府代表和其他 12 个国家的 1200 名代表共同参加了在瑞典斯德哥尔摩举行的联合国环境大会，并联合发表了《联合国人类环境宣言》，该宣言因此成为国际社会第一个有关环境政策新的行为和责任准则的指导性纲领性文件。② 与会代表充分表达了有关加强环境保护，特别是自然资源保护的诉求。本次大会正式提出“可持续发展”（nachhaltige Entwicklung）这一概念，同时做出了将“联合国环境规划署”设立在肯尼

① Franz-Josef Brüggemeier, *Schranken der Natur*, *Umwelt*, *Gesellschaft*, *Experimente*, 1750 *bis heute*, Essen: Klartext Verlag, 2014, S. 255 - 256.

② 景天魁主编，崔凤、唐国建：《环境社会学》，北京师范大学出版社 2010 年版，第 79—80 页。

亚首都内罗毕（*Nairobi*）的决定。[①] 另一个具有里程碑意义的是，1987 年挪威女首相布伦特兰（Gro Harlem Brundtland）在其《我们共同的未来》报告中对“可持续发展”这一概念作了进一步阐述。她将其定义为“既能满足当代人的需要，又不对后代人满足其需要的能力构成危害的发展。”从此，这一概念在全球范围内被广泛接受和使用，[②] 从而也为 1992 年在巴西里约热内卢联合国“环境和发展大会”上一系列纲领性文件的制定奠定了理论基础。[③] 对于里约热内卢这次大会，当时的与会者，其间曾担任德国自然环境保护联盟主席的魏因泽尔（Hubert Weinzierl）曾有过这样的回忆表述：“我就像古罗马斗士一样，带着复杂的心情奔赴里约”。一方面，这次大会给他留下了“许多磋商很坦诚公开”的印象，而另一方面却“不免让人多了几分敬畏。归结起来实际上就是一句话：破坏游戏规则自然要接受联合国的处罚。”[④] 在此之后，联合国其他组织机构如联合国粮食及农业组织和联合国教科文组织还举行了其他许多重要的自然环境保护会议，甚至世界银行和世贸组织等也高度强调世界经济发展的重要性，其前提也是只有不断加强自然环境保护，世界经济可持续发展才会成为可能。

截至目前，世界各种机构所发表的有关协议已超过 250 个，其中涉及较多的是如何加强对热带雨林和生态多样性保护。此外，如何对二氧化碳进行减排，加强臭氧层保护也是很多协议关注的焦点。总之，实现可持续发展已成为当今世界普遍共识。从具体执行情况来看，很多协议执行后取得的效果却不尽相同，如在防止全球气候变暖方面所做的努力收效甚微，而在减少臭氧层破坏方面却成效显著。这其中，导致气候变暖和臭氧层破坏的罪魁祸首是氟氯烃这种人造化学物质，它释放挥发后可对臭氧层产生巨大的破坏作用。为此，在生产和使用这类物质方面，形成一个广泛的国

---

① Gerald Fricke, *Von Rio nach Kyoto*, *Verhandlungssache Weltklima*: *Globale Governance. Lokale Agenda 21. Umweltpolitik und Macht*, Berlin: Köster Verlag, 2001, S. 49 – 50.

② 余谋昌：《生态文明论》，中央编译出版社 2010 年版，第 110 页；肖显静：《环境与社会——人文视野中的环境问题》，高等教育出版社 2010 年版，第 36 页；Volker Hauff, *Unsere gemeinsame Zukunft*, Greven: Eggenkamp Verlag, 1999, S. 46。

③ Frank Uekötter, *Am Ende der Gewissheiten*, *Die ökologische Frage im 21. Jahrhundert*, Frankfurt/New York: Campus Verlag, 2011, S. 124.

④ Hubert Weinzierl, *Erinnerungen*, *Zwischen Hühnerstahl und Reichstag*, Regensburg: MZ-Buchverlag, 2008, S. 195 – 196, S. 198.

际合作很有必要。不过，最大的挑战还在于搞清这个问题的来龙去脉，或者说其历史发展演变过程，这样才可更好地了解德国在此方面所做出的努力。

早在 20 世纪 30 年代，氟氯烃化工产品已由美国杜邦公司投入生产。“二战”后尤其是进入 60 年代后，该产品已大量用于生产气溶胶、制冷剂、发泡剂、工业溶剂等化工产品。由于氟氯烃物质具有非同寻常的稳定性特点，所以它在大气同温层中很容易形成聚集，其持续期可长达一个世纪甚至更长时间。在强烈紫外辐射的作用下，它们会很快光解出氯原子和溴原子，成为破坏臭氧的重要催化剂（1 个氯原子可破坏 10 万个臭氧分子，而 1 个溴原子更可破坏 30 万个臭氧分子）。由于臭氧层中的臭氧不断减少，从而导致照射到地面的太阳光紫外线不断增强。这些紫外线对生物细胞具有很强的杀伤作用，它不仅对植物、水生生态系统有潜在的危险，还会加剧城市烟雾，导致人类呼吸疾病和白内障发病率的增加，更为严重的是，紫外线辐射还会导致大量皮肤癌的出现。对于这一结论，美国化学家罗兰德（Sherwood Rowland）和莫利纳（Mario Molina）早在 1974 年时就已提出。①

由于氟氯烃化工产品不断被证实会破坏臭氧层，1985 年，很多科学家建议企业少生产该产品，当年许多国家签订的《维也纳公约》中随之明确做出保护臭氧层的决定。两年后的 9 月 16 日，西德和其他 25 国政府代表一起在加拿大蒙特利尔共同签署了《蒙特利尔议定书》。根据协议，各国的氟氯烃化工产品生产和使用应逐步减少，由此产生了臭氧洞渐渐变小的显著效果。到 2012 年，经科学测量，臭氧洞已明显变小。但臭氧层的恢复则至少还要等到 2050 年以后，因为氯原子和溴原子的下降和分解还要经历一个很漫长的过程。②

作为 80 年代最重要的一项国际合作决议，《蒙特利尔议定书》在臭氧层保护方面所取得的成绩显而易见，因此它也被视为解决其他问题，尤其是如何防止地球变暖问题的范本。不过，由于该议定书是在当时特殊条件

① Stefan Böschen, *Risikogenese, Prozesse gesellschaftlicher Gefahrenwahrnehmung. FCKW, DDT, Dioxin und ökologische Chemie*, Opladen: Westdeustcher Verlag, 2000, Kap. 2.

② *Süddeutsche Zeitung* vom 12. 2. 2013.

下签订的，所以后来很少再签订类似协议。该协议受到了很多参与国的欢迎，因为当时生产氟氯烃化工产品的企业还相对有限，且易受政府部门监管掌控，更何况这些企业多属于工业发达国家，即使不让其生产氟氯烃化工产品，也可在遵守议定书的条件下进行转产，不需要关闭企业。总之，执行这一协议所涉及的企业和行业很少，它们所做的调整也相对较小，所以协议自身带来的问题也相对较少，因而得到绝大多数国家和企业的支持，而其对其遵守也能一以贯之，并取得良好效果。

然而，在二氧化碳减排方面，大多数企业和行业却并不具备这种有利条件。所以，如何减排并防止地球进一步变暖则成为一个国际难题。这其中最关键的问题是，温室气体排放产生于不同企业的不同生产环节，如何确定其减排本身就是一个很棘手的问题。虽然可以强制企业关停并转，但无疑所耗成本巨大，更何况关停并转也是一个复杂且难以实现的过程。换句话说，如何让各方当事人最终达成一致意见是一件很难做到的事。另外，从联合国自身来说，它不太可能为各方当事人出面调解斡旋，让其最终达成一致，或者直接对企业进行监管，让企业达到温室气体减排指标。

解决这一问题的曙光终于还是在《京都议定书》签订后出现。1997年，德国政府代表与其他 84 个国家的代表在日本京都共同签署了该议定书。协议规定，2008—2012 年这段时期内，有关国家六种温室气体的排放量应在 1990 年或 1995 年的基础上下降 5.2%，而欧盟包括德国在内更应达到 8% 的排放标准。① 这是人类历史上首次以法规形式确立的温室气体排放限制协定，它为后来世界气候大会有关问题的解决奠定了一个良好的基础。

《京都议定书》的基本思想其实很简单：所有排放二氧化碳的生产企业必须获得排放许可，也就是说，企业必须花钱购买排放许可权。同时，它们应随时做好排放许可价格上涨的准备。之所以如此，就是要迫使它们不断减排，并自行做出选择，决定哪一条路才是它们最终应走的路；或是排放较少的有害燃烧物；或是停止现有生产，对其进行技术改造；或者它

① Johannes Straubinger, *Naturkatastrophe*, *Mensch*, *Ende oder Wende*, Salzburg: Books on Demand GmbH, 2009, S. 52.

们从那些不再需要排放许可的企业那里购得排放许可，当然，这些出售许可的企业既可以是停产企业，也可以是二氧化碳排放已达标企业。①

根据工业化国家的有关建议，在排放许可购买分配机制方面，企业可根据当下二氧化碳实际排放数来确定排放许可购买数量，而这种购买和分配也仅只能在排放企业之间进行，其他无关企业则无权购买。应该说，这种分配机制对二氧化碳排放量大的企业来说很有利，因为它一下子可以同时购得很多排放许可，而对那些正在致力于减排且支付巨大成本的企业来说却颇为不利。此外，对于那些没有或者拥有很少二氧化碳排放许可企业的非工业化国家来说，在此建议方案下，它们多空手而归，或者晚些时候为发展工业还要花更高的代价来购买排放许可。很显然，这项建议照顾到的是工业化国家的利益，而对发展中国家来说则显得很是不利。

为避免上述不公平情况的发生，一个折中方案由此诞生并形成决议，即排放许可在全球范围内按人口平均数计算方法来进行分配。根据这个方案，柬埔寨、索马里和加纳等这些国家无疑可从中受益，因为它们几乎没什么工业，只有很少的温室气体排放。它们既可以凭这些多余富足的排放许可用于自己的工业发展和温室气体排放，同时还可以将多余的排放许可出售给其他工业化国家。从某种意义上说，这种排放许可对这些发展中国家来说是一种福利让与，或者说是某种变相的发展援助，因为它们从一开始就无偿获得这些排放许可，不需要像其他工业化国家那样要负重前行。在实际执行过程中，它们一直在等待许可证价格上涨，但却未能如愿，特别是从 2008 年开始全球遭受经济危机重创后，工业生产的下降直接导致工业排放减少，从而也导致工业排放许可证价格的不断下跌。很多批评人士为此呼吁，将每吨二氧化碳排放价格从 2013 年的 5 欧元上调到 60 欧元。然而，这样的排放定价方案却很难执行，因为在这种经济形势下，振兴工业发展，确保充分就业是各国政治家首先要思考和解决问题。②

作为辅助措施，2010 年，在墨西哥坎昆（Cancún）举行的世界气候大

---

① Ulrich Bartsch und Benito Müller u. a. , *Fossil Fuels in a Changing Climate*, *Impacts of the Kyoto Protocol and Developing Country Participation*, Oxford: Oxford University Press, 2000.

② Franz-Josef Brüggemeier, *Schranken der Natur*, *Umwelt*, *Gesellschaft*, *Experimente*, 1750 *bis heute*, Essen: Klartext Verlag, 2014, S. 278.

会上，与会国达成一致意见，决定由发达国家在2010—2012年间出资300亿美元绿色气候基金作为启动资金帮助发展中国家应对气候变化，并在2013—2020年这段时间内每年再增资1000亿美元。在这方面，德国和丹麦率先做出表率，它们于次年在南非德班（Durban）世界气候大会上宣布分别向绿色气候基金注资4000万和1500万欧元，成为首批用实际行动支持该举措的国家。然而，尽管有德国和丹麦这样的国家做出表率，但是否所有发达国家都能遵守承诺，按期注入资金，仍存在着很大的不确定性，因为有些发展中国家为获得这种基金，它们会谎称自己已停止森林砍伐，或在某些敏感地区停止开采石油，然而待其拿到这笔基金后，它们是否还继续遵守原先在巴黎世界气候大会上各国所承诺的“维持全球气候升温在2摄氏度以下的目标”，就颇让人怀疑，更何况在森林砍伐和石油开采这些问题上，是否有权威机构对其进行监督并形成权威意见，这也是发达国家很不确定或颇有疑虑的问题。此外，对于像核电厂这样的企业，它们自身并没有排放二氧化碳，并且一直在为世界气候保护做着贡献，而它们却不在绿色气候基金援助的范围内，对于这一点，很多国家颇有微词。

鉴于这些问题的存在，要实现《京都议定书》所规定的减排目标可谓困难重重，更何况像美国这样的温室气体排放大国却没有参与该议定书的签订，而且有些国家也只能在部分程度上完成该议定书所规定的要求。所以，在发展中国家和发达国家之间，在责任和义务方面形成一个长久有效的平衡机制是一项任重而道远的任务。如果没有一套完整的干预机制，发展中国家还将继续对发达国家抱有更大的期待，希望获得更多的资金支持。总之，从执行世界环境政策后所取得的效果情况来看，尽管达成了大量决议协定，也取得了一些效果，但在很多关键问题上却仍收效甚微，尤其是很多政策失灵，如气候变化、生态多样性以及热带雨林保护等仍处在一种停滞不前的状态，甚至有不断恶化的趋势。

不过，环境政策执行在开始阶段费了不少周折，但它所暴露的问题在欧盟内部却表现得并不是很突出。1957年，欧洲经济共同体成立时，环境问题尚未成为人们关注的焦点，人们所关注的是如何创造一个共同的经济区域，让彼此之间的贸易往来和经济交往变得更快捷方便。虽然当时出台颁布了一些属环境政策范畴的噪音防治、汽车尾气防治和其他危险物质防治等法规文件，但其出发点仍是一切为经济发展服务，让经济得到快速发展。尽管如此，当时很多有关环境保护的民间动议却越来越多，乃至于到 60 年代时，很多这方面的讨论话题已在国际范围内形成，于是，欧洲议会于 1968 年通过《欧洲水宪章》，提出水资源管理应以河流自然流域而非行政区域来划分。此外，有关保持空气清洁的法规文件也相继出台。为加强自然保护，1970 年被宣布为“欧洲自然保护年”。1972 年，随着斯德哥尔摩首届联合国环境大会的召开，新加入到欧洲经济共同体的有关国家地区的政府领导在巴黎聚会，他们发出呼吁，要求欧洲制定出一个共同的环境保护行动纲领，于是三个行动纲领于 1973—1986 年相继出台，直至最后 1987 年《欧洲统一行动纲领》正式诞生。①

与此同时，伴随着民众动议的不断高涨，在欧共体内部，很多环保机构纷纷建立。这些机构在各自领域内发挥着重要作用，然而，它们的运作和其他欧洲政策的推行一样仍受到两方面阻力的制约。首先是欧共体所制定的各项计划必须事先和各国进行沟通协商，并经过其表决；其次，这些机构还担负着将各项计划下发到各国，再由各国落实的任务，而这期间的监督管理却因为欧共体很难做到在各地设立相应的监管机构变得棘手且收效甚微，如 1969 年 6 月莱茵河出现的大面积鱼类死亡事件，就引发欧共体的高度关注。为此，欧洲议会以及欧洲其他相关机构随即与莱茵河沿岸国家进行协商。但由于涉及很多国家，且各国之间相互推卸责任，所以欧共体对莱茵河污染的监督管理也很难落在实处，从而导致 70 年代该河流的更大污染。②

尽管在莱茵河污染治理方面取得的成效不大，但这并不意味着欧共体没加强这方面的管理，恰恰相反，从 70 年代开始，19 世纪末以来人们一直争论并期待解决的空气污染问题、水污染问题等一一形成法律法规文件并被颁布实施，尤其是鸟类保护这个人们长期关注的问题在整个欧洲范围内开始得到有效解决。鉴于长期以来南欧地区很多候鸟被捕杀，1979 年，

---

① Anthony R. Zito, *Creating Enviromental Policy in the European Union*, Basingstoke: Palgrave Macmillan Press, 1999, pp. 23 - 25.

② Thorsten Schultz, *Das „Europäische Naturschutzjahr 1970“, Beginn oder Wendepunkt des Umweltdiskurses?* in: *Jahrbuch für Ökologie* 2008, München: Verlag C. H. Beck, 2008, S. 200 - 202.

欧洲经济共同体颁布了有关鸟类保护法规文件，严格禁止捕杀保护区鸟类。为使这一举措得到顺利实施，欧洲经济共同体还对各国做出必要的让步，允许各国根据自己的实际情况制定相关政策，目的就是让各国真正做到鸟类保护。与此同时，欧洲经济共同体还颁布了指导大纲和实施细则，指导各国有效地开展鸟类保护工作。应该说，这些举措取得了很好效果，这也是欧洲地区开展合作取得成功的一个经典范例。①

这一范例给欧共体包括欧洲经济共同体国家带来了很大的信心，从而也为各项环保政策的制定和推行提供了强大动力。虽然这些政策落实到各个国家层面时有些滞后，但无论如何却为各国提供了契机，并和欧洲各国一起共同推动了本国环保事业的开展。在遵照执行这些法律法规的前提下，有不少国家结合自己的实际情况，制定更为严格的环保政策，从而取得了成效，成为欧洲其他国家的榜样，如荷兰、斯堪的纳维亚国家以及西德等国都走在了欧洲前列。它们不仅自己制定严格的政策法令，还要求其他欧洲国家也能跟上自己的步伐，为的是共同加强环境保护，不让各自经济发展受到制约。在这方面，一个具有代表性的案例就是汽车三元催化器的引入使用。

三元催化器由沃尔沃汽车公司环保技术专家沃尔曼（Stephen Wallman）于20世纪70年代初发明。该设备是发动机排气系统中的专门催化装置，能够将废气中的碳氢化合物和一氧化碳氧化，同时也能将废气中的氮氧化物还原成氮气和氧气。它的使用，可大大减少污染气体排放，因此也被视为环保技术方面一项开创性的新成就。1981年，美国开始在汽车中安装此装置。1983年，西德政府也开始在国内汽车工业推行这一举措，于是，政府有关部门与汽车行业、石油加工行业一起开始起草拟定有关方案。然而，在起草过程中，新的问题随之出现，即如何与其他欧洲国家合作，并达成一致意见。根据西德政府原来的设想安排，他们从1986年开始对有害物质制定最高排放标准，而标准的执行则必须以安装三元催化器为前提。对此，斯堪的纳维亚国家和奥地利积极支持这一倡议，而法国、意

① Jan-Henrik Meyer, *Green Activism*, *The European Parliament's Enviromental Committee Promoting a European Environmental Policy in the* 1970*s*, in: *Journal of European Integration History* 17/1, 2011, pp. 73 – 85.

大利和英国却表示拒绝。尽管西德联邦内阁没获得这些国家的支持，但却得到国内反对党的支持，于是，西德政府决定自行在国内工业企业推行这一决定。它们很快向议会提交了这一方案。不过，它们的方案在此时并没有得到大多数议员的支持，而是直至1990年新的有关规定出台后才得以执行。

作为开路先锋的西德政府很快陷入窘境，再加上对此负责任的欧共体委员会更是提出异议，所以他们不得不展开很多轮次的磋商谈判，而这些磋商谈判代表又分别代表了各国利益，所以，每一轮磋商谈判都异常艰辛。在英、法、意等国代表看来，由于西德多生产出口中高档车型，售价很高，且催化器销售成本占整车比例很小，加之他们的轿车多在美国这个重要市场销售，所以西德汽车企业自然得到丰厚利润的回报。相反，英、法、意等国生产的多为中低档车型，安装额外的催化器无疑会加大汽车制造成本，因此，它们的销售将面临严峻挑战。对于西德政府邀请各方代表商讨有害物质最高排放标准和三元催化器安装事宜，它们很是怀疑，认为这背后是否隐藏着什么不可告人的目的，是否德国人以此为幌子抢占更多的市场份额，从而获得竞争优势。尽管如此，经过多轮磋商，谈判各方最终达成妥协并取得一致意见，从1988年起严格限定两升以上气缸容量机动车有害物质排放标准，从1991年起更小气缸容量机动车排放标准也受到严格限定。①

然而，在有些领域，德国政治家和有关政府部门却并未表现出很积极主动的姿态，反倒给人以办事拖拉的印象，尤其是在自然保护方面表现最为明显，德国很多自然环境保护联盟由此干脆将欧盟视为自己的主心骨，即使联邦政府不支持，它们也可以向欧盟申诉，最后，迫于压力的联邦政府往往不得不做出让步，由此推动国内环保事业的发展。这其中，最著名的要数1992年欧共体颁布《动植物栖息地法》后德国联邦政府前后表现出的不同的态度。根据这项法令要求，欧盟各国有义务保护好各自境内的自然空间，为的是能给野生动植物提供良好的生存环境。对此，德国自然

① Michael Strübel, *Internationale Umweltpolitik*, *Entwicklungen*, *Defizite*, *Aufgaben*, Opladen: Verlag für Sozialwissenschaften, 1992, S. 145 - 147.

保护者积极欢迎这一法令的颁布，因为他们认为欧盟的这项法令远比德国有关法律完善有效。然而，联邦政府却迟迟没将这项法令付诸实施，这引起欧盟的不满，并多次受到欧盟警告，直至这项法令最终被落实，德国自然保护者也由此平息了抱怨。①

此外，在农业生产领域，联邦政府的反应也同样比较迟钝，主要表现在欧盟很多年以前就想不断加强推进生态农业改革，但每到联邦政府这里就总是遇到阻力，所取得的成效也不明显。② 同样，在汽车有害物质排放方面，2015 年德国大众公司二氧化碳“排放门”事件使企业蒙羞，该事件引发的国际负面影响也一直影响着德国政府形象。整个事件情况是：根据公司制定的安排计划，到 2015 年，企业二氧化碳排放量应减少 30%。由于这一指标难以完成，企业部分工程技术人员故人为操纵排放数据，篡改胎压，将柴油混入机油，借以减少汽车燃油消耗。据《周日画报》杂志揭露，该作弊作假行为其实早在 2013 年即已发生。2015 年，受美国政府指控，大众公司在美国所销售的汽车也存在排放造假问题，为此，被揭露的大众公司须支付一笔高达 430 亿美元的费用，用于支付“排放门”事件的罚款、诉讼费以及汽车维修费等。2016 年 1 月，大众公司被迫召回欧洲市场 850 万辆轿车，修改曾被做过手脚的尾气排放软件，为此支付款项高达 67 亿欧元。同年第三季度公司即产生亏损 34.8 亿欧元。为改善公司形象，2018 年，上任不久的公司董事长穆勒（Mattias Müller）宣布大众集团启动“2025 战略”，并宣称今后工作的重点将致力于改善公司盈利水平，而不是一味追求销量，降低汽车质量标准。③

三　东德环境保护

1949 年 10 月 7 日，在苏联扶持下，德意志民主共和国正式成立，从此，东德在德国社会主义统一党的领导下走上了社会主义道路。在新的政

---

① Fabian Mainzer, „*Retten, was zu retten ist!*“ *Grundzüge des Nordrhein-westfalsichen Naturschutzes 1970—1995*, Marburg: Tectum Wissenschafstverlag, 2014, S. 105 - 106.

② Stephan Dabbert, Anna M. Häring und Raffaele Zanoli, *Politik für den Öko-Landbau*, Stuttgart: Eugen Ulmer Verlag, 2003, S. 80 - 98.

③ Holger Douglas, *Die Diesel-Lüge. Die Hetzjagd auf Ihr Auto und wie Sie sich wehren*, München: Finanz Buch Verlag, 2018, S. 45.

党的号召鼓舞下，广大工人和农民阶级表现出前所未有的冲天干劲，他们对自己远大的理想和目标充满了信心，坚信自己会成为一个更强大的德意志民族，誓要把自己的国家建设得更繁荣富强，好让西边的西德感受到腐朽没落的资本主义制度正日薄西山，奄奄一息，正如德共中央总书记乌尔布里希特（Walter Ulbricht）1950 年 7 月在东德国社会主义统一党第三次党代会上所宣称的："一个崭新的、强大的德意志民主共和国已正式诞生。"①

"二战"留给东德的也是一个满目疮痍，百废待兴的地区。面对这样残酷的现实，1949 年 9 月，东德著名景观设计师林格纳尔（Reinhold Lingner）描绘这里"已是一片病怏怏的景观，萎靡凋敝，破败不堪"。尽管如此，他还是认为一场变革可带来无限的可能性。在他看来，这种满目疮痍并不只是战争留下的创伤，更多的是战后四年来畸形的社会发展，或者说处于无组织、无计划发展状态下的经济发展情况所造成。正是这样无序的经济发展掠夺了自然资源，毁坏了景观，结果是"最丰饶美丽的那部分景观被毁灭"。而随着新时代的到来，在计划经济路线的指引下，一个最新最广阔的前景必然到来，接下来的第一步就是要对东德景观做一个深入细致的调查分析。② 根据其设想安排，他拟对东德景观做诊断分析，以便掌握整体情况，为下一步的景观设计工作打下基础，对此他充满信心："这些新景观最能展现我们共产主义的远大理想，因为这种理想为人类未来指明了前进发展的方向"。③

和同时代其他景观设计师一样，林格纳尔依照 20 世纪二三十年代魏玛共和国时期已有的一套成熟完整的景观知识和理论，运用各种方法手段，以避免各种不利因素的影响，拟将东德景观纳入到一个整体方案中进行规划设计。在他看来，这些方法手段应包括"调节地下水位，消除烟雾损害，预防气候变化，节制开采地下资源，干预对铁路、公路、运河的无休

① Dierk Hoffmann, *Die DDR unter Ulbricht*, *Gewaltsame Neuordnung und gescheiterte Modernisierung*, Zürich: Pendo Verlag, 2003, S. 7.

② Tobias Huff, *Hinter vorgehaltener Hand*, *Debatten über Wald und Umwelt in der DDR*, Göttingen: Vandenhoeck & Ruprecht, 2001, S. 34.

③ Rüdiger Kirsten, *Die besondere Stellung Reinhold Lingners im Prozeß der Entwicklung der Landschaftsarchitektur in der DDR*, in: Das Institut für Umweltgeschichte und Regionalentwicklung (Hrsg.), *Landschaft und Planung in den neuen Bundesländern*, Berlin: Springer Verlag, 1999, S. 132.

止建设，制止垃圾乱堆乱放，清理污水等"，只有消除这些不利因素的影响，才能使景观发挥最大效应，使之成为一个多彩幸福的社会主义大花园。①

该项诊断工作先后持续了三年时间，于1953年结束。整个诊断报告共有1100多页，并附有951幅绘图，其核心要义是拟对东德自然景观进行一个全新的设计规划。同年6月1日，林格纳尔将这份报告提交给社会主义统一党中央委员会秘书处，并希望国家能颁布一套完整的环境政策来推动该计划的实施。然而，由于同月17日东德境内发生了一起民众暴动事件，事件爆发原因是有些民众对国家一味仿效苏联的政治主张和社会主义经济体制的做法深表不满并受到打压，所以林格纳尔的整个方案遂被搁浅。之所以如此，是因为此时期东德政府关注的不是林格纳尔所关心的问题，而是如何平息当下民众的不满，好让整个国家能尽快走出政治和经济困境。所以，自然环境保护在当时不得不让位于这些问题的解决，更何况林格纳尔所提的方案本身并不很完善成熟，尤其是在实际操作中几乎无法执行。②

进入70年代，东德环境保护开始出现转机。在当时，西德很多批评人士在对西德资源浪费、环境破坏等行为进行深刻批评的同时，却对东德给予了充分肯定，其中言辞最激烈的要数前文提及的基民盟成员格鲁尔，这位致力于自然环境保护的政治家对罗马俱乐部发表的《增长的极限》所预测的种种结果深信不疑。在他看来，社会主义国家应具有最美好的前景，只有这些国家才能摆脱环境危机，因为和它们相比，"从战后几十年发展情况来看，发达的工业化国家已越来越离不开对原材料供应和发展中国家的依赖。"而这些社会主义国家却很少从事贸易经营，它们具有很强的独立性，尤其是"它们拥有很多尚未开采的地下资源（很有可能尚未被发现）"。与此相反，西方工业化国家却离不开原材料供应半步，"乃至于很多环境危机和潜在的自然灾害不断发生，而且将来肯定还会大量出现。"此外，他进一步认为，社会主义国家的民众百姓不了解西方国家那些所谓

---

① Tobias Huff, *Hinter vorgehaltener Hand, Debatten über Wald und Umwelt in der DDR*, Göttingen: Vandenhoeck & Ruprecht, 2001, S. 37 – 38.

② Andreas Dix, *Nach dem Ende der „Tausend Jahre", Landschaftsplanung in der Sowjetischen Besatzungszone und frühen DDR*, in: Joachim Radkau und Frank Uekötter (Hrsg.), *Naturschutz und Nationalsozialismus*, Frankfurt/New York: Campus Verlag, 2003, S. 331 – 362.

的高消费和高生活水准，他们“已习惯于简单生活，对生活也没什么过高的欲望和要求”，而西方民众百姓却无法做到这一切。① 发出类似批评的还有当时西德著名的文学批评家恩岑斯贝格（Hans Magnus Enzensberger），这位左翼激进代表也认为东欧社会主义国家能采取最有效的办法应对生态危机。在他看来，它们能有效应对商品不足，不会像资本主义国家那样陷入“拜物教和奢侈享乐的泥潭”，也正由于此，它们拥有储藏丰富的地下资源。他还以中国为例，称赞中国人几千年以来都能勤俭节约，爱惜资源，所以，它是世界上唯一一个“对生态问题有清醒认识”的国家。正因为节约使用丰富的资源，所以，中国人一直都能养活自己，自力更生，最终克服了一个个生态危机和生存危机。②

在环境保护方面，虽然东德领导人没作出最高指示，但他们还是比很多国家更早就开始了这方面的行动，这一点，可以从他们1968年国家宪法所包含的内容中可以看出，自然保护、景观保护、动植物保护、水域保护和空气保护等被一一写进根本大法，并严格规定这些都是全社会和整个国家应尽的责任和义务。为落实宪法所赋予的任务，1970年，东德政府颁布《国家文化法》，明确规定了环境政策目标和具体任务。1971年，作为世界上首批为数不多的国家，东德专门成立了“环境保护和水经济部”。在关注国内环境问题的同时，该部门还致力于关注国际环境合作事务，并希望借此减少国际孤立。尽管西德不断从中作梗，阻挠东德加入国际合作，但这并没影响到国际社会对东德的认可，尤其是东德此时期有相当一批机构人士专门投身于自然环保工作，这在很大程度上为东德赢得了国际声誉。另外，这些在很短时间内建立的机构在很大程度上得到国际社会的支持。没有其支持，东德环保活动的开展也无从谈起。③

① Herbert Gruhl, *Ein Planet wird geplündert*, *Die Schrekensbilanz unserer Politik*, Gütersloh: S. Fischer Verlag, 1975, S. 328 - 330.

② Hans Magnus Enzensberger, *Zur Kritik der politischen Ökologie*, in: *Kursbuch* 33, Berlin: Rotbuch Verlag, 1973, S. 1 - 42.

③ Andreas Dix und Rita Gudermann, *Naturschutz in der DDR. Idealisiert, ideologisiert, instrumentiert?* in: Hans-Werner Frohn (Hrsg.), *Natur und Staat*, *Staatlicher Naturschutz in Deutschland* 1906—2006, Münster: Landwirtschaftsverlag, 2006, S. 535 - 624.

此外，也有理由相信东德政府在推行环境政策方面的态度是积极的，因为当时的环境压力已达到比较严重的地步。不过，有说服力的事例不容易列举，因为受政府管制，可信数据很少对外披露，而且公众舆论也受到监督，甚至受到打压，因此也只能推测出一个大概的环保活动发展趋势，即战后二十年内两德环境保护情况基本处在同一水平。虽然两国都强调要加强自然环境保护，但最终目的还是确保经济的恢复和发展，所以，很多国家政策对环境压力问题的反应都显得很迟钝。而进入 70 年代后，西德环境保护开始出现转机，也就是说，在很多环保领域，国家已开始不断加强立法，规范环境管理，正式将环保工作作为头等大事来抓。与此相反，东德却没有迎来这样的转机，环境问题由此变得越来越突出。应该说，在很大程度上，环境问题也加速了东德政府的垮台。①

环境压力问题最早出现在农业生产领域。农村大集体制度让很多乡村企业单位变得高度集中，导致很多灌木丛林被毁，山坡洼地被开荒，尤其是西部哈茨地区很多良好的生态环境也遭到严重破坏。虽然化肥使用比西德少，但农业机械和技术的大量投入却带来很多环境问题，地块板结、水土流失成为东德地区普遍存在的现象。由于进行很多经济种植，所以被分隔的田亩因单一种植也多遭病虫害侵袭，从而导致这些作物的减产歉收。在动物饲养方面，由于过于集中饲养，几千头牲畜圈放在一起多为常事，这很容易造成环境污染，如图林根州诺伊施塔特（Neustadt）的一家养猪场一次就饲养了 17.5 万头猪仔，所积攒的粪肥一时无法处理，只好临时抛到附近的 16 个大小池塘内。这些粪肥不仅污染了附近水土空气，而且还容易造成潜在瘟疫的流行，尤其是该地区本身就是水资源相对缺乏的地区，水资源的重复利用度也相对较高，所以水资源不足必然会降低粪肥稀释，这对本地区的环境构成了严重威胁。②

不仅如此，工业生产所造成的环境问题也很突出。东德工业多集中在

---

① ［美］大卫·布莱克本：《征服自然：水、景观与现代德国的形成》，王皖强、赵万里译，北京大学出版社 2019 年版，第 340—341 页。

② Arnd Bauerkämpfer, *Das Ende des Agrarmodernismus*, *Die Folgen der Politik landwirtscahftlicher Industrialisierung für die natürliche Umwelt im deutsch-deustchen Vergleich*, in: Andreas Dix und Ernst Langthaler (Hrsg.), *Grüne Revolutionen. Agrarsysteme und Umwelt im 19. und 20. Jahrhundert*, Innsbruck: Studien Verlag, 2006, S. 151 - 172.

南部褐煤开采区。两德统一前夕，东德褐煤产量是西德的 2.7 倍，[①] 如此过度的开采不仅导致地下水水位急速下降，而其所产生的大量污水也严重污染周边环境。之所以缺少整治，主要还是出于对成本的节约考虑，因为便宜的电力供应是国家积极提倡要求的。此外在纳粹德国时期，为积极备战，哈勒、莱比锡和比特菲尔德这一带地区兴建的许多大型化工厂、采煤厂和发电厂在当时已是欧洲重要的工业生产区，而此时期仍是东德最重要的工业生产基地，所以，环境污染在所难免，这也成为东德民众关注的焦点。[②]

不管是战时还是战后，东德地区的环境压力一直都存在，且有愈演愈烈之势，尤其是进入 70 年代后全球爆发石油危机后更是给东德环境带来灾难。由于石油价格不断攀升，苏联趁火打劫，在社会主义国家阵营内不断抬高其石油出口价格，以从中牟利。东德由是遭受重创，由于缺乏外汇，他们无法进口石油，不得已只能开采褐煤以替代进口，用于发电和其他工业生产，其中 70% 的能源供应都依靠褐煤燃烧发电，最后所产生的后果可想而知。由于褐煤为质量低劣的燃烧物，燃烧过程中会释放大量的有害物质，特别是二氧化硫和尘灰，所以，东德民众很多时候都生活在雾霾之中。在当时，东德政府也曾考虑过利用技术改造来减少褐煤燃烧后有害物质的排放，而且很多技术改造方案也已制定，但终因缺少资金投入而就此作罢。同时，由于公众舆论不断受到打压，很多环保举措也胎死腹中，半途夭折。[③]

石油危机所造成的能源价格上涨使东德经济举步维艰，再加上外汇短缺，不仅让能源进口成为奢望，还使其他原材料的进口也受到制约，由此，东德陷入孤立无援的境地，不得不闭关自守，实行自给自足的经济政策。此时期，由于其他社会主义阵营国家经济形势比东德还要糟糕，所

① 王涌：《民主德国经济失败原因探析》，《德语国家资讯与研究》第八辑，外语教学与研究出版社 2017 年版，第 130 页。

② Ulrich Petschow，Jürgen Meyerhoff und Claus Thomasberger，*Umweltreport DDR. Bilanz der Zerstörung*，*Kosten der Sanierung*，*Strategien für den ökologischen Umbau*，*Eine Studie des Instituts für ökologische Wirtschaftsforschung*，Frankfurt a. M.：S. Fischer Verlag，1990，S. 23 –48.

③ Jörg Roesler，*Umweltprobleme und Umweltpolitik in der DDR*，Thüringen：Druckrei Sämmerda，2006，S. 43 –47.

以，东德政府力图摆脱这些国家的纠缠，以尽快振兴经济，改善民生，提升国力。然而，闭关自守的结果是，许多产品的生产成本居高不下，而这些产品在对外贸易中凭借外汇却完全可以低价进口。由此，经济问题变得越来越突出，政府为环境保护制定政策的空间变得越来越小，民众对环保的希望也变得越来越渺茫。根据专家估测，1988 年，东德政府用于环保方面的资金投入仅占国民生产总值的 0.4%，而环境污染所造成的经济损失却占国民生产总值的 10%。如将 1986 年东德和西德人均有害物质排放量相比，东德远远超过西德，如西德二氧化碳的排放量为人均 11.7 克，而东德为 23 克，是西德的两倍多；二氧化硫排放量则更高，西德为人均 30 克，而东德高达 310 克，是西德的 31 倍。①

从东德各地区二氧化碳排放情况来看，很多重工业城市的排放量已达到或超过危害身体健康的标准。20 世纪 60 年代，西德鲁尔工业区内盖尔森基兴市的二氧化碳排放量为每年 140 毫克/立方米，而区内其他城市比盖尔森基兴市还要高好几倍，而到了 70 年代，情况已大为改善，整个鲁尔区二氧化碳排放量呈明显的下降趋势。东德却正好相反，以 1989 年为例，非工业城市二氧化碳排放量明显要低，如马格德堡为每年 60—70 毫克/立方米，德累斯登为 60—80 毫克，而工业城市二氧化碳排放量明显要高很多，如莱比锡为 160—310 毫克，哈勒和比特菲尔德两个城市都为 220—300 毫克，蔡茨（Zeitz）、维斯菲尔斯（Weißfels）和梅尔瑟堡（Merseburg）三城市的排放量更高达 270—380 毫克。这些数据表明，这些工业城市的二氧化碳排放量已明显超标，已严重危害到人体健康，尤其是冬天的排放量还要更高达 600 毫克左右，这已完全达到诱发急性病发作的地步。很多学生突发呼吸道疾病，其数量不断增加，甚至很多成年人也不能幸免，尤其是身处工作岗位的他们还要遭受其他更为严重的有害物质侵害。颇为讽刺的是，很多化工厂的企业领导自己也不愿进入车间，唯恐遭受有害物质污染。②

在工业污水处理情况方面，东德情况同样不容乐观。70 年代萨克森—安哈尔特州罗塞尔河（Rossel）的污染颇能反映这方面的问题。1974 年，

---

① Friedhelm Naujoks, *Ökologische Erneuerung der ehemaligen DDR. Begrenzungsfaktor oder Impulsgeber für eine gesamtdeutsche Entwicklung*? Berlin: Dietz Verlag, 1991, S. 25.

② Ebd., S. 76.

罗斯劳县（Roßlau）议会主席在撰写报告时就详细记述了自己一次触目惊心的环境检查经历："我们沿着河流往下游走，一直走到它和易北河的汇合处。这次一道参与检查的有县水厂和污水处理单位代表、国家水域监事会和污水处理部门代表、农业生产合作社代表、自然保护委托人、县长和其他议员等，我们30个'巡游者'一共跑了20公里长河段。最后得出的结论却并不怎么令人愉快：总共有196处排污点。经查明，所排放的污水中既有人畜粪水和地窖中渗出的污水，还有土豆加工厂排出的污水和生活污水等，它们未经任何过滤净化就被直接排放到河里。越是往下游，河水的颜色就越浑浊。那些没人管的垃圾堆放地，还有那些未经许可建成的化肥堆放场所，时时都威胁着河流生态环境。"这些巡视人员最终达成的一致意见是：罗塞尔河的污染必须进行彻底整治。尽管报告递交到了州政府，但河流污染治理却并没有任何结果。[①] 其他重要河流的污染情况也不容乐观。1988年，萨勒河中游一带的水质已十分糟糕，乃至于附近化工厂和纤维素厂的生产规模不得不受到限制。此外，东德境内最重要的河流易北河的污染情况也令人担忧，污水中的重金属含量已超标五倍，其他有机有害物质含量则超标四倍。此时的这条河流已成为萨勒河和其他支流排污的总汇聚地。后来公布的内部资料显示，当时的"易北河在饮用水、游泳和渔业捕捞方面已几乎成为一条不能再使用的河流"，即使是内燃机发动所需要的冷却水也需经过过滤处理后才能被使用。从整体工业生产情况来看，到1990年10月3日两德统一前，东德只有67%的工业污水做了污水处理，其余污水则直接被排入江河湖海，这种排放标准已远远落后发达国家标准，特别是哈勒、莱比锡地区附近钾矿开采、纤维素生产和其他化工产品生产过程中所排放的污水未经任何处理就排入附近河流，从而导致河流中的生物体几乎全部死亡。最严重的是比特菲尔德工业区所排放的工业污水汇集到一起后形成一个小型湖泊，从此，周边地区无人居住，成为一片荒芜地带。[②] 此外，铀矿开采给周边地区带来的放射污染以及核电厂存

① Jörg Roesler, *Umweltprobleme und Umweltpolitik in der DDR*, Thüringen: Druckrei Sämmerda, 2006, S. 34.

② Michael Strübel, *Internationale Umweltpolitik. Entwicklungen. Defizite. Aufgaben*, Opladen: Verlag für Sozialwissenschaften, 1992, S. 63.

在的安全隐患都对环境产生了巨大压力，对其治理或清除也需要花费高昂的成本代价。

对于这些环境问题，当时的政府其实早就意识到，并努力争取解决，为此，自80年代后，很多工厂采用新工艺、新设备，以节约用水，很多工厂甚至能做到只使用10%的水资源。此外，很多城市也扩建了污水清理设施，这在很大程度上改善了城市水质。很多工程师专门致力于清污系统研发，并设计生产出一批具有国际水准的清污设备，这些设备甚至被美国购买，用于海岸清污。[①] 在能源使用方面，随着新技术的开发使用，此时的东德可做到15%左右的能源节约。然而，尽管如此，东德的能源消耗还是很高，人均消耗在当时位居世界第三，主要原因在于生产设备老化，工艺水平落后以及机关单位和私人家庭能耗过高等。

在垃圾处理方面，由于经济的闭关自守，东德不得不对垃圾进行回收利用，以缓解原材料短缺危机。在生产的工业垃圾废料中，有40%的垃圾得到回收利用，仅是这部分节约就可为国民经济生产少消耗13%的原材料，这在很大程度上声援了东德所奉行的封闭经济政策，也让人们看到了节约的重要性。从整个国家情况来看，在垃圾回收方面，国家设立了1900处废品回收站，7000名垃圾收购人，4900家分拣加工单位以及其他1400名相关从业者，由此形成的这样大的垃圾回收网络使全国44%的垃圾资源得到了有效利用，这种情况即使在设有玻璃瓶和废纸回收箱的西德也很难做到。1990年两德统一后，东德开始引入西德所采用的绿点系统（又名双元系统），原来的垃圾回收系统被正式取消。从统计情况来看，此时期东德地区家庭垃圾只有西德地区家庭垃圾总量的三分之一，从中可看出此时期该地区很少有高消费情况，西德社会那种包装不惜工本材料和用了就扔的浪费行为很难在此找到。此外，该地区机动车污染情况也明显较轻，这是因为此时期东部地区的汽车保有量仅为西部地区的40%，且公路状况欠佳，低速行驶也可有效减少有害气体的排放。[②]

---

① *Science*, April 20. 1990, p. 295.

② Hubertus Knabe, *Gesellschaftlicher Dissens im Wandel, Ökologische Diskussionen und Umweltangagement in der DDR*, in: Redaktion Deutschland Archiv, *Umweltprobleme und Umweltbewußtsein in der DDR*, Köln: Verlag Wissenschaft und Politik, 1985, S. 169 – 199.

此外，在其他领域，东德居民较低的生活水准也对环境保护产生了积极影响，如较小的住房面积，稀疏的公路网，较少且不太密集的大城市分布等节约了很多用地。在塑料制品生产方面，由于生产量较低，所以环境压力也相对较小。此外，由于用卤化碳氢化合物制成的农药生产量和使用量较少，所以对环境的危害也相对较小。

尽管存在着好的一面，但这并不意味着东德环境就此得到了很好保护，这只能说明东德经济在物资匮乏、遭遇瓶颈情况下国家和社会的不得已而采取的举措。暴露最明显的问题是上面所提到的东德采取垃圾回收再利用这项举措，它虽然让高效回收利用成为可能，但垃圾对环境所造成的环境污染问题却并未得到解决，恰恰相反，不能再回收利用的那部分垃圾则又堆放在露天垃圾场，“它们根本谈不上有什么安全处理标准可遵守。”① 后来进行的有关调查数据显示，东德地区内，约有 600 个垃圾场堆放的垃圾中含有大量有害物质。另据估测，两德统一后东德境内约有 2000—3000 个垃圾场遭废弃，这相当于西德垃圾场的总和。由于东德缺乏外汇储存，为获取外汇来源，东德政府不惜于 1974 年与西德政府达成协议，同意接受西德建筑垃圾，将西柏林建筑垃圾分别运送堆放到东柏林三个垃圾场中。1988 年，双方再次签订转运协议，拟将垃圾转运延长到 1994 年。② 然而，随着 1989 年东德解体，这项协议也就此终止。此外，东德与西德还签订了许多特殊垃圾和家庭垃圾进口协议，这些垃圾堆放包括建筑垃圾堆放均未采取任何污染防范措施，其处理也花费了巨大成本，而这些成本最终也由纳税人承担。这方面的数据信息在当时被视为东德国家机密遭封锁，直至东德垮台前夕才逐渐披露出来。

在对环境信息进行封锁的同时，东德政府对民间环保组织也采取了打压措施。东德环保团体最早诞生于 1983 年，成立伊始，它们的生存和行动就受到很大限制。为求得生存，它们中的大多数团体便设法挂靠到某些合法的机构组织，如“城市生态团体协会”就成功挂靠到“自然环境协会”

① Friedhelm Naujoks, *Ökologische Erneuerung der ehemaligen DDR. Begrenzungsfaktor oder Impulsgeber für eine gesamtdeutsche Entwicklung*? Berlin: Dietz Verlag, 1991, S. 26.

② Jörg Roesler, *Umweltprobleme und Umweltpolitik in der DDR*, Thüringen: Druckrei Sämmerda, 2006, S. 51.

这一合法组织。此外，还有一些团体隐身于教会，开展环保工作，如1986年柏林的“生态图书馆”和“和平与环境联合界”两个团体就将自己置于崔昂斯教堂（Zionskirche）的保护之下。[①] 由于1986年切尔诺贝利事件在东德也引起轰动，“和平与环境联合界”成员秘密出版了《环境小报》，他们在东德境内秘密报道各种环保新闻。然而，由于国家的严密监视，1987年11月，刚成立不久的“生态图书馆”便被东德便衣警察查抄。[②] 借助于教会的掩护，许多环保团体逐渐了解到70年代以来政府掩盖许多环境污染的事实真相，他们将这些真相透露给地方政府，希望通过它们向中央政府施压。就这样，这些团体仍然潜伏在暗处，唯恐暴露身份。它们不敢像同时期西德民间团体一样在公开场合开展环保运动，因为这一切都处在东德政府的严密监视下。它们甚至很少和西德绿党有接触联系，即使有联系，如从西边绿党那里弄到某些环境监测设备，但最终也被便衣警察盯梢没收。直至1989年东德垮台，这些团体也很难得到东德全面准确的环境数据。[③]

然而，自1989年11月莫德罗（Hans Modrow）政府接替昂纳克（Erich Honecker）政府后，在他的解禁下，东德官方机构隐藏多年的真实信息才被曝光，上述对西德建筑垃圾、家庭垃圾等的接受就是此时期对外曝光的结果。另外，还有两方面的数据也让整个东德为之震惊，一方面是二氧化硫的实际排放数据。按人均排放公斤量计算，1988年，东德二氧化硫排放量是西德的26倍，尘灰排放量是西德的11.3倍。此外，二氧化硫排放导致森林损毁的实际数据是：东德境内44%的森林面积受到不同程度的损害，其中松林受损面积高达62%，萨克森东北部莱比锡周边地区的森林受损面积更是高达73%，图林根格拉地区（Gera）为51%，苏尔（Suhl）地区为46%，埃尔福特（Erfurt）地区为39%。[④] 许多数据表明，80年代后

① Frank Uekötter, *Umweltgeschichte im 19. und 20. Jahrhundert*, München: R. Oldenbourg Verlag, 2007, S. 36.

② Jörg Roesler, *Umweltprobleme und Umweltpolitik in der DDR*, Thüringen: Druckrei Sämmerda, 2006, S. 53 – 54.

③ Redaktion Deutschland Archiv, *Umweltprobleme und Umweltbewußtsein in der DDR*, Köln: Verlag Wissenschaft und Politik, 1985, S. 180.

④ Jörg Roesler, *Umweltprobleme und Umweltpolitik in der DDR*, Thüringen: Druckrei Sämmerda, 2006, S. 59.

期的环境情况不但没好转，反而加剧。另一方面的数据为东德政府的罚款数据。由于东德政府未能兑现有关国际环保协议承诺，即未达到协议规定的有害物质排放标准，所以，东德政府不得不偷偷支付二氧化硫、灰尘、废气、污水等排放超标罚金。1989年，仅是尘灰和废气排放超标罚金即高达5100万东德马克，这些罚金最终由298家排放企业承担，其中支付较多的有莱比锡、哈勒、马格德堡、科特布斯（Cottbus）等城市的大型工业企业。①

四 生态农业发展

20世纪70年代后，西德农业在整个国民经济中所占的比例越来越轻，农业生产人员在就业人员中所占的比重呈快速下降趋势，至2010年，德国专门从事农业生产的人员只有32万人，部分从事农业生产的人员仅为44.2万人，季节性农业生产人员只有34万人，这些农业生产人员加在一起也只占全体就业人员的1.6%，所创造的国民生产总值也只占整个国民生产总值的0.8%，可见农业生产在整个国民经济中所占比重之低。② 然而，尽管比重很小，但它仍能满足国民的生活需求，并提供源源不断的生活资料，即使是2013年6月德国境内发生重大洪灾也未曾出现粮食供应短缺的恐慌。此外，由于国际粮食供应渠道很畅通，这在很大程度上也确保了德国国内粮食价格的稳定。

尽管农业在国民经济中占比例很小，但这并不意味着人们对它的关注会下降，恰恰相反，随着70年代生态时代的开启，农业生产中的环保问题高度为人关注，如田地、草地、草场等是否得到合理有效的利用也成为人们关注的焦点。这三部分用地面积占德国总面积的52%，另有30%国土面积为森林所覆盖，其余部分为沙石地、滩涂地和苔藓沼泽地等。农业企业（或农民协会）是否能保护好这些土地、草地和草场资源，或者在某些批

---

① Ulrich Petschow, Jürgen Meyerhoff und Claus Thomasberger, *Umweltreport DDR. Bilanz der Zerstörung, Kosten der Sanierung, Strategien für den ökologischen Umbau, Eine Studie des Instituts für ökologische Wirtschaftsforschung*, Frankfurt a. M.: S. Fischer Verlag, 1990, S. 110 - 119.

② Udo Hemmerling und Peter Pascher, *Situationsbericht* 2011/12. *Trends und Fakten zur Landwirtschaft*, Berlin: Deutscher Bauerverband e. V., 2011, S. 109, S. 119.

评家看来，这些企业是否直接将这些土地以及土地上生长的动植物当作商品出售，以赚取高额利润，最终导致自然环境被破坏，这也是全社会关注的焦点。此外，从法律角度来看，这个问题很敏感、也很重要，因为无论是国家自然保护法还是地方州自然保护法中所载明的农业生产经营条款都严格规定农业生产和森林经济应自觉遵守国家法律法规，并让位于自然保护和景观保护。然而，在实际执行过程中，这些条款还是引发了很激烈的争论。当然，如果从所发生的实际情况来看，这些争论的产生也就不足为奇了。

可以说，今天的德国农业早已告别了传统的生产经营方式，普通农庄已变成了经济实体。1970 年时，西德农业企业有 110 万个，而到了 2010 年，德国农业企业仅剩 30 万个，也就是说，德国农业企业每年在以 2%—3% 的速度递减。而这些企业中，有 50% 的企业并不是专职生产企业，它们只是在小面积土地上从事副业生产。真正从事专职生产的企业也只占 30%，但其耕作面积却占全国四分之三的土地。这些专职生产企业不但种植收成高的农作物，如甜菜、玉米、大豆和其他粮食作物，而且还将自己圈养的猪、牛、鸡等进行屠宰，然后投放到市场，供消费者消费。此外，禽蛋、乳制品等也是这些企业重要的生产商品。①

据统计，2010 年，蛋鸡饲养量超过 50 万只的养鸡场在全德约有 100 多个，尽管这样规模的企业数量在德国只占 0.3%，但其饲养量却超过总量的一半，可见大规模机械化养殖程度之高。此外，数量较大的养殖场也为数不少，如拥有几千头猪或牛饲养规模的养殖场在德国也较为普遍。从企业规模来看，大型农业企业多集中在北德平原，而中小型农业企业多集中在德国南部和西南部地区。此外，这些山区企业也从事葡萄和水果种植，不过，这些地区虽属农机具、化肥、农药投入相对较多的地区，但同时也是人力投入相对较少的地区。②

随着农业生产技术不断升级，农产品产量也得到显著提高。1900 年

---

① Ulrich Kluge, *Ökowende. Agrarpolitik zwischen Reform und Rinderwahnsinn*, Berlin: Siedler Verlag, 2001, S. 107.

② Udo Hemmerling und Peter Pascher, *Situationsbericht* 2011/12. *Trends und Fakten zur Landwirtschaft*, Berlin: Erich Schmidt Verlag, 2011, S. 98 – 100.

时，德国葡萄亩产量为 18.5 公担，合 1850 公斤，到 20 世纪 50 年代早期为 27.3 公担合 2730 公斤，而到了 2013 年，平均亩产则高达 80 公担合 8000 公斤。此外，黑麦、土豆、甜菜等农作物平均亩产在近几十年内也翻了一番。在禽蛋、乳制品生产方面，鲜奶年产量从 50 年代的 2500 升上升到 2013 年的 8000 升，每只鸡鲜蛋年产量从 1950 年的 120 只上升到 2013 年的 298 只。在肉牛屠宰方面，牛肉年供应量从 1950 年的 254 公斤上升到 2013 年的 317 公斤，可见农产品供应量的丰富充足。① 与此同时，农产品价格也有了大幅下降，当然，下降原因主要还是劳动生产率的巨大提高，还在 1900 年时，仅是食品生产就要耗费 60% 的劳动力投入，而到了 2013 年，只需要 14% 的劳动力投入就可生产出所需要的食品，尤其鸡蛋、猪排、奶油等生产效率更高，如 2009 年，鸡蛋和猪排生产效率是 1970 年的四倍多，而奶油生产效率同比更是上升了五倍多。②

然而，巨大的成绩之下也暴露出很多问题，其中较突出的是矿物肥的大量使用。“二战”以后，矿物肥的使用量急速上升，在 1980 年达到最大量，如钾肥 1950 年的使用量为每亩 46.7 公斤，而到 1980 年已高达 93.4 公斤；磷酸盐 1950 年的使用量为每亩 29.6 公斤，到 1980 年已高达 68.4 公斤；氮肥 1950 年的使用量为每亩 26 公斤，到 1980 年已高达 126.6 公斤。③ 由于大量化肥使用和大面积单一种植，这导致 20 世纪 70 年代土地地块板结，很多没吸收的化肥被雨水冲刷后直接流入附近水域，从而使土壤变得更贫瘠。在这种情况下，土壤中有些发育过于良好的生物会不断排挤其他生物，直至其消失，而流入水域中的大量化肥残余物则不断加速水中植物的生长，从而导致水中氧分不足，鱼类生长繁殖因此也受到很大影响。

第二个突出问题是生物调节剂的大量使用。生物调节剂也称生长调节物质，它是人工合成或人工从生物中提取的具有调节植物生长发育过程功能的激素或生物、化学制剂。它们会加速植物生长，既可以缩短水果成熟

① Pressemitteilung des Bundesministeriums für Ernährung, Landwirtschaft und Verbraucherschutz vom 30. 8. 2013.

② Udo Hemmerling und Peter Pascher, *Situationsbericht* 2011/12. *Trends und Fakten zur Landwirtschaft*, Berlin: Deutscher Bauerverband e. V., 2011, S. 26.

③ Statistisches Bundesamt (Hrsg.), *Datenreport* 2012, Bonn: Bundeszentrale für politische Bildung, 2012, S. 482.

期，也可以让水果去核，还可以让庄稼只长出粗短根茎，更能抗风雨，承载更多籽粒重量，以获得高产。20 世纪 70 年代德国某位致力于生物调节剂推广使用的专家就高度推崇该生化制剂的使用，认为这一发明“在生物学领域又克服了一大障碍，并成功将植物基因的生长发育发挥到极致”。①

第三个突出问题是农药杀虫剂的继续使用。根据检测，1969 年 6 月莱茵河大量鱼类死亡在很大程度上与沿岸国家农药杀虫剂的大量使用有关。以往时期，人们对对硫磷和滴滴涕等农药杀虫剂使用后会产生哪些副作用的了解还不够全面，但随着莱茵河鱼类死亡事件的发生，以及后来通过一系列其他检测分析，人们对它们的认识才越来越深刻。进入到 80 年代后，人们普遍认识到，这些农药不仅会增强病菌、害虫对农药的抗药性，而且还导致农作物晚熟，或抑制昆虫多样性生长，从而影响到生态系统中物种之间的平衡，或损害生物体遗传机制，从而引发基因突变。尤其是农药残留问题，它不仅影响到鸟类的生存繁殖，而且更可怕的是农药经过消化道、呼吸道或皮肤进入人体后会导致各种中毒症状的发生，有的甚至会引发癌病变。最新数据表明，在所施撒的农药杀虫剂中，只有 0.1% 的部分真正用在了灭除病虫害方面，而其余 99.9% 的比例部分最后都进入到大自然生态系统中，可见农药使用的低效以及其造成的严重后果。此外，为增强灭虫效果，农民更喜欢多种农药的混合使用，所以，农药副作用效果就变得更明显。类似情况也表现在复合肥使用上，为获得高产，农民不惜使用大量复合肥，尤其是 70 年代无节制的使用更是给西德农业带来灾难。进入 80 年代后，随着人们逐渐认识到矿物肥过量使用的危害，钾肥、磷酸盐、氮肥等化肥的使用明显呈下降趋势，其中钾肥使用到 2010 年时已骤降到 26 公斤，磷酸盐使用骤降到 17.1 公斤，氮肥使用下降到 107 公斤，这不能不说是生态农业革命所带来的重要进步。②

和化肥使用量下降情况相类似，农药的节制使用是实现农业生态革命的一个重要标志。如何减少其用量，包括如何加强经常性轮作，进行少量的单一种植，保留田间地头花草灌木维持丰富的小生境，这些都是行之有

① M. Hanf, *Von der Mechanik zur Chemie - 36 Jahre Pflanzenschutzentwicklung*, in: *Mitteilungen aus der Biologischen Bundesanstalt für Land- und Forstwirtschaft*, Heft 146, September 1972, S. 19.

② Statistisches Bundesamt, 2012, S. 482.

效的灭虫方式。此外，为对付某些特殊病虫害，有些生物物质如菌类和其他生物体的繁殖等也显得颇为有效，它们在防治病虫害的同时，也能保护其他生物免遭侵害。不过在具体实践中，这类作用效果还是很有限，尤其是根据不同病虫害选出不同的生物物质，这既存在时间滞后性问题，也有类似于病虫的抗药性问题，即如果这些病虫害熟悉且适应了身边地区环境，那么这些生物物质最后也很难将它们消灭。总之，从总体情况来看，这种生物灭虫方式既有费时费力且使用范围有限的一面，但也有作用期限长且副作用少的一面，如何权衡利弊，这要具体问题具体分析，需认真区别对待。①

可以说，80 年代开始的生态农业革命为德国农业发展开辟了一片新天地。从此以后，很多生态型经营企业不断涌现，其经营耕作面积也以每年 4%—5% 的速度递增。不过，从总体情况来看，这种生态型经营企业所占比例份额仍相对较小，到 2010 年时，也只占全德国企业总数的 7.3%，经营耕作的面积也只占全国面积的 5.9%。② 虽然这些企业在经营上有不同的做法，但总体思想仍是生态种植经营，即在生态农业思想指导下，养殖饲料应产自于自家农庄企业，家禽动物应规范养殖，而且养殖数量也应和自己农庄企业所拥有的田地草场的面积大小相匹配。另外，在种植经营过程中，应放弃合成农药杀虫剂使用。在化肥使用方面，应尽量多使用易溶解的矿物肥，以此提高土地产出效率。在产品销售方面，农庄企业应多出售自家企业生产的绿色产品，或者通过农业合作社将绿色产品投放到市场。

很多年以来，欧盟一直在推行生态农业发展指导纲要，为的是能在整个欧洲范围内确立一个统一的执行标准，包括粮食进口。应该说，这种做法完全有必要，因为最近一些年来，人们对绿色食品的需求一直保持快速上升的势头，尤其是像德国这样的国家有 80% 的西红柿、三分之一的土豆、一半的苹果、胡萝卜、黄瓜等需从全球各地进口。③ 由于在生态农业经

① Konrad Dettner und Helmut Zwölfer, *Biologische, chemische und biotechnische Schädlings-bekämpfung*, in: Konrad Dettner und Werner Peters (Hrsg.), *Lehrbuch der Entomologie*, Heidelberg/Berlin: Spektrum Akademischer Verlag, 2003, S. 670 – 672.

② Dirk Maxeiner und Michael Miersch, *Alles grün und gut? Eine Bilanz des ökologischen Denkens*, München: Albrecht Knaus Verlag, 2014, S. 171 – 173.

③ *Die Welt* vom 13. 3. 2013.

营中存在着激烈竞争，即使绿色食品很紧俏，价格较高，但一个统一的执行标准制定包括商品质量检测不可或缺，因为它涉及人的生命和健康安全。

需求量较大的是对价格相对较便宜的绿色农产品的进口。只是通过进口，虽可以赢得新客户，但却不得不面临着价格竞争的压力。有不少批评人士指责欧盟有关规定太过于宽松，甚至指出有的规定根本就有名无实，和真正生态农业标准的要求相差甚远。在他们看来，从 2003 年德国 16500 家生态农业企业经营情况来看，真正符合欧盟严格标准的只有 9500 家左右，这其中的很多企业多属于德米特（Demeter）和碧欧兰德（Bioland）等通过欧盟有机认证的联盟团体。[①]

在绿色农业生产中，采用工业化规模生产的大型农业企业增长速度很快，它们或进行大规模的牲畜家禽养殖，或进行大面积的单一种植。这些大型养殖场所需的大量饲料多从国外进口，所生产的粪肥也被出售加工成肥料用于农业生产。它们饲养的猪、牛等牲畜最后都在企业内部的屠宰场进行屠宰加工，每天流水线上的屠宰量往往都以千万头来计算。可以说，今天的这个农业生产领域早已告别传统，它已形成一个庞大有序的生产体系，它将牲畜饲养、饲料供应、粪肥处理、牲畜运输、屠宰和肉类加工甚至与产品销售下家直接联系在一起。在和销售下家合作的过程中，连锁超市是最重要的销售渠道，仅阿尔迪（ALDI）、麦德龙（Metro）、利德尔（Lidl）和考夫兰（Kaufland）德国四家最大的连锁超市就占全德销量的 70%。在市场价格方面，这四家最大的连锁超市之间往往也展开竞争，为的是能多争取客户，抢占更大的市场份额。[②]

总之，在生态农业发展道路上，欧盟各国包括德国在内近年来都经历了一个多样化发展的过程：欧洲农业补贴政策的实施，农药化肥使用较为严格的管控措施，加强休耕地管理，为鼓励轮作所实行的对中小企业的资金扶持，对特殊种植的奖励以及大面积自然荒野的保留维护等，这些都在 2013 年夏天欧洲议会中得到了具体明确。为了能让土地经营达到“绿色”经营标准，会议还做出决定，30% 的资金支付直接与下列规定标准的圆满

① Bundesamt für Naturschutz, 2004, S. 21.

② Georg Schwedt, *Vom Tante-Emma-Laden zum Supermarkt, Eine Kulturgeschichte des Einkaufens*, Weinheim: Wiley-VCH Verlag, 2006, S. 196.

完成挂钩兑现，这些规定标准包括：企业必须至少种植三种不同的经济作物；企业不允许将牧场改为耕地，否则在机械化耕作过程中将会有很多二氧化碳排放；企业应预留 5% 的耕地不做经营种植安排，且这些耕地不允许喷洒农药和施撒化肥，为的是营造野生动植物栖息繁衍地，从而使物种变得更丰富，使生态环境变得更优美。[①]

对于这样的决定，大型企业普遍表现出一种很欢迎的态度，因为他们拥有大型工业化规模生产下的成本优势，而对于中小型企业来说它们却缺少这方面的优势，所以颇有顾虑，看法不一，其中只有 30% 的企业对生态农业经营尚感兴趣，但困扰他们的问题是，欧盟 30% 的资金支付仍不足弥补它们生产经营过程中所支付的额外成本，尤其是在小块土地上实现经常性的轮作的成本开销会更高，它们或付出更高的人工成本，或投入更多的化肥农药，所以这部分成本投入要远远高于这部分资金补贴，这是中小型企业普遍担心且信心不足的问题，尽管近几年又陆续推行了一些优惠政策，但从总体情况来看，这些企业的担心顾虑仍然存在，所以，欧洲生态农业改革任重道远，仍有许多困难有待于克服。

即使是从中受益的大型企业所面临的形势也不容乐观，如从事大规模养殖的企业面临的是厂房用地如何扩建这样的问题。为达到欧盟标准，获取补贴，扩建后的厂房是否能满足卫生条件，是否能保证充足的饲料供应和食品卫生安全等，这些都是这些企业主应思考面对的问题。当然，还有一种可能是，为充分显示生态养殖的优越性，如果这些企业在原来单位面积的基础上养殖更多牲畜而未对环境造成破坏，比如猪、牛等牲畜粪便产生出的乙烷沼气比过去在露天草场放养时排放还少，这种情况是否能获得补贴奖励，这也许是欧盟下一步应思考解决的问题。[②]

在单一种植这个问题上，虽然欧盟生态农业标准并不提倡，但有些特殊种植却不得不采取这种形式，这是欧盟生态农业标准支持允许的，如葡萄种植和果树种植。由于只有靠单一种植才能获得高产，所以特殊的田间管理就显得尤为必要，这样才能有效防止病虫害和其他突发事件的发生。

① *Süddeutsche Zeitung* vom 25/26. 5. 2013.

② Clemens Dirscherl, *Landwirtschaft*, *Ein Thema der Kirche*, Gütersloh: Gütersloher Verlagshaus, 2011, S. 81 – 82.

对此，如何使果树种植和周边环境形成一个有机的整体，如何选择上佳的栽种技术和病虫害防治技术，如何实现快捷销售，如何使果园生态价值和经济价值做到有机协调的统一，这是果园种植需考虑的问题。尤其是现在的化肥农药对环境形成的压力远比 80 年代时小得多，这在很大程度上也为葡萄和其他果树种植创造了更有利条件。①

今天的人们对生态农业产品的期待值已越来越高，这不仅表现在对其质量好坏的关注，对其产出数量的多少也同样关注，这类产品不仅涉及一日三餐人们离不开的食品，它还包括一种被称为“生物原材料”（Biomasse）的产品。有关这方面的话题近些年来人们一直在讨论，并认为它是一种新型的可再生原材料，比如木材，按照传统观念它可以用作燃烧材料和建筑材料，或制作家具，但在“生物原材料”这种新思维理念下，它还可以生产出纤维素，然后再利用木质素制成服装、包装物等产品。此外，还有很多其他植物也可用作生物原材料，仿制成某种人们不熟悉或早已淡忘的口味，如洋姜、大戟属植物或菊苣根等味道，或者直接制成某种营养品供人们服用。② 所以，这方面的生态种植也为生态农业发展开辟了广阔前景。

人们熟知但颇有争议的是生物燃料（Biosprit）的生产使用。根据欧盟有关规定，到 2020 年，生物燃料或者生物能使用应占总能源的 10%。规定出台后不久，大量植物糖料作物、油菜籽和谷物等从热带雨林国家进口。然而，不能不关注的是，种植这类植物往往需要大片土地，而这些土地原本却是当地农民种植粮食作物赖以生存的土地。由于种植这类植物的收益比种植粮食作物的收益要高，所以迫于生计，很多热带雨林国家的农民不得不抛弃传统农业而改种这些对环境有不利影响的植物。此外，这类植物在制成生物燃料后燃烧排放的气体是否会对气候变化产生好的影响，这是很多专家表示怀疑的问题。鉴于这些现实存在的问题，2019 年，欧盟包括德国在内已不再强调 10% 这一比例标准，更多的是不断下调比例，让

① Sonja Schmid und Toni Schmid, *Bio-Wein im eigenen Garten. Wie Anbau, Pflege und Ernte auf kleiner Fläche glingen*, München: Löwenzahn Verlag, 2018, S. 145 – 156.

② Dieter Osteroth, *Biomasse. Rückkehr zum ökologischen Gleichgewicht*, Berlin: Springer Verlag, 2012, S. 20 – 35.

生物能利用企业得到更好的生存。生物能使用企业估测，到 2020 年，生物能使用应可以达到总能源 6%—7% 的比例，而很多非政府组织则希望看到更低一点的比例，如成立五十余年的“世界有粮”组织（Brot für die Welt）就希望这一比例能保持在 4.5% 左右，如能达到这样的比例，那么发展中国家就能有更多的土地用于农业生产，这样就能更有效地解决贫困人口的饥饿问题。[①] 然而，时至今日，由于世界油价的经常性波动，特别是油价下跌无疑给生物燃料行业带来巨大冲击，如 2014 年 9 月原油价格暴跌就曾使生物乙醇一度滞销，为此，2015 年底，欧洲石化协会（EPCA）专门召集会议就欧洲生物燃料产业发展前景进行研讨，与会者得出的一致看法是，可建立产业集群来提高产品竞争力。但也有一些人给出建议，可以通过整合或是从不同的副产品上增加收入来源，比如让生物能进入生化领域。要通过创新介入其他新市场，如木质素制化学品和生物塑料，还有回收芳烃再生产聚合物等这些方法。总之，截至目前，欧洲生物燃料产业仍面临着巨大挑战，技术的无法保障，产量不足以及原油价格下降等不确定性要素很难保证 2020 年生物能使用占总能源 10% 这一目标的实现。[②]

不管是生物原材料生产，还是生物燃料生产，将来都肯定离不开集约化农业生产的支持，因此，更高效的农药化肥，甚至高达好几层的温室楼房都有可能被建成使用。虽然很多生产方式会以某种“非自然”的生产方式出现，但它无疑代表了未来生态农业的发展方向，只有这样种植产量才能得到提高，尤其是生物原材料生产可很好地满足世界人口不断增长情况下的粮食需求。对于那些贫穷国家的人们来说，这样的种植也许不但能解决他们的温饱问题，而且还可以进一步改善他们的营养结构和生活质量。很难想象的是，如果没有现代技术、合成农药和化肥等作为支撑，当今工业化规模的农业生产何以能实现，正如当今许多水域正在进行的水产养殖一样。联合国农业和食品机构调查的有关数据显示，2009 年，仅是人工水产养殖就达 5500 万吨，这相当于世界总捕鱼量的三分之一，可见技术发展

① Linda Bausch, *Monokulturen für Europas Biosprit, Veränderung in der Landnutzung Brasiliens durch den Anbau von Energiepflanzen*, München: oekom verlag, 2016, S. 182 - 235.

② 《欧洲生物燃料行业挑战重重》，《中国化工报》2015 年 12 月 1 日第 8 版。

对于人类进步和发展的重要性。[①]

未来德国农业究竟会朝哪个方向发展，今天的人们很难预测，但至少可以看到的是，大中小型企业并存发展，农产品销售供应链业已形成，地区性供应能做到自给自足，这是当今德国生态农业的发展现状，也为未来生态农业发展奠定了基础。然而在这样的发展背景下，商品的极大丰富又不免会带来很大的浪费现象，如何避免之，这一点应成为社会关注的焦点。2011 年有关数据显示，德国人人均每年有 330 欧元的食物被当作垃圾随意扔掉，加上有关商店处理扔掉的霉烂变质食物，仅这两项就占了德国人食品消费的五分之一左右，这实在是一个惊人的浪费数字。[②]

如何做到资源节约并有效利用，这也是生态农业发展过程中应不断探索的问题，在这方面，动物尸体的无害化处理可以说是一种积极有益的探索。由于恶劣天气、疾病、中毒、衰老、意外伤害等因素会造成动物大量死亡，所以及时处理动物尸体便成为杜绝污染源产生的重要手段之一。由于在焚烧或掩埋动物尸体时会造成空气和水土污染，甚至瘟疫传播，所以最佳方法还是对动物尸体进行无害化技术处理，即通过破碎、提炼、分离等多道流水线工序，最后形成成品，这样，动物尸体就可以变废为宝，实现资源的循环利用。从技术处理情况来看，整套处理系统在不低于 133 度的情况下对动物尸体进行三个小时的高温消毒，整个过程可做到无异味无污染，最终生产出的骨料可当作饲料或有机肥出售，提炼后的动物油脂可制成肥皂或生物柴油等化工原料，剩余部分成为无害化水分可用于浇水灌溉等。[③] 2001 年 1 月，德国、英国、法国、日本等 15 个西方国家爆发的疯牛病曾一度引发世界恐慌，仅欧盟国家就屠宰处理掉 200 多万头病牛，损失高达数十亿欧元。在当时，作为最有效的疾病预防手段，动物尸体无害化处理技术无疑提供了重要保障。[④]

---

① *Spiegel-Online* vom 31. 1. 2013.

② Udo Hemmerling und Peter Pascher, *Situationsbericht* 2011/12. *Trends und Fakten zur Landwirtschaft*, Berlin: Erich Schmidt Verlag, 2011, S. 38.

③ Ulrich Kluge, *Ökowende. Agrarpolitik zwischen Reform und Rinderwahnsinn*, Berlin: Siedler Verlag, 2001, S. 86, S. 109.

④ Roland Scholz und Sievert Lorenzen, *Das Phantom BSE-Gefahr*, *Irrwege von Wissenschaft und Politik im BSE-Skandal*, Wattens: Berenkamp Verlag, 2005, S. 45 – 46.

五　空气和水土污染

长期以来，空气污染问题一直是一个很敏感的话题，尽管工业革命时期，特别是战后曾颁布很多法律法规加强空气污染整治，但这还是不能有效阻止某些城市和地区有害气体、烟尘等的排放，由此引发的大量民众抗议迫使政府不得不采取严厉措施如增加排放费用和使用新技术等来加强空气污染治理。由于采取了这些措施，从 20 世纪 60 年代初开始，西德空气污染得到了较好控制，很多排放指标呈逐年下降趋势，如鲁尔工业区二氧化硫年平均排放量从 1964 年的每立方米 210 毫克下降到 1983 年的 50 毫克，直至 1998 年的 10 毫克。不仅如此，其他地区的空气质量也得到有效改善。[①]

应该说，自 1961 年西德总理布兰特提出“还鲁尔一片蓝天”这个承诺后，西德空气污染情况已开始出现好转，这应归功于政治家的高度重视、政府部门的得力领导、专业机构的勤勉务实以及全国上下对新法律法规的严格执行。当然，企业的参与配合更使技术改造得以顺利进行，很多钢铁生产企业落后的生产工艺先后被淘汰，尤其是淘汰更新了一批产生极大空气污染的生产设备。此外，很多炼焦厂、钢铁厂和煤矿企业也不惜降低产量，以确保企业空气污染排放量不断下降。尽管如此，六七十年代的空气质量还是未达到国家和民众的预期标准，为此，传统方法又不得不继续采用，即烟囱不断地被加高。到 1980 年，鲁尔区有 20 座烟囱先后被加高到 300 米，企业这样做的目的还是希望能将有害物质排放到鲁尔区以外的其他地区。正如 19 世纪工业革命时期人们早已知晓的，这种方法只能缓解本地区的污染情况，而飘到其他地区的有害物质却仍是一个潜在的威胁。这种以邻为壑的做法虽然不可取，但迫于压力且受当时技术条件制约的企业也别无选择，正如 1969 年 6 月《明镜》周刊采访鲁尔区当地某居民时他所描述的：“每当回想起我们周边那些城市如何排放有害烟雾时，我就不禁要反问自己，当时的我是怎么忍受住这些空气污染的？”[②]

---

① Landesumweltamt NRW vom 21. 6. 2000.

② *Der Spiegel*, *Nr.* 27 vom 30. 6. 1969.

尽管当时脱硫装置能减少空气污染，而且也早就被要求安装，但其发挥的作用还是很有限。1971 年，北海城市威廉港（Wilhelmshaven）率先在该城市火力发电厂安装了此设备。然而，石灰投入使用过程中形成的大量石灰浆堆集到一起后形成一大片石灰浆泥沼地。尽管空气污染在一定程度上得到了控制，但新的污染源又随之产生。此外，70 年代末，其他地方的另一座火力发电厂在安装脱硫装置后也产生了类似问题。在这方面，日本当时已取得重大突破，而西德政府和有关法律制定部门对此却无动于衷，他们没对石灰浆清理操作做出具体的法律规定要求，此时的他们仍在研究如何对早已落伍的烟囱加高技术做进一步规定。此外，企业也在尽力规避有关法律法规，避免“不必要”的成本投入继续发生。当然，它们的举措在很大程度上也得到企业职工和工会组织的支持，因为这毕竟牵涉到企业和工人自身的利益。①

当 80 年代初西德森林开始出现大面积死亡时，人们才真正意识到空气污染治理的重要性。于是，联邦议会相继通过了一系列更严厉的法律法规，各联邦州政府于是达成一致意见，共同治理空气污染。至此，部分顽固企业也放弃了长期抵抗，它们很快安装了过滤设施，污染较大的燃料使用量也变得越来越少，生产工艺流程不断得到改进，有的老化设备则直接被淘汰，很快，一个更好的空气污染治理局面随之出现。以二氧化硫排放为例，从 1988 年开始，其年平均排放量出现陡降，下降幅度为 30 毫克/立方米，此后继续保持下降趋势，直至下降到 1998 年的 10 毫克/立方米。②

和二氧化硫相比，许多重金属、苯以及苯并［a］芘对人体的危害程度更大，但它们的排放长期以来却很少有人关注，这其中的主要原因还是人们对它们的危害性仍缺乏认识和了解，特别是相应的检测工具也相对较少，这种情况一直持续到 80 年代后才发生根本改变。60 年代时，这些有害物质仍在被排放，也一直损害着人们的健康。这些排放既有工业企业行为，也有道路交通中的汽车尾气排放，很多人特别是孩子深受其害，各种呼吸道疾病、晕眩症和肺病等时有发生。这种情况一直到 70 年代才有所好

① Silvan Baetzner, *Untersuchungen zur Kristallisation von Gips in Rauchgasentschwefelungsanlagen*, Marburg: Tectum Wissenschaftsverlag, 1998, S. 35 – 41.

② Landesumweltamt NRW vom 21. 6. 2000.

转，因为国家对此采取了一系列干预措施，很多煤矿、炼焦厂、冶炼厂、化工厂和发电厂因设备老化、盈利水平下降不得不强行关闭，这些有害物质的排放及污染由此逐步得到控制。

除上述污染源外，臭氧污染也对人体健康带来损害。今天，人们对臭氧的形成原因已了解得非常透彻，即氮氧化物与挥发性有机物在高温和强光条件下发生光化学反应后形成臭氧，特别是夏季气温和日照条件更为臭氧污染物形成提供了有利环境。其中的氮氧化物来源很广，机动车尾气、发电厂及燃煤锅炉等各类工业排放都可导致大量氮氧化物的产生。挥发性有机物则主要来源于机动车、石化工业排放和有机溶剂挥发等。由于臭氧形成物来源广泛，故臭氧污染具有覆盖面广、影响范围大等特点。研究显示，近地面高浓度的臭氧可刺激损害眼睛、呼吸系统等黏膜组织，对人体健康会产生不小的损害。空气中每立方米臭氧含量每增加 100 微克，人的呼吸功能就会减弱 3%。当臭氧达到一定浓度时，人就会出现呼吸加速、胸闷等症状，如果浓度进一步提高，还可引起脉搏加速和头痛等症状。此外，臭氧污染还会对环境造成危害，如导致植物叶片坏死脱落，农作物减产等。根据德国环境空气质量标准，8 小时浓度日平均值超过临界值 180 微克/立方米，空气质量即未达标，一旦臭氧过多即形成污染。由于 1994 年和 1995 年连续两个夏天为德国最炎热夏天，分别持续 62 天和 52 天，其臭氧浓度皆超过 180 微克/立方米，所以在这段时间内，公共媒体不断发出警告，要求人们不要在光照强烈时外出活动，避免呼吸道疾病或其他疾病发生。更为严重的是，臭氧浓度甚至有几天超过了 240 微克/立方米，这已属臭氧重度污染。①

然而，对于 180 微克/立方米这个污染标准指标，德国社会存在着不少争议，因为这个指标本身带有一定的主观性，不同专家、不同研究机构在不同地区、不同时间段测得的结果都不尽相同。所以该标准的发布并不意味着什么危险都会出现，或什么危险都不会发生，它只是对公众起到一种提醒警告的作用，即越接近临界值，臭氧污染危险就越大，由此产生疾病

① Renate Viebahn-Hänsler, *Ozon-Sauerstoff-Therapie*, *Ein praktisches Handbuch*, Heidelberg: Karl F. Haug Fachbuchverlag, 1999, S. 5 – 9.

和其他环境污染的可能性也越大。从总体情况来看，德国绝大多数情况下测得的指标都要远低于这个污染标准，而达到或超过240微克/立方米这个重度污染标准的次数则少之又少。不过，随着全球温室效应的不断增强以及其他污染源的不断产生，臭氧污染已变成一个越来越紧迫的问题，如何搞好国内治理并参与国际治理，这成为德国社会普遍关注的问题。

此外，在有关释放致癌物质的空气污染方面，很多致癌物指标的确定也同样存在争议，有人甚至认为这是多此一举，如石棉这种物质本身并不属于致癌物质，但它带来的污染不容小觑，因为它最大的危害来源于它散发到空气中的粉尘。这些细小的粉尘被吸入人体后，会附着并沉积到人的肺部，从而导致肺癌、矽肺病、胸膜斑等肺部疾病的产生。由于存在这方面的危险，石棉被国际癌症研究中心认定为致癌物质。然而，由于它用途广泛，人们在建筑、冶金、纺织、化工、农业等领域都会使用到该产品，所以它引发的各种疾病普遍存在。法国每年约有2000人死于这些疾病，美国1990—1999年间约有20000人，而德国1980—2003年的死亡人数约为12000人。鉴于石棉具有这样潜在的危害性，2004年欧盟做出决定，从2005年开始，所有成员国严禁使用石棉，以减少环境污染，保障人的生命安全。①

还有两种气体排放对环境安全构成严重威胁，首先是二氧化碳气体排放。近几十年以来，该气体排放在全球范围内一直呈上升趋势，它也因此成为全球变暖的最大元凶。国际气候变化经济学报告显示，如果二氧化碳排放得不到遏制，即大气温室效应不加以控制，那么到2100年，全球平均气温很有可能会上升4℃。如果出现这种情况，地球南北极的冰川就会很快融化，海平面将大幅上升，全球40多个岛屿国家和世界人口最集中的沿海大城市都将面临被淹没的危险，全球数千万人将面临生存危机，这甚至会导致全球性的生态系统紊乱，最终不可避免会导致全球大规模的人口迁移和冲突事件的发生。为应对这一危机，许多国家积极寻求问题解决方案，并于1992年6月在巴西举行的联合国环境与发展大会上签署了《联合

① Maria Roselli, *Die Asbestlüge, Geschichte und Gegenwart einer Industriekatastrophe*, Zürich: Rotpunkt Verlag, 2007, S. 25 -26, S. 102.

国气候变化框架公约》、1997 年 12 月在日本京都签订了《京都议定书》以及 2015 年 12 月在巴黎通过了《巴黎协定》。这些条约的签订旨在减少二氧化碳排放，消减生态危机，确保人类可持续发展。作为重要的工业化国家，德国参与了以上会议，并签署了各项气候保护协定。① 然而近年来，由于受石油价格上升、核能发电项目逐渐下马、燃煤发电增加等因素制约，德国的二氧化碳减排一直未达到预定目标，联邦政府因此饱受各方批评。为此，2019 年元月，默克尔总理做出表态，最晚到 2038 年，德国将淘汰所有煤电项目。同年 5 月，在法国彼得斯堡（Petersberg）气候会议举行前夕，德国绿色和平组织在柏林勃兰登堡门前示威游行。该组织代表气候专家高尔德纳（Lisa Göldner）严厉批评"德国近年来在二氧化碳减排工作方面步子迈得不大，收效甚微"。在各方面舆论压力下，默克尔最终做出承诺："今后德国将付出更大努力，一定在 2030 年前完成各项减排任务"，即与 1990 年相比，各种有害气体排放净减 50%。与此同时，她接受法国总统马克龙（Emmanuel Macron）的倡议并宣布，德国将和欧洲其他八个国家一起，力争到本世纪中期，也即 2050 年实现碳中和目标。②

另一种对环境质量构成威胁的是氮气的过量排放。从全球范围来看，自 19 世纪以来，它的排放量已增长了十倍，尤其是在 20 世纪 60 年代后更明显呈上升趋势。氮本是所有生物生存离不开的基本化学元素，对于农业生产来说更是不可或缺的生产原材料。1910 年，由于哈伯—博施高压化学方法采用，合成氨生产问世，这项技术发明标志着人类化学工业取得重大成就，因为空气中的氮气可被直接当作生产原料使用。可以说，在世界农业史上，合成氨的发明使用为世界农业发展做出了重要贡献。然而，虽然氮气不直接污染空气，但工业生产、汽车行驶、农业生产过程中释放出的大量氮化合物却对水土资源和动植物物种构成严重威胁。③ 为减少化石燃料燃烧过程中大量氮氧化物的释放，近几十年来，德国通过不懈努力，最

---

① Ottmar Edenhoffer und Michael Jakob, *Klimapolitik. Ziele, Konflikte, Lösungen*, München: Verlag C. H. Beck, 2017, S. 12, S. 67 – 68.

② 德国《明镜》周刊网站，2019 年 5 月 20 日，（https: //www. spiegel. de/wissenschaft/natur/angela-merkel-strebt-klimaneutralitaet-bis-2050-an-a-1267386. html）。

③ Der Rat von Sachverständigen für Umweltfragen, *Stickstoff, Lösungsstrategien für ein drängendes Umweltproblem*, Berlin: Erich Schmidt Verlag, 2015, S. 256 – 259.

终取得显著成效，截止到2015年，德国已成功减排一半氮气。① 不过，针对在农业生产方面氮氧化物的大量排放问题，德国和世界其他国家一样，仍未找到合理有效的解决方案。为此，很多国际组织和活动人士不遗余力，积极寻求解决办法，这其中就包括“国际氮素协会”（INI）这样的国际专业协会组织。该组织每三年举行一次世界大会，迄今为止已成功举办了七届会议，其中第三届在我国南京举行，最近一次于2016年在澳大利亚墨尔本举行。在本次大会上，来自世界各国的农业、林业、环境、生态、政策咨询、肥料生产等领域的科学家和工程技术人员就如何提高氮素的利用效率以达到氮肥的高效利用以及减少其对环境的影响等议题进行了广泛而深入的讨论。②

在水污染方面，20世纪70年代后西德已面临一个非常严峻的形势，很多水域被污染，且污染程度不断加重。1969年，由于莱茵河河水遭受严重污染，大量鱼类死亡。根据一般标准，当每升水的氧气含量大于10毫克时，水中的动植物都处于一个良好的生存状态；而一旦少于4毫克，有些对水质要求较高的鱼类和有机生物就受到很大的生存威胁。到1971年，随着污染程度的不断加深，莱茵河河水的氧气含量已不足2毫克/升，很多鱼虾昆虫、软体动物和其他生物死亡，生物总体数量呈现出一个急剧下降的趋势。

此外，六七十年代莱茵河水质的恶化情况也可从国际水利团队调研得出的数据中得到进一步证实。有调研数据显示，20世纪60年代末，荷德边境莱茵河的氯化物负荷就已高达每秒365公斤，这样的排量是前所未有的。其中1/4的盐分（合91公斤）来自于河床岩石，其余3/4（合274公斤）则来自于人类活动。阿尔萨斯草碱厂以及米卢斯（Mulhouse）附近的钾石盐岩矿井的盐排放量就占据了人为盐分负荷的近一半，约每秒130公斤，每年750万吨。摩泽尔河支流是莱茵河氯化物含量第二大河流，其盐分主要来自法国和卢森堡两国工业企业的排放。其他下游河流的氯负荷则

---

① Der Rat von Sachverständigen für Umweltfragen, *Stickstoff. Lösungsstrategien für ein drängendes Umweltproblem*, Berlin: Erich Schmidt Verlag, 2015, S. 5.

② 中国科学院沈阳应用生态研究所网站（http://www.iae.cas.cn/xwzx/xshd/201612/t20161214_4721212.html）。

主要来自于鲁尔区的苏打厂和矿井水。还有莱茵河流域的农业径流，每年盐分负荷至少高出可接受限度的 1/3。① 进入 70 年代，莱茵河入海口处淤泥中的重金属如锌、铜、铅、镉、汞、砷等含量已远超过安全排放标准。虽然污水处理厂利用絮凝和过滤方法清除了大部分这类污染物，被它们无法直接对人类构成威胁，但由于河流淤泥被严重污染，每当莱茵河洪水过后，这些淤泥会堆积在附近农田，从而还是影响到农业生产的正常开展。②

这些情况的发生势必导致莱茵河水质的进一步恶化。1975 年被公认为是莱茵河污染的高峰年，其上游和中游水质已达二级（中度污染）或三级（严重污染）标准，而下游水质更是达到三级和四级（完全污染）标准。换言之，整条莱茵河已被全部污染。同时期组建的“德国污水鉴定委员会”对巴塞尔和鹿特丹之间的河段水质做了评估，专家最终得出的结论是，整条河段已受到工业企业和城市污染物的严重污染。这些污染物有一半来自六大污染源头，它们分别为斯特拉斯堡纤维素厂、曼海姆纤维素厂、阿尔萨斯钾盐厂、勒沃库森拜耳化四个工厂以及巴塞尔和斯特拉斯堡这两座城市。根据鉴定结果，莱茵河已被重度污染，河水作为饮用水已绝无可能，就是去河里游泳也要冒很大的风险。③

和从前一样，这段时期内，在北海和波罗的海中倾倒垃圾的行为仍在继续，甚至很多放射性很强的垃圾也被人们直接倾倒进这些海域。在很多人看来，所倾倒垃圾放射性物质含量有限，更何况自然界本身就存有这些物质，所以，这些垃圾是可以被当作自然垃圾处理的。不过，这种做法还是招致很多批评。1972 年，国际有关规定正式出台。1977 年，西德政府也做出相关规定，禁止在公海倾倒垃圾。尽管如此，这种倾倒行为仍时有发生，且变得更隐蔽。然而这种行为最终还是没逃过绿色和平组织的跟踪，该组织成员于 1980 年发起了大规模抗议，这在当时成为一条爆炸性新闻。于是，媒体纷纷曝光这类事件，西德化学工业也一度处在巨大的新闻压力

① L. J. Huizenga, *Suitable Measures against the Pollution of the Rhein by Chloride Discharges from the Alsatian Potash Meines*, in: *Pure and Applied Chemisty* 29, 1972, pp. 345 - 353.

② Horst J. Tümmers, *Der Rhein - Ein europäischer Fluss und seine Geschichte*, München: Verlag C. H. Beck, 1994, S. 45 - 46.

③ Wolf Schmidt und Susanne Kutz, *Von „Abwasser“ bis „Wandern“, Ein Wegweiser zur Umweltgeschichte*, Hamburg: Körber-Stiftung, 1986, S. 41.

下，终于在 1982 年，拜耳化工厂做出不再向北海倾倒稀释酸液的决定。自此，公海垃圾倾倒事件变得越来越少，七年后欧盟各国环境部长共同签署协议，禁止向海洋倾倒任何垃圾，这标志着欧洲在海洋污染治理方面已取得重大成就。[①]

与此同时，西德河流污染情况也有了明显改善，尤其是从 1978 年后，莱茵河以及其他主要河流的生态环境开始出现好转，水分子氧气含量逐渐上升，鱼虾、软体动物、各种昆虫以及苔藓虫类等的生长繁殖也呈不断增长的态势，一切看上去都在向好的方向转变。然而，1986 年 1 月，瑞士巴塞尔市桑多茨化工厂仓库失火，大量的有害化学物质流入莱茵河，致使大量鱼类和其他有机生物死亡。

如果说这起事件属客观意外事件，那么一家与之相邻的名为“茨巴—盖伊”的化工厂向莱茵河排污则属极为严重的主观恶意事件。在桑多茨化工厂污水流入莱茵河之际，该工厂则偷偷向莱茵河排放生产莠去津除草剂过程中产生的污水，由此造成河内更多鱼类和其他生物的死亡。这起丑闻最终还是没能被掩盖住，在媒体的曝光下，社会各界对该工厂这一做法进行了严厉谴责。这起事件爆发后，西德以此为戒，进一步加强了排污管理。和治理空气污染一样，政府部门责令有关企业必须安装更有效的过滤和清污装置，调整生产工艺，尤其是放弃落后的生产工艺。1981 年，排污浮动费率的引入更起到了立竿见影的效果。根据规定，排污量大或产品毒害性强的企业应支付更多的排污费。此外，以后每年的排污费率还将不断上调，西德政府以期通过这样的奖惩措施更好地促进企业不断达到减排目标。

应该说，该项规定所发挥的长效作用效果明显，以至于“最近 30 年德国河流小溪的水质有了明显改善”。也正是从 80 年代初开始，人们又重新看到许多鲑鱼和其他鱼类洄游到莱茵河。不过，这些鱼类的出现是以花费巨大成本为代价的，因为很多鱼苗由人工放养，仅是 1999—2002 年间，就有 560 万尾鲑鱼苗被人工放养，随后两年人们又陆续放养了数百万条，直至莱茵河内保持一个稳定的鲑鱼存量，因为只有这样才可尽快恢复水域系统的生态平衡。[②]

---

① Harald Plachter, *Naturschutz*, Jena/Stuttgart: Gustav Fischer Verlag, 1991, S. 59 - 60.

② Bundesamt für Naturschutz, 2004, S. 41, S. 43.

通过全面整治，到80年代，上述六大污染源头的污染排放得到有效控制，莱茵河河水中的氯化物负荷明显下降，这些都应归功于工厂清污设备的安装以及不含氯化物洗衣粉的生产和使用。然而，硝酸盐负荷却仍居高不下，其中一半是由农业生产所导致。主要原因是大量化肥的施用导致水体养分过剩和水草植物过度生长，由此引发水体缺氧，进而影响到其他水体生物的生长发育。这些浓度过高的硝酸盐污水经河水流入海洋后，还会导致海草藻类植物的过度生长，从而给海洋生态环境带来压力。此外，硝酸盐物质如果渗入地下水，或进入河流，其中过量的氮化物物质在很长时间内都会对人体和环境造成不利影响。①

土地污染主要是由废弃垃圾场造成的污染。据估计，截止到1995年末，德国有24万个废弃垃圾场。这些垃圾场中的垃圾残留物通过水和空气进入到自然界，由此造成的各种污染或大或小，其影响也或长或短。这些废弃垃圾场或为工厂遗弃，或为军队遗弃，很多未经任何处理的有害物质进入地下，残留在地下土壤中。从统计情况来看，很多面积较小的垃圾场已被清除干净，而面积较大的垃圾场却往往被遗弃在原地，人们用泥土将其覆盖，使之尽量与地下水隔绝。然而，尽管如此，很多有害物质还是不断扩散到空气或慢慢渗入到地下水中，给附近居民带来很大污染威胁，尤其是在附近玩耍的小孩，因为他们直接接触这些污染源，故而受到的危害更大。②

此外，在清污过程中形成的大量泥浆也对环境构成了严重威胁。根据传统经验，一直到20世纪90年代，这些泥浆还被当作肥料施撒到田间地头，因为它们富含矿物质，对庄稼生长有利。然而，一个较突出的问题是，这些泥浆中含有很多有害物质，特别是重金属和氯化物物质如二噁英等。为此，相关法律规定，如有害物质超标，这些泥浆将被禁止用作肥料；即使未超标，也只能施撒在田地，用于庄稼施肥，严禁用于蔬菜水果种植。此外，草场施肥也同样被禁止，因为有害物质进入食草的牛羊体内

① Heinrich Zakosek und Fritz Lenz, *Nitrat in Boden und Pflanze*, Stuttgart: Verlag Eugen Ulmer, 1993, S. 35, S. 108 - 110.

② Achim Hugo und Heike Lindemann, *Altlastensanierung und Bodenschutz*, *Planung und Durchführung von Sanierungsmaßnahmen-Ein Leitfaden*, Berlin: Springer Verlag, 1999, S. 323 - 356.

后，最终会对人体产生危害。[①]

六 森林死亡

1981年11月，《明镜》周刊首次刊登了有关森林死亡的报道，并引用专家警告："德国森林已到了危急时刻，冷杉和云杉在大面积死亡。"它在某种程度上是一个征兆，预示着"无法想象的大规模的世界环境灾难正悄悄来临"。与此同时，林业人员也拉响了警报，认为这些冷杉和云杉正在"老化"，且西德境内有一半多的森林正遭受危险，其中最大的危险是二氧化碳不断被释放所导致的空气污染。这些有害气体或来自于燃油取暖设备，或来自于汽车尾气排放，或来自于工厂废气排放。

由此，西德上下引发了一场战后以来最大的环境大讨论，其重要意义也远非任何历史时期的环境讨论可比，因为它促成了环境专题讨论和环境运动的大爆发，从而引发了更多人的关注，同时，它也让政治家们处在更大的压力之下，并促进了很多新科技知识的普及，媒体风暴由此展开。不过，另一方面，它也让人们看到，获得一个权威的、以科学知识为基础的结果和相关建议有多么困难。只是在森林死亡开始阶段并非如此，因为最早的很多发现似乎已证明了人们对"森林死亡"所下的一系列结论。

在哥廷根大学土壤学教授乌尔里希（Bernard Ulrich）看来，第一批出现问题的森林"将在五年内死亡，它们已无法被拯救"。此外，还有很多房屋和水域也被酸化污染，这些同样给人的健康带来很大的影响，尤其是对孩子和老弱病残群体的影响。此外，在乌尔里希看来，这场污染不只是发生在西德境内，它还会殃及东西欧邻国，甚至斯堪的纳维亚国家以及日本、美国、加拿大等国家和地区也不能幸免。形成的酸雨从日本飘到美国，有害气体从美国飘入加拿大，在西风的吹送下，这些酸雨和有害气体又被吹回到欧洲大陆，最终形成一场全球性灾难。也正是在如此强大的宣传攻势下，西德民众才意识到这场大面积的灾难会以何种形式出现，又会产生什么样的后果。正由于此，这场环境大讨论被赋予了新的内涵，所产

① Brian J. Alloway, *Schwermetalle in Böden. Analytik*, *Konzentrationen*, *Wechselwirkungen*, Berlin: Springer Verlag, 1999, S. 25 - 27, S. 476 - 487.

生的认识反省也达到一个前所未有的高度。[1]

这场森林死亡大讨论首先在西德展开。《明镜》周刊连续三期刊登了题为《德国上空的酸雨——森林死亡》的报道，有关这方面的话题在随后的几年内每天都能见诸报纸杂志，广播站和电视台也做了详细报道，大量书籍相继出版。不仅如此，许多专家委员会也相继成立，拟对森林受损情况做调查鉴定。从其他国家的媒体报道和出版物发行情况来看，“森林死亡”（Waldsterben）这一词汇被大量引用并变成一个专业术语。到 1984 年，根据《明星》周刊报道，随着森林受损程度不断加重，西德境内 700 万亩森林中的 200 万亩已濒临死亡。此外根据报道，哈茨山区林业人员认为他们脚下的那片广袤的森林地在不久的将来也将变为荒漠，即使是山毛榉树、橡树、樱桃树等这类抗酸性很强的树木也不能幸免，这场灾难就像是恶性肿瘤一样肆虐整个德国，侵害了森林机体。根据专家估测，到 1990 年，整个德国将不再有针叶林，且要不了多久山毛榉树也将会消失。一家由西德内务部委托进行调研的专业机构也给出了答案：到 2002 年时，森林死亡宣告终止，这意味着西德境内的森林已不复存在。[2] 不过，这一切还仅是个开始，随森林死亡出现的将是洪水和雪崩灾害的频繁爆发，阿尔卑斯山地区和德国中部山区的很多村庄和公路也将因此成为这些灾害的牺牲品。

为得到一个更清楚的调查结果，西德政府又进行了一次森林受害程度调查。调查结果最终印证了人们的担忧：西德境内有一半森林已遭受污染损害。不过，这样的数据还是有一定的掩饰成分，因为很多死亡树木未被统计在内。所以，针对此情况，很多专业人士包括巴登—符腾堡州林业局局长也认为“只有那些傻子才相信这样低的数据”。为此他提出：“面对这样残酷的现实我们不能再回避，要是这些空气中有害物质含量不能尽快降低，那我们的森林将处在一个非常危险的境地，而这一切还仅仅是个开始。”民间组织“德国环境和自然保护联盟”也将这起事件称为一场“生态广岛事件”。德国绿党更是发出警告：“先是森林死亡，然后是人类死亡。”[3]

回顾这场大讨论，应该说它的出现是一种突然间的或者说是一场人们

---

① *Der Spiegel*, *Nr.* 47, 48, 49 vom 16, 23. und 30. 11. 1981.

② *Stern* vom 24. 3. 1984 und 5. 7. 1984.

③ *Die Zeit* vom 19. 10. 1984, S. 17 – 19; *Der Spiegel*, *Nr.* 7 vom 14. 2. 1983, S. 72.

毫无心理准备的总爆发。1975年，当时的西德内务部还将二氧化硫排放看成是仅限于某些地区的一般性问题，然而三年后，北莱茵—威斯特法伦州生态局却开始向外界公布，除鲁尔工业区外，该州其他地区有部分森林遭受损害，只是这种情况仅发生在一些工厂周边地区。从实际情况来看，到20世纪70年代末，尽管很长时间以来林场主和个别专家要求企业减少有害物质排放，并要求政府提高排放标准，但由于企业硫化物排放未对环境产生很大危害，他们也就一直未加高烟囱排放有害物质。然而，身处逆境的林场主们却一直在奋力抗争，他们一致要求追究有害物质排放人的法律责任。经过长时间的不懈努力，这些林场主们最终促成国家引入肇事者总体罪责制，对肇事者进行相应的经济处罚或刑事处罚。当然，面对指控，有关肇事者还是极尽抵赖，他们要求林场主拿出排放证据，看看这些污染物究竟来自于哪家工厂或从多远地方飘入，这种耍赖方式又使人不禁想起19世纪发生的诸多类似情形。[①] 然而，随着肇事者总体罪责制的引入，所有排放企业都要承担相应的责任，并给予受损者以经济补偿，这已成为80年代西德普遍的做法，特别是1980年《环境刑法》的颁布对环境污染制造者起到了很大的震慑作用，仅是1989年，联邦警察就查处两万多起环境犯罪案件，其中包括对空气和水土资源造成严重污染等罪行的处罚。随着法治建设的不断进步，根据肇事者原则规定，如肇事者不明，或者以其力量无法尽快解决问题时，国家将承担相应责任，仅这一点就为林场主等环境受害者提供了充分的法律保障。[②]

随着1981年森林死亡大讨论的逐步展开，西德政府已处在强大的压力之下。不过，具体证据在当时一时仍无法拿出，即使是今天，人们对当时森林死亡的规模和原因也存有争议，甚至有人对当年是否真的发生过森林死亡事件仍表示怀疑。这些想法和做法可能会让人感到很震惊，但无论如何，当时的这些树木是否受到损害，或者在多大程度上受到损害，对于当时的政府来说是必须先要查明弄清的事。然而，现实情况却远比想象的要复杂得多，最关键的问题是这些树木自身不会说话，不能告诉人们自己是

---

① Martin Bemmann, *Beschädigte Vegetation und sterbender Wald*, *Zur Entstehung eines Umweltproblems in Deutschland* 1893—1970, Göttingen: Vandenhoeck & Ruprecht, 2012, S. 447 – 448.

② 李伯杰：《德国文化史》，对外经济贸易大学出版社2002年版，第486页。

否还健康安全或已病入膏肓。这个答案最终只有科研工作者才能给出，他们需提出相关问题，运用合理的测量方法，再设计出可信的解释模型。由于这些答案不能直接通过肉眼观察得出，所以他们需在测算分析的基础上对数据进行综合评价和阐释，然后才能得出令人信服的数据和决策方案。①

在森林死亡这个案例的调查开始阶段，这些方法论上的问题其实并未扮演一个很重要的角色，因为这些损害很直观，完全可以凭肉眼看见：这些树木或掉落松针，或掉落叶片，其树枝也变得越来越稀疏，甚至光秃死亡。观察到这些损害的科研工作者自然会发出警报，将其称作是一场灾难，并试图从中找到答案。最终，查明的罪魁祸首是空气污染，即二氧化硫对树木产生巨大杀伤作用。当然，科研工作者还列举了一些其他原因，乃至于各种答案层出不穷。林学家、土壤学家以及其他各学科专家都进行了大量的分析研究，也因此获得很多政府奖励资金。政府之所以这样做，是因为它一直处在巨大的公众舆论压力下。通过这种激励方式，政府可得到这些专家给出的答案，从而为下一步行动提供重要的决策参考。

不仅西德科研机构投入了大量人力物力，欧美其他国家也同样对此进行了深入研究，以期尽快找到导致森林死亡的各种原因以及各原因要素之间存在的关联。1985 年，瑞典科学家通过大量研究后发现，森林死亡由 167 种原因所致。这些原因之间有的看上去彼此矛盾，有的存有关联，由此引发了不同学科专家之间的争论。通过广泛交流和深入探讨，他们最后形成的一致意见是：森林死亡是一个复杂的过程，它由许多原因共同作用所致。与此同时，这种观点也从林学研究人员那里得到了印证，因为此时期的他们正致力于该领域生态系统方面的研究，他们的观点与上述学者的观点不谋而合，都高度强调各种要素相互作用是森林死亡的根本原因所在。②

这样的观点最终让西德各党派联盟有了向公众舆论解释的理由和依据。在积极参与这方面讨论时，面对工业企业或林场主的责问，他们依据

① Roderich von Detten, *Umweltpolitik und Unsicherheit*, *Zum Zusammenspiel von Wissenschaft und Umweltpolitik in der Debatte um das Waldsterben der* 1980*er Jahre*, in: *Archiv Sozialgeschichte* 50, 2010, S. 217 - 269.

② Roland Schäfer, *„Lamettasyndrom" und „Säuresteppe"*, *Das Waldsterben und die Forstenwirtschaften* 1979—2007, Freiburg: Universität Freiburg Forstökonomie Verlag, 2012, S. 351 - 353.

上述观点，总能给出合理的解释。尽管各党派之间存在分歧，矛盾不断，但在森林死亡这个问题上他们还是保持了一致口径。应该说，这样的形势为绿党雄起和环境运动发展创造了有利条件，因为他们在抗议核电站建设、抗议法兰克福机场西边跑道建设（拟建项目会产生大量噪音）以及其他冲突中表现得最为积极，甚至很极端。与此相反的是，大部分民众在对待森林死亡这个问题上则表现得很是理性，他们只是担忧森林命运，要求政府尽快采取对策，遏制森林的进一步死亡。于是，深处压力之下的执政党即保守、自由两党联盟颁布了一系列更严厉的法律措施，要求企业安装过滤设备，以更好地对二氧化硫和其他有害物质进行过滤处理，这也收到了显著成效。正如上节所提到的，自1988年后，德国二氧化硫排放量呈明显下降趋势，德国森林死亡情况变得越来越少，甚至有些地区的森林还恢复了生长。应该说，德国森林死亡在较短时间内得到有效遏制，这应归功于科学工作人员的大力研究、广大民众的积极参与以及政府采取的有力措施，这为世界森林资源保护留下了许多宝贵的历史经验。

出人意料且令人惊喜的是，随后的森林存量非但未减少，反而有了增加。“恰恰就在人们担心森林死亡的那些年里，欧洲森林出现了快速增长态势”，这是1996年某国际研究团队得出的结论。在这段时期内，德国森林也比以前生长得更快，此时的人们已根本不用再为所谓的森林死亡感到担忧。根据该国际研究团队研究得出的数据，1950—1990年40年间，欧洲森林总量净增加43%，而德国属总量最多的国家之一。《法兰克福汇报》曾形容90年代初的森林长势喜人，已“一望无际，直耸云霄”;[①] 同时，其他研究情况也显示，从过去几十年总体情况来看，西德森林生长条件并未变得有多糟糕，即使在过去的200年内，古树存量也没有今天这样多；而有所下降的，也仅是那些遭受严重空气污染或极端气候侵害的地区。所以，从欧洲整体情况来看，无论是国家还是地区间的森林增长情况都显而易见，看不出有任何死亡的迹象。

上述这种论断不是空穴来风，而是基于大量的数据调研分析后得出，其中即包括对树木所进行的长度测量和胸径测量等。通过对采集的数据进

① *Frankfurter Allgemeine Zeitung* vom 20. 10. 1996.

行量化分析，研究人员得出真实可信的数据，从而避免了主观感知或其他人为因素的影响。应该说，相对于其他分析方法，这种方法更为科学，也不存在争议。在分析森林死亡原因方面，它主要通过对树冠采光情况进行分析，还有对树冠上的松针或叶片生长情况进行观察，看看它们是否受到污染损害，或是否已完全脱落，然后依据以上获得的数据对受伤树木做损伤定级。应该说，这种方法有很大的优点，即付出较小的代价就可以了解到大面积的森林生长情况。不过，此方法的采用还要受到两方面困难的制约。

第一个困难是对受伤树木级别的确定往往靠肉眼观察来进行。由于人的差异，很多主观因素不免会被带入，所以定损级别也不尽相同。在实际操作中，一般情况是定损级别应控制在可接受的临界值范围内，绝不能偏离临界值标准。第二个困难直到今天仍存有争议，即根据松针或叶片生长情况来推断树木受损情况。至于最后是否能得到真实有效的结果，这往往为批评者所诟病，因为在他们看来，松针树叶脱落减少本身就是树木为度过干燥期而采取的一种自身保护行为，即使这些松针树叶减少 30%，那也属正常现象，甚至在松针树叶减少 60% 时自身也不会有任何损害。[①] 更何况树木的生老病死本身就是其生命的一部分，这符合树木生长规律，而且从统计结果来看，今天的森林树木干枯病死情况和以前的也高度类似。另外不能忽视的一点是，出现的树木损害究竟是哪些原因所致，因为除二氧化硫等有害气体污染外，还有增长过速且易受病虫害侵袭的单一栽种问题，尤其是近 200 年来大规模人工造林所形成的单一栽种问题，这些都有可能对森林生长构成严重威胁。[②]

直至 20 世纪 90 年代，树木快速恢复增长和森林死亡这两种观点一直存在，并形成一种鲜明的对比。无论森林真实情况如何，森林死亡已成为 20 世纪八九十年代的一个时代符号或时代印记，它体现了人们对环境问题的高度重视，也标志着环境运动开展所取得的重大进步。尽管森林死亡没有想象的那么严重，但一切调查研究仍全面展开，且很多都建立在精确测

① Reinhard F. Hüttel, *Neuartige Waldschäden*, in: Berlin-Brandenburgische Akademie der Wissenschaften (Hrsg.), *Berichte und Abhandlungen*, Bd. 5, Berlin: Colloquium Verlag, 1998, S. 131 – 215.

② *Süddeutsche Zeitung* vom 7. und 14. 9. 1996.

量的数据分析基础上，所以，通过这种科学方法得出的结论应该是很有说服力的。只是这种研究方法的成本投入很是昂贵，且一般只能在面积较小的森林地开展，正因为如此，有不少批评人士对调查结果仍持怀疑态度，认为即使森林呈增长态势，也不能说明森林就"健康无损"，因为还有一种情况可导致森林生长处于亚健康状态，那就是大量氮气的排放，即化肥的过量使用。应该说，这样的怀疑不无道理，值得进一步商榷。

在这些批评人士看来，化肥的过量使用同样可导致森林死亡。由于空气中的氮气不断增加，三分之二的森林被酸化，导致森林系统受到巨大损害。实际上，过去很多年间人们的做法就已经造成大片土地的酸化。此外，化肥中的许多矿物质通过酸性土壤进入树根，从而造成大量有害化合物聚集在树干内，其结果是，孱弱的林木很难抗拒恶劣天气或病虫害侵袭，最后造成森林的大面积死亡。为此，这些批评人士要求有关科研人员，在采集有关数据的基础上，对调查结果进行更全面详细的阐释，最好借助于模型建构这种方法来阐释问题，这样可更好地打消批评者的疑问顾虑。①

事实上，在 90 年代有关林业科学的讨论中，一种普遍的看法是当下以及今后一段时期内不会再出现大面积森林死亡事件，后来的事实也证明了这一观点。从"森林死亡"概念提出至 90 年代的各种疑问顾虑的消失，期间发生的一切颇为曲折，这本身是和舆论宣传有着很大关系的。1981 年，随着这一概念的诞生，森林保护得到了广泛的支持，而两年后，这一概念被舆论宣传的新概念"新型森林损害"（neuartige Waldschäden）所替代。由于该提法不能反映现实的紧迫性，一度弱化了森林防治，从而造成了更大面积的森林受损。由此可见舆论宣传在环境运动中发挥的重要助推作用。在此基础上，有关学者对此进行了总结，将其改为"森林系统损害"（Schädigung von Waldökosystemen），这就突出了森林大面积受害的严重性和拯救的紧迫性。在他们看来，毫无疑问，80 年代的酸雨对森林造成的损害确实存在，但这种损害究竟达到多大程度，它的发生是否还受人、

① Reinhard F. Hüttel, Klaus Bellmann und Wolgang Seller（Hrsg.）, *Atmosphärensanierung und Waldökosysteme*, Taunusstein: Eberhard Blottner Verlag, 1995, S. 102 - 124.

恶劣气候、单一种植或化肥使用等影响，这仍存有争议，还有待进一步研究探讨。①

无论如何，一个特别值得关注的现象是森林死亡大讨论最终促成此时期相关科学知识的普及和科研水平的重大提升，这从上文的多次阐述中可以看出，如森林生态系统知识和树上地下有害物质产生严重后果等知识得到了进一步丰富和发展，科研人员由此研发出许多新仪器设备，提取了很多真实有效的数据，探索出许多科学的研究方法，通过对各种问题以及数据之间关系的研究，他们对森林死亡原因给出了更合理的解释。但与此同时人们也应看到，在科研过程中，仍不可避免地存在着很多知识盲点和不确定性解释。尽管如此，人们坚信，随着科技的不断进步，这些问题终将会得到解决，科研人员也一定会取得更多更重要的成果。

此外，令人印象深刻的还有这次森林死亡事件发生后西德上下所发出的各种警告声。这些警告声很是惊悚，让人感到世界末日仿佛已来临。正是在社会舆论的督促下，许多新法律才得到颁布实施。正因为如此，后来的人们普遍认为，正是这些警告才促成这些相关法律的诞生。在这里，他们的观点固然有道理，但却忽视了森林死亡前空气有害物质排放即已下降的事实，只是当时的人们不知道真实情况而已。有鉴于此，之后弄清事实真相的人们也许会提出疑问，今后是否还有必要继续发出这种警告，如果这类事件眼看要发生却并未发生，那是否还有听信这种警告的必要。也许很多人认为这是危言耸听，小题大做，但如果发生森林死亡，而人们却没做任何准备，那将是一场灭顶之灾。所以，未雨绸缪，防患于未然，就显得尤为必要。在这里，德国森林死亡事件就是“狼来了”故事的翻版，信与不信，它考量着一个社会的风险防范意识和防范能力，它不仅关乎生态系统安全，也关乎人类自身的前途命运。

七 自然保护与物种多样性保护

至 20 世纪 70 年代生态文明时代开启，德国自然保护运动经历了近

---

① Roland Schäfer und Birgit Metzger, *Was macht eigentlich das Waldsterben?* in: Patrick Masius u. a. (Hrsg.), *Umweltgeschichte*, Göttingen: Universitätsverlag Göttingen, 2007, S. 201 – 227.

120 年漫长的历史发展阶段。1854 年，德国自然保护之父里尔就曾高度肯定“为数不多的沙丘地、苔藓地、荒原地、冰川、巉岩绝壁和荒野”所具有的自然价值和文化价值，号召人们反对技术滥用，避免让这些自然财富遭受破坏和毁灭，最终成为“技术进步”的牺牲品。① 众多自然保护者在里尔思想的启发下，纷纷投入到自然遗产保护运动中。这些运动与家乡保护运动、生活革新运动和候鸟运动等汇成一股强大的洪流，共同推动德国自然保护事业的发展。他们希望以此促进对民族国家的自我认同，增强民族自豪感和激发对家乡的热爱。然而，在“血统与土地”思想影响下，很多自然保护者不得不屈服于纳粹的统治，有的甚至投身纳粹怀抱，最终将自然变为侵略扩张的工具。从此，自然成为他们血腥统治的政治工具和专制对象，自然保护也成为他们奴役民众百姓和自然的最好借口。

和广大民众一样，经此劫难的自然保护者也投入到战后国家建设和自然保护事业中。随着工业、农业、道路和城市建设的大规模展开，自然景观破坏在所难免，这又成为自然保护者高度关注的话题。尽管政治家和政府部门高度认可他们所付出的努力，也希望他们发挥更大的作用，但形势发展已越来越偏离这些自然保护者的愿望和要求，他们对此颇感失望和不满。这种失望和不满主要表现在，他们中的很多成员都有一种“传统情结”，对民族传统念念不忘，情结深厚。面对新发展时，他们多表现出一种很强烈的拒绝态度。② 还有一些人则相反，他们和威廉帝国时期的那些自然保护者一样，更希望按照自己的设计理念来塑造自然景观，以此塑造出新的自然环境，让人与自然有机地融为一体，1961 年《梅瑙绿色宪章》的诞生即是这种诉求表达的结果。当时参与起草的那些社会文化精英认识到他们的“生命基础已岌岌可危”，他们想保护“那些对人性命攸关的自然要素”。《梅瑙绿色宪章》的十二项内容不仅涉及景观保护，同时还涉及农业的可持续发展、水土资源和气候保护。此外，促进相关教育科研也首次被提及，如加强对学生自然家政和景观学知识的传授以及加强自然生命空

---

① Wilhelm Heinrich Riehl, *Land und Leute*, Stuttgart: W. G. Cotta'sche Buchhandlung, 1854, S. 30, S. 32.

② Walter Lorch und Wolfgang Burhenne, *Die Natur... im Atomalter*, *Versuch einer Prognose*, Bonn: Verlag Herbert Grundmann, 1957, S. 4 – 32.

间科学研究等。最后，要求国家加强立法保护也被写进宪章，以此更好地保护“自然生命空间”，谁破坏自然生命空间，谁就要受到法律的严惩。[①]

从中不难看出，生态循环和有机一体化自然保护理念一直贯穿在这部宪章中。它很少关注局部事物或某个领域，而是将整个生态网络系统作为重点，强调系统中各生态要素之间密不可分的相互作用关系。具体地说，就是人们构筑一个由各个小生境组成的生态之网，让这些小生境彼此相互作用，相互协调，最终形成一个和谐有序的整体自然环境。这种构想终于在 20 世纪 80 年代成为现实，并于 1992 年被确定为国家战略，即所谓的“国家生境联盟战略”。而在此之前的 1990 年 9 月，四个月前自由选举出的原东德部长会议做出决定，在东德也即后来的五个新联邦州内设立 14 个大保护区，即五个国家公园、六个生态保育区和三个自然公园。同年 10 月 3 日德国统一日这天，该决定被正式纳入统一框架协议，从此，新联邦州约有 5% 的国土面积置于国家整体自然保护之下，一个新的生态系统网从此形成。[②]

和此发展紧密相关的还有自然保护已变得越来越职业化，它主要体现在许多要求指令和规划设计中，包括其贯彻实施也都从科学角度做了阐释说明。根据规定，为实现这一目标，需要一批专业负责人来组织参与，而且这些负责人多为政府有关部门或专业机构的专门委员会领导成员，即使是担任名誉职务的自然保护者成员，也须拥有相关方面的从业经历或领导经验。[③]

应该看到的是，战后以来，自然保护者与农业企业、工厂企业以及国家建设项目之间的冲突从未停止过。这些冲突包括河流小溪的拓宽改直，乡村公路、高速公路和机场建设，新居民点或工业项目选址以及对有保护价值的洞穴、苔藓地、河谷或其他自然景观的破坏等。总体来看，他们以大空间范围且具有生态网络系统特点的自然保护为主，因为只有这样，他

① Jost Hermand, *Grüne Utopien in Deutschland, Zur Geschichte des ökologischen Bewußtseins*, Frankfurt a. M.: Fischer Taschenbuch Verlag, 1991, S. 129.

② Tobias Huff, *Natur und Industrie im Sozialismus, Eine Umweltgeschichte der DDR*, Göttingen: Vandenhoeck & Ruprecht, 2015, S. 351 – 352.

③ Thomas Potthast, *Naturschutz und Naturwissenschaft-Symbiose oder Antagonismus? Zur Beharrung und zum Wandel prägender Wissensformen vom ansgehenden 19. Jahrhundert bis in die Gegenwart*, in: Hans-Werner Frohn (Hrsg.), *Natur und Staat, Staatlicher Naturschutz in Deutschland 1906—2006*, Münster: Landwirtschaftsverlag, 2006, S. 343 – 344.

们才能相对容易地获得社会资金的支持。此外，来自于政策方面的支持也可确保自然保护顺利实施，如 1992 年欧盟颁布的《动植物栖息地法》就曾给这些自然保护者很大的支持，从而使整个欧洲形成一张真正的自然生命空间之网，也让各种野生动植物从此有了安全理想的生存场所。[①]

然而，在“自然生命空间”概念背后，却隐藏着一个问题，而且从一开始它就伴随着自然保护运动而存在。这个问题就是，在这个生命空间内，人类究竟在多大程度上把握自己的干预度，以确保某空间内的生态系统安全，这是一个很复杂的问题，颇具代表性的例子是 20 世纪八九十年代巴伐利亚国家森林公园发生的齿小蠹科甲虫毁林事件。虫灾频发使国家森林公园的很多林木倒下，大片森林被毁，甲虫理想的生存地就此诞生。令人意想不到的是，有关负责人做出一个大胆的决定：不对这些甲虫采取任何行动，通过森林的自然生长以及自身的抗病能力让其自生自灭。在这种不闻不问的情况下，随之出现的是甲虫进一步的繁殖蔓延，留下的是更大面积的荒漠林地。很多民众尤其是附近居民对这种听之任之的行为甚为不解，甚至演变为不满和抗议。然而，随着时间的推移，他们的不满慢慢转变为一种理解和支持，原来尽管有大片森林被毁，但几年后，没倒下的林木又重新长出新芽，逐渐恢复了生长。此外，在林木倒下的空旷地带，根据专家建议，人们改栽混合林树苗，从此，这些森林抗病虫害能力得到大大增强，再也没发生过甲虫毁林事件。[②]

南部山区如此，北边的北海浅海海滩国家公园同样也有过类似情况。1986 年，公园浅滩因海平面上涨逐渐消失，整个公园成了一片荒野地。于是，50 年代以来一直看守大克乃西特浅滩沙地的那些自然保护者们将整片荒野地置于自然保护之下，他们严禁任何人进入，以确保这片区域不受人打扰。然而，这种做法一度引发民众的不满，由此产生了很多争论。民众认为，在德国境内，甚至整个欧洲，此时期的任何自然保护区都没有不让人进入的先例，一个真正的自然处女地在欧洲是根本不存在的。鉴于人的

---

① Bundesamt für Naturschutz, *Daten zur Natur* 2004, Münster: Landwirtschaftsverlag, 2004, S. 173 - 176.

② Hansjörg Küster, *Geschichte des Waldes, Von der Urzeit bis zur Gegenwart*, München: Verlag C. H. Beck, 1998, S. 225 - 227.

活动无处不在，所以这些被设为自然保护区的地方就应该允许人进入，否则，这项规定即属霸王条款，难以让人接受。鉴于这样有道理的辩驳，且民众呼声强烈，自然保护者最终只好做出让步，允许人们进入这片荒野，由此默认了这种“人为干预”。

由此看来，适度的人为干预不应成为环境遭受破坏或生态系统遭受安全威胁的借口。所以，专门设立自然保护区以保护物种多样性的做法也不一定就值得提倡，比如大城市就不属于自然保护区，但其中的物种多样性却照样存在。有调查显示，在物种多样性方面具有优势的恰恰是很多大城市，它们中的很多地方都拥有特别小生境，且远远超过城外被过度开发利用的景观地区，如柏林这座大都市，2008 年时就有上千头夜莺栖息于此，人们夜间可不时听到其美妙的歌声。据生物学家雷希霍尔夫（Josef F. Reichholf）估测，该城市的夜莺数量比整个巴伐利亚地区的夜莺数量都多。此外，其他鸟类群体、野生植物种群和蝴蝶种群等也大量出现在柏林市区。[①] 五年后，根据《南德意志报》报道，在拥有 350 万城市居民的这样一个人口密集的柏林市内，竟然有三分之二的德国鸟类来此筑巢孵卵，繁殖后代。不过，值得注意的是，这些鸟类很害怕家猫这种天敌。在马普研究所鸟类学家贝尔特霍尔德（Peter Berthold）看来，“猫是鸟类物种多样性保护过程中最危险的杀手之一”，仅德国每年就有 5000 万只鸟死于这种天敌的利爪之下。此外，“从目前全球范围内已灭绝的 33 种鸟类情况来看，猫确实是其中最危险的杀手。”为此他建议，德国养猫家庭每年支付 30 欧元“生态平衡税”，以作为生态补偿，保护生态平衡。[②] 根据雷希霍尔夫统计，2008 年，在德国城市孵化的鸟类数量已非常之多，柏林约有 1400 万只，慕尼黑约有 1100 万只，中等城市纽伦堡也有 1100 万只，雷根斯堡约有 1000 万只，即使像达豪（Dachau）这样的小城市也有 800 多万只鸟类在此作栖息。[③]

---

① Josef F. Reichholf, *Ende der Ertenvielfalt? Gefärdung und Vernichtung von Biodiversität*, Frankfurt a. M.: Fischer Taschenbuch Verlag, 2008, S. 162 - 164.

② *Süddeutsche Zeitung* vom 26. 4. 2013.

③ Josef F. Reichholf, *Ende der Artenvielfalt? Gefärdung und Vernichtung von Biodiversität*, Frankfurt a. M.: Fischer Taschenbuch Verlag, 2008, S. 164.

尽管存在各种危险，很多动植物物种还是能在大城市中找到栖身之所，在此落户的它们不仅能很快适应周边环境，而且还生长得很为顺利，长势良好。不过应看到的是，在很大程度上，这种城市环境是一种工业化塑成的自然环境，即被工业化改造后形成的一种新的生态环境。这种生态环境往往在工业生产停止或厂房废弃后形成，它通过周边地区遗留的重金属物质或其他物质产生作用，从而为某些植物物种提供了特别有利的生长条件。还有在动物物种方面，鹰隼在很多工厂区的频繁出现甚至定居也不足为怪，因为工厂冷却塔或烟囱在爆破垮塌时，一股气流会随之上升到空中，该上升气流往往会吸引鹰隼来此盘旋，以感受御风高翔的畅快。正因为此，很多原来的工业区又恢复到一种“自然状态”，在这种状态下，新的动植物物种就此诞生。[①] 不过，“自然状态”这种说法也存在问题，比如采沙场的开办就对农业生产、水土资源等造成极大的破坏，它由此招致各方面的批评。但是，待采砂活动停止或砂厂关闭后，很多特别的小生境随之产生，许多新的动植物物种在此定居，它们有别于周边其他地区的动植物物种，需受到特别的珍视保护。再如荒原区在环境改变后也容易出现新的动植物物种，因其稀少珍贵，所以也需要加大力度进行保护。吕内堡荒原是德国唯一的荒原区，它地处北德平原，“二战”后其自然保护区内一块面积为50平方公里大小的荒原区被辟为英军坦克训练基地。在1994年德国收回此场地前，由于英军长期进行坦克训练产生很大噪音，从而造成该地区最有代表性的荒原云雀在孵化期间往往飞往自然保护区内其他地方去孵化幼鸟。此外，还有许多鸟类如平原鹨、金眶鸻和凤头麦鸡等的数量也呈下降趋势。根据调查分析，许多地表无脊椎动物如蜗牛、甲虫、蠕虫等的数量也大为减少。在植物方面，由于坦克碾压和有害物质污染，该地区原本随处可见的熊葡萄植物也大量减少，苔藓和其他植物物种也逐渐减少。直到训练场被收回，再经过生态修复，自然保护区才又逐渐恢复“自然状态”，成为理想的动植物栖息地。随着荒原云雀和平原鹨等的重新出现，荒原其他地区的鸟类也不断在此现身，如黑琴鸡、欧夜鹰、灰伯劳、

① Josef F. Reichholf, *Ende der Artenvielfalt? Gefärdung und Vernichtung von Biodiversität*, Frankfurt a. M.: Fischer Taschenbuch Verlag, 2008, S. 162 – 170.

欧洲野鹟等。不仅如此，有些爬行类动物如奥地利方花蛇和捷蜥等也首次出现在该地区。此外，野兔、松鼠、狐狸、野猪等其他动物也在此出没。在昆虫类动物中，蜻蜓、蝴蝶、野蜂、蜘蛛、甚至蝗虫也多在此出现。另外，许多小溪、人工池塘也放养了多鳞软口鱼和鳅鳝等水生动物，沼泽地附近也有草蛙等蛙类动物栖息生存。①

通过上述事例不难看出，动植物显然具有一种很强的适应不同环境的生存能力。尽管1967年坎荣号油轮倾油污染英吉利海峡事件、1978年“阿莫戈·卡迪兹”超级油轮倾油污染法国布雷斯特沙滩事件、2017年美国石油钻机爆炸引发的石油污染墨西哥湾事件等先后造成大量鸟类、鱼类死亡，渔业生产受到影响，海滩生态环境受到破坏，但不可否认的是，这些油污也引来大量细菌微生物。它们不仅在这里找到了良好的生存环境，而且还能分解油污，清除有害物质。所以，它们在某种程度上远胜过很多清污化学物质。与这些合成清洗剂相比，它们对环境的损害显然要小很多。

鉴于大自然自身（包括细菌微生物）具有的这种适应能力，近年来，有关自然“复原性”（Resilienz）这一概念词汇颇为流行，并引发许多热议。这一概念引发了人们的诸多思考，即大自然是如何拥有这种复原或恢复能力的，或者它是否隐含有某种能够让我们人类与其正确打交道的密码，这些密码还有待我们进一步解开，其中的一个答案也许正是我们应对污染排放或其他干预须保持的适当忍耐，给大自然一些时间，让其慢慢分解，再恢复原生状态。在这方面，前文研究中已述及很多这方面的例子，如莱茵河和其他河流经过综合治理后许多鱼类和微生物又逐渐恢复，工业休闲地、荒原军事训练场以及大城市中的很多小生境内又出现许多人们不曾见过的动植物物种等，它们的出现应该说是一个积极的信号，因为这是农业实现工业化规模生产带来的结果。在这样的现代化生产方式下，原本只有在某一地区才有的动植物物种现在可在很多地方出现，这也为动植物物种保护创造了有利条件。

---

① Hermann Cordes und Thomas Kaiser u. s. , *Naturschutzgebiet Lüneburger Heide*, *Geschichte-Ökologie-Naturschutz*, Bremen: Hausschild Verlag, 1997, S. 145 - 151.

不过，在政策制定方面，如果一味相信大自然的这种恢复能力，而对其造成的环境损害不进行法律干预，这种做法显然是不可取的。人们应认识到，在这种复原或恢复过程中，大自然既是牺牲者，也是某种意义上的自救者，1997年的奥德河洪灾、2002年和2013年的易北河洪灾，2017年的哈茨山区洪灾等都说明了这一问题。有关洪水暴发原因以及应采取的对策每次都引发人们的激烈争论，但人们最后都认同的一点是，它的爆发多是河道的任意改道取直所致，所采取的对策往往是加高堤坝，以保护沿岸附近居民的安全。这样的做法固然能取得效果，特别是上游河段可保无虞，但下游水量却越聚越多，流速也越来越快，导致最后有可能会发生更大的洪灾，民众生命财产安全也会受到更大的威胁。

此外，还有一个不能忽视的问题是，堤坝加高往往会造成下游河谷的消失。2009年，德国联邦自然保护局第一次正式发布德国河谷生态环境情况报告。根据报告，由于大坝建设和其他抗洪项目的实施，德国约有三分之二的河谷地区消失。莱茵河、多瑙河、易北河、奥德河等德国主要河流则只剩下这些河流10%—20%的河谷面积。因淤泥堆积，土壤肥沃，这些地区过去多被辟为草场或耕地，甚至村落定居或树木栽种也多在此进行。鉴于河谷被如此大的洪水淹没，所以它正成为德国遭受危害最大的生命空间。① 为防止该生命空间受到进一步侵害，近年来，德国先后实施了一系列改造方案，拟对大部分河段进行生态修复，其中一个较大的样板工程为易北河防洪建设项目。该项目设在下萨克森、布兰登堡和萨克森—安哈尔特三州开展合作的生态保育区内。根据规划设计，待防洪项目建成后，河流下游的河谷应不会被淹没，且河谷森林可得到有效保护，尤其是阿尔特马克北部地区的200多亩河谷内的水獭、海狸、白尾海雕等动物物种将得到更有效的保护。目前，该项目地区已完全纳入到自然防洪体系，该地区的生态系统安全已指日可待。②

除此以外，近年来，很多河流支流的生态修复也被纳入到特别项目计

① Bundesamt für Naturschutz, *Daten zur Natur* 2004, Münster: Landwirtschaftsverlag, 2009, S. 185.

② Sybille Heidenreich, *Das ökologische Auge. Landschaftsmalerei im Spiegel nachhaltiger Entwicklung*, Wien/Köln/Weimar: Böhlau Verlag, 2018, S. 254.

划中。2017年2月，一项名为“德国蓝带”（Blaues Band Deutschland）的计划正式启动。该项目的基本出发点是还德国支流河谷以更多空间，以减缓河谷过度开发利用所形成的压力，拉恩河（Lahn）、莱茵河支流以及中部山区很多河流都将被作为保护重点，尤其是河边许多风景优美的城市如马尔堡、吉森（Gießen）等也将受到重点保护。不仅如此，这些城市附近河流中的货物航运也将逐步取消，以减轻河流生态压力，使周边地区环境变得更优美。

八　脱煤弃核后的能源转型

1986年切尔诺贝利核电站爆炸事件对德国核能政策产生了重要影响。有民意调查显示，事故发生后几周时间内，有86%的民众积极赞成淘汰核能，石勒苏益格—荷尔斯泰因州、黑森州、萨尔州以及汉堡市等州市联邦会也通过了弃核决议。2010年，德国正式提出未来20年内逐步淘汰核能项目的计划，为此，政府为每个核电厂分配了电力输出即未来几年的总发电量，一旦完成此任务，该核电厂即宣告停产。同年10月，德国政府又做出决定，同意17座核电厂可运行至2036年。然而，由于2011年日本福岛核泄漏事件的发生，德国政府宣布废除此决定，这也是德国第二次宣布放弃核能项目。同年5月30日，默克尔总理要求德国所有的核电厂接受安全检查，以防意外事故发生，同时宣布，德国运营时间最长的7个核电厂将在三个月内关闭。仅过了一个月，联邦政府又做出决定，再关闭8家核电厂，同时规定其余9家核电厂的关闭日期，这些规定日期限定在2015—2022年间，这也意味着到2022年时，德国将彻底告别核能发电时代，进而向可再生能源领域进军，以开发出更多更安全的环境友好型能源。[①]

宣布弃核曾一度引发热议，尽管绝大部分民众积极赞成这一决定，但他们还是担心电力供应不足是否会导致经常断电，或者德国这个电力资源输出国是否会变成电力资源输入国。不过，这样的担心完全多余，因为经过四十年的发展，传统能源如石油发电、煤气发电和煤炭发电都保持在一

① Franz-Josef Brüggemeier, *Schranken der Natur, Umwelt, Gesellschaft, Experimente, 1750 bis heute*, Essen: Klartext Verlag, 2014, S. 323.

个相对稳定的生产供应状态，更何况核能发电也只占发电总量的8%（2012年）。为节约石油、煤气、煤炭等不可再生资源，减少二氧化碳排放和生态环境压力，长期以来，德国一直致力于新能源开发研究，并取得了长足进步，这为德国能源的成功转型创造了有利条件，其中的这些新能源即包括水能、太阳能、风能和生物能等可再生能源。

在这些可再生能源中，长期以来水力发电只占很小的一部分，1990年也只占发电总量的3%。之所以占比小，主要是由电力公司自身的生产情况所决定，自身的行业优势使它们更偏爱传统能源发电，而这种新能源发电却需花费更高的成本代价。为鼓励企业开发新能源，1991年，德国颁布了《输电法》，对新能源电力输送做了两方面的改革：第一，电力供应商必须接受可再生能源发电并网；第二，他们必须确保为电力生产企业提供最低价格补偿。这其中，受益最多的是风能发电行业，该行业由此经历了一个不断上升的发展期。其他的可再生能源发电则乏善可陈，如太阳能发电就因为生产成本过高一直难以得到推广。

这种情况一直持续到2000年以后才发生根本性改变。这一年，德国颁布出台了《可再生能源法》。这一法律乍看似乎鲜有亮点，如积极鼓励开发利用新能源，要求电力供应商接受发电并网和向电力生产企业提供最低价格补偿，但其真正的亮点是使太阳能发电行业大为受益，因为这项法律不但保证该行业可持续有效地经营20年，而且还确保相关企业能获得可观的盈利收入，因而使新能源行业具有很好的发展前景。尽管后来的一些法律规定减少了价格补贴，但新能源行业仍是一个营利性行业，它由此不断发展壮大，在全国发电总量中占据越来越大的比重。到2012年，它已占全国发电总量的22.9%，这相当于十年前发电量的三倍，这也意味着德国二氧化碳气体少排放了8100万吨，由此可见利用新能源所带来的巨大成效。[①] 联邦环保部、各大政党、有关企业、德国环境和自然保护联盟等对这部法律所产生的影响均给予了很高评价，认为它是当时世界上最有效的

---

① Volker Quaschning, *Erneuerbare Energien und Klimaschutz. Hintergründe, Technik und Planung, Ökolomie und Ökologie, Energiewende*, München: Carl Hanser Verlag, 2018, S. 190 – 192.（2017年可再生能源发电量占发电总量的33.1%。根据德国联邦政府2014年制定的《2020年环保行动计划》，德国2040年可再生能源发电量要达到发电总量的45%，2050年应达到60%）。

一种调节工具，因为它使德国逐步告别传统化石能源，由此成功实现了能源转型。不仅如此，这部法律也得到民众的广泛支持。民意调查显示，2012年，有五分之四的民众积极肯定这部法律的重要意义，认为它给德国能源转型带来了巨大进步。此外，有不少西方国家受这部法律启发也先后颁布了相关法律，从此可再生能源价格变得更加优惠。随着莱比锡电力交易所的成立，各种能源在此公开透明的交易也确保了电力价格的进一步优惠。不过，这种优惠却是以资金支持模式为支撑，对其预期虽获得了成功，但同时也产生了一些未预料到的问题。

为在资金上对可再生能源行业给予更大的优惠支持，莱比锡电力交易所的成立可以说为电价交易搭建了一个理想的交易平台。在这里，无论是发电接受还是最低价格都得到充分保证，这为电力生产企业解除了后顾之忧。从此，这些企业不需关注市场需求情况，或者说买方市场，甚至竞争对手的生产情况也不用多关注，只要多生产用电，再找到像电力交易所这样的接受方接受自己的电力产品，便可轻松获得收益。不过，这样的电力出售只能由莱比锡电力交易所这样一个国家交易机构来承担运营，它有别于一般自由电力市场。根据法律规定，若交易所出售的电价低于基准价格，差价部分则由国家承担，国家会以资金补贴形式补贴给电力交易所，以确保交易所不亏损交易，而交易过程中所产生的成本则转嫁分摊到最终用户身上，由消费者承担。总之，这一做法简单明了，可再生能源生产商可得到产品接受承诺以及最低价格担保，从而确保投资的安全回收和利润的实现。应该说，没有这种交易平台和国家补偿机制，企业不可能有可再生能源生产的积极性，因为这样的生产风险很大，企业难以承受，也不愿为此承担风险。

在这种市场机制的刺激下，德国可再生能源生产呈现出良好的发展势头。和1991年相比，2012年风能和生物能发电分别增长了46%和40.9%，而光伏发电在2004—2012年短短8年时间内就增长了28%，可见新能源开发利用势头的迅猛。[①] 然而，随着新能源利用的不断增加，一系列新问

---

① Matthias Knaut, *Neue Energien*, *Effiziente Nuzung*, *Regenerative Energien*, *Nachhaltiges Bauen*, Berlin: Berliner Wissenschafts-Verlag, 2012, S. 54.

题随之出现，其主要表现在：第一，大型能源市场综合体产生形成，由于其具有多层次结构特点，从而对各种市场干预因素的反应颇为敏感；第二，在电力交易市场与自由市场并存的情况下，如何保障市场价格相对稳定，这是国家应关注和需要干预解决的问题；第三，由于气候变化原因，可再生能源市场价格经常处在一个很大的不确定的变动状态；第四，国家发展新能源，希望借能源转型来实现环境治理、经济发展等目标，如促进劳动就业，改善经济发展水平较差地区的基础设施条件，以促进总体经济增长等。这些设想固然很美好，但多重目标的叠加有可能会导致更多问题的产生，正如近些年二氧化碳减排中所暴露的问题一样，新能源增加非但没使其排放减少，反而出现了上升势头，究其原因，主要是交通运输、农业生产过程中大量二氧化碳排放未得到有效遏制所致。①

可以理解的是，出于政治考量，如能以发展新能源为突破口，同时实现各种发展目标，这自然是一件好事。这样的考量当然会得到社会的广泛支持，而新能源领域正好可以提供这样的便利条件。也正是这一领域对于德国政治、经济和百姓日常生活有着非同小可的意义，所以对它的任何干预都有可能会引发一系列的连锁反应，产生阻力。正如《可再生能源法》颁布实施所造成的后果一样：大量新能源不断汇集到交易市场，其市场价格随之被压得更低。由于交易市场做出了最低价格保障承诺，所以当市场价格被压低时，它与最低承诺价之间的差价就变得更大，由此造成国家更大的差价补贴。与此同时，传统能源发电厂却陷入巨大的困境中，因为它们生产的电能需求量越来越少，所以生产成本越来越高，且电力产品价格也很难再上涨。这种情况当然符合国家行业发展趋势，在国家看来，它们在国家总电力能源中的比例应不断下降。为寻找出路，很多传统能源企业开始调整生产战略，将价格较便宜的石煤和褐煤作为生产原料，以此保证电力产品价格竞争优势。由此，很长时期内，这两种煤炭不断被企业使用，企业发电量也随之不断增加。2012 年，两种煤炭发电量占各种能源总发电量的 24.3%（其中褐煤占 12.1%，石煤占 12.2%），而到了

① Holger Watter, *Regenerative Energiesysteme*, *Grundlagen*, *Systemtechnikund Analysen nachhaltiger Energiesysteme*, Berlin: Springer Verlag, 2019, S. 76 – 80.

2018 年，两种煤炭发电量占比已上升到 35.1%（其中褐煤占 22.5%，石煤占 12.6%），短短六年时间内，该项比例就上升了九个百分点。[①] 煤炭之所以长期以来煤炭被大量使用，且呈上升趋势，主要原因还在于其自身所具有的价格竞争优势，一是煤炭价格便宜，二是石油、煤气资源匮乏所导致的进口价格一直居高不下，所以才形成这样一个政府不想看到的结果。如果任其发展下去，越来越多的二氧化碳会被排放，只是这些排放尚未超过《可再生能源法》所规定的排放标准而已。为改变这一被动局面，完成 2030 年各种有害气体下降 50% 的目标（与 1990 年相比），2018 年，联邦政府宣布截止到 2038 年底淘汰所有煤电项目。很快，同年 12 月，德国总统施泰因迈尔（Franz-Walter Steinmeier）宣布，停止使用污染程度更大的石煤发电，这样，德国在不久的将来就要正式告别石煤发电时代。而在褐煤使用方面，2018 年年中，德国政府专门成立了“增长、结构转型和就业委员会”，专门致力于解决褐煤弃用问题。众所周知，褐煤一旦弃用，将对德国能源结构以及社会经济发展将产生重大影响。首先，在能源结构调整方面，一旦弃用褐煤，能源价格将进一步升高，更何况德国能源密集型企业对过去两年能源价格的上涨已颇有怨言。弃用褐煤则将使企业和普通居民面对更昂贵的能源价格，这对于提升企业竞争力和拉动居民消费将造成巨大的压力。其次，弃用煤炭还将对新联邦州部分地区的整体经济形势产生决定性影响，因为这涉及数十万岗位就业和地区经济的发展。为解决脱煤带来的潜在影响，德国新联邦州请求德国联邦政府在未来数十年内能对该地区拨付 600 亿欧元的财政补贴，以解决脱煤带来的不利影响。对于这一请求，联邦财政部长绍尔茨（Olaf Scholz）表示，到 2021 年，联邦政府也仅能向该地区提供 15 亿欧元的财政补贴。不仅如此，德国经济界也提请联邦政府从财政和税收等方面给予受影响的煤炭企业以适当补偿。[②] 由此可见，能源价格不断攀升制约着德国经济发展。随着减排压力、脱煤弃

---

① Franz-Josef Brüggemeier, *Schranken der Natur*, *Umwelt*, *Gesellschaft*, *Experimente*, 1750 *bis heute*, Essen: Klartext Verlag, 2014, S. 331. 另参见《德国能源转型之路：四大公司跌出百强企业，风能、光伏看涨》，北极星太阳能光伏网网站（http://guangfu.bjx.com.cn/news/20180716/913065.shtml）。

② 谢飞：《德国能源转型并不轻松》，2019 年 1 月 9 日，百度百科网站（https://baijiahao.baidu.com/s?id=1622144378710603990&wfr=spider&for=pc）。

核等一系列艰巨任务的实施，如何协调好能源转型和经济发展的关系，对德国联邦与地方政府来说无疑是一个巨大的挑战。

为此，继续扩大可再生能源生产已成为今后能源结构改善和经济发展的首要任务。然而，尽管风能、太阳能、水能等可再生能源取之不竭，用之不尽，但它们的获取却受到某些因素的制约，如自然条件的不确定性变化。这种不确定性变化难以避免，它不以人的意志为转移，如遇到阳光充分照射，强风劲吹，充足雨水注入河流大坝，那么发电能力就会大增，这些源源不断的电力随之就会流向电力交易所，在那里，电力供求关系将决定电力价格的高低走向。不过，在挂牌交易过程中，这种能源属长期需求能源，即使有较多的电力供应，其需求也不会有很大的波动变化，更何况挂牌交易属短期的上下波动，因为它根据市场电力供求关系可随时调节生产。所以，从整体情况来看，即使有不确定性的自然条件变化存在，电力供求关系仍处在一个较平稳的状态，正如交易所挂牌所显示的行情那样。

此外，不确定性的自然变化还会发生在生物能发电过程中。生物能原料主要包括清污或垃圾处理过程中收集的乙烷气体、废纸、秸秆、锯末刨花、粪水、家庭生活垃圾以及森林和农业生产过程中回收的可利用垃圾等。不过，这些回收垃圾只占生物能发电很小的一部分，更大的部分则来自于人们专门种植的植物，它们往往具有生长速度快且产量高的特点，如玉米即可为生物能发电提供充足的原料。只是这样的种植往往会带来一个问题，即大量的单一种植需要占用大量的土地资源，而这些土地本可以种植其他经济作物，可更好地提供食物保障。这类问题不仅发生在德国，而且有些发展中国家也存在此类问题，其结果是粮食生产会受到影响，最终有可能导致饥荒问题产生。这种情况本可以避免，然而电力交易所较高的电力接受价格却使人们趋之若鹜，从而造成这类原料作物种植面积的不断扩大。

总之，可再生能源生产越有效，政府补贴力度就越大，这样做的目的无非是扩大可再生能源生产比例，以弥补脱煤弃核后电力资源不足，同时实现温室气体的大幅减排。应该说，这样的资金补贴既降低了企业生产成本，又降低了电力交易所向电力生产企业提供的最低担保价格。然而，应看到的是，与可再生能源生产相比，传统能源生产的政府补贴却相对较少，甚至很低。这虽然是德国政府行业扶持的一个风向标，但也不得不考虑传统能源不可或缺的地位，尤其是自然条件的不确定变化往往会导致可再生能源供应不足，如风能或太阳能的短缺等。在核电和煤电项目关闭的情况下，如果燃油和煤气供应不足，这些企业的生产成本势必会增高，所以，它们向政府要求更高的补助就在所难免，这也是德国政府在平衡能源结构方面一直思考的问题。近年来，德国主流媒体高度关注能源生产的形式走向，并不断刊登有关专家的意见和建议。很多专家认为，政府补贴既要考虑到新能源和传统能源结构之间的平衡，同时也要考虑到能源储备的不足。在未来可再生能源所占比例越来越大的情况下，它的任何波动都有可能引发能源危机。所以，为安全起见，充足的能源储备应成为国家一项长期的能源发展战略。①

在这里，加强电能储备可通过很多方法来实现，如对各地发电进行并网，然后覆盖到更远地区，这样可更好地实现当地电力能源的供需平衡。此外，德国几十年来一直在使用的跨国界的传统电网也必须增容扩建，因为原来的发电厂建设也仅是为当地的电力需求而建，扩建后的电网可更好地调剂跨国间的电力分配，从而实现最佳的电力资源配置。在这方面，和传统能源供应情况相比，可再生能源所发挥的作用相对有限，因为其生产多受地域条件制约，如风能发电适合在北海海面和海边地区进行，尽管那里电能储备充足，但居住人口却很稀少。山区水力发电也存在着类似问题。同样，太阳能发电也会遇到类似问题，一天24小时光照强弱变化会造成电力供应很不均衡。因此，高效电网建设势在必行，只有这样才能实现地区或跨国间的电力供需平衡，确保充足的电能储备。只有做到未雨绸缪，才能为未来经济发展和人民生活提供安全持久的保障。②

毋庸置疑，不管是可再生能源项目建设还是跨国间的电网建设都需要大量的资金投入。因此，企业都希望有一个安全的投资回收保障，而获得

---

① Volker Quaschning, *Erneuerbare Energien und Klimaschutz. Hintergründe*, *Technik und Planung*, *Ökolomie und Ökologie*, *Energiewende*, München: Carl Hanser Verlag, 2018, S. 320 – 322.

② Hermann-Josef Wagner, *Was sind die Energien des 21. Jahrhunderts? Der Wettlauf um die Lagerstätten*, Frankfurt a. M.: Fischer Taschenbuchverlag, 2007, S. 129 – 146.

电力交易所提供的最低担保价格则是它们的愿望所在。只有获得最低担保价格，它们才能回收投资，实现盈利。因此，抽水蓄能电站的建设显得尤为必要。它不仅可以储备电能，还可随时出售电力产品，帮助企业获利，20 世纪 90 年代建成的金谷抽水蓄能电站是德国第一座大型抽水蓄能电站，也是当时欧洲最大最现代化的抽水蓄能电站之一。2002 年 3 月，该电站第一台机组正式运行，总装机容量为 1060 兆瓦。该电站的建成不仅大幅度改善了部分负荷下的效率和运行稳定性，而且还确保了当地电网中的褐煤电厂能在最优工况下稳定运行，从而使德国联合电力公司（VEAG）电网实现最佳经济效益。[①] 2016 年 1 月，黑森州埃德尔湖（Edersee）瓦尔德克 1 号抽水蓄能电站正式兴建，该项目投资 5200 万欧元，总装机容量为 74 兆瓦。项目建成后，它可为欧洲最大的电力公司——德国意昂电力集团公司（E. ON Wasserkraft GmbH）带来丰厚的利润回报。[②]

除收回投资实现利润外，企业还希望项目建设能创造更多的就业岗位。由于地处偏远地区，人们的就业机会较少，可再生能源项目正好能够弥补短板，为附近居民提供工作岗位，如海上、海岛以及海边地区的风能发电项目。由于多年来经济发展和生活水平处于一个相对较落后的水平，风能发电项目的实施正好可帮助他们走出困境，改善生存条件。生物能发电项目同样也能发挥这样的作用，它不但给林区居民和农业种植区居民带来可观的经济收入，而且为附近居民提供就业机会，这对于就业者本人、企业和国家来说，无疑是一件共赢互惠的好事。

能源转型促进劳动就业，这是人们希望看到的结果，但它所引发的矛盾冲突同样也不可避免。如上所述，新能源项目的实施有助于就业率的提高，也有助于二氧化碳的大幅减排，但它的发展无疑会影响到煤电行业的生存。至 2038 年火力发电厂关闭，这期间近二十年的时间内，它和新能源发展不可避免会产生矛盾，尽管石煤发电目前已停止，但褐煤发电仍继续存在。由于很多村镇建有火力发电厂，它们是当地利税大户，如果新能源

① Jürgen Giesecke und Emil Mosonyi, *Wasserkraftanlagen*, *Planung*, *Bau und Brtrieb*, Berlin: Springer Verlag, 1996.

② 《德国瓦尔德克 1 号抽水蓄能电站投入运行》，北极电力网网站（http://www.bjpsb.com/csxuneng/29151.html）。

项目上马，这些企业必将遭受巨大的利润损失，地方财政也会失去一块很大的税源。最终，无论是企业，还是当地财政都将受损，正如鲁尔工业区所经历的那样。然而对于联邦政府来说，它却不得不从长计议，放弃局部利益，为国家长远的能源发展规划着想，所以，不同的利益集团对新能源发展的态度不尽相同，进而会引发不少的矛盾和冲突。[①] 此外，在光伏发电领域太阳能板使用问题上，制造商和生产企业之间也存着难以调解的矛盾。由于德国和其他欧洲国家生产的太阳能板价格相对较高，所以很多德国光伏发电企业干脆从我国进口。大量低价产品的涌入对市场形成巨大冲击，这引发了欧洲制造商的不满，于是他们要求国家采取反倾销措施，打压我国产品，以确保其产品销售。在他们的一再坚持下，欧盟不得不提高关税，这样既确保了欧洲产品在欧洲地区的销售，同时也解决了很多就业问题。然而，产品价格提高招来了德国光伏发电企业的不满，他们抱怨太阳能板价格过高，购买这样的产品势必会加大投资成本，延长投资回收期，从而影响经济效益，这对光伏发电企业主的投资积极性无疑是一种挫伤，尤其是从长远利益来看，也不利于新能源行业的发展。[②]

综上所述，德国能源转型在带来可喜成果的同时，也带来了不少问题。可以理解的是，采取这样大的举措，即通过弃核脱煤发展新能源来实现温室气体减排，创造就业岗位，促进经济发展等目标，问题的产生自然不可避免。这些目标看似协调统一，其实彼此之间相互冲突，而冲突则是制度顶层设计者操之过急、急于求成所造成的结果。他们对政策运用有可能产生的后果缺乏预判，认为各项政策的同时运用会很快促进能源转型，其结果却造成上述一系列问题的产生，这是他们始料未及的。为改变这种欲速则不达的状况，根据后来经验，还需要制度顶层设计者给政策执行充分的时间保障，让各项政策能符合形势发展要求。正如很长时间以来人们所讨论的那样，是否真的将扩大新能源比例或者减少温室气体排放作为政府的首要中心任务，尤其是近年来对新能源的大力扶持，其结果是二氧化

---

① Konrad Kleinknecht, *Risiko Energiewende*, *Wege aus der Sackgasse*, Berlin: Springer Verlag, 2015, S. 221 –223.

② Carl-A. Fechner, *Power to change*, *Die Energierevolution ist möglich*, Gütersloh: Gütersloher Verlagshaus, 2018, S. 35 –36.

碳排放不但没减少，反而却在上升，这更给这些怀疑者有了批评的理由。为此，他们提出，成立工会，促进其他减排新技术开发，这也许会更有意义。这种观点在其他欧洲国家同样也得到认可，由此可以看出，在欧盟内，很多能源政策的制定往往存在很大的意见分歧。

到目前为止，在能源转型这个问题上，今天的德国仍未找到一个理想的答案，更多的还处在探索实践中。在未来，肯定还将有大量的法律法规会制定，市场运行机制还有待完善，销售担保还有待继续提供，更严格的有害气体排放标准以及其他政策工具还有待同时实施运用。这些手段是否能达到目的，还要看它们是否更能适应形势，更有机协调地消解各种矛盾，以最小的政策成本换得最大的社会化效果。因此，从失败的经验中汲取教训，不断检验政策工具的实用有效性，这更是今后能源转型过程中需关注的问题。在这里，未来的德国仍将面临巨大的挑战，尽管可再生能源比例在不断上升，但如何在新冠病毒蔓延、地区冲突不断、单边主义盛行下的贸易壁垒设置、新能源政策补贴居高不下、国内就业压力仍然存在等不利形势下保持经济持续稳定的增长，这将是德国新一届政府需面对和解决的问题。

第六章　德国环境史：一门探究可持续发展的新史学

2015 年 11 月 6 日，在德国萨克森州开姆尼茨（Chemnitz）大剧院举行的纪念卡洛维茨逝世三百周年纪念大会上，原西德环保部长和联合国环境署主要负责人托普福尔发表了一篇题为《可持续发展概念的过去与未来》的主旨演讲。在演讲中，他高度评价了“可持续发展理念”鼻祖、近代德国林学家卡洛维茨 1713 年所创立的“森林永续利用理论”，认为他不仅前瞻性地对萨克森侯国的森林实行了保护，而且更重要的是，他站在时代的高度，要对“整个萨克森侯国的经济发展负责”，为国王理财，将林业的可持续发展当作一件很“严肃的”头等大事来对待，只有这样，才能“确保均衡有序地产出木材”，并让子孙后代也有源源不断的森林资源可以使用。

在托普福尔看来，在全球一体化和生态文明时代大发展的今天，卡洛维茨的这一思想为后世的可持续经济发展指明了方向。他特别强调道：只有当人们将经济发展观念与社会发展、生态保护、技术发展和伦理观念紧密结合时，可持续发展才能得到充分保证，尤其是在今天这个所谓的“人类世”（Anthropozän）。由于人类活动不断加剧生态环境恶化，从而导致自然灾害频发，并危及自己的安全生存，所以这就更需要坚持这一思想，并转化为行动。为此，他发出呼吁：“今天的我们要为后代做榜样，千万不要让后代对我们今人所做的决策行动感到怀疑和失望”，“如果我们这代人能安守本分，别去抢子孙的饭碗，那我们将是最了不起的一代人”。①

受此启发，本研究从一开始就确立了一个基调，即将“可持续发展理念”这根红线贯穿于始终，以此检视日耳曼人自古以来在与自然环境交往过程中有哪些成败得失。具体地说，在成功经验方面，他们运用了哪些自然条件、生产经验、生产技术和政策优势，让可持续发展得以保持，最终实现人与自然环境的和谐统一；而在失败教训方面，他们又怎样违背自然客观条件，违背民意，或置法律于不顾，滥用技术，从而导致人与自然的抵牾相背，最终在自然面前不得不败下阵来。成书之余，检视全篇，所得出的结论是，从某种意义上说，德国环境史是一部探究日耳曼人为可持续发展而生存斗争的新史学，其中的“新”，即是指通过德国自然环境的历史变化研究来揭示日耳曼人的社会属性和生存状况；反过来，通过日耳曼人的生产实践活动研究也可揭示自然环境发展的客观规律和内在动力。那么，对“可持续发展”这一理念的探究如何贯穿于该项研究？下文拟从如下四个方面展开论述。

第一节　可持续发展历史回顾

虽然卡洛维茨在18世纪早期就提出这一理念，但这并不意味着在此之

---

① Klaus Töpfer, *Vergangenheit und Zukunft des Begriffs der Nachhaltigkeit*, in: Sächsische Hans-Carl-von-Carlowitz-Gesellschaft (Hrsg.), *Menschen gestalten Nachhaltigkeit*, *Carlowitz weiterdenken*, München: oekom verlag, 2015, S. 13－23.

其实，在森林永续利用方面，中国人远比日耳曼人要早，仅是最近的史料就记载了中国人在森林轮栽轮伐方面比卡洛维茨提出此理论还要早的史实。有史料记载，康熙五十一年，也即1712年9月1日，耶稣会法国传教士昂特雷科莱（Xavier d'Entrecolles，中文名殷弘绪）于饶州在写给中国和印度传教会会计奥日神父的信函中，曾详细描写景德镇瓷器制作的工艺流程，同时，他还不忘顺带描述了瓷器烧制时的污染场面：“这座城市的人口似乎有一百万之多，每天消耗一万多斤大米和一千多头猪，过去有三百座窑，后来达三千座，因此火灾屡发不足为奇，不久前就有八百间房子被烧毁。如果乘船从水路来景德镇，会看到袅袅上升的火焰和烟气构成了这座城市的轮廓，到了晚上它就像是被火焰包围着的一座巨城，人们上岸后会发现到处都是陶瓷残片。”然而，在叙事学专家和生态文化学者傅修延看来，殷弘绪所看到的也仅是表面现象，因为真正的“景德镇这座城市并没有像人们担心的那样毁于窑火，许多老房子依然健在，大量废窑砖和碎瓷片被用来铺路、砌岸和垒墙。更重要的是城市周围的山林保存完好，一点都不比其他地方的山林逊色，这是因为烧瓷用的窑柴被限定为昌江两岸轮栽轮伐的松木，20年一个轮回，砍伐之后必须再种。”由此可见景德镇当地居民早就有了这种“森林永续利用”意识。（傅修延：《生态江西读本》，21世纪出版集团2019年版，第81—83页。）

前德意志民族在其历史进程中就没有这种实践做法。[①] 回顾人类历史，最早两河流域苏美尔人的农耕方式就远不如欧洲农业文明所秉持的可持续发展性理念，因为气候条件原因，欧洲土地盐碱化程度明显要轻，早期森林的小规模砍伐也没形成很严重的喀斯特地貌等，在这一点上，欧洲早期农业文明和我国古代的农业文明一样具有可持续发展这一特点，即合天时、地脉、物性之宜这样的农业生态保护思想。三圃制耕为土地资源的节约利用创造了有利条件，多种经济作物种植不仅为人体提供碳水化合物，以蛋白质形式补充人体营养，同时还可用作饲料喂养牲畜，也可作为植物肥料为土壤补充必要的氮元素，从而为增产增收创造了有利条件。此外，日耳曼先民还善于向生产技术发达的古罗马人学习，他们引入重犁，深耕细作，同时采用马拉犁具，这比牛耕提高了生产效率，由此促进了中世纪农业的快速发展和近代工商手工业的兴起。到中世纪时，尽管森林砍伐较普遍，但农业生产在可持续发展方面仍取得许多重大成就，如生产工具水磨、风车和水流拦截技术的发明、生产结构多样性的实施包括其他经济作物如荞麦、油料作物等的种植、果树栽培、鱼塘经济发展等，这些都标志着可持续发展理念的早期实践和所取得的丰硕成果。然而，和农业发展相比，12 世纪开始的大面积森林砍伐、13 世纪城市的不断兴起以及矿山开采冶炼过程中所消耗的大量木材，都体现了森林资源的日益匮乏，这是各诸侯国加强立法管理和保护森林资源的重要原因，也为 18 世纪卡洛维茨“森林永续利用理论”的诞生奠定了基础。然而，当时的城市卫生管理却并不符合可持续发展这一理念，人口拥挤、污水横流、生活用水污染、家畜满大街奔跑等给城市增加了很大压力，虽然也颁布了不少法律法规，加强了管理，但这些问题仍是中世纪城市最突出的问题，以至于瘟疫流行时人们束手无策，多死于非命。流行三百年的鼠疫一度给欧洲人带来灭顶之灾，直到 18 世纪初，随着消毒、隔离等科学防疫措施在军营、医院和公共场所推广使用，鼠疫才从欧洲大陆消失。

进入近代，早在卡洛维茨之前的一个半世纪，对可持续发展理念的探

① 这一概念的正式确立最早见于 1919 年编纂的《牛津百科大辞典》，由此，这一概念为世人所知并逐渐被采用。（Verena Winiwarter und Martin Knoll，*Umweltgeschichte*，Köln：Böhlau Verlag，2007，S. 302.）

索又向前迈进了一大步，这一探索人即是16世纪德国医生兼矿山作家阿格里科拉。在其1556年写成的著作《论自然金属》中，他详细记录了当时萨克森埃尔茨山区矿山开采所造成的各种环境污染。挖矿砂后田地、森林和林苑地被毁，鸟类和其他动物消失，更有甚者，人们还对其进行捕猎，将其当作美味享受。还有在河流小溪中洗矿后，鱼类多被毒死。[①] 由于遭受烟雾、矿渣、矿坑污水、有毒气体等伤害，很多矿工都患有疾病，他们痛苦不堪，很多人年纪轻轻就死于非命。对此，颇有远见的人文主义者阿格里科拉向当时的矿主、市议员以及德累斯顿公爵提出建议：不能只看到眼前这点经济利益，应从长计议，为矿区长远的发展着想。[②] 为确保这一目标的实现，他在著作前言中给出建议：身为矿山从业人员，“他就应该掌握很多科学知识和技能：第一，他应该是个哲学家，懂得地下这些资源的起源、形成原因和特点，这样他就可以轻松地找到开采路径，然后更好地将矿砂运出；第二，他应该是名医生，他可以为矿工治病，帮助其恢复身体；第三，他应该是名天文学家，他可以熟知天文和地理方位，然后判断矿脉走向；第四，他应该懂测量学，一方面可以测量矿藏有多深，另一方面还可以知道矿井的最深处在哪里；第五，他应该懂计算，懂得工机具采购和工资成本计算；第六，他应该懂得建筑知识，各种矿井铺设、房屋建筑知识都要掌握，各种建筑绘图知识也要精通；第七，他要懂得法律知识，能运用矿山开采权保护矿山不受损失，维护自己和矿主的权益。”[③] 在这里，阿格里科拉的这些思想和卡洛维茨的思想有很多相似之处，只是他并没有进一步表明人们不要竭泽而渔，不乱采乱伐，应保护好矿区资源，为后代谋利益。当然这样的要求未免有些严苛，因为在当时的历史条件下，身为医生的他无法做到劝阻停止开采，更何况阿格里科拉已想到了要

---

① Georg Agricola, *De Re Metallica Libri XII. Zwölf Bücher vom Berg- und Hüttenwesen* (1556), Wiesbaden: Verlagshaus Römerweg, 1928, S. 95 – 106.

② Ilja Kogan und Sebastian Liebold, *Sächsische Humanisten als Ideengeber nachhaltiger Ressoucennutzung, Georgius Agricola und Hans Carl von Carlowitz*, in: Sächsische Hans-Carl-von-Carlowitz-Gesellschaft (Hrsg.), *Menschen gestalten Nachhaltigkeit, Carlowitz weiterdenken*, München: oekom verlag, 2015, S. 138 – 139

③ Georg Agricola, *De Re Metallica Libri XII. Zwölf Bücher vom Berg- und Hüttenwesen* (1556), Wiesbaden: Verlagshaus Römerweg, 1928, S. 1 – 2.

放从长计议，着眼于未来，仅是这一点就已很难能可贵。另外，和森林资源不同的是，矿砂属不可再生资源，开采后也不能再生，而森林却可以再营造种植。所以，卡洛维茨的可持续发展理念的诞生也更具说服力，因此为后世所接受，并被发扬光大。

从某种意义上说，近代矿山和森林的过度开采可视为可持续发展的反面教材。从 19 世纪中期开始，随着德国工业革命的开展以及威廉帝国现代工业的高速发展，德国政治、经济、技术、自然环境等都发生了重大变化，各种环境污染问题不断出现，并愈演愈烈，从而使德国环境遭受前所未有的污染和破坏。在农业领域，化肥的大量投入使用极大地改变了土壤属性，大量没被吸收的化肥进入江河湖海造成严重污染；同样，农药的大量使用不但危害人体健康，而且污染了自然环境。工业生产更是给环境带来巨大压力，废气、污水、工业和生活垃圾、城市噪音、饮用水遭受污染、恶劣的劳动环境等都成为可持续发展的最大绊脚石，造成了人与自然环境的精神割裂和彼此对立。如何回归自然，在大自然中找到精神动力和灵魂之所，这是 19 世纪末自然保护和家乡保护者们共同探讨的话题。他们和生活革新人士、无产阶级自然之友以及“候鸟运动”者们一起共同回到自然怀抱，远离城市喧嚣和机器摧残，特别是资本主义制度的剥削压迫，共同迎接新世纪曙光的到来。

威廉帝国的军事扩张最终导致德国一战的彻底失败。大量军事先进武器使一战变为残酷的杀人场，欧洲自然环境也遭到极大破坏。魏玛共和国时期的工业化大生产同样也没能扭转威廉帝国时期以来工农业生产对环境的继续污染。不仅如此，一战失利后，一股“血统与土地”种族主义逆流已悄然形成，如何重振“日耳曼雄风”，赢得新的战争，征服世界，便成为纳粹上台后的首要目标。为树立优等民族形象，美化景观环境，于是公路建设、森林营造、花园修建等不断兴起。甚至在占领波兰和俄罗斯西部地区后，《东部总计划》框架下驱赶斯拉夫人和犹太人后实施的东部规划和建设使这些受害民族和其家园遭受到毁灭性的破坏。

细究这种对大自然不计后果破坏的原因，还要归结到古希腊罗马文化以及基督教教义对欧洲人所产生的影响。古希腊罗马人的泛神论思想造成大批森林被砍伐，大片土地被开垦，无数动物被猎杀，大片矿山被开采，无数条驰道被修建，因战争之后大量移民而导致的许多田园景观的破坏等都无不展示古希腊罗马人残酷无情的一面。这种对自然的肆意凌辱对后世产生了极为恶劣的影响。随后诞生的基督教教义又与这种思想不谋而合，因为上帝发出了“让地球臣服于你们”的教谕。对此，德国神学家德雷威尔曼和艾莫瑞都给予无情的批判，在他们看来，人类才是破坏自然环境的始作俑者，因为基督教教义和世界其他宗教教义恰恰相反，它从一开始即宣称人是地球和其他万物的主宰者。正是由于该思想作祟，所以人类始终认为自己在大自然中是上帝创造的最优秀的造物者，他可以任意主宰其他造物者的命运，并对他们进行最赤裸的侵害掠夺，[①] 甚至在人类同类间也相互残害，将很多灾祸转嫁到异己头上。如中世纪时在流行病蔓延这个问题上，很多犹太人被污蔑为病毒制造者，在有些城市饮用水受到污染时，他们又被污蔑为投毒者，[②] 最严重的莫过于二次世界大战中纳粹政府对犹太人所实施的“有系统的灭绝”计划，在欧洲 15 个国家建立的 203 个纳粹集中营内，他们采用各种惨无人道的方式屠杀了六百万犹太人。[③] 此外，还有很多妇女被强奸侮辱，很多俘虏被强迫做苦力，很多儿童被冻死饿死。德军占领波兰、俄罗斯后对当地人实施的驱逐行为也同样令人发指，当地人因此失去家园而无法生存。总之，纳粹这种倒行逆施的行径其实和基督教“奴役、征服甚至毁灭”的教义也多有契合，其生态主张因而也是一种血腥残暴的法西斯伪“绿”主张，最终必遭到唾弃，成为一部活生生的反面历史教材。

“二战”结束后，随着经济的快速发展和环境破坏的日益严重，如何加强环境保护成为很多有识之士思考谈论的话题。也正是在可持续发展思想的启发下，1961 年，德国社会各界很多知名人士在博登湖共同起草和发表了《梅瑙绿色宪章》，其出发点是“代表人类意愿”，要求人们加强对“自然环境”的保护。“自然环境”这一概念第一次被正式提出，其中大部

---

① Günther E. Thüry, *Die Wurzeln unserer Umweltkrise und die griechisch-römische Antike*, Salzburg: Otto Müller Verlag, 1995, S. 1 – 34.

② Stephan Schmal, *Umweltgeschichte*, *Von der Antike bis zur Gegenwart*, Bamberg: C. C. Buchners Verlag, 2001, S. 35.

③ Friedemann Schmoll, *Erinnerung an die Natur*, *Die Gechichte des Naturschutzes im deutschen Kaiserreich*, Frankfurt/New York: Campus Verlag, 2004, S. 180.

分的倡议直至今天仍被人们所采纳。这部纲领性宣言一共包含十二点内容，内容涉及空间规划设想、景观规划、可持续农业生产保障、土地、大气和水资源保护、荒野保护、加强环保教育、加强生命空间科研以及加强立法确保生命空间健康发展等。① 由此，战后德国的可持续发展已上升到一个新的高度。与此同时，一系列“还鲁尔一片蓝天”环境治理举措也得到有效实施。经过二十多年的努力，鲁尔工业区终于变为一个崭新的生态修复样板，很多原工业生产场所被辟为历史博物馆，向人们展示当年此地的生产状况包括环境污染状况，以此告诫人们旧的历史不能再上演。

进入21世纪，随着时代的发展，可持续发展理念被赋予新的历史内涵。鉴于核能发展存在着潜在威胁，为防止地球气候日益变暖，德国于2000年颁布了《可再生能源法》，以鼓励企业积极开发利用新能源。到2012年，德国可再生能源发电占发电总量的22.9%，这相当于十年前发电量的三倍，德国二氧化碳气体排放量也因减少8100万吨，由此可见新能源利用带来的巨大成效。② 德国社会对这部法律所产生的作用给予了高度评价，认为它是当时世界上运行最有效的一种调节工具，德国由此逐步告别传统化石能源，并成功实现能源转型。同样，这部法律也得到民众的广泛支持，他们认为优惠的电力价格给自己带来很大的实惠。受这部法律启发，不少西方国家先后颁布了有关法律。由此可见，这种可持续发展理念模式不仅有效改善了国内环境，同时也有效推动了全球环保事业的发展。从此，可持续发展逐步变成一种国际化理念，它为加强国际合作、降低温室效应、共同保护地球家园做出了重要贡献。

第二节　探究可持续发展理念下政治、经济、环境、技术和道德伦理各要素之间的关联

一个社会或一个国家如何能实现可持续发展，这在很大程度上取决于

① Frank Uekötter, *Umweltgeschichte im 19. und 20. Jahrhundert*, München: Oldenbourg Verlag, 2007, S. 32.

② Dirk Maxeiner und Michael Miersch, *Alles grün und gut? Eine Bilanz des ökologischen Denkens*, München: Albrecht Knaus Verlag, 2014, S. 320.

社会各要素之间的协调运转，这些要素既包括政治、经济要素，也包括技术、环境和道德伦理等要素，其中任何一项要素变动都有可能导致其他要素发生改变。所以，本研究注重这些社会要素之间的相互作用关系，旨在揭示不同时期内日耳曼人与自然之间的互动关系，充分考察他们在生态系统中发挥怎样的历史作用，取得哪些进步，经历哪些失败，这些都已纳入到本研究并做了深入细致的考察。

从政治干预自然环境情况方面来看，本研究中有很多史例可证明政治干预对自然进化和环境保护所产生的重要影响。在这方面，颇具代表性的有中世纪初教会和世俗权力对森林资源实施的有效管理。早在七、八世纪的查理大帝时期，《国王法典》中就已规定森林应被小心看管，只有适合开垦的地方才可以砍伐，管理林中的野生动物也因此得到有效保护。这种保护不仅使森林资源的长久利用和动物的繁衍生息得到保证，同时也有效阻止了滥砍滥伐所造成的环境破坏，1158 年巴巴罗萨皇帝因采矿对山林行使保护权而颁布的有关法律、13 世纪艾贝斯贝格修道院为管理森林所做的有关保护规定等都反映了这一史实。据统计，13—16 世纪这三个世纪内，整个德意志至少有上千部文献记载了各诸侯城邦的森林管理法规条例，其中包括许多案例判处以及对森林管理的有关指导条例等。[①] 应该说，这些法律的颁布实施不仅加强了各诸侯城邦森林资源的节约利用和环境保护，同时也为提升自身的经济实力和政体稳定起到了至关重要的作用。再从纳粹所推行的生态法西斯思想情况来看，尽管第三帝国实施的景观塑造和东部总计划战略要把整个国家变成“一个花园”，但这种环境美化却是为了掩盖其对外侵略扩张的野心，以此来号召一个“没有空间的民族”觊觎远方，将东部地区纳入到自己的版图。在占领波兰后实施的东部总计划战略中，纳粹更是驱逐当地居民，然后迁入德国居民，并实施景观塑造计划，旨在将波兰变成德国花园的一部分。由此可见，这种绿色政治化工具所带来的是一场巨大的人类灾难，纳粹统治下的经济、环境、技术和道德伦理由此产生严重扭曲。所以，这种种族主义、军国主义和霸权主义思想所带

① Helmut Jäger, *Einführung in die Umweltgeschichte*, Darmstadt: Wissenschaftliche Buchgesellschaft, 1994, S. 105.

来的既不是文明和谐之“绿”，也不是技术进步之“绿”，它真正带来的是野蛮血腥之“绿”和人类倒退之“绿”。

从技术进步对社会各要素产生作用的情况方面来看，德国社会的进步更说明了这一点。德国是一个崇尚发明创造的国家，德国人在科技发明创造方面为人类进步所做的贡献尤为巨大，这从其工业革命后的无数发明创造中可以看出，机械制造、化工医药产品、芯片技术、污水处理和风力发电等技术等都属世界领先水平，这些在促进人类文明繁荣进步的同时，也为德国乃至世界的自然环境保护做出了重要贡献，而这些成就的取得和它政治的开明昌化、社会上下的务实勤奋，国际合作的深入开展是密不可分、息息相关的。只有拥有强大的经济实力才能确保自然环境保护的顺利实施。困扰德国人一个半世纪的工业污染在国家政策扶持、科技发明和广大民众的积极参与下于20世纪90年代最终得到了彻底治理，鲁尔区又重现蓝天，莱茵河又变得清澈，柏林、慕尼黑等很多大城市市内甚至比以前出现了更多的小生境，很多动植物物种也在此安家落户。如果再回到更远的历史年代，水磨、风车、葡萄种植、桁梁房屋建筑、金属冶炼、煤炭开采、木材放排、运河开凿等一系列技术的发明运用无不是日耳曼人聪明智慧的结晶。他们在学习和总结别人的基础上不断创新，由此推动了社会进步，同时也为自然环境保护做出了重要贡献。

技术进步在促进自然环境保护的同时，也对社会道德伦理的进步产生了重要影响。同样，社会道德伦理的进步则又促进了社会的进一步发展，致使人际关系变得更和谐。以中世纪瘟疫流行为例，当时很多人朝不保夕，为苟且偷生不得不干起偷窃、抢劫甚至盗墓毁尸的勾当，还有遇到灾荒之年的贫民也往往走上这些邪路。在当时生产技术和科技发明尚不发达的年代，人们为求得生存，往往置道德伦理于不顾，从而给社会稳定带来很多不安定因素，王权统治由此受到威胁。由于权力争斗，16世纪爆发的农民战争、17世纪的三十年战争、18世纪的七年战争等给日耳曼人带来了无尽灾难，从而使民生更为凋敝，社会也更为倒退。

第一次世界大战可以称为人类第一次技术战争或工业化战争，各种新武器不断在战场时出现，尤其是坦克、飞机、大炮和毒瓦斯的大量投入更使欧洲成为一个巨大的军火试验场，由此可见技术所带来的残酷性的一面。由于技术滥用而受到道德伦理谴责的还有“二战”时期纳粹将犹太人作为医学标本进行人体试验，用毒气毒杀犹太人等，这些都成为纳粹迫害犹太人的有力罪证。[①] 20 世纪 80 年代苏美两个超级大国以核武器相威胁的超级冷战给整个世界带来的恐慌，还有 1986 年切尔诺贝利核爆炸泄露事件、2011 年日本福岛核泄漏事件等，这些都促发了人们对技术和伦理关系的深刻思考，技术滥用如何受伦理约束成为人们高度关注的话题。[②] 此外，20 世纪末一度出现的基因克隆曾引发诸多讨论。如何防范和化解技术带来的种种风险，这要求人们须保持一种审慎的态度，以有效应对新科技带来的各种伦理挑战。

第三节　当代德国可持续发展何以能取得成功?

战后德国经济发展带来的环境保护思考，尤其是 20 世纪 70 年代全球兴起的环保运动为西德可持续发展带来了契机。如何实现对不断增长的人口进行有效控制？如何阻止人类对地球资源的疯狂掠夺？如何避免环境破坏造成的环境污染和物种消亡？如何在资源紧缺情况下保持世界经济增长？如何阻止技术滥用所导致的生产过量和消费膨胀？如何加强青少年环境教育？面对这些问题，1971 年，受罗马俱乐部《增长的极限》和美国人率先发起的环保运动启发，西德社会自由党联盟发表了《环保政策纲要》。该纲要十条内容涵盖环保政策的各个方面，为后十年其他一系列法律法规的制定和环保运动的开展提供了纲领性指导。在环保运动开展过程中，80 年代初绿党的诞生更助推了西德环保事业的发展，为德国生态文明建设的开启提供了坚实后盾。与此同时，历届政府也积极开展国际合作，一系列为保护世界气候、保护动植物物种、消除贫困而签署的协议也让德国为世界可持续发展做出了重要贡献。总结他们在各领域取得的巨大成功，可以归结为如下六点：

第一，政府的大力支持和积极引导。“二战”后的西德环保工作在一

---

① Friedemann Schmoll, *Erinnerung an die Natur, Die Gechichte des Naturschutzes im deutschen Kaiserreich*, Frankfurt/New York: Campus Verlag, 2004, S. 177 - 180.

② 王国豫：《德国技术伦理的理论与作用机制》，科学出版社 2019 年版，第 110—114 页。

开始进展得并不是很顺利，因为政府的主要工作是恢复经济发展，让人们尽快从饥饿贫困中走出来。尽管出台了一些环境保护政策，但出发点还是为经济发展服务，所以，20世纪五六十年代的环境保护还谈不上有多大进展。直至70年代初，受美国环保运动影响，一场自下而上的环保运动随即展开，从而促使执政党——社会自由党发表了著名的《环保政策纲要》，其中的“环保政策制定”、“联邦政府当好环保科技顾问”、“政府在资金、税收和基础设施方面对环保进行扶持”三条措施充分体现了政府的积极态度和决心。此外，确立肇事者原则、大力研发“环境友好型技术”、要求公民树立主人翁意识、加强科研力度、加强环保专业人才培养、社会各阶层在科技和经济方面多加强合作和沟通、开展环保国际合作等则体现了政府对环保事业的积极支持。应该说，从20世纪80年代中期，环境保护已成为西德官方一项重要的政治任务，一大批法律法规相继颁布实施。联邦政府和各联邦州都设有环保部门，甚至不少政府官员也加入到民间团体，为环境保护保驾护航。进入20世纪90年代后的环境保护已变得越来越专业化，因为很多政策指令、规划设计本身以及其贯彻实施都须从科学角度予以阐释说明。为此，它需要由一批经过专业培训的负责人来领导实施，而这些负责人多出自政府有关部门，或专业机构的专门委员会领导成员，即使是担任名誉职务的自然保护成员也拥有相关方面的从业经历或领导经验。再比如为合理优化能源结构，德国政府对交通燃料、电力、供暖和天然气等的使用征收生态税，由此，德国的节能减排取得显著成效。2003年，得益于这项改革所创造的就业岗位达25万个，2005年的二氧化碳减排量超过了2%，足见政府政策引导的重要性。在核能利用方面，鉴于日本福岛核泄漏带来的恶劣影响，德国政府本着对百姓高度负责的态度，宣布于2022年底关闭德国所有的核发电设施，同时拟加大其他可再生能源比例，以弥补核发电关闭带来的不足。由于历届政府开明务实，以人为本，所以在短短四十年内，德国很快发展成为世界一流水准的生态文明大国。

第二，媒体宣传促进了民众觉醒，也加强了社会监督。战后德国环保事业的开展在很大程度上与媒体宣传报道的引导和助推有关。1957年《西德水法》就是在媒体的宣传下诞生的，尽管实施过程中遇到不少阻力，但它还是开启了舆论宣传的先声，让整个社会看到了它所发挥的重要作用。还有同年西德成功收回英国占领的大克乃西特浅滩沙地也要归功于媒体的宣传报道。在其刊登英军投弹造成沙滩地上的很多翘嘴麻鸭伤亡后，西德很多自然环保者发出抗议，最终迫使英国政府不得不做出让步，将这块自然保护区还回到自然保护者手中。20 世纪 70 年代德国环保运动的兴起也要归功于新闻媒体的大力宣传，1970 年，《明镜》、《彩色》和《明星》三个杂志周刊不断发出警报：西德社会已处在一场巨大的环境灾难中，同年的主要报纸《南德意志报》也声称西德已进入“一个定时炸弹会随时引爆”的时刻，因为“牛奶中含有大量的锶这种碱土金属，波罗的海已被石油污染，城市已处在雾霾的笼罩下，拥挤的马路上尽是蜗牛般爬行的汽车，这些令人休克的后果已不期而至。”[①] 正是这样的大声疾呼才促成广大民众的觉醒，由此拉开环保运动的序幕。此外，在抗议导致环境遭受破坏的水电站建设、核电厂建设和核废料处理、企业乱排乱放等问题上，媒体所发挥的作用也功不可没。80 年代初面对大面积森林死亡事件的报道更是让民众感到环境保护的重要性，自 1981 年 11 月开始，《明镜》周刊连续三期刊登森林死亡报道，将其死亡原因归结为酸雨毒害，并指出森林死亡已不是某个地区的问题，德国、欧洲乃至整个世界都面临着这场灾难。连续报道引发了全社会关注，处在巨大压力下的西德政府于是很快成立专家调查委员会，这些专家去各地现场开展调查，其最后调查得出的结果为政府决策提供了重要的参考依据。此外，新闻媒体也发挥了巨大的社会监督作用。还是在 20 世纪 80 年代，拜耳化工厂等企业在舆论的高度关注下宣布不再向北海偷排稀释酸液。从此，北海海域污染治理得到有效整治，海洋生态也渐趋好转，并不断恢复。

第三，民众的广泛参与和对环保事业的积极支持。和美国一样，20 世纪 70 年代初西德环保运动开展的主体也是广大民众。运动一开始的 1970 年，他们就组织了一次跨地区的“莱茵—美因行动”，抗议企业生产对周边地区所造成的环境污染。在随后的两年里，该团体和其他民间组织一起

---

① F. Kai, *Hünemörder*, *Kassandra im modernen Gewand*, *Die umweltpolitischen Mahnrufe der frühen* 1970*er Jahre*, in: Frank Uekötter und Jens Hohensee (Hrsg.), *Wird Kassandra heiser? Die Geschichte falscher Ökoalarme*, Stuttgart: Franz Steiner Verlag, 2004, S. 78 – 97.

先后又开展了许多抗议核电站建设的活动，由此开启了战后环保运动的先声。其中的领导联盟“联邦公民动议环保联盟”下辖约1000个分支机构，50万名成员，可见公民动议发展势头的迅猛。此外，1980年元月，西德绿党的诞生也离不开广大民众的支持，其成员大多由社会普通民众组成，他们中既有绿色后现代代表、和平主义者、实用主义者、保守主义者、激进主义者、女权主义者、共产主义信仰者、基督教自由主义者，也有具有整体论思想的新时代狂热者、卢梭式的印第安人追随者和拥有其他社会思潮的民众代表。党派成立时，他们在各党派中所占的选举比例仅为1.5%，而到了2017年，其比例已上升到8.9%，可见绿党迅猛的发展势头，这从另一个侧面也反映了环境保护已越来越受到民众的支持。

第四，企业的理解支持和对治污的资金投入。自工业革命至“二战”时期，德国工业企业为追求利润，往往不顾工人和附近居民的健康和生命安全。遇到环境事件冲突，结果多以企业胜诉而告终。在政府看来，这些企业是国家经济命脉，无论是企业员工，还是传统的工商手工业、农业和遭受污染的个人家庭，都应遵循工业企业主利益至上的原则，也就是说应让位于国家工业企业的发展。尽管局部地区和个人有赢得官司的情况，但从总体上看，个人利益往往还是为国家利益所取代。即使是“二战”前夕，纳粹也同样置人民健康于不顾，严格执行“先公后私”的战时政策，强调个人利益必须服从于国家意志，鼓励群众个体放弃个人利益。尽管战后企业在环保治理方面有了很大的态度转变，但每遇经济形势不利，他们又变得摇摆不定，甚至走回老路，减少治污投入。特别是在80年代初西方工业国家遭遇第二次石油危机后，很多企业由于生产成本增加大量裁员，环境治理又变成一个老大难问题，好在政府积极地为企业减轻税负，特别是环保税的减免，最终使企业渡过难关。受益企业积极配合政府治污，从而确保了西德环保工作的稳步推进。随着90年代后德国和欧盟一系列严格的工业排放标准和有关达标奖励措施的颁布，工业企业不敢再越雷池一步，唯恐排放超标被罚款，同时他们也希望达标后能得到更多的奖励，这些奖惩措施应该说已成为企业实行自我约束的有效机制。此外，为防止地球升温，引发气候变化，德国企业也严格遵守有关国际公约协议，率先达到各种减排目标。尽管有个别企业如大众公司存在汽车二氧化碳偷排舞弊行为而使公司形象受损，但他们能知错就改，召回有问题汽车进行维修，并赔付了巨额罚款和诉讼费。随后，公司启动“2025战略”，决心走质量发展道路，重振公司形象。应该说，这次“排放门事件”得到的教训不可谓不深刻，它为德国其他企业敲响了警钟：只有严格遵守有关减排规定，秉持以质量求生存这种发展理念，企业的发展才能长远。在农业生产方面，农村企业在发展生态农业生产的同时，也坚持可持续发展理念，它们既生产绿色食品，也注重环保和美丽乡村建设，尤其是欧洲农业补贴政策的实施更加鼓励了农民生产绿色食品的积极性，这些政策包括：对农药化肥使用实行较为严格的管控；加强休闲地管理；为鼓励轮作对中小企业进行扶持；对特殊种植的奖励以及大面积自然旷野的保留维护等。2013年夏天，欧洲议会还做出决定，30%的资金支付直接与下列标准的圆满完成挂钩兑现，这些标准包括：企业必须至少种植三种不同的经济作物；企业不允许将牧场用作耕地，否则在机械化耕作过程中会排放出更多的二氧化碳；企业应预留5%的耕地不做种植经营；这些耕地不允许喷洒农药和施撒化肥，为的是营造和保护野生动植物栖息繁衍地，让物种变得更加丰富，让环境变得更优美。[①] 不仅如此，今天相互补充的大小型企业正并存发展，农产品销售供应链业已形成，地区性供应能做到自给自足，这是当今德国生态农业不断进步的标志，同时也为未来生态农业发展打下了坚实基础。

第五，科技发明创造为环境治理提供了强大的动力支撑。在发明创造方面，德国历来就有这样的传统——尊重知识，尊重人才，积极鼓励发明创造，将科技转化为生产成果，尤其是工业革命爆发后，科技发明创造使德国一举成为世界领先的工业化国家。在环境治理方面，除尘技术的不断改进、污水处理技术的不断改善、风能发电技术的全球性普及以及环保型化工产品的不断问世等都标志着德国已走在了世界前列。这些成就的取得首先要归功于国家对高科技人才的高度重视，其次是企业和其他社会团体机构实施的激励机制。同时，许多研究机构和科研队伍建设不断得到充实和加强，很多高校也开设了相关课程，甚至许多中小学也开设了自然环境

① *Süddeutsche Zeitung* vom 25. 5. 2013.

保护课程。总之，后备人才的培养为德国科技发明创造提供了源源不断的动力。从诺贝尔奖获奖情况来看，其中三分之一的获奖者为德国人，仅是哥廷根大学就先后诞生了45位诺贝尔奖得主，[①] 这也充分证明德国是一个发明创造的国度。走进慕尼黑德意志博物馆，如果想全面了解德国各历史时期的科技发明成果，两天时间恐怕也显得仓促，六个楼层的展线就长达16公里，50个科技领域的28000件科技发明展品（真正馆藏有5万件）每年吸引500万游客来此参观。置身于这样的科学海洋，人们不禁会惊叹于日耳曼民族的聪明才智和巨大的创造力，[②] 亦可见德国人的发明创造和"德国制造"为人类文明进步所做的巨大贡献。

第六，加强对青少年尊重生命、自然环境保护教育。著名儿童作家凯斯特纳（Erich Kästner）曾说过："儿童是成人的灯塔"。所以，成人时代的生命之火旺盛与否完全取决于一个人儿童时代是否已点亮希望之光。早在1949年，他就发表了著名的儿童生态文学作品《动物会议》。作家通过对森林中各种动物精彩表现的刻画，旨在告诫人类应消除战争，拥抱和平，最终实现人类大同。[③] 正是在像凯斯特纳这样一批具有时代责任感的社会精英的号召下，西德电视、电影和新闻媒体等积极响应，掀起了加强青少年自然保护教育的新高潮。1956年10月28日，德国电视一台首次推出系列科教片《给动物们一个场所》即引起轰动。在向观众普及动物知识的同时，它还积极宣传动物保护和自然保护的重要意义。1959年由德国人拍摄的纪录片《塞伦盖蒂不能死亡》曾获得1960年美国奥斯卡新闻纪录片大奖。在此前后，西德电视台播放的其他青少年科普系列片如《拉希》、《小福瑞》和《费里普尔》等也广受青少年的欢迎。[④] 不仅作家和新闻媒体参与了自然保护宣传教育活动，很多政治家也积极参与其中，他们直接和孩子们对话，解答孩子心中的疑惑。如1994年，德国一位中学生就写信给当时的联邦环境部长托普福尔，询问他如何确保核废料污染事件不会发

① 蔡天新：《德国，来历不明的才智——哥廷根游学记》，中华书局2016年版，第2页。

② Wolfgang M. Heckl（Hrsg.），*Technik Welt Wandel. Die Sammlungen des Deutschen Museums*，München：Deutsches Museum Verlag，2014.

③ Erich Kästner，*Die Konferenz der Tiere*，Zürich：Europa Verlag，1949.

④ Jens I. Engels，*Von der Sorge um Tiere zur Sorge um die Umwelt*，*Tiersendungen als Umweltpolitik in Westdeutschland zwischen* 1950—1980，in：*Archiv für Sozialgeschichte* 43，2003，S. 297 – 323.

生。对此，托普福尔以极其认真的态度写了一封内容翔实、言辞恳切的回信，以此表达德国政治家对青少年成长的关心。① 此外，其他社会各界人士也积极参与到环保宣传教育事业中来。如德国每两年即举办一次青少年儿童自然峰会，大会的口号是“孩子说，大人听”，参会的大人中既有政治家、环保专家，也有教育工作者、宗教人士等；又如在1993年在斯图加特举办的第二届峰会上，与会青少年成员签订了一份世代合同，内容涵盖动植物保护、水土资源保护、能源节约、交通生态化、反对种族歧视、简单消费以及新闻报道自由等十个方面。随着时间的推移，每届峰会的内容越来越具体，越来越专业，如2008年在波恩举行的峰会就专门探讨了物种多样性保护这个话题。② 正是有全社会的广泛参与和几代人的共同努力，战后德国青少年自然环保教育才达到今天这样一个蓬勃发展的局面，这为未来德国绿色发展打下了坚实的基础。

第四节　德国可持续发展未来展望

经过战后全社会75年的共同努力，德国今天已发展成为世界经济强国和生态文明大国，他们的可持续发展理念也为世界可持续发展提供了许多宝贵的参考经验。总结德国战后在可持续发展方面获得如此巨大的成功，除上述六个方面所做出的巨大成就外，最关键的一点是相关生态法律法规的完善和监管执行的充分保障。在这方面，德国可以说为全球国家做出了表率。因为它是国际上第一个将环境保护作为政府责任写进宪法的国家，其制定的严谨、执行的坚决皆为其他国家树立了典范。目前，德国16个联邦州共计有800部法律、2800部环境法规和近4700条环境管理条例，这些生态保护法律法规和政策条例的制定和执行对德国构建和谐优美的生态环境发挥了重要作用。③

---

① Felix Butzlaff, *Katastrophen brauchen Fachleute? Ökologie und Umweltpolitik mit Klaus Töpfer und Matthias Platzeck als politischen Seiteneinsteigern*, Marburg: Tectum-Verlag, 2009.

② Herbert Österreicher, *Praxis der Umweltbildung*, In: Norbert Kühne (Hrsg.), *Praxisbuch Sozialpädagogik*, Band 7, Troisdorf: Bildungsverlag EINS, 2009, S. 135 - 137.

③ ［新加坡］彼得·程：《生态德国》，中国建筑工业出版社2014年版，第28页。

此外，在与欧盟合作的法律法规颁布制定方面，德国积极支持配合，并将其转化为国内法律法规加以贯彻落实。从今天的情况来看，德国90%的环境法律法规皆根据欧盟的规定制定。当然根据规定，和其他成员国一样，如果没能履行欧盟所规定的义务，则必须向欧盟缴纳罚金。所以，受欧盟监督，德国和其他欧盟成员国一样也是丝毫不敢懈怠，不敢有任何闪失。

在与国际合作方面，为实现联合国规定要求的可持续发展目标，德国严格遵照2015年联合国193个成员国共同签署的《2030年可持续发展议程》，和其他国家一起确立了今后15年本国的努力方向和奋斗目标。该议程涉及社会、经济、环境、和平正义和高效组织等17项目标内容。在展望这17项目标的实现前景时，时任联合国秘书长潘基文曾发出这样的愿景："这17项可持续发展目标是人类的共同愿景，也是世界各国领导人与各国人民之间达成的社会契约。它们既是一份造福人类和地球的行动清单，也是谋求取得成功的一幅蓝图。"①

根据这一发展议程，德国各联邦州随即展开了具体目标制定工作，各联邦州结合本州实际情况制定目标，并上报由联邦统计局汇总，然后再提交到联合国。当然，在具体执行过程中，各州也在不断调整完善自己制定的目标，力争早日实现这些目标。总之，这些目标制定之详细，任务之具体，责任之明确，皆反映了德国对这一目标的高度重视以及积极开展国际合作的决心，如在和自然环境保护直接有关的指标制定和落实方面，德国规定：

① 这17项目标分别为：1. 在全世界消除一切形式的贫困；2. 消除饥饿，实现粮食安全，改善营养状况和促进可持续农业；3. 确保健康的生活方式，促进各年龄段人群的福祉；4. 确保包容和公平的优质教育，让全民终身享有学习机会；5. 实现性别平等，增强所有妇女和女童的权能；6. 为所有人提供水和环境卫生并对其进行可持续管理；7. 确保人人获得负担得起的、可靠和可持续的现代能源；8. 促进持久、包容和可持续的经济增长，促进充分的生产性就业和人人获得体面工作；9. 建造具备抵御灾害能力的基础设施，促进具有包容性的可持续工业化，推动创新；10. 减少国家内部和国家之间的不平等；11. 建设包容、安全、有抵御灾害能力和可持续的城市和人类住区；12. 采用可持续的消费和生产模式；13. 采取紧急行动应对气候变化及其影响；14. 保护和可持续利用海洋和海洋资源以促进可持续发展；15. 保护、恢复和促进可持续利用陆地生态系统，可持续管理森林，防治荒漠化，制止和扭转土地退化，遏制生物多样性的丧失；16. 创建和平、包容的社会以促进可持续发展，让所有人都能诉诸司法，在各级建立有效、负责和包容的机构；17. 加强执行手段，重振可持续发展全球伙伴关系。[《联合国〈2030年可持续发展议程〉正式生效》，百度百科网站（https：//baike. baidu. com/item/2030% E5% B9% B4% E5% 8F% AF% E6% 8C% 81% E7% BB% AD% E5% 8F% 91% E5% B1% 95% E8% AE% AE% E7% A8% 8B/19208981？fr = aladdin）]

第一，在农业经济方面，严格控制化肥中的氮含量使用标准。德国要求2028—2032年间，努力将氮肥使用控制在每亩70公斤范围内；其次，在生态农业方面，要不断提高生态种植面积，争取到2030年时达到20%的目标。总之，尽管德国国内不存在贫困现象，但德国也要为全球共同发展着想，积极帮助贫穷国家减少或消除贫困和饥饿现象的发生。

第二，在水域管理和饮用水卫生质量控制方面，德国所要实现的目标是：减少流动水域有害物质磷的排放，即到2030年，所有水域监测点的排放都要达到或低于国家所规定的排放标准，而地下水中的硝酸盐含量到2030年时则要控制在50毫克/升内这样的标准；在饮用水质量控制方面，尽管德国早已达到饮用水卫生健康标准，但德国人仍致力于改善其他不发达国家的饮用水水质标准，拟通过开展国际合作，到2030年时，确保世界范围内有一千万人能使用上清洁卫生的水源。

第三，在清洁能源使用方面，德国应达到的目标是：在能源生产效率方面，2008—2050年这段时间内，德国能源生产率应达到每年2.1%这一增长标准；而传统化石能源使用量首先于2010年应下降20%，然后在2008年的基础上到2050年时下降一半用量。此外，在新能源开发方面，到2030年时，新能源所占能源比重应达到30%，而到2050年时，则应达到60%这样的标准。

第四，在土地资源使用保护方面，首先，为减少私人建房用地和道路建设用地，到2030年时，土地资源使用应控制在每天不超过30亩这一用地标准；其次，其他空旷地带的土地资源开发利用也应不断减少。

第五，在生产消费方面，到2030年时，成立5000个专门组织机构，有效监管商品的可持续性生产；在消费方面，为营造一种环境和社会可承受的商品消费氛围，到2030年时，带有国家指定商标的商品市场份额应占总市场份额的34%。与此同时，在生产这些商品过程中，还要确保其能源消耗和二氧化碳排放量也保持在一个不断下降的水平。

第六，在气候保护和温室气体排放方面，和1990年相比，到2030年时，德国温室气体排放至少应达到55%这一比例标准；到2040年时，至少应达到70%；而到2050年时，则至少应达到80%—95%这一比例标准。此外，在开展全球气候保护合作方面，在2014年的基础上，德国在减少温室气体排放方面的资金投入拟再增加一倍。

第七，在海洋和海洋资源保护方面，从 2018 年起，在北海沿岸海域，富含氮磷等有害物质应一直控制在 2.8 毫克/升这一标准，而波罗的海海域则不应超过 2.6 毫克/升这个标准。

第八，在物种多样性保护方面，德国拟在开展物种多样性保护的同时，加强景观质量的保护，从而为物种多样性生存提供更多更好的生命空间。尽管未设立一个可参照的指标，但依据欧盟有关标准，德国在这方面达到国际领先水平的目标完全可以实现。

第九，在森林保护方面，除保证国内的森林资源能得到可持续使用外，还积极帮助发展中国家阻止森林滥砍滥伐和开展植树造林工作。

第十，在国家合作方面，德国决定在 2014 年基础上，每年拿出 0.7%的国民生产总值收入来帮助贫穷国家开展可持续发展工作直至 2030 年。

从上面十点直接和自然环保有关的十项未来规划中可以看出，德国不仅确保了自己自身可持续发展规划目标的实现，更重要的是作为世界生态文明大国，它还有一种强烈的责任担当，即致力于全球可持续发展的共同实现，这和当今人类命运共同体思想是完全契合的。只有在全球自然环境得到完好保护的情况下，德国的可持续发展才能永久长远，否则也只能是一时的繁荣发展。总之，德国所制定的这些指标对于他们自身来说具有相当的挑战性，仅是从气候保护方面来看他们就面临着很多困难。要减少温室气体排放，就要减少国内传统能源生产，而减少这项能源生产，又要触及到很多利益，很多企业会因此关闭，会随之出现大量失业，这无疑会给德国社会带来巨大的压力。同时，扩大可再生能源比例也面临着很多挑战，高昂的发电成本、巨大的设备投入以及发电的强制入网等将带来许多新问题。此外，由于当今社会很多不确定性因素的存在，如美国单边主义的奉行、很多地区发生的战争、难民问题、网络安全、世界经济衰退、各种自然灾害的频繁出现（如澳大利亚森林大火、新冠肺炎的全球性蔓延、东非和南亚 30 多个国家发生的蝗灾等一系列不可抗力事件）等也会随时影响到德国自身可持续发展的稳步实现，所以，未来发展仍充满着很多不确定性。不仅如此，除上述十点外，可持续发展还包含很多其他“软指标”或“弹性指标”，如在政治和社会发展方面德国所涉及的内容如难民安置问题，提高民众健康满意度，对孩子的全天候照顾，女性平均工资水平的提高，放宽外国孩子高中毕业限制以及吸收东欧15个发展国家进入欧盟等。这些问题是否能得到有效解决也直接关系到德国自身的可持续发展。尽管有些指标设置存有争议，但不管如何，它还是展示了人们的某些愿望，虽不易实现，但仍可为之。这其中，有时还需做出必要的局部牺牲，以换得更大更长远的发展，正如法国人所说的“以退为进会走得更远”（Reculer pour mieux sauter），① 这是事物发展规律，也是人类前进过程中不可或缺的一步。

① Dirk Maxeiner und Michael Miersch，*Öko-Optimismus*，Düsseldorf/München：Metropolitan Verlag，1996，S. 333.

主要参考文献

（以拼音或字母排序）

一　中文参考文献

[美] 艾尔弗雷德 W. 克罗斯比：《哥伦布大交换——1292 年以后的生物影响和文化冲击》，郑明萱译，中国环境科学出版社 2010 年版。

[法] 埃马纽埃尔·勒华拉杜里、周立红：《乡村史、气候史及年鉴学派——埃马纽埃尔·勒华拉杜里教授访谈录》，《史学月刊》2010 年第 4 期。

包茂红：《约克希姆·拉德卡谈德国环境史》，北京大学出版社 2012 年版。

[新加坡] 彼得·程：《生态德国》，中国建筑工业出版社 2014 年版。

[美] 布莱恩·费根：《小冰河时期：气候如何改变历史》，苏静涛译，浙江大学出版社 2017 年版。

[英] 布莱恩·威廉·克拉普：《工业革命以来的英国环境史》，王黎译，中国环境科学出版社 2011 年版。

蔡天新：《德国，来历不明的才智——哥廷根游学记》，中华书局 2016 年版。

[英] 查尔斯·沃特金斯：《人与树——一部社会文化史》，王扬译，中国友谊出版公司 2018 年版。

[美] 查尔斯·扎斯特罗：《社会问题：事件与解决方法》，刘梦编，范燕宁等译，中国人民大学出版社 2010 年版。

[美] 大卫·布莱克本：《征服自然：水、景观与现代德国的形成》，王皖强、赵万里译，北京大学出版社 2019 年版。

党连凯、阮祖启：《核能将给人类带来福还是祸》，福建少年儿童出版社 2017 年版。

［英］E. 库拉：《环境经济学思想史》，谢扬举译，上海人民出版社 2007 年版。

傅修延：《生态江西读本》，21 世纪出版集团 2019 年版。

高丹：《灾难的历史》，哈尔滨出版社 2009 年版。

高国荣：《环境史视野下的灾害史研究——以有关美国大平原农业开发的相关著述为例》，《史学月刊》2014 年第 4 期。

高国荣：《美国环境史学研究》，中国社会科学出版社 2014 年版。

［日］河原温、堀越宏一：《中世纪生活史图说》，计丽屏译，天津人民出版社 2018 年版。

［美］J. 唐纳德·休斯：《世界环境史》，赵长凤等译，电子工业出版社 2014 年版。

江山：《德国生态意识文明史》，上海学林出版社 2015 年版。

江山：《德语生态文学》，上海学林出版社 2011 年版。

景天魁主编，崔凤、唐国建著：《环境社会学》，北京师范大学出版社 2010 年版。

［奥］康拉德·洛伦茨：《文明人类的八大罪孽》，徐筱春译，中信出版集团有限公司 2013 年版。

李伯杰：《德国文化史》，对外经济贸易大学出版社 2002 年版。

刘湘溶：《生态文明论》，湖南教育出版社 1999 年版。

［加］马丁·基钦：《剑桥插图德国史》，赵辉、徐芳译，世界知识出版社 2005 年版。

［美］马克·乔克：《莱茵河——一部生态传记（1815—2000）》，于君译，中国环境科学出版社 2011 年版。

［德］马克思：《资本论》第一卷，人民出版社 1972 年版。

梅雪芹：《环境史：看待历史的全新视角》，《光明日报》2016 年 8 月 27 日第 11 版。

［日］鸟越皓之：《环境社会学——站在生活者的角度思考》，宋金文译，中国环境科学出版社 2009 年版。

［英］普拉提克·查克拉巴提：《医疗与帝国——从全球史看现代医学的诞生》，李尚仁译，社会科学文献出版社 2019 年版。

钱乘旦：《聆听历史是一种伟大的才智》，《解放日报》2003 年 12 月 18 日第 11 版。

［英］乔恩·萨维奇：《青春无羁——狂飙时代的社会运动（1875—1945）》，章艳等译，吉林出版集团有限责任公司 2010 年版。

［法］热纳维耶芙·马萨—吉波：《从“境地研究”到环境史》，高毅、高暖译，《中国历史地理论丛》2004 年第 2 期。

［美］斯蒂芬 J. 派因：《火之简史》，梅雪芹、牛瑞华、贾珺等译，陈蓉霞译校，生活·读书·新知三联书店 2006 年版。

［古罗马］塔西佗：《阿古利可拉传，日耳曼尼亚志》，商务印书馆 2018 年版。

王国豫：《德国技术伦理的理论与作用机制》，科学出版社 2019 年版。

王利华：《环境史研究的时代担当》，《人民日报》2016 年 4 月 11 日第 16 版。

王利华：《作为一种新史学的环境史》，《清华大学学报》2008 年第 1 期。

王旭东：《重视疾病研究，构建新疾病史学》，《光明日报》2015 年 3 月 28 日第 411 版。

王涌：《民主德国经济失败原因探析》，《德语国家资讯与研究》第八辑，外语教学与研究出版社 2017 年版。

吴羚靖：《与环境史有约：我的历史研习之旅——梅雪芹教授访谈录（上）》，《历史教学》2020 年第 4 期。

香港圣经公会：《圣经·旧约全书》，香港圣经公会出版社 1995 年版。

肖显静：《环境与社会——人文视野中的环境问题》，高等教育出版社 2010 年版。

邢来顺、吴友法主编，王亚平著：《德国通史》第一卷，江苏人民出版社 2019 年版。

邢来顺、吴友法主编：《德国通史》第四卷，江苏人民出版社 2019 年版。

严耕、杨志华：《生态文明的理论与系统建构》，中央编译出版社 2009 年版。

晏立农、马淑琴：《古希腊罗马神话鉴赏》，吉林人民出版社 2006 年版。

杨怀中:《现代科学技术的伦理反思》,高等教育出版社 2013 年版。

余谋昌:《环境哲学:生态文明的理论基础》,中国环境科学出版社 2010 年版。

余谋昌:《生态文明论》,中央编译出版社 2010 年版。

余谋昌、王耀先:《环境伦理学》,高等教育出版社 2006 年版。

[德] 约阿希姆·拉德考:《环境史的转折点》,崔建新译,《中国历史地理论丛》2005 年第 20 卷第 4 期。

[德] 约阿希姆·拉德考:《自然与权力:世界环境史》,王国豫、付天海译,河北大学出版社 2004 年版。

[德] 约翰·爱克曼:《歌德谈话录》,杨武能译,光明日报出版社 2007 年版。

[美] 约翰·塔巴克:《核能与安全——智慧与非理性的对抗》,王辉、胡云志译,商务印书馆 2011 年版。

[美] 威廉 H. 麦克尼尔:《瘟疫与人》,余新忠、毕会成译,中国环境科学出版社 2010 年版。

曾繁仁:《生态美学导论》,商务印书馆 2010 年版。

周鸿:《人类生态学》,高等教育出版社 2005 年版。

朱建军、吴建平:《生态环境心理研究》,中央编译出版社 2009 年版。

二 外文参考文献

Abel, Wilhelm, *Der Pauperismus in Deutschland am Vorabend der industriellen Revolution*, Hannover: Landeszentrale für politische Bildung, 1970.

Abel, Wilhelm, *Massenarmut und Hungerkrisen im vorindustriellen Europa, Versuch einer Synopsis*, Hamburg und Berlin: Paul Parey Verlag, 1974.

Ackermann, Josef, *Heinrich Himmler als Ideologe*, Göttingen: Muster-Schmidt Verlag, 1970.

Adam, Birgit, *Die Strafe der Vinus, Eine Kulturgeschichte der Geschlechtskrankheiten*, München: Orbis Verlag, 2001.

Adam, C., *Müllverbrennung oder landwirtschaftliche Verwertung?* in: *Technisches Gemeindeblatt*, Berlin: Nabu Press, 1903/04.

Agricola, Georg, *De Re Metallica Libri XII. Zwölf Bücher vom Berg- und Hüttenwesen*, *Wiesbaden*: *Verlagshaus Römerweg*, 2015.

Allmann, Joachim, *Der Wald in der Frühen Neuzeit*, *Eine mentalitäts- und sozialgeschichtliche Untersuchung am Beispiel des Pfälzer Raums* 1500—1800, Berlin: Duncker & Humblot Verlag, 1990.

Alloway, Brian J. , *Schwermetalle in Böden. Analytik*, *Konzentrationen*, *Wechselwirkungen*, Berlin: Springer Verlag, 1999.

Altendorf, Wolfgang, *Hermann Honnef*, *Sein Leben*, Freudenstadt: Altendorf Verlag, 1977.

Amery, Carl, *Das Ende der Vorsehung*, *Die gnadenlosen Folgen des Christentums*, Reinbek: Rowohlt Verlag, 1972.

Andreae, Almut und Geiseler, Udo, *Die Herrenhäuser des Havellandes*, *Eine Dokumentation ihrer Geschichte bis in die Gegenwart*, Berlin: Lukas Verlag, 2001.

Andersen, Arne, *Heimatschutz*: *Die bürgerliche Naturschutzbewegung*, in: Franz-Josef Brüggemeier und Thomas Rommelspacher, *Besiegte Natur. Geschichte der Umwelt im* 19. *und* 20. *Jahrhundert*, München: Verlag C. H. Beck, 1989.

Andersen, Arne, *Historische Technikfolgenab Schötzung am Beispiel des Metallhüt tenwesens und der Chemieindustrie* 1850—1933, Stuttgart: Franz Steiner Verlag, 1996.

Andersen, Arne (Hrsg.), *Umweltgeschichte. Das Beispiel Hamburg*, Hamburg: Ergebnisse Verlag, 1990.

Arndt, Karl, *Göttinger Gelernte*, *Die Akademie der Wissenschaften zu Göttingen in Bildnissen und Würdigungen* 1751—2001, Göttingen: Wallstein Verlag, 2001.

Aubin, Herrmann und Zorn, Wolfgang, *Handbuch der deutschen Wirtschafts- und Sozialgeschichte*, Stuttgart: Klett-Cotta Verlag, 1971.

Baetzner, Silvan, *Untersuchungen zur Kristallisation von Gips in Rauchgasentschwefelungsanlagen*, Marburg: Tectum Wissenschaftsverlag, 1998.

Bähr, Johannes, *Werner von Siemens* 1816—1892, München: Verlag C. H.

Beck, 2016.

Bake, Klaus und Hoffrichter, Anja, *Handbuch für Milch- und Mokereitechnik*, Gelsenkirchen: Verlag Th. Mann, 2003.

Balfour, Daryl und Balfour, Sharna, *Etosha-Naturparadies in Afrika*, Stuttgart: Franckh-Kosmos Verlag, 1992.

Barth, Heinrich J., Klinke, Christiane und Schmidt, Claus, *Der Grosse Hopfenatlas. Geschichte und Geographie einer Kulturpflanze*, Nürnberg: Fachverlag Hans Carl, 1994.

Barthelmeß, Alfred, *Landschaft*, *Lebensraum des Menschen*, *Probleme von Landschaftsschutz und Landschaftspflege geschichtlich dargestellt und dokumentiert*, Freiburg/München: Alber Verlag, 1988.

Bartsch, Ulrich und Müller, Benito, u. a., *Fossil Fuels in a Changing Climate*, *Impacts of the Kyoto Protocol and Developing Country Participation*, Oxford: Oxford University Press, 2000.

Bauerkämpfer, Arnd, *Das Ende des Agrarmodernismus*, *Die Folgen der Politik landwirtscahftlicher Industrialisierung für die natürliche Umwelt im deutsch-deustchen Vergleich*, in: Andreas Dix und Ernst Langthaler (Hrsg.), *Grüne Revolutionen*, *Agrarsysteme und Umwelt im 19. und 20. Jahrhundert*, Innsbruck: Studien Verlag, 2006.

Baumgartner, Judith, *Vegetarismus*, in: Diethart Kerbs und Jürgen Heulecke (Hrsg.), *Handbuch der deutschen Reformbewegungen* 1880—1933, Wuppertal: Peter Hammer Verlag, 1998.

Bausch, Linda, *Monokulturen für Europas Biosprit*, *Veränderung in der Landnutzung Brasiliens durch den Anbau von Energiepflanzen*, München: oekom verlag, 2016.

Bayer, Nikolaus, *Wurzeln der Europäischen Union*, *Virsionäre Realpolitik bei Gründung der Montanunion*, Sankt Ingbert: Röhrig-Verlag, 2002.

Bechstein, Johann Matthäus, *Ornithologisches Taschenbuch von und für Deutschland oder kurze Beschreibung aller Vögel Deutschlands für Liebhaber dieses Theils der Naturgeschichte*, Leipzig: Richter Verlag, 1802.

Beck, Hanno, *Carl Ritter, Genius der Geographie, Zu seinem Leben und Werk*, Berlin: Dietrich Reimer Verlag, 1979.

Beck, Reiner, *Ebersberg oder das Ende der Wildnis, Eine Landschftsgeschichte*, München: Verlag C. H. Beck, 2003.

Becker, Alfred, *Der Siegländer Hauberg, Vergangenheit, Gegenwart und Zukunft einer Waldwirtschaftsform*, Kreuztal: verlag die wielandschmiede, 1991.

Behre, Karl E., *Landschaftsgeschichte Norddeutschlands, Umwelt und Siedlung von der Steinzeit bis zur Gegenwart*, Neumünster: Wachholtz Verlag, 2008.

Behre, Karl-Ernst, *Ostfriesland, Die Geschichte seiner Landschaft und ihrer Besiedlung*, Wilhelmshaven: Druck-und Verlagsgesellschaft, 2014.

Behre, Karl E., *The History of rye cultivation in Europe*, Vegatation History and Archaeobotany 1 (3), 1992.

Behringer, Wolfgang und Roeck, Bernd (Hrsg.), *Das Bild der Stadt in der Neuzeit* 1400—1800, München: Verlag C. H. Beck, 1999.

Bellwood, Peter, *Frühe Landwirtschaft und die Ausbereitung des Austranesischen*, in: *Spektrum der Wissenschaft* 9, Heidelberg: Sprektrum-der-Wissenschaft-Verlagsgesellschaft, 1991.

Bemmann, Martin, *Beschädigte Vegetation und sterbender Wald, Zur Entstehung eines Umweltproblems in Deutschland* 1893—1970, Göttingen: Vandenhoeck & Ruprecht, 2012.

Benzenhöfer, Udo, *Studien zum Frühwerk des Paracelsus im Bereich Medizin und Naturkunde*, München: Verlag Klemm & Oeschläger, 2005.

Bergdolt, Klaus, *Der Schwarze Tod in Europa, Die Große Pest und das Ende des Mittelalters*, München: Verlag C. H. Beck, 1994.

Bergerhoff, Heinz, *Untersuchungen über die Berg- und Rauchschödenfrage mit besonderer Berücksichtigung des Ruhrbezirks*, Dissertation, Bad Godesberg: Voggenreiter Verlag, 1928.

Bernreuther, Hubertus, *Die Geschichte der Fischerei im Mittelalter, Binnenfischerei, Teichwirtschaft und Seefischerei in Deutschland*, Create Space Independent Publishing Platform, 2011.

Bette, Olaf, *Von der Emscher*, in: *Gladbecker Blätter für Orts- und Heimatkunde*, 9/10, 1928.

Beutler, Raymond und Gerth, Andreas, *Naturerbe Schweiz*, *Die Landschaften und Naturdenkmäler von nationaler Bedeutung*, Bern: Haupt Verlag, 2015.

Beuys, Barbara, *Der Große Kurfürst*, *Der Mann*, *der Preußen schuf*, Reinbek: Rowohlt Verlag, 1991.

Birkert, Emil (Hrsg.), *Von der Idee zur Tat*, *Aus der Geschichte der Naturfreundebewegung*, Touristenverein Die Nuturfreunde, Bund für Touristik und Kultur, Landesverbund Württermberg, Heilbronn: Eugen Salzer Verlag, 1970.

Blackbourn, David, *Die Eroberung der Natur*, *Eine Geschichte der deutschen Landschaft*, München: Deutsche Verlags-Anstalt, 2006.

Böhme, Horst W., *Siedlungen und Landesausbau zur Salierzeit*, Stuttgart: Jan Thorbecke Verlag, 1991.

Boie, Margarete, *Hugo Conwentz und seine Heimat*, *Ein Buch der Erinnerungen*, Stuttgart: Steinkopf Verlag, 1940.

Bölsche, Wilhelm, *Liebesleben in der Natur*, *Eine Entwicklungsgeschichte der Liebe*, Bremen: outlook Verlag, 2012.

Borgreve, Bernd, *WaldSchöden im Oberschlesischen Industriebezirk nach ihrer Entstehung durch Hüttenrauch*, *Insektenfrass etc.*, *Eine Rechtfertigung der Industrie gegen folgenschwere falsche Anschuldigungen*, Frankfurt a. M.: Fischer Taschenbuch Verlag, 1895.

Born, Karl Erich, *Wirtschafts- und Sozialgeschichte des Deutschen Kaiserreichs* (1867/71—1914), Stuttgart: Franz Steiner Verlag, 1985.

Böschen, Stefan, *Risikogenese*, *Prozesse gesellschaftlicher Gefahrenwahrnehmung. FCKW*, *DDT*, *Dioxin und ökologische Chemie*, Opladen: Westdeustcher Verlag, 2000.

Botzenhart, Manfred, *Reform*, *Restauration*, *Krise*, *Deutschland* 1789—1847, Berlin: Suhrkamp Verlag, 1989.

Bowlus, Charles R. , *Ecological Crisis in Fourteenth Century Europe*, in: Lester J. Bilsky, *Historical Ecology*, New York: Kennikat Press, 1980.

Braidwood, Robert J. , *The Agricultural Revolution*, in: *Scientific American*, Vol. 211, 1964.

Brake, William H. Te, *Air Pollution and Fuel Crisis in Preindustrial London*, in: *Technology and Culture* 16, Chicago: The University of Chicago Press, 1975.

Brakensiek, Stefan, *Agrarreform und ländliche Gesellschaft*, Paderborn: Verlag Ferdinand Schöningh, 1991.

Bramwell, Anna, *Blood and Soil*, *Richard Walther Darré and Hitler's „Green Party"*, Abbotsbrook: The Kensal Press, 1985.

Brauckmann, Stefan, *Artmanen als völkisch-nationalistische Gruppierung innerhalb der deutschen Jugendbewegung* 1924—1935, in: *Jahrbuch des Archivs der deutschen Jugendbewegung*, Schwalbach: Wochenschau-Verlag, 2006.

Braun, Hans, *Die Entwicklung des Chemischen Pflanzschutzes und ihre Auswirkungen*, *Veröffentlichungen der Arbeitsgemeinschaft für Forschung des Landes Nordrhein-Westfalen*, in: *Naturwissenschaftliches Heft* 162, Köln: Rheinland-Verlag, 1966.

Braun, Lothar, *Stephan Freiherr von Stengel* (1750—1822). *Erster Generalkommissar des Mainkreises in Bamberg*, in: *Bamberg wird bayerisch*, von R. Baumgärtel-Fleischman. Bamberg, 2003.

Breyer, Harald, *Max von Pettenkoffer*, *Arzt im Vorfeld der Krankheit*, Stuttgart: S. Hirzel Verlag, 1981.

Briejèr, Conelius J. , *Grundlagenforschung für Naturschutz und Landschaftspflege*, in: *Natur und Landschaft* 6, 1958.

Brinkhus, Gerd, *Leonhart Fuchs* (1501—1566), *Mediziner und Botaniker*, Tübingen: Stadtmuseum Tübingen, 2001.

Bruckmüller, Ernst, *Eine „grüne Revolution"* (18. – 19. *Jahrhundert*), in: *German Agrarrevolution*, Wien: Herold-Verlold Verlag, 1985.

Brüggemeier, Franz-Josef, *Das unendliche Meer der Lüfte*, *Luftverschmutzung*,

Industrialisierung und Risikodebatten im 19. *Jahrhundert*, Essen: Klartext Verlag, 1996.

Brüggemeier, Franz-Josef und Rommelspacher, Thomas, *Blauer Himmel über der Ruhr. Geschichte der Umwelt im Ruhrgebiet*, Essen: Klartext Verlag, 1992.

Brüggemeier, Franz-Josef und Rommelspacher, Thomas, *Geschichte der Umwelt im* 19. *und* 20. *Jahrhundert*, München: Verlag C. H. Beck, 1989.

Brüggemeier, Franz-Josef und Rommelspacher, Thomas, *Besiegte Natur*, *Geschichte der Umwelt im* 19. *und* 20. *Jahrhundert.* München: Verlag C. H. Beck, 1989.

Brüggemeier, Franz-Josef, *Schranken der Natur. Umwelt*, *Gesellschaft*, *Experimente*, 1750 *bis heute*, Essen: Klartext Verlag, 2014.

Brüggemeier, Franz-Josef, und Toyka-Seid, Michael (Hrsg.), *Lesebuch zur Geschichte der Umwelt im* 19. *Jahrhundert*, Frankfurt/New York: Campus Verlag, 1995.

Bücher, Karl, *Die Berife der Stadt Frankfurt a. M. im Mittealter*, Leipzig: Ort Verlag, 1914.

Buderath, Bernhard und Makowski, Henry, *Die Natur dem Menschen untertan*, *Ökologie im Spiegel der Landschaftsmalerei*, München: Deutscher Taschenbuch Verlag, 1986.

Buekhardt, Hans, *Hans Hesse in Annaberg-Buchholz*, *Altes und neues aus dem Leben des berühmten Malers*, in: *Sächsische Heimatblätter*, Heft 1/1971.

Bundesamt für Naturschutz, 2004.

Bundesarchiv Koblenz, *Bericht an die Landesanstalt vom* 24. 11. 1930.

Busch, R., *Die Wasserentsorgung des Mittelalters und der Frühen Neuzeit in norddeutschen Städten*, in: *Stadt im Wandel*, *Kunst und Kultur des Bürgertums in Norddeutschland* 1150—1650, *Ausstellungskatalog*, Hrsg. v. C. Meckseper, Bd. 4, Braunschweig, 1985.

Büschenfeld, Jürgen, *Chemischer Pflanzenschutz und Landwirtschaft*, *Gesellschaftliche Vorbedingungen*, *naturwissenschaftliche Bewertungen und landwirtschaftliche*

Praxis in Westdeutschland nach dem Zweiten Weltkrieg, in: Andreas Dix und Ernst Langthaler (Hrsg.), *Grüne Revolutionen, Agrarsysteme und Umwelt im 19. und 20. Jahrhundert*, Innsbruck/Wien/München: Studien Verlag, 2006.

Büschenfeld, Jürgen, *Flüsse und Kloaken, Umweltfragen im Zeitalter der Industrialisierung* (1870—1918), Stuttgart: Klett-Cotta Verlag, 1997.

Butzlaff, Felix, *Katastrophen brauchen Fachleute? Ökologie und Umweltpolitik mit Klaus Töpfer und Matthias Platzeck als politischen Seiteneinsteigern*, Marburg: Tectum-Verlag, 2009.

Carlowitz, Hans von, *Sylvicultura oeconomica*, Bearbeitet von Klaus Irmer und Angela Kießling. Freiberg: TU Bergakdemie Freiberg und Akademische Buchhandlung, 2000.

Closmann, Charles E. (Hrsg.), *War and the Environment, Military Destruction in the Modern Age*, Texas: Texas A & M University Press, 2009.

Coleman, William, *Providence, Capitalism and Environmental Degradation*, in: *Journal of the History of Ideas* 37, 1976.

Commoner, Barry, *Wachstumswahn und Umweltkrise*, München: Bertelsmann Verlag, 1971.

Conwentz, Hugo, *Die Gefährdung der Naturdenkmäler, Verhandlungen der Gesellschaft Deutscher Naturforscher und Ärzte*, 75. *Versammlung zu Cassel*, 20. –26. *September* 1903, Leipzig, 1904.

Cordes, Hermann und Kaiser, Thomas, u. s., *Naturschutzgebiet Lüneburger Heide. Geschichte-Ökologie-Naturschutz*, Bremen: Hausschild Verlag, 1997.

Cowan, Edward, *Oil and Water, The Terry Canyon Disaster*, Philadelphia: J. B. Lippincott Company, 1968.

Crosby, Alfred, *The Past and Present of Environmental History*, in: *The American Historical Review*, Vol. 100, No. 4, Oct. 1995.

Dabbert, Stephan, Häring, Anna M. und Zanoli, Raffaele, *Politik für den Öko-Landbau*, Stuttgart: Eugen Ulmer Verlag, 2003.

Darré, Richard Walther, *Um Blut und Boden. Reden und Aufsätze*, München: Eher Verlag, 1932.

Dedek, Wolfgang, *Gerhard Schrader* (1903—1990) *zum* 100. *Geburtstag*, in: *Naturwissenschaftliche Rundschau* 56, 2003.

Deidl, Alois, *Deutsche Agrargeschichte*, Freising: DLG-Verlag, 1995.

Der Rat von Sachverständigen für Umweltfragen, *Stickstoff*, *Lösungsstrategien für ein drängendes Umweltproblem*, Berlin: Erich Schmidt Verlag, 2015.

Der Spiegel, Nr. 33 vom 9. 8. 1961.

Der Spiegel, Nr. 52 vom 20. 12. 1961.

Der Spiegel, *Nr.* 27 vom 30. 6. 1969.

Der Spiegel, *Nr.* 47, 48, 49 vom 16, 23. und 30. 11. 1981.

Der Spiegel, *Nr.* 7 vom 14. 2. 1983.

Detloff, Werner, *Gabriel Biel*, in: *Theologische Realenzyklopädie*, Berlin: Walter de Gruyter Verlag, 1980.

Detten, Roderich von, *Umweltpolitik und Unsicherheit*, *Zum Zusammenspiel von Wissenschaft und Umweltpolitik in der Debatte um das Waldsterben der* 1980*er Jahre*, in: *Archiv Sozialgeschichte* 50, 2010.

Dettner, Konrad und Zwölfer, Helmut, *Biologische*, *chemische und biotechnische Schädlingsbekämpfung*, in: Konrad Dettner und Werner Peters (Hrsg.), *Lehrbuch der Entomologie*, Heidelberg/Berlin: Spektrum Akademischer Verlag, 2003.

Deutsche Justiz-und Polizey-Fama, *Obrigkeitliche Belehrung über die Art der Stubenfeuerung mit Steinkohlen und Verwahrung vor den Wirkungen des Steinkohlendampfes*, Nr. 32. Montag, den 15. März, 1802.

Dieckerhoff, Wilhelm, *Die Geschichte der Rinderpest und ihrer Literatur*, Berlin: Dietz Verlag, 1890.

Diedler, Heinrich, *Ein Leben für Naturschutz*: *Dr. Hans Klose. Rudolfstädter Corpsstudent prägte Bewußtsein für Umwelt und Landschaft*, in: *Deutsche Corpszeitung*, 110. Jahrgang, Heft 1/2008.

Dietze, Constantin von, *Die Weltagrarkrise*, Vortrag in Halle am 21. 1. 1931. In: Willi Oberkome, *Ordnung und Autarkie*, *Die Geschichte der deutschen Landbauforschung*, *Agrarökonomie und ländlichen Sozialwissenschaft im*

Spiegel von Forschungsdienst und DFG (1920—1970), Stuttgart: Franz Steiner Verlag, 2004.

Die Welt vom 13. 3. 2013.

Die Zeit vom 19. 10. 1984.

Dingle, Anthony E., *The Monster Nuisance of All: Landowners, Alkali, Manufacturers and Air Pollution*, 1828—1864, in: *Economic History Review* 25, 1982.

Dinzelbacher, Peter, *Das fremde Mittelalter. Gottesurteile und Tierprozess*, Essen: Magnus Verlag, 2006.

Dirmeier, Arthur (Hrsg.), *Pesthauch über Regensburg, Seuchenbekämpfung und Hygiene im* 18. *Jahrhundert*, Regensburg: Friedrich Pustet Verlag, 2005.

Dirscherl, Clemens, *Landwirtschaft. Ein Thema der Kirche*, Gütersloh: Gütersloher Verlagshaus, 2011.

Ditt, Karl, *Die Anfänge der Umweltpolitik in der Bundesrepublik Deutschland während der* 1960*er und frühen* 70*er Jahre*, in: Mattias Frese und Julia Paulus u. a. (Hrsg.), *Demokratisierung und gesellschaftlicher Aufbruch, Die siebziger Jahre als Wendezeit der Bundesrepublik*, Paderborn: Verlag Ferdinand Schöningh, 2003.

Ditt, Karl, *Naturschutz zwischen Zivilisationskritik, Tourismusförderung und Umweltschutz. USA, England und Deutschland* 1860—1970, in: Mattias Frese und Michael Prinz (Hrsg.), Politische Zäsuren und gesellschaftlicher Wandel im 20. Jahrhundert. Regionale und vergleichende Perspektiven, Paderborn: Verlag Ferdinand Schöningh, 1996.

Dix, Andreas, *Industrialisierung und Wassernutzung, Eine historisch-geographische Umweltgeschichte der Tuchfabrik Ludwig Müller in Kuchheim*, Köln: Rheinland-Verlag, 1997.

Dix, Andreas, *Nach dem Ende der „Tausend Jahre", Landschaftsplanung in der Sowjetischen Besatzungszone und frühen DDR*, in: Joachim Radkau und Frank Uekötter (Hrsg.), *Naturschutz und Nationalsozialismus*, Frankfurt a. M./New York: Campus Verlag, 2003.

Dix, Andreas und Gudermann, Rita, *Naturschutz in der DDR. Idealisiert, ideologisiert, instrumentiert?* in: Hans-Werner Frohn (Hrsg.), *Natur und Staat, Staatlicher Naturschutz in Deutschland* 1906—2006, Münster: Landwirtschaftsverlag, 2006.

Dolmetsch, Eugen, *Aus dem alten Leben*, in: *Schwäbischer Merkur* vom 13. Februar 1938.

Dörr, Clemens, *Hausmüll und Strassenkehricht*, Leipzig: Ort Verlag, 1912.

Dotterweich, Volker und Filser, Karl (Hrsg.), *Landsberg in der Zeitgeschichte in Landsberg*, München: Vögel Verlag, 2010.

Douglas, Holger, *Die Diesel-Lüge, Die Hetzjagd auf Ihr Auto und wie Sie sich wehren*, München: Finanz Buch Verlag, 2018.

Drewermann, Eugen, *Der tödliche Fortschritt, Von der Zerstörung der Erde und des Menschen im Erbe des Christentums*, Regensburg: Verlag Friedrich Pustet, 1990.

Drude, Oscar, *Die Beziehungen der Ökologie zu ihren Nachbargebieten, Sitzungsberichte und Abhandlungen der Naturwissenschaftlichen Gesellschaft ISIS in Dresden*, Dresden: Nabu Press, 1906.

Dubravius, Johannes, *Buch von den Teichen und den Fischen, Breslau*, 1547, Wien: Herold-Verlold Verlag, 1906.

Dücker, Elisabeth von, „*…in der Glashütte viel Staub und Rauch und Schmutz“-Zu Gesundheitsrisiken und Umweltproblemen am Beispiel der Ottenser Glashütte* 1850—1930, in: *Umweltgeschichte, Das Beispiel Hamburg*, von Arne Andersen, 1990.

Eckart, Wolfgang U. und Gradmann, Christoph (Hrsg.), *Die Medizin und der Erste Weltkrieg*, Pfaffenweiler: Centaurus Verlag & Media, 1998.

Edenhoffer, Ottmar und Jakob, Michael, *Klimapolitik. Ziele, Konflikte, Lösungen*, München: Verlag C. H. Beck, 2017.

Ehlers, Joachim, *Geschichet Frankreichs im Mittelalter*, Stuttgart: Kohlhammer Verlag, 1978.

Ehmer, Josef, *Bevölkerungsgeschichte und Historische Demographie* 1800—2010,

München: Oldenbourg Verlag, 2013.

Ehrlich, Paul, *Die Bevölkerungsbombe*, München: Hanser Verlag, 1971.

Engelhard, Wolfgang, *Naturschutz*, *Seine wichtigsten Grundlagen und Forderungen*, München: Bayerischer Schulbuch-Verlag, 1954.

Engels, Jens I., *Naturpolitik in der Bundesrepublik*, *Ideenwelt und politische Verhaltensstile in Naturschutz und Umweltbewegung* 1959—1980, Paderborn: Verlag Ferdinand Schöningh, 2006.

Engels, Jens I., *Vom Subjekt zum Objekt*, *Naturbild und Naturkatastrophen in der Geschichte der Bundesrepublik Deutschland*, in: Dieter Groh und Michael Kempe u. a. (Hrsg.), *Naturkatastrophen*, *Beiträge zu ihrer Deutung*, *Wahrnehmung und Darstellung in Text und Bild von der Antik bis ins* 20. *Jahrhundert*, Tübingen: Narr Francke Attempto Verlag, 2003.

Engels, Jens I., *Von der Sorge um Tiere zur Sorge um die Umwelt*, *Tiersendungen als Umweltpolitik in Westdeutschland zwischen* 1950—1980, in: *Archiv für Sozialgeschichte* 43, 2003.

Ennen, Edith und Janssen, Walter, *Deutsche Agrargeschchichte*, *Von Neolithikum bis zur Schwelle des Industriezeitalters*, Stuttgart: Franz Steiner Verlag, 1979.

Enzensberger, Hans Magnus, *Zur Kritik der politischen Ökologie*, in: *Kursbuch* 33, Berlin: Rotbuch Verlag, 1973.

Eppler, Erhard, *Vom Entstehen eines ökologischen Bewußtseins*, in: *FAZ* vom 11. 5. 2011.

Erling, Peter, *Mehl- und Schölmüllerei*, Bergen/Dumme: Agrimedia Verlag, 2008.

Ermmrich, Rudolf und Wolter, Friedrich, *Die Entstehungsursachen der Gelsenkirchener Thyphusepidemie von* 1901, München: Bergverlag Rother, 1906.

Evans, Richard J., *Tod in Hamburg. Stadt*, *Gesellschaft und Politik in den Cholera-Jahren* 1830—1910, Reinbek: Rowohlt Verlag, 1990.

Faulstich, Heinz, *Hungersterben in der Psychiatrie* 1914—1949. *Mit einer Topographie der NS-Psychiatrie*, Freiburg: Lambertus Verlag, 1998.

Fechner, Carl-A., *Power to change*, *Die Energierevolution ist möglich*, Gütersloh: Gütersloher Verlagshaus, 2018.

Feldenkirchen, Wilfried, *Die Eisen- und Stahlindustrie der Ruhrgebiets* 1879—1914, Wiesbaden: Steiner Verlag, 1982.

Feldmann, Ludger, *Faszination Geologie. Die bedeutende Geotope Deutschlands*, Stuttgart: E. Schweizerbart'sche Verlagsbuchhandlung, 2006.

Feuerstein-Herz, Petra, *Gotts verhengnis und seine straffe - Zur Geschichte der Seuchen in der Früen Neuzeit*, Wiesbaden/Wolfenbüttel: Harrassowitz Verlag, 2005.

Fischer, Wolfram; Krengel, Jochen und Wietog, Jutta, *Sozialgeschichtliches Arbeitsbuch*, *Band* 1, *Materialien zur Statistik des Deutschen Bundes* 1815—1870, München: Verlag C. H. Beck, 1982.

Flechtner, Hans Joachim, *Carl Duisberg. Eine Biographie*, Düsseldorf: Econ Verlag, 1981.

Fleming, Donald, *Roots of the New Conservation Movement*, in: *Perspectives in American Hisstory*, Bd. 6, 1972.

Flemming, Jens und Saul, Klaus (Hrsg.), *Quellen zur Alltagsgeschichte der Deutschen* 1871—1914, Damstadt: Wissenschaftliche Buchgesellschaft, 1997.

Fletscher, John (Hrsg.), *Athanasius Kircher und seine Beziehungen zum gelerhten Europa seiner Zeit*, Wiesbaden u. Wolfenbüttel: Harrassowitz Verlag, 1988.

Floericke, Kurt, *Der gegenwärtige Stand der Naturschutzpark-Bewegung*, in: *Kosmos*, VI, H. 12, 1909.

Fontane, Theodor, *Wanderungen durch die Mark Brandenburg*, *Alle Fünf Bände in einem Buch*, Creat Space Independent Publishing Platform, 2014.

Forster, Kurt Walter, und Locher, Hubert (Hrsg.), *Theorie der Praxis. Leon Battista Alberti als Humanist und Theoretiker der bildenden Künste*, Berlin: De Gruyter Akademie Forschung, 1999.

Franke, Ulrich, *Dr. Curt Floericke. Naturforscher*, *Ornithologe*, *Schriftsteller*,

Mit der ersten umfassenden Bibliographie seiner Schriften, Norderstedt: Books on Demand, 2009.

Frankfurter Allgemeine Zeitung vom 20. 10. 1996.

Franz, Günther, *Deutsche Agrargeschichte von Anfängen bis zur Gegenwart*, Stuttgart: Ernst Klett Verlag, 1962.

Frauendorfer, Sigmund von, und Haushofer, Heinz, *Ideengeschichte der Agrarwirtschaft und Agrarpolitik*, *Bd.* 2, *Vom Ersten Weltkrieg bis zur Gegenwart*, München: BLV-Verlag, 1958.

Fricke, Gerald, *Von Rio nach Kyoto. Verhandlungssache Weltklima*: *Globale Governance*, *Lokale Agenda* 21. *Umweltpolitik und Macht*, Berlin: Köster Verlag, 2001.

Friedrich, C., *Contergan - Zur Geschichte einer Arzneimittelkatastrophe*, in: L. Zichner und M. A. Rauschmann (Hrsg.), *Contergankatastrophe*, *Eine Bilanz nach* 40 *Jahren*, Darmstadt: Steinkopff Verlag, 2005.

Friedrich, Ernst Andreas, *Gestalte Naturdenkmale Niedersachsens*, Hannover: Landbuch Verlagsgesellschaft, 1991.

Friedrich, Ernst, *Wesen und geographische Verbreitung der „Raubwirtschaft“*, in: *Dr. A. Petermanns Mitteilungen aus Justus Perthes' Geographischer Anstalt* 50, Gotha: Verlag Justus Perthes, 1904.

Fuhrmann, Bernd, *Deutschland im Mittelalter*, *Wirtschaft*, *Gesellschaft*, *Umwelt*, Darmstadt: Philipp von Zabern Verlag, 2017.

Galius, Manfred und Volkmann, Heinrich (Hrsg.), *Der Kampf um das tägliche Brot*, *Nahrungsmangel*, *Versorgungspolitik und Protest* 1770—1990, Opladen: Verlag für Sozialwissenschaften, 1994.

Garbrecht, G., *Die Wasserversorgung geschichtlicher Städte*, in: *Die alte Stadt* 20, 1993.

Gärtner, Rainer W., *Schlüter*, *Louis Karl*, in: *Neue Deutsche Biographie*, Band 23, Berlin: Duncker & Humblot Verlag, 2007.

Gebhardt, Ludwig, *Hähnle*, *Emilie Karoline*, in: *Neue Deutsche Biographie*, Band 7, Berlin: Duncker & Humblot Verlag, 1966.

Geißler, Rainer, *Die Sozialstruktur Deutschlands*, *Zur gesellschaftlichen Entwicklung mit einer Bilanz zur Vereinigung*, Wiesbaden: VS Verlag für Sozialwissenschaften, 2011.

Gerlach, Christian, *Krieg*, *Ernährung*, *Völkermord*, *Deutsche Vernichtungspolitik im Zweiten Weltkrieg*, Hamburg: Hamburger Edition, 1998.

Gerste, Donald D., *Wie das Wetter Geschichte macht*: *Katastrophen und Klimawandel von der Antik bis heute*, Stuttgart: Klett-Cotta Verlag, 2015.

Gidl, Anneliese, *Alpenverein. Die Städter entdecken die Alpen. Der Deutsche und Österreichische Alpenverein von der Gründung bis zum Ende des Ersten Weltkrieges*, Wien: Böhlau Verlag, 2007.

Giesecke, Jürgen und Mosonyi, Emil, W*asserkraftanlagen*, *Planung*, *Bau und Brtrieb*, Berlin: Springer Verlag, 1996.

Glacken, Clarence J., *Changing Ideas of the Habitable World*, in: William L. Thomas, *Man's Role in Changing the Face of the Earth*, New York/Chicago: New York and the University of Chicago Press, 1956.

Glaser, Rüdiger, *Klimageschichte Mitteleuropa.* 1000 *Jahre Wetter*, *Klima*, *Katastrophen*, Darmstadt: Wissenschaftliche Buchgesellschaft, 2001.

Glick, Thomas F., *Science*, *Technology and the Urban Environment*, *The Great Stink of* 1958, in: Lester J. Bilsky, *Historical Ecology*, New York: Kennikat Press, 1980.

Goddemeier, Christof, *Alexander Fleming* (1881—1995). *Penicillin*, in: *Deutsches Ärzteblatt* 36, 2006.

Görtemaker, Manfred, *Deutschland im* 19. *Jahrhundert. Entwicklungslinien*, Bonn: Schriftenreihe der Bundeszentrale für politische Bildung, 1986.

Gradmann, Robert, *Vorgeschichtliche Landschaft und Besiedlung*, in: *Geographische Zeitschrift* 42, Stuttgart: Franz Steiner Verlag, 1936.

Grahn, Ernst, *Die städtische Wasserversorgung im Deutschen Reiche*, *sowie in einigen Nachbarländern*, Bd. 1, Berlin: Forgotten Books, 1898.

Grmek, Mirko D. (Hrsg.), *Die Geschichte des medizinischen Denkens*, *Antike und Mittelalter*, München: C. H. Beck Verlag, 1996.

Gröning, Gert und Wolschke-Bulmahn, Joachim, *Die Liebe zur Landschaft*, *Teil* 3, *Der Drang nach Osten*, München: LIT Verlag, 1987.

Gröning, Gert und Wolschke-Bulmahn, Joachim, *Grüne Biographien. Biographisches Handbuch zur Landschaftsarchitektur des* 20. *Jahrhunderts in Deutschland*, Berlin/Hannover: Parzer Verlag, 1997.

Groten, Manfred, *Beschlüsse des Rates der Stadt Köln* 1320—1550, *Bd.* 3: 1523—1530, Düsseldorf: Droste Verlag, 1988.

Grottewitz, Curt, *Sonntage eines Großstädters in der Natur*, Berlin: Dietz Verlag, 1925.

Gruhl, Herbert, *Ein Planet wird geplündert*, *Die Schrekensbilanz unserer Politik*, Gütersloh: S. Fischer Verlag, 1975.

Grzimek, Bernhard und Grzimek, Michael, *Serengeti darf nicht sterben.* 367000 *Tiere suchen einen Staat*, Berlin: Deutsche Buch-Gemeinschaft, 1962.

Gummert, Fritz, *Vom Ernährungsversuchsfeld der kohlenstoffbiologischen Forschungsstation Essen*, *Ein* 5 *Jahre durchgeführter Versuch*, *einen Menschen ausschließlich aus den Erträgnissen von* 1250 *qm zu ernähren*, Veröffentlic hungen der Arbeitsgemeinschaft für Forschung des Landes Nordrhein-Westfalen, Naturwissenschftliches Heft 42, Köln: Verlag Wissenschaft und Politik, 1957.

Güntheroth, Horst, *Die Nordsee*, *Portrait eines bedrohten Meeres*, Hamburg: Gruner + Jahr Verlag, 1986.

Gurlitt, Ludwig, *Bericht von Professor Dr. Ludwig Gurlitt an das Preußische Kulturministerium*, in: Werner Kindt (Hrsg.), *Die Wandervogelzeit*, *Quellenschriften zur deutschen Jugendbewegung* 1896—1919, Düsseldorf/Köln: Eugen Diederichs Verlag, 1968.

Haaf, Günter, *Rettet die Natur*, Gütersloh: Praesentverlag Heinz Peter, 1981.

Habakkuk, H. J., *Cambridge Economic History of Europe*, *vol.* 4, *The industrial revolution and after*, *Population and technological change*, Cambridge: Cambridge University Press, 1971.

Haeckel, Ernst, *Generelle Morphologie der Organismen*, Berlin: Verlag von

Georg Reimer, 1866.

Hagenlücke, Heinz, *Hunger*, in: Gerhard Hirschfeld u. a. (Hrsg.), *Enzyklopädie Erster Weltkrieg*, Paderborn: Verlag Ferdinand Schöningh, 2004.

Hahn, Hans-Werner, *Die industrielle Revolution in Deutschland*, München: Oldenbourg Verlag, 2011.

Hailer, Norbert, *Natur und Landschaft am Oberrhein*, *Versuch einer Bilanz*, Speyer: Verlag der Pfälzischen Gesellschaftzur Förderung der Wissenschaften in Speyer, 1982.

Hamburger Echo vom 19. 2. 1962.

Hanf, M., *Von der Mechanik zur Chemie - 36 Jahre Pflanzenschutzentwicklung*, in: *Mitteilungen aus der Biologischen Bundesanstalt für Land- und Forstwirtschaft*, *Heft* 146, 1972.

Haseder, Ilse und Stinglwagner, Gerhard, *Knaurs Großes Jagdlexikon*, Augsburg: Bechtermünz Verlag, 2000.

Hasel, Karl und Schwartz, Ekkehard, *Waldgeschichte. Ein Grundriss für Studium und Praxis*, Remagen: Kessel Verlag, 2002.

Hauff, Volker, *Unsere gemeinsame Zukunft*, Greven: Eggenkamp Verlag, 1999.

Hauser, Albert, *Wald und Feld in der alten Schweiz*, *Beiträge zur schweizerischen Agrar-und Forstgeschichte*, Zürich: Artemis & Winkler Verlag, 1972.

Haushofer, Heinz, *Darré*, *Walther*. In: *Neue Deutsche Biographie*, Band 3, Berlin: Duncker & Humblot Verlag, 1957.

Hebel, Johann Peter, *Schatzkästlein des rheinischen Hausfreundes*, Berlin: Fischer Taschenbuch Verlag, 2008.

Heckl, Wolfgang M., (Hrsg.), *Technik Welt Wandel*, *Die Sammlungen des Deutschen Museums*, München: Deutsches Museum Verlag, 2014.

Heiden, Eduard, *Die Verwerthung der städtischen Ficalien*, *Im Auftrage des Deutschen Landwirtschaftsrathes bearbeitet*, Hannover: Forgotten Books, 1885.

Heidenreich, Sybille, *Das ökologische Auge*, *Landschaftsmalerei im Spiegel nachhaltiger Entwicklung*, Wien/Köln/Weimar: Böhlau Verlag, 2018.

Heising, Wilhelm, *Westfalen in den Romanen Levin Schückings*, Universitätsdissertation, Münster: LIT Verlag, 1926.

Hellige, Hans D., *Entstehungsbedingungen und energietechnische Langzeitwirkungen des Energiewirtschaftsgesetzes von* 1935, in: *Technikgeschichte* 53, 1986.

Hemmerling, Udo und Pascher, Peter, *Situationsbericht* 2011/12. *Trends und Fakten zur Landwirtschaft*, Berlin: Erich Schmidt Verlag, 2011.

Hengartner, Thomas und Merki, Christoph Maria, *Genussmittel. Ein kulturgeschichtliches Handbuch*, Campus Verlag, Frankfurt a. M., 1999.

Henning, Friedrich-Wilhelm, *Die Industrialisierung in Deutschland* 1800—1914, Paderborn: Verlag Ferdinand Schöningh, S. 140.

Hermand, Jost, *Grüne Utopien in Deutschland. Zur Geschichte des ökologischen Bewußtseins*, Frankfurt a. M.: Fischer Taschenbuch Verlag, 1991.

Hermand, Jost, *Mit den Bäumen sterben die Menschen*, *Zur Kulturgeschichte der Ökologie*, Köln: Böhlau Verlag, 1993.

Herrmann, Bernd, (Hrsg.), *Mensch und Umwelt im Mittelalter*, Stuttgart: Deutsche Verlags-Anstalt, 1986.

Herrmann, Bernd, (Hrsg.), *Umwelt in der Geschichte*, Göttingen: Vandenhoeck & Ruprecht, 1989.

Herrmann, Bernd, *Umweltgeschichte. Eine Einführung in Grundbegriffe*, Berlin: Springer Verlag, Heidelberg, 2013.

Heymann, Mattias, *Die Geschichte der Windenergienutzung* 1890—1990, Frankfurt a. M.: Campus Verlag, 1995.

Heymann, Matthias, *Verfehlte Hoffnungen und verpasste Chancen*, *Die Geschichte der Windenergienutzung in Deutschland* 1890—1990, in: *Environmental History Newsletter* 2, 1990.

Hilger, Marie-Elisabeth, *Umweltprobleme als Alltagserfahrung in der frühneuzeitlichen Stadt? Überlegungen anhand des Beispiels der Stadt Hamburg*, in: *Die alte Stadt*, Jahrgang, Nr. 2, 2011.

Historisches Archiv Krupp, *Alfred Krupps Briefe und Niederschriften*, *Bd.* 9, 1866—1870, Berlin: Verlag für Sozialpolitik, Wirtschaft und Statistik, 1937.

Historische Kommission füe Niederschsen und Bremen, *Konservative Zivilisationskritik und regionale Identität*, *Am Beispiel der niedersächsischen Heimatbewegung* 1895—1919, Hannover: Hahnsche Buchhandlung, 1991.

Historischher Verein für Dortmund und die Grafschaft Mark (Hrsg.), *Alles fließt - Das Wasser der Emscher*, in: *Zeitschrift des Historischen Vereins für Dortmund und die Grafschaft Mark e. V. in Verbindung mit dem Stadtarchiv Dortmund*, Essen: Klartext Verlag, 2006.

Hockenjos, Fritz, *Die Wutachschlucht*, Konstanz: Rosgarten Verlag, 1964.

Hoffmann, Dierk, *Die DDR unter Ulbricht*, *Gewaltsame Neuordnung und gescheiterte Modernisierung*, Zürich: Pendo Verlag, 2003.

Hoffmann, E. T. A., *Die Bergwerke zu Falun*, Stuttgart: Philipp Reclam Verlag, 1986.

Hoffmann, Walther G., *Das Wachstum der deutschen Wirtschaft seit der Mitte des* 19. *Jahrhunderts*, Berlin: Springer Verlag, 1965.

Hohenzollern, Wilhelm von, *Gedanken und Vorschläge zur Naturdenkmalpflege in Hohenzollern*, Berlin: Dietz Verlag, 1911.

Hohorst, Gerd; Kocka, Jürgen und Ritter, Gerhard A., *Sozialgeschichtliches Arbeitsbuch*, *Bd.* 2, *Matrialien zur Statistik des Kaiserreichs* 1870—1914, München: Verlag C. H. Beck, 1978.

Hölzl, Richard, *Umkäpfte Wälder*, *Die Geschichte einer ökologischen Reform in Deutschland* 1760—1860, Frankfurt a. M.: Campus Verlag, 2010.

Hösel, Gottfried, *Unser Abfall aller Zeiten. Eine Kulturgeschichte der Städtereinigung*, München: Jehle Verlag, 1994.

Huber, Alexander und Zak, Heinz, *Yosemite*, München: Bergverlag Rother, 2007.

Huff, Tobias, *Hinter vorgehaltener Hand*, *Debatten über Wald und Umwelt in der DDR*, Göttingen: Vandenhoeck & Ruprecht, 2001.

Huff, Tobias, *Natur und Industrie im Sozialismus*, *Eine Umweltgeschichte der DDR*, Göttingen: Vandenhoeck & Ruprecht, 2015.

Hugo, Achim und Lindemann, Heike, *Altlastensanierung und Bodenschutz*, *Pla-*

nung und Durchführung von Sanierungsmaßnahmen - Ein Leitfaden, Berlin: Springer Verlag, 1999.

Huizenga, L. J. , *Suitable Measures against the Pollution of the Rhein by Chloride Discharges from the Alsatian Potash Meines*, in: *Pure and Applied Chemisty* 29, Berlin, 1972.

Humann, Detlev, *„Arbeitsschlacht"*, *Arbeitsbeschaffung und Propaganda in der NS-Zeit* 1933—1939, Göttingen: Wallstein Verlag, 2011.

Hüster-Plogmann, Heidi (Hrsg.), *Fisch und Fischer aus zwei Jahrtausenden*, Frankfurt a. M. : Römermuseum Augst, 2006.

Hüttel, Reinhard F. , *Neuartige Waldschäden*, in: Berlin-Brandenburgische Akademie der Wissenschaften (Hrsg.), *Berichte und Abhandlungen*, *Bd.* 5, Berlin: Colloquium Verlag, 1998.

Hüttel, Reinhard F. , Bellmann, Klaus und Seller, Wolgang (Hrsg.), *Atmosphärensanierung und Waldökosysteme*, Taunusstein: Eberhard Blottner Verlag, 1995.

Imhoff, Karl, *Der Ruhrverband*, Essen: C. W. Haarfeld Verlag, 1928.

Ineichen, Andreas, *Innovative Bauern*, *Einhegungen*, *Bewässerung und Waldteilungen im Kanton Luzern im* 16. *und* 17. *Jahrhundert*, Luzern/Stuttgart: Schwabe Verlag, 1996.

Jacob, Gustaf, *Friedrich Engelhorn*, *Der Gründer der Badischen Anilin-und Soda-Fabrik*, Mannheim: Gesellschaft der Freunde Mannheims, 1959.

Jakobi, Franz-Josef (Hrsg.), *Geschichte der Stadt Münster*, Münster: Aschendorff Verlag, 1994.

Jäger, Helmut, *Einführung in die Umweltgeschichte*, Darmstadt: Wissenschaftliche Buchgesellschaft, 1994.

Jankrift, Kay Peter, *Krankheit und Heilkunst im Mittelalter*, Darmstadt: Wissenschaftliche Buchgesellschaft, 2003.

Jordan, William Chester, *The Great Famine*, Princeton: Princeton University Press, 1996.

Jüngel, Karl, *Kleinwittenberg*, *Ein geschichtlicher Überblick*, Lutherstadt Wittenberg: Drei Kastanien Verlag, 2014. 34.

Jurisch, Konrad W., *Die Verunreinigung der Gewässer, Eine Denkschrift im Auftrage der Flusscommission des Vereins zur Wahrung der Interessen der chemischen Industrie Deutschlands*, Berlin: Nabu Press, 1890.

Juristische Wochenschrift 66, 1937.

Jütte, Daniel, *Tierschutz und Nationalismus, Die Entstehung und die Auswirkungen des nationalsozialistischen Reichstierschutzgesetzes von* 1933, Münster: Aschendorff Verlag, 2002.

Kai, F., *Hünemörder, Kassandra im modernen Gewand, Die umweltpolitischen Mahnrufe der frühen* 1970*er Jahre*, in: Frank Uekötter und Jens Hohensee (Hrsg.), *Wird Kassandra heiser? Die Geschichte falscher Ökoalarme*, Stuttgart: Franz Steiner Verlag, 2004.

Kaiser, Reinhard (Herausgeber) und Berendt, Thomas (Übersetzer), u. a., *Global* 2000. *Der Bericht an den Präsidenten*, Frankfurt a. M.: Zweitausendeins Verlag, 1981.

Kästner, Erich, *Die Konferenz der Tiere*, Zürich: Europa Verlag, 1949.

Katzwinkel, Erwin, *Friedrich Wilhelm Raiffeisen*, in: *Lebensbilder aus dem Kreis Altenkirchen*, Heimatverein für den Kreis Altenkirchen, 1979.

Kettering, Charles F., *Leo Hendrik Baekeland*, 1863—1944, in: *National Academy of Sciences*, Washington, D. C., 1946.

Keweloh, Hans-Walter (Hrsg.), *Flößerei in Deutschland*, Stuttgart: Konrad Theiss Verlag, 1990.

Kiesewetter, Hubert, *Industrielle Revolution in Deutschland* 1815—1914, Berlin: Suhrkamp Verlag, 1989.

Kirsten, Rüdiger, *Die besondere Stellung Reinhold Lingners im Prozeß der Entwicklung der Landschaftsarchitektur in der DDR*, in: Das Institut für Umweltgeschichte und Regionalentwicklung (Hrsg.), *Landschaft und Planung in den neuen Bundesländern*, Berlin: Springer Verlag, 1999.

Klaas, Walter, *Das Schwein in der Kriegsernährungswirtschaft*, Berlin: Akademie-Verlag, 1917.

Klages, Ludwig, *Mensch und Erde, Zehn Abhangdlungen*, Stuttgart: Alfred Kröner Verlag, 1956.

Klee, Ernst, *Christa Lehmann, Das Gedächtnis der Giftmörderin*, Frankfurt a. M.: Krüger Verlag, 1977.

Klein, Ernst, *Geschichte der deutschen Landwirtschaft im Industriezeitalter*, Stuttgart: Franz Steiner Verlag, 1973.

Kleinknecht, Konrad, *Risiko Energiewende. Wege aus der Sackgasse*, Berlin: Springer Verlag, 2015.

Kleinschmit, Hartmut, *Mensch im Wald, Waldnutzungen vom Mittelalter bis heute in Bildern*, Husum: Husum Druck- und Verlagsgesellschaft, 2007.

Klinger, Ralf, *Die wichtigen Biologen*, Wiesbaden: Marix Verlag, 2008.

Klose, Hans, *Das westfälische Industriegebiet und die Erhaltung der Natur*, Berlin: Suhrkamp Verlag, 1919.

Klose, Hans, *Fünfzig Jahre staatlicher Naturschutz, Ein Rückblick auf den Weg der deustchen Schutzbewegung*, Gießen: Brunnen Verlag, 1957.

Kluge, Thomas und Schramm, Engelbert, *Wassernöte, Umwelt- und Sozialgeschichte des Trinkwassers*, Aachen: Alano Verlag, 1986.

Kluge, Ulrich, *Ökowende, Agrarpolitik zwischen Reform und Rinderwahnsinn*, Berlin: Siedler Verlag, 2001.

Knabe, Hubertus, *Gesellschaftlicher Dissens im Wandel, Ökologische Diskussionen und Umweltangagement in der DDR*, in: Redaktion Deutschland Archiv, *Umweltprobleme und Umweltbewußtsein in der DDR*, Köln: Verlag Wissenschaft und Politik, 1985.

Knapp, Manfred, *Deutschland und der Marshallplan*, in: Hans-Jürgen Schröder (Hrsg.), *Marshallplan und westdeutscher Wiederaufstieg*, Stuttgart: Franz Steiner Verlag, 1990.

Knauer, Norbert, *Ökologie und Landwirtschaft*, Stuttgart: Verlag Eugen Ulmer, 1993.

Knaut, Matthias, *Neue Energien, Effiziente Nuzung, Regenerative Energien, Nachhaltiges Bauen*, Berlin: Berliner Wissenschafts-Verlag, 2012.

Knipping, Franz, *Rom*, 25. *März* 1957. *Die Einigung Europas*. 20 *Tage im* 20. *Jahrhundert*, München: dtv Verlagsgesellschaft, 2004.

Koerber, Rolf, *Freikörperkultur*, *in*: Diethart Kerbs und Jürgen Heulecke (Hrsg.), *Handbuch der deutschen Reformbewegungen* 1880—1933, Wuppertal: Peter Hammer Verlag, 1998.

Kogan, Ilja, und Liebold, Sebastian, *Sächsische Humanisten als Ideengeber nachhaltiger Ressoucennutzung*, *Georgius Agricola und Hans Carl von Carlowitz*, In: Sächsische Hans-Carl-von-Carlowitz-Gesellschaft (Hrsg.), *Menschen gestalten Nachhaltigkeit*, Carlowitz weiterdenken, München: oekom verlag, 2015.

Kohler, Alfred, *Columbus und seine Zeit*, München: Verlag C. H. Beck, 2006.

Kolmer, Lothar und Wiedemann, Fritz (Hrsg.), *Regensburg*, *Historische Bilder einer Reichsstadt*, Regensburg: Verlag Friedrich Pustet, 1994.

König, Oliver, *Nacktheit. Soziale Normierung und Moral*, Wiesbaden: VS Verlag für Sozialwissenschaften, 1991.

Körber-Grohne, Udelgart, *Nutzpflanzen und Umwelt im Römischen Germanen*, Aalen: Limesmuseum Verlag, 1979.

Kossack, Georg, *Ländliches Siedlungswesen in vor- und frühgeschichtlicher Zeit*, in: *Offa* 39, Neumünster: Wachholtz Verlag, 1982.

Kossack, Goerg, *Südbayern während der Hallstattzeit*, in: *Römisch-Germanische Forschungen* 24, Berlin: De Gruyter Akademie Forschung, 1959.

Krabbe, Wolfgang R. , *Gesellschaftsveränderung durch Lebensreform*, *Strukturmerkmale einer sozialreformischen Bewegung in Deutschland der Industrialisierungsperiode*, Göttingen: Vandenhoeck & Ruprecht Verlag, 1974.

Krabbe, Wolfgang R. , *Lebensreform. Selbstreform*, *in*: Diethart Kerbs und Jürgen Heulecke (Hrsg.), *Handbuch der deutschen Reformbewegungen* 1880—1933, Wuppertal: Peter Hammer Verlag, 1998.

Kraus, Otto, *Bis zum letzten Widwasser? Gedanken über Wasserkraftnutzung und Naturschutz im Atomzeitalter*, Aachen: Alano Verlag, 1960.

Kretschmann, Carsten, *Räume öffnen sich*, *Naturhistorische Museen im Deutschland des* 19. *Jahrhunderts*, Berlin: Akademischer Verlag, 2006.

Krüger, K., *Albrecht Dürer, Daniel Speckle und die Anfänge frühmoderner Stadtgestaltung in Deutschland*, in: *Mittellater für Geschichte Nürnbergs* 67, 1980.

Krüger, K., *Wasser in jedwedes Bürgers Haus, Die Trinkwasserversorgung, historisch vergolgt und dargestellt am Beispiel der ehemals Freien Reichsstadt Ulm*, Frankfurt a. M.: Ulstein Verlag, 1962.

Kuhm, Klaus, *Das eilige Jahrhundert, Einblicke in die automobile Gesellschaft*, Hamburg: Junius Verlag, 1995.

Kurovski, Hubert, *Die Emscher, Geschichte und Geschichten einer Flusslandschaft*, Essen: Klartext-Verlag, 1999.

Kuske, Bruno (Hrsg.), *Quellen zur Geschichte des Kölner Handels und Verkehrs im Mittelalter*, Bd. 2, Bonn: Hanstein Verlag, 1978.

Küster, Hansjörg, *Die Entdeckung der Landschaft, Einführung in eine neue Wissenschaft*, München: Verlag C. H. Beck, 2012.

Küster, Hansjörg, *Die Ostsee, Eine Natur- und Kulturgeschichte*, München: Verlag C. H. Beck, 2002.

Küster, Hansjörg, *Geschichte der Landschaft in Mitteleuropa*, München: Verlag C. H. Beck, 2013.

Küster, Hansjörg, *Geschichte des Waldes, Von der Urzeit bis zur Gegenwart*, München: Verlag C. H. Beck, 1998.

Ladenburg, Albert, *Marggraf, Andreas Sigismund*, in: *Allgemeine Deutsche Biographie*, Band 20, Berlin: Duncker & Humblot Verlag, 1884.

Lamb, Hubert H. L., *Klima und Kulturgeschichte, Der Einfluss des Wetters auf den Gang der Geschichte*, Reinbek: Rowohlt Verlag, 1997.

Lamprecht, Ingolf (Hrsg.), *Umweltprobleme einer Großstadt, Das Beispiel Berlin*, Berlin: Colloquium Verlag, 1990.

Landesumweltamt NRW vom 21. 6. 2000.

Landesarchiv Nordrhein-Westfalen Düsseldorf, Regierung Düsseldorf, Bericht 1015/22, *Schreiben an die Bewohner einer chemischen Fabrik vom* 9. 10. 1951.

Langbehn, Julius, *Rembrandt als Erzieher*, Create Space Independent Publishing Platform, 2012.

Laquer, Walter, *Die Deutsche Jugendbewegung*, *Eine historische Studie*, Köln: Wissenschafts-und Politikverlag, 1991.

Lautemann, Wolfgang und Schlenke, Manfred, *Geschichte in Quellen*, *Bd*, 2. *Mittelalter*, *Reich und Kirche*, München: BSV Bayerischer Schulbuch Verlag, 1978.

Lawaczek, Franz, *Technik und Wirtschaft im Dritten Reich*, *Ein Arbeitsbeschaffungsprogramm*, München: Franz-Eher-Verlag, 1932.

Leib, Edmund und Olschowy, G., *Landschaftspflege und landwirtschaftliche Schödlingsbekämpfung*, in: *Anzeiger für Schödlingskunde* 28, 1955.

Leideil, Gerhard und Franz, Monika R., *Altbayerische Flusslandschaft an Donau*, *Lech*, *Isar und Inn. Handgezeichnete Karten des* 16. *bis* 18. *Jahrhunderts aus dem Bayerischen Hauptstaatsarchiv*, Weißenhorn: Konrad Verlag, 1998.

Lekan, Thomas M. and Zelelr, Thomas, *Germany's Nature. Cultural Landscape and Environmental History*, New Brunswick: New Brunswick Press, 2004.

Lepper, Carl, *Die Goldwäscherei am Rhein*, *Geschichte und Technik*, *Münzen und Medaillen aus Rheingold*, *Arbeitsgemeinschaft der Geschichts- und Heimatvereine im Kreis Bergstraße*, Darmstadt: Wissenschaftliche Buchgesellschaft, 1980.

Lessing, Theordor, *Der Lärm*, *Eine Kampfschrift gegen die Geräusche unseres Lebens*, Wiesbaden: Bergmann Verlag, 1908.

Levenstein, Adolf, *Die Arbeiterfrage*, *Mit besonderer Berücksichtigung der sozialpsychologischen Seite des modernen Großbetriebes und der psychopsysischen Einwirkungen auf die Arbeiter*, München: Verlag Ernst Reinhardt, 1912.

Lind, Otmar und Niehues, Andrea, *Neuseeland*, *Die Schönsten Nationalparks*, Rappweiler: Reise Know-How Edgar Hoff, 1998.

Linde, Carl von der, *Müllvernichtung oder Müllverwertung*, *Insbesondere das Dreiteilungssystem*, *Ein Beitrag zur Hygiene des Mülls mit Rücksicht auf ihre volkswirtschaftliche Bedeutung*, Charlottenburg: Forgotten Books, 1906.

Lindemann, Carmelita, *Verbrennung oder Verwertung? Müll als Problem um die Wende vom* 19. *zum* 20. *Jahrhundert*, in: *Technikgeschichte* 59, 1992.

Linse, Ulrich, *Ökopax und Anarchie*, *Eine Geschichte der Ökologischen Bewegungen in Deutschland*, München: Deutscher Taschenbuch Verlag, 1986.

Linse, Ulrich, *Zurück*, *o Mensch zur Mutter Erde*, *Landkommunen in Deutschland* 1890—1933, München: Deutscher Taschenbuch Verlag, 1983.

Lorch, Walter und Burhenne, Wolfgang, u. a. , *Die Natur... im Atomalter*, *Versuch einer Prognose*, Bonn: Verlag Herbert Grundmann, 1957.

Löw, Ludwig von, *Die Gefahren des Automobils und ihre Bekämpfung*, in: *Deutsche Reue* 36, 1911.

Lucas, Henry S. , *The Great European Famine of* 1315, 1316 *and* 1317, in: *Speculum* 5 (4), 1930.

Ludwig, Karl-Heinz, *Technik und Ingenieure im Dritten Reich*, Düsseldorf: Droste Verlag, 1974.

Ludwig, Roland (Hrsg.), *Recycling in Geschichte und Gegenwart*, *Vorträge der Jahrestagung der Georg-Agricola-Gesellschaft* 2002 *in Freiburg*, Freiburg: Alber Verlag, 2003.

Ludwig, Volker, *Die Entstehung des Naturschutzgebietes Hohenstoffeln im „Hegau-Zeitschrift für Geschite*, *Volkskunde und Naturgeschichte des Gebietes zwischen Rhein*, *Donau und Bodensee"*, Band 54/55, 1997/98, Singen: Selbstverlag des Hegau-Geschichtsvereins Singen e. V. , 1998.

Mäding, Erhard, *Landespflege*, *Die Gestaltung der Landschaft als Hoheitsrecht und Hoheitspflicht*, Berlin: Erich Schmidt Verlag, 1942.

Mainzer, Fabian, *„Retten*, *was zu retten ist!" Grundzüge des Nordrhein-westfalsichen Naturschutzes* 1970—1995, Marburg: Tectum Wissenschafstverlag, 2014.

Mammen, Gustav, *Die wirtschaftliche Bedeutung des Pflanzenschutzes und Vorschläge zu seiner weiteren Ausgestaltung*, Berlin: Akademie-Verlag, 1936.

Manstein, Bodo, *Im Würgegriff des Fortschritts*, Frankfurt a. M. : Europäische

Verlagsanstalt, 1961.

Margedant, Udo, *Entwicklung des Umweltbewusstseins in der Bundesrepublik Deutschland*, in: *Politik und Zeitgeschichte* 29, 1987.

Marti, Kurt, *Tagebuch mit Bäumen*, Darmstadt: Luchterhand Literaturverlag, 1989.

Maschke, Erich und Sydow, Jürgen, *Die Stadt am Fluss*, Sigmaringen: Jan Thorbecke Verlag, 1978.

Matheus, Michael (Hrsg.), *Weinproduktion und Weinkonsum im Mittelalter*, Stuttgart: Franz Steiner Verlag, 2005.

Mauch, Christof, *Mensch und Umwelt, Nachhaltigkeit aus historischer Perspektive*, München: oekom verlag, 2014.

Maurer, Helmut, *Konstanz im Mittelelter I, Von den Anfängen bis zum Konzil*, Konstanz: Verlag Stadler, 1989.

Maxeiner, Dirk und Miersch, Michael, *Alles grün und gut? Eine Bilanz des ökologischen Denkens*, München: Albrecht Knaus Verlag, 2014.

Maxeiner, Dirk und Miersch, Michael, *Lexikon der Öko-Irrtümer, Fakten statt Umweltmythen*, München: Piper Verlag, 2002.

Maxeiner, Dirk und Miersch, Michael, *Öko-Optimismus*, Düsseldorf/München: Metropolitan Verlag, 1996.

Mayer, Andrea und Wilhelm, Martha, *Das Wirtschaftswunder, Die Bundesrepublik* 1948—1960, Berlin: Elsengold Verlag, 2018.

Mayer, Joachim, *Obst und Gemüse*, Stuttgart: Franckh-Kosmos Verlag, 2010.

McNeill, John R., *Obeservition on the Nature and Culture of Environmental History*, in: *History and Theory: Studies in the Philosophy of History*, Vol. 42, No. 4, Dec. 2003.

Meadows, Dennis und Meadows, Donella, u. a., *Die Grenzen des Wachstums, Bericht des Club of Rome zur Lage der Menschheit*, Reinbeck bei Hamburg: Rowohlt Taschenbuch Verlag, 1972.

Meier, Dirk, *Die Nordseeküste, Geschichte einer Landschaft*, Heide: Boyens Bochverlag, 2006.

Meier, Mischa, *Pest. Die Geschichte eines Menschheitstraumas*, Stuttgart: Klett-Cotta Verlag, 2005.

Meier, Dirk, *Stadt und Land im Mittelalter*, Ostfildern: Jan Thorbecke Verlag, 2003.

Mellinghoff, K., *Die Grünpolitik im Ruhrgebiet mit besonderer Berücksichtigung der Rauchbekämpfung*, in: *VDI-Bericht* 7, 1955.

Merki, Christoph Maria, *Der holprige Siegeszug des Automobils* 1895—1930. *Zur Motorisierung des Straßenverkehrs in Frankreich, Deutschland und der Schweiz*, Wien: Böhlau Verlag, 2002.

Meyer, Jan-Henrik, *Green Activism. The European Parliament's Enviromental Committee Promoting a European Environmental Policy in the* 1970*s*, in: *Journal of European Integration History* 17/1, 2011.

Michels, Eckard, *Die „Spanische Grippe"* 1918/19. *Verlauf, Folgen und Deutungen in Deutschland im Kontext des Ersten Weltkriegs*, Vierteljahrshefte für Zeitgeschichte 58, 2010/1.

Mittasch, Alwin, *Geschichte der Ammoniaksynthese*, Weinheim: Verlag Chemie, 1951.

MLUV des Landes Brandenburg Landesforstanstalt Eberswalde, 100 *Jahre Naturschutzgebiet Plagefenn*, in: Tagungsband zur Jubiläumsveranstaltung vom 11. bis 12. Mai 2007 in Chorin, Eberswalde, 2007.

Möller, D., *Luftverschmutzung und ihre Ursachen. Vergangenheit und Zukunft*, in: *VDI-Bericht* 1575, 2000.

Monser, Catia, *Contergan/Thalidomid, Ein Unglück kommt selten allein*, Düsseldorf: Eggcup Verlag, 1993.

Mosse, George L., *Die völkische Revolution, Über die geistigen Wurzeln des Nationalsozialismus*, Frankfurt a. M.: Hain Verlag, 1991.

Müller, Edda, *Innenwelt der Umweltpolitik, Sozial-liberale Umweltpolitik. (Ohn) macht durch Organisation?* Opladen: Westdeustcher Verlag, 1986.

Müller, Edda, *Sozial-liberale Umweltpolitik, Von der Karriere eines neuen Politikbereichs*, in: *Politik und Zeitgeschichte* 47/48, 1989.

Müller, Peter, *Apotheker, Naturarzt und Polemiker, Zum* 125. *Todestag des Naturheilarztes Theodor Hahn* (1824—1883), in: *St. Galler Tagblatt*, Nr. 83 vom 10. April 2008.

Müller, Ulrich und Weiss, Gerlinde, *Deutsche Gedichte des Mittelalters, Mittelhochdeutsch. Neuhochdeutsch*, Stuttgart: Philipp Reclam Verlag, 2009.

Müller, Wolfgang D., *Geschichte der Kernenergie in der Bundesrepublik Deutschland. Anfänge und Weichenstellungen*, Stuttgart: Schöffer Verlag für Wirtschaft und Steuern, 1990.

Münk, Dieter, *Die Organisation des Raumes im Nationalsozialismus*, Bonn: Pahl-Rugenstein Verlag, 1993.

Nash, Roderick, *The State of Environmental History*, in: Herbert Rass, ed., *The State of American History*, Chicago: Quadrangle Press, 1970.

Nauelshagen, Franz, *Klimageschichte der Neuzeit*, Darmstadt: Wissenschaftliche Buchgesellschaft, 2010.

Naujoks, Friedhelm, *Ökologische Erneuerung der ehemaligen DDR. Begrenzungsfaktor oder Impulsgeber für eine gesamtdeutsche Entwicklung*? Berlin: Dietz Verlag, 1991.

Neles, Julia M. und Pistner, Christoph (Hrsg.), *Kernenergie. Eine Technik für die Zukunft*? Berlin/Heidelberg: Springer Verlag, 2012.

Niemann, Harry und Feldenkirchen, Wilfred (Hrsg.), *Die Geschichte des Rennsports*, Bielefeld: Delius Klasing Verlag, 2002.

Niethammer, Lutz, „*Normalisierung*“ *im Westen. Erinnerungen in die 50er Jahre*, in: Gerhard Brunn (Hrsg.), *Nordrhein-Westfalen und seine Anfänge nach 1945/46*, Essen: reimar hobbing Verlag, 1986.

Nipperdey, Thomas, *Deutsche Geschichte* 1800—1866. *Bürgerwelt und starker Staat*, München: Verlag C. H. Beck, 2013.

Noot, Wolfgang, *Vom Kofferkessel bis zum Großkraftwerk - Die Entwicklung im Kesselbau, Grundlage, Konstruktion, Anwendungen*, Essen: Vulkan Verlag, 2010.

Oberkrome, Willi, „*Deutsche Heimat*“, *Nationale Konzeption und regionale Praxis von Naturschutz, Landschaftsgestaltung und Kulturpolitik in Westfalen-Lippe und Thüringen* (1900—1960), Paderborn/München: Verlag Ferdinand Schöningh, 2004.

Oberkrome, Willi, *Ordnung und Autarkie, Die Geschichte der deutschen Landbauforschung, Agrarökonomie und ländlichen Sozialwissenschaft im Spiegel von Forschungsdienst und DFG* (1920—1970), Stuttgart: Franz Steiner Verlag, 2004.

Oberkrome, Willy, *Siedlung und Landvolk*, in: Karin Wilhelm und Kerstin Gust (Hrsg.), *Neue Städte für einen neuen Staat, Die städtebauliche Erfindung des modernen Israel und der Wiederaufbau in der BRD. Eine Annäherung*, Bielefeld: Transcript Verlag, 2013.

Ost, H., *Der Kampf gegen Schödliche Industriegase*, in: *Zeitschrift für angewandte Chemie* 29, 1907.

Osteroth, Dieter, *Biomasse, Rückkehr zum ökologischen Gleichgewicht*, Berlin: Springer Verlag, 2012.

Österreicher, Herbert, *Praxis der Umweltbildung*, In: Norbert Kühne (Hrsg.), *Praxisbuch Sozialpädagogik*, Band 7, Troisdorf: Bildungsverlag EINS, 2009.

Oswald, Werner, *Deutsche Autos, Band* 3, *Ford, Opel und Volkswagen*, Stuttgart: MotorbuchVerlag, 2001.

Peters, Ralf, 100 *Jahre Wasserwirtschaft im Revier, Die Emschergenossenschaft* 1899—1999, Bottrop, Essen: Verlag Peter Pomp, 1999.

Petersen, Asmus, *Schultz-Lupitz und sein Vermächtnis*, Berlin: Erich Schmidt Verlag, 1953.

Petschow, Ulrich; Meyerhoff, Jürgen und Thomasberger, Claus, *Umweltreport DDR. Bilanz der Zerstörung. Kosten der Sanierung. Strategien für den ökologischen Umbau. Eine Studie des Instituts für ökologische Wirtschaftsforschung*, Frankfurt a. M.: S. Fischer Verlag, 1990.

Pfister, Christian (Hrsg.), *Endlose Kälte, Witterungsverlauf und Getreidepreise in den burgundischen Niederlanden im* 15. *Jahrhundert*, Bern: Schwabe Verlagsgruppe, 2015.

Pfister, Christian, *Energiepreis und Umweltbelastung*, *Zum Stand der Diskussion über das „1950er Syndrom"*, in: Wolfram Siemann (Hrsg.), *Umweltgeschichte*, *Themen und Pespektiven*, München: Verlag C. H. Beck, 2003.

Pfister, Christian, *Historische Umweltforschung und Klimageschichte*, *Mit besonderer Berücksichtigung des Hoch- und Spätmittelalters*, *Siedlungsforschung*, in: *Archäologie-Geschichte-Geographie* 6, Bonn: Verlag Siedlungsforschung, 1988.

Piechocki, Reinhard, *Stichwort*: *Naturdenkmal*, in: *Naturwissenschaftliche Rundschau* 59 (4), 2006.

Piechokie, Reinhard und Wiersbinski, Norbert, *Heimat und Naturschutz*, *Die Vilmer Thesen und ihre Kritiker*, Bad Godesberg: Bundesamt für Naturschutz, 2007.

Pieroth, Ingrid, *Penicillinherstellung*, *Von den Anfängen bis zur Großproduktion*, Stuttgart: Wissenschaftliche Verlagsgesellschaft, 1992.

Plachter, Harald, *Naturschutz*, Jena/Stuttgart: Gustav Fischer Verlag, 1991.

Planitz, Hans, *Die deutsche Stadt im Mittelalter*, Stuttgart: Deutsche Verlags-Anstalt, 1991.

Plettenberg, Andreas, *Dermatologische Infektiologie*, Stuttgart: Thieme Verlag, 2004.

Poliakov, Léon, *Geschichte des Antisemitismus*, *Band 2. Das Zeitalter der Verteufelung und des Ghettos*, Berlin: Suhrkamp Verlag, 1978.

Potthast, Thomas, *Naturschutz und Naturwissenschaft - Symbiose oder Antagonismus? Zur Beharrung und zum Wandel prägender Wissensformen vom ansgehenden 19. Jahrhundert bis in die Gegenwart*, in: Hans-Werner Frohn (Hrsg.), *Natur und Staat*, *Staatlicher Naturschutz in Deutschland* 1906—2006, Münster: Landwirtschaftsverlag, 2006.

Pressemitteilung des Bundesministeriums für Ernährung, Landwirtschaft und Verbraucherschutz vom 30. 8. 2013.

Pretzel, Andreas, *Ohnmacht und Aufbegehren*, *Homosexuelle Männer in der frühen Bundesrepublik*, Hamburg: Männerschwamm Verlag, 2010.

Quaschning, Volker, *Erneuerbare Energien und Klimaschutz*, *Hintergründe*,

Technik und Planung, *Ökolomie und Ökologie*, *Energiewende*, München: Carl Hanser Verlag, 2018.

Raabe, Wilhelm, *Pfisters Mühle*, *Ein Sommerferienheft*, Stuttgart: Philipp Reclam Verlag, 2000.

Radkau, Joachim, *Natur und Macht*, *Eine Weltgeschichte der Umwelt*, München: Verlag C. H. Beck, 2000.

Radkau, Joachim, *Technik in Deutschland*, *Vom* 18. *Jahrhundert bis heute*, Frankfurt a. M.: Campus Verlag, 2008.

Radkau, Joachim und Hahn, Lothar, *Aufstieg und Fall der deutschen Atomwirtschaft*, München: oekom Verlag, 2013.

Radkau, Joachim und Uekötter, Frank (Hrsg.), *Naturschutz und Nationalsozialismus*, Frankfurt a. M./New York: Campus Verlag, 2003.

Rathenau, Wather, *Deutschlands Rohstoffversorgung* (*Dezember* 1915), in derselben Gesammelten Schriften, Bd. 5., Berlin: Forgotten Books, 1918.

Rathenau, Wather, *Probleme der Friedenswirtschaft* (*Dezember* 1916), in derselben Gesammelten Schriften, Bd. 5., Berlin: Forgotten Books, 1918.

Raulff, Ulrich, *Das letzte Jahrhundert der Pferde. Geschichte einer Trennung*, München: Verlag C. H. Beck, 2018.

Reckenfelder-Bäumer, Christel, „*Wissen ist Macht-Macht ist Wissen*", in: *Berlin um* 1900, Berlinische Galerie e. V., Berlin: Calvendo Verlag, 1984.

Redaktion Deutschland Archiv, *Umweltprobleme und Umweltbewußtsein in der DDR*, Köln: Verlag Wissenschaft und Politik, 1985.

Reichholf, Josef F., *Ende der Artenvielfalt? Gefärdung und Vernichtung von Biodiversität*, Frankfurt a. M.: Fischer Taschenbuch Verlag, 2008.

Reinhart, Günter, *Umwelterziehung im Geschichtsunterricht*, in: *Geschichtsdidaktik* 3, 1986.

Reisigl, Herbert, *Blumenparadiese und Botanische Gärten der Erde*, Innsbruck: Pinguin Verlag, 1987.

Reith, Reinhold, *Umweltgeschichte der Frühen Neuzeit*, München: Oldenbourg Verlag, 2011.

Richter, Thomas, *Alexander von Humboldt*, Reinbek: Rowohlt Verlag, 2009.

Riehl, Wilhelm Heinrich, *Die bürgerliche Gesellschaft*, Hamburg: Tredition Verlag, 2011.

Riehl, Wilhelm Heinrich, *Land und Leute*, Stuttgart: W. G. Cotta'sche Buchhandlung, 1854.

Riehl, Wilhelm Heinrich, *Rheinlandschaft, Gesprochen im Verein für wissenschaftlichen Vorträge zu Crefeld am* 24. *Oktober* 1871, in: *Freie Vorträge, Erste Sammlung*, Stuttgartt: Forgotten Books, 1873.

Rießling, Rolf (Hrsg.), *Neue Forschungen zur Geschichte der Stadt Augsburg*, Augsburg: Wißner-Verlag, 2011.

Rocholl, Theodor, *Sababurg* (*Reinhardswald*), Hofgeismar: Druck L. Keseberg, 1910.

Rollins, William, „*Rund Heimatschutz*“, *Zur Integration von Ästhetik und Ökologie*, in: Jost Hermand, *Mit den Bäumen sterben die Menschen. Zur Kulturgeschichte der Ökologie*, Köln: Böhlau Verlag, 1993.

Rörig, Fritz, *Die europäische Stadt und die Kultur des Bürgertums im Mittelalter*, Göttingen: Vandenhoeck & Ruprecht Verlag, 1955.

Röscheisen, Helmut, *Der Deutsche Natruschutzring, Geschichte, Interessenvielfalt, Organisationsstruktur und Perspektiven*, München: oekom verlag, 2006.

Roesler, Jörg, *Umweltprobleme und Umweltpolitik in der DDR*, Thüringen: Druckrei Sämmerda, 2006.

Roselli, Maria, *Die Asbestlüge, Geschichte und Gegenwart einer Industriekatastrophe*, Zürich: Rotpunkt Verlag, 2007.

Rosenbohm, Ernst, *Kölnisch Wasser, Ein Beitrag zut europäischen Kulturgeschichte*, Berlin/Dortmund/Köln: Albert Nauck & Co. Verlag, 1951.

Rößler, Mechthild und Schleiermacher, Sabine (Hrsg.), *Der „Generalplan Ost“, Hauptlinien der nationalsozialistischen Planungs- und Vernichtungspolitik*, Berlin: Akademe-Verlag, 1993.

Rothschuh, Karl E., *Naturheilbewegung, Reformbewegung, Alternativbewe-*

gung, Darmstadt: Wissenschaftliche Buchgesellschaft, 1983.

Rubner/Schmidtmann (Referenten), *Gutachten der Königlich Wissenschaftlichen Deputation für das Medicinalwesen über die Lagerstätten von Müll in Ueberschwemmungsgebieten von Flussläufen*, in: *Vierteljahresschrift für gerichtliche Medizin und öffentliches Sanitätswesen*, Bd. 13, 3. F., 1900.

Rudorff, Ernst, *Heimatschutz*, 2. Aufl., Leipzig: Reichl Verlag, 1901.

Rupieper, Hermann-Josef, u. a. (Hrsg.), *Die mitteldeutsche Chemieindustrie und ihre Arbeiter im 20. Jahrhundert*, Halle: Mitteldeutscher Verlag, 2005.

Rürup, Reinhard, *Deutschland im 19. Jahrhundert* 1815—1871, Göttingen: Vandenhoeck & Ruprecht Verlag, 1992.

Sablonier, R., *Wasser und Wasserversorgung in der Stadt Zürich vom 14. zum 18. Jahrhundert*, *in*: *Zürcher Taschenbuch* 1985, Zürich: Chronos Verlag, 1984.

Sachs, Wolfgang, *Die Liebe zum Automobil*, *Ein Rückblick in die Geschichte unserer Wünsche*, Reinbek: Rowohlt Verlag, 1991.

Schaal, Dirk, *Rübenzuckerindustrie und regionale Industrialisierung Der Industrialisierungsprozess im mitteldeutschen Raum* 1799—1930, Münster: LIT Verlag, 2005.

Schäfer, Roland, *„Lamettasyndrom“ und „Säuresteppe“*, *Das Waldsterben und die Forstenwirtschaften* 1979—2007, Freiburg: Universität Freiburg Forstökonomie Verlag, 2012.

Schäfer, Roland und Metzger, Birgit, *Was macht eigentlich das Waldsterben*? in: Patrick Masius u. a. (Hrsg.), *Umweltgeschichte*, Göttingen: Universitätsverlag Göttingen, 2007.

Schahl, Adolf, *Heinrich Schickhardt-Architekt und Ingenieur*, in: *Zeitschrift für Wüttembergische Landesgeschichte* 18, 1959.

Schaller, Hans Martin, *Eberhard II.*, in: *Neue Deutsche Biographie*, Band 4, Berlin: Duncker & Humblot Verlag, 1959.

Schattkowsky, Martina (Hrsg.), *Das Erzgebirge im 16. Jahrhundert*, *Gestaltwandel einer Kulturlandschaft im Reformationszeitalter*, Leipzig: Leipziger

Universitätsverlag, 2013.

Schilling, Heinz, *Die Stadt in der Frühen Neuzeit*, München: Oldenboug Verlag, 2004.

Schinner, Franz, und Sonnleitner, Renate, *Bodenbewirtschaftung*, *Düngung und Rekultivierung*, Berlin: Springer Verlag, 2013.

Schmal, Stephan, *Umweltgeschichte*, *Von der Antike bis zur Gegenwart*, Bamberg: C. C. Buchners Verlag, 2001.

Schmid, Katharine, *Kloster Baumburg*, *Entstehung und Entwicklung des klösterlichen Lebens und Wirkens in Baumburg*, Altenmark: Eigenverlag, 2007.

Schmid, Sonja und Schmid, Toni, *Bio-Wein im eigenen Garten*, *Wie Anbau*, *Pflege und Ernte auf kleiner Fläche glingen*, München: Löwenzahn Verlag, 2018.

Schmidt, Wolf, und Kutz, Susanne, *Von „Abwasser" bis „Wandern"*, *Ein Wegweiser zur Umweltgeschichte*, Hamburg: Körber-Stiftung, 1986.

Schmoll, Friedemann, *Erinnerung an die Natur*, *Die Gechichte des Naturschutzes im deutschen Kaiserreich*, Frankfurt/New York: Campus Verlag, 2004.

Schoenichen, Walther, „*Das deutsche Volk muß gereinigt werden*, *Und die deutsche Landschaft*? in: *Naturschutz* 11, Neudamm/Berlin: Hugo Bermühler Verlag, 1933.

Schoenichen, Walther, *Der Umgang mit Mutter Grün*, *Ein Sünden- und Sittenbuch für jedermann*, Berlin-Lichterfelde: Verlag Naturkunde, 1929.

Scholz, Roland und Lorenzen, Sievert, *Das Phantom BSE-Gefahr*, *Irrwege von Wissenschaft und Politik im BSE-Skandal*, Wattens: Berenkamp Verlag, 2005.

Schott, Dieter, *Europäische Urbanisierung* (1000—2000). *Eine umwelthistorische Einführung*, Köln/Weimar/Wien: Böhlau Verlag, 2014.

Schröter, Alfred und Becker, Walter, *Die deutsche Maschinenbauindustrie in der industriellen Revolution*, Berlin: Akademie-Verlag, 1962.

Schubert, Ernst, *Der Wald*, *Wirtschaftliche Grundlage der spätmittelalterlichen Stadt*, in: Bernd Herrmann, *Mensch und Umwelt im Mittelalter*, Stuttgart:

Deutsche Verlags-Anstalt, 1986.

Schubert, Ernst und Herrmann, Bernd (Hrsg.), *Von der Angst zur Ausbeutung, Umwelterfahrung zwischen Mittelalter und Neuzeit*, Frankfurt a. M.: Fischer Taschenbuch Verlag, 1994.

Schulin, Ernst, *Friedrich Meonecke*, in: Hans-Ulrich Wehler (Hrsg.), *Deutsche Historiker, Band* 1, Göttingen: Vandenhoeck & Ruprecht Verlag, 1971.

Schultz, Thorsten, *Das „Europäische Naturschutzjahr* 1970", *Beginn oder Wendepunkt des Umweltdiskurses*? in: *Jahrbuch für Ökologie* 2008, München: Verlag C. H. Beck, 2008.

Schultze, Johannes, *Die Mark Brandenburg*, Berlin: Duncker & Humblot Verlag, 2011.

Schultze-Naumburg, Paul, *Die Entstellung unseres Landes*, Halle: Mitteldeutscher Verlag, 1905.

Schultze-Naumburg, Paul, *Die Gestaltung der Landschaft durch Menschen*, Leipzig: Ort Verlag, 1901.

Schulze, Eberhard, *Deutsche Agrargeschichte*. 7500 *Jahre Landwirtschaft in Deutschland*, Aachen: Shaker Verlag, 2014.

Schwab, Günther, *Der Tanz mit dem Teufel*, *Ein abenteuerliches Interview*, Hameln: Adolf Sponholtz Verlag, 1956.

Schwarz, Peter, *Die Baugeschichte des Walchenseekraftwerkes* 1918 *bis* 1924. *Teil* 1, in: Heimatverband Lech-Isar-Land e. V. (Hrsg.), *Lech-Isar-Land*, *Heimatkundliches Jahrbuch* 2007, Weilheim: Mohrenweiser Verlag, 2016.

Schwedt, Georg, *Vom Tante-Emma-Laden zum Supermarkt*, *Eine Kulturgeschichte des Einkaufens*, Weilheim: Wiley-VCH Verlag, 2006.

Schwitter, Josef und Heer, Urs, *Das Glanerland*, *Ein Kurzporträt*, Glarus: Baeschlin Verlag, 2000.

Science, April 20. 1990.

Seemann, Wolfram (Hrsg.), *Umweltgeschichte*, *Themen und Perspektiven*, München: Verlag C. H. Beck, 2003.

Seibert, Theo und Hechler, Günter, *Tabakbau in Deutschland*, Landau: Pfälzische Verlagaanstalt, 1976.

Seifert, Alwin, *Ein Leben für die Landschaft*, Düsseldorf: Diederichs Verlag, 1962.

Seifert, Alwin, *Im Zeitalter des Lebendigen*, *Natur*, *Heimat*, *Technik*, Dresden/Planegg: Müllersche Verlagshandlung, 1941.

Seng, Eva M., *Stadt - Idee und Planung. Neuere Ansätze im Städtebau im 16. Und 17. Jahrhundert*, München/Berlin: Deutscher Kunstverlag, 2003.

SEW-EURODRIVE, *Driving the world*, *Autoatlas Deutschland und Europa*, München: GeoGraphic Publishers GmbH & Co. KG, 2002/2003.

Sieferle, Rolf Peter, *Perspektiven einer historischen Umweltforschung*, in: *Fortschritte der Naturzerstörung*, Hrsg. von Rolf Peter Sieferle, Frankfurt a. M.: Suhrkamp Verlag, 1988.

Simon, Christian, *DDT. Kulturgeschichte einer chemischen Verbindung*, Basel: Cristoph Merian Verlag, 1999.

Simson, John von, *Kanalisation und Städtehygiene im 19. Jahrhundert*, Düsseldorf: VDI-Verlag, 1983.

Soemmerring, Samuel Thomas, *S. Th. Sämmerring über die Wirkungen der Schnürbrüste*, Berlin: Nabu Press, 2011.

Sombart, Werner, *Die deutsche Volkswirtschaft im 19. Jahrhundert und im Anfang des 20. Jahrhundert*, Darmstadt: Wissenschaftliche Buchgesellschaft, 1954.

Spelsberg, Gerd, *Hundert Jahre Saurer Regen*, Aachen: Alano-Verlag, 1984.

Spiegel-Online vom 31. 1. 2013.

Stadtsarchiv Münster, Regierung Münster 27984, Protokoll der Vorstandssitzung des Ruhrverbundes vom 26. 11. 1937.

Statistisches Bundesamt (Hrsg.), *Datenreport* 1999, Bonn: Bundeszentrale für politische Bildung, 1999.

Statistisches Bundesamt (Hrsg.), *Datenreport* 2004, Bonn: Bundeszentrale für politische Bildung, 2004.

Statistisches Bundesamt (Hrsg.), *Datenreport* 2012, Bonn: Bundeszentrale für politische Bildung, 2012.

Stein, Günter, *Stadt am Strom*, *Speyer und der Rhein*, Speyer: Verlag der Zechnerschen Buchdruckerei, 1989.

Steinberg, Ted, *Down to Earth*: *Nature*, *Agency and Power in History*, in: *The American Historical Review*, Vol. 107, No. 3, June 2002.

Steinhilber, Wilhelm, *Das Gesundheitswesen im alten Heilbronn*, 1281—1871, in: *Stadtarchiv*, Heilbronn: Eugen Salzer Verlag, 1956.

Steinmetzler, Johannes, *Die Anthropogeographie Friedrich Ratzels und ihre ideengeschichtlichen Wurzeln*, Bonner Geographische Abhandlungen, Heft 13, Bonn: Verlag Herbert Grundmann, 1956.

Stephan, Gunter, *Energie*, *Mobilität und Wirtschaft*, *Die Auswirkungen einer Ökosteuer auf Wirtschaft*, *Verkehr und Arbeit*, Berlin: Springer Verlag, 2013.

Stern vom 24. 3. 1984 und 5. 7. 1984.

Stiftung Naturschutzgeschichte, *Naturschutz hat Geschihte*, *Eröffnung des Museums zur Geschichte des Naturschutzes*, Essen: Klartext Verlag, 2003.

Stockhorst, Erich, 5000 *Köpfe. Wer was im* 3. *Reich*, Kiel: Arndt Verlag, 2000.

Straubinger, Johannes, *Naturkatastrophe*, *Mensch*, *Ende oder Wende*, Salzburg: Books on Demand GmbH, 2009.

Straubinger, Johannes, *Ökologisierung des Denkens*, *Sehensucht Natur*, *Band* 2, Salzburg: Books on Demand GmbH, 2009.

Strübel, Michael, *Internationale Umweltpolitik. Entwicklungen*, *Defizite*, *Aufgaben*, Opladen: Verlag für Sozialwissenschaften, 1992.

Süddeutsche Zeitung vom 7. und 14. 9. 1996.

Süddeutsche Zeitung vom 12. 2. 2013.

Süddeutsche Zeitung vom 25. 5. 2013.

Tacitus, *Germania*, *Zweisprachige Ausgabe Lateinisch-Deutsch*, Übertragung und erläutert von Arno Mauersberger, Köln: Anaconda Verlag, 2009.

Thienemann, August, *Die Verschmutzung der Ruhr im Sommer* 1911, in: *Wasser und Gas* 13, 1912.

Thüry, Günther E. , *Die Wurzeln unserer Umweltkrise und die griechisch-römische Antike*, *Salzburg*: Otto Müller Verlag, 1995.

Toffler, Alvin, *Der Zukunftsschock*, Scherz Verlag, Bern: Fischer Taschenbuch Verlag, 1970.

Töpfer, Klaus, *Vergangenheit und Zukunft des Begriffs der Nachhaltigkeit*, In: Sächsische Hans-Carl-von-Carlowitz-Gesellschaft (Hrsg.), *Menschen gestalten Nachhaltigkeit*, Carlowitz weiterdenken, München: oekom verlag, 2015.

Toyka-Seid, Michael, *Die Stadt und der Lärm*, *Aspekte einer modernen Beziehungsgeschichte*, in: Georg G. Iggers und Dieter Schrott (Hrsg.), *Hochschule-Geschichte-Stadt*, *Festschrift für Helmut Böhme*, Damstadt: Wissenschaftliche Buchgesellschaft, 2004.

Toynbee, Arnold J. , *Krieg und Kultur*, *Der Minitarismus im Leben der Völker*, Stuttgart: Kohlhammer Verlag, 1950.

Toynbee, Arnold J. , *Menschheit und Mutter Erde. Die Geschichte der großen Zivisationen*, Düsseldorf: Claassen Verlag, 1979.

Trincker, Dietrich, *Hensen*, *Christian Andreas Victor*, In: *Neue Deutsche Biographie*, Band 8, Berlin: Duncker & Humblot Verlag, 1969.

Trittel, Günter, J. , *Hunger und Politik*, *Die Ernährungskrise in der Bizone* (1945—1949), Frankfurt a. M. : Campus Verlag, 1990.

Tucher, Endres, *Endres Tuchers Baumeisterbuch der Stadt Nürnberg* (1464—1475), Nürnberg: Nabu Press, 2010.

Tümmers, Horst J. , *Der Rhein - Ein europäischer Fluss und seine Geschichte*, München: Verlag C. H. Beck, 1994.

Uekötter, Frank, *Am Ende der Gewissheiten*, *Die ökologische Frage im 21. Jahrhundert.* Frankfurt a. M. /New York: Campus Verlag, 2011.

Uekötter, Frank, *Die Wahrheit ist auf dem Feld*, *Eine Wissensgeschichte der deutschen Landwirtschaft*, Göttingen: Vandenhoeck & Ruprecht Verlag, 2010.

Uekötter, Frank, *The Green & the Brown*, *A History of Conservation in Nazi*

Germany, Cambridge: Cambridge University Press, 2006.

Uekötter, Frank, *Umweltgeschichte im* 19. *und* 20. *Jahrhundert*, München: Oldenbourg Verlag, 2007.

Uekötter, Frank, *Von der Rauchplage zur ökologischen Revolution, Eine Geschichte der Luftverschmutzung in Deutschland und den USA* 1880—1970, Essen: Klartext Verlag, 2003.

Uhlemann, Hans-Joachim, *Berlin und die Märkische Wasserstraßen*, Berlin: Transpress VEB Verlag für Verkehrswesen, 1987.

Vasold, Manfred, *Grippe, Pest und Cholera, Eine Geschichte der Seuchen in Europa*, Stuttgart: Franz Steiner Verlag, 2008.

Vaupel, Elisabeth, *Arsenhaltige Verbindungen vom* 18. - 20. *Jahrhundert. Nutzung, Risikowahrnehmung und gesetzliche Regelung*, in: *Blätter für Technikgeschichte* 74, 2012.

Viebahn-Hänsler, Renate, *Ozon-Sauerstoff-Therapie. Ein praktisches Handbuch*, Heidelberg: Karl F. Haug Fachbuchverlag, 1999.

Vierhaus, Hans-Peter, *Umweltbewußtsein von oben, Zum Verfassungsgebot demokratischer Willensbildung*, Berlin: Duncker & Humblot Verlag, 1994.

Virchow, Rudolf, *Reinigung und Entwässerung Berlins, General-Bericht über die Arbeiten der städtischen gemischten Deputation für die Untersuchung der auf die Kanalisation und Abfuhr bezüglichen Fragen*, Berlin: Nabu Press, 1873.

Vogel, Michael und Hildebrandt, Marika, *Nationalpark Berchtesgaden, Im Augenblick der Zeitlosigkeit*, Berchtesgaden: Plenk Verlag, 2010.

Vogel, Stefan, *Conwentz, Hugo Wilhelm*, in: *Neue Deutsche Biographie*, Band 3, Duncker & Berlin: Humblot Verlag, 1957.

Völpel, Christine, *Hermann Hesse und die Deutsche Jugendbewegung, Eine Untersuchung über die Beziehung zwischen dem Wandervogel und Hermanns Hesses Frühwerk*, Bonn: Verlag Herbert Grundmann, 1977.

Wagner, Hermann-Josef, *Was sind die Energien des* 21. *Jahrhunderts? Der Wettlauf um die Lagerstätten*, Frankfurt a. M.: Fischer Taschenbuchverlag, 2007.

Wais, Julius, *Schwarzwaldführer*, 3. Aufl. In: Kommission bei A. Bonz Erben, Stuttgart: Steinkopf Verlag, 1913.

Walker, Mark, *Die Uranmaschine*, *Mythos und Wirklichkeit der deutschen Atombombe*, Berlin: Siedler Verlag, 1990.

Waltershausen, August Sartorium von, *Deutsche Wirtschaftsgeschichte* 1815—1914, Jena: Gustav Fischer Verlag, 1923.

Wandrey, Rüdiger, *Die Wale und Robben der Welt*, Stuttgart: Franckh-Kosmos Verlag, 1997.

Watter, Holger, *Regenerative Energiesysteme. Grundlagen*, *Systemtechnikund Analysen nachhaltiger Energiesysteme*, Berlin: Springer Verlag, 2019.

Weichelt, Rainer, *Die Entwicklung der Umweltschutzpolitik im Ruhrgebiet am Beispiel der Luftreinhaltung* 1949—1962, in: Rainer Bovermann und Stefan Goch u. a. (Hrsg.), *Das Ruhrgebiet - Ein starkes Stück Nordrhein-Westfalen. Politik in der Region* 1946—1996, Essen: Klartext Verlag, 1996.

Weichelt, Rainer, *Silberstreif am Horizont*, *Vom langen Weg zum blauen Himmel über der Ruhr*, *Luftreinhaltepolitik in Nordrhein-Westfalen* 1950—1962, in: *Sozialwissenschaftliche Informationen* 22, 1993.

Weickert, H. E., *Ueber die Krankheiten der Arbeiter in den fiskalischen Hütten bei Freiberg vom Jahre* 1862—1875, in: *Jahresbericht der Gesellschaft für Natur- und Heilkunde in Dresden September* 1876 *bis August* 1877, Dresden: Nabu Press, 1877.

Weidinger, Ulrich, *Die Versorgung des Königshofs mit Gütern*, *Das „Capitulare de villis"*, in: *Das Reich Karls des Großen*, Darmstadt: Theiss in Wissenschftliche Buchgesellschaft, 2011.

Weinberg, Gerhard L., *Hitlers Zweites Buch*, *Ein Dokument aus dem Jahr* 1928, Stuttgart: Deutsche Verlags-Anstalt, 1961.

Weinzierl, Hubert, *Erinnerungen*, *Zwischen Hühnerstahl und Reichstag*, Regensburg: MZ-Buchverlag, 2008.

Weißler, J., *Erfahrungen über Rauchschöden im Ruhrbezirk*, in: *Mitteilungen aus dem Markscheidewesen* 61, 1954.

Wendt, R. , *Globalisierung von Pflanzen und neue Nahrungsgewohnheiten*, *Zur Funktion botanischer Gärten bei der Erschließung natürlicher Ressourcen der überseelischen Welt*, In: *Überseegeschichte*, von Thomas Beck, Horst Gründer, Horst Pietschmann und Roderich Ptak, Stuttgart: Franz Steiner Verlag, 1999.

Westermann, Andrea, *Plastik und politische Kultur in Westdeutschland*, Zürich: Chronos Verlag, 2007.

Wey, Klaus-Georg, *Umweltpolitik in Deutschland*, *Kurze Geschichte des Umweltschutzes in Deutschland seit* 1900, Opladen: Westdeustcher Verlag, 1982.

Wiepkin-Jürgensmann, Heinrich, *Die Landschaftsfibel*, Berlin: Deutsche Landbuchhandlung, 1942.

Wild, Dölf, *Die Zürcher City unter Wasser-Interaktion zwischen Natur und Mensch in der Frühzeit Zürichs*, In: Stadt Zürich, Amt für Städtebau (Hrsg.), *Archäologie und Denkmalpflege*, *Bericht* 2006—2008, Zürich: gta Verlag, 2008.

Winiwarter, Verena und Knoll, Martin, *Umweltgeschichte*, Köln: Böhlau Verlag, 2007.

Winkle, Stefan, *Geißeln der Menschheit*, *Kulturgeschichte der Seuchen*, München: Verlag Artemis & Winkler, 2005.

Winkler, Clemens, *Wann endet das Zeitalter der Verbrennung*? Freiberg: J. G. Engelhardt'sche Buchhandlung, 1900.

Wirth, Fritz und Muntsch, Otto, *Die Gefahren der Luft und ihre Bekämpfung im täglichen Leben*, *in der Technik und im Krieg*, Berlin: Ort Verlag, 1940.

Witthöft, Harald, *Die Lüneburger Saline*, *Salz in Nordeuropa und der Hanse von* 12. – 19. *Jahrhundert. Eine Wirtschafts- und Kulturgeschichte langer Dauer*, Rahden: Verlag Marie Leidorf, 2010.

Wöbse, Anna-Katharina, *Die Bomber und die Brandgans*, *Zur Geschichte des Kampfes um den Krechtsand - Eine historische Kernzone des Nationalparks Niedersächsisches Wattenmeer*, in: *Jahrbuch Ökologie* 2008, München: Verlag C. H. Beck, 2007.

Wöbse, Anna-Katharina, *Knechtsand-A site of Memory in Flux*, in: *Global Environment* 11, 2013.

Wolf, Gerhaerd Ziemer-Hans, *Wandervogel und Freideutsche Jugend*, Bad Godesberg: Voggenreiter Verlag, 1961.

Wolter, Gundula, *Hosen, weiblich, Kulturgeschichte der Frauenhose*, Marburg: Jonas Verlag, 1994.

Wöfel, Kurt, *Friedrich Schiller*, München: Deutscher Taschenbuch Verlag, 2004.

Wortser, Donald, *Doing Environmental History*, in Donald Worster, ed., *The Ends of the Earth: Perspectives on Modern Environmental History*, Cambridge: Cambridge University Press, 1989.

Worster, Donald, *The Black Blizzards Roll*, in: *Sodbusting*, Capital I and V, in: *Dust Bowl*, *The Southern Plains in* 1930's, Oxford: Oxford University Press, 1979.

Wurm, Franz F., *Wirtschaft und Geseschaft in Deutschland* 1848—1948, Wiesbaden: Leske Verlag, 1972.

Wyss, R., *Die frühe Besiedlung der Alpen aus archäologischer Sicht*, in: *Siedlungsforschung* 8, Bonn: Verlag Siedlungsforschung, 1990.

Zakosek, Heinrich und Lenz, Fritz, *Nitrat in Boden und Pflanze*, Stuttgart: Verlag Eugen Ulmer, 1993.

Zelko, Frank, *Greenpeace, auf den sich die folgenden Ausführungen stützen*, in: *Die Welt* vom 20. 6. 1984.

Zirnstein, Gottfried, *Ökologie und Umwelt in der Geschichte*, Marburg: Metropolis Verlag, 1994.

Zitelamm, Rainer, *Hitler. Selbstverständnis eines Revolutionärs*, Stuttgart: Klett-Cotta Verlag, 1987.

Zito, Anthony R., *Creating Enviromental Policy in the European Union*, Basingstoke: Palgrave Macmillan Press, 1999.

后　　记

写完这本书，长吁了口气，四年多的辛苦与快乐总算有了一些成果和心得。

写书写文章没有不辛苦的，前两年的我基本上在看书思考中度过，随后的这两年多时间则在写作修改中度过。青灯黄卷，秉笔生胝，虽很辛苦，但当研究内容变成白纸黑字时，心里还是很高兴的。眼下正值全国人民初步取得新冠肺炎瘟疫战役胜利，看到武汉人民欢欣鼓舞，各省白衣战士凯旋，心中更充满了欣喜和期待，因为广大师生返回校园的那一天也将为期不远了。

欣喜之余，何以助兴？吾必曰：杯汝前来！对于爱酒的我来说，酒是个好东西，虽然自己酒量有限，正如苏轼所说的“我饮不尽器，半酣味尤长”，或如黄庭坚因病戒酒时所慨叹的：“中年畏病不举酒，孤负东来数百觞”，但若杯中无物，便没了灵感，也少了很多人生乐趣，所以，当此之际，来些白醪，再佐以香椿、蕨芽等野蔬，自是必须。自号五白居士，一盘白菜，几根白萝卜，一撮白盐，三两杯白酒，一碗白米饭，如此人生，仅此足矣。

酒实在是个好东西，不但可以遣兴，还可以帮助我参悟人生，“三杯渐觉纷华远，一斗都浇块垒平”，不是吗？有了酒，眼中之纷华大可驱遣，胸中之块垒尽可浇平，甚至还有人吟出“掩鼻人间臭腐场，古来惟有酒偏香”这样的诗句，这也不为过，翻遍二十四史，点检人间万事，此语非妄，当为至论也。

酒与诗多为孪生兄弟。自幼爱诗，也通些诗律，待千余首古诗词下肚，再与玉友君产生化学反应，更多的人生乐趣和世事领悟便自然萌发，新背的百余首汉魏六朝诗又加深了自己对人生的理解，尤其是《古诗十九首》更使自己通透了许多。有酒有诗，自有创作的冲动，对故乡的思念便不自觉油然而然遣诸笔端。“还顾望旧乡，长路漫浩浩。”终于在 2017 年阴历九月十六日这一天，自己偕妻子回归故乡，并与几位儿时伙伴一起登上了故乡岱鳌山。一天的游历仿佛使自己又回到儿时那段快乐的时光，下山途中，韩愈的《山石》诗开始在脑海中不断浮现，于是步韵一首，以记此胜游：

晨寺钟邈山形微，野菊橙黄蜂蝶飞。景湛虚明晴岚起，兔雉奔飞体正肥。
悠悠红叶流寒涧，水清石出鱼影稀。兴味酣长亦不醉，野蔬纤鳞饱我饥。
微径半空斜缭绕，山崦人家半掩扉。云端何处闻鸡犬，晚霞照水逐烟霏。
罢亚舞翻金风漾，冰轮壑处出峰围。凝神不觉清寒爽，云入襟袖露侵衣。
人生至此有至乐，岂必拘挛为人鞿。有此故乡还羡远，枉对青山枉为归！

当晚圆魄当空，银辉洒地，开怀燕饮间，自己余兴未减，再填词《念奴娇》一阙：

高寒相约，水云间，尽染红黄蓝绿。
二八婆娑，皆浩叹，今夕清辉倍足。
万里青冥，玉绳低转，皎皎一轮玉。
悠然心会，一声长啸空谷。

遥忆总角同游，而今华发，对故园森木。
玉友溪毛闲野老，难得樽前相属。
江叟平生，天涯行遍，最爱吟乡曲。
断鸿声里，谁家幽啧霜竹？

回归故乡的感觉实在是好，辛弃疾有过“宁作我，岂其卿，人间走遍却归耕”的感慨，苏轼也有“何时收拾耦耕身”的反省。而我这一介猬叟呢？自问平生功业，庐州、欧洲、洪州，历遍千山万水，踏尽天涯红尘。终于还有五年就要离教，到那时，若能在故乡泥土的芬芳中实现白居易“必左手引妻子，右手抱琴书，终老于斯，以成就我平生之志”之盟誓，并在“俄而物诱气随，外适内和，一宿体宁，再宿心恬，三宿后颓然嗒然，不知其然而然”的虚宁氛围中臻于其深沉可喜、旷荡亦便之境界，那将是何等之喜！舍此之外，夫复何求？这种念想其实早在2012年4月登庐山时即已有之。我喜爱白乐天诗句，尤爱其闲适诗。伫立在其草堂前，一首七绝拙句“清景清游快此生，清风清月清泉明。此生万壑专能事，清气清怀在耦耕。”既是对诗人的敬意表达，也是自己心迹的坚定表白。

是的，“世间唯有读书好，万事莫如吃饭难”。人这一生，能解决好读书与吃饭这两件事并非易事，苏轼写过：“自笑平生为口忙”，谁都在为一张嘴活着。然而，怎么把饭吃到嘴，吃的又是什么样的饭，这里面可大有学问，非得山珍海味不可吗？我看不见得好，司马光说过：“众人皆以奢靡为荣，吾心独以俭素为美”，深以为然也。人最终不能只为一张嘴活着，更不能骄奢淫逸，醉死梦生，人活着的意义还在于思想境界的不断提升，还要为社会多做贡献，只有这样，人活得才有价值，人生才有意义，正如毛主席所说的，要做“一个高尚的人，一个纯粹的人，一个有道德的人，一个脱离了低级趣味的人，一个有益于人民的人”。否则，匆匆来到这世上，短暂百十年，“奄忽若飙尘”，连陨石流星都能划破太空，留下一道光束，而头顶大写“人”字的人若是做不出什么贡献，那岂不虚度一生，白来这人世一遭？然而，做贡献又靠什么？靠的自然是知识，有了知识就有了思想文化，有了知识就有了发明创造，人类文明不正是在思想文化和技术发明的熏陶洗礼中创造而成并走向辉煌的吗？

奢靡的人生自会导致人的懒惰和思想的贫乏，俭素的人生自然历练人的成长，成就思想的丰盈。反思之下，我对人生的这些认识并非先天就有，这要归功于家庭的启蒙教育和学校的仁爱培养。登故乡岱鳌山后的365天正好一年整，身患绝症的老父亲不幸离世，他留给我最深刻的记忆永远是1978年夏我从乡下考入县城庐江中学他拿到我录取通知时那般满面春风的神情：“儿子你录取了！”还有1984年夏他在县教育局查到我高考成绩后一路狂奔回家告诉我喜讯时的情景：“儿子你考上了！”当时的他比我都开心。我在他不断重复的悬梁刺股、孟母三迁、精忠报国的故事中慢慢长大。更重要的是，自懂事起，他就教我书法，要求我每天完成一张大字，由此开启了我爱诗、爱书、爱酒的人生。大学毕业后，由于银行工作安逸，满足于现状，父亲严厉的神情又写在了脸上："整天吃吃喝喝，这样下去你会荒废掉的！"于是，自学完德语的我便告别父母妻儿，求学问道于哥廷根大学，从此翻开新的人生一页。在德国留学工作的六年美好时光里，我开阔了视野，对社会、历史和人生也有了更全面、更清醒的认识。家庭启蒙教育为我的成长奠定了基础，学校仁爱培养更为我铺就了前程，是父亲懂得读书改变命运这个道理引导我考入县城中学，是县城中学拥有良好的师资条件才改变了更多学生的命运，我就是其中的受益者，在此，我要感谢当年很多老师对我的谆谆教诲和悉心栽培。"此花虽小无姿色，也蒙东风雨露恩"，这是我献给恩师邓英达公的诗句。忝列门墙三载，终生心心相印。现在每和先生通话，或是回合肥登门拜谒，他总爱提及清人顾光旭联句："万事莫如为善乐，百花争比读书香。"在"为善"方面，先生他爱生如子，不惜奉献自己以成就他人。1979 年，先生还在乡镇泥河中学任教时，身为班主任的他兼教四门主课，繁重的工作几乎使他累倒，但他还是顽强地挺了过来，最终他所带的毕业班中有 13 名同学考上大学，这在当年是件破天荒的事，轰动了整个庐江县。凭着高度的责任心和出众的教育才能，他被调入县城中学，我有幸成为他的弟子，由此开始了我们这辈子的师生情谊。此外，在"读书"方面，先生的读书精神和渊博的知识非我辈可比，这也深深吸引和鼓励着我向更高的人生阶梯迈进。回顾这辈子，我最幸运也是最幸福的事就是遇见这样一位品德高尚、思想深邃、学识丰富、勤奋苦干、求真务实的好老师，他是学问的传授者，是灵魂的塑造者，更是我人生导师和最尊敬的长者。每次临别时，他都要用陶行知的话"千教万教教人求真，千学万学学做真人"反复叮咛我，我岂敢忘记先生的教诲，如履薄冰，战战兢兢，看到自己的弟子能成为社会有用之才，心中也多了几分欣慰。记得去年"五四"青年节那天德语课教学之余，应 170531 班同学之邀，我书写对联"且喜满园桃李艳，莫悲两鬓雪霜寒"一副，并吟诵拙作一首，以抒发我这名高校教师从事崇高教育事业的豪迈情怀：

二毛江叟，五车杂书。黉门敬命，设帐收徒。得尔才俊，授之以渔。
桐花万里，清响凤雏。既成春服，风乎舞雩。先生童子，咏而归途。
穷通丰约，但返旧庐。松菊三径，形骸五湖。无惊无宠，忘贤忘愚。
邻翁对饮，素琴独抚。南窗寄傲，偃仰倏如。欣哉中隐，一任糊涂。

从银行工作到德国留学，再从学成回国到从事德语教学和德国生态文化史研究，这样的“中隐者”或“逆行者”自有人生精彩，否则，我无法领略到人生旅途中的景色之美，走过的路，见过的人，经历过的事，这些都是我人生的宝贵财富，也是我从事教研工作的力量源泉。没有这段精彩，也就没有今天《德语生态文学》《德国生态意识文明史》和《德国环境史研究》这三部专著以及《水妖》《厨子》和《黑暗来临时，你在哪里?》这三部文学译著的完成，也许我还坐在合肥的那座银行大楼里继续审批着材料，办理着贷款，到月底翻翻存折又有了多少收入进项，然后再换辆宝座，购套新房，还有职场上的晋升……细细想来，那种所谓“优渥”的生活无非就是如此这般平庸乏味的不断重复而已。

“功名赚得头如雪，不悟团团似磨驴。”沦为物质的囚徒和思想贫乏者甚是可怕，少年时代的我爱看父亲作画，同时也很喜爱丰子恺漫画，更驰羡他高妙的人生境界，今天再翻阅他的《人间情味》，仍字面如新，备受启迪，他的这段话也很好地表达了我的人生观，虽然较长，但我还是想在此作全文引述：“我以为人的生活，可以分为三层：一是物质生活，二是精神生活，三是灵魂生活。物质生活就是衣食。精神生活就是学术文艺。灵魂生活就是宗教。‘人生’就是这样的一个三层楼。懒得（或无力）走楼梯的，就住在第一层，即把物质生活弄得很好，锦衣玉食，尊荣富贵，孝子慈孙，这样就满足了。这也是一种人生观。抱这样的人生观的人，在世间占大多数。其次，高兴（或有力）走楼梯的，就爬上二层楼去玩玩，或者久居在里头。这就是专心学术文艺的人。他们把全力贡献于学问的研究，把全心寄托于文艺的创作和欣赏。这样的人，在世间也很多，即所谓‘知识分子’，‘学者’，‘艺术家’。还有一种人，‘人生欲’很强，脚力很大，对二层楼还不满足，就再走楼梯，爬上三层楼去。这就是宗教徒了。他们做人很认真，满足了‘物质欲’还不够，满足了‘精神欲’还不够，必须探求人生的究竟。他们以为财产子孙都是身外之物，学术文艺都是暂时的美景，连自己的身体都是虚幻的存在。他们不肯做本能的奴隶，必须追究灵魂的来源，宇宙的根本，这才能满足他们的‘人生欲’。这就是宗教徒。”看到这样的文字，才知道芸芸众生的境界何等渺小，要达到人生彼岸，获得真正的“人生欲”，人生又需要何等的智慧和大彻大悟。

在物质层面上，对于世间凡人来说，最核心的问题恐怕都离不开一个“钱”字。人这辈子，不能没有钱，但要多少才是个够，这个我说不好，在我看来，钱够花即可，知足者常乐，古人云：“广厦千间，夜眠八尺；良田万顷，日食一升。”我不知道钱多了有什么好处，古往今来为钱财争讼，甚至最后失去亲情、反目为仇的事也可谓不少。或者有人说，钱用不掉没关系，可以留给子孙，让他们将来少吃点苦，过得更安逸些。果真能如此吗？我也不这样认为，我知道的也是我认同的是林则徐所说的：“子孙若如我，留钱做什么，贤而多财，则损其志；子孙不如我，留钱做什么，愚而多财，益增其过。”留给子孙的钱财要么“损志”，要么“增过”，这确实不是什么好事，从我自身来说，父母没留给我们兄弟俩一分钱财，我们不是靠自己的奋斗，照样也过得很充实自在吗？同样，在金钱这个问题上，很多德国人也有差不多类似观点，友人绍尔茨（Oliver Scholz）就抛给我一连串的反问：“钱能买到名贵手表，能买到宝贵时间吗？钱能买到精美书籍，能买到宝贵知识吗？钱能买到名补药品，能买到宝贵健康吗？钱能买到金丝枕头，能买到安稳睡眠吗？钱能买到豪华别墅，能买到温馨家庭吗？钱能买到漂亮女人，能买到美好爱情吗？钱能买到峨峨高位，能买到尊敬哀荣吗？”我不得不感叹这个德国人的哲学思辨能力，也为其知行合一的精神所折服：身背面包干粮，长年奔走在黑森州巴德—海尔斯菲尔德（Bad Hersfeld）深山老林里，对自己热爱的林业管理工作尽心尽力，尽职尽责。还有好友比尔兴（Sebastian Bölsing），也是位林学专家，出生于牧师家庭。1999 年，我在他们家过圣诞节。聊天中，他悄悄告诉我，等他们兄弟三人将来继承父母遗产时，他既不要家中那枚錾刻有祖上贵族姓名的贵重戒指，也不要父母漂亮阔气的别墅花园，他唯一希望的就是能从父母手中得到那本祖上传下来的《圣经》古本，在他看来，只有精神财富才是无价之宝，其他的都是浮云。在有些人眼里，金钱是地位、富裕和幸福的象征，而在另外一些人眼里，金钱却成了浮云或粪土，看来，钱财还真是块试金石，它可试探出人性的善恶、情趣的雅俗、品德的优劣和境界的高低。

讲究，将就；看清，看轻。作为人，对自己从事的本职工作必须讲究，不可有丝毫懈怠，而在生活上，则大可将就，粗茶淡饭，温饱即可。作为人，不能不洞悉世事，看清一切，同时又拎得起，放得下，举重若轻，旷达放怀。这是我总结的人生八个字，也是恩师英达公谆谆教诲的结果，这里，我抄录苏轼晚年在金陵重逢昙秀法师时写的一首诗作"春来何处不飞鸿，非复羸牛踏旧踪。但愿老师真似月，谁家瓮里不相逢。"敬献给恩师，感谢先生对我的终身教导，另摘录元好问怀念其亡父时所写的诗句"翁今为飞仙，过眼几寒暄。苍苍池上柳，青衫见诸孙。疏灯照茅屋，新月入颓垣。依依览陈迹，恻怆不能言。"献给永在故乡青山绿水中的父亲，以此表达我深切的缅怀和无尽的思念。

成书之际，我要感谢曾帮助我完成这本书的诸多师生朋友，他们中有帮助我在德国购买有关专业书籍的原同事 Dr. Erich Amling、Thorsten Weißenberger、Göttinger Wingolf 大学生社团诸联邦兄弟及同窗 Dr. Sebastian Bölsing、Andreas Markurth、Johannes Bölsing、Christoph Meyer、Christoph Janßen、Konstantin Meier-Kulenkampff、友人 Cornelius Bölsing、Oliver Scholz、Dr. Frank Schömer 等，还有帮我整理结题材料的我的学生林超君、张千怡和王涵等同学。此外，母校哥廷根大学 Bernd Herrmann 教授、汉诺威大学 Hansjörg Küster 教授、清华大学梅雪芹教授、复旦大学李剑鸣教授、中国人民大学夏明方教授、云南大学周琼教授、华中师范大学邢来顺教授、山东大学程相占教授、江西师范大学傅修延教授和方志远教授、《鄱阳湖学刊》主编胡颖峰教授等也一并致谢，感谢他们长期以来的友好关心与帮助。我的家人也要在此感谢，是他们的很多关心支持才使我能顺利完成这本书的写作。特别感谢的是本书责任编辑张湉博士，承蒙其悉心指导与专业编辑，本书才有机会付梓面世，与读者见面。

最后，录本人 2012 年旧作一首，以此抒怀，作为本后记结语。

副教授，自姓江。年半百，妻两房。椿萱寿，子女双。

教德语，住南昌。根江北，游四方。人生味，甘苦尝。
不逐臭，鄙膏粱。一瓢饮，居陋巷。胸无志，心有良。
醉青翠，踏沧浪。访幽壑，舞霓裳。寻鸟迹，卧松窗。
剑一柄，琴一张。壶满酒，书满床。喜菊性，爱兰香。
齐物我，慕老庄。等荣辱，仰柴桑。同生死，有范滂。
归耕日，颠满霜。岱鳌美，我故乡。平生愿，未敢忘。
四休叟，臭皮囊。穷通理，悟苏黄。近乎道，乐未央！

南昌航空大学　江山于四休斋
2020 年 3 月 20 日农历春分日完稿